U0296527

城市群生态安全保障关键技术研究与集成示范

——以长三角城市群为例

王祥荣　谢玉静　方　雷　樊正球 等　著

科 学 出 版 社

北　京

内 容 简 介

本书针对我国典型城市群——长三角城市群城镇化的现实背景和生态安全保障的重大科学问题与技术需求，通过多学科融合与产学研协作，应用空间信息技术、野外调查与勘测、仪器测试、实验室模拟、模型推演和大数据分析，开展六大方面的创新研究，主要内容包括：①长三角区域生态系统评价、健康诊断与监管技术；②长三角城市群生态安全评估与风险预测预警技术；③长三角城市群关键生态景观重建修复技术与示范；④长三角城市群典型受损生态空间修复保育及功能提升技术与示范；⑤长三角城市群生态安全格局网络设计与综合保障技术；⑥长三角城市群生态安全协同联动决策支持系统和平台构建与集成示范。

本书可供从事资源环境保护、生态评价与规划、生态工程、生态信息管理、国土空间与城乡规划等相关领域的科研人员、高等院校师生和政府部门管理人员参考。

图书在版编目（CIP）数据

城市群生态安全保障关键技术研究与集成示范：以长三角城市群为例/王祥荣等著. —北京：科学出版社，2022.3
ISBN 978-7-03-071429-9

Ⅰ.①城… Ⅱ.①王… Ⅲ. ①长江三角洲–城市群–生态安全–研究 Ⅳ. ①X321.25

中国版本图书馆 CIP 数据核字（2022）第 025695 号

责任编辑：李秋艳 李 静 / 责任校对：何艳萍
责任印制：吴兆东 / 封面设计：蓝正设计

科学出版社 出版
北京东黄城根北街 16 号
邮政编码：100717
http://www.sciencep.com
北京九州迅驰传媒文化有限公司印刷
科学出版社发行 各地新华书店经销
*
2022 年 3 月第 一 版 开本：787 × 1092 1/16
2024 年 4 月第三次印刷 印张：27 1/2
字数：650 000
定价：258.00 元
（如有印装质量问题，我社负责调换）

作者名单

主　笔：王祥荣

副主笔：谢玉静　方　雷　樊正球　曾　刚　苏　德　关庆伟　任　引　高　峻

主要参著人员（按姓氏汉语拼音排序）：

阿　彦　包　扬　蔡梦卿　蔡文博　蔡永立　曹　畅　柴莹莹
车生泉　陈　欣　陈鹏鑫　崔馨月　戴晓燕　丁　宁　丁丽莲
董广涛　董林艳　窦攀烽　杜红玉　段艳平　樊　吉　冯一民
付　晶　高世超　高馨婷　葛世帅　葛之葳　耿晓磊　郭　艺
郝　均　郝珍珍　侯春飞　胡　静　胡冬雯　胡森林　黄　璐
黄景龄　惠　昊　蒋文燕　景文杰　敬　东　康明敏　李　晓
李德寰　李林子　李镕汐　李巍岳　李文霞　李小敏　李雅颖
李亚飞　李月寒　厉成伟　梁　楠　梁安泽　林美霞　吝　涛
刘　群　刘丽香　刘校辰　刘亚风　马骏勇　马蔚纯　茆安敏
孟晓杰　宓泽锋　彭思利　裘季冰　任　晶　任　群　尚洪磊
寿飞云　宋雪珺　孙　伟　孙　瑛　孙慧卿　孙兰东　孙晓丹
孙义博　谭　娟　汤　鹏　唐建军　田　波　田　健　田　展
涂耀仁　王　凯　王　敏　王　卿　王鹤超　王佳邓　王莉清
王亮绪　王亚茹　吴　蔚　吴鹏飞　吴永波　伍语盈　夏　凡
谢长坤　熊向艳　徐　迪　徐　浩　徐　婕　徐耀阳　许亚宣
闫路兵　严　寒　严力蛟　燕　波　杨　蒙　杨　巍　杨　阳
杨涵洧　杨怡萱　杨懿煊　杨雨亭　姚懿函　叶　红　俞秋佳
袁　媛　袁传政　詹丽雯　张　豆　张　泰　张　婷　张　玉
张国钦　张中浩　赵　果　赵　敏　赵　宇　赵雅彤　赵艳华
赵玉婷　郑潇威　周立国　周敏杰　周亚斌　周子尧　朱　俊
朱敬烽　朱晓成　邹兴红　左舒翟

前　言

时间回溯至 2016 年，其时正逢我国“十三五”规划开局之年，也是我国加快城镇化发展、崛起“十大城市群”，实现集约发展、可持续发展的关键时期，同时也面临着经济、社会和生态化转型发展的巨大压力和资源环境挑战。在城市群生态安全保障与绿色发展成为国家重大战略的背景下，科技部（2016 年）在国家重点研发计划“典型脆弱生态修复与保护研究”重点专项中明确提出了“重要城市群生态安全保障技术”的研究任务，要求以典型城市群为对象，研发区域生态系统评价与监管技术和区域生态健康诊断、安全评估与生态风险预测预警技术；研发关键生态景观重建技术以及受损生态空间修复保育和服务功能提升技术，开发区域生态安全格局网络设计技术及生态安全保障技术，构建城市生态安全协同联动机制决策支持系统和平台。

本项目组由复旦大学牵头，联合了华东师范大学、中国环境科学研究院、南京林业大学、中国科学院城市环境研究所、上海师范大学、浙江大学、上海交通大学、上海市环境科学研究院、上海市气候变化研究中心、上海复旦规划建筑设计研究院、中国科学院城市环境研究所宁波观测研究站、上海九段沙湿地自然保护区管理署、江苏三和园艺有限公司共计 14 家单位，经过激烈竞争，成功中标获得国家重点研发计划“长三角城市群生态安全保障关键技术研究与集成示范”（2016YFC0502700），本书即是该项目开展五年来的主要研究成果总集成。

长三角城市群位于我国长江下游和东部沿海地区，包括上海、江苏、浙江和安徽一市三省，共计 41 个地级市，区域面积共 35.8 万 km^2；长三角地区是我国乃至世界经济增长最迅速、城市化进程最快的地区之一，地处我国东部“黄金海岸”和长江“黄金水道”的交汇处；长三角城市群也是在全球气候变化背景下区域发展中付出环境代价最大的城市群之一，具有我国城市群一体化发展的典型性、脆弱性、风险性和复合性。长三角地区以仅占全国 3.69%的国土面积，聚集了全国 16.1%的人口、24.1%的经济总量和 25.9%的工业增加值，城镇化率为 67.8%；该区域生态安全问题主要表现为区域生态系统功能退化、人居环境质量下降、跨区域生态风险增加、环境协调能力不足。因此，加强长三角城市群生态安全保障研究与集成示范研究，提高生态系统健康水平，推进生态绿色一体化发展已成为我国国家重大战略与区域发展的重大需求。

依托项目研究基础与成果，本书具体从六大方面围绕长三角城市群总结生态安全保障技术与集成示范的研究成果。

第 2 章“长三角区域生态系统评价、健康诊断与监管技术”（课题负责人曾刚教授）和第 3 章“长三角城市群生态安全评估与风险预测预警技术”（课题负责人苏德研究员）围绕“区域生态系统评价与监管技术和区域生态健康诊断技术”的需求开展研究，主要研究阐明长三角区域生态系统在全球、全国的功能定位，分析该区域面临的重大生态安全问题；研发生态系统服务功能评价、健康诊断与监管技术体系；并应用 3S 技术、生态安全与生态风险模型与大数据等，研究长三角城市群生态安全响应、快速诊断与识别技术、城市群发展的生态风险、生态灾害评估技术及监控与预测预警关键技术，为长三角区域生态安全保障关键技术研究和集成示范提供科学基础和支撑。

第 4 章“长三角城市群关键生态景观重建修复技术与示范”（课题负责人关庆伟教授）和第 5 章“长三角城市群典型受损生态空间修复保育及功能提升技术与示范”（课题负责人任引研究员）选择了长三角城市群平原河网景观、环湖生态林景观、城乡交错带生态景观及重要水源地等关键生态景观，研发关键生态景观的重建技术和方法体系；同时选择该城市群退化城市湿地、植被、棕地和生物栖息地等典型受损生态空间，开展景观重建技术和受损生态空间修复保育和服务功能提升研究，并基于环境物联网、“生态工程”等技术，对修复过程中的水土气生等环境因素进行监测和跟踪评价，旨在为区域的生态修复、重建和生物栖息地的保护提供关键技术支撑。

第 6 章“长三角城市群生态安全格局网络设计与综合保障技术”（课题负责人王祥荣教授）应用长三角城市群城市安全格局规划与分级调控技术、多尺度生态网络设计技术、PREED 耦合模式开展城市群生态安全综合保障与调控技术研究，并进行生态系统评价、生态监测、生态安全评估和生态风险预测预警技术的集成示范，为生态安全保障技术的推广应用提供技术支撑。

第 7 章“长三角城市群生态安全协同联动决策支持系统和平台构建及集成示范”（课题负责人高峻教授）通过构建长三角城市群生态安全协同联动的机制和管控体系，建立大数据框架下的长三角城市群生态安全保障技术系统，研发长三角城市群生态安全保障决策支持系统和联动平台，实现长三角城市群生态安全保障的联动管理与决策支持。

全书成果是集体智慧和研究创新的结晶，项目组共投入 1000 余人次，在近五年的时间中，从东海之滨、长江口到黄山、天目山之巅，从繁华的都市到近自然的阡陌山村，从浩渺的太湖、千岛湖到长三角 41 个城市及其湖泊、湿地、河流、森林与农田，从 3S、无人机空间技术的应用、物联网、大数据分析，到精细化的实验室模拟分析，模型推演与预测、预警，都洒下了项目组成员辛勤的汗水。项目执行期间，共发表学术论文 115 篇（其中 SCI 论文 62 篇，中文论文 53 篇）；获批 22 项软件著作权；申请国家专利 25 项，其中授权发明专利 8 项、实用新型专利 5 项；出版专著 6 部；形成 13 份技术规程并得到应用；建成综合示范基地 2 个（上海青浦“长三角城市群生态安全保障与协同联动决策支持”综合示范基地、上海九段沙湿地生态修复与信息化示范基地）、示范点 12 个（上海崇明岛西沙湿地生态修复与功能提升示范地、上海淀山湖水域生态安全示范基地、浙江杭州市富阳城缘小坞坑森林生态修复与功能提升示范地、宁波市樟溪芦江小侠江长三角城市群物联网生态监测示范地、宁波市樟溪河城郊关键带土壤修复与功能提升示范地、诸暨市永宁水库长三角城市群重要水源地生态保育与服务功能提升技术示范基地、江苏盐城市大丰麋鹿国家级自然保护区生态修复与功能提升示范地、宜兴市周铁镇沙塘港村长三角城市群环湖生态林结构与功能优化调控技术示范基地、常熟市虞山镇沉海圩长三角城市群城乡交错带生态景观修复与功能提升技术示范基地、安徽黄山风景区 FEDIS 野外综合监测示范地、黄山九龙峰自然保护区森林生态安全保障示范基地、芜湖市繁昌区安定河长三角城市群平原河网景观修复与重建技术示范基地)；培养硕士、博士研究生 69 名；培养科技骨干 42 名，圆满完成了项目任务要求与考核指标。这些成果的获得，除所有项目组成员（包括本书编著者及全部未及具名者）的辛勤付出外，还得到了许多著名专家的热情指导、大力支持与鼓励，主要有：杨志峰院士、傅伯杰院士、安树青教授、 赵景柱教授、李文华院士、蒋有绪院士、马军院士、舒俭民教授、朱永官院士、欧阳志云教授、宋永昌教授、陶松龄教授、周琪教授、陈玲教授、沈清基教授、贾海峰教授、何宵嘉博士、唐先进博士、秦俊豪博士等，同时还得到了项目总依托单位复旦大学各级领导、科研院重大办、环境科学与工程系的大力支持与帮助。还要感谢教育部人文社会科学研究规划基金项目“长三角城市群水生系统服务时空分异、权衡/协同关系和驱动机制研究”（20YJAZH109）的支持。值本书即将付梓之际，特此向所有关心、支持与帮助过本书的各位专家及项目组成员表示衷心的感谢与敬意！

由于项目研究时空尺度跨度大、任务重、要素繁、影响多，书中存在不妥之处，敬请各位读者批评指正。

项目首席专家：王祥荣

2021 年 8 月于复旦大学江湾校园

目　录

第1章 总 论

生态安全是地球生命系统赖以生存的环境不被破坏与威胁的动态过程，包括自然生态安全、生态系统安全和国家（人类）生态安全。国外的探索和研究集中了交叉学科的优势，如全球著名的美国圣菲研究所、德国柏林工业大学、欧洲环境局等，国内过去的研究较多注重单一学科的作用，近年来在学科整合及研究深度上有较大发展。国内外开展的研究工作主要有：北美东部城市群和中国珠三角城市群土地利用/覆被变化（LUCC）与环境关系研究（Seto et al.，2012；Seto and Satterthwaite，2010；Güneralp and Seto，2013），东南亚、北美洲和南美洲 LUCC 和植被遥感研究（Abuelgasim et al.，1999；Olofsson et al.，2012；Zhu and Woodcock，2014），英国伦敦城市群防洪、热岛效应与基础设施应对（Hall et al.，2005；Dawson et al.，2005，2011），高分网格法与海平面上升对城市生态系统的影响研究（Timothy and philip，2005；Yin et al.，2011），欧洲城市环境与生态安全研究（Shaw et al.，2000；Olivier and David，2008）；我国陆地生态系统服务评估（欧阳志云等，1999），我国海峡西岸经济区生态系统健康评价（赵卫和沈渭寿，2011），生态系统服务制图和空间定量化研究（傅伯杰和张立伟，2014），区域生态安全格局（马克明等，2004），景观生态安全格局（俞孔坚，1999；俞孔坚等，2009），区域尺度生态系统健康评价方法（杨志峰等和隋欣，2005），全球变化与河口城市脆弱性评价（王祥荣和王原，2010），城市生态环境决策支持系统 CityWare（奥地利环境软件服务公司），斯德哥尔摩城市环境决策支持系统（Mehta，2010），中国生态系统研究网络（于贵瑞和于秀波，2013），物联网安全性研究（李海涛等，2012；刘乔佳，2017），崇明岛生态环境预警监测网络优化研究（汤琳等，2013），大数据在城市规划和管理中的应用（龙瀛，2014），以及美国、英国、德国、日本、中国提出的“生态工法”在城市生态修复中的应用和对关键物种栖息地生态保护研究等；在城市群层次上，生态服务、空间结构规划、经济地理研究已有一定基础，如长三角城市生态系统服务价值研究（Wang et al.，2008）、长株潭城市群空间结构研究（汤放华和苏薇，2010）等，典型城市群空间扩张及其对生态系统净初级生产力的影响（虞文娟，2017）。表 1.1、表 1.2 列出了国内外从事相关研究的主要机构及其成果。

表 1.1 国外从事相关研究的主要机构及其成果

序号	机构名称	相关研究内容	成果应用情况
1	美国耶鲁大学	全球变化、北美和中国珠三角城市群 LUCC 与环境关系	纽约等北美城市土地利用及中国珠三角城市规划与土地利用政策

续表

序号	机构名称	相关研究内容	成果应用情况
2	美国波士顿大学	遥感、全球气候变化、土地利用对植被的影响，以及城市化的影响	联合国项目，东南亚以及南美洲国家政府机关项目对于城市及自然植被的土地利用变化评估
3	英国纽卡斯尔大学	气候变化、城市防洪、热岛效应与基础设施应对	欧盟项目
4	英国丁铎尔中心	全球变化、海平面上升与城市环境研究	全球变化与伦敦城市群大气环境质量控制
5	英国利物浦大学	欧洲城市环境与生态安全研究	欧洲城市规划与城市环境项目

表 1.2　国内从事相关研究的主要机构及其成果

序号	机构名称	相关研究内容	成果应用情况
1	中国科学院生态环境研究中心	以“国家生态环境安全与可持续发展”为主题，开展全国性以及全球性的重大生态环境问题研究，在国家生态安全、环境健康和可持续发展的重大科学理论和关键技术方面具有建树	在国际上有一定的影响。在生态规划、生态环境预警研究、中国国情分析和地区差距研究等方面的成果已为国家决策部门所接受，产生了较大的社会影响
2	中国环境科学研究院	生态与健康风险评估、区域生态监测与评估、区域生态系统结构与过程评估、区域生态系统服务功能评估	为地方及国家环境保护管理部门决策提供科技支撑
3	复旦大学城市生态规划与设计研究中心	应用 3S 技术、生态模型及现场仪器测试、监测等技术开展城市生态安全与调控、生态市规划、水环境修复、城镇生态信息快速获取	提交住建部绿化标准、导则，上海、杭州、福州等多个城市生态规划方案、部分专利得到应用
4	华东师范大学城市与区域发展研究院	运用观测实验、遥感、地理信息系统、数学模拟等一系列新技术、新方法，从事地域环境的形成、演化、调控，包括人地关系优化调控、生态环境过程与管理、城市与区域创新以及可持续发展研究，为资源环境科学发展和经济建设服务	与科技部、联合国环境规划署共同完成《崇明生态岛建设国际评估报告》，已被联合国环境规划署编入绿色经济教材，在生态文明与区域发展模式、企业网络与产业集群、区域创新与技术扩散等领域取得了一系列重要研究成果，赢得关注和好评
5	中国科学院城市环境研究所	以东部沿海湿热的特殊环境为背景，开展以环境物联网、城市森林、城市环境与全球变化等为主要领域的科学研究。其城市生态环境规划与管理研究中心承担和参加了多项国家级科研项目	拥有科技部“国际科技合作基地”“国家级对台科技合作与交流基地”，拥有中国科学院城市环境与健康重点实验室和厦门市城市代谢重点实验室；已建设“数字城市环境网络”和完成中国科学院院地合作项目“可持续城市规划与建设综合示范”项目；中国科学院城市环境研究所宁波观测研究站已被列为“世界首个城市/城郊地球关键带观测点”

综上所述，国内外前期主要开展了针对特定区域和生态环境要素的评价技术、方法以及决策支持系统研究，但在长三角城市群生态安全保障技术研发及示范上，其研究尚不多见。因此，基于共轭生态原理，结合水、土、气、生、城市等一体化要素监测与数据融合处理，充分应用 3S 技术、新一代信息技术如环境物联网与云智 TM 技术、生态安全网络与健康诊断等，研发体现长三角城市群特点的生态安全保障创新技术体系与协同联动决策支持平台，仍是亟待解决的重大科学问题与现实需求。

1.1 总体研究目标、主要内容与技术路线

1.1.1 总体研究目标

针对我国典型城市群的代表——长三角城市群高强度城镇化的现实背景和生态安全保障需求，通过多学科融合和产学研协同研究，开展科技攻关以实现生态安全技术自主创新和集成创新，提升区域生态安全保障水平，促进长三角城市群的可持续发展，具体目标为：

（1）阐明近四十年来长三角区域生态系统时空演变规律，揭示城市化对区域生态系统的 DPSIR（驱动力-压力-状态-影响-响应）多元共轭机理，探讨其生态支撑，研发长三角城市群生态系统评价、健康诊断与监管技术体系。

（2）综合应用 VSD（脆弱性评价整合模型）、CLUE-S（土地利用变化及效应模型）等生态与环境模型，研发区域生态安全快速诊断与识别技术、生态安全综合评估技术，对重点产业和城市灾害生态风险开展专项研究，建立长三角城市群生态风险预测预警技术平台。

（3）针对长三角城市群河网景观、环湖生态林、城乡交错带和重要水源地等关键生态景观，重点开展山体-河岸带-水体、源头-过程-末端、“点-线-面”、个体-群落-景观-生态系统等多尺度相融合的功能物种筛选、结构优化配置等梯级生态景观重建技术研究，构建提升长三角重要生态景观服务功能的技术体系，为长三角城市群生态安全保障提供技术支撑。

（4）针对长三角城市群退化湿地、植被、棕地和关键生物栖息地等开展生态修复保育和服务功能提升技术攻关与示范，构建综合监测与评估数据库，量化城市受损生态空间修复与功能提升效应。

（5）研究基于空间优化决策模型构建布局合理、功能复合的长三角城市群生态安全格局，并提出生态安全战略空间管控要求及规划导引方案；开发多层次复合体系的生态网络设计技术，建立生态安全格局网络设计信息集成与平台，提出与区域生态资源支撑力相适应的长三角城市群 PREED 耦合发展模式和调控策略，建立长三角城市群区域生态安全综合保障技术集成示范基地。

（6）研究长三角城市群生态安全协同联动机制与管控体系，开发云数据库与模型库，研究多元数据融合同化和群决策模型优化技术，建立城市群生态安全协同联动机制决策支持系统与示范平台，为长三角城市生态安全保障提供技术支撑。

1.1.2 主要研究内容

科技部在 2016 年国家重点研发计划“典型脆弱生态修复与保护研究”重点专项中明确提出了“重要城市群生态安全保障技术”的研究任务，要求以典型城市群为对象，研发区域生态系统评价与监管技术和区域生态健康诊断、安全评估与生态风险预测预警技术；研发关键生态景观重建技术以及受损生态空间修复保育和服务功能提升技术，开发区域生态安全格局网络设计技术及生态安全保障技术，构建城市生态安全协同联动机

制决策支持系统和平台。本书为国家重点研发计划（2016YFC0502700）的主要研究成果，从六大方面围绕长三角城市群开展了生态安全保障技术与示范的研究。

第一部分“长三角区域生态系统评价、健康诊断与监管技术”和第二部分“长三角城市群生态安全评估与风险预测预警技术”契合指南研究内容——“研发区域生态系统评价与监管技术和区域生态健康诊断技术”的技术需求，主要研究阐明长三角区域生态系统在全球、全国的功能定位，分析该区域面临的重大生态安全问题；研发生态系统服务功能评价、健康诊断与监管技术体系；并应用3S技术、生态安全与生态风险模型与大数据等，研究其长三角城市群生态安全响应、快速诊断与识别技术、城市群发展的生态风险、生态灾害评估技术及监控与预测预警关键技术，为长三角区域生态安全保障关键技术研究和集成示范提供科学基础和支撑。

第三部分“长三角城市群关键生态景观重建修复技术与示范”和第四部分“长三角城市群典型受损生态空间修复保育及功能提升技术与示范”契合指南任务内容“研发关键生态景观重建技术以及受损生态空间修复保育和服务功能提升技术”。项目研究中选择了长三角城市群平原河网景观、环湖生态林景观、城乡交错带生态景观及重要水源地等关键生态景观，研发关键生态景观的重建技术和方法体系；同时选择该城市群退化城市湿地、植被、棕地和生物栖息地等典型受损生态空间，开展景观重建技术和受损生态空间修复保育和服务功能提升研究，并基于环境物联网、“生态工程”等技术，对修复过程中的水土气生等环境因素进行监测和跟踪评价，旨在为区域的生态修复、重建和生物栖息地的保护提供关键技术支撑。

第五部分“长三角城市群生态安全格局网络设计与综合保障技术”契合指南任务内容“开发区域生态安全格局网络设计技术及生态安全保障技术”。项目通过长三角城市群城市安全格局规划与分级调控技术、多尺度生态网络设计技术，PREED耦合模式开展城市群生态安全综合保障与调控技术研究，并开展生态系统评价、生态监测、生态安全评估和生态风险预测预警技术的集成示范，为生态安全保障技术的推广应用提供技术支撑。

第六部分“长三角城市群生态安全协同联动决策支持系统和平台构建及集成示范”契合指南任务内容“构建城市生态安全协同联动机制决策支持系统和平台”。项目通过构建长三角生态安全协同联动的机制和管控体系，建立大数据框架下的长三角城市群生态安全保障技术系统，研发长三角城市群生态安全保障决策支持系统和联动平台，实现长三角城市群生态安全保障的联动管理与决策支持。

1.1.3 技术路线

本书针对长三角城市群生态安全保障的重大科学问题与技术需求，提出了“注重时空尺度”（时间尺度：近四十年；空间：区域、城市群、城市、生态系统；空间尺度：35.8万km^2，含区域、城市群、城市、生态系统类型等尺度）、强化“1、5、1”技术抓手的整体研究思路与技术路线（图1.1），即构建一个基础理论框架、研发五大技术与示范体系、创新一个协同联动决策支持系统和平台。

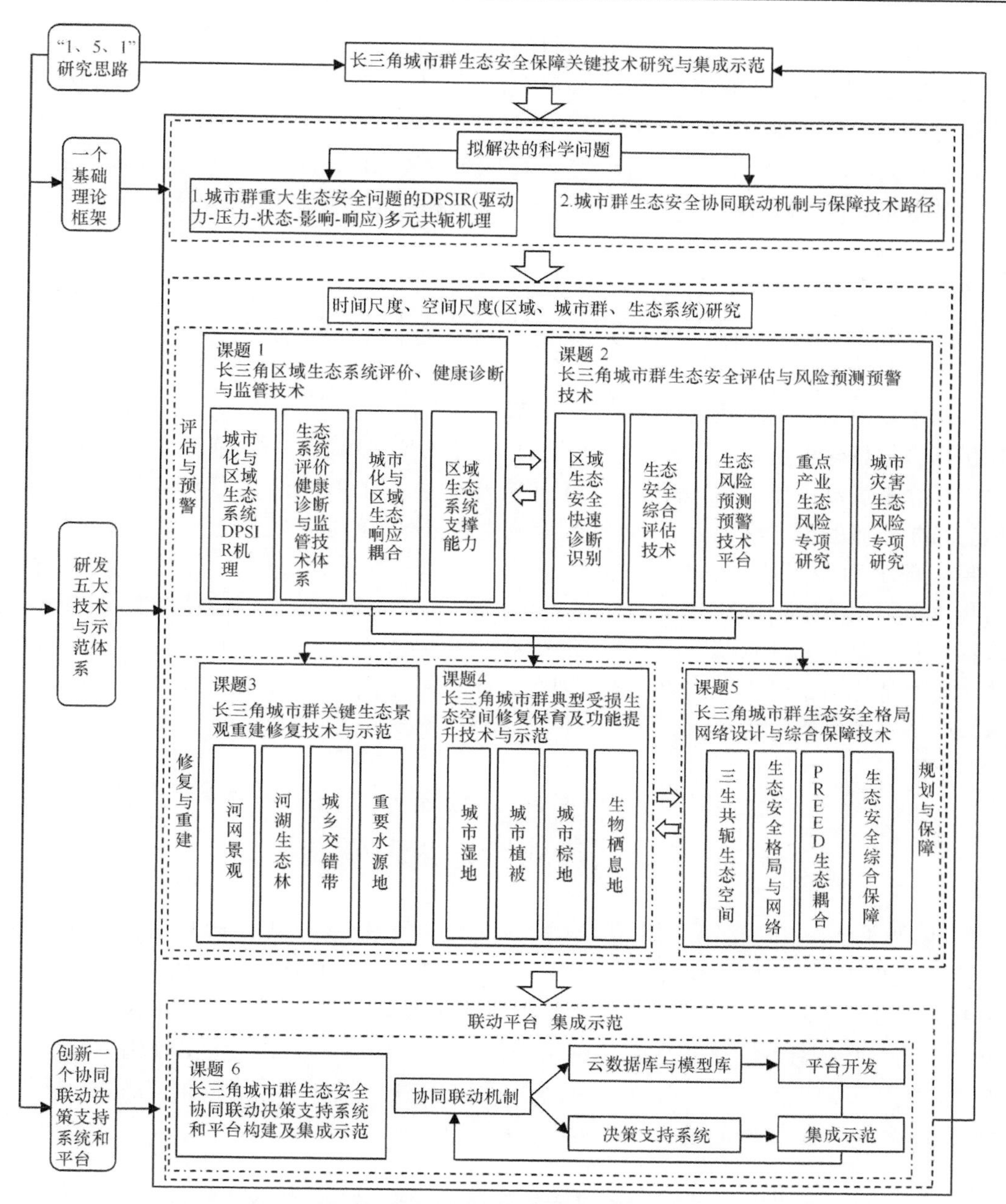

图 1.1 长三角城市群生态安全关键技术研究与集成示范技术路线

1.2 研 究 方 法

1.2.1 城市群发展与区域生态系统演变的耦合关系及多元共轭机理分析

基于自然-社会-经济耦合系统的长三角区域生态风险特殊规律及其成因研究，构建长三角城市群自然-社会-经济系统耦合机制，探索长三角城市群人口与经济空间极化所导致的生态风险的演化规律。以 DPSIR（驱动力-压力-状态-影响-响应）模型为框架，从驱动力、压力、状态、影响和响应 5 个方面，阐明社会经济对城市群生态系统的 DPSIR 多元共轭机理，以及为适应、削弱和预防这些影响应采取的措施，为长三角城市群生态安全保障关键技术研究和集成示范提供科学基础和实践指导。

1.2.2 复合生态系统特征分析、承载力评估、健康分类诊断与安全保障监管

基于复合生态系统理论、协同理论、城市群理论，集成 3S 技术、仿真模拟、VR 虚拟仿真等信息分析与处理技术，明确长三角区域的生态功能定位。基于复合生态系统理论，综合系统动力学、生态足迹、PSE（压力-敏感-弹性）等相关模型和方法，系统评估长三角区域的生态承载力；情景模拟不同生态承载力约束下的长三角区域发展模式与路径，研发长三角区域生态承载力提升的关键技术。基于 PSE 模型、场景测试等技术，对长三角区域生态健康动态变化进行诊断分析，构建和选择区域经济社会发展与生态健康耦合状态测度和预测模型。通过 3S 技术、环境物联网与地面监测相结合，传统定位监测与智能化数据库相融合的方式，创新生态系统安全监管集成技术体系，开发长三角区域生态系统监管关键技术。

1.2.3 生态安全评估、安全响应、快速诊断识别与重点产业生态风险调控

基于 CLUE-S 等土地利用变化模型，预测长三角城市群未来一段时期的土地利用变化特征，采用情景分析法分析城市化的景观生态效应。基于 DPSIR（驱动力-压力-状态-影响-响应）模式研究，提出城市群生态脆弱性评价整合模型。基于 3S 和大数据，针对长三角城市群生态系统类型及其生态系统服务在城镇化过程中的变化，鉴别与城市生态安全相关的关键生态系统及服务。基于城市群不同产业发展模式的情景分析，剖析长三角城市群产城协同发展的现状、发展阶段和发展态势。

1.2.4 长三角城市群极端气候灾害与生态风险预测预警

基于最新的长三角地区气候变化预估数据集，应用气候变化情景预估方法，开展长三角洲地区的未来气候变化风险预估。基于城市群多维生态环境与社会经济大数据，开展相关数据的挖掘与同化，以 LUCC 为突破点，开发基于 SD 模型与面向对象技术的 LUCC 预测模型软件。基于 P2P 与云技术构建生态风险监控预警体系与交互式生态风险评价体系。

1.2.5 关键生态景观退化特征辨识与梯级修复重建

利用 3S 技术、优化的河岸带生态系统管理模型，对长三角城市群生态系统开展退化特征分析，辨识退化机制。建立植物-土壤-水体连续系统分析模型，分析氮磷等污染物质的迁移与转化，利用环境物联网与定位监测技术，评价重建的关键生态景观的生态服务功能。利用环境物联网与定位监测技术，评价重建的关键生态景观的生态服务功能。

1.2.6 多目标城市受损生态系统（湿地、植被、棕地、生物栖息地）水-土-生综合修复技术

通过城市受损湿地、植被、棕地、生物栖息地等水-土-气-生要素综合调查，构建城市受损生态空间修复潜力评估方法体系，研究城市受损生态空间水-土-气-生复合修复与功能提升方法与技术，通过物联网观测、遥感监测、野外监测与室内分析等手段，提出典型受损城市生态空间修复优化对策。

1.2.7 生态安全保障决策支持系统开发

以城市社会经济数据、环境质量基础数据及现场调查测试数据、3S 数据等作为长三角城市群生态安全数据信息系统的重要数据源，构建城市群生态安全多模型库进行安全评价（健康诊断和风险识别）、安全预警、格局评价、区域优化和修复方案制订等，引入战略环评研究成果模拟不同政策、城市规划方案、土地利用规划方案等情景，再通过群决策方法进行长三角城市群生态安全的决策支持研究，并进行示范应用。

第2章　长三角区域生态系统评价、健康诊断与监管技术

2.1　长三角城市群生态安全中重大问题评估和决策库技术

长三角城市群是“一带一路”与长江经济带的重要交汇地带，在中国国家现代化建设大局和开放格局中具有举足轻重的战略地位，是中国参与国际竞争的重要平台、经济社会发展的重要引擎。同时，长三角城市群是中国城镇集聚程度最高的地区，也是中国经济发展最活跃的地区之一，以仅占中国3.69%的土地面积，集中了中国约1/4的经济总量和1/4以上的工业增加值。据国家统计局公布的最新数据，2020年，上海市、江苏省、浙江省和安徽省合计GDP达24.5万亿元，占国内生产总值的24.1%。

长三角城市群同时也是中国单位国土面积资源能源消耗和污染物排放强度最高的地区之一，是中国生态环境污染最严峻的地区之一，长期以来承载着巨大的生态环境压力。据2019年1月生态环境部新闻发布会公布的数据，长三角地区的单位面积大气污染物排放量为全国平均水平的3～5倍。另外，长三角生态环境长期处于超载。长三角城市发展长期挤占生态空间，从2003～2017年的统计数据来看，长三角建设用地面积增长了34.0%，农业用地面积减少了2.3%，远高于同期全国平均水平27.39% 和 –1.86%；而耕地“占补平衡”导致生态空间侵占加剧，大量围垦造成湿地萎缩、重要生物栖息地受到破坏，同期全国平均湖泊面积增长了2.90%，而长三角下降了5.39%，生态空间保护压力巨大。同时，长三角河流众多，水网密集，区域内水污染现象日益突出且沿河网扩散移动，跨界水污染问题突出，区域生态安全受到极大威胁（曹斌等，2010；曾刚等，2019；曾刚和王丰龙，2018；葛世帅等，2021；滕堂伟等，2020）。

本书开展了长三角城市群生态安全重大问题评估和决策库技术研究，为客观认识城市群生态安全中的问题和解决城市群未来发展可能面临的各类生态安全风险提供决策支持。遵循问题导向，从生态健康、环境污染和管理水平三个方面构建评价指标体系，然后通过熵权法、熵权TOPSIS法等方法构建决策库技术，并选择上海崇明区作为案例开展验证分析，研究框架如图2.1所示。

2.1.1　指 标 构 建

首先确立长三角城市群生态安全中的重大问题评估和决策库技术的指标体系理论和设计原则，科学构建完整的指标体系框架与内容；然后设立总目标层、子系统层、指标

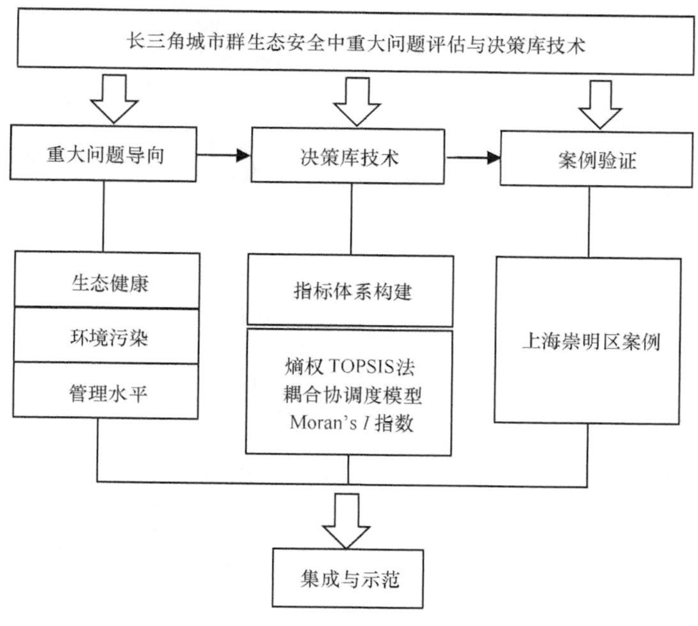

图 2.1　技术研究框架

层；指标层面，在科学阐明指标选取依据的基础上，准确定义其计量单位、指标性质与计算方法。

1. 指标体系设计思路与原则

为保证指标体系对长三角城市群生态安全中重大问题评估和决策库技术的针对性，本书将研究制定分阶段、分层次、分部门的行动方案，具体包括本底数据的获取、具体措施的提出，采用的技术路线如图 2.2 所示。

不同层次的指标构成指标体系，最底层的指标（indicators），是经过筛选的各种基础数据；基础指标经过整合和处理之后形成若干种主题指标（theme indicators）；处于顶层的是 index，也就是我们通常所谓的指标。指标并不是数据的简单堆积，它更加强调的是汇总和简化过程，而数据仅仅是直接观测值或实际测量值。指标可以从数据中开发，但是具有更加广泛的意义，引入指标最主要的目的是为决策服务。

在指标的设计思想上，对于如何构建有效的指标达成较为广泛的共识。

1）目标导向

指标与决策紧密相连，因此需要根据不同的政策目标建立指标。反过来，这也意味着每一个指标都存在适用范围和目标引导的问题。例如，GDP 的出现，主要是为了解决当时产值核算过程中由重复计算导致的紊乱问题。它通过对产业链的高度归纳，利用市场价格核算可以进入市场的一切活动，以此反映总的市场规模。就这个目标而言，GDP 是一个高度简练、非常科学的指标。但是后来人们错误地用 GDP 来衡量社会经济可持续发展等综合效益，导致了 GDP 崇拜，同时也引发了对 GDP 的大量批判。这些问题的产生，归根结底是没有按照目标导向的原则构建指标，而是试图将反映

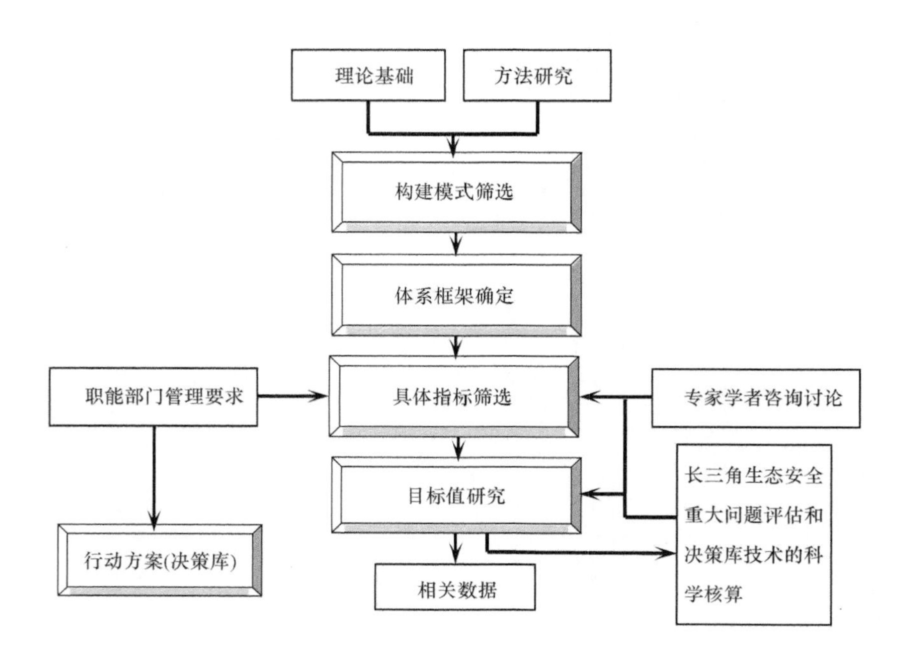

图 2.2 长三角城市群生态安全中重大问题评估和决策库技术指标体系构建框架

不同政策目标的指标直接用于其他目标，最后导致了指标的失灵。因此，目标导向是第一步。

2）科学合理

指标的理论基础是指标科学性的基本保证。迄今为止所有著名的指标，背后都有鲜明的理论烙印。例如，在衡量社会发展过程中人类福利改变的所有指标中，表现最为出色的是联合国主导开发的生活质量指数（physical quality of life index，PQLI）和人类发展指数（human development index，HDI）。PQLI 在设计的过程中，大幅度简化了进入分析过程的各项发展内容，仅考虑婴儿死亡率、预期寿命和基本识字率这三项指标。HDI 的设计思想也基本类似，即出生期预期寿命、成人识字率和毛入学率，以及人均 GDP 构成了整个指标体系的基础。尽管指标体系高度简化，但是从世界各国的应用来看，PQLI 和 HDI 取得了那些层层叠叠、高度复杂的指标体系无法实现的成功。其中最为主要的原因是 PQLI 和 HDI 的设计都是建立在基于以人为本新的发展观基础上的。实际上，GDP 在衡量经济总量方面能够取得成功，与它的国民经济核算理论基础也存在很大的关系。

3）指向清晰

几乎所有关于指标的讨论都高度强调参与性，甚至认为最有效的指标设计方法是让使用者直接参与指标的设计，因此他们知道如何利用这些指标。WRI（1995）认为，成功的指标必须是使用者导向的，必须提供对使用者有用的信息，并且易于为使用者接受。而指标设计过程中使用者的参与性，能够增强其对指标的认同感，确保指标的各项使用者需求的实现。面向公众的指标，只有让老百姓能够接触它们、了解它们、关心它们，才能够有效地真正发挥其功能。广泛的参与性一般可以通过吸纳潜在的使用者进入指标设计过程、召开各类征询会等方式实现，但是有效的参与最终需要指标足够简洁易懂，同时计算过程足够透明。

4）数据可得

指标是为决策服务的，因此与其他任何管理手段一样，存在投入产出问题。以最低的投入，获得提高决策水平的最大效果，应该是指标体系设计的基本出发点。低成本要求指标的数据采集、计算、发布和反馈都必须是高度简化的，以减少整个过程的人力和物力的投入。因此在设计时，必须考虑尽可能利用现有的数据基础或监控手段，以及成熟的技术和产品，即便在现有数据支持不好的情况下，也应当尽可能挖掘当前各类统计工作的潜力。

2. 指标主题与指标选取

长三角城市群生态安全中重大问题评估和决策库技术的指标体系包括生态、环境和管理三大主题（图2.3）。其中，生态系统的核心导向包括湿地、绿地、林地的面积等；环境系统的核心导向包括水、气的污染状况，以及农药和化肥的使用量；管理系统的核心导向包括环境投资、透明化管理、居民满意度等。该指标体系共计三大主题、12项指标（表2.1）。

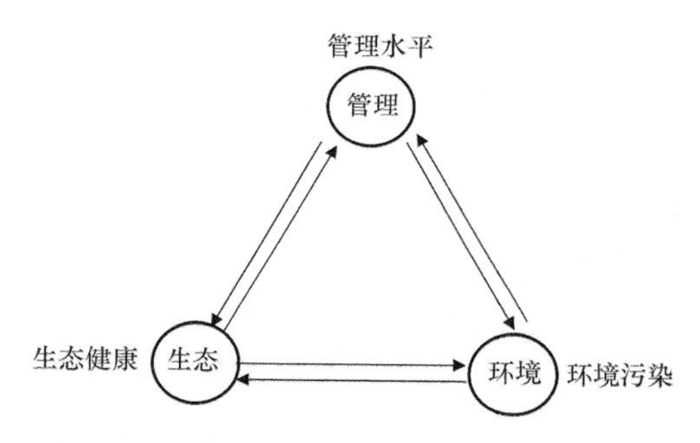

图2.3　长三角城市群生态安全中重大问题评估和决策库技术指标体系框架

表2.1　长三角城市群生态安全中重大问题评估和决策库技术指标体系

目标	子系统	序号	指标层	计量单位	指标性质
生态安全中重大问题评估和决策库技术	生态健康	E1	森林覆盖率	%	正向
		E2	土地开发强度	%	负向
		E3	人均公园绿地面积	m^2	正向
		E4	自然湿地保护率	%	正向
	环境污染	H1	骨干河道水质达到三类水域比例	%	正向
		H2	环境空气质量优良率	%	正向
		H3	农药、化肥施用强度	kg/hm^2	负向
		H4	年均$PM_{2.5}$浓度	$\mu g/m^3$	负向
	管理水平	G1	居民对生态环境满意度	%	正向
		G2	生态环境考核占政府工作考核的比例	%	正向
		G3	生态环境投资占财政支出比例	%	正向
		G4	环境信息公开率	%	正向

3. 指标内涵及选取依据

1）生态主题指标

生态系统有森林覆盖率、土地开发强度、人均公园绿地面积和自然湿地保护率 4 个指标。生态系统重点关注湿地、林地和公园绿地面积和比例及土地开发强度。其中，除人均公园绿地面积外，均为相对指标，以便更好地进行横向与纵向比较。

A. 森林覆盖率

森林覆盖率是指森林面积占土地总面积的比率，是反映长三角城市群森林资源和林地占有的实际水平的重要指标。森林面积是指郁闭度 0.2 以上的乔木林地面积、竹林地面积等，也包括农田林网以及村旁、路旁、水旁、宅旁林木的覆盖面积，森林资源的增加能够显著改善地区的生态状况。因此，本书采用森林覆盖率反映长三角城市群生态健康水平。

B. 土地开发强度

土地开发强度指的是建设用地总规模占行政区陆域面积的比例，建设用地总规模是指城乡建设用地、区域基础设施用地和其他建设用地规模之和。2017 年 2 月 4 日，国务院印发《全国国土规划纲要（2016—2030 年）》，提出到 2030 年，国土开发强度不超过 4.62%，城镇空间控制在 11.67 万 km^2 以内。因此，本书选取土地开发强度为生态系统的重要指标。

C. 人均公园绿地面积

“公园绿地”是城市中向公众开放的、以游憩为主要功能，有一定的游憩设施和服务设施，同时兼有健全生态、美化景观、防灾减灾等综合作用的绿化用地，是城市建设用地、城市绿地系统和城市市政公用设施的重要组成部分，也是展示城市整体环境水平和居民生活质量的一项重要指标。人均公园绿地面积是城市中每个居民平均占有公园绿地的面积，能够反映城市居民的生活环境和生活质量，是长三角城市群生态健康的重要指标。因此，本书采用人均公园绿地面积反映长三角城市群生态健康水平。

D. 自然湿地保护率

自然湿地保护率指的是地区内自然湿地面积占第二次全国湿地资源调查的湿地面积比率。自然湿地指天然形成的沼泽地等带有静止或流动水体的成片浅水区，还包括在低潮时水深不超过 6m 的水域。中国自然湿地的主要类型包括沼泽湿地、湖泊湿地、河流湿地、河口湿地、海岸滩涂、浅海水域、水库、池塘、稻田等。湿地是位于陆生生态系统与水生生态系统之间的过渡性地带，是一种特殊的自然综合体，对环境变化反应敏感。作为全球三大生态系统之一，湿地有独特的水文、土壤、植被与生物等特征，具有消除污染、涵养水分、调节气候的作用，并可为生物提供栖息地。

2）环境主题指标

环境主题包括骨干河道水质达到三类水域比例、环境空气质量优良率、农药和化肥施用强度、年均 $PM_{2.5}$ 浓度 4 个指标。4 个指标同时兼顾了水、土、气等生态系统的各个组成部分。

A. 骨干河道水质达到III类水域比例

水是生命之源，是长三角城市群绿色发展最为重要的生态要素，也是环境保护的重中之重。骨干河道功能区达标主要指达到地表水环境 III 类功能区标准。目前，长三角地区三省一市的地表水III类水质比例不一。因此，本书采用骨干河道功能区达标率表征长三角城市群地表河网水环境质量。

B. 环境空气质量优良率

环境空气质量优良率是指全年中地市空气质量达到我国空气质量 AQI 优良标准的天数占全年天数的比例。空气质量 AQI 指数是当前我国衡量空气质量的重要指标。我国 2016 年 1 月 1 日开始实施的《环境空气质量指数（AQI）技术规定（试行）》（HJ 633—2012）中规定，AQI 指数通过计算二氧化硫、二氧化氮、PM_{10}、$PM_{2.5}$、一氧化碳、臭氧等六种污染物的污染程度得到，是反映城市空气质量的综合指标。AQI 数值越大，表明空气综合污染程度越严重，AQI 数值小于等于 100 时，空气质量达到优良的国家标准。空气质量是生态环境的重要组成部分，因此本书采用指标“空气质量 AQI 优良的天数占全年比例”来刻画长三角城市群的空气质量。

C. 农药、化肥施用强度

亩（1 亩≈666.7m^2）均农药、化肥施用强度是指本年内单位播种面积实际用于农业生产的化肥和农药数量。化肥和农药作为农业生产的一大催化剂，在给农作物带来丰产的同时，也给农业带来一些负面影响。化肥过量是土壤污染的一个重要因素，过量使用化肥可导致土壤板结、酸化加剧、盐碱化，致使肥料利用率极低，进一步加剧地下水污染，作物长势差，品质下降，效益低等连锁反应。

D. 年均 $PM_{2.5}$ 浓度

年均 $PM_{2.5}$ 浓度是指每立方米空气中空气动力学直径小于或等于 2.5μm 的颗粒物含量的年平均值，用于反映空气污染状况。$PM_{2.5}$ 的主要成分是元素碳、有机碳化合物、硫酸盐、硝酸盐、铵盐和多种金属元素，主要来源于机动车（船）排放、电厂锅炉、工业炉窑和生产过程、道路与建筑扬尘、秸秆焚烧、民用分散燃烧等。世界卫生组织曾指出：当 $PM_{2.5}$ 年均浓度达到每立方米 35μg 时，人的死亡风险比每立方米 10μg 的情形约增加 15%。大量研究显示，$PM_{2.5}$ 浓度越高，呼吸系统病症和心血管病的发病率也同步增高。因此，本书采用指标年均 $PM_{2.5}$ 浓度来刻画长三角城市群的空气污染状况。

3）管理主题指标

管理系统包括居民生活满意度指数、生态环境考核占政府工作考核的比例、生态环境投资占财政支出比例、环境信息公开率 4 个指标。管理系统关注人民对生活发展的获得感和满意度，生态环境在政府工作考核、财政支出的比例为管理系统关注的重点指标，同时兼顾环境信息公开率方面的指标。

A. 居民生活满意度指数

居民生活满意度指数是由英国莱斯特大学社会心理学家阿德里安·怀特建立的。生活满意度是个人生活的综合认知判断，主要是对个体生活的总体的概括认识和评价。作为一个认知因素，它常被看成是主观幸福感的关键指标，是对快乐的补充，是主观幸福感的一种更有效的衡量标准。目前，国内外学者对生活满意度已经形成了一个比较一致的看法：生活满意度是个人依照自己选择的标准对自己大部分时间或持续一定时期生活状况的总体性的认知评估，它是衡量某一社会中人们生活质量的重要参数。因此，本书采用“居民生活满意度指数”作为反映长三角城市群管理水平的重要指标。

B. 生态环境考核占政府工作考核的比例

生态环境考核占政府工作考核的比例指地方党政干部实绩考核评分标准中生态文明建设工作所占的比例。该指标旨在推动创建地区将生态文明建设工作纳入党政实绩考核范围，通过强化考核，把生态文明建设工作任务落到实处，进而强化生态环境保护约束，切实提高生态文明建设成效。因此，本书采用“生态环境考核占政府工作考核的比例”作为表征长三角城市群生态安全管理水平的指标之一。

C. 生态环境投资占财政支出比例

生态环境投资占财政支出比例指的是城市环境基础设施建设投资、“三同时”环保投资和工业污染源治理投资总额占地区财政支出的比例。近年来，政府在稳定经济增长的同时，开始更多地关注居民生活质量，城市环境基础设施建设的投资同样保持震荡上升趋势。因此，本书采用“生态环境投资占财政支出比例”作为表征长三角城市群管理水平的指标之一。

D. 环境信息公开率

环境信息公开率指政府及其有关部门公开其制作或获取的环境信息，以及企业事业单位公开其在生产经营和管理服务过程中形成的与环境影响有关的信息公开的比例。《中华人民共和国环境保护法》通过专章提出要全面加强信息公开与公众参与。因此，本书采用“环境信息公开率”作为表征长三角城市群管理水平的指标之一。

4. 目标值研究

1）目标值设定

针对长三角城市群“十三五”期间生态安全的实际情况，本书为长三角城市群生态安全的各个指标科学设定目标值。目标值设定为2025年和2035年，根据政府相关部门对某个指标明确提出的文件要求确定或者结合长三角城市群现状值，采取趋势外推等方式测算，结果如表2.2所示。

2）目标值设定依据

A. 生态健康

a. 森林覆盖率：2025年目标值（30%）；2035年目标值（35%）

森林覆盖率是指森林面积占土地总面积的比率，是反映长三角城市群森林资源和林

表 2.2　长三角城市群生态安全中重大问题评估指标目标值设定

目标	子系统	序号	指标层	计量单位	指标性质	2025 年目标值	2035 年目标值
生态安全中重大问题评估和决策库技术	生态健康	E1	森林覆盖率	%	正向	30	35
		E2	土地开发强度	%	负向	22	30
		E3	人均公园绿地面积	m^2	正向	9	13
		E4	自然湿地保护率	%	正向	55	65
	环境污染	H1	骨干河道水质达到III类水域比例	%	正向	85	100
		H2	环境空气质量优良率	%	正向	86	92
		H3	农药、化肥施用强度	kg/hm^2	负向	200	160
		H4	年均 $PM_{2.5}$ 浓度	$\mu g/m^3$	负向	30	25
	管理水平	G1	居民生活满意度指数	%	正向	85	92
		G2	生态环境考核占政府工作考核的比例	%	正向	45	60
		G3	生态环境投资占财政支出比例	%	正向	7	10
		G4	环境信息公开率	%	正向	90	99

地占有的实际水平的重要指标。2019 年，国家林业和草原局公布中国森林覆盖率为 22.96%。从中华人民共和国成立之初的不到 9%，到改革开放初期的 12%，中国森林覆盖率快速稳步上升。2020 年，安徽省森林覆盖率为 35%，而上海森林覆盖率仅为 18.2%。结合长三角城市群内各城市的差异情况，本书设定到 2025 年和 2035 年，长三角城市群平均森林覆盖率将分别达到 30%和 35%。

b. 土地开发强度：2025 年目标值（22%）；2035 年目标值（30%）

按照国际惯例，一个地区土地开发强度的警戒线为 30%。2017 年 2 月 4 日，国务院印发《全国国土规划纲要（2016—2030 年）》，提出到 2030 年，平均国土开发强度不超过 4.62%。长三角城市群是中国城市化最高的区域之一，目前上海、苏州等城市的土地开发强度已远超 30%，《长江三角洲城市群发展规划》指出上海、苏南地区、环杭州湾等需要严格控制新增建设用地规模和开发强度。据此，本书设定至 2025 年和 2035 年，长三角城市群土地开发强度将分别限制在 22%和 30%左右。

c. 人均公园绿地面积：2025 年目标值（$9m^2$）；2035 年目标值（$13m^2$）

人均公园绿地面积能够反映城市居民生活环境和生活质量，是长三角城市群生态健康的重要指标。2020 年，上海新建绿地 $1321hm^2$，上海人均公园绿地面积比 2016 年年底多出 $0.48m^2$。《上海市城市总体规划（2017—2035 年）》指出至 2035 年，上海市人均公园绿地面积达到 $13m^2$ 以上。以上海为参考，长三角城市群 2025 年和 2035 年的人均公园绿地面积将分别达到 $9m^2$ 和 $13m^2$。

d. 自然湿地保护率：2025 年目标值（55%）；2035 年目标值（65%）

2020 年，中国湿地保护率均达 50%。具体到长三角城市群内部，2020 年，苏州市林业工作会议中指出苏州市自然湿地保护率达 64.5%，走在江苏省前列；而无锡市 2018 年的自然湿地保护率已超过 51%，全市初步形成了以国家级湿地公园为重点、省级湿地公园为主体、湿地保护小区为补充的湿地保护体系。基于中国自然湿地保护率现状，本书设定长三角城市群 2025 年和 2035 年的自然湿地保护率分别为 55%和 65%。

B. 环境污染

a. 骨干河道水质达到三类水域比例：2025 年目标值（85%）；2035 年目标值（100%）

测算说明：按照生态环境部有关地表水环境质量的监测规范和要求，在所有国控、市控监测断面的各类监测因子的全年监测频次中，达到国家《地表水环境质量标准》（GB 3838—2002）Ⅲ类标准的断面因子频次的比例。参与评价的因子有 11 项：pH、水温、溶解氧、高锰酸盐指数、化学需氧量、五日生化需氧量、氨氮、总磷、挥发酚、石油类、粪大肠菌群（个/L），采用项次法进行评价。按照 III 类功能区标准，到 2020 年，骨干河道水质达到Ⅲ类水域比例提升到 80%以上，达到多年来较高的水平。展望“十四五”，设定长三角城市群骨干河道水质继续有小幅度的提升，2025 年达到 85%的水平，到 2035 年将达到 100% III 类水域标准。

b. 环境空气质量优良率：2025 年目标值（86%）；2035 年目标值（92%）

测算说明：2019 年中共中央国务院印发《长江三角洲区域一体化发展规划纲要》强调到 2025 年，细颗粒物（$PM_{2.5}$）平均浓度总体达标，地级及以上城市空气质量优良天数比率达到 80%以上。上海市人民政府办公厅关于印发的《上海市清洁空气行动计划（2018—2022 年）》中指出，到 2022 年，AQI 在 2020 年 80%的基础上进一步提升。由于空气污染不仅与本地污染物排放有关，还与地理位置、风向和湿度等有关。我们结合长三角地区的实际情况，按 1%的速度递减，到 2025 年和 2035 年，长三角城市群的环境空气质量优良率分别为 86%和 92%左右。

c. 农药、化肥施用强度：2025 年目标值（200kg/hm^2）；2035 年目标值（160kg/hm^2）

测算说明：根据农业农村部印发的《农业绿色发展技术导则（2018—2030 年）》，要求农业源的氮、磷排放强度削减 30%以上。长三角地区近年来化肥农药减施效果显著，2016 年，上海市化肥和农药下降幅度分别达到 10%、16%，浙江省化肥和农药下降幅度分别达到 6%、16%。假设长三角城市群农药、化肥施用强度下降速度达到 8%，到 2025 年和 2035 年，长三角城市群农药化肥施用强度分别为 220kg/hm^2、160kg/hm^2。

d. 年均 $PM_{2.5}$ 浓度：2025 年目标值（30μg/m^3）；2035 年目标值（25μg/m^3）

设定说明：2020 年 4 月，生态环境部通报重点区域 2019～2020 年秋冬季环境空气质量目标完成情况。2019 年 10 月～2020 年 3 月，长三角地区 $PM_{2.5}$ 平均浓度为 46μg/m^3，同比下降 16.4%；发生重污染天数为 60 天，同比减少 58.0%，超额完成 $PM_{2.5}$ 平均浓度同比下降 2%、重污染天数同比减少 2%的改善目标。《上海市城市总体规划（2017—2035 年）》指出 2035 年上海市 $PM_{2.5}$ 年均浓度要控制在 25μg/m^3 左右。根据长三角地区 $PM_{2.5}$ 浓度现状和下降速度，本书将 2025 年、2035 年的年均 $PM_{2.5}$ 浓度目标值分别设定为 30μg/m^3 和 25μg/m^3。

C. 管理水平

a. 居民生活满意度指数：2025 年目标值（85%）；2035 年目标值（92%）

测算说明：由于缺乏长三角城市群居民生活满意度指数的数据，本书以崇明区为例。通过崇明区居民受访者调研，发现 2020 年崇明区生态人居质量满意度得分为 85.43 分，受访者认可度高。较 2018 年的 82.11 分有了显著提升。崇明区的居民对于崇明区生态人居方面的“整体形象”、“质量感知”、“顾客期望”和“顾客满意度”四项得分都在 84

分以上，“顾客期望”在两年的测评中得分都位于首位，2020年的“顾客期望”得分高达89.30分。受访者普遍都对崇明世界级生态岛建设寄予了厚望，同时也高度肯定了“崇明”与“生态岛”名称的相符程度。本次结果中，“顾客期望”和“顾客满意度”两者得分相差了3.87分，表明受访者对崇明区生态人居的实际感受距离其期望仍有一定差距。根据崇明区满意度提升增长率的计算，2025年和2035年长三角城市群居民生活满意度指数分别能够达到85%和92%。

b. 生态环境考核占政府工作考核的比例：2025年目标值（45%）；2035年目标值（60%）

测算说明：生态环境考核占政府工作考核的比例指地方党政干部实绩考核评分标准中生态文明建设工作所占的比例。2019年，上海崇明区生态环境考核占政府工作考核的比例达55%。随着中国经济转型发展，生态环境考核占政府工作考核的比例将进一步上升。基于此，到2025年和2035年，长三角城市群生态环境考核占政府工作考核的比例将分别达到45%和60%。

c. 生态环境投资占财政支出比例：2025年目标值（7%）；2035年目标值（10%）

测算说明：生态环境投资占财政支出比例指的是城市环境基础设施建设投资、“三同时”环保投资和工业污染源治理投资总额占地区财政支出的比例。2016年12月6日，住房和城乡建设部、环境保护部联合印发了《全国城市生态保护与建设规划（2015—2020年）》，其中明确提出环境保护投资占GDP比例不低于3.5%。中国近年来已加强对环保治理的关注，环保投入保持上升趋势。长三角城市群处于工业化后期阶段，生态环境投资占财政支出比重应明显高于国家标准。基于此，到2025年和2035年，长三角城市群生态环境投资占财政支出比例将分别达到7%和10%。

d. 环境信息公开率：2025年目标值（90%）；2035年目标值（99%）

测算说明：环境信息公开率能够反映一个城市或地区的环境治理水平。《中华人民共和国环境保护法》提出要全面加强信息公开与公众参与。2019年，上海市生态环境局通过“上海环境”网站、“上海环境”政务微博、“上海环境”政务微信、新闻发布会及报刊广播电视等方式公开政府信息2278条，信息公开率达90%。基于此，到2025年和2035年，长三角城市群环境信息公开率将分别达到90%和99%。

2.1.2 计算方法

通过评价指标原始数据标准化处理对指标打分，利用各指标的客观权重，建立基于熵权法的生态安全评估模型。

1. 熵权法

1）指标权重的确定

本书利用熵权法确定指标权重。熵权法是一种客观的赋权方法，它是利用各指标的熵值所提供的信息量的大小来决定指标权重的方法（曹贤忠和曾刚，2014）。熵权法的作用如下：

（1）用熵权法给指标赋权可以避免各评价指标权重的人为因素干扰，使评价结果更符合实际，克服了现阶段的评价方法存在指标的赋权过程受人为因素影响较大的问题。

（2）通过对各指标熵值的计算，可以衡量出指标信息量的大小，从而确保所建立的指标能反映绝大部分的原始信息。

2）评价指标的打分

正向指标指数值越大表明生态安全发展状况越好。设 P_{ij} 为第 j 个评价年第 i 个指标规范化处理后的值；v_{ij} 为第 j 个评价年第 i 个指标的值；n 为被评价年的年数。根据正向指标的打分公式，则指标经过规范化处理后的值如下：

$$p_{ij} = \frac{v_{ij} - \min\left(v_{ij}\right)}{\max\left[v_{ij} - \min\left(v_{ij}\right)\right]}\left(1 \leqslant j \leqslant n\right) \tag{2.1}$$

负向指标指数值越小表明科技发展状况越好。各符号含义与上述一致。根据负向指标的打分公式，则指标经过规范化处理后的值如下：

$$p_{ij} = \frac{v_{ij} - \max\left(v_{ij}\right)}{\max\left[v_{ij} - \min\left(v_{ij}\right)\right]}\left(1 \leqslant j \leqslant n\right) \tag{2.2}$$

3）评价指标权重的确定

设 x_{ij}（i=1，2，…，n；j=1，2，…，m） 为第 i 个系统中的第 j 项指标的观测数据，对于给定的 j，x_{ij} 的差异越大，该项指标对系统的比较作用就越大，即该项指标包含和传输的信息越多。用熵值法确定指标权重的步骤如下。

（1）计算各指标熵值。设 e_j 为第 j 个评价指标的熵值，则熵值 e_j 的计算过程如下：

$$f_{ij} = x_{ij}\sum_{i=1}^{n} x_{ij} \tag{2.3}$$

$$e_j = \frac{1}{\ln(n)}\sum_{i=1}^{n} f_{ij}\ln\left(f_{ij}\right) \tag{2.4}$$

式中，f_{ij} 为第 j 个指标下第 i 个系统的特征比重；x_{ij} 为第 i 个系统中的第 j 项指标的观测数据（i=1，2，…，n；j=1，2，…，m）。

（2）计算各指标的熵权。设 w_j^* 为第 j 个评价指标的熵权，计算公式为

$$w_j^* = \frac{1 - e_j}{n - \sum_{i=1}^{n} e_i}, j = 1, 2, \cdots, m \tag{2.5}$$

式中，e_j 为第 j 个指标的熵值。

4）基于熵权法的生态安全问题评价模型

设 P_i 为第 i 个系统的综合评价得分，根据线性加权综合评价公式，则生态安全评价得分为

$$P_i = \sum_{j=1}^{n} p_{ij} w_j^* \tag{2.6}$$

式中，p_{ij}为评价指标规范化得分；w_j^*为第j个评价指标的权重。

2. 熵权 TOPSIS 法

TOPSIS 法是一种综合评判方法，其原理是在各城市的指标数据中，首先计算出最优方案，而后通过计算各城市的实际方案与最优方案的相对接近程度，以此来评判各城市的综合水平优劣。熵权 TOPSIS 法则在 TOPSIS 法的计算过程中，采用熵权法来为各指标赋权重，即根据指标的离异程度来赋权重（杜挺等，2014）。以下为 TOPSIS 法的计算步骤。

构建判断矩阵：

$$A = \left(a_{ij}\right)_{m\times n} \tag{2.7}$$

进行归一化处理：

$$B = \left(B_{ij}\right)_{m\times n} \tag{2.8}$$

确定各评价指标的熵：

$$f_{ij} = b_{ij} \Big/ \sum_{i=1}^{m} b_{ij} \tag{2.9}$$

$$e_i = -(1/\ln m)\sum_{i=1}^{m}\left(f_{ij} \times \ln f_{ij}\right) \tag{2.10}$$

计算权重矩阵$W = \left(w_i\right)_{1\times n}$，其中：

$$w_i = (1-e_i) \Big/ \sum_{j=1}^{n}(1-e_i) \tag{2.11}$$

求出各指标权重集$R = \left(r_{ij}\right)_{m\times n}$，其中：

$$R=B\times W \tag{2.12}$$

根据权重集R，计算理想解Q_+及负理想解Q_-：

$$Q_+ = \left(r_1^+, r_2^+, \cdots, r_n^+\right),\ Q_- = \left(r_1^-, r_2^-, \cdots, r_n^-\right) \tag{2.13}$$

分别测算各方案与Q_+及Q_-的距离，得到D_i^+和D_i^-：

$$D_i^+ = \sqrt{\sum_{j=1}^{n}\left(r_{ij} - r_i^+\right)^2},\ D_i^- = \sqrt{\sum_{j=1}^{n}\left(r_{ij} - r_i^-\right)^2} \tag{2.14}$$

计算与理想解的相对接近程度，得到评价指数：

$$C_i = D_i^- \Big/ \left(D_i^+ + D_i^-\right) \tag{2.15}$$

式中，C_i取 0～1，C_i的值越大，说明该方案越好。

2.1.3　崇明生态岛实证

生态安全，作为保障人类生产和生活所必需的，是可持续发展的重要基础，也是当今世界普遍关注的核心问题。岛屿是地球上一个特殊的地理单元，其生态环境和气候资源具有典型的海洋性特征，同时与陆地有着千丝万缕的联系。岛域面积相对较小和地理上的相对独立，使得海岛在生态上表现出脆弱性的特点，对外界因素干扰的抵御能力低于陆地生态系统。伴随着海岛经济的发展，资源消耗量的增加，尤其是居民数量的增加，岛屿的生态环境将面临压力和挑战。在跨越式发展的政策背景下，崇明岛地理位置的孤立性、资源的有限性和生态环境的脆弱性决定了其生态安全问题本身的特殊性（刘明星等，2017）。因此，这里选择崇明岛作为典型代表，分析其面临的重大生态安全问题。

1. 发展水平测算

通过综合计算，以 2035 年的目标值为基准，2019 年崇明生态安全水平的总得分为 77.73 分，离目标值 100 分还存在一定的差距。其中，生态健康的综合得分为 74.76 分，环境污染的综合得分为 70.07 分，管理水平的综合得分为 88.37 分。具体结果如表 2.3 和图 2.4 所示。

表 2.3　2019 年崇明生态安全评价指标体系评价结果

子系统	子系统得分	序号	指标层	指标得分
生态健康	74.76	E1	森林覆盖率	78.29
		E2	土地开发强度	100.00
		E3	人均公园绿地面积	54.62
		E4	自然湿地保护率	66.16
环境污染	70.07	H1	骨干河道水质达到Ⅲ类水域比例	96.20
		H2	环境空气质量优良率	93.26
		H3	农药、化肥施用强度	30.82
		H4	年均 $PM_{2.5}$ 浓度	60.00
管理水平	88.37	G1	居民生活满意度指数	92.82
		G2	生态环境考核占政府工作考核的比例	91.66
		G3	生态环境投资占财政支出比例	69.00
		G4	环境信息公开率	100.00

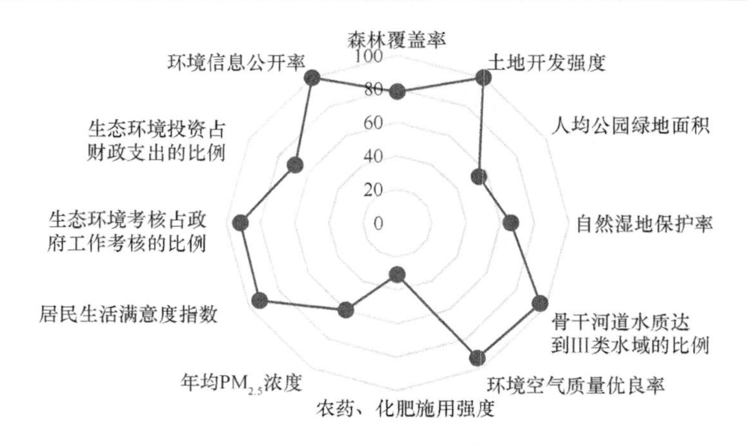

图 2.4　2019 年崇明生态安全发展具体指标得分图

2. 结果分析

分领域看（图 2.5），2019 年崇明生态安全中发展最好的领域是“管理水平”，达到 88.37 分，体现出崇明国际生态岛管理的显著成效。在生态健康领域下的具体指标中，土地开发强度达到了 100 分，具有代表性。而其他指标的值相对较低，尤其是人均公园绿地面积，其得分只有 54.62 分，在接下来的十年中，还需要不断增加人均公园绿地面积。

在环境污染领域，农药、化肥施用强度是应当重点关注的一个指标，但目前其得分距离目标值尚有一些差距。尤其是化肥施用强度，截至 2019 年，该指标值为 263.95kg/hm^2，是《崇明生态岛建设指标体系》中少数未能达到 2020 年目标值（250kg/hm^2）的指标之一，更是与 225kg/hm^2 的国际领先水平更是差距较大。其他三个方面，骨干河道水质达到Ⅲ类水域比例，环境空气质量优良率也都达到了 90 分以上，均取得了较好的成绩，而在 $PM_{2.5}$ 的治理方面还需要不断努力。

就目前情况看，“管理水平”是崇明生态安全中发展最好的领域，除了生态环境投资占财政支出比例为 69 分以外，其他三个指标的得分都达到了 90 分以上，离 2035 年的目标值差距甚微，说明崇明区政府以及群众对生态安全的重视程度很高，并付诸了实际的行动，今后仍需加大对生态环境的投资比例。

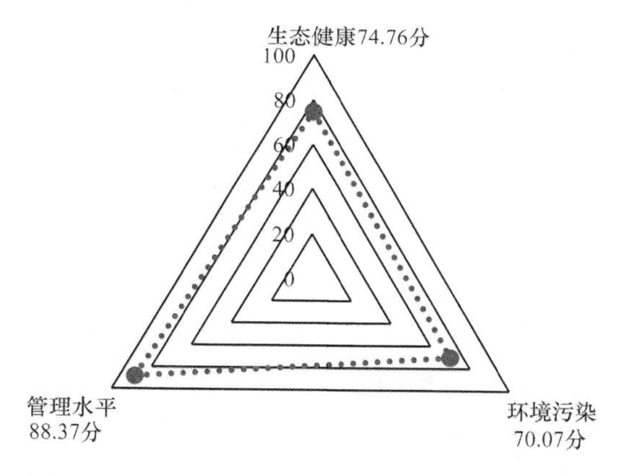

图 2.5　2019 年崇明生态安全发展分领域得分图

总体来看，第一，得益于多年来生态岛建设的持续稳步推进，崇明生态安全发展的管理水平领域取得了令人可喜的成就，政府工作以及群众监督工作都取得了实际的效果。展望 2035 年，在保持近年来管理水平显著成绩的基础上，还需要继续提高生态环境投资占财政支出比例。第二，在生态健康领域，崇明作为国际生态岛，各项指标都达到了比较理想的效果。但是并不能止步于此，在人均公园绿地面积和自然湿地保护率方面还需要继续发力。第三，在环境污染领域，化肥农药减排这一项离目标值还有很大差距需要尽快补齐。接下来，可以采取政府购买服务、技术补贴、物化补贴等方式，积极调整农业投入结构，减少化肥农药使用量，增加有机肥使用量，如集成推广堆肥还田、商品有机肥施用、沼渣沼液还田等技术模式，配套完善设施设备，促进资源循环利用。

2.2　长三角城市群生态承载力评估与提升技术研究

三维生态足迹模型（Niccolucci et al.，2011）引入生态足迹深度和生态足迹广度指标来区分和追踪自然资本存量的消耗与自然资本流量的占用，提供了将“资本存量是否减少及减少的程度”作为可持续性强弱判定的定量化途径。生态足迹广度含有代内公平的含义，而足迹深度则显示了代际公平（宋雪珺等，2018）。流量资本的占用主要受可再生资源禀赋的限制，而存量资本的消耗程度是区域可持续发展的标志（方恺，2013，2015），生态承载力评价与提升技术体系如图 2.6 所示。

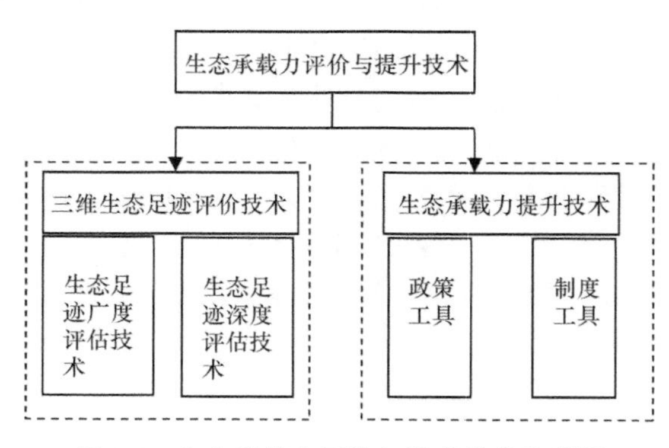

图 2.6　生态承载力评价与提升技术体系图

2.2.1　长三角城市群生态足迹广度分析

1. 时间动态

长三角城市群的人均生态足迹广度整体呈现持续下降的趋势。从 2000 年的 0.4701hm^2/人到 2015 年的 0.3672hm^2/人，表明长三角城市群各城市对自然流量资本的利用呈现下降的趋势，这可能与城市化进程的不断发展、城市居民对自然资源的需求增加，以及城市的生态承载力下降有关（图 2.7）。

2. 空间格局

生态足迹广度体现的是对自然流量资本的利用。长三角城市群总生态足迹广度的四个年份的格局基本相同。总体呈现中间低四周高的态势，人均生态足迹广度呈现西北部较高（主要集中在安徽省的大部分和江苏省的部分城市）、东部较低（主要集中在上海和浙江省的大部分城市）的态势。

2.2.2　长三角城市群生态足迹深度分析

1. 时间动态

从长三角城市群各城市人均生态足迹深度时间动态变化（图 2.8）可以看出，长三

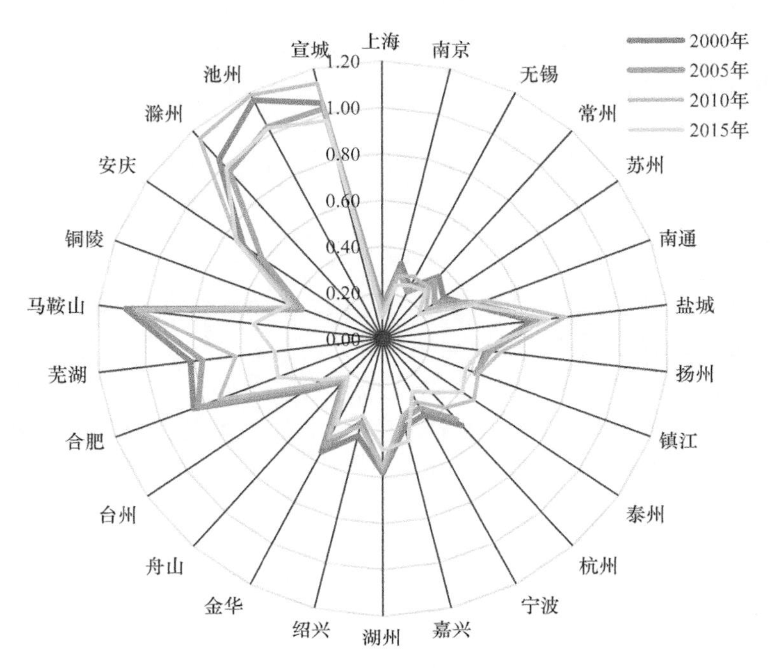

图 2.7　长三角城市群 26 个城市人均生态足迹广度动态变化

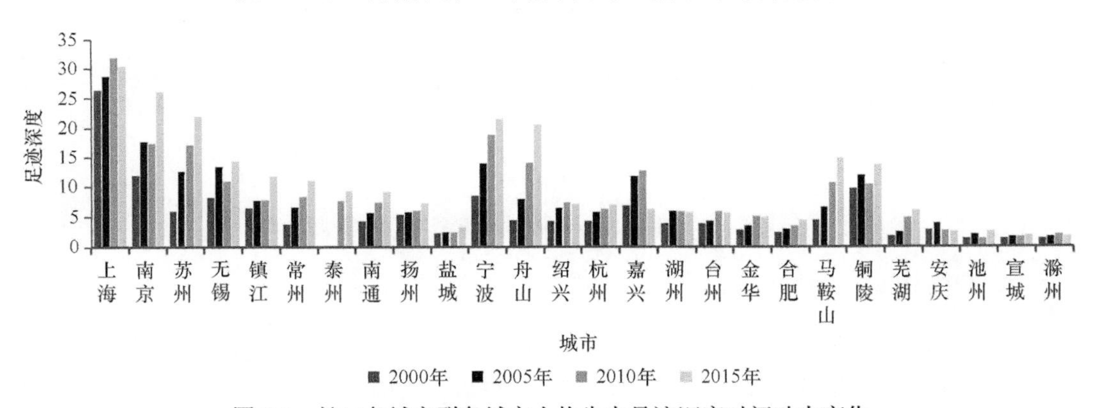

图 2.8　长三角城市群各城市人均生态足迹深度时间动态变化

角城市群的人均足迹深度呈现持续上升的趋势，足迹深度最高的是上海，其次为江苏省的南京、苏州、无锡，浙江省的宁波、舟山等城市，最后为安徽省的一些城市。这与足迹广度的分布情况大致相同，经济发展程度偏低和自然资源禀赋较好的省份，其对自然流量资本的利用程度较高，而其对自然存量资本的占用较少，有利于其可持续发展。总体来看，长三角城市群的发展已经超出了自然流量资本，大大透支了存量资本，2015年需要 10.7 倍的现有土地面积才能再生其实际消费的资源量。

2. 空间格局

生态足迹深度的空间分布格局呈现中东部高、西部低的态势。2000～2015 年，杭州、嘉兴、湖州、金华、台州、合肥等城市足迹深度等级降低，其他城市等级基本不变，整体格局在四个年份中也基本不变，四个年份中，2010 年整体等级较低。2015 年对自然资源存量资本的利用程度出现缓和趋势，但足迹深度都超过 1，说明整体上对自然资源的利用程度超过自然资源的供给能力。

2.2.3 长三角城市群三维生态足迹分析

1. 时间动态

通过对各城市人均三维生态足迹的计算结果表明，长三角城市群各城市人均三维生态足迹呈上升趋势，说明城市居民对自然资源的消耗需求整体呈上升趋势。整体来看，江苏省、浙江省和上海市的人均三维生态足迹较高，安徽省的马鞍山、铜陵由于其产业发展以能源产业为主，煤炭、石油的消耗较大，加上人口对其稀释作用不大，人均三维生态足迹也较高（图 2.9）。

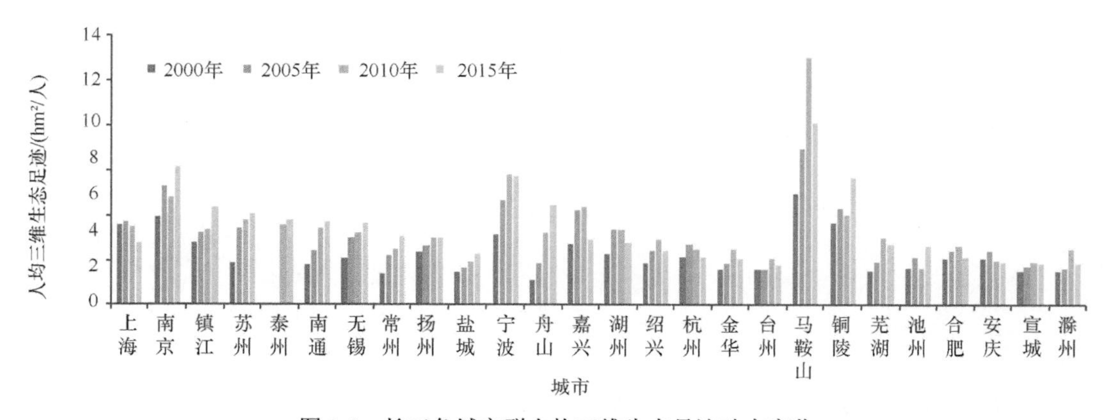

图 2.9 长三角城市群人均三维生态足迹动态变化

2. 空间格局

2000～2015 年人均三维生态足迹高的城市向东部和中部偏移；杭州、绍兴、金华、台州、宣城、滁州市的人均三维生态足迹排位降低；马鞍山明显高于其他城市，其次是南京和宁波；较低值集中在台州、金华、杭州；较稳定的偏高值集中在盐城、镇江、苏州、南通、泰州、无锡等江苏省的几个城市。

2.2.4 长三角城市群可持续能力分类提升

通过对不同量纲的生态足迹深度和生态足迹广度数据标准化处理，并进行分类排序，对长三角城市群 26 个城市的可持续能力进行分类，划分出五大类型（图 2.10），在此基础上提出相应的提升策略。

第 I 类足迹深度高、人均足迹广度低，如上海、南京、宁波、舟山、苏州，生态承载力不足，对资源存量利用高，严重超前，不可持续。

第 II 类足迹深度较高、人均足迹广度较高，如马鞍山，对资源流量和存量占用均高，不可持续。

第Ⅲ类足迹深度较高、人均足迹广度较低，如无锡、常州、镇江、铜陵，对资源流量占用较低，反映生态承载力不高，对资源存量占用较高，可持续较低。

第Ⅳ类足迹深度较低、人均足迹广度较低，如泰州、南通、杭州、扬州、绍兴、金华、台州、嘉兴、芜湖、合肥、湖州，生态承载力较低，对流量和存量的利用均较低，较可持续。

第Ⅴ类足迹深度低、人均足迹广度高，如池州、宣城、滁州、盐城、安庆，主要集中在安徽省，对资源流量和存量的消费接近，可持续。

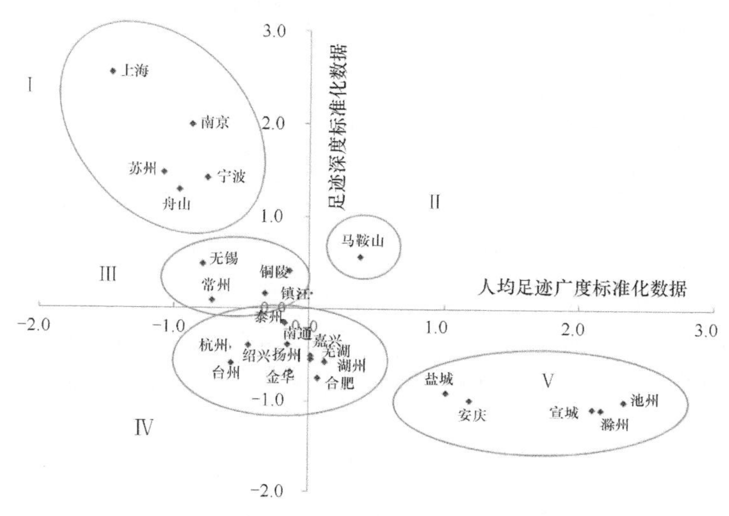

图 2.10　长三角城市群 2015 年足迹广度-足迹深度象限图

2.3　长三角城市群区域生态系统评价技术研究

生态评价是对一个区域内各个生态系统，特别是起主要作用的生态系统本身质量的评价。在高度城市化的地区，对生态系统服务的评价尤为重要。生态系统服务是指生态系统与生态过程所形成及所维持的人类赖以生存的自然环境条件与效用（欧阳志云和王如松，2000）。多年来生态学学科不断发展，生态系统服务的相关研究逐渐成了新热点。本书从生态系统格局与生态系统服务两个维度来进行生态系统评价技术体系的构建。生态系统格局评价包括：生态系统格局时空动态评价和生境质量时空动态评价。生态系统服务评价包括：典型生态系统服务定量评估与制图、典型生态系统服务供需匹配诊断分析和多生态系统服务权衡关系分析（图 2.11）。

2.3.1　长三角城市群生态系统格局演变评价

1. 长三角城市群生态系统格局分析

1990～2015 年，长三角城市群的生态格局不断演变，其中主要的变化特征即农田生态系统占地面积逐渐减少，从 1990 年的 11.50 万 km^2 减少至 2015 年的 10.54 万 km^2；

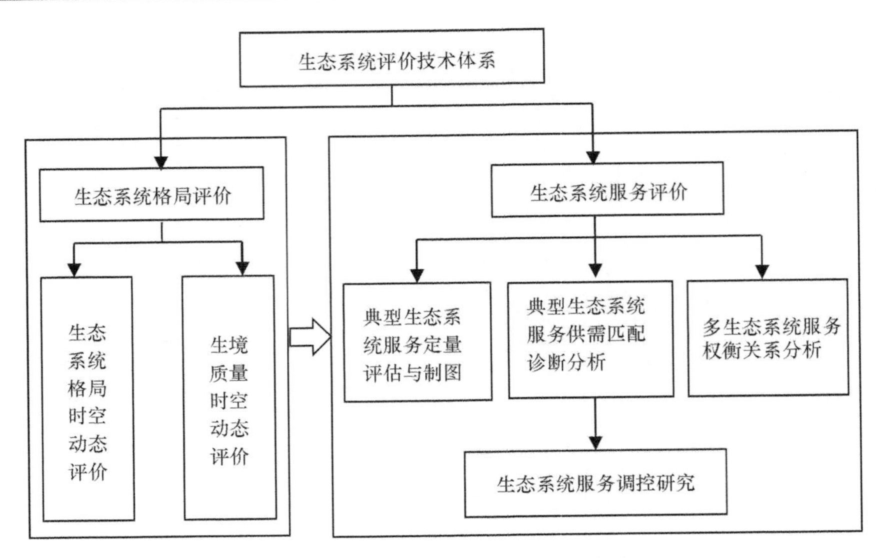

图 2.11　生态系统评价技术体系图

建设用地大幅增长，从 1990 年的 1.26 万 km^2 增长至 2015 年的 2.52 万 km^2；农田生态系统在长三角城市群中占据的比例也从 1990 年的 55.62%下降至 2015 年的 48.92%，建设用地在长三角城市群中占据的比例则从 1990 年的 6.10%增长至 2015 年的 11.69%（图 2.12、图 2.13）。

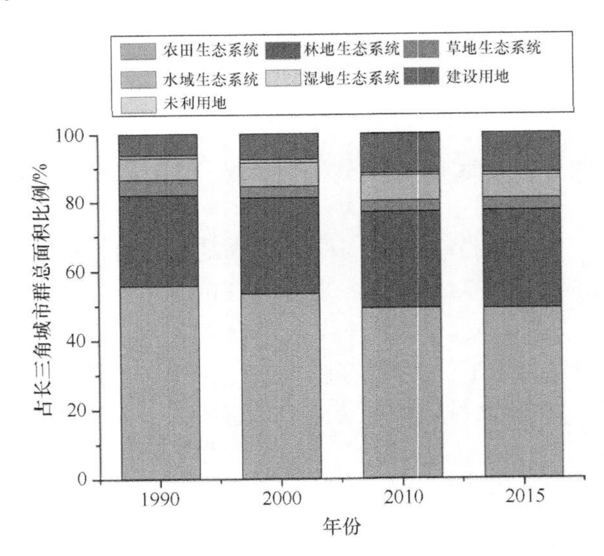

图 2.12　1990～2015 年长三角城市群各生态系统类型占比演变

根据图 2.14 可见，长三角城市群生态格局演变过程中，其主要的空间特征并未发生显著的变化，其中面积最大的农田生态系统主要集中在长三角城市群的北部地区，向南部地区递减，林地生态系统则主要集中在南部地区，建设用地分布在长江流域沿岸，长江、太湖和巢湖是主要的水域生态系统，草地生态系统主要分布于长三角城市群的西南地区并逐步向东递减，湿地生态系统则重点分布于盐城市、泰州市、扬州市和安庆市等城市。

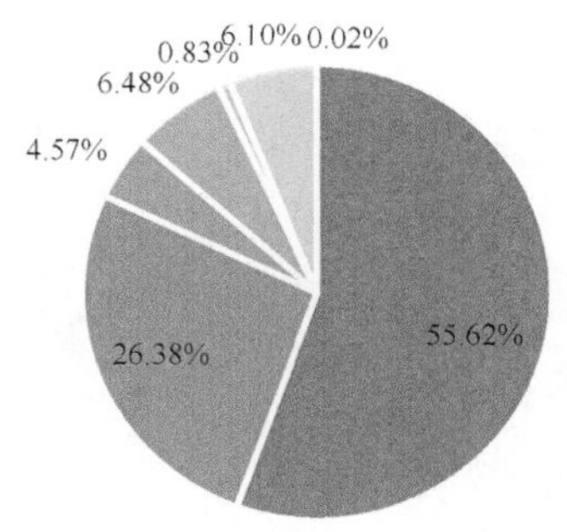

(a)1990年长三角城市群各类生态系统占比

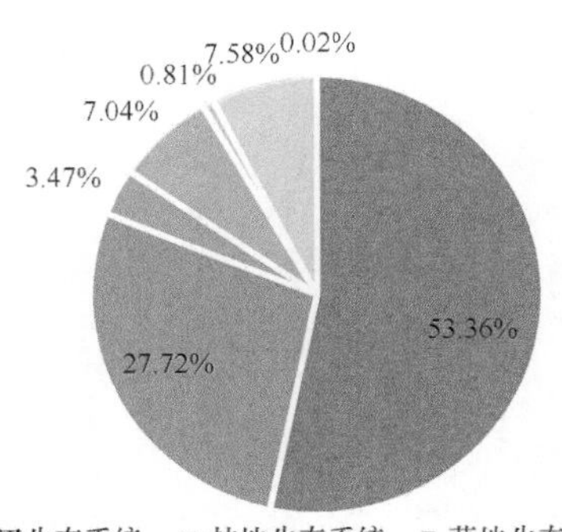

(b)2000年长三角城市群各类生态系统占比

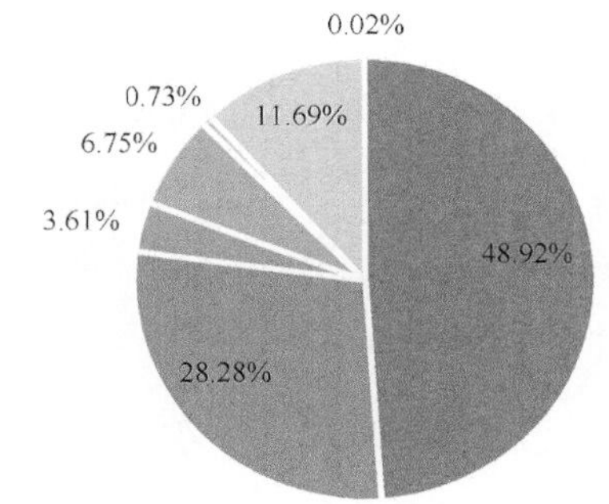

(c)2015年长三角城市群各类生态系统占比

图 2.13　1990～2015 年长三角城市群各生态系统类型的比例

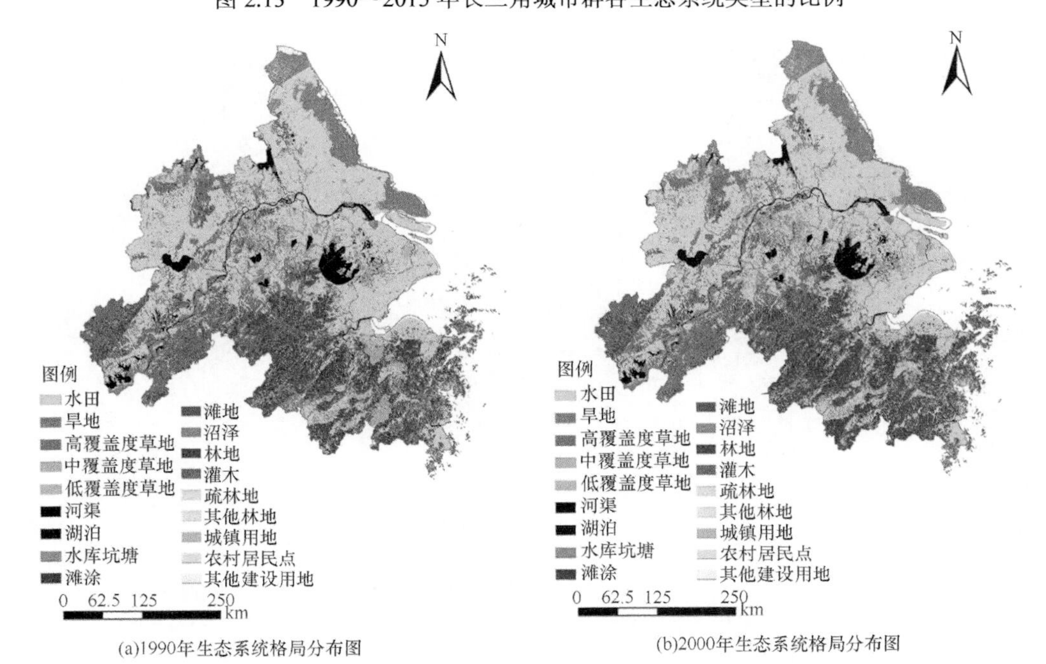

(a)1990年生态系统格局分布图

(b)2000年生态系统格局分布图

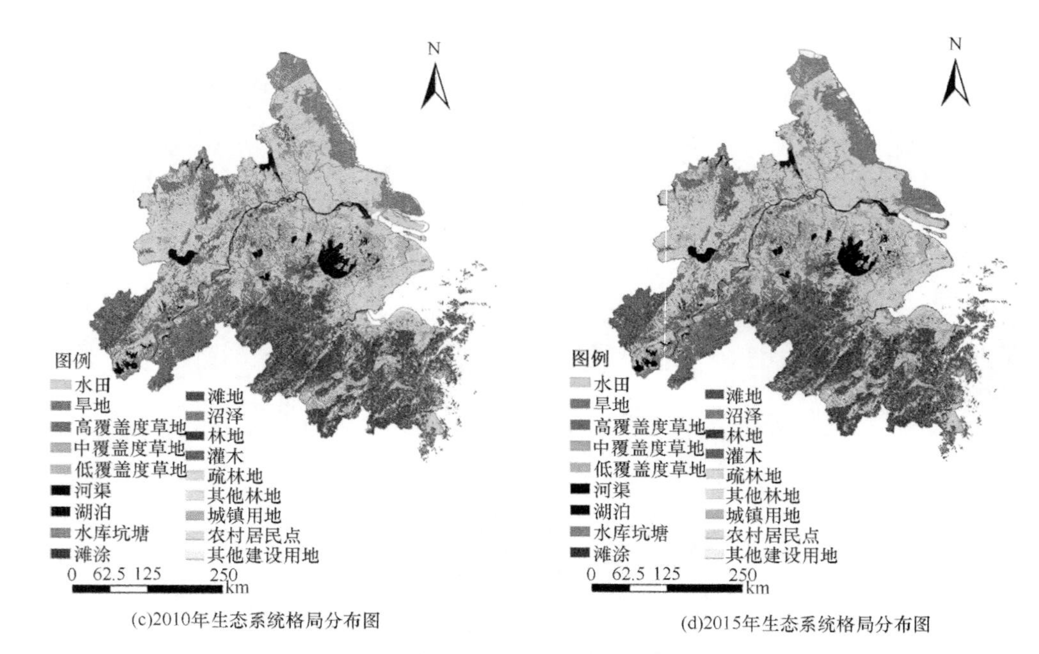

(c)2010年生态系统格局分布图　　(d)2015年生态系统格局分布图

图 2.14　1990～2015 年长三角城市群生态系统格局分布图

1）农田生态系统集中在北部地区，往南部地区递减，面积先大幅减少后增长

1990～2015 年，长三角城市群的农田生态系统主要分布在长三角城市群北部地区，包括水田和旱地两个生态系统Ⅱ级类。旱地主要集中在长三角东北部的沿海地区，包括盐城市、南通市的部分区域和安徽省内的长江沿岸。水田的分布则沿着长三角城市群的北部地区向南部地区递减（图 2.15）。1990～2010 年，农田生态系统从 11.50 万 km^2，

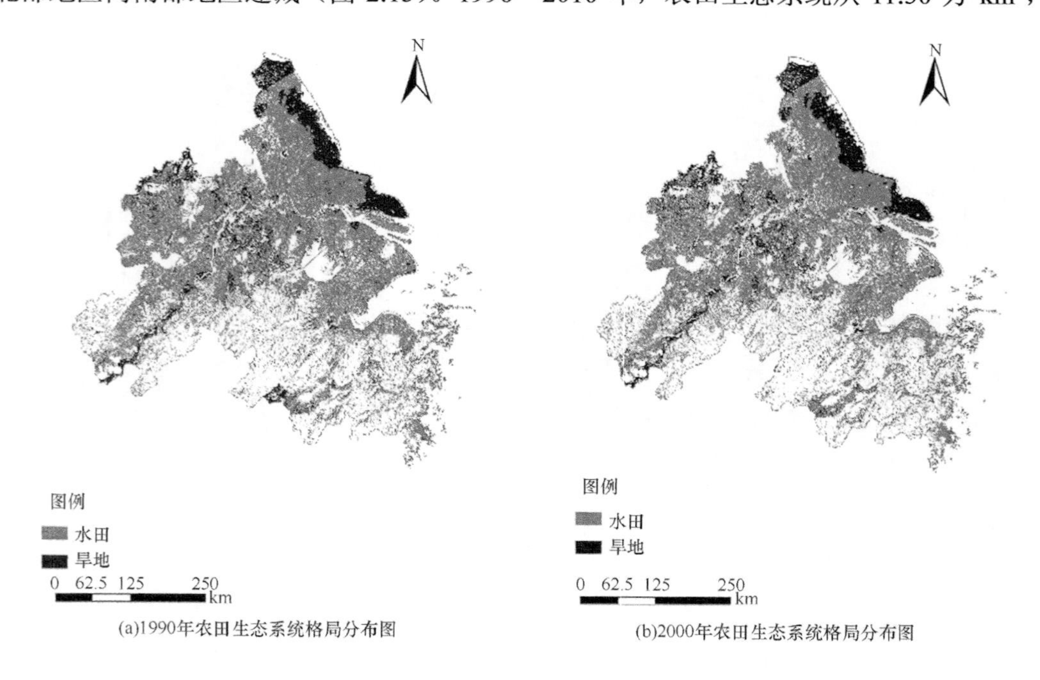

(a)1990年农田生态系统格局分布图　　(b)2000年农田生态系统格局分布图

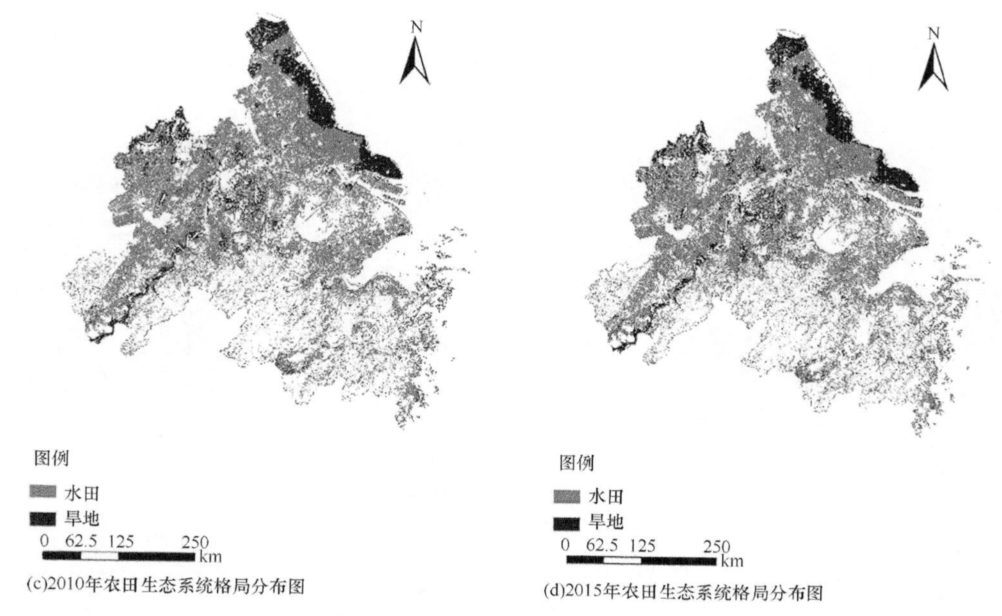

(c)2010年农田生态系统格局分布图　(d)2015年农田生态系统格局分布图

图 2.15　1990～2015 年长三角城市群农田生态系统格局分布图

下降至 11.03 万 km^2，并进一步减少至 10.17 万 km^2，2010～2015 年回升至 10.54 万 km^2，且水田生态系统整体破碎度增加。

2）林地生态系统主要分布在长三角城市群南部地区，面积呈现波动式增长

长三角城市群的林地生态系统主要分布在长三角城市群南部地区，包括乔木林地生态系统、灌木生态系统、疏林地生态系统和其他林地生态系统四个生态系统Ⅱ级类。其中，以林地和灌木为主，主要集中在浙江省的南部。灌木生态系统主要集中在安徽省（图 2.16）。

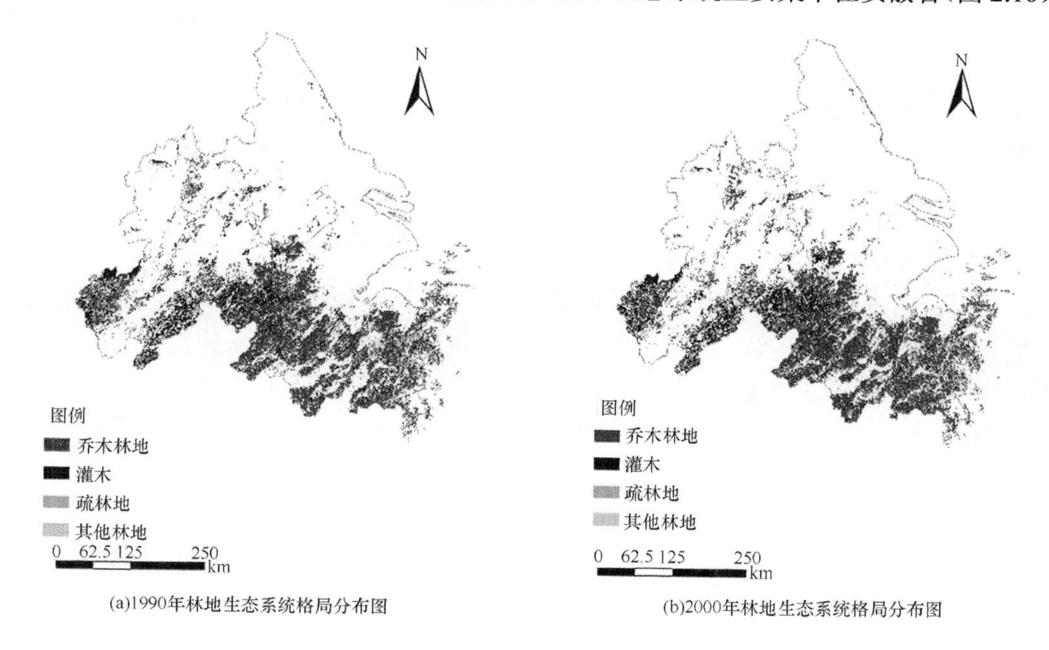

(a)1990年林地生态系统格局分布图　(b)2000年林地生态系统格局分布图

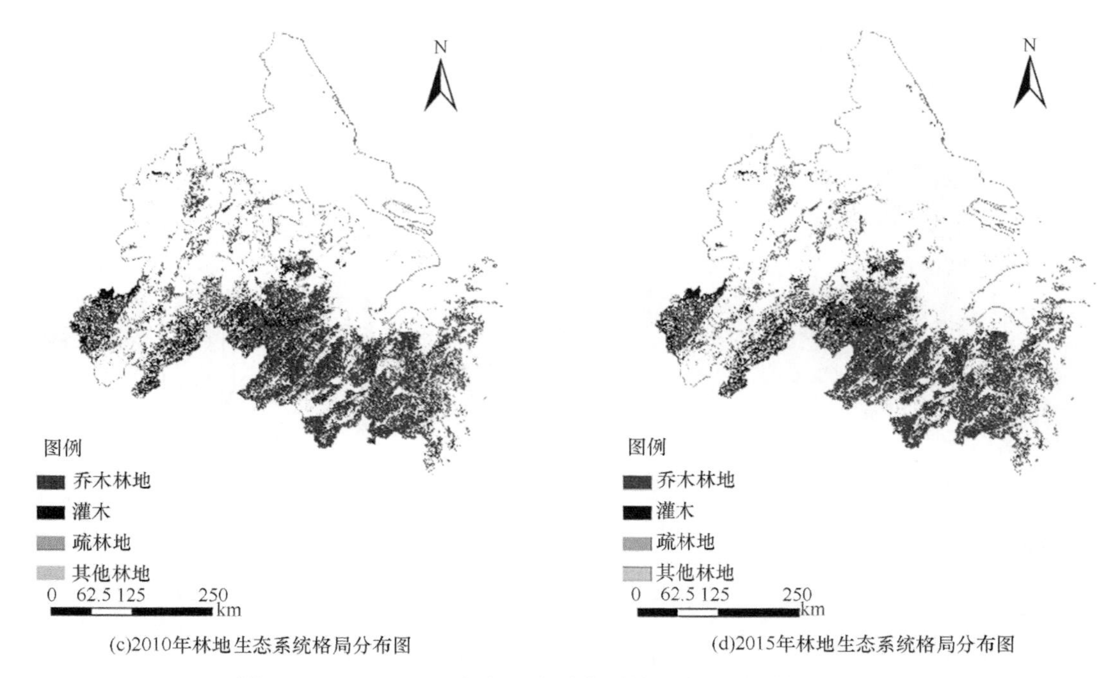

(c)2010年林地生态系统格局分布图　　(d)2015年林地生态系统格局分布图

图 2.16　1990～2015 年长三角城市群林地生态系统格局分布图

林地生态系统的面积从 1990 年的 5.45 万 km^2 增长至 2000 年的 5.73 万 km^2，又在 2010 年减少至 5.69 万 km^2 后增长为 2015 年的 6.10 万 km^2。

3）草地生态系统重点分布于长三角城市群西部地区，面积先减少后回增

长三角城市群的草地生态系统主要分布在长三角城市群西部地区和东北部沿海地区，包括高覆盖度草地生态系统、中覆盖度草地生态系统、低覆盖度草地生态系统三个生态系统Ⅱ级类。其中，以高覆盖度草地生态系统为主，主要分布在安徽省的滁州市和池州市（图 2.17）。草地生态系统面积在 1990～2010 年逐渐减少，从 0.94 万 km^2，下降至 0.72 万 km^2，并进一步下降了 0.02 万 km^2，在 2010～2015 年面积回升至 0.78 万 km^2。从图 2.17 可见，草地生态系统格局在 1990～2015 年变化显著，金华市和绍兴市草地生态系统格局变化在 1990～2000 年最显著。

4）水域生态系统主要有长江、太湖、巢湖等，面积先增长后下降

长三角城市群的主要水域生态系统有长江、太湖、巢湖等，包括河渠、湖泊和水库坑塘三个生态系统Ⅱ级类。其中湖泊包括太湖、巢湖和高邮湖等；水库坑塘多分布在湖泊周围的人造水塘。河渠主要为长江（图 2.18）。1990～2010 年，水域生态系统的面积从 1.34 万 km^2 增长至 1.46km^2，并在 2010 年达到 1.56km^2，2010～2015 年略微下降至 1.45km^2，总体水平与 2000 年相当。

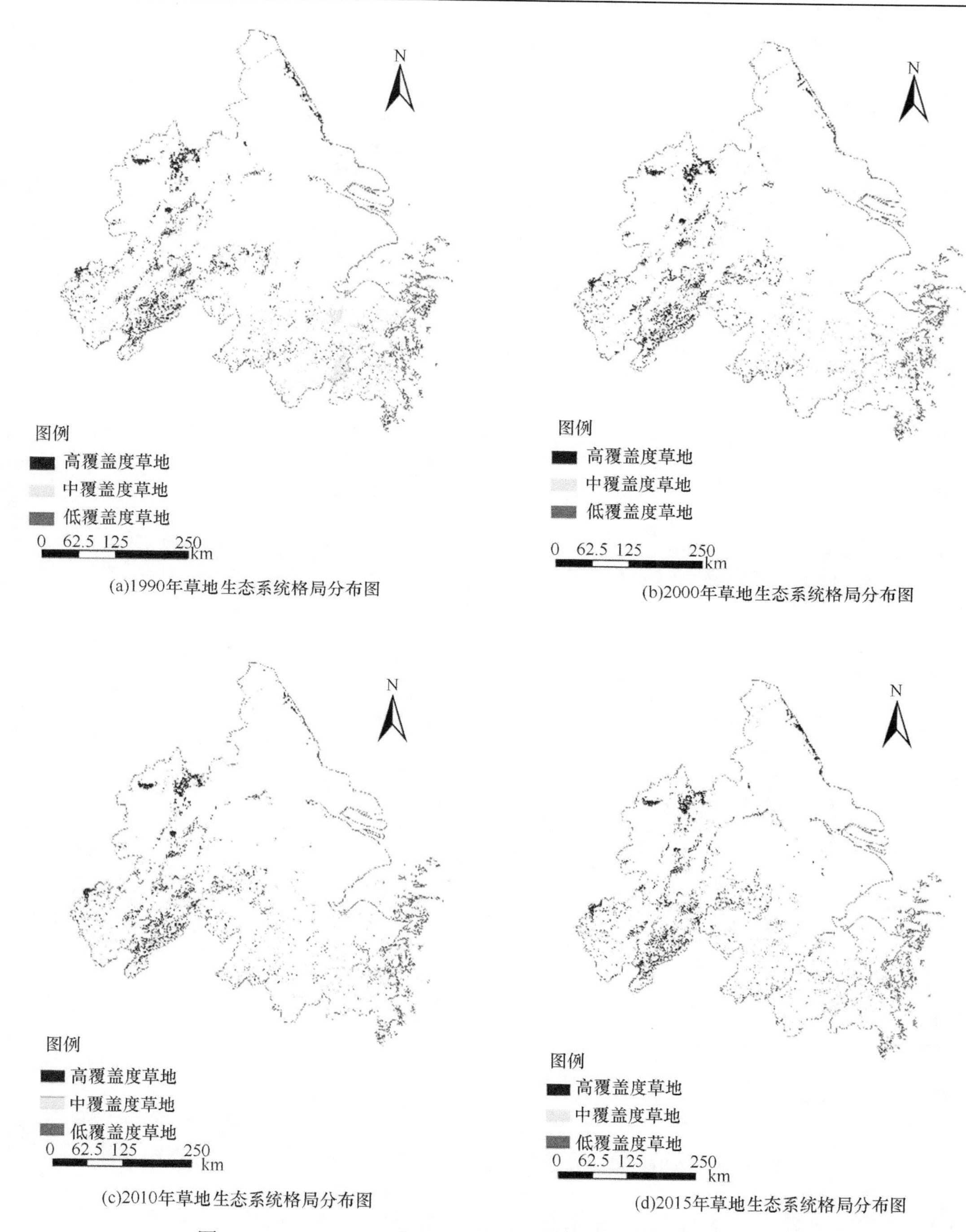

图2.17　1990～2015年长三角城市群草地生态系统格局分布图

5）湿地生态系统主要集中在盐城市和扬州市交界的京杭运河和新通扬运河流域周围，面积先减少后增长

长三角城市群的湿地生态系统类型包括滩涂、滩地和沼泽三个生态系统Ⅱ级类。其

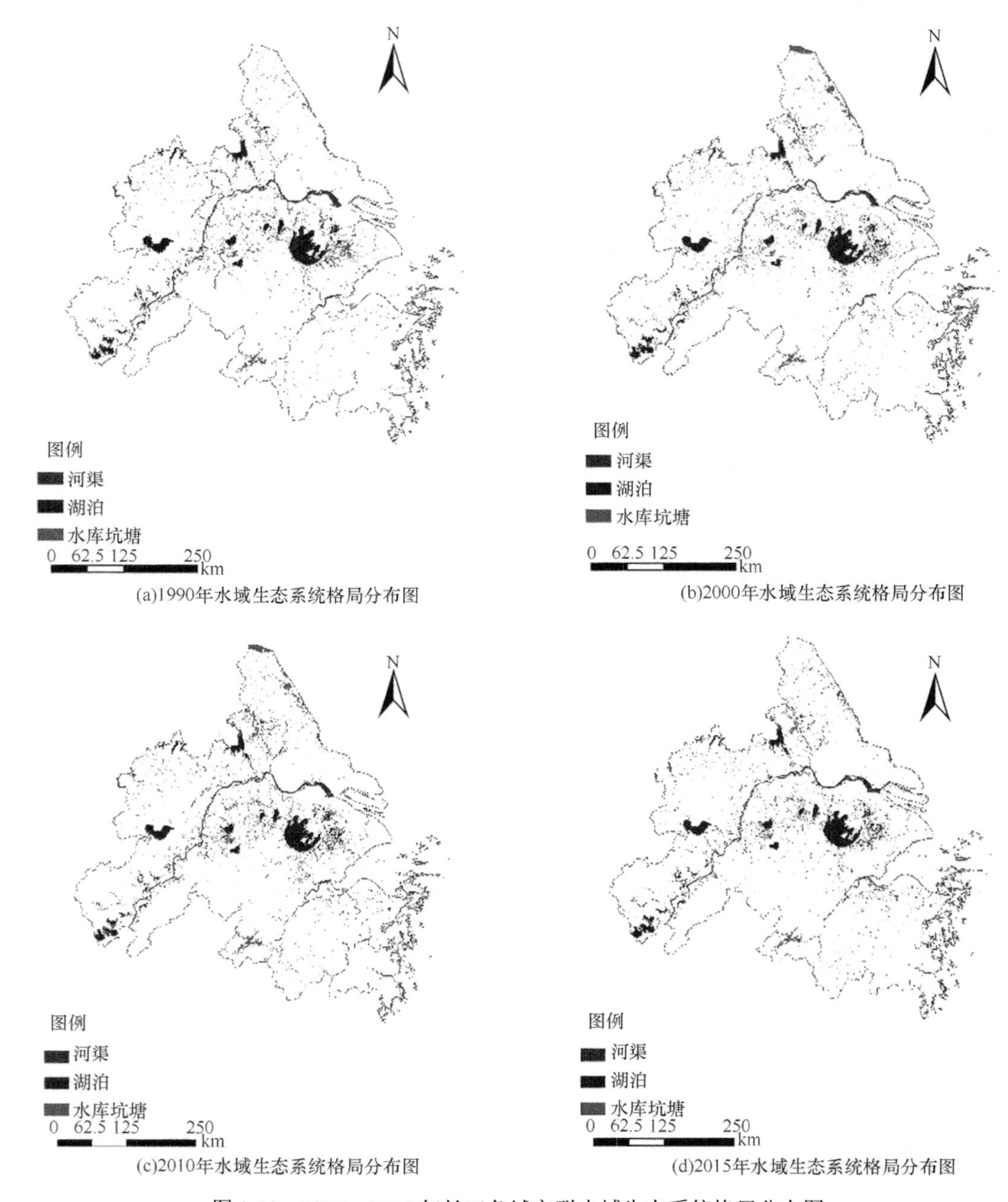

图 2.18 1990～2015 年长三角城市群水域生态系统格局分布图

中滩地是分布最广的湿地生态系统类型，主要集中在盐城市和扬州市交界的京杭运河和新通扬运河流域周围。长三角城市群的湿地生态系统面积在 1990～2000 年稳定在 0.17 万 km^2，在 2010 年下降至 0.15 万 km^2，2010～2015 年再度回增至 0.16 万 km^2。

6）建设用地主要分布在各个城市人口集中的中心城区地区，面积显著增长

长三角城市群的建设用地包括城镇用地、农村居民点和其他建设用地三个生态系统

Ⅱ级类，主要分布在各个城市人口集中的中心城区地区，如上海市、苏州市和南京市的市中心。由 1990～2015 年建设用地格局分布图可知，其中最显著的变化特征是长三角城市群的城镇用地稳步增长（图 2.19）。从 1990 年的 1.26 万 km^2，增长至 2000 年的 1.57 万 km^2，继而增长至 2010 年的 2.38 万 km^2，在 2015 年达到了 2.52 万 km^2。

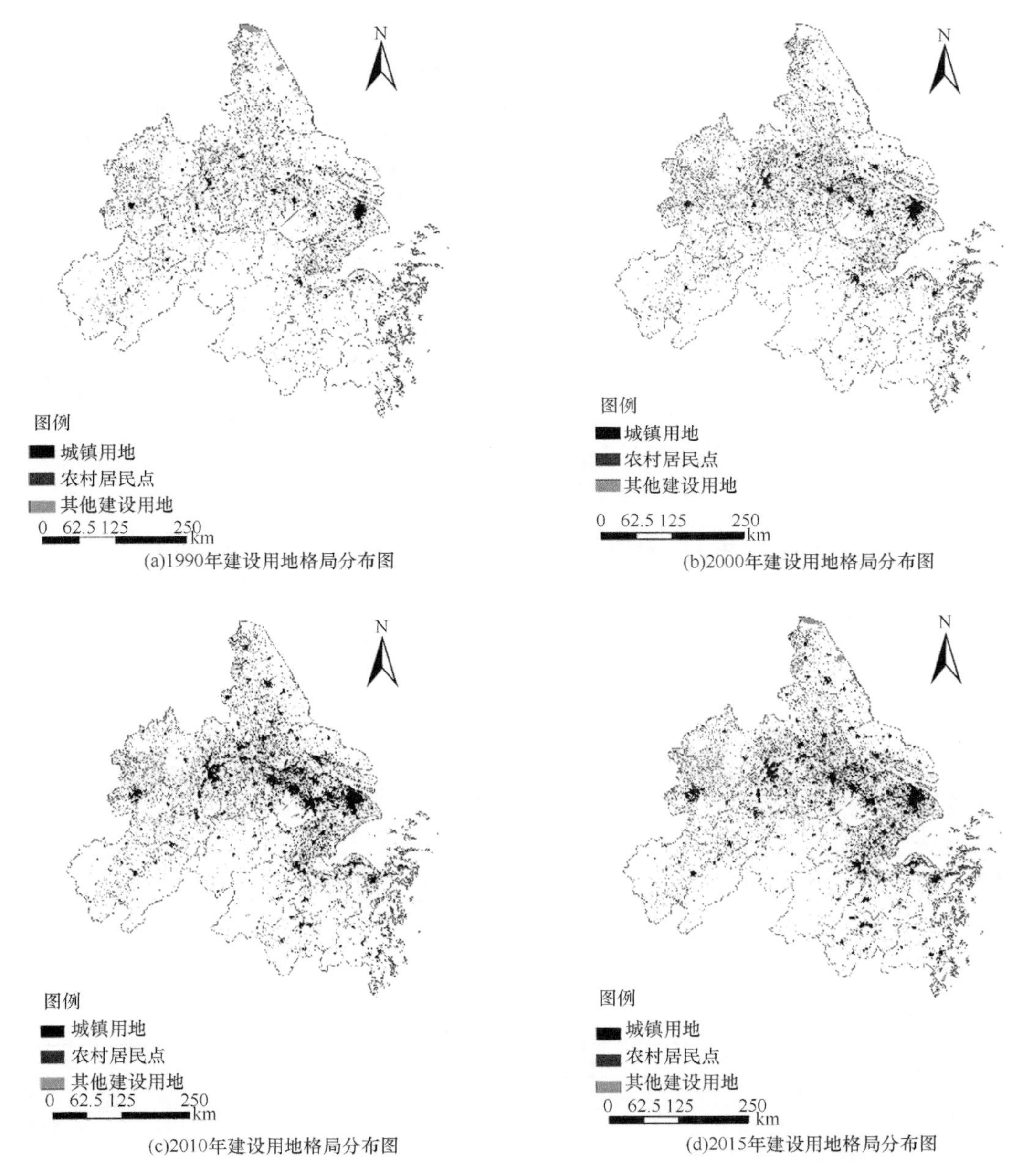

图 2.19　1990～2015 年长三角城市群建设用地格局分布图

2. 长三角城市群生态系统格局动态变化评价

区域生态系统格局的变化采用转移矩阵法研究，横向比较 1990～2000 年、2000～

2010 年以及 2010～2015 年三期生态系统格局面积，分析 1990～2015 年生态系统格局变化情况。

根据表 2.4 可知，1990～2000 年长三角城市群生态系统格局发生了变化，其中农田生态系统和建设用地之间的转变最多，有 4385.47km^2 的农田生态系统转变为了建设用地，有 822.89km^2 的建设用地转变为了农田生态系统。

表 2.4　1990～2000 年土地利用转移矩阵　（单位：km^2）

	农田	林地	草地	水域	湿地	建设用地	未利用地	转入总计
农田	107880.95	1876.94	701.26	109.85	40.08	4385.47	1.17	114995.72
林地	1034.99	53110.12	58.84	345.09	8.13	117.75	4.91	54679.83
草地	274.32	2331.41	106.05	6735.77	4.36	35.42	0.46	9487.80
水域	286.81	54.56	13006.96	20.51	36.26	34.41	0.15	13439.65
湿地	37.54	9.80	85.84	2.26	1614.15	6.22	0	1755.81
建设用地	822.89	50.86	648.44	5.93	4.89	11087.54	0.13	12620.68
未利用地	1.50	19.91	0.18	0.80	0	0.35	25.17	47.91
转出总计	110338.99	57453.61	14607.57	7220.21	1707.87	15667.16	31.98	207027.39

根据表 2.5 可知，2000～2010 年长三角城市群生态系统格局发生了变化，其中农田生态系统和建设用地之间的转变最多，有 8734.88km^2 的农田生态系统转变为了建设用地，有 1193.58km^2 的建设用地转变为了农田生态系统。

表 2.5　2000～2010 年土地利用转移矩阵　（单位：km^2）

	农田	林地	草地	水域	湿地	建设用地	未利用地	转入总计
农田	98900.02	1048.93	109.64	1432.97	53.85	8734.88	56.34	110336.64
林地	1018.13	55696.09	244.73	71.48	4.35	378.11	36.63	57449.51
草地	156.40	205.03	6624.80	126.65	36.04	38.72	31.69	7219.32
水域	433.62	53.33	44.56	13695.47	78.55	289.56	11.29	14606.38
湿地	60.67	4.85	2.89	209.12	1392.42	35.91	1.57	1707.43
建设用地	1193.58	54.62	5.01	78.67	3.94	14302.90	28.24	15666.96
未利用地	0.45	3.02	0.17	0.44	0	2.68	25.23	31.98
转出总计	101762.87	57065.87	7031.79	15614.81	1569.15	23782.75	190.98	207018.22

根据表 2.6 可知，2010～2015 年长三角城市群生态系统格局发生了变化，其中农田生态系统和建设用地之间的转变最多，有 3348.30km^2 的农田生态系统转变为了建设用地，有 3473.60km^2 的建设用地转变为了农田生态系统。

表 2.6　2010～2015 年土地利用转移矩阵　（单位：km^2）

	农田	林地	草地	水域	湿地	建设用地	未利用地	转入总计
农田	96905.25	885.13	124.66	414.00	45.86	3348.30	11.38	101734.60
林地	948.59	55412.46	191.57	45.78	7.94	286.75	4.96	56898.04
草地	113.91	159.70	6648.51	25.50	1.94	50.19	0.60	7000.34
水域	850.17	59.89	148.48	13693.52	102.34	693.54	0.59	15548.53
湿地	36.95	4.73	42.17	47.91	1397.29	12.96	0.43	1542.44
建设用地	3473.60	172.22	32.33	171.25	18.74	19904.79	2.56	23775.48
未利用地	48.13	31.89	29.15	8.73	0.52	42.96	28.43	189.81
转出总计	102376.59	56726.03	7216.88	14406.70	1574.63	24339.48	48.94	206689.25

1）农田生态系统

由图 2.20 可知，1990～2015 年长三角城市群农田生态系统的动态变化重点集中于其与建设用地、林地、水域生态系统的相互转换，其中最显著的转换是 2000～2010 年有大量的农田生态系统转换为建设用地。农田生态系统面积的减少主要发生在 1990～2000 年，且重点集中于长三角城市群东部地区，主要有苏州市、无锡市及常州市等城市；农田生态系统面积的增加主要发生在 2010～2015 年，重点分布于长三角城市群的苏州市、无锡市和南通市。

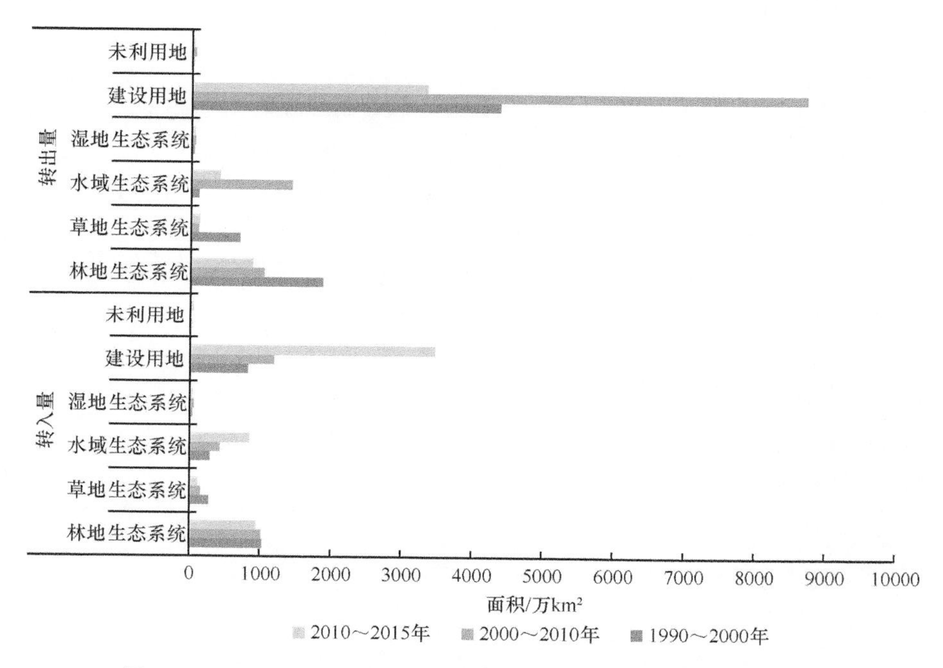

图 2.20　1990～2015 年长三角城市群农田生态系统动态变化统计图

2）林地生态系统

由图 2.21 可知，长三角城市群林地生态系统在 1990～2015 年的动态变化重点集中于其与建设用地、农田、草地生态系统的相互转换，其中最显著的转换是 1990～2000 年有大量的农田生态系统和草地生态系统转换为林地生态系统。林地生态系统格局的主要变化发生于 1990～2000 年，在长三角城市群的南部地区有大量新增的林地生态系统，主要分布在金华市、绍兴市和杭州市等城市。

3）草地生态系统

由图 2.22 可知，长三角城市群草地生态系统在 1990～2015 年的动态变化重点集中于其与水域生态系统、林地生态系统、农田生态系统的相互转换，其中最显著的转换是 1990～2000 年有大量的水域生态系统和草地生态系统相互转换。林地生态系统格局的主要变化发生于 1990～2000 年，在长三角城市群的南部地区有大量草地生态系统面积减少，主要分布于金华市和绍兴市。

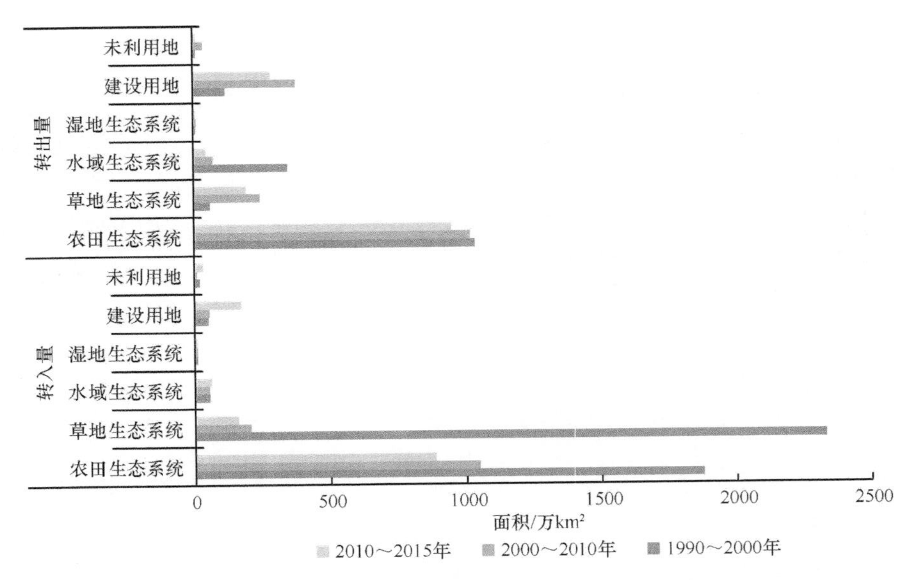

图 2.21　1990～2015 年长三角城市群林地生态系统动态变化统计图

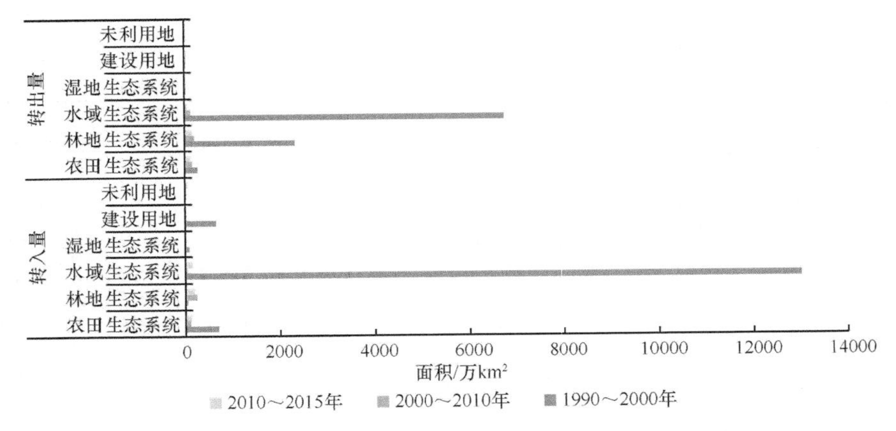

图 2.22　1990～2015 年长三角城市群草地生态系统动态变化统计图

4）水域生态系统

由图 2.23 可知，长三角城市群水域生态系统在 1990～2015 年的动态变化重点集中于其与草地生态系统、农田生态系统的相互转换，其中最显著的转换是 1990～2000 年有大量的水域生态系统和草地生态系统相互转换。水域生态系统格局的主要变化发生于 1990～2010 年，在长三角城市群的北部地区有大量水域生态系统面积增加，主要分布于盐城市、苏州市和马鞍山市等城市。

5）湿地生态系统

由图 2.24 可知，长三角城市群湿地生态系统在 1990～2015 年的动态变化重点集中于其与水域生态系统、草地生态系统以及农田生态系统的相互转换，其中最显著的转换是 2000～2010 年有大量的湿地生态系统和水域生态系统、农田生态系统相互转换。水域生态系统格局的主要变化发生于 2000～2010 年，在长三角城市群的北部地区湿地生态系统面积减少，主要分布于盐城市、扬州市和泰州市等城市。

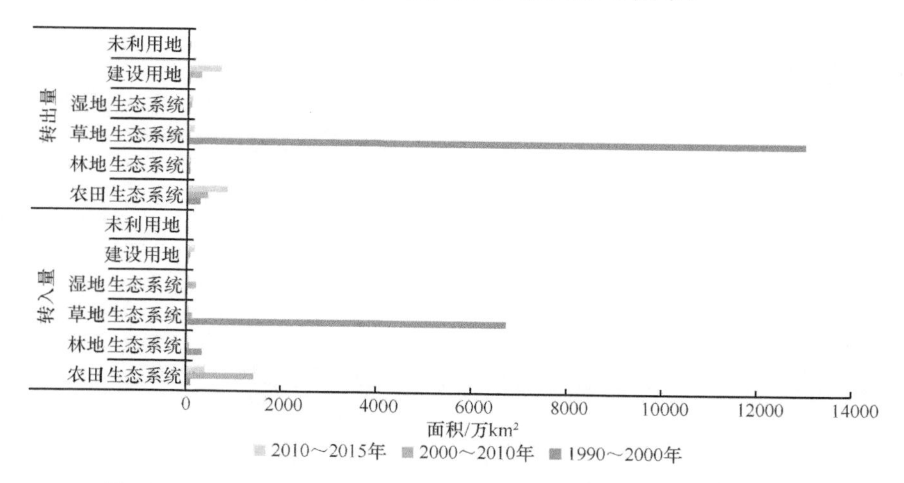

图 2.23　1990～2015 年长三角城市群水域生态系统动态变化统计图

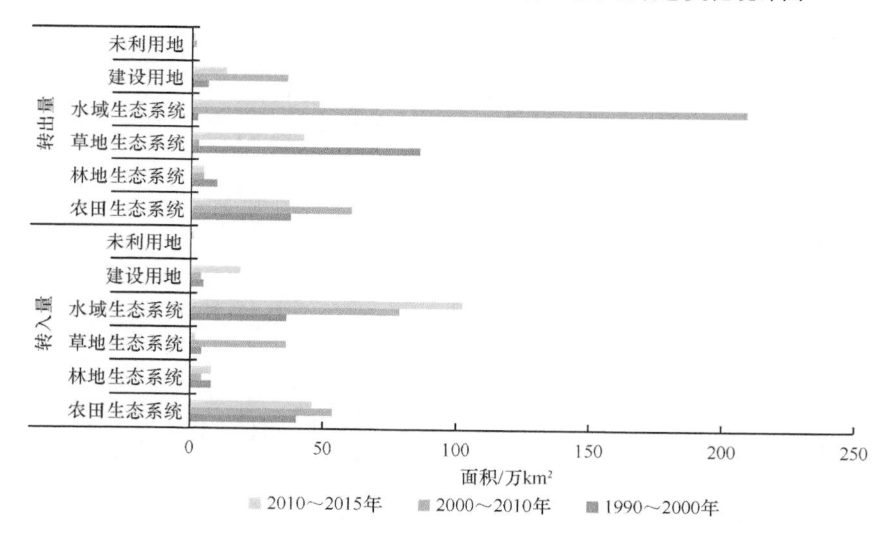

图 2.24　1990～2015 年长三角城市群湿地生态系统动态变化统计图

6）建设用地

由图 2.25 可知，长三角城市群建设用地在 1990～2015 年的动态变化重点集中于其与农田生态系统的相互转换，其中最显著的转换是 1990～2015 年有大量的农田生态系统转换为建设用地。建设用地格局的主要变化发生于 1990～2010 年，建设用地面积大幅增长，主要分布于长三角城市群的东北部地区。

7）未利用地

由图 2.26 可知，长三角城市群在 2000～2010 年，由大量其他生态系统转换为未利用地；在 2010～2015 年，由大量的未利用地转换为其他生态系统类型，其中最显著的是未利用地与农田生态系统的转换。

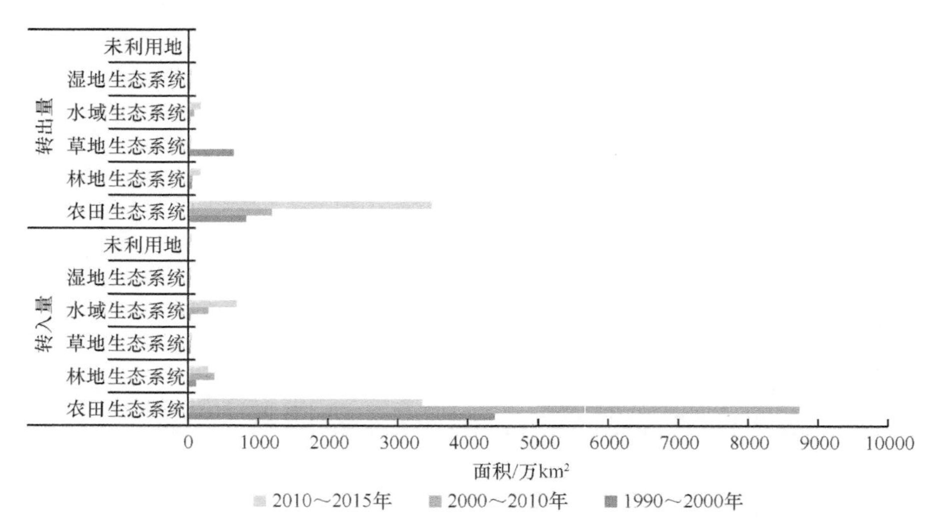

图 2.25 1990～2015 年长三角城市群建设用地动态变化统计图

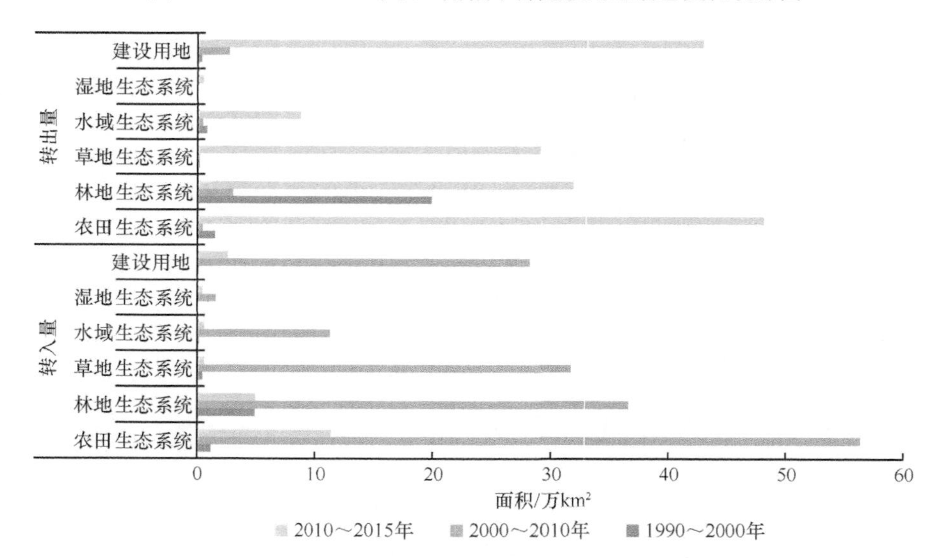

图 2.26 1990～2015 年长三角城市群未利用地动态变化统计图

2.3.2 长三角城市群生态系统生境质量多尺度评价

1. 评价方法

应用 InVEST 模型中的生境质量（habitat quality）模块计算生境质量指数，能简单直观地反映研究区域生境质量的时空变化情况（Baró et al.，2015；Leh et al.，2013；Paracchini et al.，2014）。生境质量被定义为一定范围生态系统为物种提供生存、繁衍、活动的能力，计算上结合了用地自身生态特性及环境威胁的影响，常用来替代衡量生物多样性维持服务的水平，在科研及相关领域得到了广泛应用（Terrado et al.，2016）。计算方法如下。

用地 j 中栅格 x 的生境质量指数 Q_{xj} 的计算公式为

$$Q_{xj}=H_j\left[1-\left(\frac{D_{xj}^z}{D_{xj}^z+k^z}\right)\right] \tag{2.16}$$

式中，H_j 为用地 j 的生境适宜性，表征用地适宜生物栖息的水平，一般认为一定区域的生境适宜性随人为使用强度的增大而降低（吴健生等，2013）；D_{xj} 为生境退化指数；k 为半饱和常数；z 为归一化常数。

生境质量取决于自身特性及其周围土地利用类型存在的威胁影响强度，一般而言，区域的生境质量随周围土地使用强度的加大而降低（吴健生等，2015）。生境质量高的生态系统能为物种提供相对良好的生存环境（谢花林和李秀彬，2011），区域的生境质量反映其可供应生物生存和繁殖的物质水平，该能力的大小也决定着区域环境提供生物居住和满足生物正常活动条件的好坏（肖明，2011），可以认为自然用地整体的生境适宜性较高，而人类活动为主的用地生境适宜性较低。

用地 j 中栅格 x 的生境退化指数 D_{xj} 的计算公式为

$$D_{xj}=\sum_{r=1}^{R}\sum_{y=1}^{Y_r}\left(\frac{W_r}{\sum_{r=1}^{R}W_r}\right)r_y i_{rxy}\beta_x S_{jr} \tag{2.17}$$

式中，r 为威胁因子；y 为威胁因子 r 所占有的栅格编号；W_r 为威胁因子的权重，表示某种威胁因子对生境的相对破坏程度；r_y 为威胁因子在栅格 y 上的威胁值；i_{rxy} 为栅格 y 上威胁因子 r_y 对生境栅格 x 的影响程度；β_x 为栅格 x 的保护可达性水平，由于本书中不考虑保护区，保护可达性水平取值默认为 1；S_{jr} 为用地 j 对威胁因子 r 的敏感程度。

i_{rxy} 由使用者根据研究区域威胁因子影响随距离衰减的特性拟定，若威胁因子的影响随距离呈线性衰减，计算公式为

$$i_{rxy}=1-\frac{d_{xy}}{d_{r\max}} \tag{2.18}$$

若威胁因子的影响随距离呈指数衰减，计算公式为

$$i_{rxy}=\mathrm{e}^{-\frac{2.99}{d_{r\max}}d_{xy}} \tag{2.19}$$

式中，d_{xy} 为生境所占栅格 x 和威胁因子所占栅格 y 间的线性距离；$d_{r\max}$ 为威胁因子 r 产生影响的最大有效距离。

生境主要的威胁来源于人类活动，工业及商业用地、居民聚居区、道路等一般被视为主要的威胁用地（刘智方等，2017），少数研究也将耕地、种植林、果园等半人工半自然用地及未利用地纳入威胁源行列（吴健生等，2015）。在系数拟定方面，文献法和专家打分法使用较多，也有研究通过观测种群实际变化确定具体数值（Burke et al.，2008）；本书选择林地、草地、水域等自然用地为生境，人为活动为主的建设用地、未利用土地为威胁源，半自然用地类型的耕地作为生境的同时也作为威胁源对周围其他生

境产生影响。

本书分别结合长三角城市群、上海市、新江湾城三种尺度的区域特征和前人文献（褚琳等，2018）拟定了威胁源相关参数、各用地生境适宜性及对威胁敏感程度，以土地利用与覆被数据为基础，计算得到生境质量指数的空间分布，在此基础上进行生境质量影响因素的分析。

2. 长三角城市群-城市-城市内部区域生境质量多尺度动态演变分析

1）1990～2015 年长三角城市群生境质量动态演变

1990～2015 年长三角城市群生境质量指数分布如图 2.27 所示。随城市化建设的进行，长三角城市群建设用地面积快速增长，威胁源范围不断扩大，生境受影响程度加剧，生境质量指数较低区域的面积上升。1990 年、2000 年、2010 年、2015 年，长三角城市群生境质量指数平均值分别为 0.590、0.591、0.568、0.566。生境质量指数较高的区域集中在南部的林地、草地和水域；研究时间内，中部及东部质量指数低的区域不断向周边扩大，西南部质量指数较高的区域则变化较小。1990～2015 年，区域生境质量较差、一般和较好的栅格比例升高，降低值分别为 0.74%、5.15%、1.02%；而生境质量差和好的栅格比例升高，升高值分别为 5.68%、1.24%。

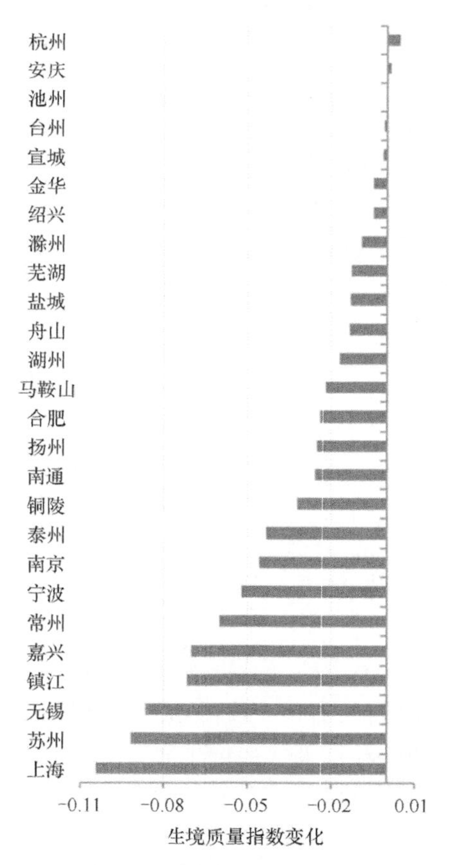

图 2.27 1990～2015 年长三角城市群各城市生境质量指数变化情况

统计 1990 年、2000 年、2010 年、2015 年长三角各城市生境质量指数的平均值见表 2.7，1990～2015 年，生境质量指数平均值较高的城市包括杭州、池州、宣城、台州、金华、绍兴等；而生境质量指数平均值较低的城市包括上海、南京、南通、盐城、嘉兴、常州、镇江、合肥等。1990 年，生境质量指数>0.5 的城市占城市总数量的 65.38%；而到 2015 年，生境质量指数>0.5 的城市占城市总数量的 50%。1990 年、2000 年、2010 年、2015 年，生境质量指数始终下降的城市包括：滁州、马鞍山、合肥、镇江、上海、嘉兴、宁波。生境质量指数下降幅度较大的城市包括上海、苏州、无锡、镇江、嘉兴、常州、宁波，下降值均超过 0.05。

表 2.7　2000～2015 年长三角城市群各城市生境质量指数统计情况

城市	省（市）	生境质量指数平均值			
		1990 年	2000 年	2010 年	2015 年
安庆	安徽	0.66628	0.67696	0.67590	0.66771
池州	安徽	0.75389	0.77381	0.77367	0.75392
滁州	安徽	0.50055	0.49206	0.49191	0.49141
马鞍山	安徽	0.51485	0.50888	0.49916	0.49278
合肥	安徽	0.49131	0.48418	0.47302	0.46719
铜陵	安徽	0.57832	0.58085	0.56856	0.54619
芜湖	安徽	0.53150	0.53216	0.52519	0.51877
宣城	安徽	0.75490	0.76794	0.76747	0.75342
常州	江苏	0.47631	0.45083	0.40749	0.41628
南京	江苏	0.42636	0.41739	0.37278	0.38054
南通	江苏	0.43113	0.43348	0.40213	0.40531
苏州	江苏	0.59768	0.56687	0.47363	0.50593
泰州	江苏	0.47834	0.45563	0.42211	0.43501
无锡	江苏	0.54949	0.51307	0.44251	0.46297
盐城	江苏	0.37252	0.40244	0.37878	0.35954
扬州	江苏	0.50433	0.48983	0.45921	0.47904
镇江	江苏	0.47917	0.45751	0.41923	0.40782
上海	上海	0.40322	0.39055	0.32105	0.29919
杭州	浙江	0.78246	0.81239	0.79512	0.78722
湖州	浙江	0.66092	0.66992	0.65100	0.64406
嘉兴	浙江	0.42498	0.41926	0.36593	0.35480
金华	浙江	0.72354	0.75880	0.73319	0.71878
宁波	浙江	0.66833	0.66562	0.61832	0.61628
绍兴	浙江	0.70031	0.73242	0.70963	0.69545
台州	浙江	0.74592	0.76877	0.75419	0.74492
舟山	浙江	0.64265	0.68417	0.63709	0.62921

2）1990～2015 年上海市生境质量服务的动态演变

上海的城市发展模式在长三角城市群中具有典型性，在 1990～2015 年建设用地面积大幅上升；1990 年、2000 年、2010 年、2015 年上海市生境质量指数平均值分别为 0.403、0.371、0.304、0.299，低于同时期长三角城市群生境质量的平均水平。为便于比较，将质量指数进行自然断点划分得图 2.28。生境质量指数高的区域集中在西南部的水域，而区域内大面积零散分布的耕地、林地及草地生境质量水平次之；区域中部的建设用地在 1990～2010 年向周边迅速扩大，而在 2010～2015 年扩张速度减缓，对生境质量指数的平均水平造成重要影响。提取四类生境的生境质量指数得图 2.29。指数平均水平为草地最高，水域、耕地次之，林地最低。就变化情况而言，1990～2015 年耕地、草地、水域生境质量指数平均值分别下降 1.99%、22.32%、8.16%，而林地生境质量指数平均值上升 7.65%。其中草地生境质量在 1990～2000 年上升，水域生境质量在 2000～2010 年上升。

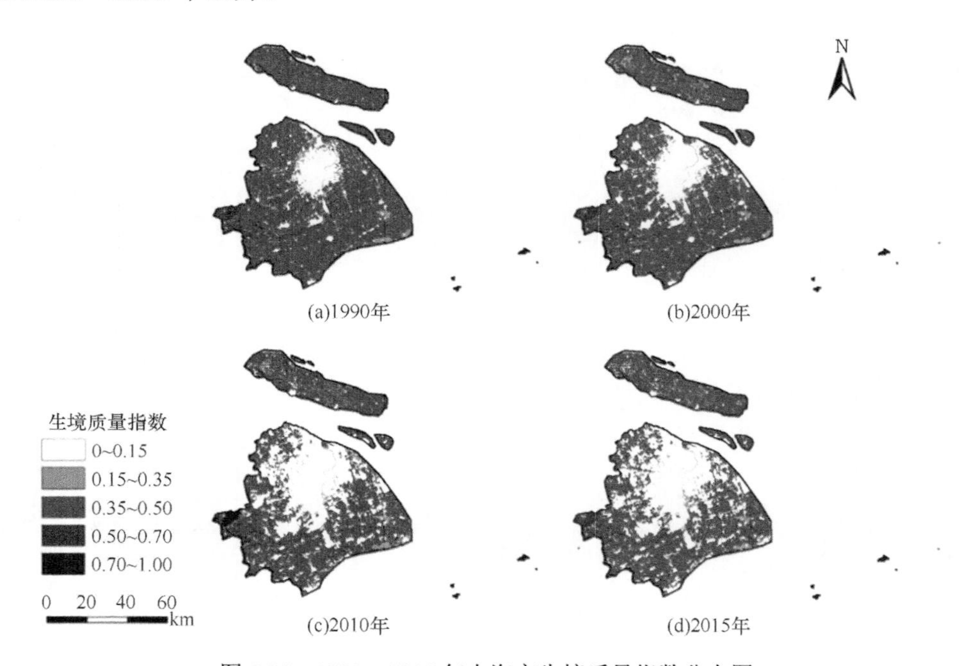

图 2.28　1990～2015 年上海市生境质量指数分布图

2.3.3　长三角城市群生态系统服务供应定量评估研究

1. 长三角城市群生态系统服务供应技术指标体系

本书选取典型的七项生态系统服务，各评估方法和模型考虑影响要素的空间异质性，将森林的叶面积指数、水环境的质量指数、生境质量等空间异质性和本地化的参数引入生态系统服务的评估体系中，从而更加真实地反映生态系统服务的空间异质性，具体各项生态系统服务的计算方法、模型和数据来源如表 2.8 所示。

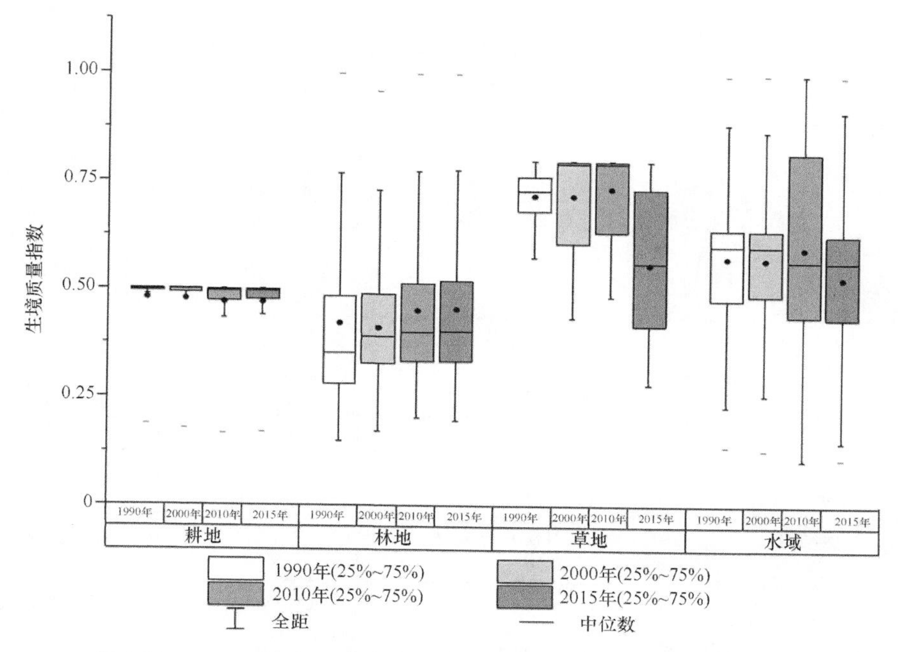

图 2.29　1990～2015 年上海市不同用地类型生境质量指数变化情况

表 2.8　各项生态系统服务的计算方法、模型和数据来源

服务类型	生态系统服务模型	方法和参考文献	量化单位	计算过程、异质性/本地化参数获取途径
供给服务	粮食生产	粮食生产力与植被状态指数（VCI）间的回归方程（Zhang et al.，2018；彭建等，2018；吴平等，2018）	$kg/(hm^2·a)$	根据栅格的植被状态指数（VCI_i）与所有耕地的总植被状态指数之比，将一个区域的粮食总生产力分配到耕地的栅格中。植被状况指数通过包含植被覆盖指数（NDVI）的公式 $VCI_i = (NDVI_i - NDVI_{min})/(NDVI_{max} - NDVI_{min})$ 计算所得。NDVI 来源于 MODIS/Terra 250m 16 天产品 MOD13Q1
	产水量	InVEST 的产水量模型（Boithias et al.，2014；Zhang et al.，2018）	$m^3/(hm^2·a)$	$Y(x)=\left[1-\frac{AET(x)}{P(x)}\right]\cdot P(x)$ AET(x)表示栅格单元 x 的年实际蒸散量；$P(x)$表示栅格单元 x 的年降水量。
调节服务	碳储存	Carnegie-Ames-Stanford approach（CASA）模型（Cao et al.，2016）	$kg/(hm^2·a)$	$NPP = APAR \times \varepsilon; APAR = SOL \times FPAR \times 0.5;$ $\varepsilon = T_1 \times T_2 \times W \times \varepsilon^*$ NPP 为净初级生产量；APAR 为植被光合作用有效吸收辐射量；ε 为植被转化辐射为有机物的效率系数；SOL 为太阳辐射量（中国气象数据共享服务系统）；FPAR 为植被冠层吸收光合有效辐射的比例，其中植被盖度由 NDVI-FPAR equation 计算所得；T_1、T_2 为温度应力系数（温度数据来自中国气象数据共享服务系统）；W 为水分胁迫系数，通过包含估计的蒸发蒸腾和潜在蒸发蒸腾公式计算所得（温度、辐射、降雨数据来自中国气象数据共享服务系统，30m DEM 数据）；ε^* 为理想条件下的最大光利用效率，其与植被类型（LULC 提取）有关

续表

服务类型	生态系统服务模型	方法和参考文献	量化单位	计算过程、异质性/本地化参数获取途径
调节服务	侵蚀防护	修正通用土壤流失方程（RUSLE）（Wang et al.，2017）	$t/(hm^2·a)$	$A=R\times K\times LS\times(1-C\times P)$ A 为单位面积的年度土壤保持量；R 为降雨侵蚀力（省市尺度的降雨观测值）；K 为土壤可蚀性因子；LS 为坡度因子（DEM 数据）；C 为植被覆盖因子（实测+反演）；P 为土壤保持措施因子［实际调查：农业耕作（等高、轮作）、工程措施（梯田化）、生物措施（造林种草、育林）］
	NO_2 净化	基于土地利用的氮氧化物干沉降通量估算（Baró et al.，2015）	$kg/(hm^2·a)$	$F_j=Vd_j\times Cd_j$ F_j 为氮氧化物干沉降通量；Vd_j 为用地类型 j 的氮氧化物沉降速率；Cd_j 为气溶胶中氮氧化物的浓度。利用 WRF 和 CMAQ 模型、土地利用、观测实验和排放清单计算，本书 2000 年的估算采用长三角已有的成果，2010 年和 2020 年重新估算
支撑服务	生物多样性保护	InVEST 的生境质量模型（Terrado et al.，2016）	无量纲指数（0～1）	式（2.16）～式（2.17）
文化服务	户外娱乐	ROS 模型（Paracchini et al.，2014）	无量纲指数（0～1）	户外娱乐功能的潜力 RPI［自然度（结合文献、模型运算和专家打分）、保护程度（是否为保护区、叶面积指数）和水体吸引力（水质数据和问卷调查）、离海岸距离（根据实测值和公式运算）、可达性（结合 GIS 距离分析与专家打分）］

2. 长三角城市群典型生态系统服务定量评估

1）产水量 2000～2015 年定量评估

2000 年、2010 年、2015 年长三角城市群产水量由 InVEST 模型计算所得，得到各栅格的产水量数据后，以地级市范围进行平均，得到各地级市产水量数据并制图（图 2.30）。

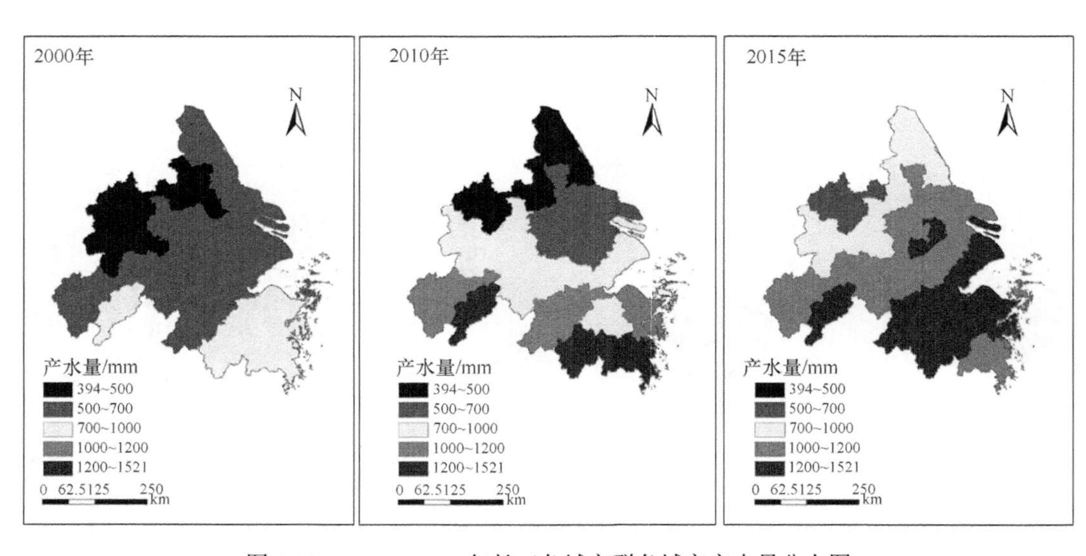

图 2.30　2000～2015 年长三角城市群各城市产水量分布图

长三角城市群整体产水量平均值在 2000～2015 年一直保持增长。2000 年、2010 年、2015 年产水量平均值分别为 668.31mm、835.84mm、998.80mm。

各市产水量差距及随时间的变化较大，随时间推移差距先增后减。2000 年产水量最低的是合肥市（394.95mm），最高的是台州市（973.01mm），相互间差距为 578.06mm。2010 年产水量最低的是盐城市（431.50mm），最高的是台州市（1520.55mm），相互间差距为 1089.05mm。2015 年产水量最低的是滁州市（693.18mm），最高的是宁波市（1453.99mm），相互间差距为 760.81mm。

总体格局为南高北低，呈分层分布。2000 年，长三角城市群整体产水量水平不高，高值主要分布在东南和西南，最低值位于西北。2010 年，产水量整体水平提高，空间分布上以纬度划分明显，最高值位于东南和西南，并向北逐渐递减，最低值位于北部。至 2015 年，产水量高值区进一步扩展，占据长三角城市群大部分区域，并呈相互镶嵌分布，整体水平东南高于西北。

2）土壤侵蚀防护 2000～2015 年定量评估

2000 年、2010 年、2015 年长三角城市群土壤侵蚀防护量在 ArcGIS 平台上计算所得，得到各栅格的土壤侵蚀防护数据后，以地级市范围进行平均，得到各地级市土壤侵蚀防护数据并制图（图 2.31）。

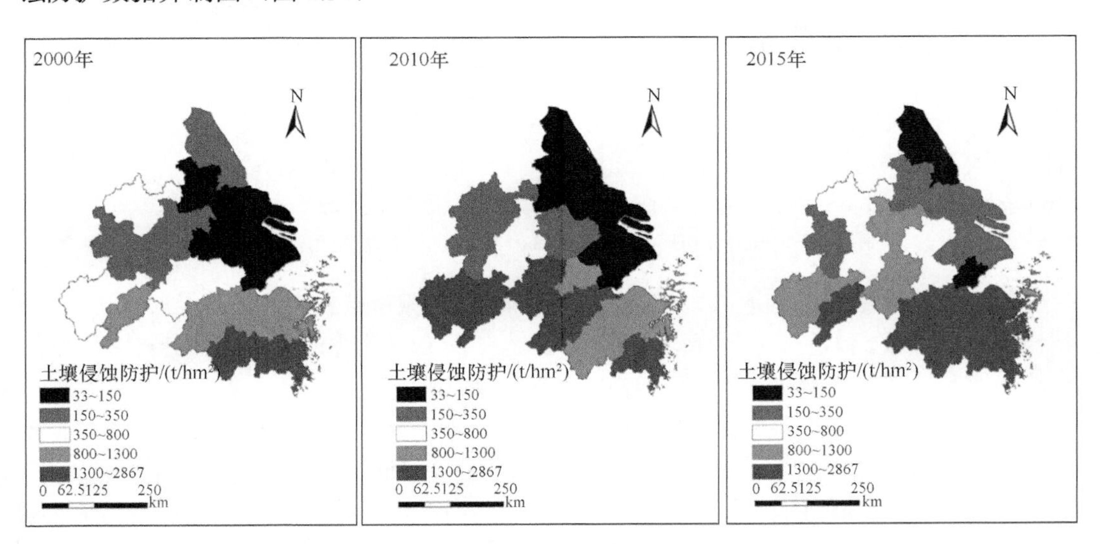

图 2.31　2000～2015 年长三角城市群各城市土壤侵蚀防护分布图

整体看土壤侵蚀防护先大幅增长后轻微减小。长三角城市群土壤侵蚀防护量从 2000～2015 年经历先增后减，2000 年土壤侵蚀防护量为 738.97t/hm^2，至 2010 年增长至 917.40t/hm^2，2015 年轻微下降至 915.75t/hm^2。

各市土壤侵蚀防护量差距较大，随时间推移差距先增后减。2000 年土壤侵蚀防护量最低的是嘉兴市（33.30t/hm^2），最高的是台州市（2194.60t/hm^2），相互间差距为 2161.30t/hm^2。2010 年土壤侵蚀防护量最低的是南通市（67.25t/hm^2），最高的是池州市

（2866.79t/hm^2），相互间差距为 2799.54t/hm^2。2015 年土壤侵蚀防护量最低的是嘉兴市（57.28t/hm^2），最高的是杭州市（1872.02t/hm^2），相互间差距为 1814.74t/hm^2。

总体格局为南高北低，相互之间嵌入趋势明显。

2000 年，长三角城市群土壤侵蚀防护高值主要位于南部和东南，低值位于东北，且低值区沿长三角中部向西延伸。2010 年，土壤侵蚀防护高值主要分布于西南和东南，低值分布于北部和东北，西部大部分区域高、低值相互镶嵌。2015 年，土壤侵蚀防护量高值主要分布于东南和西南，低值分布于东北和西部，现象涉及范围进一步扩大。

3）粮食供应 2000～2015 年定量评估

粮食供应数据来自各省（市）统计年鉴，在 ArcGIS 平台上，将各市粮食产量数据空间显性表达（图 2.32）。为避免因各市面积差异导致的粮食生产量的差异，各市粮食产量指标采用地均产量，即全市粮食产量除以全市土地面积。

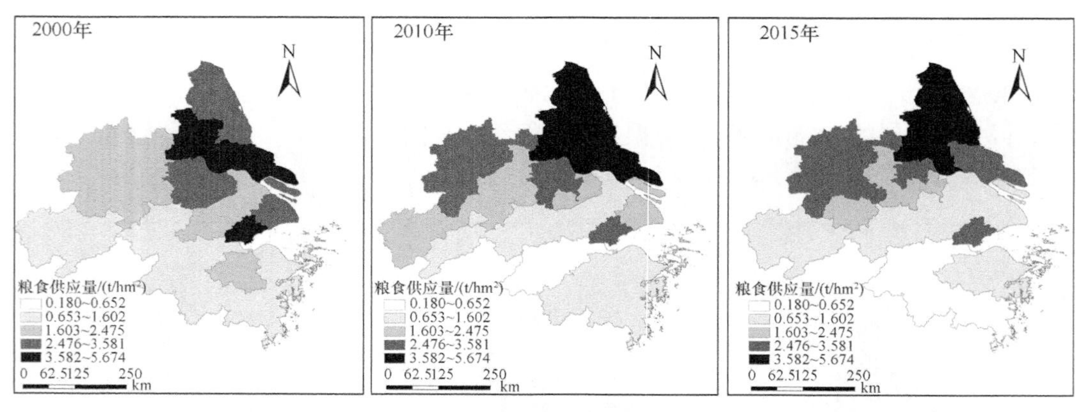

图 2.32　2000～2015 年长三角城市群各城市粮食供应量分布图

整体看粮食生产略有增减，但幅度较小。长三角城市群粮食生产率从 2000～2015 年经历先增后减，但总体上增减幅度较小。2000 年粮食平均生产率是 2.12t/hm^2，至 2010 年略微增长，达到 2.13t/hm^2，2015 年回落至 2.07t/hm^2。

各市粮食生产率差距较大，且随着时间推移差距不断扩大。2000 年粮食产量最低的是池州市（0.69t/hm^2），最大的是泰州市（4.69t/hm^2），相互间差距是 4.0t/hm^2。2010 年、2015 年粮食产量最低的均是舟山市（0.54t/hm^2、0.18t/hm^2），但粮食产量最高的仍是泰州市（5.44t/hm^2、5.67t/hm^2），相应地最高值与最低值之间差距进一步扩大，从 4.9t/hm^2 转变为 5.49t/hm^2。粮食生产率最低值、最高值分别进一步缩小、增加。

南低北高的总体格局保持不变，但相互之间嵌入趋势明显。2000 年，南低北高的粮食产量格局清晰，边界相对完整。最高值位于东北，最低值位于西南。2010 年高值区沿长三角城市群北部边缘向西延伸，而位于西南的低值区向长三角中部楔入。至 2015 年，低值区和高值区分别向外扩展，而处于中等生产水平的城市规模进一步缩小。

4）碳沉积供应 2000～2015 年定量评估

碳沉积计算的是 2000～2010 年、2010～2015 年年均碳沉积量。初始计算在 ArcGIS

平台上栅格尺度完成，得到各栅格的碳沉积数据后，以地级市范围进行加和，得到各地级市碳沉积数据并制图（图 2.33）。整体看长三角城市群碳沉积能力略有减少。2000～2010 年长三角城市群年均碳沉积 0.118t/hm^2，而 2010～2015 年长三角城市群年均碳沉积 0.111t/hm^2。

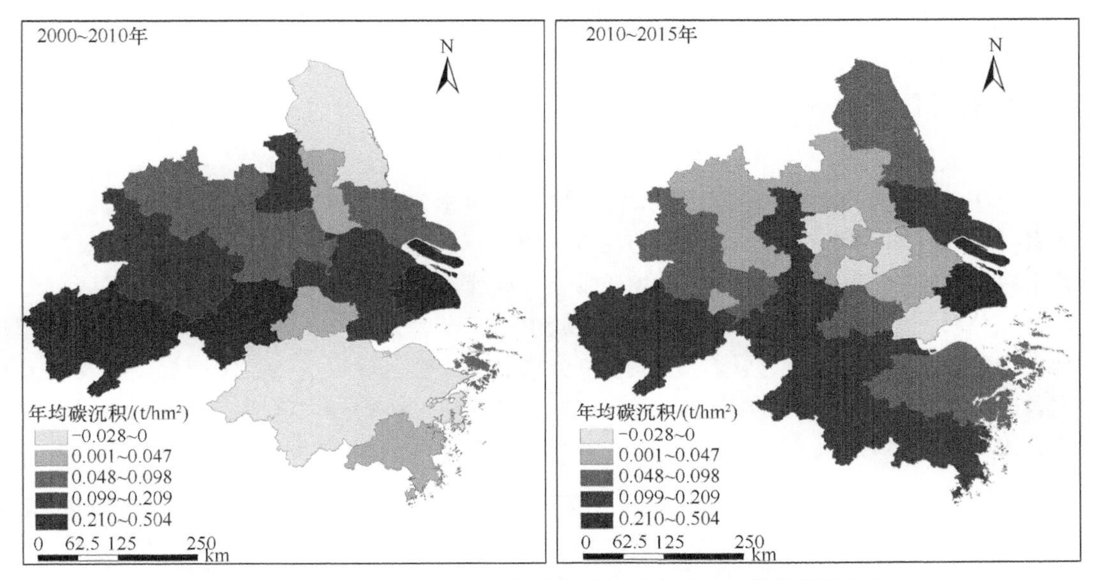

图 2.33　2000～2015 年长三角城市群各城市碳沉积供应量分布图

各市碳沉积能力差距较大，且随着时间推移差距不断扩大。这与粮食生产能力是相同的，最低值、最高值分别进一步缩小、增加。2000～2010 年年均碳沉积最低的是宁波市（–0.007t/hm^2），最大的是宣城市（0.439t/hm^2），相互间差距是 0.446t/hm^2。2010～2015 年年均碳沉积最低的是嘉兴市（–0.028t/hm^2），最大的是上海市（0.504t/hm^2），相互间差距是 0.532t/hm^2。两个年份均有碳沉积是负值的城市，主要是因为快速的土地利用变化引起的碳沉积损失，不足以抵消森林、草地等生态系统吸收的二氧化碳量。

碳沉积从中部高南北低向西南和东北高中间低的格局转变。2000～2010 年从上海至六安形成一条中部碳沉积高值区，而浙江省大部分城市、江苏省北部的盐城均是低值区。浙江省由于林地面积大，碳库规模大，但在快速发展过程中，碳库损失较大，出现了较多碳沉积负值城市。上海虽然城市建设用地规模面积大，碳库损失较大，但由于通过填海造地，将诸多海域面积转化为陆地，碳沉积规模增加。2010～2015 年碳沉积的分布格局与碳库的分布格局比较吻合。西南山地较多的城市碳库大，碳沉积能力较强；沿海一带的城市由于填海造陆的影响，碳沉积量也较高。中部地形相对平坦的区域，用地类型以耕地为主，碳沉积能力相对较弱。

2.4　长三角城市群生态健康分类诊断与集成技术研究

近年来，随着社会经济的快速发展和人类生活水平的提高，全球出现了大量生态破坏与环境污染问题，影响了整个生物圈的完整与稳定。如何在保证经济增长的同时维持生态系统在一种持续的“稳态”水平从而实现可持续发展成为当前学界探索的重点。

2.4.1 基于“生产-生态-生活”分析的城市生态系统健康诊断研究

1. 指标体系框架构建

本书采用目标层次分析法建立树状的关系结构。作为最常用的指标框架模型，目标层次分析法发展较成熟，其选取的指标直接与目标相关，具有层次性，并可随着目标的增多而扩充（邓雪等，2012）。具体方法为：将目标层次的内涵按逻辑分类，向下展开为若干目标，再把各个目标分别向下展开成分目标或准则，依此类推，直到可定量或可进行定性分析（指标层）为止。由此构建的城市“生产、生态和生活健康评价指标体系”是一个多层次的分级体系结构，由上至下分别是由一个目标层、三大领域层，以及若干主题层和指标因子层构成的完整体系。具体的“目标层-领域层-主题层-指标层”四层次体系结构如图 2.34 所示。

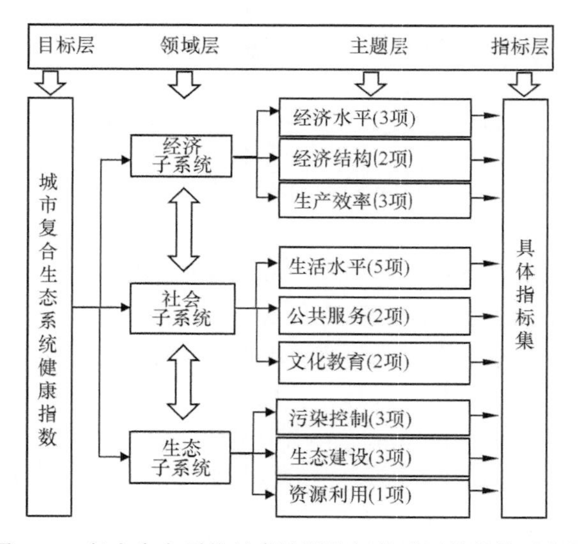

图 2.34 复合生态系统健康诊断指标体系评价结构示意图

（1）目标层。目标层反映了评价体系的最终目标，即衡量区域社会-经济-生态复合系统健康综合状况。

（2）领域层。将研究对象包含的要素按性质分为不同的子领域，即经济子系统、社会子系统和生态子系统。

（3）主题层。从不同的角度对各领域层进行诠释和说明。

（4）指标层。通过具体指标反映各主题层的具体内容，指标层的内容较多，主要包括描述性指标、行为性指标和效率指标三种。

1）指标筛选与设置

指标体系的建立最终要落实到指标层中各项指标的确定。本书采用频度统计法、理论分析法和专家咨询法来进行指标的筛选，筛选流程见图2.35。

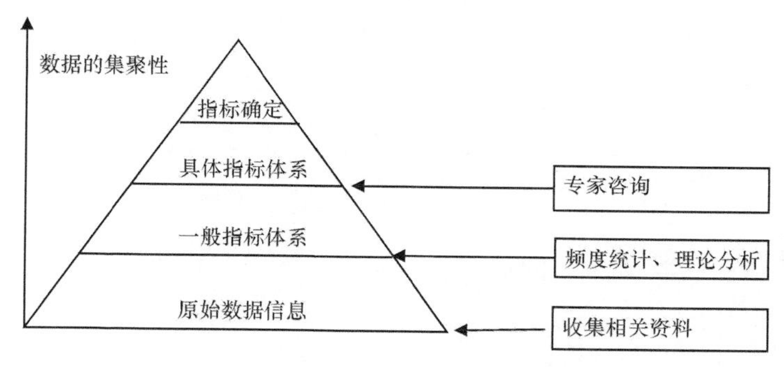

图2.35　指标筛选流程图

首先，在对大量原始数据信息进行调研的基础上，运用理论分析法和频度统计法得到一般的指标体系。经过初步筛选，获得用于指标体系构建的待选指标集合，并在此基础上，运用主成分分析法，筛选出对系统发展具有主要贡献的核心指标。

2）基于主成分分析的指标筛选

A. 主成分定义

将 n 个评价指标看作是 n 维空间的 n 个随机变量，则对主成分的定义如下。

设 $a=(a_1, a_2, \cdots, a_n)$ 为 n 维空间 R_n 的单位向量，并记所有的单位向量集合为：$R_0=\{a|aa^{\mathrm{T}}=1\}$；记 n 个线性相关的随机变量为 $X=(X_1, X_2, \cdots, X_n)^{\mathrm{T}}$；记 $D(X_i)$ 为 X_i 的方差，$Z_i=a_iX$，$a_i \in R_0$。

若 $D(Z_i)=\max\{a_iX\}$，称 Z_i 为 X 的第一主成分指标。

记为：$Z_1=\beta_1X$，线性系数 $\beta_1 \in R_0$。

当 $Z=aX$，与 Z_1 不线性相关的其他变量中，方差 $D(X_i)$ 最大者，称为 X 的第二主成分指标，记为：$Z_2=\beta_2X$，$\beta_2 \in R_0$。

以此类推，第 k 个主成分指标记为 $Z_k=\beta_kX$，$\beta_k \in R_0$（$k=1, 2, \cdots, n$）。

图2.36以包含三个随机变量的系统问题为例，解释上述主成分含义。根据图中样本的空间分布可以确立三个主成分：Z_1、Z_2 和 Z_3。指标取值（样本）沿 Z_1 方向分布范围最大，即方差最大，Z_1 为第一主成分，在最大程度上综合了由原来 X_1、X_2 和 X_3 三个指标反映的信息。Z_1 和 Z_2、Z_3 不线性相关，简化了原来 X_1、X_2 和 X_3 的系统关系。Z_2 为该系统的第二主成分，Z_3 为第三主成分。多个变量（指标）的复杂系统内主成分的定义与此类似。

B. 主成分的计算方法

设 X 为 n 维复杂系统内的随机变量（即指标体系中的具体指标），且 $E(X)=0$，$\sigma=E(XX^{\mathrm{T}})$。则 $\sigma=E(XX^{\mathrm{T}})=E(X)\cdot E(X^{\mathrm{T}})+\mathrm{cov}(XX^{\mathrm{T}})=\mathrm{cov}(XX^{\mathrm{T}})$，即 σ 为实对称的 n 阶协方差矩阵，且 σ 具有 n 个大于零的特征根，记为：$\lambda_1>\lambda_2>\cdots>\lambda_n>0$，则 X 的第 k 个主

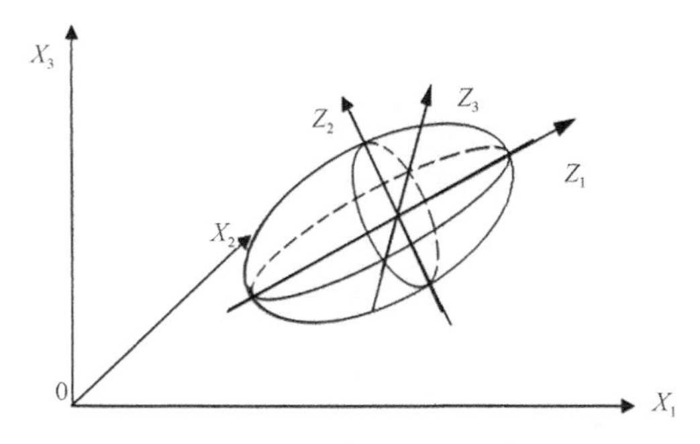

图 2.36 三维变量系统关系示意图

成分 $Z_k=\beta_k X$ 的线性系数 β_k 为 σ 的第 k 个特征根 λ_k 的单位化特征向量。如此可求得系统所有变量的主成分 Z_k。

C. 基于样本分析的主成分计算

在指标体系构建中，需要根据一组样本来分析问题。设 n 个随机变量（n 个指标）取值的一组样本（表 2.9）。其中，n 为变量总数（指标数），m 为样本总数。

表 2.9 系统变量和样本关系

样本	X_1 X_2 … X_n
1	Y_{11} Y_{12} … Y_{1n}
2	Y_{21} Y_{22} … Y_{2n}
⋮	⋮ ⋮ ⋮
m	Y_{m1} Y_{m2} … Y_{mn}

D. 样本标准化处理

标准化处理的目的有两点：一是消除各指标的量纲，使指标间具有可比性；二是使标准化后的样本满足 E（X）=0，D（X）=1。

第 j 个变量的标准化值为

$$X_{ij}=\frac{Y_{ij}-\overline{Y}_j}{S_j} \tag{2.20}$$

式中，i=1，2，…，m；j=1，2，…，n。

样本均值为

$$\overline{Y}_j=\frac{1}{m}\sum_{i=1}^{m}Y_{ij} \tag{2.21}$$

标准方差为

$$S_j^{\ 2}=\frac{1}{m-1}\sum_{i=1}^{m}(Y_{ij}-\overline{Y}_i)^2 \quad (j=1，2，…，n) \tag{2.22}$$

E. 利用标准化后的样本估计 σ

由于实对称的协方差矩阵 $\sigma=E$（XX^{T}）= cov（XX^{T}），通过构建协方差矩阵，可证明下述两种无偏估计：

$$\sigma_{ij}=\frac{1}{m-1}\sum_{k=1}^{m}(X_{ki}\cdot X_{kj}) \tag{2.23}$$

$$\sigma_{ij}=\frac{\sum_{k=1}^{m}(X_{ki}\cdot X_{kj})}{\sqrt{\sum_{k=1}^{m}(X_{ki})^2\sum_{k=1}^{m}(K_{kj})^2}} \tag{2.24}$$

F. 主成分分析

根据协方差矩阵 σ 可得 n 个非负特征根 $\lambda_1>\lambda_2>\cdots>\lambda_n>0$，以及 n 个单位化特征向量，构成一个正交矩阵，记为 $\alpha=[a_{ij}]$，其中，i 为第 i 个主分量；j 为第 j 个分量。

对于 m 个样本的第 k 个样本，根据 $Z_k=\alpha_k X$，则可得到 n 个主成分如下：

$$\begin{bmatrix} Z_{k1} \\ Z_{k2} \\ \vdots \\ Z_{kn} \end{bmatrix}=\begin{bmatrix} a_{11} & a_{12} & \cdots & a_{1n} \\ a_{21} & a_{22} & \cdots & a_{2n} \\ \vdots & \vdots & & \vdots \\ a_{n1} & a_{n2} & \cdots & a_{nn} \end{bmatrix}\begin{bmatrix} X_{k1} \\ X_{k2} \\ \vdots \\ X_{kn} \end{bmatrix}$$

对于全部的 m 个样本则有：

$$\begin{bmatrix} Z_{11} & Z_{21} & \cdots & Z_{m1} \\ Z_{12} & Z_{22} & \cdots & Z_{m2} \\ \vdots & \vdots & & \vdots \\ Z_{1n} & Z_{2n} & \cdots & Z_{mn} \end{bmatrix}=\begin{bmatrix} a_{11} & a_{12} & \cdots & a_{1n} \\ a_{21} & a_{22} & \cdots & a_{2n} \\ \vdots & \vdots & & \vdots \\ a_{n1} & a_{n2} & \cdots & a_{mn} \end{bmatrix}\begin{bmatrix} X_{11} & X_{21} & \cdots & X_{m1} \\ X_{12} & X_{22} & \cdots & X_{m2} \\ \vdots & \vdots & & \vdots \\ X_{1n} & X_{2n} & \cdots & X_{mn} \end{bmatrix}$$

即 $Z_0^{\mathrm{T}}=\alpha X_0^{\mathrm{T}}$；整理得：$Z_0=X_0\alpha^{\mathrm{T}}$

式中，Z_0 为样本主成分；X_0 为标准化后的样本。

G. 根据主成分计算结果筛选核心指标

对于有 n 个变量的指标体系，满足：$\sum\lambda_i=n$（i=1，2，…，n）。当变量按照主成分次序排列，即 $\lambda_1>\lambda_2>\cdots>\lambda_n>0$ 时，前 k 个变量的方差比例之和>85%（累计贡献率>85%），即$\sum\lambda_i>85\%\cdot n$（$i$=1，2，…，$k$），前 k 个变量即为系统的主要主成分，对应指标体系中的核心指标。

在实际研究中，本书应用 SPSS v22.0 软件完成上述指标主成分分析过程，筛选出 14 项重要性最高的核心指标。

3）指标体系构建

综上所述，在吸收国内外相关先进案例的经验基础上，结合城市实际情况，构建城市复合生态系统健康诊断指标体系。构建的指标体系含 3 个二级领域、9 类三级主题和 24 项四级指标（表 2.10）。

表 2.10 中各指标含义具体如下：① 人均 GDP，指每人所创造的国内生产总值（GDP），以万元/人表示；数据来源：统计部门。② GDP 年增长率，反映区域 GDP 年增长的程度，采用百分率表示。计算公式为 GDP 年增长率=[（本年 GDP–去年 GDP）/去年 GDP]）×100%；数据来源：统计部门。③ 经济密度，单位土地面积上承载的财富

表 2.10 城市复合生态系统健康诊断指标体系

领域	主题	指标	选择依据	单位	参考值	参考值来源
经济子系统	经济水平	人均 GDP	反映一个地区的经济实力	万元	≥6	国家生态市建设规划指标
		GDP 年增长率	反映一个地区的发展速度和增长潜力	%	16	
		经济密度	反映区域经济发展的规模效益	GDP/km^2	1	规划预期
	经济结构	第三产业占 GDP 比例	衡量经济的发达程度	%	≥45	国家生态市、生态县建设指标
		高新技术产业产值占 GDP 比例	与区域的功能定位相对应	%	>70	科教兴市十大核心指标
	生产效率	单位 GDP 能源消耗	国际上通常用此指标倡导节能	吨标煤/万元	≤1.4	生态城市指标体系/生态市
		工业集中度	反映了土地集约利用开发的程度	%	2025 年提高 25%	“十四五”规划
		工业企业全员劳动生产率	企业生产技术、管理水平、职工熟练程度和劳动积极性的综合表现	元/人	50	结合国外先进城市案例
社会子系统	生活水平	平均期望寿命	反映人口的健康状况	岁	≥75	生态城市指标体系
		人均居住面积	反映生活居住舒适度的重要指标	m^2/人	>20	生态城市指标体系
		恩格尔系数	反映人们的生活水平	—	40～50	联合国粮农组织小康型生活
		就业率	完善社会服务保障体系的重要内容	%	>95	生态城市指标体系
		城镇人均可支配收入	居民生活水平和实际消费能力的真实反映	元/人	≥24000	生态市
	公共服务	万人病床数	体现区域医疗卫生事业发展的水平	张/万人	≥90	生态园林城市
		万人公交拥有量	反映区域交通的发展状况	辆/万人	15	—
	文化教育	万人中中专以上者人数	反映区域人口的受教育水平	人	≥1100	生态市
		公共教育占 GDP 比例	对人类生活及其精神发展健康的重要意义	%	>2.5	生态城市指标体系
生态子系统	污染控制	工业废水排放达标率	区域环境污染治理水平	%	100	环境保护三年行动计划
		环境空气质量优良率	区域大气环境质量评价	%	85	生态园林城市
		酸雨频率	空气污染的重要表现	%	<30	生态省
	生态建设	城镇人均公共绿地面积	区域绿化建设的重要指标	m^2/人	≥11	生态市
		环保投资指数	反映环境发展与经济间发展的相互关系	%	>2	生态城市指标体系
		公众对城市生态环境的满意度	公众满意是进行区域生态建设的根本目的	%	≥85	生态园林城市
	资源利用	工业固体废物处置利用率	固体废弃物资源的回收利用状况	%	≥80	生态市

总量，一般用单位面积区域 GDP 表示；数据来源：统计部门。④ 第三产业占 GDP 比例，指第三产业的产值占国内生产总值的比例。计算方法：第三产业占 GDP 的比例 =（第三产业产值/国内生产总值）×100%；数据来源：统计部门。⑤ 高新技术产业产值占 GDP 比例，指该新技术产业的产值占国内生产总值的比例。计算方法：高新技术产业产值占 GDP 的比例 =（高新技术产业产值/国内生产总值）×100%；数据来源：统计部门。

⑥ 单位 GDP 能源消耗，指万元国内生产总值的耗能量。计算公式为：单位 GDP 能耗=总能耗（吨标煤）/国内生产总值（万元）；数据来源：统计部门。⑦ 工业集中度，反映了土地集约开发利用的程度；数据来源：统计部门。⑧ 工业企业全员劳动生产率，工业企业平均每个职工创造的工业增加值是反映工业企业劳动投入的经济效益指标，也是考核企业经济活动的重要指标，是企业生产技术水平、经营管理水平、职工技术熟练程度和劳动积极性的综合表现。计算公式为全员劳动生产率＝工业增加值 / 全部从业人员平均人数；数据来源：统计部门。⑨ 平均期望寿命，即人口平均期望寿命，指假设地区同时出生的一代人，根据当时的社会、经济、文化和卫生条件，从出生开始到全部死去为止，每个人预期寿命的平均值；数据来源：统计、民政部门。⑩ 人均居住面积，是指按城市人口（市辖区的非农业人口）计算的平均居住面积。其中的居住面积是指全部住宅中，专供日常生活起居使用的卧室、起居室的房间面积，不包括客厅、厨房、厕所等附属面积。居住面积按居住用房的内墙线计算；数据来源：统计部门。⑪ 恩格尔系数，指居民的食品消费支出占家庭总收入的比例。比例越高表明收入越低，生活越贫困，联合国粮农组织判定，恩格尔系数 60%以上为贫困，50%～60%为温饱，40%～50%为小康，40%以下为富裕。计算公式为恩格尔系数=（居民的食品消费支出/居民家庭总收入）×100%；数据来源：统计部门。⑫ 就业率，指从业人数与从业人数加失业人数之比。计算公式为就业率=从业人数/（从业人数+失业人数）×100%；数据来源：民政、统计部门。⑬ 城镇人均可支配收入，指城镇居民家庭在支付个人所得税、财产税及其他经常性转移支出后所余下的人均实际收入；数据来源：统计部门。⑭ 万人病床数，即万人拥有的病床数，体现了区域医疗卫生事业发展的水平，以张病床/万人表示；数据来源：统计部门。⑮ 万人公交拥有量，指每万人平均拥有的公共交通车辆标台数，体现区域公共交通发展水平；数据来源：统计部门。⑯ 万人中中专以上者人数，指万人中接受中专和中专以上教育的人数；数据来源：统计、教育部门。⑰ 公共教育占 GDP 比例，即公共教育支出占 GDP 比例，反映了区域教育发展的程度；数据来源：统计部门。⑱ 工业废水排放达标率，指城市（地区）工业废水排放达标量占其工业废水排放总量的百分比。其中，工业废水排放达标量是指废水中各行业特征污染物指标都达到国家或地方排放标准的外排工业废水量；数据来源：环境保护、城市建设和有关统计部门。⑲ 环境空气质量优良率，全年环境空气质量指数 API 达到和优于二级的天数占全年的比例，其获取方法按照《城市空气质量日报和预报技术规定》执行；数据来源：环境监测部门。⑳ 酸雨频率，指一年的降水总次数中 pH 小于 5.6 的降水发生比例；数据来源：环保部门。㉑ 城镇人均公共绿地面积，具体计算时，公共绿地分类参考住建部的相关规定；数据来源：城建部门。㉒ 环保投资指数，指数区域环境保护投资占区域国内生产总值的百分比。环境保护投资包括环境污染治理投入、资源和生态环境保护投入、环境管理与科技投入；数据来源：统计部门、环保部门。㉓ 公众对城市生态环境的满意度，指被抽查的公众对城市环境满意（含基本满意）的人数占被抽查的公众人数的百分比。要求抽查总人数不少于城市人口的万分之一；数据来源：专家问卷调查。㉔ 工业固体废物处置利用率，是指工业固体废物处置利用量占工业固体废物总量的比例。有关标准，目前采用《一般工业固体废物贮存、处置场污染控制标准》（GB18599—2001）、

《生活垃圾焚烧污染控制标准》（GB18485—2014）、《生活垃圾填埋场污染控制标准》（GB16889—2008）。计算公式为工业固体废物处置利用率=当年各工业企业处置利用的工业固体废物量之和（万 t）/当年各工业企业产生的工业固体废物量之和（万 t）×100%；数据来源：环保、城建部门。

2. 评价流程和技术方法

1）评价流程

在确定指标体系的基础上，本节研究从两个层次对城市复合系统健康状况进行评价分析。首先是整体评价，通过对综合指数的计算，得出对城市生态系统健康水平的总体判断；进而，在此基础上，运用模型分析区域的社会、经济和生态子系统之间各要素的相互作用关系，从而深入研究区域复合系统健康程度的内在机制和制约因素。

2）指标处理

A. 指标权重确定

本书利用层次分析法（analytic hierarchy process，AHP）和德尔菲法（Delphi 法，即专家调查法）相结合，为各评价指标的权重赋值。在综合评价体系中计算总指数时，不同子指标对总体状况值的贡献作用是不一样的。本书将 AHP 法和 Delphi 法相结合，为各评价指标的权重赋值。具体计算过程如下。

计算判断矩阵中每一行元素的乘积 M_i：

$$M_i = \prod_{j-1}^{n} b_{ij} \quad (i=1,\ 2,\ \cdots,\ n) \tag{2.25}$$

计算 M_i 的 n 次方根 $\overline{W_i}$：

$$\overline{W_i} = \sqrt[n]{M_i} \quad (i=1,\ 2,\ \cdots,\ n) \tag{2.26}$$

对向量 $\overline{W_i} = (\overline{W_1}, \overline{W_2}, \cdots, \overline{W_N})^{\mathrm{T}}$ 标准化得

$$\overline{W}_{i\,(\text{标准化})} = \frac{\overline{W_i}}{\sum_{j=1}^{n} \overline{W_j}} \quad (i=1,\ 2,\ \cdots,\ n) \tag{2.27}$$

则 $W = (W_1, W_2, \cdots, W_n)^{\mathrm{T}}$ 即为所求特征向量。

计算判断矩阵的最大特征根 $\lambda_{\max}$：

$$\lambda_{\max} = \sum_{i=1}^{n} \frac{(\mathrm{BW})_i}{nW_i} \tag{2.28}$$

其中，$(BW)_i$ 代表向量 BW 第 i 个元素，即

$$\mathrm{BW} = \begin{bmatrix} b_{11} & b_{12} & \cdots & b_{1m} \\ b_{12} & b_{22} & \cdots & b_{2m} \\ \vdots & \vdots & \cdots & \vdots \\ b_{n1} & b_{n2} & \cdots & b_{nm} \end{bmatrix} \begin{bmatrix} W_1 \\ W_2 \\ \vdots \\ W_n \end{bmatrix} = \begin{bmatrix} (\mathrm{BW})_1 \\ (\mathrm{BW})_2 \\ \vdots \\ (\mathrm{BW})_n \end{bmatrix} \tag{2.29}$$

一次性检验：

当$CR=\frac{CI}{RI}<0.10$时，即可认为判断矩阵具有满意一致性，否则需调整矩阵的元素取值。

$$CI=\frac{\lambda_{max}-n}{n-1} \tag{2.30}$$

式中，CI为一致性指标；RI为平均随机一致性指标，对于1～9阶判断矩阵，RI值分别为0、0、0.58、0.90、1.12、1.24、1.32、1.41、1.45。

最终求得评价指标A_i的权重集为$W=(W_1, W_2, W_3)$，其中$W\geqslant 0$，$\sum_{i-1}^{3}W_i=1$。二级评价指标B_{ij}的权重集为$W_i=(W_{i1},W_{i2},\cdots,W_{ij})$，其中$W_i\geqslant 0$，$\sum_{j-1}^{n}W_{ij}=1$。

B. 指标的无量纲化

为使不同指标数据具有可比性，需进行数据的无量纲化，得出四级指标指数，即逐项对指标层的现状值与建议值进行评价，并对评价结果进行数据归一化处理，计算得出指标层指数值。

（1）对于正向指标，即在一定范围内，指标数值越大越好，其指数计算公式为

$$C_i = 1-(R_i-X_i)/(R_i-i_{min}) \tag{2.31}$$

式中，C_i为某三级指标指数值；X_i为某三级指标现状值；R_i为某三级指标建议值；i_{min}为某三级指标相关参考值中的最小值。

（2）对于逆向指标，即在一定范围内，指标数值越小越好，其指数计算公式为

$$C_i=1-(X_i-R_i)/(i_{max}-R_i) \tag{2.32}$$

式中，C_i为某三级指标指数值；X_i为某三级指标现状值；R_i为某三级指标建议值；i_{max}为某三级指标相关参考值中的最大值。

3. 城市生态系统健康综合指数计算及评价方法

1）三级指标指数计算

对四级指标指数值进行算术平均，计算得到三级主题指数，其计算公式为

$$B_j=\sum_{i=1}^{m}C_i/m \tag{2.33}$$

式中，B_j为某三级主题指数；C_i为某四级指标归一化指数值；m为某三级主题下所属四级指标的数量；j=1，2，3，…（三级主题的总个数）。

2）二级领域指标指数计算

二级指标指数，即领域层指数。

对三级指标指数进行线性加权，计算得到二级指标指数，其计算公式为

$$B_i=\sum_{i=1}^{m}C_i\omega_i \tag{2.34}$$

式中，B_i 为某二级指标指数；C_i 为第 i 个三级指标指数；ω_i 为第 i 个三级指标的权重。

3）一级领域指标指数计算

对二级指标指数进行线性加权，计算得到一级指标指数，即区域发展水平综合指数，其计算公式为

$$I=\sum_{i=1}^{m}B_i\omega_i \tag{2.35}$$

式中，I 为一级指标指数，即区域发展水平综合指数；B_i 为第 i 个二级指标指数；ω_i 为第 i 个二级指标的权重。

4. 城市生态系统健康诊断

1）城市生态系统健康要素评价

通过城市生态系统健康要素评价示意图，可以对城市生态系统健康变化的趋势进行更为形象的说明，并对健康发展特征进行进一步判断。

将半径为 1 的圆 R1 进行 9 等分，9 条半径分别代表 9 项三级指标所代表的主题。将三级指标指数值标注在半径上，再将 9 个点连接构成一个多边形，计算该多边形的面积可以表示研究区域的经济-社会-生态的健康度的综合水平（图 2.37）。

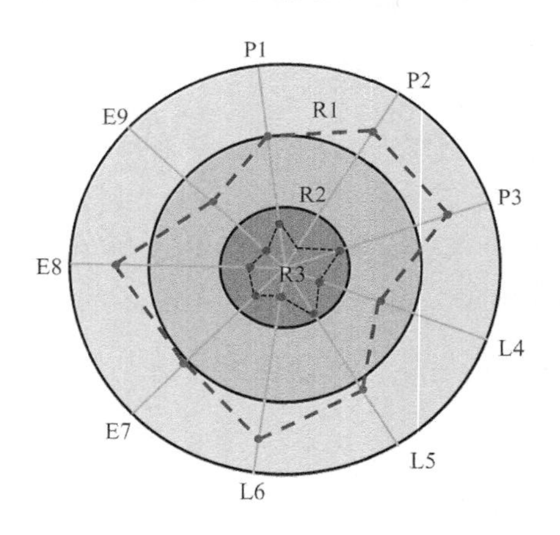

图 2.37 城市生态系统健康水平诊断示意图

P1：经济水平；P2：经济结构；P3：生产效率；L4：资源利用；L5：污染控制；L6：生态建设；E7：公共服务；E8：生活水平；E9：文化教育。R1：系统不健康；R2：系统健康；R3：系统优良

在圆 R1 中包含两个同心圆，其中圆 R2 半径为 0.8，圆 R3 半径为 0.3。当多边形的面积开始大于或等于圆 R2 的面积，且九项指标指数值均大于 0.8（均不在圆 R2 内），可认为是健康度处于“优良”水平；当多边形的面积介于圆 R3 的面积和圆 R2 的面积之间，则认为健康度处于“健康”水平；当多边形的面积小于圆 R3 的面积，则认为健康度处于“不健康”水平。

2）城市生态系统健康分级标准

城市生态系统健康综合指数（ECSHI）数值的大小直接反映了社会-经济-生态复合

系统的系统健康水平。因此，可以通过对指数进行分级，从而判断城市生态系统的健康水平，并实现健康预警。本书基于生态系统健康概念及其内涵，将城市生态系统健康分为三个等级，分别为不健康（0～0.5）、健康（0.5～0.8）和优良（0.8～1.0）三个等级。具体分级标准如表 2.11 所示。

表 2.11　城市生态系统健康分级标准

分级	ECSHI 指数	指数表征意义
不健康	0～0.5	表示城市生态系统处于不健康状态，社会、自然和生态环境三个子系统发展不协调。经济发展多以传统较粗放的发展模式为主，生态环境保护措施刚刚实施，成效尚未显现，民众环境意识较低
健康	0.5～0.8	表示城市生态系统处于健康状态，社会、自然和生态环境三个子系统基本协调一致。经济发展模式逐步从传统模式向低耗、低排、高效的方向转变，生态环境保护措施成效初现，经济发展开始迈上了良性可持续发展的轨道，民众的环境意识得到一定程度的提升
优良	0.8～1.0	表示城市生态系统处于优良状态，社会、自然和生态环境三个子系统高度协调发展。经济、社会和环境建设和发展接近生态文明建设总体目标，生态环境保护成效显著，可持续健康发展模式已经形成，民众环境意识较高

2.4.2　基于 PSR 模型的湿地生态系统健康评价

湿地是自然界重要的自然资源和生态系统，在调节气候、防洪蓄水、净化环境、保护生物多样性等方面起着重要的作用。但是湿地也是易受人类干扰的脆弱生态系统，近年来长三角区域人类活动影响的加强导致了湿地资源和面积大量减少，湿地功能严重削弱，湿地生物多样性降低、水质改变、富营养化等问题日益严重，同时这些将影响一个区域或流域的生态安全，甚至威胁人类自身的健康与发展。目前，湿地生态系统健康研究是湿地研究领域的新概念、新领域，也是生态系统健康研究领域的新方向。

然而，长三角区域的湿地生态系统是高度人工干扰下的复杂系统，单一的生态学指标不能够准确地衡量和诊断其健康程度，需要建立一个包含不同类型的综合评价指标体系，以便进行湿地生态系统的健康诊断与管理（任晶等，2012；Sun et al.，2000）。

1. 基于 PSR 模型的九段沙湿地生态系统健康诊断研究

PSR 模型是目前最广泛应用的指标体系之一，其以因果关系为基础，即人类活动对环境施加一定的压力；因为这些压力，环境改变了其原有的性质或自然资源的数量（状态）；人类又通过环境、经济和管理策略等对这些变化做出反应，以恢复环境质量或防止环境退化。

近年来，PSR 模型越来越多地被运用到河口及海湾等典型的人工干扰下的湿地生态系统评价研究之中。本书基于生态系统健康“压力-状态-响应”（PSR）评价模型，建立了湿地生态系统健康诊断指标体系，为湿地生态保护与恢复重建提供科学依据。

1）研究地区与研究方法

上海九段沙湿地地处长江与东海的交汇处，位于 120°46′～122°15′E，31°03′～31°17′N 之间，东西长 46.3km，南北宽约 25.9km，是长江口最靠外海的河口型新生湿地，由上沙、中沙、下沙和江亚南沙四个沙体及周边水域组成，总面积 4.2 万 hm^2。九段沙湿地是长江中最年轻的冲击型沙岛，是江海洄游动物的必经之路，又是东亚—澳大利亚鸟类迁徙的重要通道，也是重要的生态敏感区。

2）基于 PSR 模型的诊断指标体系构建

尽管不同类型的湿地均具备相同的基本特征，但它们的生态功能及服务功能有显著的区域差异。湿地类型与功能的多样性，使湿地生态系统健康评价难以有统一标准，也没有一个指标能为所有湿地的健康状况提供合适和足够的度量，这就决定了湿地健康评价的多指标特征。湿地生态系统是自然-经济-社会复合系统，因此，湿地生态系统健康评价指标的选取不仅要将生态、经济、社会三要素整合，而且还需要考虑不同管理条件下所导致的湿地生态过程、经济结构、社会组成的动态变化，以利于维持湿地系统的持续性。麦少芝等（2005）基于 PSR 模型建立了湿地生态系统健康评价指标体系，将指标体系主要分成压力指标、状态指标和响应指标三类；崔保山和杨志峰（2001）从湿地生态特征、生态功能及社会政治功能三个方面建立了湿地生态系统健康评价指标体系，这些研究为指标体系的建立提供了理论借鉴。

通过结合九段沙湿地的区域背景、湿地生态系统各要素现状和变化率、生态服务功能、周边人类经济活动等方面的资料，建立九段沙湿地生态系统健康评价指标体系（表 2.12），并给出每个指标的量化标准。

由于指标体系中的各项评价指标的类型复杂，各系数之间的量纲不统一，各指标之间缺乏可比性。因此，在利用上述指标时，必须对参评因子进行标准化处理。为了简便、明确、易于计算，首先对它们的实际数值进行等级划分，分为五级，然后根据它们对湿地生态系统健康影响的大小及相关关系对每个等级给定标准化分值，标准化分值设定为 0～1。

表 2.12　九段沙湿地生态系统健康评价指标体系

项目层	因素层	指标层	量化方法
压力	间接压力	人口密度	九段沙湿地人口密度
		湿地周边人口素质	以高中以上文化程度人口占周边人口的百分率表示
	直接压力	土地利用强度	以十年间湿地围垦土地百分率表示
		工业、生活污水处理率	以上海市工业、生活污水的处理率表示
		外来物种	以湿地外来种互花米草植被面积占总植被面积比例表示
		长江来沙量	以长江口的年来沙量相比于 20 世纪 50～60 年代年来沙量减少率表示
		鳗苗捕捞持续时间	以鳗苗实际捕捞时间是否超过相关政策规定的捕捞时间表示
		九段沙周围水域固定渔船数	以目前固定渔船数量是否超过建立保护区以前的固定渔船数量表示

续表

项目层	因素层	指标层	量化方法
状态	自然环境	海平面上升	以海平面上升速度与湿地淤长速度差值表示
		湿地水质	根据《海水水质标准》(GB 3097—1997)评定
		土壤环境	根据《荷兰环境污染物标准》，以土壤石油烃单因子污染指数表示
		湿地面积适宜性	以湿地面积的大小来衡量湿地抵抗外来胁迫及内在稳定性
		面积退化率	以目前退化的湿地面积的百分率来表示，可用湿地的盐碱化、植被退化、人工垦荒等来衡量
	生物特征	生物量	以湿地植物年均地上生物量来计算
		物种多样性	以湿地鸟类种数占所在区域（上海市）鸟类种数的百分比表示
		底栖动物多样性指数	以底栖动物的多样性指数来表示
		海岸边缘植被	以定性与定量相结合分析河口湿地植被受扰状态及盖度变化表示
		动物个体尺寸	以鱼类在同一湿地区个体的平均尺度或大小来衡量，同原始资料记录相比较的变化率
		植物个体尺寸	以主要植被（如芦苇、海三棱藨草、互花米草）的平均高度来进行定性与定量的衡量
	生态功能	侵蚀控制	以湿地水土流失变化率表示
		水质净化能力	湿地对废物处理、污染控制、有毒性物质的分解等方面，以其处理能力变化率来表示
		自然栖息地	湿地的野生动物自然栖息地，以湿地的破坏或退化率来表示
		物质生产	湿地内芦苇、鱼类资源等的产量、质量来评价，以年收获量变化率表示
		休闲娱乐	湿地的旅游、观光及户外活动等，以娱乐开放日的增减来衡量
		科研文化功能	以定性与定量相结合衡量湿地的科研文化价值及地位等表示
响应	响应	是否自然保护区	以是否建立保护区和保护区级别评定
		现有政策法规	以现有保护法规及政策完善程度表示
		政策法规贯彻力度	以保护区执法队伍人数表示
		资金投入量	以环境保护的投入占本地生产总值的百分率来表示
		湿地管理水平	定性与定量相结合，以湿地管理队伍和科研学术研究水平表示

根据湿地生态系统的特点和各评价指标对湿地生态系统健康的贡献大小，采用专家经验法对项目层和指标层的评价指标进行权重分配，项目层指标权重分配为：压力（U1）是 0.307，状态（U2）是 0.412，响应（U3）是 0.281（表 2.13）。

3）综合评价模型

湿地生态系统健康综合指数（E）为

$$E = \sum_{i=1}^{n} W_i \times X_i \tag{2.36}$$

式中，W_i 为各指标的权重；X_i 为各指标赋值结果。

表 2.13 指标权重分配

项目层	归一化权重	因素层	归一化权重	指标层	归一化权重	指标评价分值
压力（U1）	0.307	间接压力	0.5186	人口密度	0.8333	0.9
				湿地周边人口素质	0.1667	0.7
		直接压力	0.4814	土地利用强度	0.0905	0.9
				工业、生活污水处理率	0.1852	0.71
				外来物种	0.1100	0.4
				长江来沙量	0.2810	0.4
				鳗苗捕捞期	0.1629	0.4
				九段沙周围水域固定渔船数	0.1228	0.5
状态（U2）	0.412	自然环境	0.2396	海平面上升	0.0476	0.8
				湿地水质	0.3291	0.65
				土壤环境	0.3011	0.7
				湿地面积适宜性	0.1175	0.9
				面积退化率	0.2523	0.9
		生物指标	0.3601	生物量	0.1230	0.8
				物种多样性	0.2560	0.95
				底栖动物多样性指数	0.2025	0.6
				海湾边缘植被	0.1963	0.75
				动物个体尺寸	0.0835	0.7
				植物个体尺寸	0.1387	0.8
		生态功能	0.4003	侵蚀控制	0.1332	0.9
				水质净化能力	0.2732	0.8
				自然栖息地	0.3231	0.8
				物质生产	0.0705	0.75
				休闲娱乐	0.0514	0.35
				科研文化功能	0.1486	0.9
响应（U3）	0.281	响应	1	是否自然保护区	0.4166	0.9
				现有政策法规	0.08335	0.7
				政策法规贯彻力度	0.08335	0.75
				资金投入量	0.2500	0.8
				湿地管理水平	0.1667	0.75

按照湿地生态系统健康综合指数从高到低排序，反映其从优到劣的变化，评价结果共分为 5 个等级：[0.8，1.0]处于良好状态；[0.6，0.8]处于较好状态；[0.4，0.6]处于警戒状态；[0.2，0.4]处于较差状态；[0，0.2]处于极差状态。根据湿地生态系统健康综合指数（E）所对应的等级，确定湿地生态系统健康状况。

4）结果与讨论

A. 九段沙湿地压力现状评价

将九段沙湿地面临压力的评价等级分为几乎没有压力（0.8～1）、能够承受

（0.6～0.8）、一般水平（0.4～0.6）、超出承受（0.2～0.4）和严重超出（0～0.2）五个等级，目前九段沙湿地的压力评价值为 0.707，表明九段沙湿地虽然面临一定的压力，但尚处于能够承受的范围。九段沙目前为无人岛，岛上人口密度几乎为零，土地利用强度很低，九段沙基本保持着较原始的生态演替过程，因而素有“上海最后的处女地”之称。九段沙处于中国经济发展最快的长江中下游地区和生态脆弱性最敏感的河口区，极易受到外界环境和社会经济发展的影响。目前，九段沙湿地面临的压力主要来自渔业资源无序过度捕捞、外来物种入侵、环境污染、长江来沙量锐减以及海平面上升等方面。

B. 九段沙湿地生态现状评价

九段沙湿地生态系统现状评价值为 0.783，根据分级水平，评价值大于或等于 0.8 是非常健康和理想的生态系统，现阶段九段沙湿地非常接近理想的健康水平。但是，正如上文所分析的，九段沙目前面临的问题和压力比较突出，若采取的保护措施不当或力度不够，九段沙湿地生态系统很容易受到破坏而产生退化，相关部门应高度重视，做好九段沙湿地的保护工作。

C. 九段沙湿地响应评价分析

响应指人类根据湿地生态系统的变化，采取一定的行动（如实施新的经济和管理策略），以恢复湿地环境质量或防止湿地生态系统退化。通过综合各项指标，九段沙湿地响应指数为 0.821，表明政府针对保护区所采取的政策和措施处于很积极有效的等级范围。

基于 PSR 模型建立九段沙湿地生态系统健康评价指标体系，将九段沙湿地生态系统健康状况分为很健康、健康、亚健康、不健康和病态五个等级，通过综合九段沙目前面临的压力、生态系统健康现状及相应措施和政策等，得出九段沙湿地生态系统健康评价综合指数为 0.77，处于健康状态。

2. 基于生物多样性的湿地生态系统健康诊断研究

1）研究区域

崇明东滩国际重要湿地位于上海市崇明岛东端，南北都濒临长江入海口，延伸至东海，是长江口典型的滨海湿地，包括团结沙、东旺沙和北八滧三部分。

2）多样性分析

本书对湿地系统的鸟类、植被、大型底栖动物、浮游动物、鱼类多样性进行了分析，限于篇幅，只对鸟类分析过程进行展示。本书的多样性调查数据由崇明东滩鸟类国家级自然保护区管理处提供。2009～2014 年崇明东滩鸟类基本情况调查结果如表 2.14 所示。

2009～2014 年东滩鸟类种类基本保持稳定，2009 年、2010 年、2011 年、2012 年稳定性更高维持在 78 种或 79 种，2013 年和 2014 年略有下降，为 76 种和 74 种，属于正常现象。而数量变化则比较明显，除 2013 年有所下降外，崇明东滩鸟类数量基本呈上升趋势，2014 年最高达到 85512 只，最低的为 2009 年的数量为 33042 只。

表 2.14　崇明东滩 2009～2014 年鸟类基本情况

项目	2009 年	2010 年	2011 年	2012 年	2013 年	2014 年
频次	15	15	18	18	18	18
目	6	7	7	7	8	8
科	13	14	13	14	13	13
种类/种	79	78	79	78	76	74
数量/只	33042	55337	72567	74689	60950	85512
主要类群	雁形目、鸻形目、鹳形目	鸻鹬类、雁鸭类、鹭类、鸥类	雁鸭类、鸻鹬类、鸥类、鹭类	雁鸭类、鸻鹬类、鸥类、鹭类	雁鸭类、鸻鹬类、鸥类、鹭类	雁鸭类、鸻鹬类、鸥类、鹭类
数量前五的种类	黑腹滨鹬、白鹭、斑嘴鸭、银鸥、绿头鸭	黑腹滨鹬、白鹭、斑嘴鸭、银鸥、环颈鸻	黑腹滨鹬、白鹭、斑嘴鸭、银鸥、绿头鸭	黑腹滨鹬、白鹭、斑嘴鸭、银鸥、绿头鸭	黑腹滨鹬、斑嘴鸭、银鸥、绿头鸭、黑尾塍鹬	黑腹滨鹬、白鹭、斑嘴鸭、绿头鸭、环颈鸻

2009～2014 年，经过每年 15 次以上的野外调查，又根据计算得到的数据可知：鸟类种类数从 2009 年的 79 种（Richness =27.2%）减少至 2014 年的 74 种（Abundance = 25.5%）。辛普森多样性指数（*D* 值）在 2009～2014 年也从 0.736 减小到 0.651，而皮耶罗稳定度（*J* 值）则在连续六年中增加了 0.078（表 2.15）。

表 2.15　鸟类多样性指数

年份	丰度/种	多度	*D* 值	*J* 值
2009	79	0.27241	0.73632	0.56784
2010	78	0.26897	0.71323	0.57659
2011	79	0.27241	0.70285	0.58756
2012	78	0.26897	0.64200	0.69667
2013	76	0.26207	0.67046	0.68214
2014	74	0.25517	0.65134	0.64626

在连续六年的发展中东滩鸟类群落的生境变化不大。可以从崇明东滩湿地 2009～2014 年的鸟类多样性指数的回归结果得知，辛普森多样性指数减小较快，斜率为–0.0175（R^2=0.7766），而相对丰度减小的斜率是–0.0032（R^2=0.7567），如图 2.38 所示。

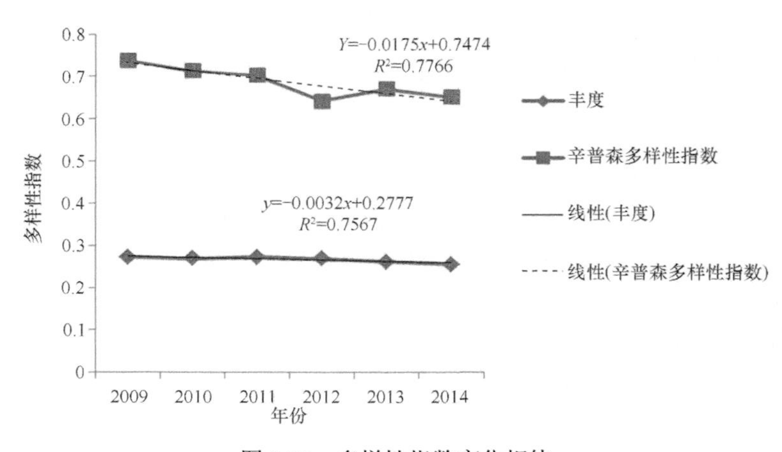

图 2.38　多样性指数变化规律

本书选择辛普森鸟类多样性指数来测度东滩鸟类的多样性是因为它与相对丰度（r=0.647，p<0.05）、丰富度（r=0.675，p<0.05）有更强的显著性和相关性，与香农多样性指数相比，更加能表征多样性变化特征。辛普森多样性指数除了2013年每年都在缓慢减小，最小达到0.642。皮耶罗稳定度指数用来表示鸟类的同质化现象，它和辛普森多样性指数有负的相关性（r=－0.916，p<0.05）。

3）基于PSR模型的崇明东滩湿地生态系统健康评价

本书拟从崇明东滩湿地的生物多样性现状分析入手，借鉴国内外其他学者的生态环境健康评价指标体系研究成果，利用"压力-状态-响应"模型进行崇明东滩国家级自然保护区的生态系统健康评价，并且从整体环境层面提出生态保护和应对策略。

崇明东滩湿地生态系统健康状况评价指标体系的构建拟从PSR关系模式出发，在准确把握河口湿地生物现状的基础上，结合东滩保护和发展方面存在的主要问题来确定，充分考虑东滩湿地的自然、经济、社会、景观和环境等要素。东滩湿地生态系统健康评价的"压力-状态-响应"模型构建是多层次的分级结构体系，由上至下分别由三大领域层、若干指标因子层、一个目标层构成完整体系。具体的"领域-指标-目标"三层次体系结构如表2.16所示，东滩湿地生态系统健康状况分级见表2.17。

表2.16　崇明东滩湿地生态系统健康状况评价指标体系

领域	主题	指标	数据来源与选择依据	性质
压力指标	经济指标	第二产业增加值	上海市崇明区统计年鉴、环境质量公报；压力指标反映产业发展模式、人类活动强度、对生态系统造成的胁迫	负向
		人均GDP		负向
	社会指标	人口密度		负向
	环境开发指标	城镇化建设用地增加值		负向
		旅游业产值增加比率		负向
状态指标	鸟类	辛普森多样性指数	崇明东滩鸟类国家级自然保护区管理处；指示和反映环境状况	正向
		相对丰度		正向
	植被	辛普森多样性指数		正向
	底栖动物	相对丰度		正向
	浮游动物	相对丰度		正向
	鱼类	辛普森多样性指数		正向
响应指标	政府部门	环保投资	上海市崇明区统计年鉴；改善和保护生态的力度	正向
		管理水平与宣传教育		正向
	生态建设	森林覆盖率		正向

表2.17　东滩湿地生态系统健康状况分级

CEI值	健康评定等级	状况描述
≥0.9（良好）	Ⅰ	东滩湿地保持良好的自然状态，物种丰富，系统活力极强，结构合理，人类干扰极少、外界压力小，系统极稳定，功能完善；政府进行了强有力的环境保护
0.7～0.9（较好）	Ⅱ	东滩湿地较好地保持了自然状态，生物种繁多，营养级复杂，系统活力较强，结构比较合理，外界压力小，系统尚稳定，功能较完善；政府进行了较强的环境保护

续表

CEI 值	健康评定等级	状况描述
0.5～0.7（一般）	III	东滩湿地自然状态结构合理，但受到一定的改变，外界压力较大、活力表现衰退，生态系统尚可维持，功能水平有一定的退化，政府具有一定的环境保护能力
0.3～0.5（较差）	IV	东滩湿地自然状态受到严重的破坏，人类活动频繁，活力较低，结构破碎，对外界的干扰响应迅速，生态功能很大程度地退化；政府环境保护能力较弱
<0.3（极差）	V	东滩湿地的自然状态已受到了彻底破坏，功能丧失、活力极低，结构破碎，生态系统已经严重恶化，功能大部分丧失；政府环境保护能力非常弱

利用“压力-状态-响应”模型，本书对 2009～2014 年崇明东滩湿地进行了基于生物多样性的湿地健康评价，计算了每一年的综合评价结果，得到了一个时间序列评价值，其结果如图 2.39 所示。

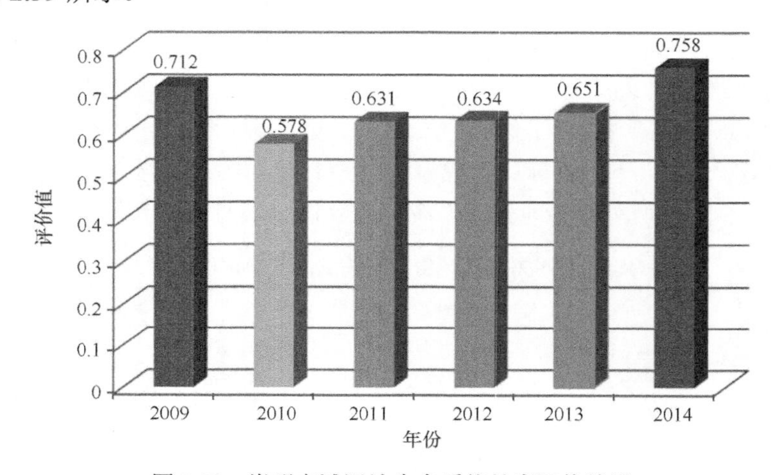

图 2.39 崇明东滩湿地生态系统健康评价结果

通过以上对崇明东滩湿地过去多年的生态系统健康状况评估，可以得到东滩湿地系统总体的健康情况处于一般（0.5～0.7）至相对较好（0.7～0.9）的情况，健康状况处于三级与二级自然区之间，没有出现生态系统被破坏和退化情况。东滩湿地生态环境健康由 2009 年的相对较好变化为 2010 年一般，虽然等级仅降低了一级，但评价结果变化量为 0.134，表明东滩国际重要湿地生境相比前一年发生了很大退化，接下来的 2011～2013 年退化得到遏制，趋于一个稳定的状态，同时在这些年的恢复和保护下，东滩湿地环境质量最终回归到相对较健康的状态。

从图 2.39 中可以看出，东滩湿地健康状况较好的年份仅在 2009 年和 2014 年，2010～2013 年健康等级为III级（健康情况一般），健康状况一般的年份之间也有较大差异。造成东滩湿地生态系统健康年际变化的原因有：①受到全球气候变化因素的影响；②受到人类活动的干扰影响；③当前长江口的潮间带潮滩和潮沟受到的干扰比较多，潮沟的完整性受到很大程度的威胁。

对于健康等级处于II级较好（健康指数 0.7～0.9）的年份，主要原因是受人类活动的干扰相对较小，2009 年的相对较好等级是由于东滩湿地开发力度小，人类影响相对小，外来物种互花米草刚开始引进，整体的环境趋势也没有近些年糟糕。而 2014 年的回升原因有：国家和社会对自然保护区持续的财力物力投入，崇明东滩保护区管理水平的提升和管理力度的加强，科学研究的不断深入，同时由于近年东滩北部开展了“东滩湿地互花米草的生态控制和鸟类栖息地优化”项目，对以互花米草为主的分布区实施了圈围和控制。因此生态系统活力得到了提升，健康状态进一步稳定。

2.5　长三角城市群生态环境综合监管系统技术

长三角区域是我国东部沿海经济最发达的地区，已成为中国经济增长速度最快、经济总量最大的区域。长三角区域各城市地域相连、人缘相亲、文化相融、经济相通、信息资源共享、资金流动频繁，彼此相互依赖。长三角城市群一体化发展的态势正在不断显露出来，合作发展与联动发展已经成为主旋律。长三角在生态环境方面也是一个不可分割的整体，水、大气、土壤等各个方面都存在相互影响。虽然长三角区域防治协作机制取得了阶段性成效，但区域生态环境保护形势依然严峻，区域整体环境质量改善压力较大（黄贤金等，2020）。一是环境质量改善效果不稳固。大气方面，第一轮秋冬季大气攻坚“两个 3%”的目标虽然完成了，但存在局部不平衡现象，41 个城市中有 5 个城市反弹、6 个城市持平。水方面，虽已基本消除劣 V 类国考断面，但部分河段水质出现反复，河道治理还需建立长效机制。二是饮用水安全风险尚未消除。受制于区域发展和利益平衡等问题，长三角区域饮用水源地与沿江重化工布局、排污口设置及水运航道犬牙交错，水质尚不稳定、风险尚未消除。同时，由于流域上下游保护目标、标准和管理的协调性不够，存在上游为农业用水、一般景观用水或泄洪通道而下游连接水源地的情况。三是地表水水质达标压力较大。长江流域、太湖流域、淀山湖等重点河湖水域还不能稳定达标，近海海域水质较差，生态多样性也在下降。2018 年，淀山湖蓝藻“水华”发生的次数多于往年，受来水河流影响以及河湖水质标准评价体系的差异，近期淀山湖达到 V 类水难度较大。四是生态系统服务功能有待提升。快速的工业化、城镇化、机动化进程，导致长三角地区近年来耕地资源被大规模非农产业占用，滩涂资源围垦对区域内湿地生态保护造成不利影响，自然生态空间不断被压缩，生境破碎化和外来物种入侵，导致区域生态系统退化和生物多样性降低。

生态环境监测是生态环境保护的基础，是生态文明建设的重要支撑。目前，生态环境监测网络在长三角区域甚至是全国存在范围和要素覆盖不全，建设规划、标准规范与信息发布不统一，信息化水平和共享程度不高，监测与监管结合不紧密，监测数据质量有待提高等突出问题，影响了监测的科学性、权威性和政府公信力。

通过剖析长三角地区城市生态监管体系的薄弱环节，有效借鉴国内外有益经验和宝贵实践，研究构建了长三角区域大气环境、水环境、土壤环境、生态状况的监测网络优化方案及标准规范体系，形成了长三角城市群生态环境监管技术体系。

2.5.1　长三角城市群生态环境立体观测网络技术

1. 长三角空气质量立体观测网络

（1）依据城市空气质量差异与相似性分析，将长三角区域分为东部沿海区、环太湖流域区、苏中内陆区、环杭州湾区域及舟山背景区。

基于全年日均值数据，统计得到长三角城市之间 $PM_{2.5}$ 浓度变化的相关性（表 2.18）。可以看到，南京-扬州间相关性较高，达到 0.82；苏州-无锡-上海-南通间相关性较高，达到 0.80 以上，苏州-无锡达到 0.95；杭州-宁波间相关性也较好，达到 0.78。由各城市之间的相关性，可以将长三角划分为南京及周边城市区域、上海及苏锡常区域、杭州湾城市区域。

表 2.18　长三角主要城市 $PM_{2.5}$ 浓度日均值相关性分析

	杭州	上海	南京	宁波	盐城	合肥	南通	无锡	苏州	扬州	嘉兴
杭州	1.00	0.58	0.63	0.78	0.51	0.51	0.59	0.77	0.72	0.51	0.67
上海	0.58	1.00	0.50	0.77	0.70	0.35	0.89	0.84	0.91	0.58	0.70
南京	0.63	0.50	1.00	0.48	0.56	0.52	0.59	0.68	0.62	0.82	0.68
宁波	0.78	0.77	0.48	1.00	0.52	0.44	0.64	0.76	0.78	0.44	0.72
盐城	0.51	0.70	0.56	0.52	1.00	0.43	0.84	0.75	0.74	0.66	0.64
合肥	0.51	0.35	0.52	0.44	0.43	1.00	0.39	0.48	0.45	0.39	0.52
南通	0.59	0.89	0.59	0.64	0.84	0.39	1.00	0.85	0.87	0.68	0.67
无锡	0.77	0.84	0.68	0.76	0.75	0.48	0.85	1.00	0.95	0.69	0.78
苏州	0.72	0.91	0.62	0.78	0.74	0.45	0.87	0.95	1.00	0.66	0.77
扬州	0.51	0.58	0.82	0.44	0.66	0.39	0.68	0.69	0.66	1.00	0.63
嘉兴	0.67	0.70	0.68	0.72	0.64	0.52	0.67	0.78	0.77	0.63	1.00

K-means 算法属硬聚类算法，是典型的基于原型的目标函数聚类方法的代表，它是以数据点到原型的某种距离作为优化的目标函数，利用函数求极值的方法得到迭代运算的调整规则（杨俊闯和赵超，2019）。*K*-means 算法以欧式距离作为相似度测度，它是求对应某一初始聚类中心向量 V 的最优分类，使得评价指标 J 最小。算法采用误差平方和准则函数作为聚类准则函数。

将各城市作为目标对象，以 PM_{10}、$PM_{2.5}$、SO_2、NO_2、O_3 作为变量，利用 *K*-means 聚类分析方法，对 2013 年、2014 年长三角各城市空气污染特征进行聚类分析。将长三角强制分为 3 类污染类型区域，结果如表 2.19 所示。

表 2.19　长三角污染类型聚类结果

年份	第一类	第二类	第三类
2013	盐城-南通-上海-嘉兴-宁波-扬州-常州-苏州-杭州-湖州	南京-镇江-泰州-无锡-绍兴	台州-舟山
2014	盐城-南通-上海-嘉兴-宁波	南京-镇江-泰州-无锡-绍兴-扬州-常州-苏州-杭州-湖州	台州-舟山

由表 2.19 可以看到，按照 3 种污染类型区域进行分类，两年分类结果均把盐城-南通-上海-嘉兴-宁波、南京-镇江-泰州-无锡-绍兴、台州-舟山划为一类区域，说明这 3 类污染类型区的划分较为科学可靠。其中，2013 年的分类结果，扬州-常州-苏州-杭州-湖州被划进了盐城-南通-上海-嘉兴-宁波区域，2014 年的分类结果，扬州-常州-苏州-杭州-

湖州被划进了南京-镇江-泰州-无锡-绍兴区域。但是，两年数据的分类结果均把扬州、常州、苏州、杭州、湖州划为了一类，说明这5个城市为同一类污染类型区。

根据分类结果，可以划分出4个污染类型相似区域。3类进行聚类的结果对长三角的划分较为合理，即将长三角划分为以南通-上海-宁波为中心的东部沿海区、以南京-扬州-镇江为中心的苏中内陆区、以苏锡常为中心的环太湖流域区、以杭州-绍兴为中心的环杭州湾区域，以及以舟山为中心的背景区共5类空气质量区。

（2）盐城为北方污染传输至长三角区域的东路进口，舟山为经长三角传输的污染气团的东路出口，杭衢之间为西路出口。

2014年11月长三角区域出现了两次较大范围的重污染过程。2014年11月5～7日，长三角多地的$PM_{2.5}$浓度均超过150μg/m^3，盐城11月6日10时出现最高值为127μg/m^3。结合11月5～7日的后向轨迹分析，此次污染过程的前期（11月5～6日）气流轨迹主要来源于长三角内陆区域，在这一阶段，南京$PM_{2.5}$浓度率先上升，在11月5日凌晨4:00达到峰值191μg/m^3，杭州市也逐渐上升，但上升趋势远小于南京市，而长三角的上风向城市（盐城）和下风向城市（上海、舟山和宁波）的颗粒物浓度水平略有升高，但总体浓度水平较低，平均浓度低于50μg/m^3，可以推测此阶段的污染主要受本地污染累积和华北污染输送的影响；至11月6日，受来自辽中南地区经山东半岛的污染气团影响，以及华北污染传输和本地污染积累的叠加，上海、宁波、南京、舟山、杭州和盐城等地的$PM_{2.5}$浓度均显著上升，大部分城市$PM_{2.5}$小时浓度超过150μg/m^3；11月7日之后，在东北部高压的影响下，形成东北风输送轨迹，污染气团从东北向西南输送，长三角区域的颗粒物浓度由北向南，自东向西逐步下降。

2014年11月11～13日，长三角前期受静稳天气影响到后期转为持续受北方冷空气扩散及随冷空气南下的污染传输影响，$PM_{2.5}$小时浓度在长三角多个城市出现累积和浓度的显著上升。在前期累积阶段，杭州、南京等内陆城市的$PM_{2.5}$浓度显著高于舟山、上海、宁波等沿海城市。11月11日后期，华北地区污染物随冷空气南下，沿途城市$PM_{2.5}$浓度相继出现上升。盐城首先在11日9时出现$PM_{2.5}$峰值，浓度为198μg/m^3，在12日10～12时，上海和南京相继出现$PM_{2.5}$的峰值，浓度均超过235μg/m^3；12日19时，杭州出现$PM_{2.5}$峰值浓度达285μg/m^3；12日21时，宁波出现$PM_{2.5}$峰值浓度为194μg/m^3。污染物在长三角区域内自北往南传输，在部分前期已经出现较高水平污染累积的城市，污染输送与局地污染叠加，导致污染的进一步加剧。13日污染后期随着冷空气的进一步南下，污染物随之南下并东移入海。

从上述两次重污染过程来看，长三角区域受到华北、辽中南污染物输送的复合影响，从华北、辽中南传输过来的两路污染气团在黄海复合聚集，进一步南下影响长三角区域。因此，在相应的入口和出口处设置观测站点，有利于全盘把握北方污染传输对长三角的影响，以及污染传输经长三角地区城市群后，污染物的理化特性变化及其对下游地区空气质量的影响。

（3）长三角大气科学观测网包括16个城市评价点、5个区域趋势点、3个区域输送监控点和1个长三角区域背景点。

针对长三角核心城市区域，初步设计了“16+5+3+1”的区域大气科学观测网络，包括16个城市评价点、5个区域趋势点、3个区域输送监控点和1个长三角区域背景点。其中：16个城市评价点即为现有国控评价网络；5个区域趋势点分别位于南京周边区域、太湖周边区域、杭州周边区域、合肥周边区域以及崇明东滩，分别代表苏中内陆区、环太湖流域区、环杭州湾区域、合肥巢湖城市区域及东部沿海区的区域总体趋势状况；3个区域输送监控点分别位于盐城以东沿海、洪泽湖区域及临安区域，分别监控来自东北、西北及西南的长距离输送对长三角的影响；1个长三角区域背景点位于舟山，代表长三角的本底污染水平。

2. 长江口水环境预警监测网络设计

本书对崇明区属各部门、市水务局、市原水公司、崇明海事局等部门在长江口周边布设的水环境监测站点现状，以及长江口水环境监测站网建设的相关规划进行梳理，在整合崇明区各部门布设在长江沿岸的水文、盐度和水质监测站的基础上，将市水务局、市原水公司和崇明海事局等部门相关的监测站点纳入到长江口监测预警网络中，并在此基础上根据需要补充或扩充若干站点，形成较为完善的长江口预警监测网络。

自动监测站方面将崇明区水务局青龙港、崇西闸、南门、堡镇、马家港、横沙长桥、东风西沙库外和库内8个自动监测站，市原水公司（市水务局）崇头、青草沙上、青草沙下3个自动监测站以及崇明海事局东风西沙、青草沙2个油污自动监测站纳入监测网络中，实现监测数据的共享。在此基础上结合北支永隆沙新水文站建设，补充水质监测探头，待该站点建成后也纳入预警监测网络。

此外，将崇明区水务和生态环境部门在长江口设置的崇西、南门、堡镇、东风西沙、东滩、长兴岛南、横沙岛南几个常规监测站点也纳入监测网络，形成自动监测为主、常规监测为辅的预警监测体系。

在长江口水环境预警监测网络优化研究中，在整合各部门现有监测基础上，对于新补充的水质监测项目，可以根据经费投入情况，分大中小三个方案开展建设，见表2.20。

表2.20 长江口水环境监测预警网络优化方案对比

	长江口水环境监测预警网络优化方案
方案一	在永隆沙新水文站补充五参数水质探头
方案二	在永隆沙新水文站和崇头水位站补充五参数水质探头
方案三	在永隆沙新水文站和崇头水位站补充五参数水质探头、扩建青龙港水文站平台并补充五参数水质探头

2.5.2 长三角城市群生态环境监测监控预警规范技术

1. 大气环境监测监管预警规范

目前长三角城市群大气环境监测监控的部门主要有三个：生态环境部门、气象部门、卫生和计划生育部门，生态环境部门侧重于大气环境质量监测、区域大气环境容量测算、区域大气环境承载力评估、大气环境质量限期达标和改善规划编制以及落实各地区大气环境质量改善等工作任务；气象部门主要侧重天气预报、气候预测、大气成分分析与预警预报、空间天气预警等气象服务工作；卫生和计划生育部门中的疾病预防控制中心则侧重从大气环境和健康安全的角度对公共场所和室内空气质量进行监测。

不同部门之间重复监测或是监测不统一，影响了环境监测整体实力，故需要在科学设定监测网络点位分布的基础上，将分散在各个部门的大气环境监测监控统一整合起来，形成涵盖数据汇集、信息发布、预报预警为一体的统一标准规范体系，一方面为保障国家、区域、省市级各级系统之间信息互联互通和数据共享提供基础，另一方面也为建立区域大气环境监测与预警体系提供必要保障。

生态环境监测监控预警标准规范体系的建立遵循以下 4 点原则。

（1）科学性原则：结合各部委生态环境监测监控体系现状，以定位清晰、要素齐全为基础，构建统一、科学的生态环境监测标准和技术规范体系，契合污染物分布特征和污染物变化规律，与统一规划布局监测网络相呼应。

（2）系统性原则：以强化质量控制为导向，以长三角区域生态环境现状和压力为基础，建立涵盖一般监测和特定需求监测的标准规范体系。

（3）可操作性原则：以技术可行性和经济合理性为基础，考虑点位监测监控的稳定性和连续性，确保标准和技术规范体系简单易行。

（4）共享性原则：涵盖数据采集、资料传输、信息发布和应急响应等模块，实现跨部门、跨区域数据实时共享和统一评价。紧密结合长三角区域大气环境监测网络的监测、传输能力，以及省级以下监测系统垂直管理的建设、运行、管理和维护的需要，构建了支撑长三角区域大气环境监测与预警网络的标准规范体系，涵盖空间分布、数据采集、信息传输、发布与预警、应急响应等五大主要类别，具体的标准名称及主要内容如表 2.21 所示。

表 2.21　长三角区域大气环境监测监控与预警标准规范体系一览表

分类	布点规范	因子	标准名称	说明
空间分布	—	—	《环境空气质量监测点位布设技术规范（试行）》（HJ 664—2013）	规范了环境空气质量评价点、区域点、背景点的布点规范
数据采集	常规大气环境因子监测	一氧化碳（CO）	《环境空气气态污染物（SO_2、NO_2、O_3、CO）连续自动监测系统技术要求及检测方法》（HJ 654—2013）	规范了一氧化碳（CO）依据非分散红外吸收法、气体滤波相关红外吸收法进行监测
		二氧化硫（SO_2）		规范了二氧化硫（SO_2）依据紫外荧光法、差分吸收光谱分析法进行监测
		二氧化氮（NO_2）		规范了二氧化氮（NO_2）依据化学发光法、差分吸收光谱分析法进行监测
		臭氧（O_3）		规范了臭氧（O_3）依据紫外吸收法、差分吸收光谱分析法进行监测
		可吸入颗粒物（PM_{10}）	《环境空气 PM_{10}和$PM_{2.5}$的测定 重量法》（HJ 618—2011）	规范了可吸入颗粒物（PM_{10}）依据微量振荡天平法、β 射线法进行监测
		细粒物（$PM_{2.5}$）		规范了细粒物（$PM_{2.5}$）依据微量振荡天平法、β 射线法进行监测

续表

分类	布点规范	因子	标准名称	说明
数据采集	特征大气环境因子监测-光化学	VOCs—非甲烷总烃	《环境空气和废气 总烃、甲烷和非甲烷总烃便携式监测仪技术要求及检测方法》（HJ 1012—2018）	规范了非甲烷总烃便携式监测仪的主要技术要求、检测项目和检测方法
		氮氧化物（NO_x）	《环境空气气态污染物（SO_2、NO_2、O_3、CO）连续自动监测系统技术要求及检测方法》（HJ 654—2013）	规范了氮氧化物（NO_x）依据化学发光法、差分吸收光谱分析法进行监测
	气象监测分析	PANs	待国家或长三角区域相关部门统一出台	
		气压	《地面观测规范》（QXT 49—2007）	规范了气压依据水银气压表-观测气压计进行观测
		气温		规范了气温依据干湿球温度表等进行观测
		湿度		规范了湿度依据干湿球温度表等进行观测
		风向风速		规范了风向风速依据电接风向风速计观测、自动测风仪等进行观测
		雨量		规范了雨量依据翻斗式遥测雨量计观测、虹吸式雨量计等进行观测
		太阳辐射		规范了太阳辐射依据各类辐射表进行观测
		能见度		规范了能见度依据人工观测和气象能见度观测仪进行观测
	地基遥感	风温廓线	《风廓线雷达信号处理规范》（QX/T 78—2007）	规范了探测高度在中性大气范围内的各类脉冲多普勒体制风廓线雷达的信号依据相干积累等方式进行处理
		污染物垂直分布	《地面观测规范》（QXT 49—2007）	规范了污染物垂直分布观测方法
		大气边界层高度	《地面观测规范》（QXT 49—2007）	规范了大气边界层高度要求
		云高	《地面观测规范》（QXT 49—2007）	规范了云高范围
信息传输			《环境空气质量预报信息交换技术指南（试行）》和《地面观测规范》（QXT 49—2007）	常规监测因子和AQI指数依据《环境空气质量预报信息交换技术指南（试行）》进行传输与预报，气象观测依据《地面观测规范》（QXT 49—2007）
发布与预警				
应急响应				

标准规范体系的设计要点应与长三角城市群大气环境监测与预警体系的建设要点相统一，从尺度上看，应满足长三角区域尺度、省级和市级尺度三级；从监测对象看，监测项目涵盖国标6项污染物，以及$PM_{2.5}$、O_3和VOCs等新型污染物；从监测方法看，监测监控应依据例行监测与在线连续监测相互补、地面监测与空中监测相配合、监测与分析预警功能相互关联的建设要点。

长三角区域观测网监测因子指标配置需满足不同类型站点的不同功能需求。参照《环境空气质量监测点位布设技术规范（试行）》（HJ 664—2013）的有关规定，长三角区域观测网站点按功能和监测目的可分为区域站、背景站和评价站。区域站主要是以监测长三角区域范围空气质量状况和污染区域输送及影响范围为目的而设置的监测点，参与区域环境空气质量评价，其覆盖范围一般为半径几十千米。背景站主要是以监测长三角区域范围的环境空气质量本底水平为目的而设置的监测点，其覆盖范围一般为半径 100km 以上。城市点是以监测城市建成区的空气质量整体状况和变化趋势为目的而设置的站点，参与城市环境空气质量评价，其覆盖范围一般为 500～4000m。

区域点功能包括两方面：监测区域环境空气质量状况、监测污染区域输送。要实现这两方面功能，除常规因子以外，区域站还需配置颗粒物化学组分、光化学、地基遥感、气象参数等监测因子。

根据《环境空气质量标准》（GB 3095—2012）规定，监测区域环境空气质量的常规因子包括 CO、SO_2、NO_2、O_3、$PM_{2.5}$、PM_{10}。常见仪器有赛默飞世尔、API 和 ESA 等厂商仪器。

监测因子包括：①颗粒物化学组分，主要包括可溶性离子组分、OC/EC、重金属和 BC 等因子。分析颗粒物化学组分数据是判断污染气团来源、演化和区域输送的重要方法之一。可溶性离子组分使用在线离子色谱仪监测，常见的有瑞士万通 MARGA、赛默飞世尔 URG-9000 系列等；OC/EC 监测仪普遍使用 SUNSETLAB 生产的 RT 系列产品；在线重金属监测仪有基于过滤技术和非破坏性 X 射线荧光技术（XRF）的 Xact 620；常见 BC 监测仪大多采用七波段光源测量 BC 光吸收，常见的有 MAGEE 公司生产的 AE-31、AE-33 等。②光化学，包括 VOCs、PANs、NO_x 等监测因子，与臭氧污染、光化学反应、二次有机气溶胶生成等密切相关。VOCs 监测仪主要以在线色相色谱仪、质子转移反应质谱等为主，常见的有 Synspec GC955、科马特 A52022 系列、武汉天虹 TH-300B GC-MS、IONICON PTR-MS 等。PANs 监测仪主要是在线气相色谱仪，常见的有 Metcon PAN 在线监测仪、聚光科技 PANs-1000 大气 PAN 在线监测系统等。③地基遥感，包括风温廓线、污染物垂直分布、大气边界层高度、云高等监测因子。污染物区域传输一般为高空气团，地面监测站点在研究区域输送方面有较大局限性，因此地基遥感是目前最直接、最有效的手段，通过综合分析大气边界层生消演化、污染物水平和垂直输送、三维风场和温度变化等可有效判断区域输送对局地空气质量的影响。风温廓线用风廓线雷达监测，一般基于微波声波探测或激光原理，常见的仪器有中国航天科工集团第二研究院二十三所微波声探测的 CF-3L、法国 LEOSPHERE 公司的 Windcube 100S/200S/400S 等。④气象参数，包括气象五参数（温度、气压、湿度、风向、风速）、太阳辐射、能见度等。

其他，包括气溶胶粒径谱、浊度、NH_3 等。气溶胶粒径谱在研究新粒子生成、气溶胶老化、污染物来源等方面有重要作用，粒径谱测量系统可按技术基础分类，分为以差分电迁移率分析技术为基础、以飞行时间技术为基础、以光散射技术为基础和以荷电低压撞击器为技术基础的粒径谱仪，如 TSI 公司生产的粒径谱仪测量系统包括了扫描电迁移率粒径谱仪（SMPS）和空气动力学粒径谱仪（APS），可测量 10nm 至 20μm 粒径范围内的颗粒物；MSP 公司生产的 WPS 既有采用差分电迁移率分析技术的 DMS 系统，也有采用光散射技术的 LPS 系统；GRIMM 公司 EDM180-MC

（光散射技术）；Dekati 公司生产的 ELPI 系列颗粒物采样分析仪，又称荷电低压颗粒物撞击器。

背景点功能是监测区域范围的环境空气质量本底水平，代表区域范围内污染物的浓度水平，除常规因子的本底值，还应包括颗粒物化学组分、光化学等的本底值。

城市点功能是监测城市的空气质量，按照《环境空气质量标准》（GB 3095—2012）、《环境空气质量评价技术规范（试行）》（HJ 663—2013）等相关规定，设置常规因子和气象参数可满足功能需求。

2. 水环境监测监管预警规范

紧密结合长三角区域水环境监测网络的监测、传输能力以及省级以下监测系统垂直管理的建设、运行、管理和维护的需要，构建了支撑长三角区域水环境监测与预警网络的标准规范体系（表 2.22），涵盖空间分布、数据采集、信息传输、发布与预警、应急响应等五大主要类别，具体的标准名称及主要内容如表 2.22 所示。

（1）常规参数：水温、pH、溶解氧、电导率、浊度；

（2）地表水常规监测项目：常规监测融合环境要素监测、水文水利要素监测和气象要素监测三部分，具体包括氨氮、总磷、总氮、高锰酸盐指数、化学需氧量、五日生化需氧量（BOD5）、总有机碳、氧化还原电位、流速流量、降水、温度、湿度、气压；

表 2.22　长三角区域水环境监测与预警网络的标准规范体系一览表

分类	布点规范	因子	标准名称	说明
空间分布	—	—	《水环境监测规范》	规范了地表水、地下水、大气降水、水污染监测与调查等事宜的布点规范
数据采集	常规参数	水温	《水质 水温的测定 温度计或颠倒温度计测定法》（GB 13195—91）	规范了地表水水温使用水温温度计或颠倒温度计测定法
		pH	《水质 pH 值的测定 玻璃电极法》（GB 6920—86）	规范了地表水的 pH 使用玻璃电极法进行测定
		溶解氧	《水质 溶解氧的测定 碘量法》（GB 7489—87）、《水质 溶解氧的测定 电化学探头法》（HJ 506—2009）	规范了地表水溶解氧测定使用电化学探头法
		电导率	水和废水监测分析方法（第四版）	
		浊度	水和废水监测分析方法（第四版）	
	常规监测	氨氮	《水质 铵的测定 纳氏试剂比色法》（GB 7479—87）或《水质 铵的测定 水杨酸分光光度法》（GB 7481—87）	规范了地表水中氨氮使用纳氏试剂分光光度法或是水杨酸分光光度法进行测定
		总磷	《水质 总磷的测定 钼酸铵分光光度法》（GB 11893—89）	钼酸铵蓝吸光光度
		总氮	《水质 总氮的测定 碱性过硫酸钾消解紫外分光光度法》（HJ 636—2012）	规范了地表水中总氮使用碱性过硫酸钾消解紫外分光光度法进行测定
		高锰酸盐指数	《水质 高锰酸盐指数的测定》（GB 11892—89）	规范了饮用水、水源水和地面水的测定，测定范围为 0.5～4.5mg/L

续表

分类	布点规范	因子	标准名称	说明
数据采集	常规监测	化学需氧量	《水质 化学需氧量的测定 重铬酸盐法》（GB 11914—89）	规范了地表水中化学需氧量使用重铬酸盐法进行测定
		五日生化需氧量（BOD_5）	《水质 五日生化需氧量（BOD_5）的测定 稀释与接种法》（HJ 505—2009）	规范了水质五日生化需氧量使用稀释与接种法进行测定
		总有机碳	《水质 总有机碳的测定 燃烧氧化-非分散红外吸收法》（HJ 501—2009）	规范了地表水中总有机碳（TOC）使用燃烧氧化-非分散红外吸收方法进行测定
		氧化还原电位	电极法	
		流速流量	多普勒法	
		降水	《地面观测规范》（QXT 49—2007）	规范了雨量依据翻斗式遥测雨量计观测、虹吸式雨量计等进行观测
		温度		规范了湿度依据干湿球温度表等进行观测
		湿度		规范了湿度依据干湿球温度表等进行观测
		气压		规范了气压依据水银气压表-观测气压计进行观测
	特征监测	挥发性有机物	《水质 挥发性有机物的测定 吹扫捕集/气相色谱法》（HJ 686—2014）	规范了地表水中挥发性有机物使用吹扫捕集/气相色谱法进行测定
		生物毒性	《水质 细菌总数的测定 平皿计数法》（HJ 1000—2018）	规范了地表水细菌总数使用平皿计数法进行观测
		粪大肠菌群	《水质 粪大肠菌群的测定 多管发酵法和滤膜法（试行）》（HJ/T 347—2007）	规范了地表水中粪大肠菌群使用多管发酵法和滤膜法进行测定
		挥发酚	《水质 挥发酚的测定 4-氨基安替比林分光光度法》（HJ 503—2009）、《水质 挥发酚的测定 流动注射 4-氨基安替比林分光光度法》（HJ 825—2017）	规范了地表水中挥发酚使用 4-氨基安替比林分光光度法或是流动注射-4-氨基安替比林分光光度法进行测定
		石油类	《水质 石油类和动植物油类的测定 红外分光光度法》（HJ 637—2018）	规范了地表水中石油类使用吹扫捕集/气相色谱法进行测定
		六价铬	《水质 六价铬的测定 二苯碳酰二肼分光光度法》（GB 7467—87）	规范了地表水中六价铬使用二苯碳酰二肼分光光度法进行测定
		锑	《水质 汞、砷、硒、铋和锑的测定 原子荧光法》（ HJ 694—2014）	规范了水中锑使用原子荧光法进行测定
		镍	《水质 镍的测定 火焰原子吸收分光光度法》（GB 11912—89）	规范了水中镍使用火焰原子吸收分光光度法进行测定
		叶绿素 a	《水质 叶绿素 a 的测定 分光光度法》（HJ 897—2017）	规范了水中叶绿素 a 使用分光光度法进行测定
		蓝绿藻	遥感观测	
信息传输			建议参照《长三角生态绿色一体化发展示范区生态环境管理“三统一”制度建设行动方案》中统一监测执行	
发布与预警				
应急响应				

（3）特征监测项目：基于近年来长江口发生多起突发性污染型（污染物多为挥发性有机物、半挥发性有机物、石油类、挥发酚）事故以及太湖流域、淀山湖流域曾暴发蓝藻污染，黄浦江曾出现重金属锑污染事故等，将特征监测项目拟定为挥发性有机物、生物毒性、粪大肠菌群、挥发酚、石油类、重金属（六价铬、锑、镍）、叶绿素 a 和蓝绿藻 10 项指标。

3. 土壤环境监测预警规范技术

本书紧密结合长三角区域土壤环境监测网络、传输能力以及省级以下监测系统垂直管理的建设、运行、管理和维护的需要，构建了支撑长三角区域土壤环境监测与预警网络的标准规范体系（表 2.23），涵盖空间分布、数据采集、信息传输、发布与预警、应急响应等五大主要类别，具体的标准名称及主要内容如表 2.23 所示。

表 2.23 长三角区域土壤环境监测预警标准规范体系一览表

分类	布点规范	因子	标准名称	说明
空间分布	—	—	参照土壤详查方法	
数据采集	无机项目	干物质和水分	《土壤干物质和水分的测定重量法》（HJ 613—2011）	规范了使用重量法对土壤中的干物质和水分进行测定
		总铅	《固体废物 金属元素的测定 电感耦合等离子体质谱法》（HJ 766—2015） 《固体废物 22 种金属元素的测定 电感耦合等离子体原子发射光谱法》（HJ 781—2016） 《土壤质量 铅、镉的测定 石墨炉原子吸收分光光度法》（GB/T 17141—1997）	规范了土壤中总铅使用电感耦合等离子体质谱法、电感耦合等离子体原子发射光谱法和石墨炉原子吸收分光光度法进行测定
		总砷	《土壤质量 总汞、总砷、总铅的测定 原子荧光法 第 2 部分：土壤中总砷的测定》（GB/T 22105.2—2008）	规范了土壤中总砷使用原子荧光法进行测定
		总镉	《土壤质量 铅、镉的测定 石墨炉原子吸收分光光度法》（GB/T 17141—1997） 《固体废物 金属元素的测定 电感耦合等离子体质谱法》（HJ 766—2015）	规范了土壤中总铅使用电感耦合等离子体质谱法和石墨炉原子吸收分光光度法进行测定
		总汞	《土壤质量 总汞、总砷、总铅的测定 原子荧光法 第 1 部分：土壤中总汞的测定》（GB/T 22105.1—2008）	规范了土壤中总汞使用原子荧光法进行测定
		总铜	《土壤质量 铜、锌的测定 火焰原子吸收分光光度法》（GB/T 17138—1997） 《固体废物 金属元素的测定 电感耦合等离子体质谱法》（HJ 766—2015） 《固体废物 22 种金属元素的测定 电感耦合等离子体原子发射光谱法》（HJ 781—2016）	规范了土壤中总铜使用电感耦合等离子体质谱法、电感耦合等离子体原子发射光谱法和火焰原子吸收分光光度法进行测定
		总镍	《固体废物 金属元素的测定 电感耦合等离子体质谱法》（HJ 766—2015） 《固体废物 22 种金属元素的测定 电感耦合等离子体原子发射光谱法》（HJ 781—2016） 《土壤质量 镍的测定 火焰原子吸收分光光度法》（GB/T 17139—1997）	规范了土壤中总镍使用电感耦合等离子体质谱法、电感耦合等离子体原子发射光谱法和火焰原子吸收分光光度法进行测定

续表

分类	布点规范	因子	标准名称	说明
数据采集	无机项目	总铬	《土壤 总铬的测定 火焰原子吸收分光光度法》（HJ 491—2009） 《固体废物 金属元素的测定 电感耦合等离子体质谱法》（HJ 766—2015） 《固体废物 22种金属元素的测定 电感耦合等离子体原子发射光谱法》（HJ 781—2016）	规范了土壤中总铬使用电感耦合等离子体质谱法、电感耦合等离子体原子发射光谱法和火焰原子吸收分光光度法进行测定
		总钴	《固体废物 金属元素的测定 电感耦合等离子体质谱法》（HJ 766—2015） 《固体废物 22种金属元素的测定 电感耦合等离子体原子发射光谱法》（HJ 781—2016）	规范了土壤中总钴使用电感耦合等离子体质谱法、电感耦合等离子体原子发射光谱法进行测定
		总钒	《固体废物 金属元素的测定 电感耦合等离子体质谱法》（HJ 766—2015） 《固体废物 22种金属元素的测定 电感耦合等离子体原子发射光谱法》（HJ 781—2016）	规范了土壤中总钒使用电感耦合等离子体质谱法、电感耦合等离子体原子发射光谱法进行测定
		总锑	《土壤和沉积物 汞、砷、硒、铋、锑的测定 微波消解/原子荧光法》（HJ 680—2013）	规范了土壤中总锑使用微波消解/原子荧光法进行测定
		总铊	《固体废物 金属元素的测定 电感耦合等离子体质谱法》（HJ 766—2015）	规范了土壤中总铊使用电感耦合等离子体质谱法进行测定
		总钼	《固体废物 金属元素的测定 电感耦合等离子体质谱法》（HJ 766—2015）	规范了土壤中总钼使用电感耦合等离子体质谱法进行测定
		总锰	《固体废物 22种金属元素的测定 电感耦合等离子体原子发射光谱法》（HJ 781—2016）	规范了土壤中总锰使用电感耦合等离子体原子发射光谱法进行测定
		总铍	《固体废物 金属元素的测定 电感耦合等离子体质谱法》（HJ 766—2015） 《固体废物 22种金属元素的测定 电感耦合等离子体原子发射光谱法》（HJ 781—2016）	规范了土壤中总铍使用电感耦合等离子体质谱法、电感耦合等离子体原子发射光谱法进行测定
		氟化物	《土壤质量 氟化物的测定 离子选择电极法》（GB/T 22104—2008） 《危险废物鉴别标准 浸出毒性鉴别》（GB 5085.3—2007）	规范了土壤中水溶性氟化物使用离子选择电极法和离子色谱法进行测定
		氰化物	《土壤 氰化物和总氰化物的测定 分光光度法》（HJ 745—2015）	规范了土壤中氰化物和总氰化物使用异烟酸-吡唑啉酮分光光度法和异烟酸-巴比妥酸分光光度法进行测定
		可提取态元素	《土壤质量 痕量元素的提取 硝酸铵法》（ISO 19730：2008）	规范了土壤中重金属有效态使用氯化钙溶液法进行测定
	有机污染物	多环芳烃	《土壤和沉积物多环芳烃的测定 气相色谱-质谱法》（HJ 805—2016）	规范了土壤中多环芳烃使用气象色谱-质谱法进行测定
		有机氯农药	《土壤和沉积物 有机氯农药的测定 气相色谱-质谱法》（HJ 835—2017）	规范了土壤中有机氯农药使用气象色谱-质谱法进行测定
		邻苯二甲酸酯	《土壤中邻苯二甲酸酯类的测定 GC/MS 法》（ISO 13913—2014）	规范了土壤中邻苯二甲酸酯使用气象色谱-质谱法进行测定
		石油烃 C10～C40	《土壤中石油烃（C10～C40）含量的测定 气相色谱法》（ISO 16703：2011）	规范了土壤中石油烃 C10～C40 使用气相色谱法进行测定

续表

分类	布点规范	因子	标准名称	说明
数据采集	有机污染物	挥发性有机物	《土壤和沉积物 挥发性有机物的测定 顶空/气相色谱-质谱法》（HJ 642—2013） 《土壤和沉积物 挥发性有机物的测定 吹扫捕集/气相色谱-质谱法》（HJ 605—2011）	规范了土壤中挥发性有机物使用顶空/气相色谱-质谱法和吹扫捕集/气相色谱-质谱法进行测定
		酚类化合物	《土壤和沉积物 酚类化合物的测定 气相色谱法》（HJ 703—2014）	规范了土壤中酚类化合物使用气相色谱法进行测定
		多氯联苯	《土壤和沉积物 多氯联苯的测定 气相色谱-质谱法》（HJ 743—2015）	规范了土壤中多氯联苯使用气相色谱-质谱法进行测定
		硝基苯类	《GC-MS 测定半挥发性有机物》（EPA METHOD 8270D）	规范了土壤中硝基苯类使用气相色谱-质谱法进行测定
		二噁英类和呋喃	《土壤和沉积物 二噁英类的测定 同位素稀释高分辨气相色谱-高分辨质谱法》（HJ 77.4—2008）	规范了土壤中二噁英类和呋喃使用同位素稀释高分辨气相色谱-高分辨质谱联用法进行测定
	理化性质	pH	《土壤检测 第 2 部分：pH 的测定》（NY/T 1121.2—2006）	规范了各类土壤的 pH 使用玻璃电极法进行测定
		有机质	《森林土壤有机质的测定及碳氮比的计算》（LY/T1237—1999）	规范了各类土壤中有机质使用重铬酸钾容量法进行测定
		机械组成	《森林土壤颗粒组成（机械组成）的测定》（LY/T 1225—1999）	规范了各类土壤颗粒组成使用吸管法和密度计法进行测定
		阳离子交换量	《中性土壤阳离子交换量和交换性盐基的测定》（NY/T 295—1995） 《森林土壤阳离子交换量的测定》（LY/T 1243—1999）	规范了酸性和中性土壤阳离子交换量使用乙酸铵交换法进行测定；石灰性土壤阳离子交换量使用氯化铵–乙酸铵交换法进行测定
信息传输	参照土壤详查方法			
发布与预警				
应急响应				

第3章　长三角城市群生态安全评估与风险预测预警技术

3.1　长三角城市群重点产业生态风险与调控

3.1.1　长三角城市群产城协同发展及生态风险研判

1. 产城发展态势研判

城市化进入中后期，长三角人口持续增长。2018年人口密度685.8人/km^2，是全国平均的5倍，到2025年将达到880人/km^2，形成以超大、特大、大城市为节点，带动中小城镇全面协调发展的城镇体系。城镇化率的现状为67.38%，2025年将达到75%，未来城市化进程进一步提升，沪宁、沪杭沿线地区是高度城市化地区，南北两端及西部的城市化水平相对较低（图3.1）。

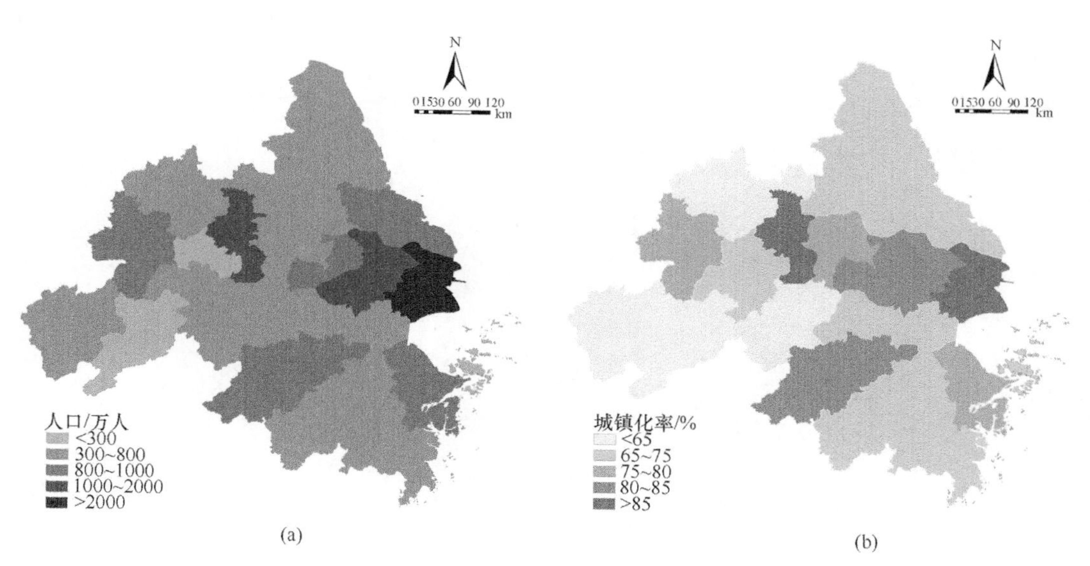

图3.1　2025年长三角城市群人口规模（a）、城镇化率（b）

后工业化时期，发展方式转型。长三角城市群以占全国3.69%的土地和11%的人口，创造了占全国近1/4的生产总值，步入后工业化时期，率先进入发展方式转型期。未来经济总量持续增长，2025年GDP达到43万亿元，比2015年增加2.1倍；产业结构逐渐优化，第二产业由44.1%下降到40.2%，第三产业由50.9%增加到57.6%。工业经济总量稳步增加，产业结构仍然偏重，石油化工、建材火电、钢铁有色、纺织印染等产值贡献依然较大（图 3.2）。

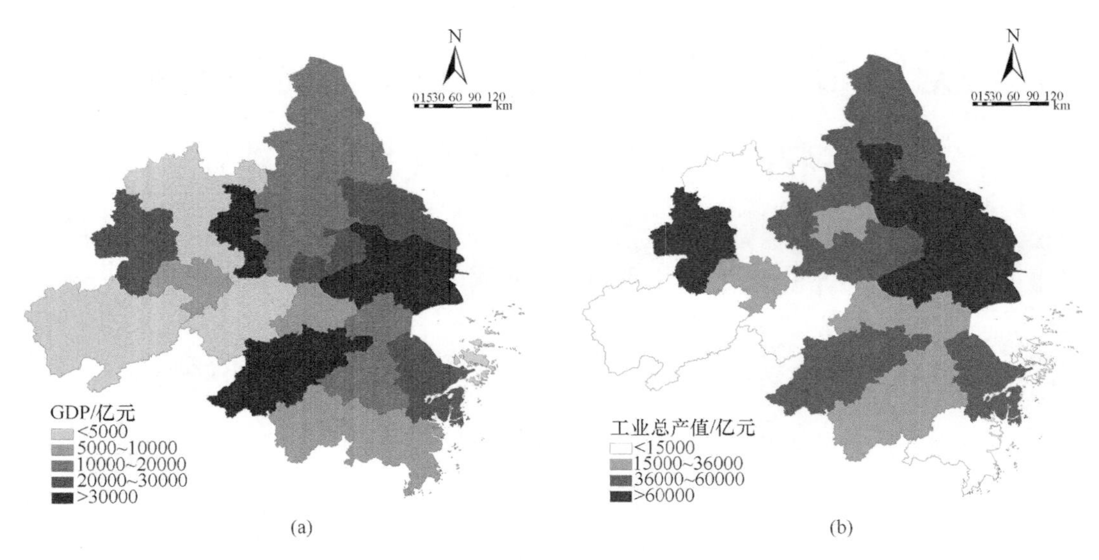

图 3.2　2025 年长三角城市群 GDP（a）、工业总产值（b）

长三角的产业和人口已呈现沿江、沿湖、沿湾和沿海的“四沿”特征，形成数量众多的产业园区，是区域工业经济的重要载体（图 3.3），未来随着沿海开发战略的实施，四沿地区产业集聚特征更加凸显。其中，石油化工总规模控制在 9000 万 t/a，进一步向沿海地区扩散，杭州湾成为重要的石油化工基地；钢铁总产能控制在 1.1 亿 t 左右，继续向南京以下的长江口地区集聚，逐步淘汰落后过剩产能；印染产能集中在环杭州湾地区，部分向杭州湾南岸转移，形成绍兴、萧山两个集中区。

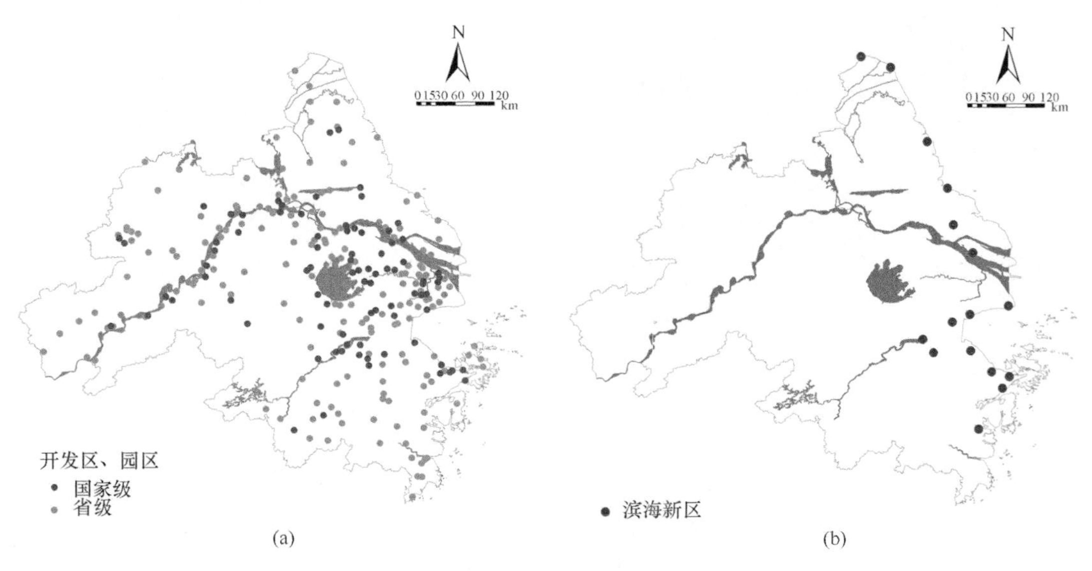

图 3.3　省级以上开发区（a）、滨海新区（b）分布示意图

2. 产城协同发展的生态风险态势研判

通过对产城协同发展、资源环境现状及演变情况综合分析，长三角城市群未来重点产业发展的生态风险主要体现在四个方面。

1）产城协同发展大气复合污染风险在局地进一步凸显

在污染防治攻坚战的推动下，近年长三角大气环境质量持续改善，但距离达标还有一定差距，2015年大部分城市的细颗粒物超标，其中仍有27%的城市NO_2超标，O_3污染不断凸显，在皖江、苏南、浙北地区形成沿江连片的大气复合污染带，$PM_{2.5}$重度及以上污染集中在冬季，O_3超标集中在夏季，季节性污染突出。NO_x、VOCs两大污染物作为$PM_{2.5}$、O_3污染的重要前体物，现状是排放体量大，成为区域大气复合污染治理的关键。

目前，长三角四大都市圈均存在土地资源紧缺的刚性约束，未来随着城市化进程加速，工业园区与城市由共生转向互斥的状态还将存在，重化产业集中布局区的长期累积性健康风险仍然存在，如南京的两钢两化、上海的高桥石化、宁波镇海-北仑片区等。随着宁波-舟山地区的石化产业进一步发展，江苏的重化产业沿江向沿海转移，沿海地区大气污染物排放量明显上升，这些区域的$PM_{2.5}$、O_3大气复合污染风险将加剧。

2）重点产业沿江发展格局不变，饮用水安全风险依然存在

长三角处于江河下游，水质与上游来水密切相关，从水污染来源贡献来看，经过多年治理工业源占比已较小，因此重点产业的水环境影响主要聚焦在风险上。区内的饮用水水源基本为地表水，主要分布于长江、钱塘江、太湖、巢湖、太浦河-黄浦江及山丘区水库。目前，长三角主要江河已经存在工业、港口、取水口交错布局矛盾的问题，受上游排污及区内临港工业排污、危化品运输泄漏等影响，水源地持久性污染物时有检出，受水资源短缺和水污染双重胁迫，上海、江苏供水更加依赖长江。

长江沿岸化工布局格局短期内不会发生改变，沿线供水安全风险将长期存在。而钱塘江下游城市供水取水口与排污口交叉分布的状况尚未彻底解决，城市供水取水口仍然能同时受到咸潮上溯和下游生产生活排污影响；钱塘江上游地区的化工、造纸、印染等水污染严重行业的转型、改造升级还未完成，金华江、兰江等主要支流水环境再污染风险依然存在，威胁钱塘江下游水源地水质安全，供水水源逐渐向上游水库转移。通榆河作为向苏北地区引水的清水通道具有重要的饮用水源功能，同时又兼具航运功能，而河道左岸地区与多条入海排污河流平交，成为影响通榆河输水、供水安全的重要隐患。

3）土壤环境累积污染风险不容忽视

长三角土壤污染区域主要分布在化工、制药、制革、电镀、有色冶炼等重化产业园区及周边，工业园区周边土壤重金属和多环芳烃污染总体呈上升态势，累积速度取决于产业转型发展和工业污染排放控制水平。从江阴市土壤检测结果可知，有8.42%的点位

重金属含量超过农用地筛选值，健康风险在5～10级别，处于需要引起关注的水平；多环芳烃的检出率为12.11%，健康风险在6～10级别，处于可接受的风险水平。兴澄特钢、澄江工业源等重点产业周边的土壤污染健康风险明显偏高。

未来通过开展土壤污染治理修复和工业污染源头控制，土壤污染情况可得到一定控制，但由于土壤的长期累积性污染特点，依然可能形成新的污染地块。产城融合发展过程中，工业企业实施“退二进三”，建设用地面临土地用途转换，将频繁出现棕地污染问题。常州2009～2015年开展的122个工业企业遗留场地中，有70个遗留场地存在污染物超标，51个场地存在不可接受的环境风险。另外，随着江苏重化产业沿江向沿海地区转移战略的实施，苏北沿海地区土壤污染风险加剧，将产生新的土壤污染集中片区。

4）陆域生态安全格局稳中向好，水生态风险依然存在

长三角城市群过去的城镇化、工业化快速发展导致景观格局变化剧烈，林地、耕地、湿地等生态空间不断被挤占，生态系统服务功能下降。通过实施生态保护红线、“三区三线”管控等，对重要的生态空间、农业空间进行保护，未来陆域生态空间格局总体趋于稳定；通过对受损的重要生态区域开展生态修复，局部区域生态功能将有所提升。

长江沿江有多个自然保护区、水产种质保护区和重要湿地，是港口码头、临港工业、城镇生活密集布局区域，同时又是“黄金水道”，岸线开发利用活动不断挤占珍稀水生生物生境，侵占自然岸线，导致沿江湿地萎缩、河湖关系失调，水生生物的生境十分严峻。未来，长江沿江布局港口码头、临港工业的格局不会改变，其“黄金水道”的航运功能依然存在，故与长江水生态保护的矛盾还将会长期存在。

此外，长三角沿海地区由于历史上的围填海政策，部分重要生态保护地在开发过程中被不断被蚕食，生境破碎化，如盐城国家级珍禽自然保护区，受港口及临港工业区开发建设影响，在1983～2013年面积减少了21.6%，保护区被分割为五个片区。未来，苏北沿海地区作为江苏经济新增长极，港口、临港产业将加速发展，石化、钢铁等重化工产业向沿海地区集聚，工业化、城市化发展对生态保护空间的胁迫将进一步加剧。

3.1.2 产城协调发展生态风险预测与评估技术研究

本节以长三角城市群26个城市为研究对象，借鉴PSR概念模型和HEVC灾害风险表达方式，建立重点产业生态风险评价模型，利用层次分析法确定各指标权重，采用模糊综合评价法得到长三角城市群重点产业生态风险综合指数与生态风险预警等级。

1. 数据来源及研究方法

1）数据来源

数据来源于2000年、2005年、2015年的《中国城市年鉴》《中国能源统计年鉴》《中国环境统计年鉴》《中国水资源公报》，以及长三角城市群三省及26个城市的《统计年

鉴》《国民经济和社会发展统计公报》《环境状况公报》《环境质量报告书》《水资源公报》等资料。人口密度、土地利用数据来自中国科学院资源环境科学与数据中心（http://www.resdc.cn）共享的 1km×1km 中国人口空间分布公里网格数据成果、1km×1km 土地利用栅格数据。

2）研究方法

A. 评价模型及指标体系构建

借鉴联合国环境规划署的 PSR 模型和联合国减灾署的自然灾害风险表达方式，构建城市群重点产业发展生态风险评价模型框架（图 3.4），在长三角产城协同发展与生态环境耦合分析基础上，结合理论分析法、专家咨询法及指标数据的可获性，按目标层、准则层、要素层、指标层四个层级构建指标体系，其中准则层包括风险源、暴露性、脆弱性、生态风险防控能力四个维度，进一步筛选要素层和指标层的指标，采用层次分析法、熵权法组合确定各指标的权重，结果见表 3.1。

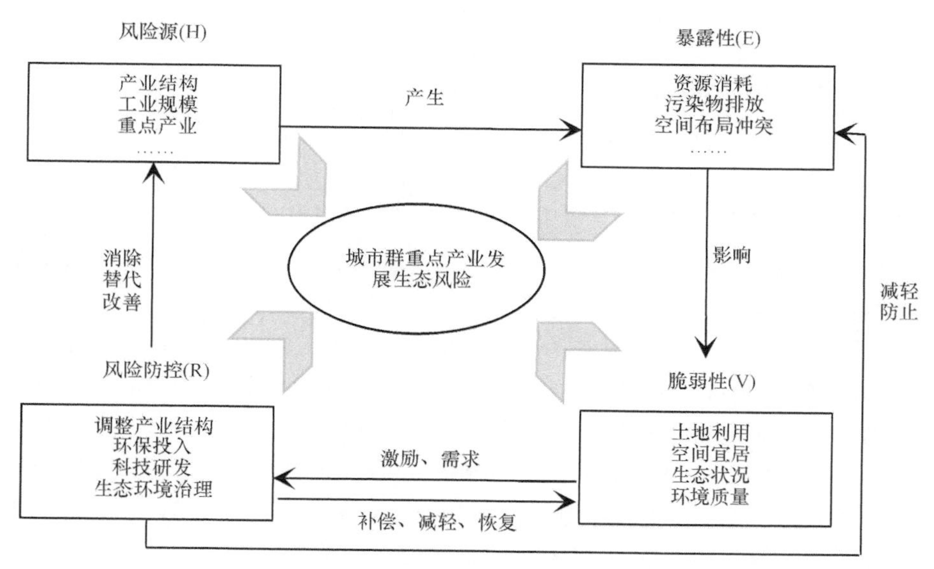

图 3.4 重点产业发展生态风险评价模型框架

表 3.1 城市群重点产业发展生态风险评价预警指标体系

目标层	准则层	要素层	指标层	指标属性	权重
城市群重点产业发展生态风险	风险源	产业规模	工业增加值	正	0.075
		产业重化	大气污染型行业产值占比	正	0.113
			水污染型行业产值占比	正	0.113
	暴露性	资源消耗	万元 GDP 建设用地面积	正	0.009
			万元 GDP 水耗	正	0.018
			万元 GDP 能耗	正	0.018
		污染排放	单位工业增加值 COD 排放量	正	0.045
			单位工业增加值 SO_2 排放量	正	0.045

续表

目标层	准则层	要素层	指标层	指标属性	权重
城市群重点产业发展生态风险	暴露性	污染排放	单位工业增加值工业固废产生量	正	0.023
		布局冲突	重化园区与人口集聚区关系	正	0.117
			重化园区与水源保护区关系	正	0.117
			工业园区与重要生态区关系	正	0.059
	脆弱性	三生空间	人口密度	正	0.029
			土地开发强度	正	0.020
			工业用地占建设用地比例	正	0.049
		生态环境	$PM_{2.5}$ 年均值	正	0.016
			NO_2 年均值	正	0.011
			饮用水源达标率	负	0.018
			生态系统服务价值	负	0.008
	生态风险防控能力	结构优化	第三产业占比	负	0.010
			第三产业/第二产业	负	0.010
		环保投入	环保投入占 GDP 比例	负	0.033
			R&D 经费占 GDP 比例	负	0.018
		污染治理	工业废水达标处理率	负	0.020
			工业固废综合利用率	负	0.011

选取长三角城市群产出贡献大、污染排放负荷高，涉及有毒有害污染排放的重点产业，其中大气污染型产业主要包括石油、化工、建材、钢铁、有色、火电 6 个行业，废水型污染产业主要为石油、化工、有色、皮革、纺织、造纸等行业，将承载重点产业的工业园区及大型石化、钢铁企业作为风险源。暴露性指标中的空间布局冲突分为重化园区与人口集聚区、水源保护区和重要生态区的冲突。重化园区与人口集聚区冲突指数，将人口密度按<400 人/km^2、400～800 人/km^2、800～2000 人/km^2、2000～4000 人/km^2、>4000 人/km^2 分为五个级别，权重取 0、0.05、0.1、0.3、1，由不同区域重化园区或企业数量加权得到。重化园区与水源保护区、重要生态区冲突指数，根据水源保护区、重要生态区周边一定范围内的重化园区或企业数量，按 0、1、2、3、≥4 五个级别分别赋值 0、0.2、0.5、0.8、1。

生态系统服务价值按式（3.1）计算：

$$\mathrm{ESV} = \frac{\sum_{i=1}^{n} P_i S_i}{S} \tag{3.1}$$

式中，ESV 为研究区平均生态系统服务价值；P_i 为单位面积土地利用类型 i 的生态系统服务价值系数；S_i 为土地利用类型 i 的面积；S 为研究区总面积。

B. 构建评判标准集

参考国内外相关标准、国际国内先进水平、国内平均水平、长三角平均水平、相关研究的理想值等，将评价指标划分为 5 个评判标准等级，见表 3.2。

表 3.2　重点产业发展生态风险指标评判标准

指标	单位	评判标准等级				
		极低	低	中	高	极高
工业增加值	亿元	<50	50～100	100～200	200～400	>400
大气污染型行业占比	%	<15	15～30	30～50	50～70	>70
水污染型行业占比	%	<10	10～20	20～30	30～50	>50
单位 GDP 建设用地	hm^2/亿元	<20	20～50	50～100	100～150	>150
单位 GDP 水耗	t 水/万元	<50	50～80	100～150	150～200	>200
单位 GDP 能耗	吨标准煤/万元	<0.5	0.5～1.0	1.0～1.5	1.5～2.0	>2.0
万元工业增加值 COD 排放	kg/万元	<0.1	0.1～1.0	1.0～2.0	2.0～4.0	>4
万元工业增加值 SO_2 排放	kg/万元	<0.2	0.2～1.0	1.0～4.0	4.0～8.0	>8
万元工业增加值固废产生	t/万元	<0.3	0.3～0.5	0.5～1.0	1～2	>2
重化园区与人口聚集区冲突	—	<0.2	0.2～0.4	0.4～0.6	0.6～0.8	>0.8
重化园区与水源保护区冲突	—	<0.2	0.2～0.4	0.4～0.6	0.6～0.8	>0.8
工业园区与重要生态区冲突	—	<0.2	0.2～0.4	0.4～0.6	0.6～0.8	>0.8
人口密度	人/km^2	<400	400～600	600～1000	1000～2000	>2000
土地开发强度	%	<10	10～20	20～30	30～40	>40
工业用地占建设用地比例	%	<10	15～20	20～25	25～30	>30
$PM_{2.5}$ 年均值	μg/m^3	<15	15～35	35～50	50～60	>60
NO_2 年均值	μg/m^3	<30	30～40	40～50	50～60	>60
饮用水源达标率	%	98～100	95～98	92～95	90～92	<90
生态系统服务价值	元/m^2	>8	6～8	4～6	2～4	<2
第三产业占比	%	>50	45～50	40～45	30～40	<30
第三产业/第二产业	—	>2	1.5～2	1.0～1.5	0.5～1.0	<0.5
环保投入占 GDP 比例	%	>2.5	1.5～2.5	1.0～1.5	0.5～1.0	<0.5
R&D 经费占 GDP 比例	%	>2.5	2.0～2.5	1.0～2.0	0.5～1.0	<0.5
工业废水达标排放率	%	98～100	95～98	90～95	80～90	<80
工业固废综合利用率	%	95～100	90～95	80～90	70～80	<70

C. 生态风险综合评价

运用模糊综合评价法，计算长三角城市群重点产业发展的综合生态风险指数。综合生态风险指数计算见式（3.2）：

$$\mathrm{EV}_i=\sum_{j=1}^{m}\left(\sum_{k=1}^{5}v_k\times r_{jk}\right)w_j \tag{3.2}$$

式中，EV_i 为样本 i 的生态风险综合得分；m 为评价指标的个数；w_j 为第 j 个指标的权重值；v_k 为第 k 级分值，量化为 v=（0.2，0.4，0.6，0.8，1.0）；r_{jk} 为第 j 个指标对评语集第 k 级的相对隶属度。

正向指标的相对隶属度计算过程见式（3.3）：

$$\text{当}s_{j1}\leqslant x_{j1}\text{时},\begin{cases}r_{j1}=1\\ r_{j2}=r_{j3}=r_{j4}=r_{j5}=0\end{cases}$$

$$\text{当}s_{j(k+1)}\leqslant x_{ij}<s_{jk}\text{时},\begin{cases}r_{jk}=\dfrac{x_{ij}-s_{j(k+1)}}{s_{jk}-s_{j(k+1)}}\\ r_{j(k+1)}=\dfrac{s_{jk}-x_{ij}}{s_{jk}-s_{j(k+1)}}\end{cases}$$

$$当x_{ij} < s_{j5}时，\begin{cases} r_{j5} = 1 \\ r_{j1} = r_{j2} = r_{j3} = r_{j4} = 0 \end{cases} \tag{3.3}$$

逆向指标的相对隶属度计算过程见式（3.4）：

$$当x_{ij} < s_{j1}时，\begin{cases} r_{j1} = 1 \\ r_{j2} = r_{j3} = r_{j4} = r_{j5} = 0 \end{cases}$$

$$当s_{jk} \leqslant x_{ij} < s_{j(k+1)}时，\begin{cases} r_{jk} = \dfrac{s_{j(k+1)} - x_{ij}}{s_{j(k+1)} - s_{jk}} \\ r_{j(k+1)} = \dfrac{x_{ij} - s_{jk}}{s_{j(k+1)} - s_{jk}} \end{cases}$$

$$当s_{j5} \leqslant x_{ij}时，\begin{cases} r_{j5} = 1 \\ r_{j1} = r_{j2} = r_{j3} = r_{j4} = 0 \end{cases} \tag{3.4}$$

D. 生态风险和预警等级

采用模糊综合评价方法计算出各评价单元的综合得分，借鉴前人相关研究成果，将综合生态风险划分为 5 个等级，风险值越高，预警级别越高，重点产业发展生态风险与预警分级见表 3.3。

表 3.3　重点产业发展生态风险与预警分级划分

EV 值	风险等级	预警等级	生态环境风险状况描述
≤0.2	极低风险	无警	重点产业规模很小，基本不存在布局冲突，生态环境状况优良
0.2～0.4	低风险	轻警	重点产业规模较小，个别区域存在布局冲突，生态环境状况良好
0.4～0.6	中等风险	中警	重点产业规模较大，布局冲突明显，若不及时采取防控措施，生态环境易出现恶化趋势
0.6～0.8	高风险	重警	重点产业规模大，布局冲突显著，各类生态环境问题开始显现
≥0.8	极高风险	极重警	重点产业规模大，布局冲突问题突出，各类生态环境问题十分严峻

2. 结果分析

利用构建的评价指标体系、评判指标集以及计算得到的指标权重，采用模糊评价法计算得到 26 个城市指标层、要素层、准则层各指标，以及生态风险综合指数。

1）准则层生态风险指数

准则层各因素生态风险指数如图 3.5 所示。从风险源来看，铜陵风险源指数最高为 0.24，其次为宁波（0.164），上海、南京、无锡、常州、镇江、池州的风险源指数也在 0.140 以上。从暴露性来看，马鞍山暴露风险指数高达 0.326，泰州的暴露风险指数为 0.306，南京、无锡、扬州、杭州、安庆等城市也在 0.25 以上。从脆弱性来看，上海受人口密集、土地开发强度高影响，脆弱性风险指数为 0.80；盐城、舟山、台州工业用地占比较高，脆弱性风险指数在 0.08 以上。从风险防控能力来看，江苏苏北地区、浙江除杭州以外地区、安徽皖江地区受环保、研发经费投入占比低因素影响，风险防控能力指数偏高。

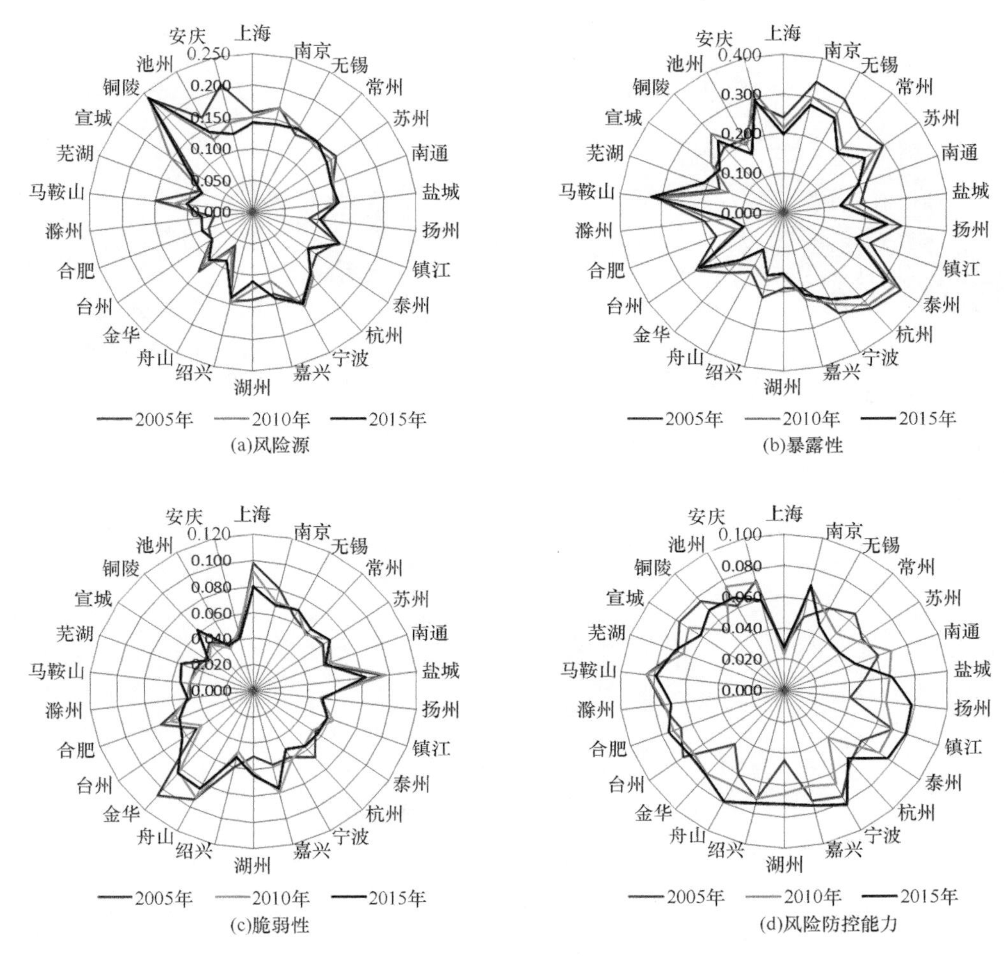

(a)风险源　(b)暴露性

(c)脆弱性　(d)风险防控能力

图 3.5　城市群重点产业发展生态风险准则层得分

2）生态风险综合指数及预警等级

2005 年、2010 年、2015 年重点产业发展生态风险综合指数见表 3.4、图 3.6，江苏

表 3.4　重点产业发展生态风险综合指数

城市	2005 年	2010 年	2015 年	城市	2005 年	2010 年	2015 年
上海	0.520	0.478	0.445	湖州	0.427	0.410	0.402
南京	0.637	0.609	0.559	绍兴	0.498	0.445	0.432
无锡	0.584	0.560	0.532	舟山	0.385	0.380	0.360
常州	0.551	0.465	0.451	金华	0.484	0.446	0.422
苏州	0.568	0.541	0.486	台州	0.463	0.444	0.458
南通	0.463	0.449	0.424	合肥	0.387	0.344	0.321
盐城	0.461	0.448	0.418	滁州	0.376	0.374	0.331
扬州	0.465	0.476	0.486	马鞍山	0.599	0.552	0.560
镇江	0.490	0.461	0.465	芜湖	0.370	0.331	0.419
泰州	0.577	0.553	0.541	宣城	0.434	0.480	0.415
杭州	0.585	0.545	0.531	铜陵	0.584	0.604	0.611
宁波	0.583	0.558	0.545	池州	0.476	0.432	0.413
嘉兴	0.461	0.479	0.508	安庆	0.604	0.581	0.519

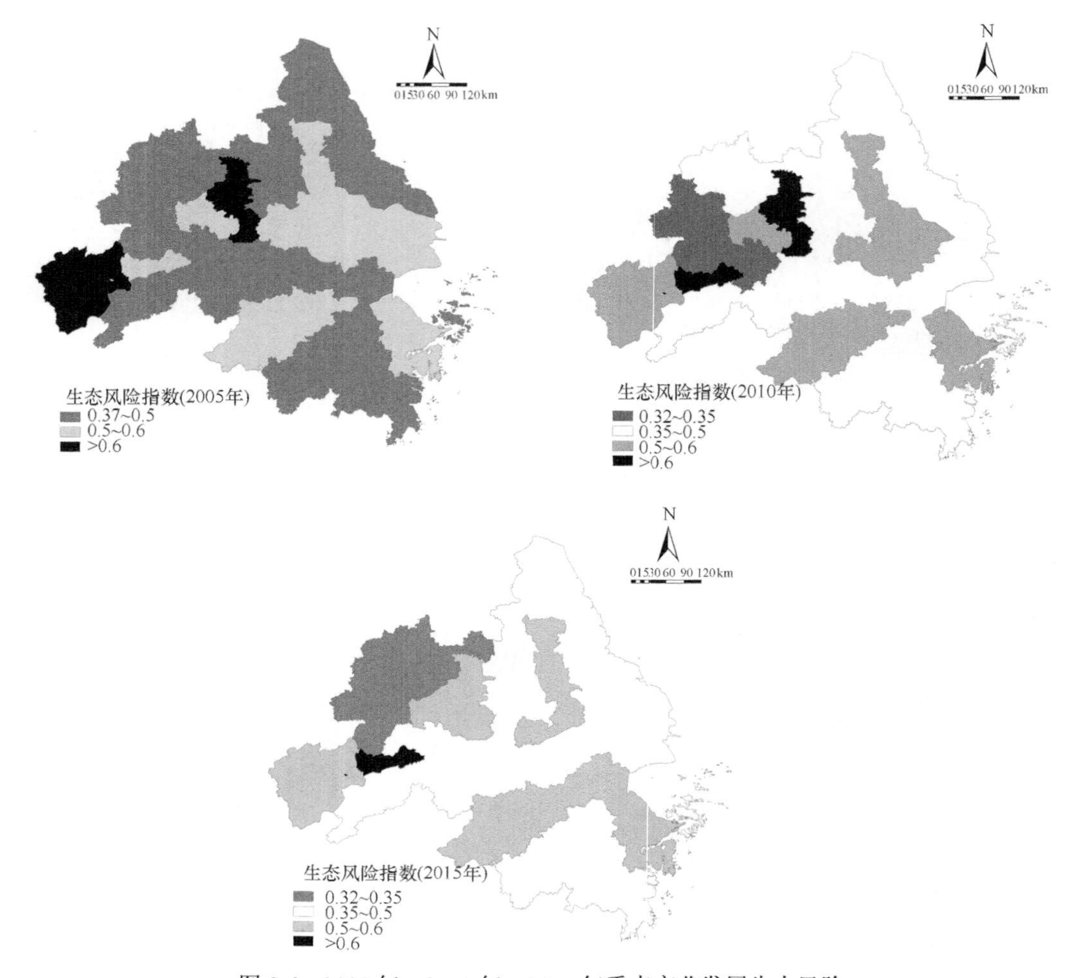

图 3.6 2005 年、2010 年、2015 年重点产业发展生态风险

（除南通外）的沿江各市的 EV 为 0.451～0.559，环杭州湾的杭州、宁波、嘉兴的 EV 为 0.508～0.545，安徽沿江的马鞍山、铜陵、安庆三市的 EV 为 0.519～0.611，这些城市的重点产业生态风险较高，上海、台州的 EV 为 0.445、0.458，苏北、浙南、皖江等其余城市的 EV 在 0.432 以下，相对较低。2000～2015 年，长三角城市群各城市生态风险指数总体呈下降态势，仅扬州、嘉兴、芜湖、铜陵 4 个城市呈上升趋势。

上海市工业基础规模较大，产业结构也偏重，工业企业以众多工业地块的形式分布在各处。多年来，上海积极优化产业结构，发展高新技术产业，对于城区内的工业地块依据城市总规划开展了多轮清理整顿，通过共建园区实现产业转移，不断加大环保、科技研发投入，其生态风险迅速下降。

苏南地区城市工业规模大、产业结构偏重，人口密集且工业用地占比高，重点产业与人口密集区及水源保护区的布局冲突较大，这些地区已形成“三二一”产业结构，生态风险指数在 0.45 以上。特别是南京现有四大工业片区，与人口密集区、水源保护区的空间布局冲突均十分突出，与南京大都市定位不符，长江南京段的废水排放口与取水口犬牙交错问题尚未解决，其生态风险指数高达 0.559。

环杭州湾的杭州、宁波、嘉兴与苏南地区发展特征相似，但其环保投入偏低，而杭州、宁波南部的国家重要生态功能区内也存在一些重点产业，生态风险在 0.5 以上。其中，嘉兴位于平原河网地区，受饮用水源达标率低影响，其生态环境风险指数明显大于其他城市。

苏北、浙南地区城市工业规模虽不大，但重点产业空间布局冲突较突出，加上资源消耗水平低、环保及研发投入少，生态风险均在 0.4 以上。泰州、扬州处于淮河入江水道上，水源保护区分布较多，盐城沿海的珍稀鸟类自然保护区是全球鸟类迁徙大通道的节点，受港口、临港产业园发展影响已被切割为多个片区；金华、台州位于山区，可开发的土地资源匮乏，区内大部分国土被划定为国家重要生态功能区，生态环境非常敏感。

皖江地区城市为后发地区，工业规模虽然较小，但资源消耗及污染排放绩效水平低，环保及研发投入不足，生态风险多大于 0.4，铜陵达到高风险水平。其中铜陵、池州的产业重化程度最高，马鞍山、芜湖、铜陵、安庆 4 个城市重点产业与建成区及水源保护区空间布局矛盾突出。宣城、池州、安庆 3 个城市的大量国土空间被划定为国家重要生态功能区，生态环境敏感性较高。

3）生态风险警情

A. 现状警情分析

2005 年、2010 年、2015 年重点产业发展生态风险警情等级见表 3.5。2005 年、2010 年各城市总体属于中警和轻警等级，2015 年绝大部分城市风险为中警等级，2005～2015 年芜湖由轻警上升为中警，铜陵由中警上升为重警，南京、安庆 2 个城市由重警下降为中警，其他城市保持不变。总体来说，长三角城市群重点产业发展已经带来一定程度的生态风险，但在 2010 年以后，随着区域产业转型升级、城区及生态环境敏感区内重污染企业清理整顿，以及各类生态环境污染治理措施的实施，部分城市生态风险减缓成效明显，南京市和安庆市由 2005 年的重警降至 2015 年的中警。

表 3.5 重点产业发展生态风险警情等级

城市	2005 年	2010 年	2015 年	城市	2005 年	2010 年	2015 年
上海	中警	中警	中警	湖州	中警	中警	中警
南京	重警	重警	中警	绍兴	中警	中警	中警
无锡	中警	中警	中警	舟山	轻警	轻警	轻警
常州	中警	中警	中警	金华	中警	中警	中警
苏州	中警	中警	中警	台州	中警	中警	中警
南通	中警	中警	中警	合肥	轻警	轻警	轻警
盐城	中警	中警	中警	滁州	轻警	轻警	轻警
扬州	中警	中警	中警	马鞍山	中警	中警	中警
镇江	中警	中警	中警	芜湖	轻警	轻警	中警
泰州	中警	中警	中警	宣城	中警	中警	中警
杭州	中警	中警	中警	铜陵	中警	重警	重警
宁波	中警	中警	中警	池州	中警	中警	中警
嘉兴	中警	中警	中警	安庆	重警	中警	中警

需要关注的是铜陵市由于城市土地空间狭小、产业结构偏重、资源环境利用水平偏低等原因，目前依然处于重警状态。未来铜陵市对工居矛盾突出区域的重点产业逐步实施退二进三，优化产业布局；积极引入高附加值、低污染的新兴产业或第三产业，促进产业结构转型；加大环境保护与污染治理力度，提升环境绩效水平。

B. 未来警情展望

根据城市群中长期发展态势、重点产业未来发展生态风险研判结果，采用定性分析法对生态风险评价指标的未来趋势进行判断，结果见表 3.6。总体来看，长三角城市群总体处于后工业化时期，未来工业规模趋于稳定、结构趋于优化；随着生态保护红线、国土空间规划的实施，区内的重要生态功能区基本能够得到保障，而随着持续开展生态环境综合治理，以及 NO_x 与 VOCs 协同治理、碳达峰等新环保要求的实施，暴露性风险

表 3.6　未来重点产业发展生态风险警情展望

指标层		准则层	
名称	未来趋势判断	名称	未来趋势判断
工业增加值	↑		
大气污染型行业占比	不确定	风险源	局部区域风险源持续存在或增加
水污染型行业占比	不确定		
单位 GDP 建设用地	↓		
单位 GDP 水耗	↓		
单位 GDP 能耗	↓		
万元工业增加值 COD 排放	↓		
万元工业增加值 SO_2 排放	↓	暴露性	暴露性风险下降
万元工业增加值固废产生	不确定		
重化园区与人口聚集区冲突	↓		
重化园区与水源保护区冲突	↓		
工业园区与重要生态区冲突	↓		
人口密度	↑		
土地开发强度	↑		
工业用地占建设用地比例	不确定		
$PM_{2.5}$ 年均值	总体改善，局部区域面临压力	脆弱性	生态环境脆弱性降低，风险整体下降，局部区域可能增加
NO_2 年均值	总体改善，局部区域面临压力		
饮用水源达标率	不变		
生态系统服务价值	↑		
第三产业占比	↑		
第三产业/第二产业	↑		
环保投入占 GDP 比例	↑	风险防控能力	风险防控能力提升，风险下降
R&D 经费占 GDP 比例	↑		
工业废水达标排放率	↑		
工业固废综合利用率	↑		

注：↑表示增加，↓表示下降。

降低，生态环境脆弱性风险降低，风险防控能力提升，长三角城市群重点产业发展的生态风险将进一步下降。

由于局部区域的重点产业持续发展，局部区域的风险源将持续存在或呈增加态势，如南京、苏州、宁波、安庆等城市的重点产业规模和布局短期内无法发生根本改变；随着浙江舟山石化产业基地的建成，区域大气污染物特别是挥发性有机物的排放量将显著增加；江苏沿海地区是未来重点发展区域，如南通在建的中天钢铁产能置换项目，同时还计划引入石化化工产业；安徽省的产业承接示范园区将引入部分重点产业，这些区域的生态环境风险可能存在上升趋势。这些区域的重点产业发展需要严格限制在国土空间规划的生产空间内，对接国际、国内先进标准，采用先进的工艺设备，严格控制资源消耗及污染物排放。

3. 新型产业化与城镇化发展路径建议

1）以科技创新为手段引领新型工业化发展

以沿江国家级、省级开发区为载体，以大型企业为骨干，不断提高制造业的智能化水平和设计制造水平，以科技创新促进制造业向“智造业”发展。推动长三角城市群一体化产业格局，打通内循环的壁垒，面向国际国内聚合创新资源，健全协同创新机制，构建协同创新共同体。强化主导产业链关键领域创新，推进创新链、产业链深度融合发展，聚焦产业集群发展和产业链关键环节创新改造提升传统产业，依托优势创新链培育新兴产业。主动参与和推动经济全球化进程，以“一带一路”建设为重点，打造高标准国际开放合作新平台，依托舟山探索建立自由贸易港，培育贸易新业态新模式。

2）推动绿色生活方式促进新型城镇化发展

创新城镇规划发展新理念，以人的城镇化为核心，注重环境宜居和历史文脉传承，沿江地区按照“生态城市”发展理念进一步优化、疏解主要大中城市的城市功能，浙西南、大别山区确立“田园城市”的规划与发展思路。大力推动绿色基础设施，建设严格落实城市开发边界管控，严控工业用地扩张，加强特大城市建成区腾退工业用地的转型利用和再开发，协调重化工业发展与城市功能定位，防范人居环境风险。加快绿色、低碳、便捷的海陆空立体综合交通体系建设，全面提升车用汽柴油标准，推动实施非道路移动机械排放标准；统筹沿江沿海港口规划布局，加强沿海港口岸线资源整合，规范危化品运输安全。

3.1.3 基于重点产业发展的生态风险管控对策

1. 加强生态风险管控的对策及优先领域

1）以严控风险为核心加强重化产业生态环境管控

倒逼产业转型升级，加快重化产业绿色发展，淘汰落后产能，严格限制产业链前端和价值链低端产能扩张、加强重点行业污染治理、提高资源环境绩效转入门槛等手段，全面提高工业行业的资源环境绩效水平。以保障人居环境安全为目标，通过关停、转移、升级、重组破解布局性矛盾，优化产业布局，推动石油炼化及化学工业向沿海地区集聚，引导制革、电镀、印染等工业企业向园区集中安置，大力推进化工企业向园区集聚，降低人口集聚区的环境风险。

2）以集约节约利用为重点全体提升资源环境绩效

以环境不超载作为区域发展的硬约束，综合响应清洁生产、污染物特别排放限值、总量倍量替代、技术改造升级等政策，全面提升重点产业发展的环境绩效水平；以“三线一单”综合管控为抓手，全面推进“全方位污染与风险管控”。通过建设用地总量、开发强度和产出效益控制，倒逼城市建设用地挖潜提升，严格控制土地开发强度，提升土地利用效率，促进土地资源节约集约利用。全面实施区域工业用能总量、燃煤总量双控，加大清洁能源供给，推进煤炭高效清洁利用，通过绿色生产方式和生活方式转变，控制全社会能源消耗，力争提前实现碳排放总量稳中有降。

3）构建与更高质量发展需求相匹配的生态环境风险防范系统

从风险防控能力来看，长三角城市群需要打造与区域更高质量发展国家战略需求相匹配的生态环境风险防范系统。在风险防范对象上以区域性、流域性、整体性和系统性生态环境风险为重点；在风险防范体系建设上，以区域统一的法律法规技术标准为环境风险支撑体系，涵盖事前严防-事中严管-事后处置全过程的环境风险管理体系，包括风险评估、监测、预警、应急的环境风险监督体系，以及政府及相关部门、企业、公众及社团涉及生态环境风险多方利益相关者的环境风险交流体系（图 3.7）。

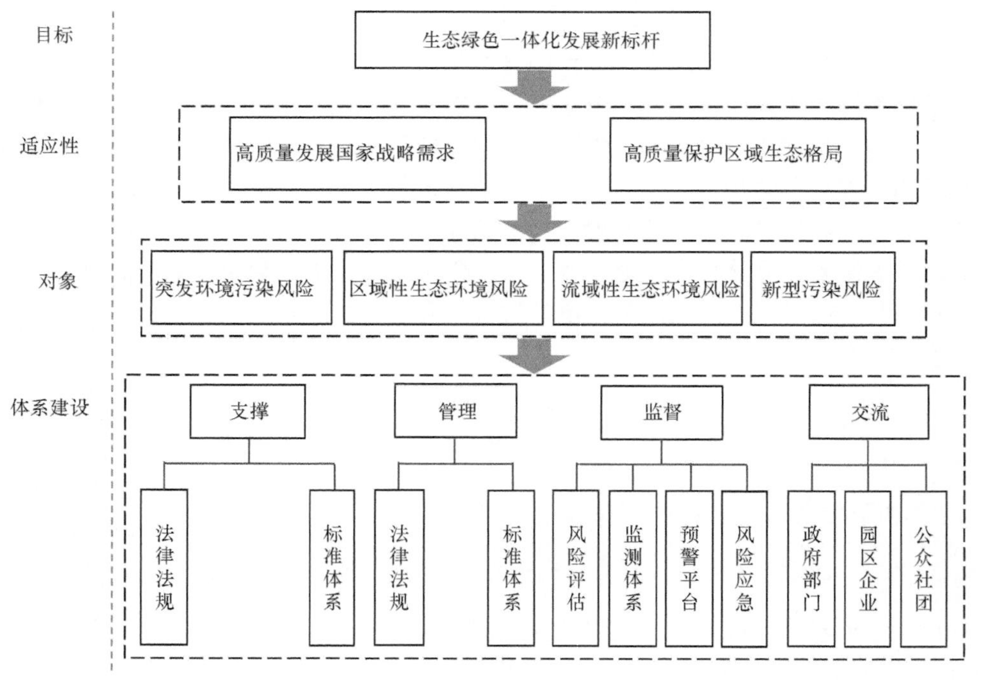

图 3.7　长三角区域一体化生态环境风险防范框架体系

4）加强生态安全风险防控的优先领域

基于人居环境安全的优先控制领域，强化重化工业集聚区与城镇生活空间的有效隔离，大气方面重点控制领域为石化化工行业。大气复合污染的关键活性物质包括乙烯、丙烯、丁烯、戊烯等烯烃类物质和二甲苯、甲苯、异戊二烯、乙苯等芳烃类物质，人群健康重点防控物质包括 1,3-丁二烯、苯、环氧乙烷、三氯乙烯、1,2-二氯乙烷、1,4-二氯苯、丙烯腈、氯仿、四氯化碳、甲醛等，作为区域优先控制的 VOCs 物质。

基于饮水安全的优先控制领域，从强化流域水污染控制、饮用水水源地管理和行业布局空间管控等方面实行管控，对于持久性有机污染结合未来重点产业发展态势，将高性能合成材料、精细与专用化学品、生物化学品、新医药等产业作为未来重点管控行业。

2. 提升区域生态安全加强生态修复的建议

区域生态安全格局战略。依据重要生态功能区划、国土空间规划、生态保护红线、“三线一单”等成果，严格保护重要生态空间。加强自然保护区、水产种质资源保护区的生态建设，逐步修复长江岸线、重要滨海和河口海湾湿地、环太湖湖滨带等重要受损生境；严格保护沿江、湖泊、山区水库等饮用水水源地和清水通道，提升长三角城市群生态服务功能。

关键区域水安全维护。把保护和修复长江生态环境摆在首要位置，长江干线及洲岛岸线开发实施总量控制，控制岸线开发利用率逐步恢复生态岸线。以湖、库等重要饮用水水源地和引水工程取水点为节点，以长江、钱塘江干流和引水通道为骨架，以水源涵养重要功能区为支撑，构建点-线-面统筹协调的水源保护体系。强化集中式饮用水水源保护区规范化建设，依法加快完成与水源地布局冲突的港口、危化品码头岸线整改；优先推进望虞河、太浦河-淀山湖等清水通道的规划建设，强化流域水污染治理与清水通道水安全管控。

重塑绿色生态空间。大力建设绿色生态廊道，实现大中小城市、集镇和村落之间绿色生态廊道的有机串联，重点推进环太湖区域“环湖绿廊”建设，形成环湖区域绿色屏障。整体推进城镇近郊及远郊森林建设，加强城郊环城林带和城镇生态环境敏感区隔离缓冲林带建设，发挥森林的分隔和防护功能。

3.2　长三角城市群极端气候灾害预测预警关键技术

3.2.1　长三角极端气候灾害的风险评估

1. 高温

在气象规范业务中，通常以日最高气温 35℃作为高温阈值，并以此判断某日是否为高温日。此外，37℃和 40℃亦分别作为高温橙色、红色预警阈值应用于业务中。考虑到不同阈值可能对长三角地区夏季高温气候特征有不同的影响，且 40℃以上的高温日数样本量较少，因而分别以 35℃和 37℃作为高温阈值，研究其时空演变特征差异。以 35℃为阈值的长三角夏季年平均高温日数空间分布总体呈现南多北少的空间分布型。以 31°N 为分界线，以南地区（除浙江沿海地区）年平均高温日在 20 天以上，高值中心位于浙江中部及南部地区，年平均高温日数达到 30～40 天；以北地区则在 20 天以下。以 37℃为阈值的长三角夏季年平均高温日数空间分布与之类似，也以 31°N 为界呈现南多北少的空间分布，以南地区（除浙江沿海地区）年平均高温日在 5 天以上，且其高值中心特征更为明显，以北地区则在 5 天以下。

长三角地区属于我国夏季高温热浪多发地区。过去 60 年来长三角地区城市化过程加快，城市规模快速扩大，高温风险增加。2013 年 7～8 月，长三角地区遭受 1951 年以来最强高温热浪袭击，上海中心城区高温日数达 47 天，其中 8 月 6～9 日出现连续 4 天≥40℃的高温；江苏和浙江省多地的极端最高气温和高温日数创新高，其中浙江新昌极端最高气温达 44.1℃。连续高温造成上海市日最高用电负荷和中心城区日最大供水量均破历史纪录。长三角各大医院门诊量节节攀升，发生多起高温中暑突发公共卫生事件。持续性高温导致浙江省发生严重干旱，直接经济损失为 78.1 亿元。2017 年 7 月上海又出现连续高温热浪天气，7 月 18～28 日连续 11 天出现日最高气温大于 37℃的高温，21 日徐家汇最高气温达 40.9℃，创 1873 年有气象记录以来同期之最。持续高温使上海日最高用电负荷又创纪录，高达 3252 万 kW。

2. 强降水

近 60 年来，长三角地区强降水风险表现为西部高于东部、沿海城市高于内陆，其中位于长江沿岸的安徽安庆、池州、铜陵、宣城等城市，以及沿海的舟山、台州等城市的强降水风险明显高于其他地方。从变化趋势来看，近 60 年强降水风险呈现一致性增加趋势，其中浙江沿海城市舟山，安徽的安庆和马鞍山，江苏的常州、南通和苏州等城市的风险增速明显快于其他城市。

局地强降水造成城市内涝，对城市给排水、交通等造成较大的影响。2016 年 5 月 28 日 14 时至 29 日 9 时浙江杭州市建德出现短时暴雨天气，新安江街道发生山体滑坡，死亡失踪多人，直接经济损失 3.3 亿元。2012 年浙江省梅雨期间共出现三轮强降水，共有 50 余座大中型水库先后泄洪，强降雨引发部分地区发生山洪、城市内涝等灾害，直接经济损失 17.6 亿元。1991 年江苏出现百年罕见的特大洪涝灾害，暴雨洪涝造成 307 人死亡，直接经济损失 237.6 亿元。

3. 台风

影响长三角地区的台风主要来源于西北太平洋洋面和我国南海地区，且大多数同时影响华东区域。考虑到台风的尺度和影响范围，本书主要统计影响华东区域的台风变化。1949～2017 年，平均每年影响华东区域的热带气旋约 9.0 个，登陆热带气旋 2.7 个。影响华东区域热带气旋的总频数有显著的上升趋势，台风登陆华东区域时的最大强度（中心最低气压）具有显著的增强趋势，表明台风的潜在破坏性增强。2013 年 10 月 6～8 日受台风“菲特”影响，上海和浙江出现罕见的大风和大暴雨天气，造成浙江省 874.25

万人受灾，因灾死亡 7 人，失踪 4 人，直接经济损失高达 275.58 亿元；上海由于台风影响期间恰逢阴历天文大潮和上游洪水下泄，首次出现风、暴、潮、洪“四碰头”的不利情况，导致中心城区 1177 条道路积水，2 人死亡，直接经济损失 3.7 亿元。2018 年上海成为全国首个 30 天内有 3 个台风登陆并受 1 个台风影响的城市，4 个台风造成直接经济损失共 9033.7 万元。

3.2.2　CDF-*T* 统计降尺度预估技术

1. 技术特色

CDF-*T* 统计降尺度技术是分位数订正法的改进，可以看作是动态的分位数校正法，其核心思想是通过累积分布函数建立全球气候模式气候要素变量（GCM 或者再分析资料输出）与该变量在局地观测中的统计关系，并将统计关系应用于未来气候。不同于分位数订正法，CDF-*T* 方法的关键是建立传递函数 *T*。该方法同时引入了气候要素变量历史建模阶段和未来预估阶段的 CDF，通过 CDF 将建模阶段 GCM 和观测要素的统计关系传递到未来阶段，重建全球气候模式气候要素变量的 CDF，通过对未来 CDF 的订正来获得全球气候模式气候要素变量值。

2. 技术条件

假设历史建模阶段 GCM、未来预估阶段 GCM 和观测阶段的累计概率分布函数分别为 FGh（XGh）、FSh（XSh）和 FGf（XGf），首先通过 CDF 建立历史建模阶段观测和模式的传递函数，即将 GCM 的 CDF 曲线投影到观测的 CDF 中，得到观测的累计概率对应的 GCM 气候要素值 FSh-1［FGh（XGh）］，对于观测的每一个累计概率都对应着一个误差值ΔX，传递函数 *T* 则定义为 $T = T(\Delta X)$，即观测误差的 CDF；然后假设传递函数在未来仍然成立，将这个误差 CDF 曲线投影到未来气候，即可得到 GCM 未来预估阶段误差的 CDF，叠加到 GCM 未来预估阶段的 CDF 上即可获得降尺度以后 GCM 未来预估阶段累计概率分布函数；最后计算出对应站点上未来预估阶段的气候要素值。

数据需求包括：全球气候模式的历史和未来情景数据，观测的历史同期数据作为模型评估。

与其他统计降尺度方法相比，CDF-*T* 方法数据需求量小、计算耗时少、操作简单、推广性强，适用于任何有气象观测数据的空间尺度，并且对降尺度要素分布无特殊要求。该方法获得的气候变化情景预估数据集，可推广应用于较小区域平均气候和极端气候事件变化情景预估，并进一步在气候变化影响评估模型中进行应用，为气候变化评估和预估业务中提供数据和技术支撑。

3. 应用案例：CDF-*T* 统计降尺度技术对上海极端降水的预测预估

吴蔚等（2016）的研究指出，全球气候模式中 8 个模式（BCC-CSM1-1、CCSM4、CSIRO-Mk3-6-0、EC-EARTH、GFDL-ESM2G、IPSL-CM5A-MR、MRI-CGCM3、NorESM1-M）对华东地区气温和降水的模拟性能优于其他模式，因此，本书选取这 8 个

模式（表 3.7）1961～2005 年历史情景和 2006～2099 年 RCP4.5 排放情景下的逐日降水量资料，其中 RCP4.5 情景是指到 2100 年辐射强迫稳定在约 4.5W/m^2，相当于 CO_2 浓度达到了 650ppm（parts permillion，1ppm=百万分之一），略高于 SRES B1（special report on emissions scenario B1）情景下的 550ppm。为了方便比较，所有模式数据插值到 1°（纬度）×1°（经度）的分辨率，上海的范围选取（30.5°～31.5°N，120°～123°E），共 8 个格点。

观测资料来源于上海徐家汇观测站 1961～2015 年日降水量数据。

表 3.7　8 个 CMIP5 气候模式的基本信息

模式名称	研究机构	分辨率（格点数）
BCC-CSM1-1	北京气候中心-中国气象局（BCC-CMA）	128×64
CCSM4	美国国家大气研究中心（NCAR）	288×192
CSIRO-Mk3-6-0	澳大利亚联邦科学与工业研究组织和昆士兰州气候变化卓越中心（CSIRO-QCCCE）	192×96
EC-EARTH	欧洲中期天气预报中心（ECMWF）	320×160
GFDL-ESM2G	美国国家海洋和大气管理局地球物理流体力学实验室（NOAA）	144×90
IPSL-CM5A-MR	法国皮埃尔-西蒙拉普斯研究所（IPSL）	144×143
MRI-CGCM3	日本气象研究所（MRI）	320×160
NorESM1-M	挪威气候中心（NCC）	144×96

本书选择 1961～2005 年为历史建模阶段，2006～2015 年为模型验证阶段，2016～2099 年为未来预估阶段。由于 GCMs 情景数据中存在大量虚拟的微弱降水，导致降水日数显著偏多于观测值，因此在建模初期首先根据历史建模阶段观测数据的降水日数对 GCM 的降水日数进行订正，去除模式中大量的微小降水，然后再进行 CDF-*T* 统计降尺度建模。建模方法中 CDF 的构建选取经验累计概率分布模型进行拟合。

1）降尺度效果评估

A. 暴雨降水

2006～2015 年，上海年平均暴雨日数为 3.1 天，年平均暴雨量为 262.1mm，年平均暴雨强度为 78.8mm/d。从集合模式的降尺度效果来看，年平均暴雨量（年平均暴雨日数、年平均暴雨强度）在汛期序列建模、全年序列建模和 GCMs 输出结果分别为 214.7mm（3.0 天、68.2mm/d）、194.7mm（2.7 天、66.5mm/d）和 62.3mm（0.7 天、31.2mm/d），与观测值相比的相对误差分别为–22.1%（–4.2%、–15.6%）、–34.6%（–16.4%、–18.4%）和–320.7%（–367.9%、–151.1%）。可以看出，对于暴雨降水而言，与全年序列建模结果相比，汛期序列建模结果降低了与观测值的相对误差。

本书进一步分析了利用汛期序列建模对暴雨降水年际变化的降尺度效果（图 3.8）。CDF-*T* 降尺度前后，集合模式暴雨日数（量）与观测值的相关系数由 0.44（0.53）提高到 0.60（0.60），降尺度之后相关系数均通过 0.05 信度水平的检验。对于暴雨强度而言，CDF-*T* 降尺度方法提高了其与观测值的相关系数，但是仍未通过信度水平检验。

对于 8 个模式而言，BCC 模式在年平均暴雨日数、暴雨强度和暴雨量的降尺度效果上均排名靠前，尤其是年暴雨量与观测序列的相关系数排名第一。

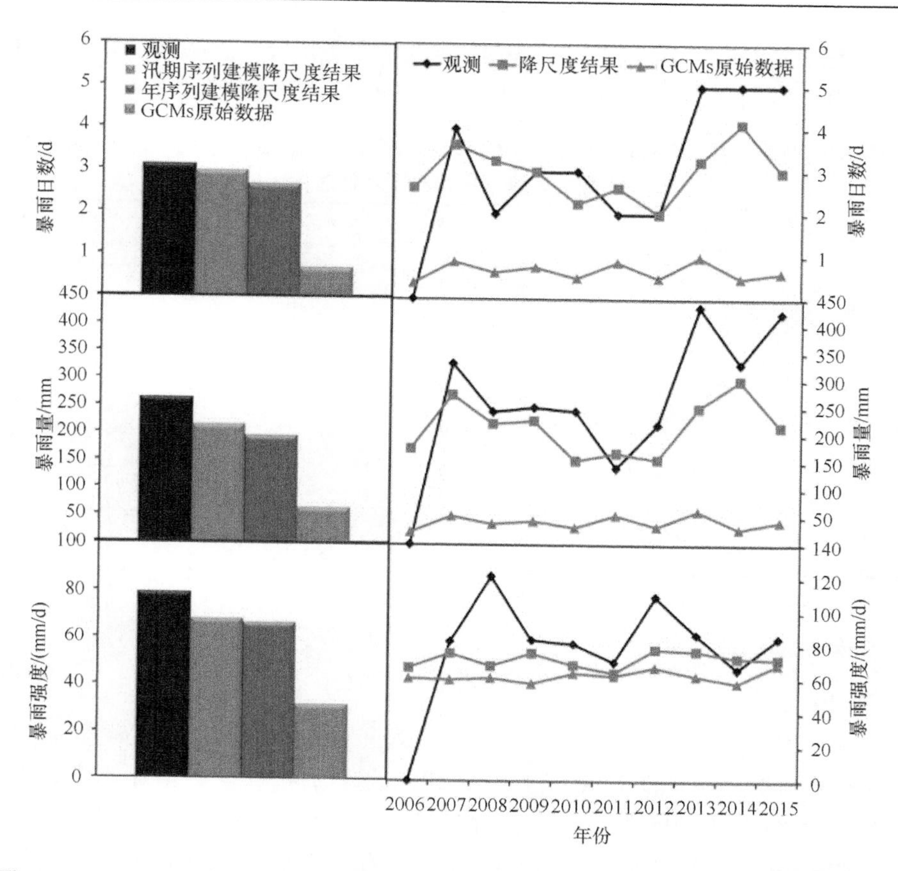

图3.8 2006～2015年上海观测和CDF-*T*降尺度前后暴雨日数、暴雨量和暴雨强度对比

B. 重现期降水

由于不同模式对极端降水的降尺度效果存在差异，集合模式的结果在一定程度上平滑了极端降水峰值，因此本书采用对暴雨降水趋势模拟最好的BCC模式进行重现期降水的降尺度效果评估。选取2006～2015年上海观测和降尺度前后的每年最大日降水量前三名组成的序列（每个序列共30个值），基于广义极值分布模型（generalized extreme value，GEV），采用最大似然法进行参数估计，得到了上海年最大日降水量的概率分布模型。采用柯尔莫戈罗夫-斯米尔诺夫（Kolmogorov-Smirnov，KS）检验方法对拟合结果进行检验，均通过95%的信度水平检验。根据拟合结果，计算了不同重现期的年最大日降水量。

观测表明（表3.8），2006～2015年上海5年一遇到500年一遇重现期的年最大日降水量范围为104.3～354.9mm，均达到大暴雨级别。降尺度前，BCC模式不同重现期的年最大日降水量均小于观测值；降尺度后，除500年一遇略高于观测值以外，其他重现期的年最大日降水量仍然小于观测值。从相对误差来看，CDF-*T*降尺度前所有重现期的年最大日降水量均偏低37%以上，降尺度后改善为均偏低17%以下。随着重现期年份的增加，降尺度前后年最大日降水量的相对误差随之减少，百年以上重现期相对误差均低于10%，尤其是500年一遇重现期的年最大日降水量，降尺度以后相对误差仅为0.39%。

可以看出，通过 CDF-*T* 降尺度方法，对不同重现期的年最大日降水量均有了很大程度的订正，尤其对较长年份的暴雨重现期订正效果更佳。

表 3.8　2006～2015 年上海观测和 CDF-*T* 降尺度前后 BCC 模式对不同暴雨重现期的年最大日降水量相对误差的对比

重现期/a	观测的日降水量/mm	降尺度前集合模式相对误差/%	降尺度后集合模式相对误差/%
5	104.3	–50.66	–16.91
10	127.8	–51.83	–16.09
20	153.5	–51.81	–14.66
30	170.2	–51.35	–13.56
50	192.1	–50.38	–12.01
100	226.7	–48.31	–9.42
200	269.0	–45.19	–6.17
500	354.9	–37.77	–0.39

2）未来变化预估

A. 暴雨降水

与 2006～2015 年相比，2016～2095 年上海年平均暴雨量、年平均暴雨日数和年平均暴雨强度均呈现增加的趋势，尤其是 2050 年以后，三者的增加幅度最大分别达到 17.83%、13.87%和 6.05%，年平均暴雨量增加幅度最大（图 3.9）。从 10 年箱线变化来看，未来 80 年上海平均年暴雨量和暴雨日数的增加，不仅表现为均值和中位数的增加，还表现为极端值的增加，尤其是 2086～2095 年上海平均年暴雨量和暴雨日数极端高值分别为 445.82mm 和 5.8 天，比 2006～2015 年的极端高值分别增加 47.8%和 21.0%。

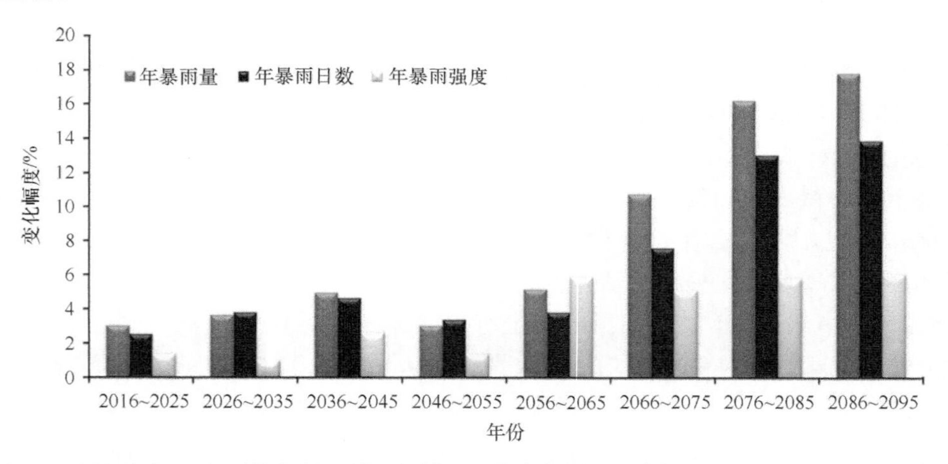

图 3.9　上海未来 80 年平均年暴雨量、年暴雨日数和年暴雨强度与 2006～2015 年相比的变幅

B. 重现期降水

基于 BCC 模式的降尺度结果（图 3.10），将 2016～2095 年分为前 40 年（2016～2055

年）和后 40 年（2056～2095 年），分别计算了上海不同重现期的年最大日降水量。可以看出，对于 50 年以下重现期的年最大日降水量而言，无论是未来前 40 年还是后 40 年，与当代气候（2006～2015 年）相比均呈现增加的趋势，但是后 40 年的增加幅度要显著大于前 40 年，尤其是 5 年一遇重现期的年最大日降水量，后 40 年增加幅度达到 60.4%，为 138.95mm。这可能与上海未来后 40 年平均年暴雨量和暴雨日数的显著增加有关。对于 50 年以上重现期的年最大日降水量而言，未来前 40 年均呈现减少趋势，并且随着重现期年份的增加，减少幅度随之增加；而未来后 40 年则呈现增加趋势，并且随着重现期年份的增加，增加幅度随之减少。

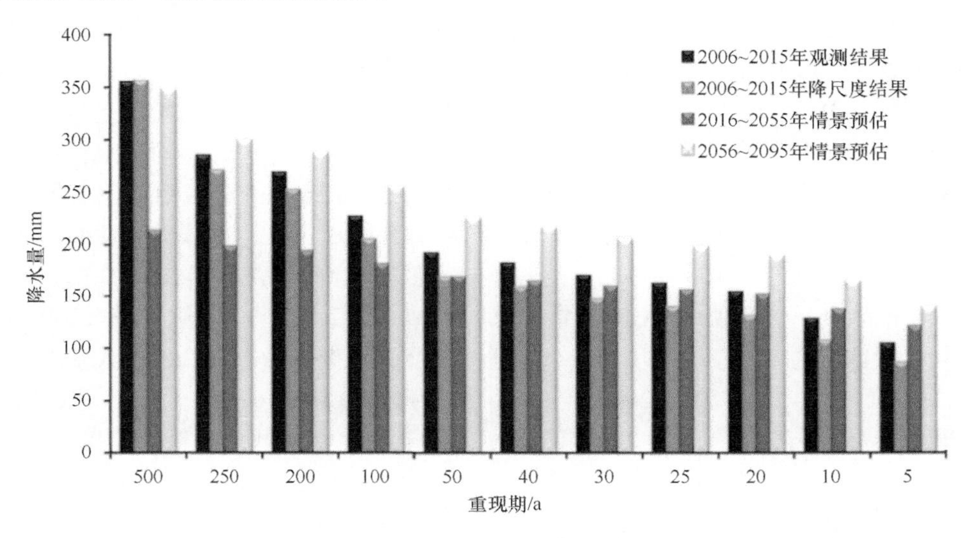

图 3.10　BCC 模式对上海不同时段重现期的年最大日降水量的情景预估

3.2.3　PRECIS 区域气候模式动力降尺度预测技术

1. 技术特色

全球气候模式是气候模拟和气候变化研究的重要工具，但由于计算条件限制，现有全球气候系统模式的分辨率一般较粗，不能精确地描述复杂地形、地表状况和某些物理过程，从而在区域尺度的气候模拟及气候变化试验等方面产生较大偏差。为了得到更高分辨率的区域气候特征，在较粗分辨率全球模式中嵌套高分辨率区域气候模式，即动力降尺度的方法，区域气候模式由于对计算条件要求不高且含有明确的动力学意义而被普遍使用。

2. 技术条件

该技术需要输入的数据包括：英国气象局哈德莱中心的全球气候模式 HadGEM2-ES 逐 6 小时的高低空温、压、湿、风速度在历史情景，以及 RCP4.5 和 RCP8.5 情景下的预估数据集。积分时间为 1970 年 12 月 1 日至 2050 年 12 月 30 日。观测资料选用国家基本/基准站 1981～2000 年日平均气温、日最高气温、日最低气温及日降水量资料，主要用于模式历史时期模拟性能的评估。历史时期评估选取时段为 1971～2000 年、1981～2000 年，未来预估时段选取 2021～2050 年。

该技术具体的输入数据可以根据需求来调整，全球气候模式数据可以选择不同排放情景下适用于预估区域的任一要素，区域气候模式也可以根据预估区域的适应性进行调整。

3. 应用案例：区域气候模式 PRICIS 对长三角城市群极端气温降水的情景预估

1）模式及积分试验介绍

动力降尺度方法中使用的区域气候模式PRECIS是由英国气象局Hadley气候预测与研究中心基于 GCM-HadCM3 发展的区域气候模拟系统，水平分辨率为 50km 或 25km。本书使用的是 PRECIS 模式最新版本 PRECIS2.0。PRECIS 模式的初始及边界场来自国际耦合模式比较计划第五阶段（CMIP5）中的全球气候模式之一，即同样来自英国气象局哈德莱中心的全球气候模式 HadGEM2-ES。将 HadGEM2-ES 模式逐 6 小时的高低空温、压、湿、风速度作为 PRECIS 的输入。首先使用 HadGEM2-ES 模式历史时段（1970 年 12 月 1 日至 2005 年 12 月 30 日）逐 6 小时高低空环流数据驱动 PRECIS 模式开展历史时段模拟积分；然后使用 RCP4.5 情景下的 HadGEM2-ES 模式未来时段（2005 年 12 月 1 日至 2050 年 12 月 30 日）逐 6 小时高低空环流数据驱动 PRECIS 模式开展未来时段模拟积分。1970 年 12 月及 2005 年 12 月分别为模式 spinup（调整）时间，取 PRECIS 模式输出的 1971 年 1 月 1 日至 2005 年 12 月 30 日作为区域模式历史模拟结果进行分析。未来变暖背景下，取 PRECIS 模式输出的 RCP4.5 情景下的 2006 年 1 月 1 日至 2050 年 12 月 30 日的输出结果为未来时段模拟结果。观测资料选用国家基本/基准站 1981～2000 年日平均气温、日最高气温、日最低气温及日降水量资料。

本书选取 1971～2000 年为历史基准时期（baseline），2021～2050 年为未来时期。首先验证区域气候模式 PRECIS 对华东地区基本气候及极端气候的模拟能力，在此基础上，预估长三角城市群未来时段（2021～2050 年）相对于当代（1971～2000 年）的变化。

2）历史时期模拟能力评估

观测资料表明，华东地区极端高温及极端低温阈值均呈现由北向南逐渐升高分布，其中极端低温阈值 TN5 更为明显一些。模式模拟的极端高温及极端低温阈值分布与观测基本一致，表明 PRECIS 模式对于华东地区极端温度分布有较好的模拟能力。与观测差值表明，模式模拟的极端高温阈值在华东北部地区较观测略偏高而在华东地区南部较观测略偏低，在山东中西部、安徽北部及江苏西北部偏高最为明显，而在浙江大部、福建大部及华东沿海地区较观测偏低最为明显。模式模拟的极端低温阈值则表现为除华东中北部沿海较观测偏高外，华东其余地区均较观测偏低，其中华东中北部地区偏低最为明显。结合极端高温及极端低温阈值表明，模式在华东中北部地区模拟的气温日较差较观测偏大。上海地区而言，模式模拟的极端高温阈值除上海地区较观测偏低明显，上海其余地区与观测差值绝对值小于 1°；模式模拟的上海地区极端低温阈值除沿海地区较观测偏高外，其余地区较观测略偏低。

观测的日极端降水阈值并未表现出与年降水量类似由北向南的分布，表明虽然观测的华东北部地区较华东南部地区年降水量明显偏少，但由于该地区降水频次较南部偏少，其日极端降水阈值与华东南部地区相当。模式模拟的华东地区日极端降水阈值呈现由北向南逐渐增多的分布，与观测存在一定偏差，尤其在华东北部地区较观测偏低明显。模式模拟的上海地区极端降水阈值与观测值较为接近，观测误差的绝对值小于20%。

3）未来气候灾害预估

与当下气候相比，未来30年长三角地区高温日数增加，低温日数减少。高排放情景下，低温日数全区一致性减少5～15天，高温日数南部增加25天以上，中北部增加10～25天；中等排放情景下，低温日数北部减少5天以上，南部地区变化不明显，高温日数南部增加20天以上，北部增加10～20天。

与当下气候相比，未来30年长三角地区极端强降水变化存在明显的空间差异性。中等排放情景下，长三角北部极端强降水以增加为主，东北部增加最多，可达2天以上，中南部减少，南部沿海地区减少1～2天；高排放情景下，长三角北部极端强降水以增加为主，东部沿海沿江地区增加2天以上，中南部极端强降水变化不明显。

3.2.4　典型城市重点领域适应气候变化预警技术

1. 未来全球及上海海平面变化趋势分析

1）2100年全球海平面上升最低0.3m，有可能超过1m

国内外很多研究机构针对未来海平面变化开展评估工作，不同的研究机构和学者得出的全球海平面变化范围相差很多，但是比较一致的结果是未来海平面升高将超过0.3m，而且可能会超过1.0m（表3.9）。

2017年美国国家海洋大气局（NOAA）海平面变化评估报告中分析了在不同温室气体排放情景下（RCP2.6、4.5、8.5）全球海平面上升的概率。研究发现到2100年全球海平面上升0.3m的概率接近100%，超过1m的概率为2%～17%。

表3.9　海平面上升高度预估范围

研究来源	海平面升高范围/m	概率/%	升高的最大极值/m
IPCC AR5	0.28～0.82	>66	0.82
NOAA，2017	0.3～2.5	94	2.5
Kopp et al.，2014	0.3～1.2	90	1.2
Pfeffer et al.，2008	0.8～2.0	—	2.0

2）未来海平面上升极端值将有可能超过2m

IPCC第五次评估报告中指出21世纪海平面最大上升高度为0.98m，但此研究结果并未考虑到南极冰盖和格陵兰岛陆地冰川加速融化等因素。美国 NOAA 在 2017 年的海平面评估报告中，考虑了南极洲和格陵兰岛大陆冰架的融化问题，预测未来海平面升高范围为 0.3～2.5m。由于评估时考虑到最近几年南极冰盖的加速融化，这一预估结果的可信度也进一步提升。

英国气象局预估到 2100 年全球海平面升高的极端值可能超过 2m，并将 2.7～4.2m 作为风暴潮可能增加的极端情况。

3）上海海平面到 21 世纪末也有可能上升超过 1m

受全球海平面升高和局地地面沉降等因素的影响，上海地区未来的海平面还将持续升高。表 3.10 统计了 20 世纪 90 年代以来有关上海地区海平面变化的预测结果。由表中结果可以看出，2030 年上海地区海平面上升高度基本在 0.04～0.35m 之间，2050 年上升高度基本在 0.065～1.27m 之间，2090 年上升不超过 1m。

表 3.10　上海未来海平面上升量预测

文献	海平面	2030 年上升高度/m	2050 年上升高度/m	2090 年上升高度/m	备注
史运良和沈晓东，1992	ESL		0.3～1		2090 年最可能上升值为 0.6m
	RSL		0.57～1.27		考虑到地面沉降速率 2.7mm/a
郑大伟和虞南华，1996	ESL	0.06	0.09		
	RSL	0.30	0.40		考虑佘山和上海地区地面沉降
秦增灏等，1995	ESL	0.099	0.199		
	RSL	0.35	0.52		考虑地面沉降速率 10mm/a
魏子昕和龚士良，1998	RSL	0.35	0.41		考虑地面沉降和构造沉降
施雅风等，2000	RSL	0.32～0.34	0.48～0.51		考虑地面沉降速度为 5mm/a
Wang et al.，2012	ESL	0.09	0.19	0.44	相对于 1997 年的年平均海平面上升值
程和琴等，2015	ESL	0.04			相对于 2010 年
	RSL	0.10～0.16			考虑地面沉降 0.06～0.10m
2016 年中国海平面公报	ESL		0.065～0.15		相对于 2016 年

注：ESL 为平均海平面；RSL 为叠加了地面沉降的海平面。

根据《2016 年中国海平面公报》预测，未来上海年均绝对海平面上升速率为 3～5mm/a，如果上海严格控制地面沉降在 5mm/a 之内，按照这个上升速度推算，2100 年上海的绝对海平面将比现在上升 0.25～0.42m，相对海平面将上升 0.67～0.83m 的高度。可见，上海地区未来相对海平面上升高度将至少为 0.3m，有可能上升 1m。

2. 海平面上升对上海的影响

上海是我国沿海地区经济最密集、人口最稠密的特大型城市，在全国的经济地位举足轻重。因此，上海对海平面的变化相当敏感，也是中国沿海城市面临海平面上升危害威胁最大的城市之一。海平面上升对上海社会、经济发展都有显著影响。

1）海平面上升对城市安全的影响

A. 洪防汛标准呈趋势性下降，风暴潮灾害威胁加大

海平面上升一方面抬高水位，使得极值高水位的重现期缩短，同时加重河床淤积，降低河流泄洪能力，降低沿海各防御工程的防御等级；另一方面海平面上升增强波浪与潮流等的作用，海岸堤坝受到侵蚀概率与强度增加，更容易造成溃堤而引起洪灾。目前上海市黄浦江市区防汛墙以1984年国家批准的千年一遇高潮位设防，吴淞口站设计潮位为6.27m。但根据上海市气象局最新的计算结果显示，该站200年一遇高潮位就已达6.2m。这说明受海平面上升和地面沉降等因素影响，黄浦江市区段防汛墙的实际设防标准已降至约200年一遇。

B. 市区排涝能力下降

海平面上升，海水顶托作用加强，将导致城市排水能力下降，尤其是在夏秋雨季集中时段，城市内涝灾害风险将明显增大。上海市气象局利用最新降水资料编制了上海市新的暴雨强度计算公式，该公式计算结果表明，上海市1年一遇小时降雨量已经由35.5mm增加到38.2mm，3年一遇和5年一遇的暴雨标准也有明显提升。目前本市城镇大部分排水设施仍按照1年一遇标准（35.5mm/h）设计和运行，考虑未来海平面的上升、风暴潮和暴雨等极端灾害的加剧，将给城市排水管道、泵站等基础设施的正常运行带来较大的压力。

C. 水资源受咸水上溯污染，城市用水源地受到威胁

盐水入侵是目前和未来影响上海市长江口水源地供水能力的主要制约因子，如2014年2月4日长江口开始发生咸潮入侵，持续入侵时间超过23天，影响供水人口约200万。随着海平面上升，盐水入侵增强。当海平面上升与枯季径流同步发生时，盐水入侵的可能性增大，长江口陈行、东风西沙和青草沙三个水源地可供水量相应减少。在海平面分别上升10cm和25cm且没有新增水源条件下，2020年的缺水量分别为39万m^3/d和74万m^3/d，2030年为866万m^3/d至994万m^3/d。在海平面上升10cm情况下，青草沙取水口连续不宜取水时间会增加2.1天。

D. 咸潮入侵使得地下水位抬升和土地盐质化

上海地区的盐水入侵主要表现为河口海水上溯。在正常情况下，地下淡水水位较高，淡水向海洋流动。但由于过量开采地下水和相对海平面升高，导致淡水水头低于海水水头，海水会沿地下含水层倒灌，形成地下咸淡界面向陆地移动。地下盐水入侵会破坏地下水资源，抬高含水层水位，使有些洼地变成沼泽，土地盐碱化加剧。地下水位升高还会引起地基承载力下降、地震时液化加剧等问题。

2）海平面上升对社会经济的影响

A. 海岸侵蚀导致滩涂淤增减缓

在海平面上升及长江入海泥沙面临较大幅度降低的情况下，上海沿海原有淤涨岸线的增长速度都将显著减缓，侵蚀岸段的范围将扩大，侵蚀强度也将增加。根据研究结果显示，海平面每上升1cm，南汇东滩0m岸线后退4.5～16m（静态估算）。近十年来长江河口岸线主要呈现侵蚀后退趋势，侵蚀速率达3～5m/a，其中因为相对海平面上升引发的迁移后退率约为0.2m/a，占岸线后退速率的6%。未来100年该长江河口岸线侵蚀

跨度将超过 300m，而相对海平面上升引起的岸滩迁移后退约为 20m。海岸侵蚀大幅度降低上海市未来几十年可利用土地的增长潜力。

B. 对沿海岸线工程构成威胁

海平面上升、潮位升高以及潮流与波浪作用加强，不仅会导致风浪直接侵袭和淘蚀海堤的概率大大增加，使之防御能力下降甚至遭到破坏，同时由于海岸侵蚀，岸外滩涂宽度变小，岸外波浪、风暴潮能量向岸传递过程损耗降低，使能量集中消耗在大堤附近，从而增大了对大堤强度的要求，造成海岸防护工程的不稳定。海平面上升增强了波浪作用，将造成港口建筑物越浪概率增加，还将导致波浪对各种沿海建筑物的冲刷和上托力增强，直接威胁码头、防波堤等设施的安全与使用。

C. 滨海旅游业受到影响

上海现已开发了位于金山区的城市沙滩，奉贤区的碧海金沙水上乐园，浦东新区的滨海旅游度假区、三甲港滨海乐园，以及崇明以湿地、内陆湖等资源为支撑的生态休闲旅游区。未来海平面上升将给滨海旅游业带来很大危害，上海的海滨旅游区将因淹没和侵蚀加剧而后退。此外，沿海许多独特的海岸地貌景观旅游资源、滨海珍稀或特种动植物与各类海岸、湿地保护区，以及著名的旅游海岛等都将受到不同程度的影响，已建的一些重要旅游设施也将可能受到危害。

D. 洪涝灾害的损失显著增加

世界银行相关研究成果表明，在未来气候变化（海平面升高）和社会发展（城市扩张、人口增加等）影响下，至 2050 年，在全球 136 个大城市中，洪涝经济损失增加最快的城市主要集中在我国东南沿海、地中海和加勒比海等地区，其中上海是年均洪涝损失增加较快的城市之一（排第 13 位）。值得注意的是，该项研究中并未考虑到未来气候变化引起的长江流域降水增加和局地强降水事件极端性增强等因素，若考虑上述因素，未来洪涝带给本市的经济损失和影响将会更大。

3. 上海市应对未来海平面上升的措施选择

1）上海要具有应对海平面上升 1m 的规划和能力

根据以上分析结果，可以得出上海市未来的海平面上升将有可能超过 1m，因此，从 21 世纪上海建设全球城市目标和要求出发，着眼于确保居民的生命财产安全及经济社会发展的持续和稳定，上海市应在未来发展规划中考虑海平面上升的问题，结合当前社会经济基础，进一步完善上海市应对海平面上升的防洪、防潮、防涝和供水安全技术方法，建立上海市应对海平面上升的防洪、防潮、防涝和供水安全治理及管理技术体系，以具备防范海平面升高 1m 的能力。

2）上海要长远规划，具有防范海平面上升 2m 的长远目标

根据报告的分析结果，全球海平面极端值将有可能超过 2m，而一些发达国家也已意识到海平面上升的风险；将应对海平面上升提上了议程。上海作为一个经济高速发展的沿海城市，在应对海平面上升方面应具有更长远的目标，因此在未来规划中应考虑到海平面上升 2m 的风险；可借鉴伦敦的经验，将上海吴淞口建开敞式挡潮闸提上议程，

以便从根本上变被动为主动，提高上海在外围上抵御风暴潮和洪水侵袭的能力，提升城市的防汛安全保证率，从根本上解决黄浦江两岸市中心的防汛安全问题。

3）上海要加强海平面上升基础科学研究，建立防范极端复合灾害系统

海平面上升是个持续缓慢的变化过程，应进一步健全完善监测网络，加强海平面与地面沉降监测工作，建立有效的潮情自动测报和预警系统。同时进一步完善未来海平面上升的预测预估研究，开展上海复合极端洪涝灾害风险评估，提出适应洪涝灾害风险策略的选择与路径，有效地管理极端事件和灾害风险，增强城市对抗风险的弹性，有效保障城市安全。

3.3　长三角城市群生态安全响应、快速诊断与识别

面向新型城镇化与生态文明的国家要求，生态安全已经上升到国家安全层面。区域生态安全评价是进行区域景观格局优化和区域生态环境管理的重要依据（马克明等，2004）。景观格局指数在一定程度上能够定量表征景观格局的安全状况和受迫程度（彭建等，2015）。目前基于景观格局的区域生态安全评价得到了广泛应用，大量研究采用生态承载力、生态景观聚集度、干扰度、破碎度，以及分离指数来反映生态安全格局（彭建等，2017）。区域生态安全格局是由不同景观类型在空间上镶嵌而成，这种空间镶嵌关系决定了景观之间不同的空间邻接关系必然会对区域生态环境的可持续发展造成影响（林美霞等，2017）。但现有的研究较少从景观空间邻接关系及其相互作用来分析城市扩张对区域生态安全的影响。本节基于景观生态学原理，提出脆弱生态景观识别技术，并将其应用于长三角城市群生态安全响应、快速诊断与识别。

3.3.1　长三角城市群脆弱生态景观识别技术

1. 技术特点

脆弱生态景观识别技术是基于景观空间邻接关系及其相互作用来分析城市扩张对区域生态安全的影响，该技术由景观边界提取技术和生态胁迫指数（景观受威胁指数和生态侵蚀度指数）计算两部分构成。其中，景观受威胁指数可用于识别研究区内脆弱生态景观的类型及其受城市扩张的胁迫程度和空间分布；生态侵蚀度指数可用于综合评价一定范围内所有自然景观受城市扩张的影响程度。此外，该指标可作为辅助指标，用于快速、定量、客观地评价区域生态安全。

2. 技术条件

本技术以土地利用为输入数据，计算结果精度取决于土地利用分类精度。土地利用分类类别越精细（多），则可识别的景观类型越多。该技术可适用于各个尺度的分析（如城市群、省域、市域、县域和格网尺度），主要取决于土地利用数据的空间分辨率，如30m分辨率土地利用栅格数据的最小应用格网尺度建议不小于1km^2。

3. 技术方法

1）景观边界提取

根据城市下垫面的特征，将研究区的景观分为人工景观和自然景观两大类。人工景观主要指建设用地，自然景观包括耕地、草地、林地、水域、湿地和未利用地等。在土地利用分类数据的基础上，应用自主研发的基于景观斑块间空间邻接关系的景观边界提取技术，提取人工景观与自然景观的公共边，并计算公共边周长、邻接斑块面积、周长、相交斑块数量等属性信息。

2）景观受威胁指数

景观受威胁指数指某一类自然景观受人工景观威胁的程度，表达式为

$$V_i = (L_i + U_i)/2 \tag{3.5}$$

式中，V_i 为自然景观受人工景观的威胁指数；L_i 为第 i 个自然景观类型与人工景观的空间邻接长度占其边缘总长的百分数；U_i 为第 i 个自然景观类型与人工景观类型的空间邻接斑块数目占其斑块总数的百分数。

3）生态侵蚀指数

城市化进程中原有的自然景观是建成区扩张侵蚀的目标，生态侵蚀指数指整个景观格局中所有自然景观受人工景观的影响程度，可通过建成区占景观总面积的比例以及各个自然景观受威胁程度的平均值综合获得。表达式为

$$\mathrm{EEI} = A + \frac{1}{n}\sum_{i=1}^{n} V_i \tag{3.6}$$

式中，EEI 为人工景观对自然景观的生态侵蚀指数；A 为人工景观面积占全部景观面积的比例；n 为自然景观类型的数量。EEI 值越大，自然景观受到人工景观的威胁越高，其最大值趋近于 2，当 A 达到 1 的情况除外，此时全部景观均为人工景观。当 A 不为 1 时，EEI 越大，则人工景观可侵蚀扩张的空间越小，其区域自然景观可自发演变更新的空间也越小。

3.3.2 长三角城市群生态安全响应、快速诊断与识别

本节以长三角城市群为案例研究区，阐述脆弱生态景观识别技术在长三角城市群脆弱生态景观识别、长三角城市群生态威胁效应时空变化、生态脆弱性综合评价和社会经济生态风险评价中的应用。其中，输入数据以 30m 分辨率土地利用数据为主，土地利用类型包括人工景观（建设用地）与六类自然景观（林地、草地、耕地、湿地、水域和未利用地）。

1. 长三角城市群脆弱生态景观识别

以 2015 年长三角城市群土地利用数据为输入数据，利用脆弱生态景观识别技术，基于 5km 格网尺度计算各类景观受威胁指数（V_i）。进一步采用等间隔阈值划分法，将

V_i 指数划分 5 个等级：高（0.8～1.0）、较高（0.6～0.8）、中（0.4～0.6）、较低（0.2～0.4）、低（0～0.2）。V_i 值越大，表示单位格网内某类自然景观受人工景观的威胁程度越大，则自然景观越脆弱，结果如图 3.11 所示。

研究结果表明，2015 年，六类自然景观中，耕地受人工景观扩张的威胁程度最大，其次是林地和水域，草地和湿地次之，未利用地受到的威胁程度最小。从空间上看，2015 年耕地受人工景观威胁的区域几乎遍布整个长三角研究区，且总体上表现为长三角北部

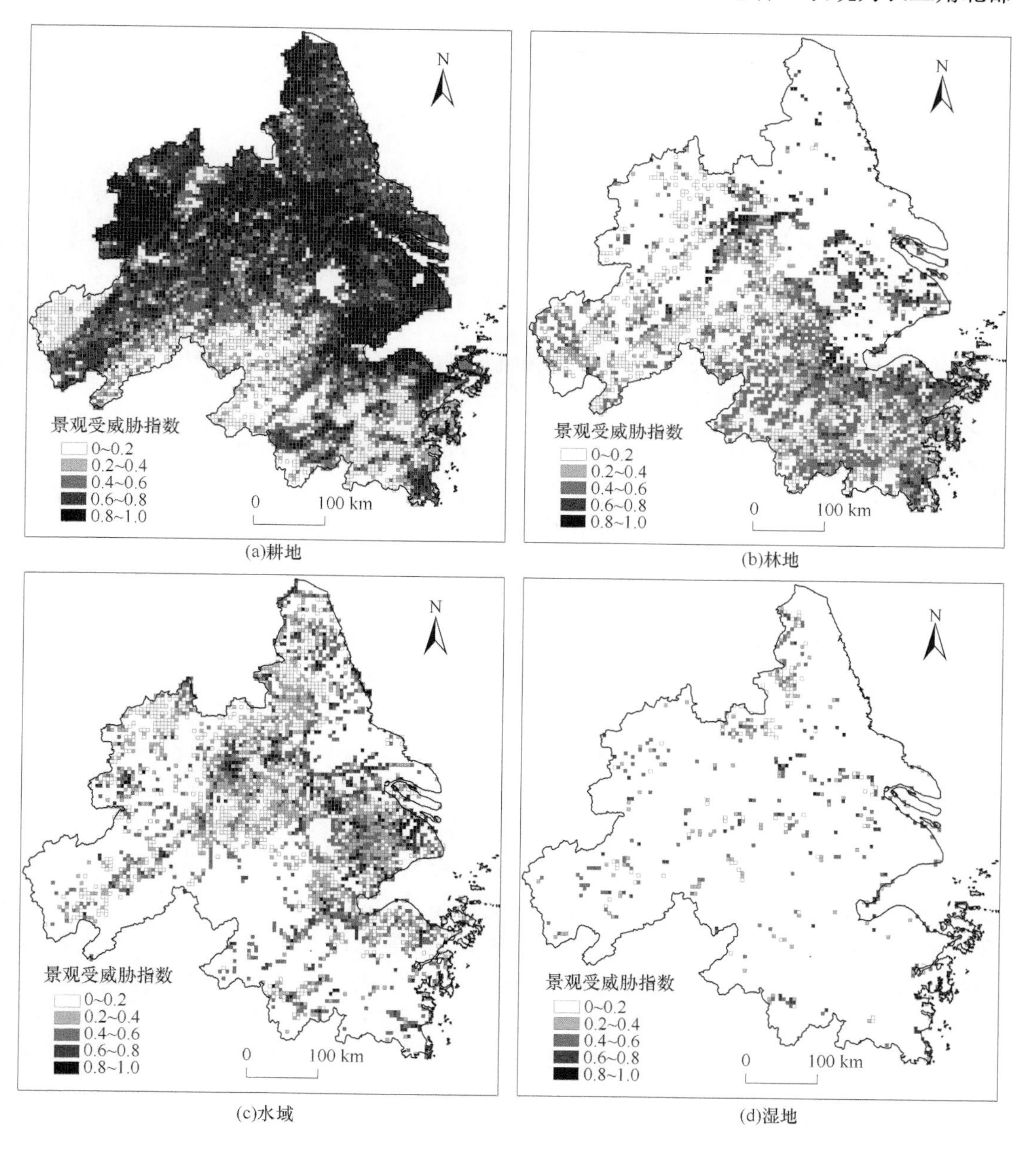

(a)耕地　(b)林地

(c)水域　(d)湿地

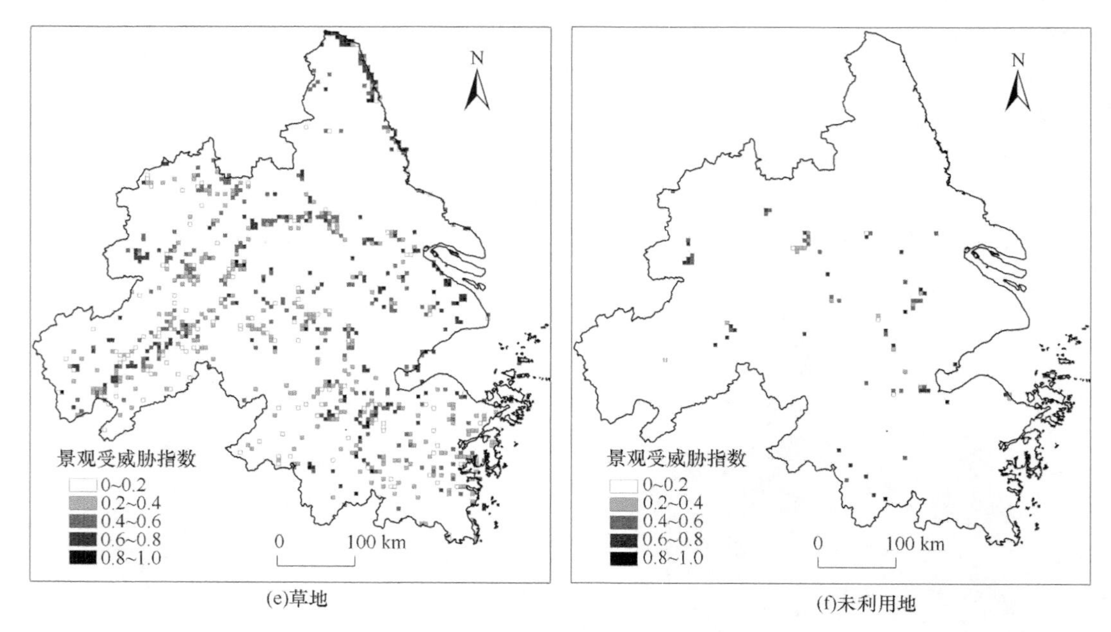

(e)草地　　(f)未利用地

图 3.11　2015 年不同类型自然景观受城市扩张威胁程度（V_i 指数）空间变化

耕地生态系统受人工景观威胁程度大于长三角南部；林地受人工景观威胁的区域主要分布在浙江省和安徽省的南部；水域受人工景观威胁的区域主要分布在江苏省北部、长江两岸以及环杭州湾地区；草地受人工景观威胁的区域主要分布在安徽省和浙江省，空间分布较为零散；湿地受人工景观威胁的区域在整个长三角研究区均有零星分布。

2. 长三角城市群生态威胁效应时空变化

以 1990～2015 年长三角城市群土地利用数据为输入数据，基于 5km 格网尺度计算长三角城市群的生态侵蚀度，并采用等间隔阈值划分法，将生态侵蚀度（EEI）指数划分 5 个等级：<0.2、0.2～0.5、0.5～0.8、0.8～1.0、>1.0。EEI 值越大，表示单位格网内某类自然景观受人工景观的威胁程度越大，则自然景观越脆弱，结果如图 3.12 所示。

研究结果表明（图 3.12），1990～2015 年长三角城市群的生态侵蚀度高值区（EEI>0.8）的空间分布由原来的点团状分布逐步向连片面状分布发展，具体表现为长三角生态侵蚀度高值区从 1990 年以上海、嘉兴和泰州等城市为中心逐步向周边城市扩散，到 2015 年高值区聚集分布在长三角城市群的东部，主要集中在上海、苏州、嘉兴、无锡、南京、扬州、泰州、镇江、南通、合肥。其中除合肥以外，其余 9 个城市的地理位置相邻，高值区的空间分布格局与长三角城市群“一核五圈”的城市群网络化空间格局基本重合，而较高值区、中值区、较低值区和低值区基本以高值区为中心向外依次递减分布。

3. 长三角城市群生态脆弱性综合评价

生态系统脆弱性评价是基于生态安全概念，即生态安全是生态系统健康及其所受人类、自然干扰或胁迫的函数（彭建等，2012）。从生态系统健康和生态胁迫的角度，构

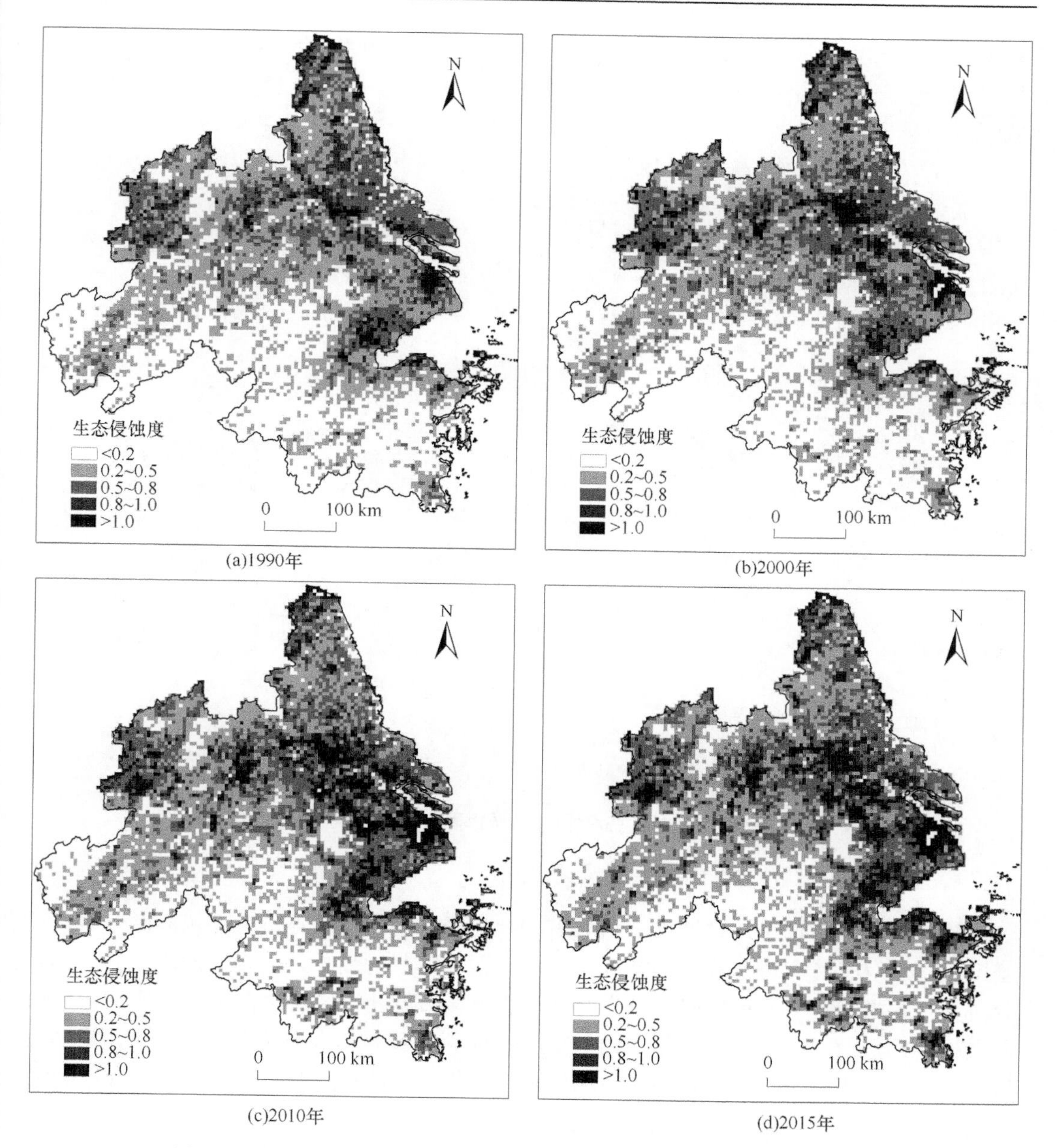

图 3.12　1990～2015 年长三角城市群格网尺度的生态侵蚀度空间分布图

建生态脆弱区识别的指标体系，诊断生态系统脆弱性。其中，生态系统健康以生态系统结构稳定性和生态系统功能重要性为评价指标，生态胁迫主要考虑城市扩张对生态系统的胁迫效应。以 2000 年和 2015 年长三角城市群土地利用数据为基础，基于 5km 格网计算生态侵蚀度、生态功能重要性指标和生态结构稳定性指标，并利用脆弱生态区识别准则，对 2000 年和 2015 年长三角城市群生态脆弱区综合评价结果进行分级，结果如图 3.13 所示。

研究结果表明，2000～2015 年长三角城市群的生态脆弱区（高级区）主要分布在长三角东部，且 15 年内生态脆弱区空间分布沿长江两岸和杭州湾呈连片面状发展，生态脆弱性低级区减少，高级区不断增加。由图 3.13 可知，2000～2015 年长三角城市群内均未出现生态脆弱高级区，中级区面积占比最大，均大于 50%。15 年内生态脆弱性较低级区面积变化最显著，呈减少趋势。相比 2000 年，生态脆弱性较低级区面积减少了 110.95%。生态脆弱性较高级区则扩大了 1201km^2，这也就意味 15 年内长三角城市群生态脆弱性呈增加趋势，城市群生态安全等级下降（表 3.11）。

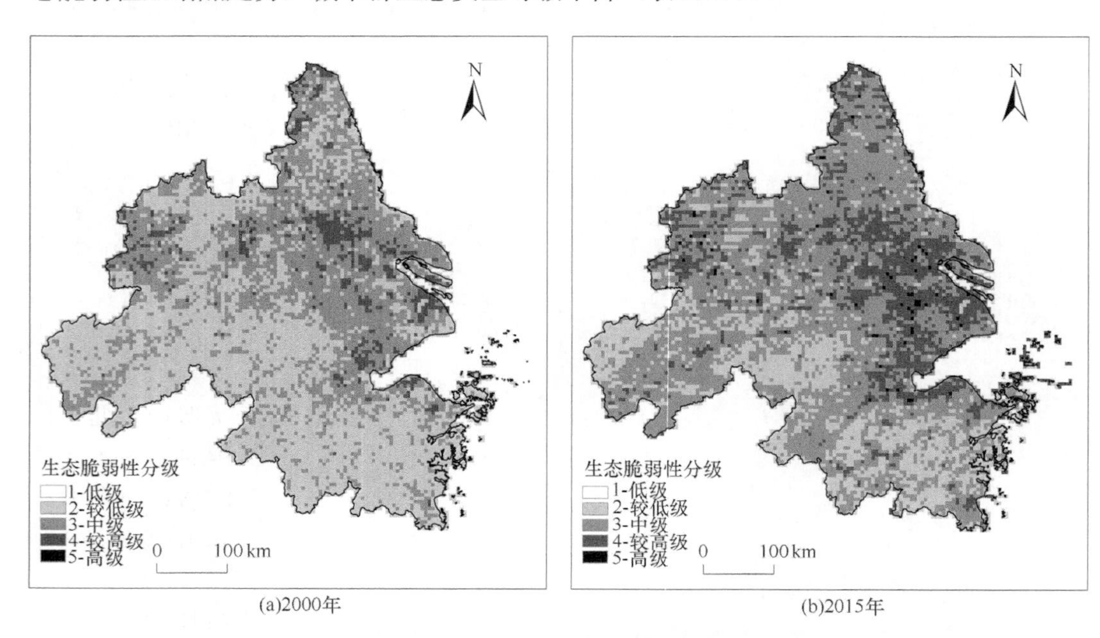

图 3.13 2000～2015 年长三角城市群生态脆弱区空间分布

4. 长三角城市群社会经济生态风险评价

基于灾害风险理论，开展长三角城市群社会经济生态风险评价。在风险源（台风、暴雨、高温等自然灾害）确定的情况下，以人群和财产为受体，结合生态脆弱区分布，分析长三角城市群生态风险时空分布特征，实现城市群社会经济生态风险分级评价。输入数据包括 2000 年和 2015 年长三角城市群土地利用数据和人口社会经济数据，其中土地利用数据用于计算生态侵蚀度指数、生态系统服务价值和景观格局指数；人口社会经济数据用于模拟研究区内城市人口和社会经济时空分布，该数据在缺失的情况下可用夜晚灯光数据和典型社会经济兴趣点（POI）数据替代。具体评价流程和生态风险空间分布分别如图 3.14 和图 3.15 所示。

表 3.11 2000～2015 年长三角城市群生态脆弱性分级统计结果

脆弱性等级	2000 年		2015 年		2000～2015 年	
	面积/km^2	占比/%	面积/km^2	占比/%	面积变化/km^2	变化率/%
1-低级	25	0.01	275	0.12	10	90.91
2-较低级	91775	41.10	58225	26.02	–2584	–110.95
3-中级	112050	50.18	119825	53.55	1392	29.04
4-较高级	19425	8.70	45125	20.30	1201	66.10
5-高级	0	0	0	0	0	0

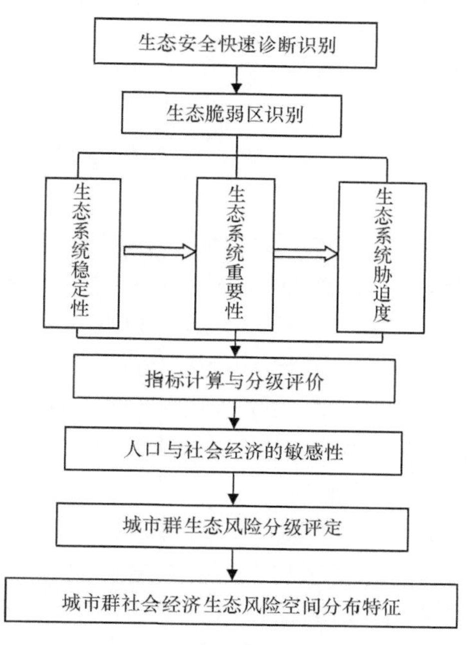

图3.14　城市群社会经济生态风险评价流程

研究结果表明，2000～2015年长三角城市群社会经济生态风险显著上升，以人群和财产为受体的生态风险高等级区主要集中在人口密度较高、经济发展水平较高的城市建成区内部。从空间上看，长三角北部地区的社会经济生态风险显著高于南部地区，且生态风险高值区具有沿长江、环杭州湾方向扩张的趋势。

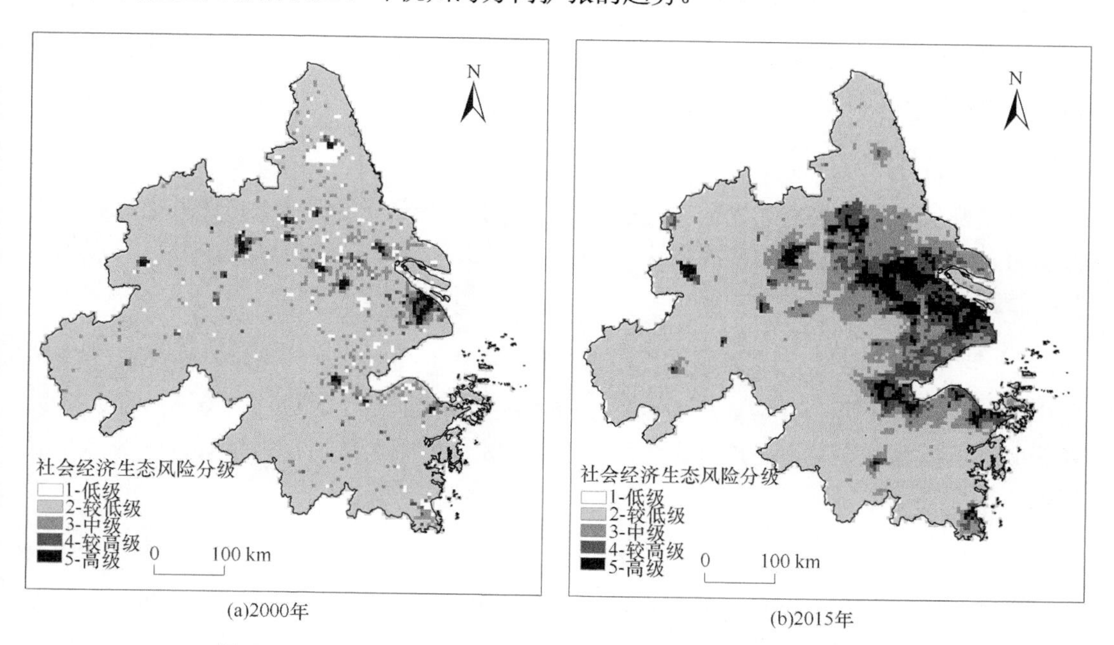

图3.15　2000～2015年长三角城市群社会经济生态风险空间分布

3.4 基于 DPSIR 模型的长三角城市群生态安全综合评估

3.4.1 DPSIR 模型分析

近年来，评价指标体系的概念模型已经得到广泛应用，概念模型能够较清楚地反映经济发展、社会活动和生态变化各方面的关系。现阶段应用较多的模型有：P-S-R 模型、D-PSR 模型、D-S-R 模型、DPSIR 模型、D-PSE-R 模型、DPSEEA 模型等。其中由加拿大统计学家 David J Rapport 和 Tony Friend 提出，后由经济合作与发展组织（OECD）和联合国环境规划署（UNEP）在 20 世纪 80～90 年代共同发展起来的用于研究环境问题的压力-状态-响应（P-S-R）框架体系被广泛应用。1996 年在 P-S-R 框架基础上，为更好地表征非环境指标变量在生态系统健康评价中的作用，联合国可持续发展委员会（UNCSD）建立了驱动力-状态-响应（D-S-R）框架。该指标体系可操作性强，能用于可持续发展水平的监测并具有预警作用，可为决策者提供重要的决策依据和指导。1999 年在 P-S-R 框架基础上，为反映社会经济指标，研究社会–生态复杂系统，欧洲环境署（EEA）添加了 2 类指标：驱动力（driving force）指标和影响（impact）指标，最后与压力（pressure）、状态（state）和响应（response）等指标形成了 DPSIR 模型。

3.4.2 生态安全评估指标体系构建

1. 生态安全评估构建原则

为了全面、客观、准确地对泸沽湖流域生态安全进行评估，在构建指标体系时应遵循科学性、综合性、代表性、可操作性等原则。

1）科学性原则

为了确保评价结果真实、客观、准确，在构建生态安全指标体系、选取指标和计算方法时，应尽可能地采取科学的方法；对研究区生态安全的基本特征要求具有客观的反映，且指标的概念界定必须清晰。

2）综合性原则

区域生态系统是个复杂多样的庞大系统，包括自然、社会、经济等众多因素。所以在选取评价指标体系时，必须考虑到流域系统的这一特点，选取能够综合反映流域系统特征的指标。

3）代表性原则

组成城市群生态安全系统的因素众多，且每个因素不是独立存在，如果将所有的指标因素选取在内，难度非常大。这就需要按照代表性的原则进行选取，既要保证选取的指标不以偏概全，又能保证评价结果的准确性。

4）可操作性原则

部分数据无法获取或定量化，因此无法将其纳入完整的指标体系中，应尽可能地选择易于收集获取的数据。

2. 生态安全评估指标体系构建

评估指标和参数的选择是评价成功与否的关键，指标的选取将以系统性、科学性、代表性和可获得性为原则，构建长三角城市群生态安全评估指标体系。本书的生态安全评估指标体系包括目标层（O）、准则层（C）和指标层（I），以长三角城市群社会、经济、生态环境的实际情况为依托，并参考国内外文献，初选长三角城市群生态安全指标 48 个，指标选定后，对内容相近或一致的指标进行了整理，且本着指标数据的可获得原则，经过筛选和整理后最终确定 33 个指标，如表 3.12 所示。

表 3.12　生态安全评估指标体系

目标层（O）	准则层（C）	指标层（I）
生态安全综合指数（ESI）	驱动力（C1）	人口密度（I1）
		人口增长率（I2）
		城镇化水平（I3）
		人均 GDP（I4）
		经济密度（I5）
		工业总产值（I6）
	压力（C2）	单位 GDP 能耗（I7）
		可吸入颗粒物（$PM_{10}/PM_{2.5}$）浓度（I8）
		工业固体废弃物产生量（I9）
		工业废水排放强度（I10）
		工业废气排放强度（I11）
		农药施用强度（I12）
		化肥施用强度（I13）
		土地胁迫指数（I14）
		国土开发强度（I15）
	状态（C3）	地表水功能区达标率（I16）
		空气质量优良天数（I17）
		工业废水达标排放率（I18）
		工业固废综合利用率（I19）
		城市热岛强度（I20）
		景观破碎化（I21）
		斑块连接度（I22）
		生态系统动态度（I23）
	影响（C4）	人均耕地面积（I24）
		城镇居民年人均可支配收入（I25）
		单位面积生态系统服务价值（I26）

续表

目标层（O）	准则层（C）	指标层（I）
生态安全综合指数（ESI）	影响（C4）	自然生态系统面积比例（I27）
		植被覆盖度（I28）
		景观多样性指数（I29）
		环境限制指数（I30）
	响应（C5）	研发投入占 GDP 比例（I31）
		环保投资占 GDP 比例（I32）
		生态管理制度建立（I33）

3.4.3 生态安全评估方法确定

1. 熵权法确定权重

在综合评估过程中，采用熵权法权重系数确定。根据熵的定义，对于 n 个样本 m 个评估指标，可确定评估指标的熵为

$$H_i=-\frac{1}{\ln n}\left(\sum_{i=1}^{n}f_{ij}\ln f_{ij}\right) \tag{3.7}$$

$$f_{ij}=\frac{b_{ij}}{\sum_{i=1}^{n}b_{ij}} \tag{3.8}$$

式中，$0\leqslant H_i\leqslant 1$，为使 $\ln f_{ij}$ 有意义，假定 $f_{ij}=0$，$f_{ij}\ln f_{ij}=0$，$i=1$，2，3，…，m；$j=1$，2，3，…，n。

利用熵值计算评估指标的熵权：

$$W_i=\frac{1-H_i}{m-\sum_{i=1}^{m}H_i} \tag{3.9}$$

2. 综合评估模型

选择加权的几何平均值法作为模型基本算法。计算公式如下：

$$B_i=\prod_{i=1}^{n}X_{ij}^{\ w_i} \tag{3.10}$$

式中，B_i 为第 i 个方案层计算结果；X_{ij} 为第 i 个方案层的第 j 个指标；w_i 为其权重。

对于目标层即生态安全指数计算公式如下：

$$\mathrm{ESI}=\prod_{i=1}^{n}B_i^{\ w_i} \tag{3.11}$$

式中，ESI 为生态安全指数；B_i 为第 i 个方案的值；w_i 为其权重。

3.4.4　生态安全分级标准确定

生态安全评估以 ESI 作为最终结果，对 ESI 进行分级能够明确 ESI 数值所对应的每个城市所处的安全水平，将生态安全结果划分为五个等级，即极不安全、不安全、临界安全、较安全和理想安全。

3.4.5　生态安全综合评估

1. 生态安全评估数据处理

1）数据来源

本书中人口密度、GDP 等社会经济数据来源于 2000～2015 年的《上海市统计年鉴》、《杭州市统计年鉴》、《无锡市统计年鉴》、《扬州市统计年鉴》、《盐城市统计年鉴》和《泰州市统计年鉴》等 26 个城市的统计年鉴，部分指标数据通过处理得到。单位 GDP 能耗、单位 GDP 用水量、可吸入颗粒物浓度等资源环境数据来源于部分环境质量公报、政府网站及监测总站。景观格局、土地利用数据、植被覆盖度等指标值通过 GIS、ENVI、Fragstats 软件处理后得到。

2）数据标准化处理

由于不同的评估指标具有不同的量纲，因此需要对各指标进行标准化处理。在实际决策中，评估指标通常分为正向指标和负向指标两类，正向指标的值越大越好，负向指标的值越小越好，各类指标标准化计算公式分别如下。

正向指标标准化：对于正向指标，通过以下公式转换到 0～1，即

$$t_{ij}=\frac{a_{ij}-\min(a_{ij})}{\max(a_{ij})-\min(a_{ij})} \tag{3.12}$$

负向指标标准化：对于负向指标，采用下面方法转换为 0～1。

$$t_{ij}=\frac{\max(a_{ij})-a_{ij}}{\max(a_{ij})-\min(a_{ij})} \tag{3.13}$$

式中，i 为评价年份；j 为评价指标；t_{ij} 为第 i 年第 j 指标标准化的分值；a_{ij} 为第 i 年第 j 指标值。

3）指标权重计算

根据熵权法确定各指标的权重，准则层权重详见表 3.13。

从长三角城市群整体来看，长三角城市群生态安全评价的准则层权重以压力因素、状态因素最大，驱动力因素和影响因素次之，以响应因素的权重最小。压力和状态因素权重最大说明长三角城市群生态系统承载着较大的环境压力，受社会经济活动的影响对

表 3.13 准则层权重

城市	准则层权重				
	驱动力	压力	状态	影响	响应
上海	0.253111	0.326164	0.314112	0.243091	0.060461
南京	0.237289	0.313066	0.298064	0.239548	0.111803
无锡	0.236674	0.313853	0.307287	0.239398	0.101287
常州	0.232068	0.310489	0.308190	0.238291	0.101354
苏州	0.241103	0.325323	0.311365	0.238069	0.085270
南通	0.227312	0.307954	0.317708	0.237852	0.113271
盐城	0.226990	0.329264	0.303290	0.237995	0.120257
扬州	0.227362	0.304047	0.302406	0.231959	0.115128
镇江	0.229128	0.305362	0.304708	0.237009	0.115705
泰州	0.226337	0.306401	0.306953	0.230827	0.120974
杭州	0.236630	0.335930	0.301717	0.224452	0.104509
宁波	0.233210	0.310797	0.302073	0.232615	0.118797
嘉兴	0.228373	0.309533	0.314123	0.236595	0.121062
湖州	0.226046	0.315872	0.309357	0.238071	0.115093
绍兴	0.228771	0.304457	0.310583	0.230773	0.121767
舟山	0.227269	0.308384	0.310314	0.233277	0.124571
金华	0.229301	0.303756	0.315445	0.225850	0.121278
台州	0.230699	0.303170	0.308859	0.228481	0.121736
合肥	0.232574	0.303707	0.303775	0.233872	0.125798
滁州	0.225228	0.299015	0.310646	0.235895	0.127012
马鞍山	0.231274	0.329294	0.294384	0.235480	0.124327
芜湖	0.227890	0.299486	0.309958	0.233698	0.126164
宣城	0.225042	0.297824	0.315823	0.231833	0.123291
铜陵	0.230043	0.336004	0.302413	0.244550	0.126444
池州	0.224959	0.300707	0.310290	0.227897	0.127674
安庆	0.225149	0.299759	0.306159	0.232237	0.124963

其临近的生态环境以及自然生态系统的影响起着至关重要的作用。驱动力因素代表该地区的人类活动影响和经济背景状况，在长三角城市群生态安全中起着不可估量的作用，尤其人类干扰带动的经济发展是直接导致生态环境恶化的主要因素。影响的权重也在长三角城市群生态安全中起着重要的作用，说明此项指标对该区域的生态环境具有深远的影响。响应权重最低表明该因素在长三角城市群生态安全中影响较低，进一步说明在长三角城市群区域的生态环境管理和生态环境治理水平较平稳，相对而言作用并不明显。

2. 综合评估结果

1）生态安全总体变化

为了判断和了解长三角城市群 26 个城市的生态安全状况及变化趋势，本书从时空角度出发利用综合指数法分别对 26 个城市进行了综合评估和分析。根据标准化结果及指标权重结果，分别计算了 26 个城市 2005 年、2010 年和 2015 年三个时期的驱动力、压力、状态、影响、响应 5 个维度的综合指标值，并根据安全等级确定了各城市所在的安全等级和分析了各城市间生态安全变化情况。

2005 年、2010 年、2015 年长三角城市群生态安全综合指数（ESI）得分分别为 0.720468、0.686615、0.710101，总体处于较安全级别，在 2005～2015 年安全等级得分呈现先下降后上升的趋势。从整体上看长三角城市群生态环境破坏较小，生态系统通过人类干扰可恢复，生态系统结构和功能保持相对稳定，人类健康受到较小危害。

2）生态安全空间及等级分布

对照生态安全分级标准表格，参考以下结果可以看出，长三角城市群 26 个城市的生态安全水平从高到低分别分布在不安全、临界安全、较安全、理想安全四个级别。为了便于分析，结合生态安全综合评估空间分布图（图 3.16），将长三角城市群的生态安全状态按以上四个级别进行分析和比较。

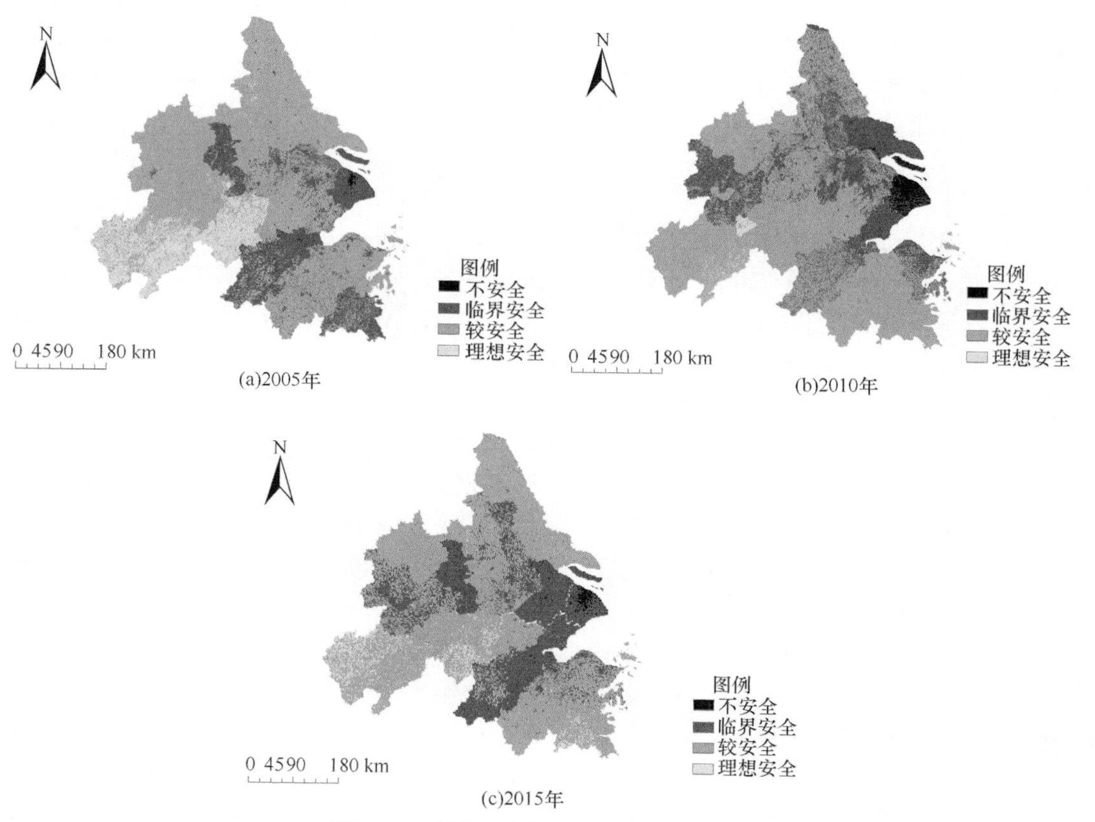

图 3.16　生态安全综合评估空间分布图

不安全级别：在空间分布上，2005年的上海、南京、杭州本级别均有少量分布，其余城市无此级别分布。2010年不安全级别在上海分布面积较大，南通、嘉兴、无锡有少量面积分布。2015年不安全级别以上海（面积）分布较多，但比2010年有所减少，苏州、南京、杭州也出现了小部分此级别的面积分布。

临界安全级别：2005年此级别的安全等级在上海、南京、台州、杭州分布面积较大，在苏州、无锡、常州、苏州、南京、杭州、金华、宁波、绍兴等市也有均匀分布，在长三角区域盐城、南通、台州等北部城市中也有零星分布。2010年此级别的分布面积和区域明显增加，在整个长三角区域均有分布，以南通、嘉兴、宁波、合肥分布面积较多。2015年此级别分布区域略有减少，除嘉兴、苏州、杭州、南京、合肥、台州等分布较多外，马鞍山、无锡、扬州、绍兴、宁波、泰州等地也均有不同面积的分布。

较安全级别：此级别的安全等级，2005年上海几乎没有分布，杭州、台州、南京、安庆、铜陵等地也分布较少，其余城市均有大面积的分布。2010年此级别的安全等级在安庆、池州、宣城、滁州、金华、台州、绍兴、湖州、绍兴等地区均有大部分面积分布，除此之外其余城市也有不同面积分布。2015年盐城、南通、扬州、滁州、镇江、湖州、铜陵、池州、金华、台州等地均有大部分的此级别面积分布。

理想安全级别：此级别的安全等级在三个年份中分布面积都较少，2005年此级别主要分布在宣城、池州、安庆、南京南部等区域，此外扬州北部也有零散分布。2010年除在铜陵有大面积分布外，在池州也有零星分布，台州也有较少面积分布。2015年在宣城、池州、安庆均有分布，台州和舟山也有部分面积分布，其余区域均无此级别面积分布。

3）各城市生态安全等级评估

从表3.14的评估结果来看，2005年26个城市的生态安全水平从高到低的排名依次为：宣城、池州、安庆、铜陵、马鞍山、扬州、芜湖、滁州、泰州、镇江、南通、湖州、舟山、盐城、合肥、宁波、金华、绍兴、无锡、苏州、嘉兴、常州、台州、南京、杭州、上海。其中，台州、池州和宣城得分最高处在理想安全级别，上海、南京、杭州、台州处在临界安全级别，其余市处在较安全级别。

2010年26个城市的生态安全水平从高到低的排名依次为：铜陵、池州、台州、金华、宣城、安庆、舟山、绍兴、芜湖、湖州、滁州、马鞍山、镇江、盐城、扬州、常州、杭州、南京、苏州、泰州、合肥、宁波、无锡、嘉兴、南通、上海。只有铜陵处在理想安全级别，上海处在不安全级别，无锡、南通、泰州、宁波、嘉兴、合肥等处在临界安全级别，其余城市处在较安全级别。

2015年26个城市的生态安全水平从高到低的排名依次为：安庆、宣城、池州、舟山、台州、南通、芜湖、铜陵、金华、滁州、盐城、湖州、镇江、扬州、宁波、绍兴、常州、合肥、马鞍山、泰州、无锡、嘉兴、杭州、南京、苏州、上海。其中只有上海处在不安全级别，南京、无锡、苏州、泰州、杭州、马鞍山处在临界安全级别，其余19个城市均处在较安全级别，处在较安全级别的城市中宣城、池州、安庆、舟山、嘉兴得分最高，均超过 0.8，临近理想安全级别。

表 3.14　长三角 26 个城市综合得分及排名情况

城市	2005 年			2010 年			2015 年		
	得分	等级	排名	得分	等级	排名	得分	等级	排名
上海	0.5282	临界安全	26	0.4189	不安全	26	0.4437	不安全	26
南京	0.6031	临界安全	24	0.6595	较安全	18	0.5682	临界安全	24
无锡	0.6745	较安全	19	0.6055	临界安全	23	0.6471	临界安全	21
常州	0.6599	较安全	22	0.6640	较安全	16	0.6747	较安全	18
苏州	0.6617	较安全	20	0.6559	较安全	19	0.5401	临界安全	25
南通	0.7371	较安全	11	0.5190	临界安全	25	0.7875	较安全	7
盐城	0.7127	较安全	14	0.6711	较安全	14	0.7518	较安全	12
扬州	0.7976	较安全	6	0.6700	较安全	15	0.6892	较安全	15
镇江	0.7449	较安全	10	0.6760	较安全	13	0.7055	较安全	14
泰州	0.7528	较安全	9	0.6357	临界安全	21	0.6373	临界安全	22
杭州	0.5993	临界安全	25	0.6606	较安全	17	0.5946	临界安全	23
宁波	0.6896	较安全	16	0.6386	临界安全	20	0.6891	较安全	16
嘉兴	0.6616	较安全	21	0.5780	临界安全	24	0.8031	较安全	6
湖州	0.7244	较安全	12	0.7259	较安全	10	0.7213	较安全	13
绍兴	0.6822	较安全	18	0.7518	较安全	8	0.6771	较安全	17
舟山	0.7220	较安全	13	0.7533	较安全	7	0.8231	较安全	3
金华	0.6877	较安全	17	0.7727	较安全	4	0.7805	较安全	8
台州	0.6347	临界安全	23	0.7890	较安全	3	0.8052	较安全	5
合肥	0.7114	较安全	15	0.6308	临界安全	22	0.6503	较安全	20
滁州	0.7615	较安全	8	0.7124	较安全	11	0.7637	较安全	11
马鞍山	0.8066	较安全	5	0.6859	较安全	12	0.6580	临界安全	19
芜湖	0.7672	较安全	7	0.7425	较安全	9	0.7751	较安全	10
宣城	0.8766	理想安全	1	0.7662	较安全	5	0.8166	较安全	4
铜陵	0.8087	较安全	4	0.8945	理想安全	1	0.7787	较安全	9
池州	0.8745	理想安全	2	0.8159	较安全	2	0.8342	较安全	2
安庆	0.8519	理想安全	3	0.7583	较安全	6	0.8469	较安全	1

3.5　长三角城市群生态风险预测预警关键技术与平台

3.5.1　系统概述

围绕崇明世界级生态岛建设指标实时监测和互通共享的需求，建设崇明生态岛建设指标的多平台、全方位、高智能、高精度实时立体监测、综合管理、预警监控的大数据决策支持平台，实现监测指标全天候全方位、高精度监测和大数据决策辅助，以满足崇明世界级生态岛监测评估和预警要求，更好地跟踪、监测和评估生态岛进程并提供决策辅助。

3.5.2 需求分析

1. 数据需求分析

崇明生态岛建设综合决策支持平台的业务数据主要有影像数据、基础矢量数据、业务数据以及支撑数据四大类，具体内容如表 3.15 所示。

表 3.15 生态环境监测大数据库数据需求分析

类别	内容	格式	描述
影像数据	卫星影像数据	.tif/.img	包括原始、正射、匀色镶嵌成果，具有多时相、多尺度特点，分别满足不同业务需求
	无人机影像数据	.tif	无人机航拍数据
基础矢量数据	行政区划	.shp/gdb/mdb	上海市各区（用于底图）、崇明区各区镇行政区划矢量
	水系	.shp/gdb/mdb	区内水系矢量
	道路	.shp/gdb/mdb	区内道路矢量
	植被	.shp/gdb/mdb	区内植被矢量
	建筑物	.shp/gdb/mdb	区内建筑物矢量
	其他基础数据	Cad/.shp/gdb/mdb	区内其他基础地理数据，如居民地、工矿、仓储等
业务数据	指标监测数据	.xlsx/.docx/.txt/DBF/mdb 等	各监测站点、业务部门提交的原始或中间数据，数据格式、版本多样
	监测站点矢量	.shp	监测布点矢量
	土地覆盖/利用解译	.shp	基于影像生产的土地覆盖/利用数据
	变化监测矢量	.shp	生态环境相关变化的监测矢量数据
	资料型文件	.pdf/.docx	标准规范、操作手册、通知公告等业务文件
支撑数据	人口统计数据	.xlsx/.xls	统计年报中公布的人口数据
	GPD 统计数据	.xlsx/.xls	统计年报中公布的 GDP 数据
	第三产业统计数据	.xlsx/.xls	统计年报中公布的第三产业数据
	其他统计数据	.xlsx/.xls	统计年鉴中公布的其他相关数据

2. 功能需求分析

1）领导决策看台

领导决策看台是面向环保用户（尤其是领导决策层用户）提供生态岛建设能力指标数据及其发展态势的综合数据展示面板，提供生态岛建设环境监测网络，生态岛建设指标体系中各类指标及综合指标的分布及其发展态势，监测任务及监测报告统计数据以及监测预警统计信息。

2）资源目录

本功能的使用者是所有已登录的系统用户，资源目录功能主要提供数据目录列表、地图浏览控制操作，方便用户浏览、查看任何数据、实现数据的快速预览，可以查看目标数据的详情信息。界面友好、目录清晰。

3）生态指标专题

A. 指标计算

指标计算是指面向环保专业用户提供与崇明生态环境指数相关的各类单项指标以及综合指标计算分析结果的分析与回溯，从指数计算结果列表中进一步提取各指标的计算过程日志及报告，供用户分析以便发现原因。

B. 统计分析

统计分析是指面向环保专业用户提供崇明生态环境指数下有关环境压力指数，环境质量指数以及环境调控指数等相关的专题分析，以图表交互的形式展示各项指标的定义、计算及可视化结果，并提供下载功能。

4）环境监测专题

环境监测专题是指面向环保专业用户提供生态岛建设汇集的各类专题数据，包括大气专题、声环境专题、水环境专题以及土壤监测专题等。提供各类专题数据的历史信息查看、自定义维度的变化趋势分析、累计变化趋势分析、质量等级分布分析以及空间化的展示等。

5）评估报警专题

A. 风险报警

风险报警是指面向环保专业用户提供生态环境实时监测过程中发现的指标异常情况并及时发出报警信息，供用户查询浏览，同时提供报警信息的订阅与推送功能，只有订阅了报警信息的用户才可以接收到系统推送的异常报警信息。

B. 风险评估

风险评估是指面向环保专业用户，针对区域生态风险评估的不同类型评价结果，选择最优表现形式，如统计图表和空间分布图等，进行可视化展示。

6）指标管理

指标管理是崇明智慧生态岛建设的指标计算模型，按指标类别组织指标目录，支持计算指标的注册、编辑、注销，以及指标参数的编辑。

7）数据建库

本功能的使用者是数据建库人员，在深入分析数据结构的基础上，针对跨部门的多源异构数据创建不同的数据模板，采用高效的建库方式支持跨部门的现场监测、定位观测等多平台和多尺度的数据融合、交换及接入，满足方便性的同时满足可扩充性。提供入库任务管理功能，能够直观地对入库状态、进度、详细信息进行查看。平台支持根据数据类型、数据结构和组织形式的不同选择相应的数据模板（数据模板在配置管理模块进行注册和管理），选择入库数据后，自动执行数据检查和数据入库流程。在检测到错误或重复数据时，友好地给出界面提示，并进行相应的跳过或覆盖等操作。

A. 模板管理

模板管理是数据建库模块中数据存储模型的配置和管理，按模板类别组织模板目录，支持数据模型的注册、注销。

B. 数据入库

数据入库是指面向数据库运维人员提供录入模板，将通过质量检查的规范专题数据分门别类（按照生态指标数据、环境监测数据、风险评估数据等）地导入并更新系统数据库，同时提供数据关键字查询功能。

8）系统管理

系统管理模块是系统用户、角色的配置中心，实现对系统功能和数据目录的访问权限控制，保障数据的安全性。需实现用户管理、角色管理、权限管理三大功能模块。

3. 平台开发流程分析

崇明生态岛建设智慧管理平台通过构建大数据管理系统及综合决策支持系统，从生态环境部、崇明区生态环境局、各委办局（农委、气象、税务、统计、规土、绿容等）搜集环境监测数据（地表水、地下水、声环境、大气环境、土壤环境及生物多样性监测数据等），时空地理数据（多时相多分辨率卫星/无人机遥感数据、多年土地利用覆盖分类数据等），社会经济统计数据（人口、GDP、第三产业等），经过数据汇集、分类、清洗、转换以及加载等大数据数据处理技术建设生态岛大数据库；然后通过建立生态岛建设指标评价方法体系，从大数据中提取生态岛建设相关的 22 项指标，通过指标分类计算生成环境压力指数、环境质量指数以及环境调控指数等，再通过对三大类指数进行权重分析，最终生成崇明生态环境指数（CMEEI），单项指标以及最终综合指数服务于生态岛生态环境监测预警及评价追溯等需求，借助平台系统进行信息发布，面向社会公众进行科普宣传，面向环保用户进行分析决策，最终实现崇明世界级生态岛建设的智慧管理目标。

3.5.3 平台总体框架

崇明生态岛建设综合决策支持平台总体框架主要有五层体系架构，在国家及行业标准规范及安全保障体系和生态环境监测评估预警体系的支撑和约束下，进行分层设计与实现。

1）基础设施层

基础设施层主要提供平台运行所需的底层基础 IT 设施环境，包括 HDFS 分布式文件系统、Oracle 关系型数据库、Spark/HBase 批处理及结构化查询支持，整合服务器、存储、路由、网络等资源池的云计算环境。

2）数据资源层

数据资源层主要获取并存储和管理来自生态环境部、各委办局、区生态环境局，以及微信、微博等实时性或者周期性环境监测、环境质量、环境评价数据，以及辅助综合决策支持的社会经济数据、多时相多尺度的卫星遥感数据、无人机数据、基础政务数据和土地利用数据等。

3）平台支撑层

架构在基础设施层和数据资源层基础上的平台支撑层，基于 ArcGIS 提供面向时空数据的空间查询、矢量提取、影像管理、空间插值、栅格计算以及热点分析等等支撑服务；基于 Stella 提供面向生态环境及土地利用监测数据的系统动力学模型，通过生态建模及仿真反馈实现生态环境的动态预警预测；基于 Activity 工作流引擎平台提供流程审批、消息推送以及指标回溯等协同办公支持服务。

4）平台服务层

面向可视化应用层提供可直接调用的高内聚、低耦合的通用平台基础服务，如数据查询服务、数据分发服务、数据下载服务、数据同步服务、数据共享服务、安全认证服务、任务调度服务、指标统计服务、元数据服务以及日志监控服务等。

5）可视化应用层

面向终端用户提供崇明生态岛大数据管理系统以及崇明岛生态风险预警与决策平台等两大应用。其中大数据管理系统主要实现生态岛数据管理、质量控制以及数据分析等功能；预警与决策支持系统主要实现领导决策看台、环保一张图以及公众访问门户等，以满足不同层次用户的需求。

6）平台建设内容

崇明生态岛建设综合决策支持平台项目建设内容主要包括技术规范研究与管理制度建设、软件系统开发、数据库建设、软硬件环境集成等部分。其中数据库方面主要建设崇明生态岛指标大数据库，软件系统开发主要建设崇明岛生态风险预警与决策平台。

崇明岛生态风险预警与决策平台采用 B/S 架构，在政务内网以及受限互联网环境下部署，面向社会公众及政务科研等部门用于发布和分享生态环境监测评价预警数据。

3.5.4　数据库建设

1. 数据库总体设计

本书采用关系型数据库管理系统，该数据库包含空间数据处理能力，即用二维关系型表格组织空间及非空间数据，建立一个开放灵活可配置的生态岛建设指标大数据库，并与整个综合决策支持平台进行双向数据通信。

与此同时，基于多用户和身份角色等设计业务数据库的用户及其对应权限，具有空间数据库的角色及账户下只存储空间相关的系统表，所有业务相关的数据表则通过设置另一账户来单独存放与项目建设相关的业务数据表，同时考虑将数据与索引分开存放在不同的表空间中，以提高数据访问效率。

2. 数据库内容设计

崇明生态岛建设指标大数据库根据数据需求分析可以划分为七大类数据子库，分别是基础政务电子数据库、卫星无人机影像数据库、环境质量监测数据库、土地利用覆盖数据库、社会经济统计数据库、指标监测分析数据库及系统安全管理数据库等。

1）基础政务电子数据库

基础政务电子数据库用于存储崇明岛基础地理数据及数据字典等，主要包括两大类：基础地理数据、数据字典。基础地理数据包括：区县及乡镇行政边界、水系、道路、村庄、行政机构等基础地理数据，以及生态保护红线等划定的标准数据等。数据字典为各级行政区划的分类编码，与地市区县的名称相对照。

2）卫星无人机影像数据库

卫星无人机影像数据库用于存储多时相多分辨率的崇明岛影像数据，涵盖 MODIS、Landsat、环境卫星、高分卫星以及航空无人机获取的各类影像数据。卫星无人机数据列表见表 3.16。

表 3.16 卫星无人机数据列表

空间分辨率	卫星系统	传感器	时段
低分辨率（≥250m）	Terra/Aqua	MODIS	1999 年至今
中分辨率（30～10m）	Landsat-5/7/8	TM/ETM+/OLI	1980 年至今
	HJ-1a/b	CCD/HSI/IRMSS	2008 年至今
	CBERS-01/02/02B	CCD	2008～2009 年
高分辨率（1～10m）	CBERS-02B	HR	2008～2009 年
	ZY02C、ZY3、GF1、GF2 等	全色+多光谱	2012 年至今
	QuickBird、ALOS、WorldView-1/2/3 等	全色+多光谱	2003 年至今
	航空遥感影像	CCD	2000 年至今
超高分辨率（<1m）	航空遥感影像	CCD	2012 年至今

3）环境质量监测数据库

环境质量监测数据库用于存储地表水环境、地下水环境、土壤环境、声环境、空气环境以及生物多样性等六大类要素对应的各类监测数据。

4）土地利用覆盖数据库

土地利用覆盖数据库用于存储基于不同分辨率遥感影像解译提取的多级土地利用

分类数据，以及多年土地利用变化数据、土地利用变化转移矩阵分析数据等。

5）社会经济统计数据库

社会经济统计数据库用于存储各类人口、GDP、三大产业占比、交通等社会经济统计数据，辅助指标计算与分析。

6）指标监测分析数据库

指标监测分析数据库用于存储生态岛建设监测指标数据，包括如表3.17所示的各类指标数据及其计算分析过程及最终成果数据等。

表3.17 生态岛建设指标

序号	指标	单位	2020年目标值
1	饮用水水源地水质达标率	%	90
2	建设用地比例	%	13.1
3	占全球种群数量1%以上的水鸟物种数	种	10
4	森林覆盖率	%	28
5	人均公园绿地面积	m^2	6
6	生态保护地面积比例	%	83.1
7	自然湿地保护率	%	43
8	生活垃圾资源化利用率	%	80
9	畜禽粪便资源化利用率	%	95
10	农作物秸秆资源化利用率	%	95
11	可再生能源发电装机容量	万kW	20～30
12	单位GDP综合能耗	吨标准煤/万元	0.6
13	骨干河道水质达到III类水域比例	%	95
14	城镇污水集中处理率	%	90
15	环境空气AQI优良率	%	78
16	区域环境噪声达标率	%	100
17	COD/氨氮排放量	万t	4.3/0.17
18	实绩考核环保绩效权重	%	25
19	公众对环境满意率	%	95
20	主要农产品无公害、绿色食品、有机食品认证比例/绿色食品和有机食品认证比例	%	90 30
21	化肥施用强度	kg/hm^2	250
22	农田土壤内梅罗指数		0.7
23	园区外污染行业工业企业占比	%	<1
24	园区单位面积产出率	万元/亩	140
25	第三产业增加值占GDP比例	%	60
26	风景旅游区空气负氧离子浓度	个/cm^3	1000～1500
27	人均社会事业发展财政支出	万元	1.5

7）系统安全管理数据库

系统安全管理数据库记录数据库中各表、各字段等元数据信息，以及用户权限、登录日志、操作日志、系统版本等系统信息，是维持系统有序、安全运行的保障。

3.5.5 崇明岛生态风险预警与决策平台建设

1. 综合决策支持系统概述

崇明岛生态风险预警与决策平台主要面向社会公众用户以及生态环保体系架构下的政府部门，如环保局、科研院所、高校等专业用户提供生态环保信息发布以及指标监测统计分析等功能，以满足不同层次用户对于系统的不同需求。其中面向领导决策层的综合决策支持系统门户主要提供崇明岛各专题环境监测信息网络空间分布结果、生态岛建设指标的变化趋势结果、各环境监测专题概括性统计分析和趋势分析结果、风险评估专题空间化结果，以及实时环境监测突发情况报警信息；面向环保体系的专业用户则主要提供相应专业环境监测数据一张图（含各类环保监测、质量及评价相关的空间化数据以及统计数字等）的数据查询检索、分类统计等，指标计算分析与回溯（包括各类指标计算分析的输入数据、中间过程数据以及最终成果数据等的展示），环境监测指标监测报警（异常指标可视化及报警消息推送等），数据管理及数据浏览功能以及系统安全管理等功能。

2. 综合决策支持系统功能组成

综合决策支持系统主要包括面向领导决策层的领导决策看台；面向环保专业用的生态指标专题、环境监测专题、生态风险评估专题以及数据浏览功能；面向数据库运维人员的数据建库功能以及面向系统运维人员的系统安全管理模块。

3. 综合决策支持系统功能详细设计

1）领导决策看台

领导决策看台主要集中综合展示生态岛建设监测预警分析指标辅助领导进行分析决策，包括生态岛环境监测网络、生态岛建设相关的三大类指标（数据展现、监测任务及监测报告统计数据）、生态岛监测预警统计数据等。

A. 生态岛环境监测网络

展示生态岛最新的地表水、地下水、大气、声环境、土壤环境，以及生物多样性等监测网络站点覆盖情况。

B. 生态岛建设相关的三大类指标

根据建设考核“一年一小评，三年一大评”的原则同步展示数据变化以体现生态岛建设成效。提供三大类共计 22 项单项指标的数据及变化情况。

C. 生态岛监测预警统计数据

展示生态岛建设在监测过程中监测网络发现的异常指标状况并统计发出警报的天

数及次数等数字。

2）资源目录

A. 基础地图浏览工具

专业地图数据浏览提供基础的 GIS 地图内容及操作工具，包括常规的地图放大缩小、测距测面、地图打印、地图图例等。

B. 专题地图数据目录

根据数据特征分类组织并形成数据资源目录，从数据资源目录树中的数据节点，可分别浏览查看各类数据并在地图上实现可视化。

3）生态指标专题

A. 指标计算

指标计算功能是平台的业务核心，界面由左侧指标列表和右侧执行界面组成。点击执行按钮，系统根据指标参数信息，检索计算所需数据并进行完整性检查，检查通过后执行各层次的指标计算，得到各级指标计算结果并进行可视化。

B. 统计分析

生态岛指标数据专题从生态岛建设监测预警体系入手，将项目关注的 22 项指标依据分类进行专题分析，主要包括环境压力指数专题、环境质量指数专题、环境调控指数专题以及最终的崇明生态环境指数专题。

4）评估报警专题

A. 风险报警

针对生态岛建设过程中对于地表水、地下水、土壤、声、空气及生物多样性的持续动态监测，系统根据设定的安全阈值进行持续比较判断，当发现监测要素或者指标发生异常时立刻报警。

提供预警信息的订阅功能，公众用户或者环保专业用户在注册成为本系统的用户后，系统提示是否接受订阅生态岛预警信息，选择接受订阅信息的用户会在系统监测过程中默认收到由系统推送的系统监测预警信息。

B. 风险评估

风险评估模块针对区域生态风险评估的不同类型评价结果，选择最优表现形式，进行可视化展示。点击具体乡镇图斑，可进一步查询具体乡镇的详细风险分布情况及变化趋势。

5）环境监测专题

生态环境专业地图主要收录课题研究累积的可供环保专业浏览及下载的各类数据，包括多时相多分辨率的遥感影像数据、多年土地利用数据、生态环境监测网络站点数据、基础电子地图数据以及社会经济可视化数据等。

A. 大气环境监测专题

提供大气环境监测数据及评价结果的统计分析（包括环境监测要素数据及其评价结果数据的柱状图、折线图、风向图等），支持图表下载。具体包括：

a. 实时数据展示

实时接入崇明大气监测数据，并通过内置算法进行数据分析与统计，支持全区情况综合浏览及分站点查看。与空间数据结合，通过空间插值分析，反演全区空气质量情况。

b. 大气质量日历

按月度进行大气质量等级的分级渲染，直观地表现月度空气质量情况以及监测站点的排名情况。支持按照监测站点及具体监测日进行查询浏览，同时更新监测站点信息及空间插值结果。

c. 统计分析

支持按照不同时间维度对各监测站点及全区的大气质量情况进行空气质量等级占比统计、监测站点排名分析、空气质量曲线分析（包括各项监测指标）、累计变化趋势分析（包括各项监测指标）。

B. 水环境监测专题

a. 水环境质量日历

按月度进行大气质量等级的分级渲染，直观地表现年度空气质量达标情况以及不达标监测站点的具体信息。支持按照监测站点及具体监测月进行查询浏览，同时更新监测站点信息。

b. 统计分析

支持按照不同时间维度对各监测断面及全区水质情况进行断面达标率情况统计、重点监测项超标情况统计、水质变化曲线、累计变化趋势分析。

C. 声环境监测专题

a. 声环境质量日历

按季度进行声环境质量达标情况的分级渲染，直观地表现年度声环境达标情况以及不达标站点的具体信息。支持按照监测站点及具体监测月进行查询浏览，同时更新监测站点信息。

b. 统计分析

支持按照不同时间维度对各监测站点及全区声环境情况进行达标率情况统计、监测站排名分析、LEQ 监测曲线、达标率累计变化趋势分析。

6）指标管理

指标管理模块提供崇明生态岛建设指标体系的生态指标管理功能，包括指标注册、指标删除及指标编辑。

崇明生态环境指数、二级指数、三级指数，呈树状结构分布，允许指标增删，将指数的定义及计算模型可视化进行配置显示。

7）数据建库

A. 模板管理

模板管理是指标计算和统计分析功能正常使用的前提。支持模板的预览和下载。

B. 数据入库

将规范化的专题数据按制定好的数据资源目录导入并更新系统数据库。数据入库在项目一期只支持单进程，执行中任务在系统特定位置实时更新状态并在任务完成时提示。

数据入库分为环境监测专题、生态指标专题、风险指标专题等三大主题数据录入，以树状目录结构呈现。录入过程中执行数据规范检查，只有通过检查的数据才可以正常录入。

8）系统管理

A. 用户管理

用户管理提供系统用户的添加、修改、删除以及查询统计等基础用户管理功能。

B. 角色管理

角色管理定义系统用户角色，对角色进行添加、删除、修改等管理，对角色关联的权限（包括功能及数据等）进行分配设置等。

C. 菜单管理

菜单管理提供系统功能菜单的用户定制化接口，用户可自行定义或编辑系统菜单功能的显示/隐藏及名称等信息。

第4章 长三角城市群关键生态景观重建修复技术与示范

4.1 长三角城市群平原河网景观修复与重建关键技术与示范

4.1.1 长三角城市群水域退化驱动力分析

1. 长三角土地利用分析技术

根据长三角地区1980年、1990年、1995年、2000年、2005年和2010年六个时期的土地利用遥感解译数据统计分析1980～2015年土地利用变化特征（表4.1），主要表现为城市建设用地扩张、耕地减少、部分地区水域减少、林地和草地减少。

建设用地在1980～2015年呈缓慢增长，2000年以后增幅明显上升，研究时段内长三角地区城市建设用地面积共增加14923km^2，比1980年增长了57.47%。长三角城市建设用地在增加，上海城市化进程最快；上海和浙江省水域面积在减少，安徽和江苏增加幅度很小；三省一市的耕地面积在稳定减少，江苏省减少面积最多，但对比2015年比1980年减少幅度，上海市最大。

表4.1 长三角城市群1980～2015年土地利用变化 （单位：km^2）

土地利用类型	省（市）	1980年	1990年	1995年	2000年	2005年	2010年	2015年
耕地	上海	5169	4936	4645	4568	4266	3974	3801
	浙江	29908	29754	28575	28271	26287	25885	25093
	江苏	72175	71871	70672	70080	68894	67343	66340
	安徽	82315	81739	81529	81015	80686	79967	79105
	汇总	189567	188300	185421	183934	180133	177169	174339
林地	上海	107	105	107	104	112	107	104
	浙江	62069	61938	65622	65443	65108	65012	64642
	江苏	3426	3428	3437	3407	3411	3387	3356
	安徽	32491	32453	32286	32281	32291	32259	32199
	汇总	98093	97924	101452	101235	100922	100765	100301
草地	上海	40	50	8	8	16	15	23
	浙江	4427	4685	2106	2184	2193	2224	2255
	江苏	1626	1776	1766	1509	1420	1373	1482
	安徽	8161	8287	8355	8348	8337	8332	8312
	汇总	14254	14798	12235	12049	11966	11944	12072

续表

土地利用类型	省（市）	1980年	1990年	1995年	2000年	2005年	2010年	2015年
水域	上海	1810	1817	1865	1868	1758	1738	1728
	浙江	3048	2950	2830	2932	3124	3128	2984
	江苏	13846	13604	13675	13925	14226	14272	14057
	安徽	6972	7240	7257	7266	7297	7350	7389
	汇总	25676	25611	25627	25991	26405	26488	26158
城乡、工矿、居民用地	上海	770	1052	1334	1412	1813	2137	2307
	浙江	2767	2947	3159	3460	5609	6067	7398
	江苏	12234	12626	13755	14384	15356	16942	18077
	安徽	10195	10415	10707	11224	11525	12227	13107
	汇总	25966	27040	28955	30480	34303	37373	40889
未利用土地	上海	0	0	0	0	0	0	10
	浙江	56	47	29	31	32	32	31
	江苏	18	20	20	20	18	17	31
	安徽	5	5	5	5	5	6	29
	汇总	79	72	54	56	55	55	101
海洋	上海	67	0	4	0	0	0	0
	浙江	47	0	0	0	0	30	25
	江苏	0	0	0	0	0	0	0
	安徽	0	0	0	0	0	0	0
	汇总	114	0	4	0	0	30	25

2. 长三角土地利用相互转移关系与速度分析

基于六期景观类型图，应用软件ArcGIS9.0、Excel对三个年份的面积进行统计，生成不同土地利用类型转出率和转入率（表4.2、表4.3），并运用综合土地利用动态度计算公式（刘纪远和布和敖斯尔，2000；叶敏婷等，2008），对研究区景观类型的动态变化加以量化（表4.4）。结果表明，过去40多年来研究区综合土地利用动态度呈波动变化，2010～2015年比1980～1990年提高了0.32%。1990～1995年综合土地利用动态度最大，为0.62%；1980～1990年综合土地利用动态度最小，为0.09%。

1980～2015年研究区景观类型相互之间转入、转出较为频繁。随着沿海区域经济的发展，建设用地在景观类型转换中发挥着越来越重要的作用，建设用地是所有的景观类型中面积唯一持续增多的景观类型，所占景观总面积转入率的比例从1980～1990年的4.02%增加到2010～2015年的9.05%，在景观中转入率的比例明显增大，共增加了5.03%，增幅有逐渐增大的趋势。尽管不同的景观类型之间在40年里发生了较为频繁的转入和转出，但耕地、林地和建设用地占优势的格局并未发生改变。耕地景观面积呈持续下降趋势，林地景观面积呈逐渐减少趋势。

表 4.2 单一土地利用转出率 （单位：%）

土地利用类型	1980～1990 年	1990～1995 年	1995～2000 年	2000～2005 年	2005～2010 年	2010～2015 年
耕地	0.92	2.15	0.92	2.31	1.67	1.76
林地	0.49	0.82	0.41	0.46	0.20	0.47
草地	0.58	21.11	3.65	1.52	0.62	1.85
水域	3.70	1.02	0.25	1.56	0.53	2.47
城乡、工矿、居民用地	0.05	2.17	0.02	0.12	0.01	0.57
未利用土地	16.46	38.89	9.26	7.14	1.82	5.45
海洋	97.37		25.00			16.67

表 4.3 单一土地利用转入率 （单位：%）

土地利用类型	1980～1990 年	1990～1995 年	1995～2000 年	2000～2005 年	2005～2010 年	2010～2015 年
耕地	0.26	0.63	0.12	0.25	0.02	0.17
林地	0.31	4.27	0.20	0.15	0.04	0.00
草地	4.23	4.59	2.17	0.84	0.44	2.85
水域	3.46	1.08	1.65	3.00	0.79	1.14
城乡、工矿、居民用地	4.02	8.64	5.02	11.23	8.21	9.05
未利用土地	8.33	18.52	12.50	5.45	1.82	48.51
海洋		25.00			30.00	0.00

表 4.4 综合土地利用动态度 （单位：%）

	1980～1990 年	1990～1995 年	1995～2000 年	2000～2005 年	2005～2010 年	2010～2015 年
综合土地利用动态度	0.09	0.62	0.21	0.48	0.36	0.41

4.1.2 长三角平原河网水系退化效应评估

1. 水系数量分析技术

对 1995 年、2005 年和 2015 年三期遥感影像进行水域类型解译，得到长三角不同等级河道长度和面积所占比例表（表 4.5）。30 年来主干河道面积与长度所占比例大，说明河网主干化增强，2015 年 1 级河道长度和面积分别为 99.14%和 97.11%，可以看出 1 级河道面积比例降低了。2 级和 3 级河道长度和面积所占比例在 2015 年最低。可能是近年来人类活动增加和全球气候变化导致 20m 以下河流逐渐减少，调蓄作用减弱，使得近年来频繁发生城市洪涝灾害。

表 4.5 长三角不同等级河道长度和面积所占比例 （单位：%）

分级	1995 年		2005 年		2015 年	
	长度	面积	长度	面积	长度	面积
1	89.85	98.27	98.66	86.38	99.14	97.11
2	8.54	1.61	1.32	13.01	0.85	2.81
3	1.61	0.12	0.03	0.61	0.01	0.08

另外，1 级河道数量在逐年增加，2015 年最大，为 2699 条；2 级河道数量呈波动变化，2015 年最小，为 1361 条；3 级河道逐年减少，2015 年仅有 91 条，说明支流在逐年衰减。支流河道减少原因可能是水电站的过度建设、地下水的大量开采、对于河流生态保护的不重视（图 4.1）。

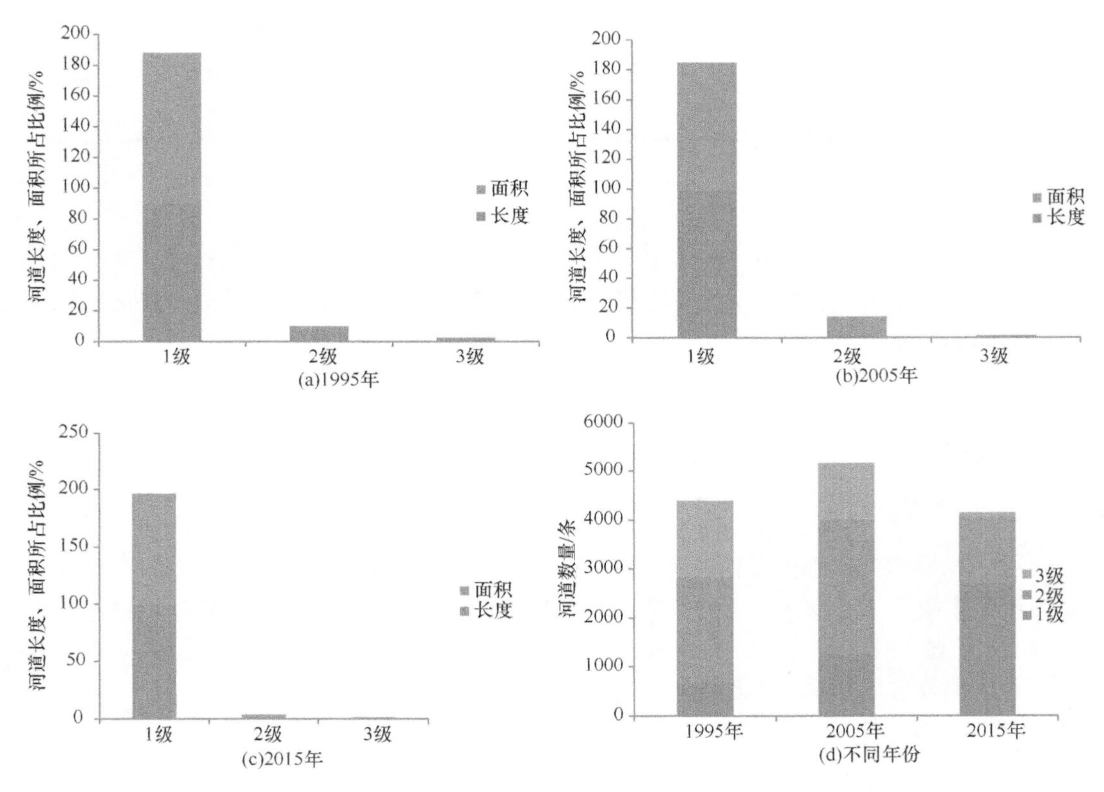

图 4.1　长三角不同等级河道数量、长度、面积所占比例

2. 水系结构分析技术

干流面积长度比（R）是表征水系结构特征指标，选取 5 个典型流域的时间变化（表 4.6）。从河网的结构上看，各个流域的干流面积长度比都在逐年下降，说明水系宽度在减小，河网随着城市化的发展有主干化趋势。该值最小的是黄浦江区流域，为 14.45；最大的为青弋江和水阳江流域，为 95.72。在空间上，1995 年江苏和浙江相邻地区的干流面积长度比较小，安徽和上海的值较大，而 2005 年和 2015 年长三角地区的值都在变小。这些结果可能是由于城市防洪需要，出现很多防洪疏浚和新挖河道工程，疏浚开挖连通了一些区域输水河道，增加了水系长度。

从河网的复杂性看，河网盒维数逐渐增加的流域包括通南及崇明岛流域、武阳区流域、青弋江和水阳江流域和杭嘉湖区流域；而黄浦江流域在 2005 年略有下降，到 2015 年又增加到 1.77；盒维数 2015 年最大的流域是杭嘉湖区流域和黄浦江区流域，为 1.77，说明河网趋于复杂化。在空间上，长三角大部分地区在逐年变大，且 1995 年盒维数较大的地区在变小，较小的地区在变大。

表 4.6 典型流域内的干流面积长度比（R）和盒维数（D）

指标	年份	青弋江和水阳江流域	通南及崇明岛流域	武阳区流域	杭嘉湖区流域	黄浦江区流域
R	1995	282.67	720.35	112.20	58.28	120.08
	2005	324.04	187.71	50.57	36.81	106.79
	2015	95.72	72.73	21.77	16.42	14.45
D	1995	1.22	1.42	0.98	0.98	0.94
	2005	1.25	1.54	1.22	1.01	0.70
	2015	1.41	1.70	1.67	1.77	1.77

3. 水系功能受损辨识

在以上平原河网水域和水系结构特点的基础上，我们采用了文献分析法和实地调研法分析了河网水域受损的主要生态功能。目前长三角城市群平原河网功能主要面临以下三个方面的问题。

1）河道空间范围缩减

随着城市化的发展，各类用地逐渐侵占河流流域（江红梅等，2006）。

2）河道水质恶化

通过现场调查和历史资料调研，发现区域河网普遍受到不同程度的污染，且水质污染河流多集中于城市地区，主要是因为城市废污水排放量居高不下，致使河流纳污功能受到影响。城市化迫使工业化快速发展，导致工业污水排放量增加，水质等级急剧下降，富营养化现象日益显著（江红梅等，2006）。

3）河道水网结构破坏

随着城市化的发展，涉河工程限制了市内河流的连通性，部分河道出现滞留现象，降低了水体的自净功能（韩龙飞等，2013；徐光来等，2013）。

4.1.3 平原河网水域修复重建关键技术

1. 城市污染水体水生植物修复技术

水生植物修复技术是通过植物的吸收、挥发、根滤、降解、稳定等作用净化土壤或水体中的污染物，达到净化环境的目的，是一种很有潜力的绿色技术。水生植物要求其生长环境水质的 pH 为 6～8，在其生长过程中需要大量的 N、P 及微量元素，是再生能力很强的绿色能源植物。

1）水生植物选择

水生植物选择原则为净化能力强、生态适应能力强、易管理养护、能美化景观。一般优先选择本土植物种，谨慎选择外来物种和入侵物种。在水生态系统的构建中，应该根据污染水体的来源、水质、污染量甚至区域的不同，来选择适宜的水生植物的不同搭配。

2）水生植物种植密度

初期植物种植密度会影响植物生长和覆盖情况。对于水生植物来说，种植密度主要是由植物种类决定，水生植物种植主要为片植、块植与丛植，每种种植密度和质量保证标准不一样。漂浮植物的种植密度为 100～150 株/m^2，沉水植物的种植密度为 10～15 芽/丛、25～36 丛/m^2。一般丛生型挺水型的水生植物，其单丛控制在 3～20 株为好，莎草科、灯芯草科控制在 5～20 株，其余控制在 2～5 株，同时应具有繁殖能力的数量比为 80%，具体见表 4.7。

表 4.7　水生植物种植特性

类型	植物名称	种植时间	种植密度
挺水植物	美人蕉	3～4 月，8～9 月	8 株/m^2
	菖蒲	3～5 月	12 丛/m^2，4 株/丛
	芦苇	5～7 月	16～20 株/m^2
	香蒲	3～11 月	20～25 株/m^2
	水葱	3～10 月	15～20 芽/丛、8～12 丛/m^2
	千屈菜	播种 3 月底 4 月初，分株 4 月；扦插在春夏两季	16～25 株/m^2
浮水植物	睡莲	4～6 月	1～2 头/m^2
	萍蓬草	3 月下旬或 4 月初	1～2 头/m^2
	野菱	春秋季节	3～5 株/m^2
	荇菜	3 月底	20～30 株/m^2
沉水植物	黑藻	4～8 月	10～15 芽/丛、25～36 丛/m^2
	马来眼子菜	3～4 月，4～8 月	10～15 芽/丛、25～36 丛/m^2
	狐尾藻	4～8 月	10～15 芽/丛、25～36 丛/m^2
	小茨藻	4～8 月	10～15 芽/丛、25～36 丛/m^2

3）水生植物配置

遵循由高到低、由近及远的空间配置原则，同时考虑水平尺度和垂直尺度进行合理配置。无论是由上及下的垂直方向还是由近岸至远岸的水平纵向，要遵循水生植物不同生活型的生长条件依次种植挺水植物、浮水植物、沉水植物；同一水平线上的植物群落在横向单位上可搭配不同的植物群落种群，常见水生植物去污能力见表 4.8。

在垂直方向上，对水生植物群落而言，由于水生态系统的特殊性，群落的垂直分层主要与阳光、温度、食物和溶解氧等因素有关，水深梯度由浅及深分布着挺水植物层、浮水植物层和沉水植物层。纵向按照挺水植物群落、浮水植物群落、沉水植物群落对群落进行分类；横向按照由岸际向中泓线方向和水深由浅及深的梯度，依次铺设挺水植物群落、浮水植物群落和沉水植物群落。

在水平方向上，与河岸平行的同一水平线上布置相同生活型的水生植物，且由岸及水依次布置挺水植物、浮水植物、沉水植物，其中浮水植物近岸处布置有根系的浮叶植物，近水处布置无根系的漂浮植物。

一般水生植物可按下列配置：

（1）挺水区可栽植荷花、千屈菜、菖蒲、黄菖蒲、水葱、再力花、梭鱼草、花叶芦竹、香蒲、泽泻、旱伞草、芦苇、野茭白等；

（2）浮水区可栽植睡莲、荇菜、萍蓬草、水鳖等；

（3）沉水区宜栽植带状或丝状品种，如苦草、金鱼藻、狐尾藻、黑藻等。

表 4.8 水生植物去污能力

类型	植物名称	去污能力		
		COD 去除率/%	氮去除率/%	磷去除率/%
挺水植物	千屈菜	13.5	49.7	67.2
	美人蕉	8.8	64.8	71.3
	梭鱼草	10.2	87.3	25.4
	再力花	49.1	89.2	72.0
	旱伞草	32.7	45.3	62.1
	黄菖蒲	12	52.7	30.1
	红花鸢尾	15.1	61.2	83.6
	水葱	22.9	54.3	19.8
	野茭白	67.4	89.6	91.3
	慈姑	45.3	36.0	40.7
	荷花	21.6	28.3	19.3
	芦竹	15.9	62.6	23.0
浮水植物	睡莲	5.7	34.4	21.1
沉水植物	金鱼藻	38.7	45.9	28.6
	菹草	42.5	69.3	43.2
	苦草	51.2	54.8	27.1
	伊乐藻	29.8	72.1	49.8
	狐尾藻	85.7	49.5	76.1

2. 城市污染水体水生动物修复技术

基于食物网原理，通过调控鱼类的群落结构，降低食浮游动物鱼类群落结构，利用浮游动物控藻去污，摄食藻类，降低密度，提高透明度，为沿岸带的挺水植物和浅水区的沉水植被重建和生态修复创造条件。

1）水生动物选择和配置

利用水生动物对水体中有机和无机物质的吸收和利用来净化污水。尤其是利用河湖生态系统食物链中的蚌、螺、草食性浮游动物和鱼类，直接吸收营养盐类、有机碎屑和浮游植物，可取得明显的效果。这些水生动物就像小小的生物过滤器，昼夜不停地过滤着水体。水生动物以水体中的细菌、藻类、有机碎屑等为食，可有效减少水体中的悬浮物，提高水体透明度。投放数量合适、物种配比合理的水生动物，可延长生态系统的食物链，提高生物净化效果。

A. 淡水贝类修复技术

淡水贝类是生态系统中重要的物种资源，承担着水体净化的功能，通过滤食或刮食水中有机颗粒促进物质循环起到生物净化的作用，是鳑亚科等鱼类的繁殖载体，更是大多数底栖食性鱼类的饵料。其中蚌类主要滤食水体中的浮游植物、 浮游动物、有机碎屑等，螺类主要刮食附着体上的浮游植物、腐殖质等，二者相互配合，互相补充，对水体中有机质进行吸收转化。

淡水贝类对亚硝酸盐、硝酸盐、磷酸盐、总氮（TN）、总磷（TP）和化学需氧量COD（Mn）的平均去除率分别为 26.93%、34.75%、36.50%、29.66%、32.49%和 41.21%，同时对水中固体悬浮物去除率为 47.97%～91.87%。

B. 鱼类修复技术

鱼类按照其生活习性，水体上、中、下层均可涉及，杂食、肉食和草食性搭配投放。一般水体生态修复首先以滤食性的黄鲢、白鲢鱼为主，属于中上层鱼，其主要滤食水体中的浮游植物和浮游动物，净化水质的同时不会造成水体的浑浊；待水体中水草完全恢复后，可适量投放草食性的草鱼、鳊鱼以控制水体绿化率，防止植物爆发，减少运维频率，但是数量不得过多，一般按照 0.05kg/100m^2 即可；若考虑到水体的透明度需控制其中的小杂鱼，需要投放肉食性鱼类少许，可按照 0.005kg/100m^2 投放。同时需要构建不同鱼类的生境，在水中需要设置缓流区、速流区等。特别注意的是生态修复型河湖不得投放鲤鱼，因为其会造成底质的严重搅动，不利于水体的感官及沉水植物的生长。

不建议大量投放大型鱼类，建议以 10～20cm 的小型鱼类为主，因小型鱼类对流速适应范围更广，同时小鱼易于后期的运维，大鱼容易被人为捕捞，同时一些鱼类和河蚌可实现共同繁殖，如在投放河蚌的同时投放鳑鲏鱼可实现杂食性的鳑鲏鱼在河道中的自繁。

2）水生动物投放密度

可根据污染水体的功能选择水生动物和确定投放密度，如景观、行洪、排涝、运输和生产等功能。应逐级、分批、分段投放水生动物，可先投放对水质有利的物种，再投放控制生物，动态调整种群结构。先投放河蚌和螺蛳，然后投放滤食性鱼类，再适当投放草食性鱼类，最后根据需要投放极少量肉食性鱼类。蓄水深至 30cm 一周后放养背角无齿蚌、褶纹冠蚌、方形环棱螺、河虾，待水生植物种植完成后，根据植物长势再分批次投放鱼类。各种水生动物的投放密度如表 4.9 所示。

表 4.9　水生动物的投放密度

类型	名称	投放密度
底栖动物	河虾	5g/只
	方形环棱螺	2～5g/只
	背角无齿蚌、褶纹冠蚌	2g/只
草食性鱼类	草鱼	150～200g/尾
	鳊鱼	150～200g/尾
肉食性鱼类	乌鳢	150～200g/尾

续表

类型	名称	投放密度
杂食性鱼类	鲫鱼	100g/尾
	鳑鲏	5g/尾
	麦穗鱼	5g/尾
滤食性鱼类	鳙鱼	150～200g/尾
	鲢鱼	150～200g/尾

4.2 长三角城市群环湖生态林结构与功能优化调控关键技术与示范

4.2.1 长三角城市群环湖生态林带营造技术研究

1. 长三角城市群环湖生态林带树种选择技术

1）技术特点

本技术依据项目组多年的研究成果，参考《造林技术规程》及相关文献，基于该区域的气候特点及土壤类型等自然条件，提出了用于构建长三角城市群环湖生态林的树种应选择枝叶茂盛、根系发达、适应性强、稳定性好、抗性强的树种；同时充分利用优良乡土树种、适当推广引进取得成功的优良树种。其中常绿乔木主要有：青冈栎（*Cyclobalanopsis glauca*）、红果冬青（*Ilex corallina*）、椤木石楠（*Photinia davidsoniae*）、小叶青冈（*Cyclobalanopsis myrsinifolia*）、光叶石楠（*Photinia glabra*）、米槠（*Castanopsis carlesii*）；落叶乔木主要包括麻栎（*Quercus acutissima*）、栓皮栎（*Quercus variabilis*）、小叶栎（*Quercus chenii*）、榉树（*Zelkova serrata*）、枫香（*Liquidambar formosana*）、黄连木（*Pistacia chinensis*）、楸树（*Catalpa bungei*）、榔榆（*Ulmus parvifolia*）、朴树（*Celtis sinensis*）、青檀（*Pteroceltis tatarinowii*）、乌桕（*Sapium sebiferum*）、枫杨（*Pterocarya stenoptera*）、杨树（*Populus simonii var. przewalskii*）、落羽杉（*Taxodium distichum*）、水杉（*Metasequoia glyptostroboides*）、野桐（*Mallotus nepalensis*）、糙叶树（*Aphananthe aspera*）、苦槠（*Castanopsis sclerophylla*）、苦楝（*Melia azedarach*）、木荷（*Schima superba*）、山矾（*Symplocos sumuntia*）、栲树（*Castanopsis fargesii*）、紫楠（*Phoebe sheareri*）、胡桃楸（*Juglans mandshurica*）。主要灌木有：黄檀（*Dalbergia hupeana*）、白檀（*Symplocos paniculata*）、山胡椒（*Lindera glauca*）。

2）技术条件

本技术适用于长三角城市群环湖区域的平原地区的新造林或林相改造中的补植树种选择。

3）应用案例

于江苏省宜兴市周铁镇设置 8 块 20m×50m 人工林样地，各样地紧邻太湖，相互间隔 10m 平行排列，与地表径流方向垂直。树种密度梯度分别为株行距 2m×3m、2m×5m、5m×5m。与河岸平行的八块样地依次是：荒地、中山杉林（5m×5m）、杨树林（5m×5m）、中山杉杨树混交林（2m×5m）、中山杉林（2m×5m）、杨树林（2m×5m）、中山杉林（2m×3m）、杨树林（2m×3m）。进入河岸缓冲带径流水中的氮磷污染物取决于上游农田的施肥量。太湖地区农田生态系统中氮一直处于盈余状态，原因在于化肥的施用量超出作物生长实际所需水平。考虑上游农田几百亩的施肥量，本样地仅在样地始端施肥 4800g，将复合肥加水溶解，均匀撒入样地始端。施肥量和施肥频率主要考虑当地农田的实际情况，配合其施肥频率，并结合本次试验的特点，采取春夏季各施肥一次。本次试验春夏两季采样工作不少于 5 次，分别对应植被类型为 0～20cm、20～40cm、40～60cm 的土样。

三种森林植被类型的缓冲带对土壤中氮素的截留能力均高于荒地，其中在 5m、15m 和 40m 宽度，混交林对土壤总氮的去除效果较好，杨树林对土壤铵态氮和硝态氮的去除效果最好（图 4.2～图 4.4）。

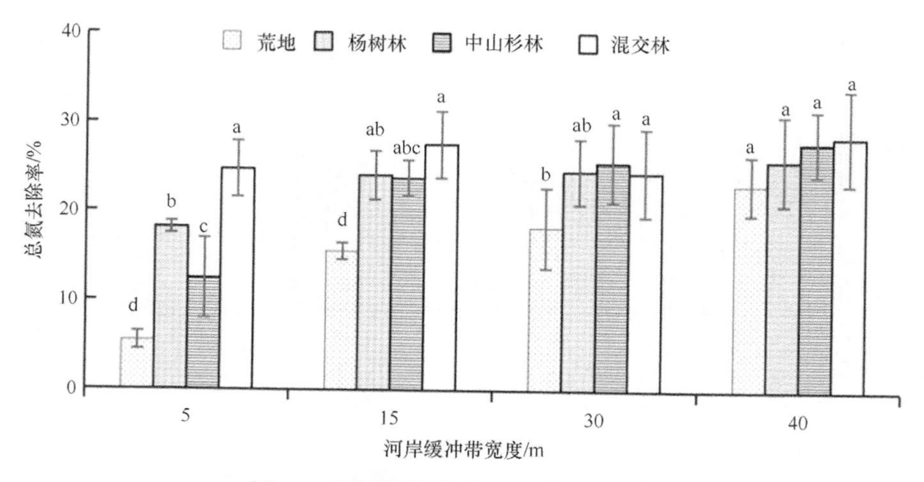

图 4.2　不同植被类型土壤总氮的去除率

三种森林植被类型的缓冲带对土壤全磷截留效果表现为：中山杉林（38.95%）>杨树林（32.47%）>混交林（24.97%）>荒地（20.84%）；而对土壤有效磷截留效果表现具体为：杨树林（45.89%）>中山杉林（43.26%）>混交林（34.76%）。总体而言，纯林截留效果均优于混交林（图 4.5）。

2. 长三角城市群环湖生态林带的造林密度

1）技术特点

本技术规范了长三角城市群环湖生态林区的造林密度。选取合理的造林密度是解决湖泊农业面源污染问题的重点措施之一，不同密度的植被缓冲带对含氮、磷污染物的截

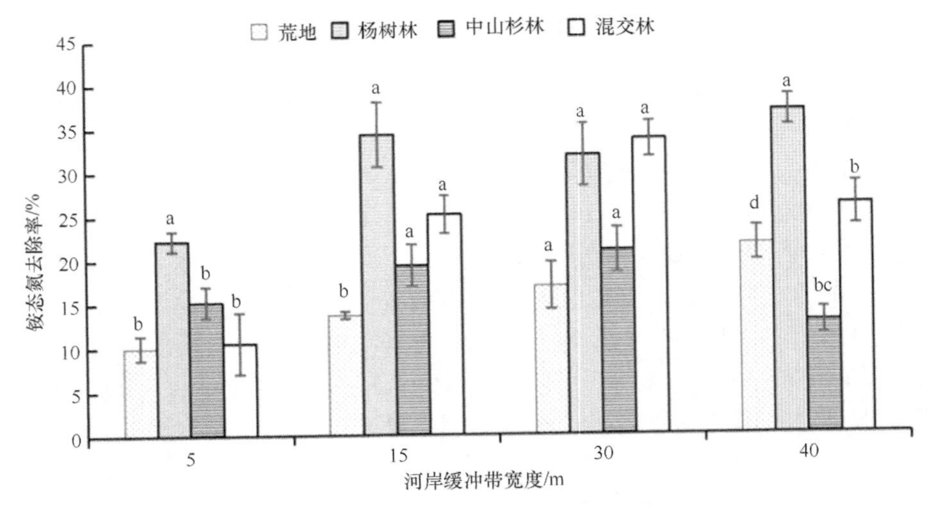

图 4.3　不同植被类型土壤铵态氮的去除率

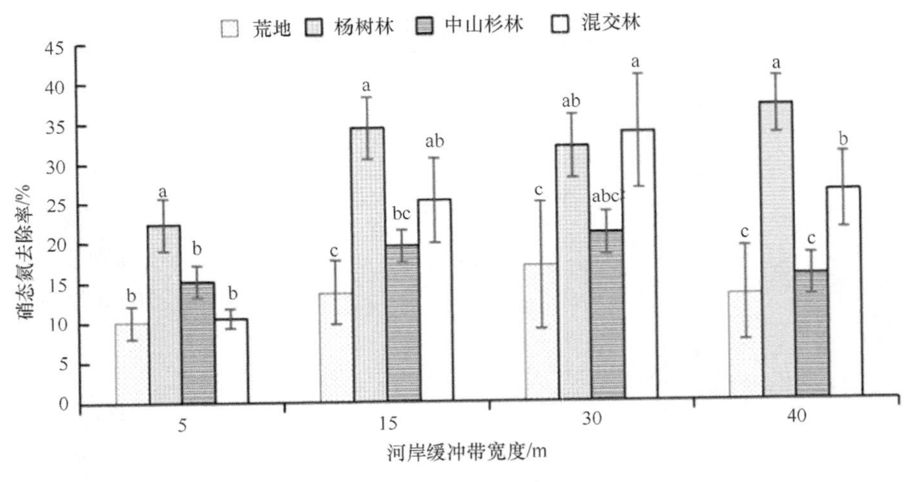

图 4.4　不同植被类型土壤硝态氮的去除率

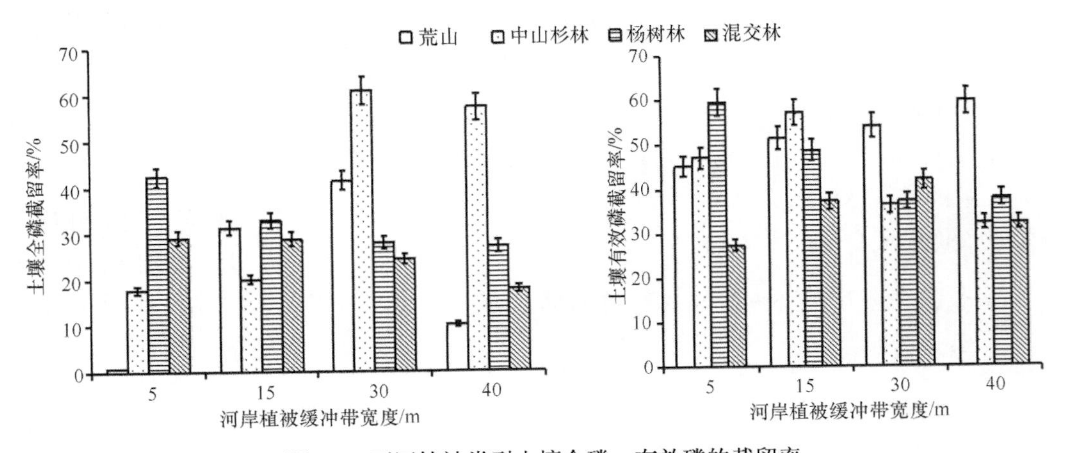

图 4.5　不同植被类型土壤全磷、有效磷的截留率

留效果不同。基于课题组多年研究成果及相关参考文献，确定林河岸植被缓冲带的最适宽度为 15～40m，其中 15m 宽度的缓冲带基本能满足截污需求；树林的最适种植密度为 1000～1600 株/hm^2。

2）技术条件

本技术适宜于长三角城市群环湖平原区的新造林地。

3）应用案例

在无锡市宜兴周铁镇的平缓坡度，种植了三种杨树人工林密度（400 株/hm^2、1000 株/hm^2 和 1600 株/hm^2）的河岸缓冲带，不同深度径流水中铵态氮（NH_4^+-N）和硝态氮（NO_3^--N）的去除率以及河岸缓冲带土壤对铵态氮和硝态氮的截留率表现为：1600 株/hm^2 杨树人工林缓冲带对径流水中铵态氮和硝态氮的去除能力最强，在 40m 缓冲带处三个土层的平均去除率达 72.86%和 71.81%，而 400 株/hm^2 缓冲带去除效果较差；在同一土层，土壤铵态氮的截留率大小随土壤铵态氮浓度的增加而提高。1000 株/hm^2 杨树人工林缓冲带土壤对铵态氮和硝态氮截留效果最好，截留率分别为 32.48%和 44.41%，1600 株/hm^2 缓冲带其次，400 株/hm^2 缓冲带的截留率较低（图 4.6）。

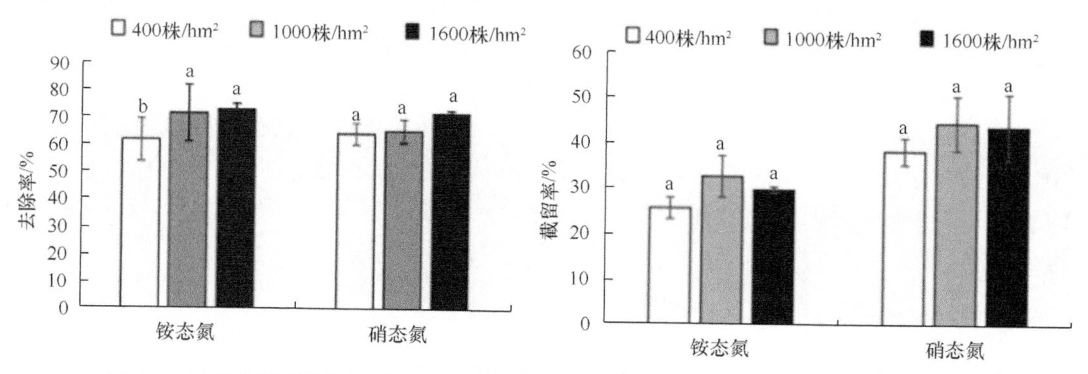

图 4.6 不同密度杨树人工林缓冲带径流水中氮素去除率和截留率（吕建等，2019）

以中山杉林、杨树林、中山杉-杨树林 3 种太湖人工林缓冲带为研究对象，分析不同缓冲带宽度对富营养物质磷素的截留效果差异，3 种类型人工林缓冲带径流水中的磷酸根质量浓度没有特定的空间趋势，总磷、可溶性总磷随宽度增加质量浓度减少，研究区人工林缓冲带对径流水中总磷的最大去除率可达 78.2%（表 4.10）。回归分析得出径流水中的总磷去除率达 80%时，最佳人工林缓冲带为 43.64m 宽的杨树林带（表 4.11）。

表 4.10 不同植被类型缓冲带土壤总磷去除率和截留率 （朱颖等，2016）

样地类型	总磷去除率/%				总磷截留率/%			
	5m	15m	30m	40m	5m	15m	30m	40m
中山杉-杨树林	65.78±0.02	77.83±0.01	61.60±0.03	72.12±0.03	16.39±4.43	23.28±6.26	15.23±5.15	26.31±6.14
中山杉林	62.56±0.03	63.91±0.03	70.43±0.02	74.00±0.02	6.73±5.40	19.67±6.73	38.71±4.22	51.34±4.48
杨树林	49.55±0.04	62.34±0.03	74.50±0.01	78.18±0.01	11.22±2.75	31.03±3.92	39.36±5.39	49.31±5.96

表 4.11 不同植被类型的缓冲带总磷截留最佳宽度 （朱颖等，2016）

植被类型	模型名	去除率与宽带的线性模型	R^2	最佳宽度/m
中山杉林	复合曲线	Y=60.296×1.005w	0.976**	56.69
杨树林	幂函数	Y=34.468×$w^{0.223}$	0.998**	43.64
中山杉-杨树林	—	—	—	—

** 表示相关性极显著；

注：Y 为径流水中的总磷去除率（%）；w 为宽度（m）；—表示未测。

4.2.2 长三角城市群环湖生态林带改造技术研究

1. 长三角城市群环湖生态林带定向间伐技术

1）技术特点

本技术针对长三角城市群环湖生态林带的改造，提出了针对性的定向间伐技术，按照制订的森林抚育间伐方案和要求，对于密度大的林分，或生长缓慢的林分采取透光伐或生长伐。基于任务组多年森林经营研究结果，适宜的间伐强度有利于植被多样性增加，提高土壤氮磷养分有效性，加速纯林诱导为混交林。对于立地条件好的区域，郁闭度大于 0.6 的中幼林龄，间伐强度控制在株数或蓄积强度的 20%以下；郁闭度大于 0.6 的近熟、成熟及过熟林进行择伐，择伐强度控制在蓄积量的 20%以下。对于立地条件中等的区域，郁闭度大于 0.6 的中幼林龄，间伐强度控制在株数或蓄积强度的 10%以下；郁闭度大于 0.6 的近熟、成熟及过熟林进行择伐，择伐强度控制在蓄积量的 10%以下。间伐后保证郁闭度在 0.7 左右。对于立地条件较差、郁闭度大于 0.6 的区域，封山育林。

2）技术条件

本技术适应于长三角城市群环湖生态林区或类似立地条件的人工林或次生林的抚育改造。不同树种及林分情况间伐强度和频率等存在差异，要根据经营方案制订的经营目标等具体情况做适当调整。

3）应用案例

在距江苏南京市主城区 40km 的无想寺国家森林公园，进行弱度（间伐株数比例为 20%）、中度（间伐株数比例为 40%）和强度（间伐株数比例为 60%）3 种强度的马尾松人工林间伐，以未间伐为对照，间伐 5 年后，强度、中度和弱度间伐林分的植物种类分别增加 15 种、17 种和 15 种，其中灌木种类增加 14 种、13 种和 12 种，草本种类增加 1 种、4 种和 3 种。间伐显著提高了林下植物的马加莱夫指数、辛普森指数和香农-维纳指数，生态优势度指数则呈相反变化趋势；皮耶罗指数（J_{si}）仅在强度间伐林分的灌木层和草本层得到显著提高。间伐对马尾松人工林植被物种多样性的影响显著，中度间伐最有利于林下物种多样性的提高。马尾松人工林经营密度宜为 1410 株/hm^2。

在南京市溧水区林场 30 年生马尾松人工林，采用 4 种强度间伐——强度（65%）、中度（45%）、弱度（25%）、对照（未间伐）探究不同强度间伐下马尾松人工林根际土壤氮素的变化规律（叶钰倩等，2018），土壤不同形态氮含量变化如下：根系土壤铵态氮含量在弱度间伐显著增加，而强度间伐下则显著降低；根际土壤全氮、硝态氮和可溶性有机氮含量在各强度间伐下均表现为：中度>对照>弱度>强度；根际土壤微生物生物量氮和碱解氮均在弱度和中度间伐下显著升高（表 4.12）。总体来看，弱度和中度间伐能改变土壤含水量和酶活性，有利于土壤氮素的积累。

表 4.12　不同强度间伐下根际与非根际土壤氮含量

处理		全氮 TN/（g/kg）	碱解性氮 AN/（mg/kg）	硝态氮 NO_3^--N/（mg/kg）	铵态氮 NH_4^+-N/（mg/kg）	可溶性有机氮 DON/(mg/kg)	微生物量氮 MBN/（mg/kg）
CK	S	1.34±0.20Bbc	79.57±4.42Bb	4.98±0.44Ba	3.90±0.19Bab	18.30±0.88Bab	16.05±1.74Bc
	R	2.08±0.28Aab	116.90±3.00Ab	5.92±0.36Aa	7.21±0.47Ab	26.31±2.73Aab	28.33±5.66Ab
LIT	S	1.7±0.23Ab	86.56±4.39Bb	2.39±0.49Bb	4.54±0.88Ba	20.65±1.78Aa	34.46±4.66Aa
	R	1.94±0.23Aabc	135.57±3.72Aa	5.00±0.53Ab	8.40±0.27Aa	23.29±3.49Abc	41.53±5.15Aa
MIT	S	2.16±0.17Aa	107.57±6.59Ba	2.93±0.27Bb	3.10±0.31Bb	15.98±2.63Bbc	24.81±4.07Ab
	R	2.26±0.15Aa	130.91±5.28Aa	6.25±0.75Aa	7.06±0.42Ab	28.79±2.80Aa	40.28±1.68Aa
HIT	S	1.18±0.05Bc	81.88±2.64Bb	2.05±0.36Bb	3.96±0.62Bab	13.50±2.10Bc	19.61±4.18Bbc
	R	1.58±0.27Ac	91.90±8.90Ac	4.80±0.72Ab	5.40±0.53Ac	20.76±3.16Ac	27.58±7.83Ab

注：不同小写字母表示根际土壤或非根际土壤不同间伐强度间的差异显著；不同大写字母表示同一强度间伐下根际与非根际土壤之间的差异显著；S 表示非根际土壤；R 表示根际土壤，下同。

南京溧水林场的 30 年生马尾松（*Pinus massoniana*）人工林，间伐 10 年后，不同强度间伐（对照，未间伐，CK；弱度间伐，LIT，25%；中度间伐，MIT，45%；强度间伐，HIT，65%）下土壤磷组分变化如表 4.13、表 4.14 所示：与对照相比，中度间伐显著降低了根际土壤全磷和有机磷含量；强度间伐显著降低了根际土壤无机磷总量，且各处理间差异显著；中度和弱度间伐增加了根际土壤酸性磷酸酶活性，以及速效磷、微生物量磷和活性磷含量（H_2O-Pi、$NaHCO_3$-Pi 和 $NaHCO_3$-Po），而显著降低 NaOH-Po 含量；间伐对稳定态磷含量（HCl-P 和残留-P）影响不显著。弱度和中度间伐有利于提高根际土壤磷的有效性（叶钰倩等，2018）。

表 4.13　不同强度间伐下根际与非根际土壤不同形态磷含量

处理		H_2O-Pi	$NaHCO_3$-Pi	$NaHCO_3$-Po	NaOH-Pi	NaOH-Po	HCl-P	残留-P
CK	S	2.84±0.51bc	5.33±0.83a	20.07±9.65a	24.21±3.05bc	90.42±8.15Bab	56.48±6.30a	42.73±4.03ab
	R	4.67±0.22b	8.43±1.5ab	32.51±3.79ab	62.38±9.26a	157.19±7.19b	48.43±1.70a	35.42±5.77a
LIT	S	3.86±0.31a	6.60±2.40a	27.23±4.80a	35.36±5.12ab	76.45±8.75b	49.35±4.09a	42.92±4.75ab
	R	5.89±0.70a	9.71±0.94a	38.89±6.90ab	66.93±4.63a	136.20±13.38c	42.76±7.54a	32.92±4.59a
MIT	S	3.61±0.60ab	7.03±1.16a	24.48±5.67a	38.08±8.45a	73.22±7.91b	50.57±4.97a	38.03±3.55b
	R	6.00±0.32a	9.52±2.62a	41.07±7.15a	60.56±3.83a	111.26±9.00d	43.37±10.94a	33.15±7.45a
HIT	S	2.75±0.36c	5.40±1.63a	21.45±3.84a	22.26±6.68c	96.55±6.53a	52.76±1.83a	48.93±9.26a
	R	4.63±0.37b	6.02±0.87b	30.16±5.62b	39.44±8.06b	173.91±11.88a	46.93±6.50a	41.60±7.20a

表 4.14 不同强度间伐下根际与非根际土壤全磷、无机磷及有机磷含量

处理		TPi	TPo	TP	TPi/TP	TPo/TP	C/Po
CK	S	88.86±7.21Ba	153.22±6.07Bab	242.08±13.13Ba	36.67±1.01Abc	63.33±1.01Abc	115.15±9.94Bb
	R	123.90±6.39Aa	225.11±4.94Aab	349.02±8.13Aa	35.49±1.29Aa	64.51±1.29Ab	203.26±9.52Aa
LIT	S	95.17±5.51Ba	146.60±12.87Bab	241.77±17.09Ba	39.41±1.60Aab	60.59±1.60Aab	158.55±23.36Ba
	R	125.29±12.23Aa	208.01±19.92Abc	333.30±16.16Aa	37.64±4.02Aa	62.36±4.02Ab	188.84±22.04Aa
MIT	S	99.29±14.31Ba	135.73±6.91Bb	235.02±17.15Ba	42.13±3.37Aa	57.87±3.37Aa	165.07±11.54Aa
	R	119.45±7.31Aa	185.48±21.33Ac	304.93±18.99Ab	39.29±3.55Aa	60.71±3.55Ab	187.58±24.66Aa
HIT	S	83.18±9.78Aa	166.93±18.30Ba	250.11±20.94Ba	33.30±3.44Acd	66.70±3.44Bcd	83.42±7.16Ac
	R	97.02±12.33Ab	245.67±1.88Aa	342.69±13.08Aa	28.25±2.51Bb	71.757±2.51Aa	106.74±8.14Ab

2. 长三角城市群环湖生态林带复层诱导林技术

1）技术特点

本技术基于课题组多年研究成果及相关参考文献，在长三角城市群环湖生态林带需要恢复改造的林区建立复层诱导林，针对纯林树种单一、立地条件差的问题，通过间伐后林下种植灌木逐步形成复层林，改善了土壤环境，显著提高了土壤氮磷养分的有效性。在立地条件好的地方优先营造复层异龄混交林，在立地条件较好的地方优先营造落叶阔叶林，在立地条件较差的地方优先营造针阔混交林。每种混交类型单元面积约 20m×30m，其中平原地区配置模式以落叶阔叶混交、落叶常绿混交、针叶阔叶混交为主，采用穴状整地 60cm×60cm×60cm，密度为 800～1200 株/hm^2，采用规则块状混交、行间混交；而山地地区以落叶阔叶混交和落叶常绿混交为主，采用鱼鳞坑或穴状整地 60cm×60cm×80cm，密度为 1100～1600 株/hm^2，采用不规则块状混交。配置方式主要有三角形配置、群状配置和自然配置，相邻两行的各株相对位置错开排列成三角形，种植点位于三角形的顶点，适宜于坡地环湖林带的营造；植株在造林地上呈不均匀的群丛状分布，群内植株密集（3～20 株），群间距离较大，适宜于坡度较大、立地条件较差的地方环湖林带的营造；在造林地上随机地配置种植点，适宜于地形破碎地环湖林带的营造。地形破碎的山地提倡采用局部造林法，形成块状镶嵌的混交林分。在平地造林时，种植行宜沿湖岸线走向，林带宽度大于 30m；在坡地造林时，种植行宜选择沿等高线走向，宽度依据地形而定。

2）技术条件

本技术适应于长三角城市群环湖生态林区或类似立地条件的单层纯林诱导为复层混交林。人工林实行诱导复层培育是森林演替过程中一个极为重要而又敏感的阶段，是维持和恢复其生态系统健康与稳定的首要问题，也是制定可持续经营技术的基础。因此，在不破坏森林环境的情况下，应针对不同立地条件，通过适宜的经营措施把单层纯林诱导成复层混交林，最大限度地提高森林生态系统服务功能。

3）应用案例

在江苏省宜兴市周铁镇距太湖沿岸约 1km 处，于 2016 年在 11 年生杨树纯林下种植了女贞和石楠，形成了杨树女贞混交林和杨树石楠混交林。不同杨树人工林类型土壤氮

组分变化情况如图 4.7 所示，与杨树纯林相比，杨树女贞混交林和杨树石楠混交林土壤全氮含量分别增加了 21.8%、69.7%；杨树女贞混交林和杨树石楠混交林土壤硝态氮含量相比杨树纯林分别降低了 11.8%、27.3%，杨树女贞混交林土壤微生物生物量氮含量增加了 7.5%。与杨树纯林相比，杨树女贞混交林和杨树石楠混交林提高了土壤速效养分，有效吸收并削减土壤中的硝态氮含量，降低硝酸盐向土壤深层淋溶、污染浅层地下水的风险（惠昊等，2021）。

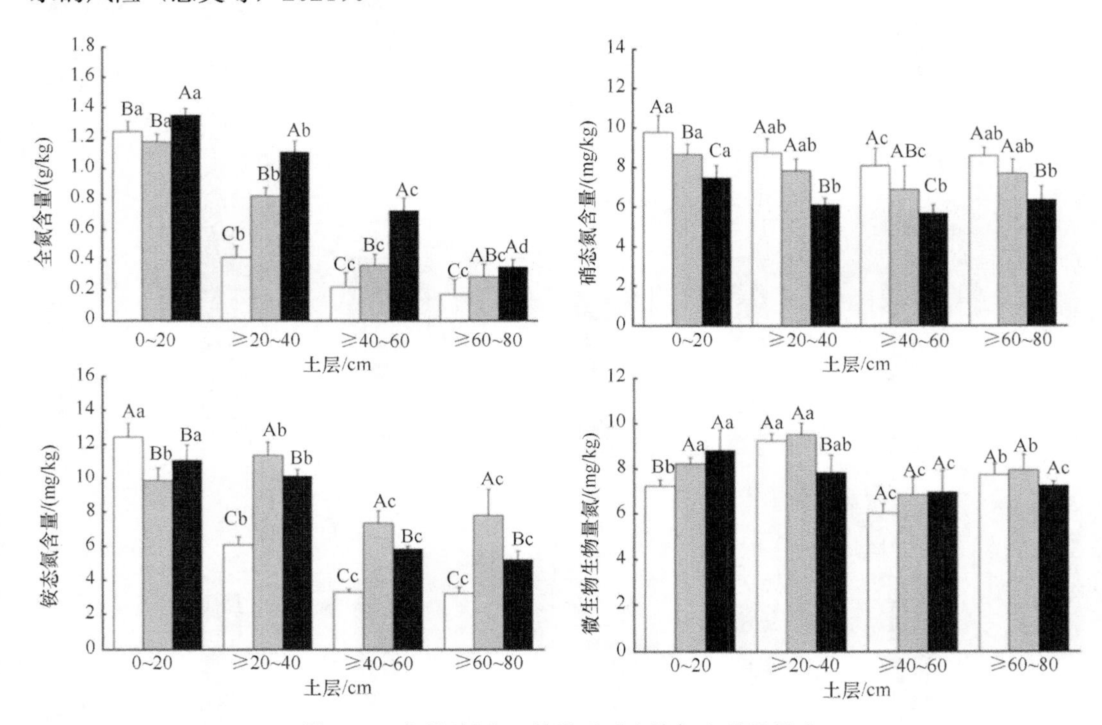

图 4.7　不同杨树人工林类型对土壤氮含量的影响

不同大写字母表示模式之间差异显著，不同小写字母表示土层之间差异显著

不同杨树人工林类型土壤磷组分含量变化（图 4.8）情况如下：与杨树纯林相比，两种混交林增加了土壤全磷、总有机磷、速效磷、活性磷（H_2O-Pi、$NaHCO_3$-Po、$NaHCO_3$-Pi）、中等活性磷（NaOH-Po、NaOH-Pi）含量，其中，杨树女贞和杨树石楠混交林 0～60cm 土层的速效磷含量较杨树纯林分别增加了 52.4%、55.3%，而杨树女贞混交林显著降低了 0～20cm 土层中的总无机磷。混交林中，NaOH-Pi 含量在 0～20cm 土层较杨树纯林增加较显著，H_2O-Pi、$NaHCO_3$-Pi 含量在 20～40cm 土层显著增加，全磷、总有机磷、$NaHCO_3$-Po 含量在 0～40cm 土层显著增加。与杨树纯林相比，乔灌复层混交林有利于提高土壤磷素有效性（王亚茹等，2021）。

3. 长三角城市群环湖生态林带农林复合技术

1）技术特点

本技术经过研究及实践，证实农林间作的复合系统对土壤地表径流、氮磷养分的淋

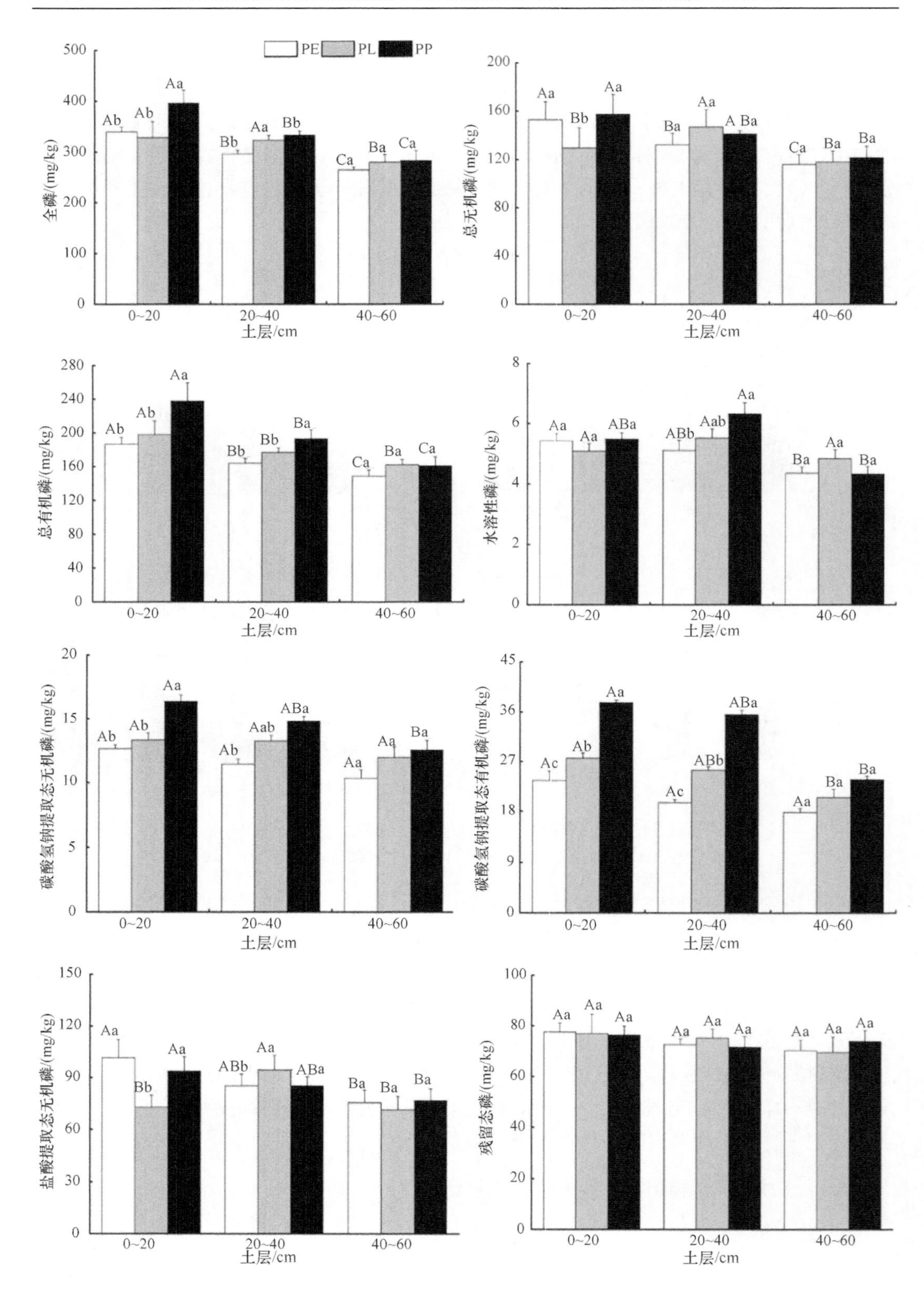
PE
PL
PP
全磷/(mg/kg)
总无机磷/(mg/kg)
总有机磷/(mg/kg)
水溶性磷/(mg/kg)
碳酸氢钠提取态无机磷/(mg/kg)
碳酸氢钠提取态有机磷/(mg/kg)
盐酸提取态无机磷/(mg/kg)
残留态磷/(mg/kg)
0~20
20~40
40~60
土层/cm

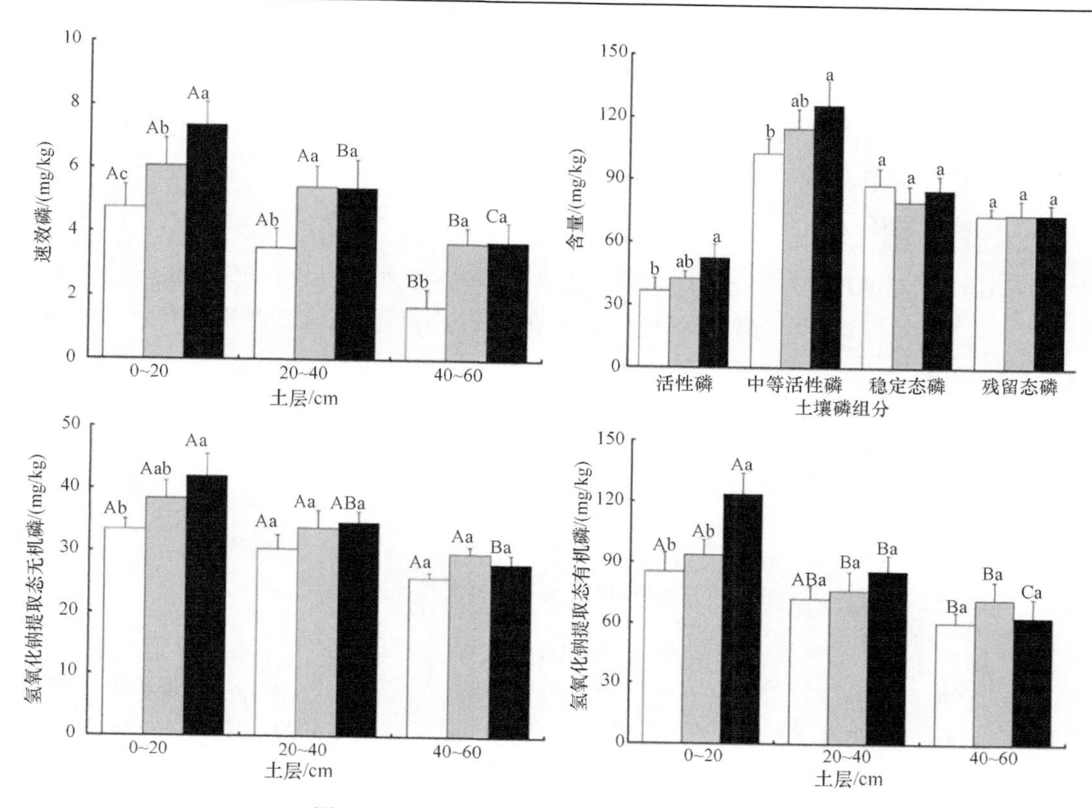

图 4.8　不同杨树人工林类型土壤磷组分含量

PE、PL、PP 分别表示杨树纯林、杨树石楠混交林、杨树女贞混交林。不同大写字母表示不同土层间差异显著（$P<0.05$）；不同小写字母表示不同林分间差异显著（$P<0.05$）。与杨树纯林相比，乔灌复层混交林（杨树-石楠、杨树-女贞）淋溶液中的氮磷浓度较低（表 4.15、表 4.16），说明混交林有利于减少土壤氮磷流失，降低氮磷向土壤深层淋溶、污染浅层地下水的风险

表 4.15　不同林分类型对淋溶液氮浓度的影响

处理	TN/(mg/L)	NO_3^--N/(mg/L)	NH_4^+-N/(mg/L)
杨树纯林	3.39a	2.03a	0.25a
杨树-女贞混交林	2.49b	1.65b	0.17b
杨树-石楠混交林	2.47b	1.62b	0.19b

表 4.16　不同林分类型对淋溶液磷浓度的影响

处理	全磷/(mg/L)	可溶性磷/(mg/L)	颗粒态磷/(mg/L)
杨树纯林	0.148a	0.124a	0.024a
杨树-女贞混交林	0.080bc	0.062bc	0.018b
杨树-石楠混交林	0.107b	0.084b	0.023a

溶流失等具有较好的削减作用。在不同的时间顺序和空间位置上将多年生乔木和农作物结合在一起形成具有多种群、多层次、多产品、多效益特点的人工复合生态系统。

2）技术条件

本技术适用于长三角城市群环湖农田。在营造农田防护林时，应注意地形地势，在与地表径流的垂直方向上营造防护林，林带宽度在 15m 左右。

3）应用案例

在距离太湖湖岸带约 1km 的小麦种植区对两种杨树-小麦间作密度[其株距均为 2m，行距分别为 5m （AS_1）和 15m（AS_2）] 及单作麦地削减土壤氮流失效应进行研究实践（图 4.9）。

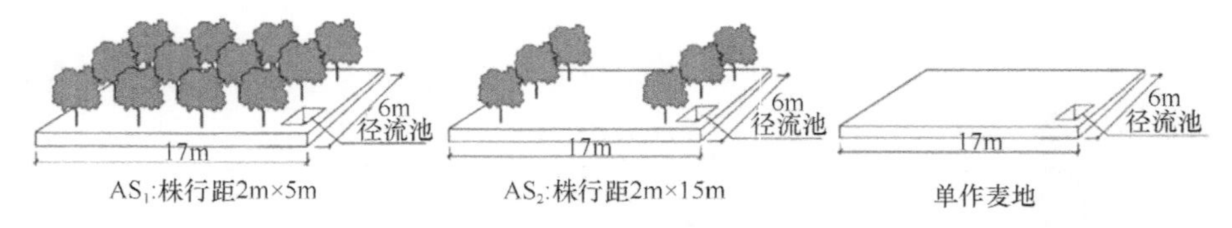

图 4.9 两种杨树-小麦间作密度及单作麦地

在整个小麦生长季，两种杨树-小麦间作密度地表平均径流量（AS_1S、AS_2S）均小于单作麦地（MSL0），且间作密度越大，地表平均径流量越小。AS_1S 处理平均径流量较 AS_2S 和 MSL0 分别减少了 17.5%和 24.6%。地表径流中 TN、NO_3^--N 和 NH_4^+-N 平均浓度随间作密度的增大呈下降的趋势。AS_1S 处理径流中 TN、NO_3^--N、NH_4^+-N 平均浓度最小，较 AS_2S 和 MSL0 分别减少了 21.8%、19.5%、17.9%和 42.0%、34.3%、23.9%。AS_1S 处理下 TN、NO_3^--N 平均流失量均显著低于 MSL0，分别减少了 51.2 %和 48.8 %（P<0.05）（表 4.17）。

表 4.17 间作系统对径流中不同形态氮流失的影响

处理	平均地表径流量/（m^3/hm^2）	径流水中平均 N 浓度/(mg/L)			径流水中平均 N 流失量/(kg/hm^2)		
		NO_3^--N	NH_4^+-N	TN	NO_3^--N	NH_4^+-N	TN
AS_1S	67.10±6.94a	10.89±2.31a	1.56±0.27a	13.76±2.32a	2.88±0.64a	0.45±0.04a	3.81±0.72a
AS_2S	81.37±4.47a	13.53±1.56ab	1.90±0.18a	17.59±1.24ab	4.35±0.44ab	0.63±0.05a	5.70±0.42ab
MSL0	88.93±3.73a	16.57±1.41b	2.05±0.16a	23.71±2.59	5.62±0.51b	0.74±0.06a	7.81±0.82b

注：AS_1S 为杨树株行距 2m×5m 间作密度有枯落物覆盖处理；AS_2S 为杨树株行距 2m×15m 间作密度有枯落物覆盖处理；MSL0 为单作麦地未铺设枯落物处理。同列不同小写字母表示差异显著（P<0.05）。

在杨树-小麦间作系统中设定株行距分别为：2m×5m（LI）、2m×15m（LII）的两种密度间作系统以及单作小麦地（CK），测定其土壤中不同形态磷淋溶情况。种密度间作模式对淋溶液中总磷（TP）、可溶性总磷（TDP）及总颗粒附着态磷（PP）质量浓度控制效果优劣均为：LI>LII>CK。其中，株行距为 2m×5m（LI）的间作系统对农田土壤磷淋溶的削减作用较强（表 4.18）。

表 4.18　杨树-小麦间作系统不同处理土壤淋溶液各形态磷累积淋失总量和淋溶率

试验点	总磷淋失量/(kg/hm^2)	可溶性总磷 TDP		总颗粒附着态磷 PP		表观淋溶率/%
		淋失量/(kg/hm^2)	占 TP 淋失量比例/%	淋失量/(kg/hm^2)	占 TP 淋失量比例/%	
CK	0.81a	0.65a	80.36	0.16a	19.64	0.54a
LI	0.50c	0.42b	83.98	0.08b	16.02	0.34c
LII，0.5	0.53c	0.43b	82.42	0.09a	17.58	0.35c
LII，1.5	0.58bc	0.48b	82.81	0.10a	17.19	0.38bc
LII，6	0.73ab	0.50b	69.3	0.22a	30.7	0.49ab

注：同列不同小写字母表示处理间差异显著（LSD，P<0.05）。

4.3　长三角城市群城乡交错带生态景观修复与服务功能提升技术与示范

4.3.1　长三角城市群城乡交错带镇村绿色基础设施结构与功能协同优化

1. 长三角城市群城乡交错带分布特征辨识

1）技术特点

长三角城市群范围广阔，各城市之间既联系又竞争，不同地区城镇化发展水平也不尽相同。在各种因素的共同作用下，形成了复杂且多样的空间格局。在辨别过程中，基于长三角城市群中乡、镇、街道单元的人口密度数据源，进行分级处理，辨识其基本特征。

2）技术条件

本技术主要应用于大尺度研究，受限于地域广博、数据可获得性等因素影响，主要采取人口密度数据，以乡、镇、街道为最小地域单元，界定各城市城乡交错带区域并展开相关研究。

3）应用案例

A. 长三角城市群城乡交错带分布

长三角地区国土面积约 21 万 km^2，有近 1.5 亿人口，以占全国 2.2%的面积，聚集了 11%的人口，无论是地域范围的广度和人口的密集度，都属于较高水平。根据人口密度确定长三角地区城乡交错带占比约 12%。其中，上海市和江苏省分布最多，其次为浙江省，安徽省城乡交错带比例最低，区域差异性明显。

B. 长三角城市群城乡交错带分级特征

根据城乡交错带规模与占行政区面积比，可将长三角城市群核心的 26 个城市划分为3类，呈现聚集团簇式布局。

第Ⅰ类：上海、苏州、无锡、台州。第Ⅱ类：台州、南通、湖州、常州、合肥、宁波、嘉兴、金华、杭州、泰州、绍兴、滁州。第Ⅲ类：池州、宣城、铜陵、舟山、马鞍山、扬州、镇江、芜湖、盐城、滁州、南京、安庆。三类城市形成以上海为中心，Ⅰ～Ⅲ类距离渐远，大体上形成3个集聚区，上海及其近邻区域形成一个集聚区，长江南部形成一个聚集区，长江北部形成一个聚集区。

2. 长三角城市群城乡交错带绿色基础设施格局优化

1）技术特点

首先利用形态学空间格局分析（morphological spatial pattern analysis，MSPA）法提取所有生态源地，选取LPI （最大斑块所占景观面积的比例指数）、PLAND（景观百分比）指数，以移动窗口取样的方式开展景观格局指数分析，筛选空间分布集中的区域。再利用绿色基础设施选址优先级综合评价法（曹畅和车生泉，2020），辨识绿色基础设施选址优先级较高的区域，综合考量后定位出关键生态源地；进而为后续生态廊道与节点的识别研究提供基础。基于连通性指数，对生态源地的等级进行划分。利用 Conefor 2.6软件，计算整体连通性、可能连通性和斑块重要性，划分生态源地等级。

2）技术条件

目前关于廊道与节点的识别方法已有较多研究成果，在众多识别方法中，基于图论的最小累积阻力模型（MCR）因其表达结果直观且所需数据结构简单等优势被广泛运用。研究在此基础上首先辨识了关键生态源地，之后通过融合MCR模型和电路理论模型进一步进行关键生态廊道识别及等级划分。

3）应用案例

A. 绿色基础设施网络构建

选取长三角生态绿色一体化发展示范区的上海青西地区（金泽镇、朱家角镇、练塘镇）为研究对象，展开关键生态源地识别。选取MSPA分析得出的栅格图像，选择其中的核心区转为生态源地，在ArcGIS10.0平台中执行“要素转面”命令，得到5579个生态源地矢量数据（图4.10）。

观察生态源地矢量数据发现，除少数关键斑块外，存在大量细碎斑块，因此需去除此类细碎斑块，选出区域上有一定集中程度，面积规模较大的生态源地作为关键生态源地。

为评估核心区的区域集中程度，选取 LPI、PLAND 指数，以移动窗口取样的方式开展景观格局指数分析。LPI、PLAND指数越高，说明区域集中程度就越高，此类核心区能够提供的生态服务影响就越高，适宜作为关键生态源地（图4.11）。

关键生态源地相关指标集中度类似，空间上高度重合，集中在淀山湖、太浦河、泖河等。因此，将优先级评价的结果和通过景观格局指数、MSPA分析得出的生态源地进行统筹，并结合遥感影像进行判读确认，得到16个核心区（图4.12）。

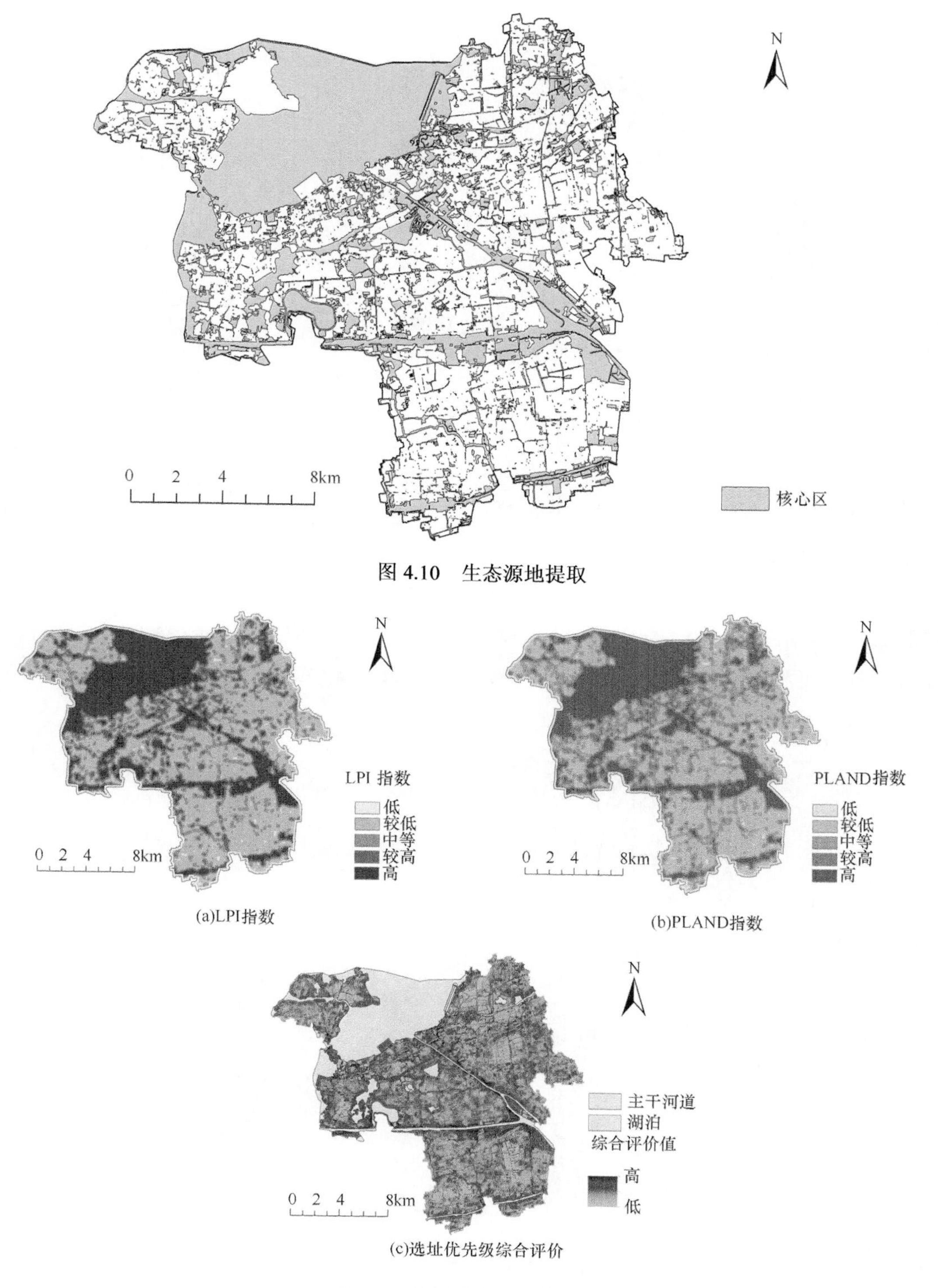

图 4.10　生态源地提取

图 4.11　关键生态源地筛选依据

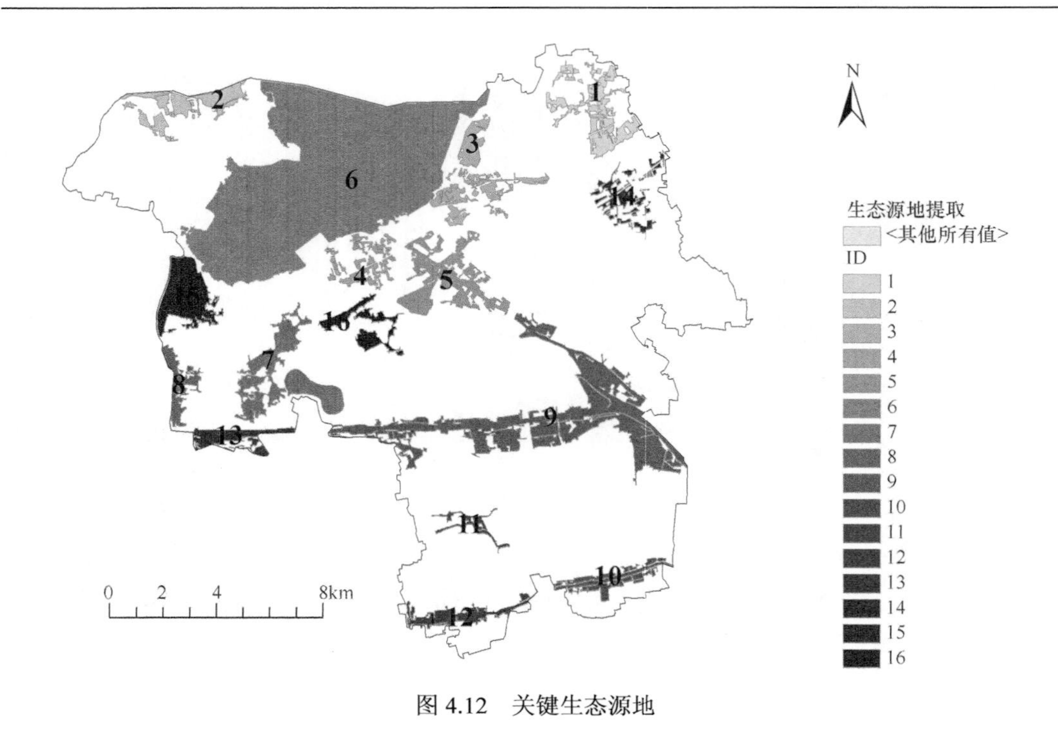

图 4.12　关键生态源地

随后，利用 SPSS 对生态源地各关键性指标进行聚类分析，并叠加各单一指标图层，从连通性角度将关键生态源地综合分为一、二、三级关键生态源地（图 4.13）。

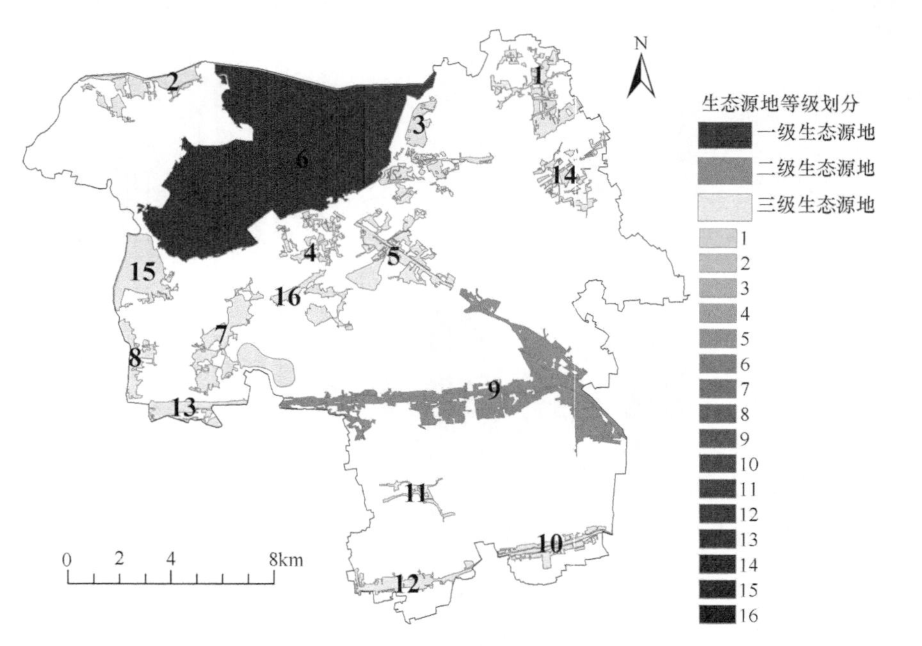

图 4.13　关键生态源地等级划分图

将关键生态源地的最终提取结果与综合优先级评价结果叠加分析，计算发现关键生态源地总面积为 362.51km^2，基本做到了对一级优先级用地的覆盖。一级生态源地为淀山湖及沿岸，面积约为 45.17km²；二级生态源地为太浦河及沿线，面积为 14.66km²；三级生态源地为“蓝色珠链”区域、东方绿洲区域等 14 个片区，总面积 302.68km²。

综合 MCR 模型和 Linkage Mapper 方法识别出的生态廊道结果，共计 35 条连接廊道，基本串联起了各大生态源地，但是部分廊道长度过短，更适宜作为节点存在，还有部分廊道存在冗余，因此需结合连通度所进行的模拟结果（图 4.14），对廊道进行整体筛选。

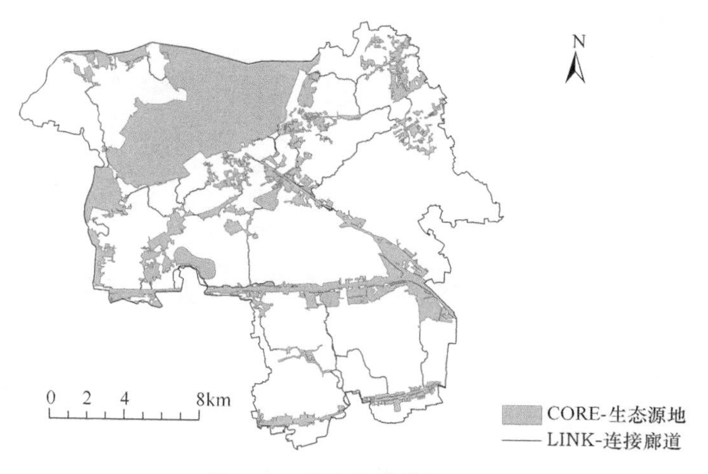

图 4.14　生态廊道模拟结果

通过比对连通度单因子分析的电流密度图（图 4.15），对冗余廊道和过源地廊道进行筛选剔除，得到基于图层的源间生态廊道结构。

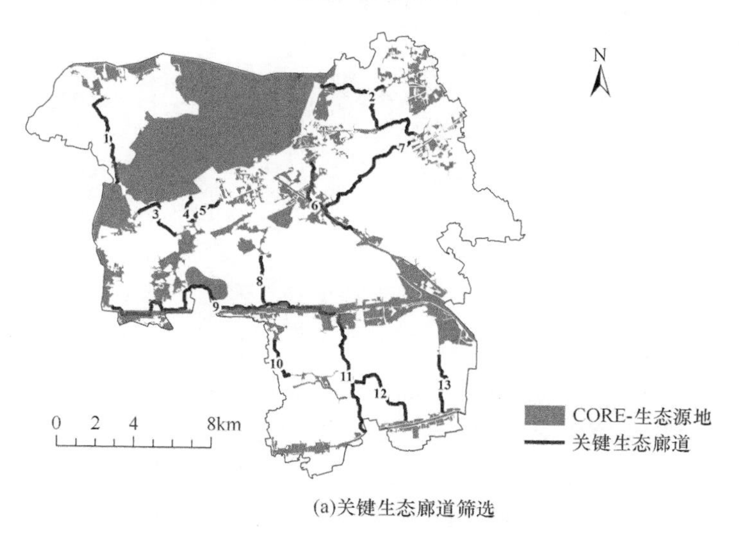

(a)关键生态廊道筛选

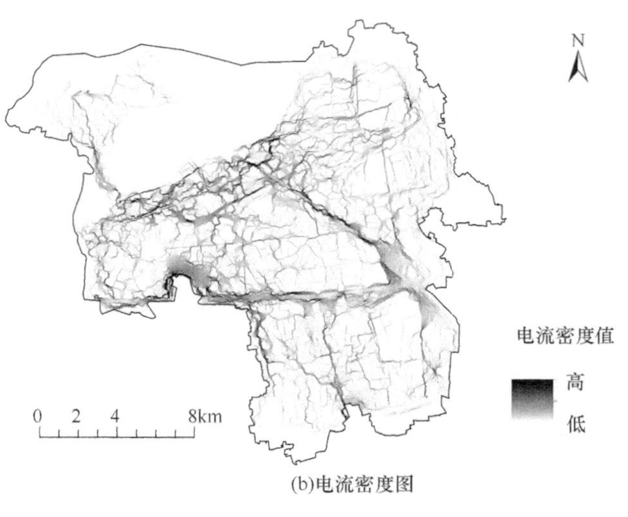

(b)电流密度图

图 4.15　电流密度图

最终结合 Linkage Mapper 模型的廊道优先级分析，将 13 条关键生态廊道划分为三个等级，其中：一级为 2、3、4、5、6、7 号廊道；二级为 1、8、9、10、11 号廊道；三级为 12、13 号廊道（图 4.16）。

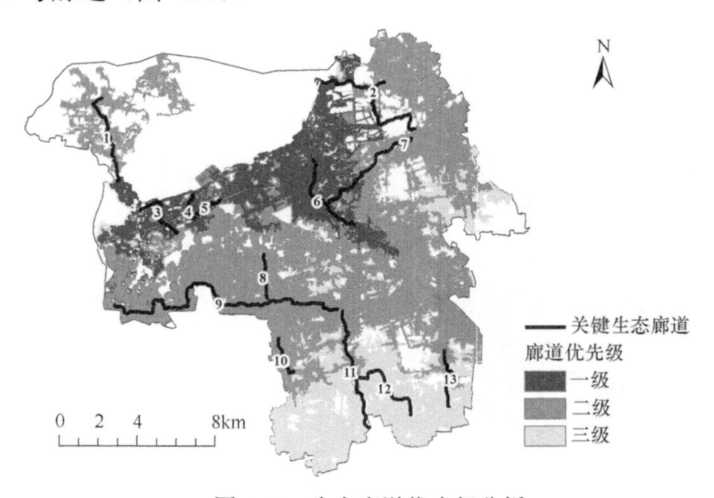

图 4.16　生态廊道优先级分析

统计 13 条廊道总长度为 52.60km。一级廊道集中于淀山湖沿岸，贯通到朱家角镇区，这与有关连通度提升的关键位置相互印证。二级廊道主要集中在太浦河区域，贯通到金泽镇区域。三级廊道主要集中在练塘镇区域。不同等级廊道的建设，对区域整体连通度提升价值存在差异，一级廊道建设提升度最高，建议优先布局。

生态节点识别。采用 60m 搜索半径，搜索全域障碍点。如图 4.17 所示，全域障碍点搜索、识别的位置，多位于公路和河流的交接处，以及河流的入水口和部分村落。作为阻断生态流的关键位置，建议在这些位置布局小型绿色基础设施（图 4.17）。

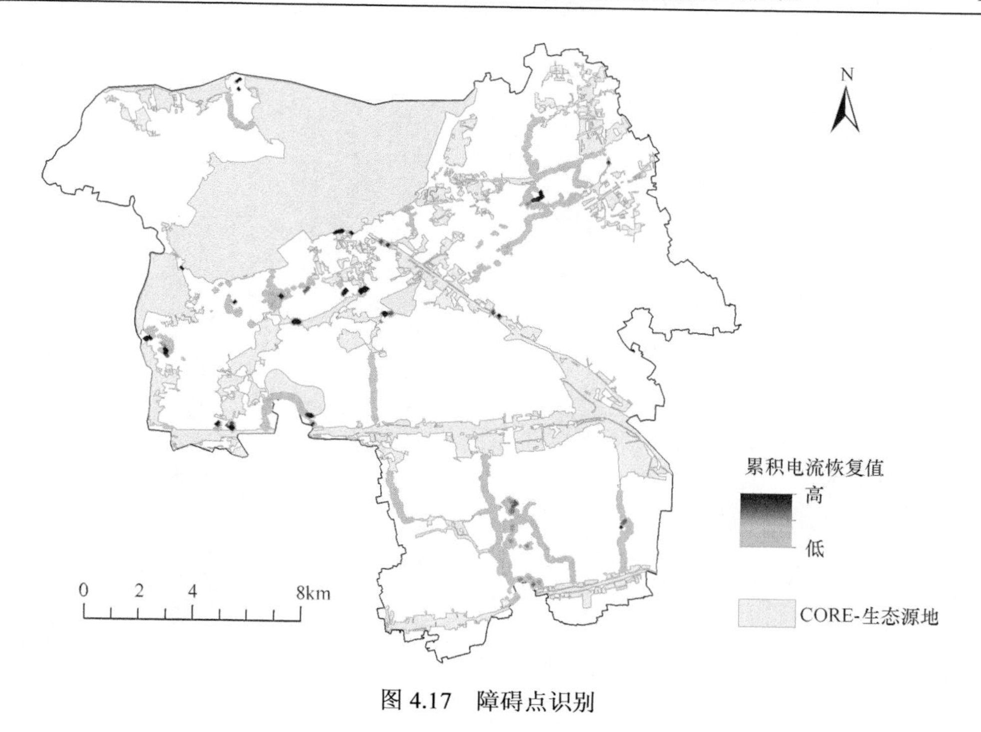

图 4.17　障碍点识别

分别采用 1000m 和 5000m 的截断距离，使用成对模式对青西地区的夹点开展识别，结果如图 4.18 所示。

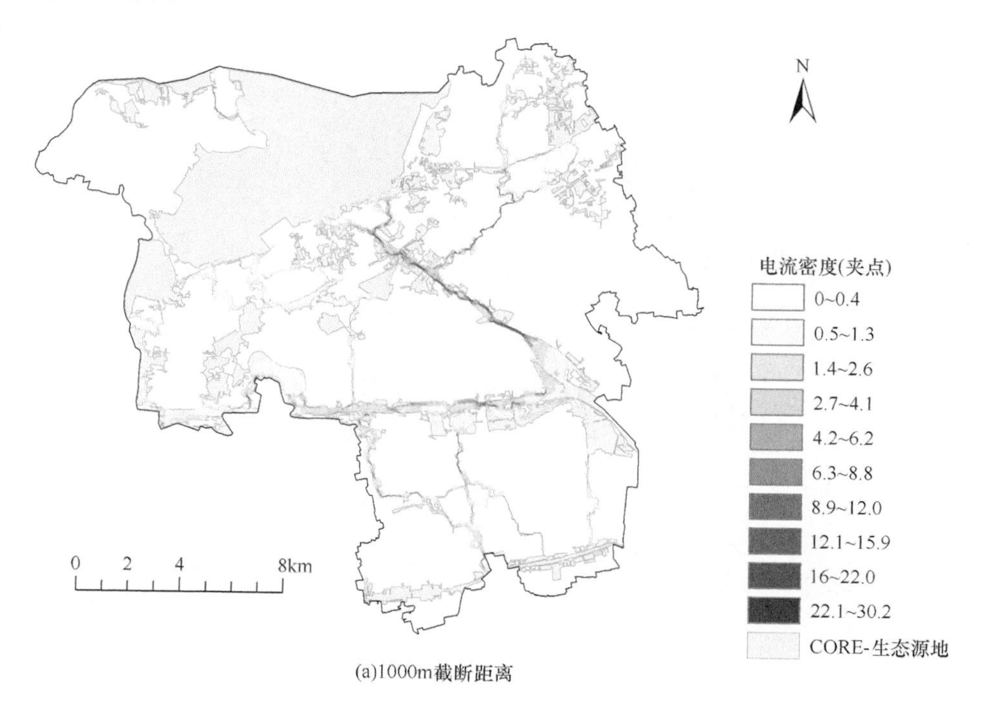

(a)1000m截断距离

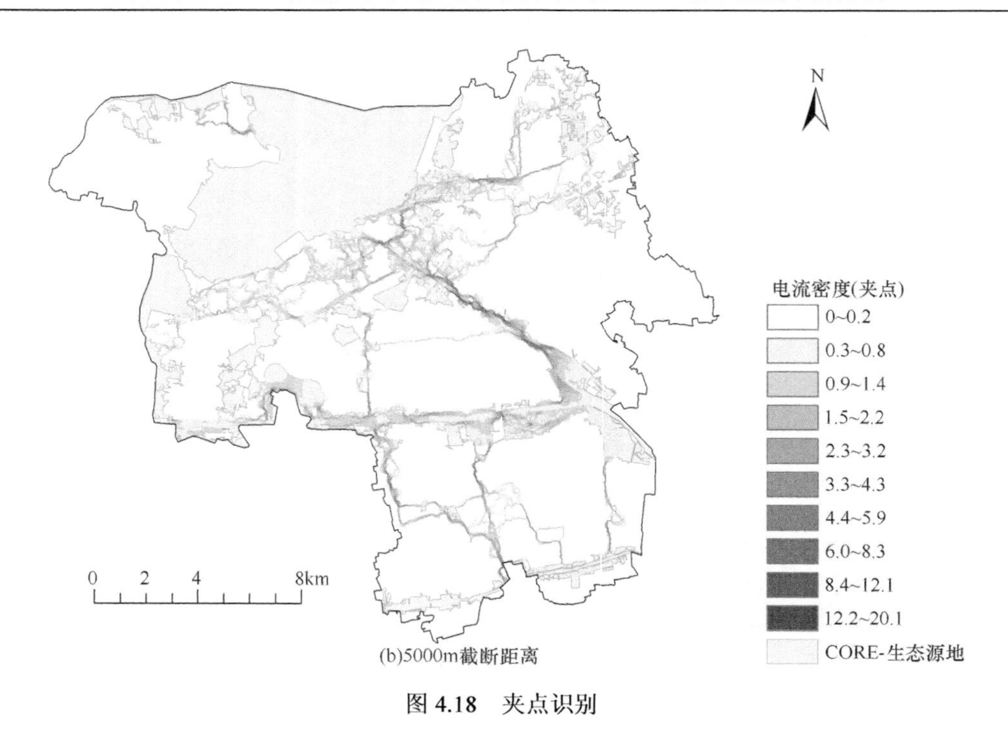

图 4.18　夹点识别

从保护现有生态节点和改善现有源地间连通性两个角度出发，将有效改善区域、连通性较好区域及夹点区域作为研究区生态节点。共计筛选得到 35 个生态节点（图 4.19）。

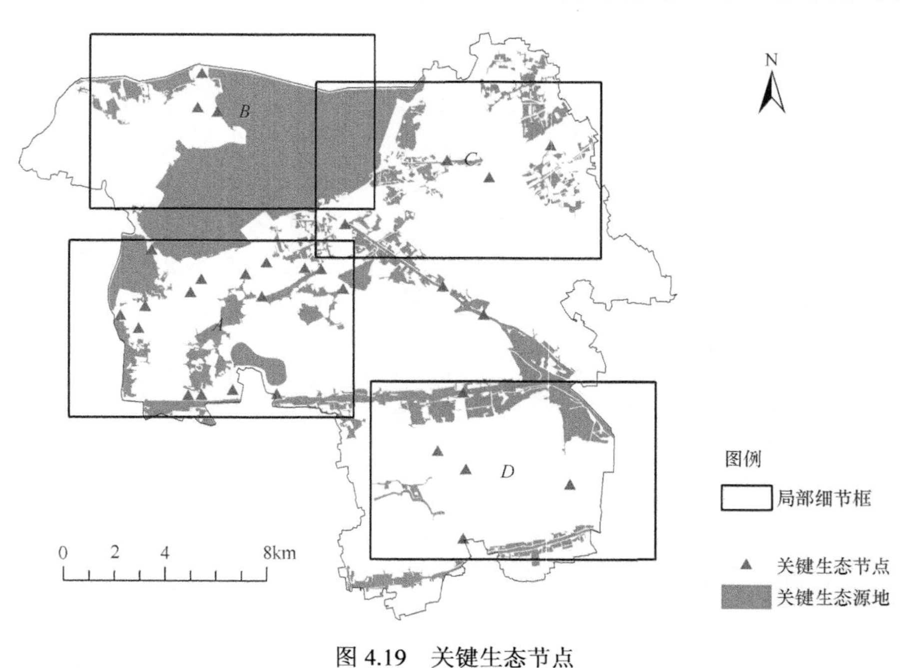

图 4.19　关键生态节点

B. 绿色基础设施网络总体格局及优化

利用最小累积阻力模型以及基于电路理论的连接度模型等方法，构建关键生态廊道与节点的识别框架，对研究区生态廊道与节点进行识别，提取出了关键生态廊道13条，关键生态节点35个，关键生态源地16个。

将研究区关键生态廊道与关键生态节点进行叠加，结合关键生态源地分布，得到研究区绿色基础设施网络（图4.20）。

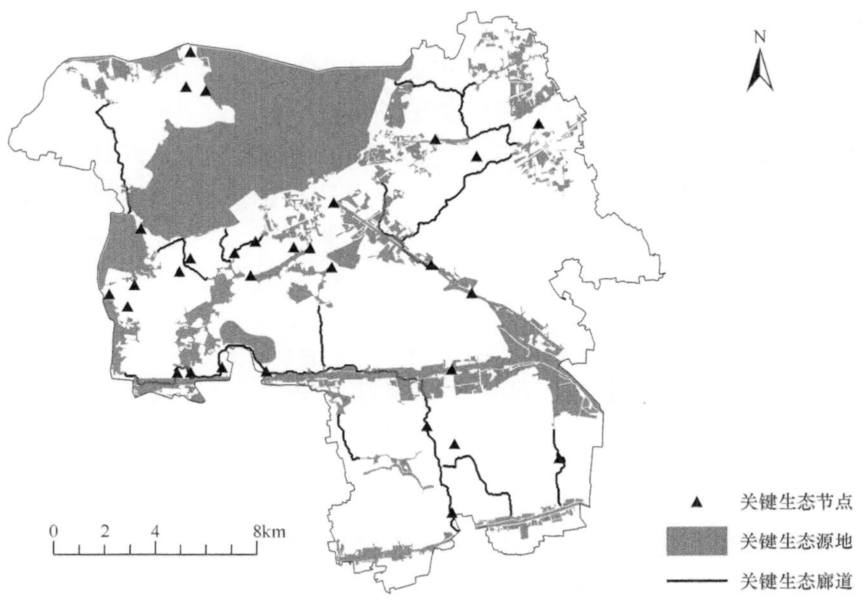

图4.20 绿色基础设施网络构建

综合关键生态源地、生态廊道的等级因素、生态节点的分布密度因素，对青西地区绿色基础设施网络总体格局进行构建（图4.21）。

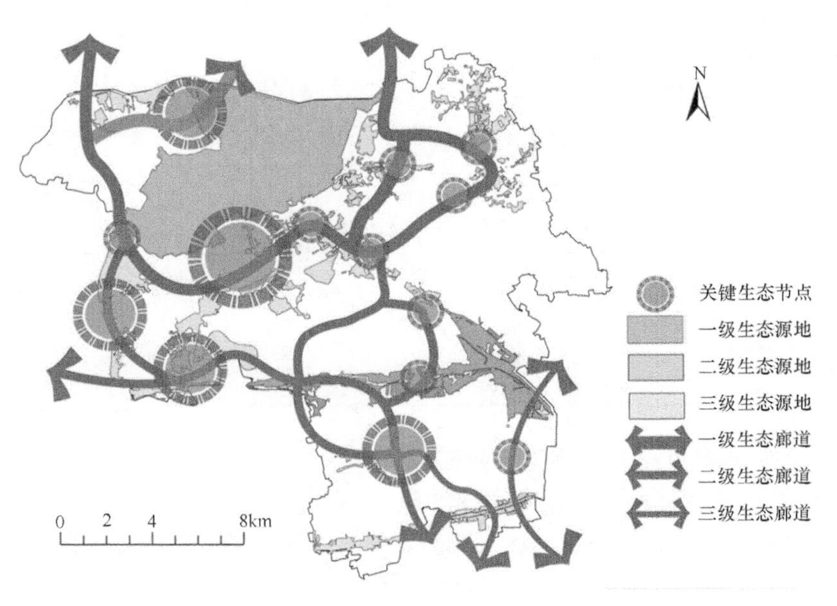

图4.21 绿色基础设施网络总体格局

4.3.2　长三角城市群城乡交错带水环境生态修复技术集成

1. 生态植草沟结构筛选与应用模式评价

1）技术特点

本书研发的生态植草沟结构和应用模式是适宜长三角城市群区域的典型平原河网地理环境特点的一种低影响开发设施（沈子欣等，2015）。长三角城市群多数区域属于典型的平原河网地区，地势平坦，海拔较低，地下水位高，存在径流入渗困难、径流污染源头管控不足等问题，本书通过对植草沟结构进行改造设计实验，筛选了高效径流渗透、面源污染管控的植草沟结构，并设计了适宜道路、广场、停车场等不同场景的运用模式。

2）技术条件

本技术主要使用中小雨强径流和面源污染管控，在区域范围内，需要结合海绵城市建设标准，进行区域流量目标管理，估算低影响开发设施体量，并确定实施位置。

3）应用案例

A. 长三角区域生态植草沟径流削减效应模拟及估算

a. 生态植草沟模拟实验装置的设计

针对长三角区域绿地结构特点，模拟设置了多种生态植草沟结构。生态植草沟的实验装置设计分为种植槽、布水槽、进水管和穿孔渗水管。以长 2m、宽 40cm、深 80cm 的 PE 板种植槽作为模拟植草沟的实验装置，其中装置上部的一侧设置有进水管和布水槽用以模拟降雨径流，装置内底部设置一根 PVC 渗排水管。

b. 降雨径流的调蓄实验设计

根据长三角降雨强度及植草沟汇水面积确定模拟降雨径流的流速，设计植草沟汇水面积为 4m^2，实验设计 3 个实验组，见表 4.19，每个实验组每分钟记录植草沟的出水量。

表 4.19　降雨径流实验组设置流量

实验组	降雨强度/(mm/h)	雨强等级	汇水面积/m^2	进水流速/(mL/min)
Ⅰ	12	大雨	4	800
Ⅱ	24	暴雨	4	1600
Ⅲ	30	暴雨	4	2000

c. 生态植草沟对降雨径流的调蓄效应分析

（1）生态植草沟对降雨径流洪峰的延缓效应分析。通过模拟降雨实验，记录每分钟每条植草沟的出水量，五条植草沟达到出水量峰值的时间各有差异：在 0～5min 开始出水，5～15min 出水量急剧增大，15～30min 出水量逐渐稳定达到峰值。其中，在 12mm/h（大雨）的降雨强度下，五条植草沟中对降雨径流洪峰的延缓效应较好的植草沟是 1 号、

4 号、5 号，延缓洪峰为 16～20min；在 24mm/h（暴雨）的降雨强度下，五条植草沟对降雨径流洪峰的延缓效应差异不大，延缓洪峰为 20～25min；在 30mm/h（暴雨）的降雨强度下，五条植草沟对降雨径流洪峰的延缓效应差异也不大，延缓洪峰均为 20min。可见，植草沟的结构参数的变化对降雨径流洪峰的延缓效应没有显著的影响。

（2）生态植草沟对降雨径流量的削减分析。五条植草沟在 3 个不同雨强条件下对降雨径流量的削减率排序为 1 号>4 号>2 号>3 号>5 号（图 4.22）。其中削减率最高的是 1 号植草沟（20cm 种植土+40cm 砌块砖），平均削减为 29.7%，削减率最低的是 5 号植草沟，平均削减率为 20.7%。结果表明，生态植草沟不同的结构组合对不同降雨条件下的消减效应有着直接和间接的影响，可能与生态植草沟滤料层中砌块砖和砾石的组成成分及结构有关。

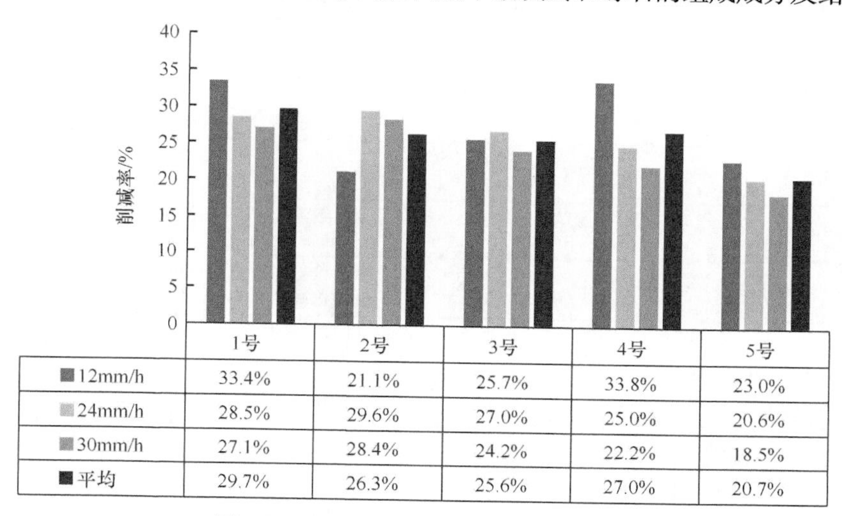

	1号	2号	3号	4号	5号
12mm/h	33.4%	21.1%	25.7%	33.8%	23.0%
24mm/h	28.5%	29.6%	27.0%	25.0%	20.6%
30mm/h	27.1%	28.4%	24.2%	22.2%	18.5%
平均	29.7%	26.3%	25.6%	27.0%	20.7%

图 4.22　植草沟对降雨径流量的削减率

B. 适用于长三角城乡交错带镇村地区的生态植草沟应用模式构建

以上述筛选的结构参数的生态植草沟对降雨径流调蓄效应和径流污染物的削减效应等雨洪调蓄功能为基础，针对长三角城乡交错带镇村地区绿地中地面停车场、广场和道路等降雨径流的主要特征，构建适用于长三角城乡交错带镇村地区绿地的中观尺度绿色基础设施的 3 种生态植草沟应用模式。

a. 适用于停车场的功能型生态植草沟模式

由于位于长三角城乡交错带地区绿地中的地面停车场在降雨过程中产生的地表径流量和污染物含量均较高，对其径流调蓄和污染控制的环境功能要求较高，景观功能及休闲游憩等社会文化功能要求较低。因此，雨洪调蓄功能型生态植草沟为长三角城乡交错带镇村地区地面停车场主要的应用模式（表 4.20）。

b. 适用于广场的功能型生态植草沟模式

镇村地区广场的主要功能是为村民提供集会、游憩、休闲等活动的场所，不透水铺装面积偏大，一般设置在交通干道的交汇处，便于交通集中和疏散，既承担交通集散等灰色基础设施功能，又承担社会服务功能。适合长三角城乡交错带镇村地区广场的生态植草沟的结构参数、应用规模、植物配置和预期效果如表 4.21 所示。

表 4.20 适用于停车场的功能型生态植草沟模式

类别	不透水铺装停车场		透水铺装或植草地坪的停车场
结构参数	20cm 种植土+40cm 砌块砖 20cm 种植土+30cm 砌块砖+10cm 碎石		30cm 种植土+20cm 砌块砖+10cm 碎石
应用规模	面积为停车场面积的 1/4 中小型停车场中宽 1.5～2m 大型停车场中宽 2m		面积为停车场面积的 1/10～1/8 中小型停车场中宽 0.6～1m 大型停车场中宽 1m
植物配置	马蹄金、狗牙根、细叶麦冬、瓜子黄杨、龟甲冬青和小叶栀子等		
预期效果（径流削减率）	大雨情况下削减率为 28%～30% 暴雨情况下削减率为 17%～19%	大雨情况下削减率为 20%～25% 暴雨情况下削减率为 28%～30%	大雨情况下削减率为 22%～25% 暴雨情况下削减率为 11%～15%

表 4.21 适用于广场的功能型生态植草沟模式

类别	不透水铺装广场	透水铺装广场
结构参数	30cm 种植土+20cm 砌块砖+10cm 碎石	
应用规模	面积为广场面积的 1/4， 宽度为 1.5～2m	为广场面积的 1/10～1/8 宽度>0.6m
植物配置	狗牙根、葱兰、细叶麦冬、金叶薹草、细茎针茅、血草、花叶蔓长春、鸢尾、紫娇花、杜鹃和千屈菜等	
预期效果（径流削减率）	大雨情况下削减率为 22%～25% 暴雨情况下削减率为 11%～15%	

c. 适用于道路的功能型生态植草沟模式

根据道路降雨径流的特征和污染物控制标准，提出适用于绿色道路（green street）构建的生态植草沟模式，以削减道路径流中较高的污染物含量，同时营造良好的景观效果（表 4.22）。

表 4.22 适用于道路的功能型生态植草沟模式

类别	交通型道路	生活型道路
结构参数	20cm 种植土+40cm 砌块砖	30cm 种植土+20cm 砌块砖+10cm 碎石
应用规模	面积为服务道路面积的 1/4 宽度为汇水道路宽度的 1/4 每段的长度为 6～15m	面积为服务道路面积的 1/4 宽度为道路宽度的 1/4，不小于 0.4m
植物配置	狗牙根、葱兰、细叶麦冬、细叶芒、中华常春藤和络石	马蹄金、葱兰、金叶薹草、葱兰、八宝景天、花叶蔓长春、鸢尾、小叶栀子和茶梅等
预期效果（径流削减率）	大雨情况下削减率为 30%～35% 暴雨情况下削减率为 27%～29%	大雨情况下削减率为 25%～30% 暴雨情况下削减率为 17%～19%

2. 河岸带护岸结构优化设计

1）技术特点

本技术研究为长三角城市群城乡交错带河岸的护岸设计提供参考依据。在没有防洪等要求下，河岸水陆界面的护岸设计应优先采用生态可透水仿木桩护岸；护坡等其他条件满足条件下，可以设计在常水位以上采用仿木桩护岸，以充分发挥仿木桩护岸河岸水陆界面土壤脱氮能力高的优势，提高城市河岸水陆界面土壤脱氮能力。

2）技术条件

土壤反硝化作用能够将 NO_3^--N 转化为气态氮永久离开河岸水陆界面系统，是河岸水陆界面最重要的脱氮方式。为了更好地比较不同土壤样本之间反硝化作用强度的差异，通常采用室内培养的方法，测定样本的反硝化作用强度，即反硝化作用潜势。此指标在度量河岸带土壤的脱氮能力方面具有较强的应用性，因此在本书中用作指示及硝化作用强度的依据。在实际操作过程中要采用随机样方方法进行土壤采样，应注意样本的代表性问题。

3）应用案例

A. 土壤反硝化作用潜势

通过分析三种护岸类型土壤反硝化作用潜势的空间分布及季节变化特征，确定护岸类型之间影响土壤反硝化作用潜势较大的位置（Yan et al.，2019a，2019b）。

a. 不同护岸类型之间河岸水陆界面土壤反硝化作用潜势

（1）4 月三种护岸类型河岸水陆界面土壤反硝化作用潜势特征见图 4.23：与自然护岸河岸水陆界面土壤反硝化作用潜势［3.78±2.13mg/(kg·d)］相比，仿木桩护岸［10.21±7.11mg/(kg·d)］显著提高了河岸水陆界面土壤反硝化作用潜势，而浆砌石护岸［3.35±1.30mg/(kg·d)］显著降低了河岸水陆界面土壤反硝化作用潜势（$P<0.05$）。

（2）7 月三种护岸类型河岸水陆界面土壤反硝化作用潜势特征：与自然护岸河岸水陆界面土壤反硝化作用潜势［5.21 ± 3.60mg/(kg·d)］相比，仿木桩护岸［11.65 ± 9.20mg/（kg·d）］和浆砌石护岸［7.12 ± 4.44mg/(kg·d)］显著提高了河岸水陆界面土壤反硝化作用潜势（$P<0.05$）。

（3）11 月三种护岸类型河岸水陆界面土壤反硝化作用潜势特征：与自然护岸河岸水陆界面土壤反硝化作用潜势［4.70 ± 3.37mg/(kg·d)］相比，仿木桩护岸［10.79 ± 8.33mg/(kg·d)］显著提高了河岸水陆界面土壤反硝化作用潜势（$P<0.05$），而浆砌石护岸［4.92 ± 3.85mg/(kg·d)］河岸水陆界面土壤反硝化作用潜势没有显著影响（$P>0.05$）。

b. 三种护岸类型河岸水陆界面土壤反硝化作用潜势季节变化

三种护岸类型河岸水陆界面土壤反硝化作用潜势季节变化特征：季节变化、水平距离和深度均对仿木桩、浆砌石、自然护岸河岸水陆界面土壤反硝化作用潜势有显著影响（$P<0.05$）。随着离护岸的距离或深度的增加，土壤反硝化作用潜势逐渐降低，其中深度上的变化差异比水平距离上的更大。

B. 土壤反硝化微生物群落特征

护岸类型对河岸水陆界面土壤 nirS 和 nirK 型反硝化菌的丰度有显著影响（$P<0.05$）（图 4.24）。对于土壤 nirK 型反硝化菌丰度来说，4 月从高到低顺序为仿木桩护岸>自然护岸>浆砌石护岸；7 月从高到低顺序为仿木桩护岸显著高于浆砌石护岸和自然护岸；11 月从高到低顺序为仿木桩护岸>自然护岸>浆砌石护岸。

对 nirS 型反硝化菌基因丰度来说，4 月从高到低顺序为仿木桩护岸>自然护岸>浆砌石护岸；7 月从高到低顺序为仿木桩护岸>自然护岸>浆砌石护岸；11 月从高到低顺序为仿木桩护岸>浆砌石护岸>自然护岸（Lubing et al.，2021）。

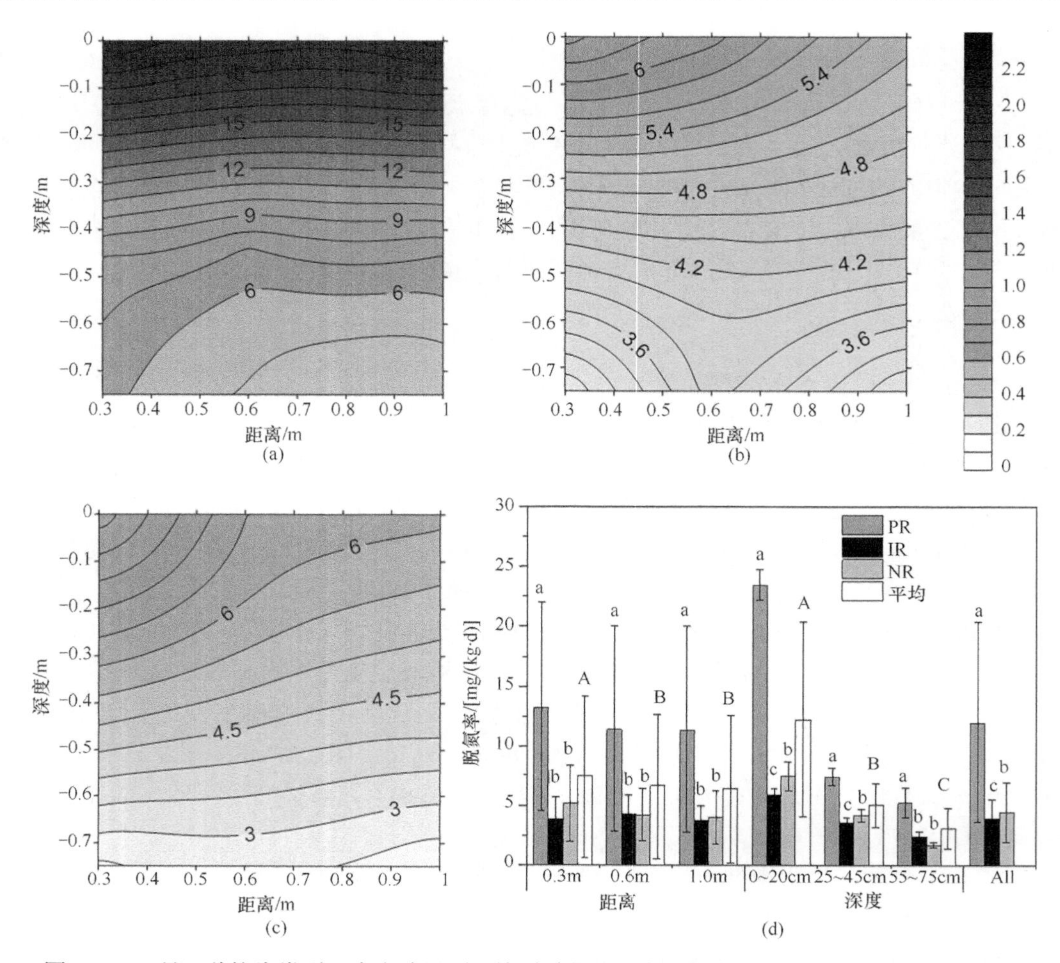

图 4.23 4 月三种护岸类型河岸水陆界面土壤反硝化作用潜势的空间分布图［(a)～(c)］和柱状分析图（d）

（a）仿木桩护岸（PR）；（b）浆砌石护岸（IR）；（c）自然护岸（NR）。使用 ANOVA 分析差异显著性（$P<0.05$）。不同的小写字母（a，b，c）表示护岸类型之间的显著差异；不同的大写字母（A，B，C）表示不同距离和深度的平均值之间的显著差异，下同

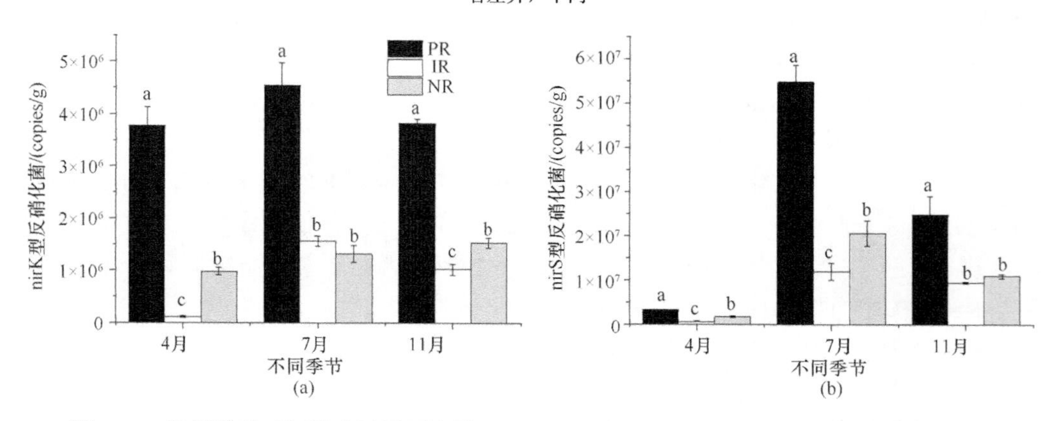

图 4.24 护岸类型对河岸水陆界面土壤（a）nirK 型和（b）nirS 型反硝化菌丰度的影响

4.3.3　长三角城市群城乡交错带镇村自然植被保育与生态服务功能提升

1. 长三角城市群城乡交错带镇村自然植被及其生境原位保护评价

1）技术特点

构建长三角城市群城乡交错带植被群落保育评价体系，以准确、全面地反映区域植被群落保育价值，对城乡交错带镇村植被群落保育具有一定的指导意义；同时兼顾长三角平原水网地区自然环境及地域文化特点，突出区域特色。

2）技术条件

研究提出要根据群落现状的不同，针对不同生境类型的植被群落采取不同的保护或修复措施，重点关注敏感、脆弱的生境类型，如路缘、水缘和建筑周边。长三角地区快速城市化，路缘、水缘、建筑周边生境变化较快，在维持乡村植被群落典型性和提高植被群落稳定性的同时，需重点保护和修复稀有性和乡土文化性植被群落。构建乡土文化性植被和稀有性植被名录，加强本土性绿化保护。在镇村城市化过程中，提高生态保护意识，尊重现状，注重镇村植被群落生境的保护和植被模式构建的适宜性与科学性。

3）应用案例

通过指标筛选等，构建乡村植被群落保育评价的 3 个层次的指标体系（夏蕴强等，2018）。通过层次分析法、评价体系权重计算，邀请 15 位风景园林设计、园林植物、生态学等相关领域专家对权重打分表进行评判，然后将结果汇总，利用专业层次分析法软件 YAAHP V6.0 进行计算，得到的结果见表 4.23。

表 4.23　城乡交错带镇村植被群落保育评价体系与权重

目标层	准则层	权重值	指标层	权重值
乡村植被群落保育评价 A	群落稳定性 B1	0.5889	物种丰富度 C1	0.0995
			植物覆盖率 C2	0.119
			林冠郁闭度 C3	0.0768
			复层数 C4	0.1393
			生长势 C5	0.0504
			种群更新潜力 C6	0.0405
			乡土植物比例 C7	0.0634
	群落典型性 B2	0.2519	物种组成典型性 C8	0.1679
			结构典型性 C9	0.084
	群落稀有性 B3	—	是否有国家、省、市重点保护植物 C10	—
			是否有中国特有植物 C11	
			是否有古树名木 C12	
	群落景观文化性 B4	0.1593	植物景观与环境的协调性 C13	0.1062
			植物文化典型性 C14	0.0531

注：“群落稀有性”为一票肯定项，不计入总权重。若植物群落中含有保护植物、中国特有植物或古树名木，则其保护等级为 I 级。

对乡村植被保护评价采用定量与定性指标相结合的评判方法，即单项指标评价法与专家打分评价法相结合。单项指标评价法参照国家、地方及行业标准，或前人研究并结合现状分析；专家打分评价法则针对难以量化的指标，给出定性描述并请相关知识背景或经验的专家进行打分，然后取平均值作为结果。在评价中，以调查所得的文字、数据、平面图和照片资料等为依据，按照定性评价等级进行评判，然后将专家的评判结果进行加权平均，得出评判值。

将乡村植被保育评价划分为 5 个等级（表 4.24）。

表 4.24 乡村植被保育评价等级表

分级	分值	意义
Ⅰ	>80	乡村植被保护价值非常高
Ⅱ	70～80	乡村植被保护价值较高
Ⅲ	60～70	乡村植被保护价值一般
Ⅳ	30～60	乡村植被保护价值较低
Ⅴ	≤30	乡村植被保护价值非常低

最终，得到 4 类生境共 256 个植被群落的保护价值评价结果（表 4.25）。比较各生境不同等级植物群落数量及比例可以看出：

（1）长三角城市群城乡交错带地区乡村植被群落质量分异明显，值得原位保护的植物群落（Ⅰ级、Ⅱ级）共 50 个，占比为 19.5%；需要优化改造的植物群落（Ⅲ级、Ⅳ级）较多，共 196 个，占比为 76.6%；需要修复重建的植物群落（Ⅴ级）较少，共 10 个，占比为 3.9%。

（2）各生境中，绿林地高保护价值植被群落（Ⅰ级、Ⅱ级）所占比例最高，为 26.3%，接着依次是建筑周边、水缘和路缘，占比分别为 22.9%、14.3%和 10%。

（3）水缘植物群落受乡村城市化影响最大，高保护价值植物群落占比降低 19.3%；绿林地和建筑周边高保护价值植物群落比例分别降低 15.9%和 10.6%。

表 4.25 村落植被群落保育评价分级结果

生境类型		乡村性	Ⅰ级	Ⅱ级	Ⅲ级	Ⅳ级	Ⅴ级	总计
水缘	自然护岸边	高	1	4	13	7	0	25
		低	0	2	8	5	1	16
	硬质护岸边	高	1	1	8	5	0	15
		低	0	1	6	7	0	14
路缘	—	高	1	2	15	6	0	24
		低	0	1	4	8	3	16
建筑周边	正面及侧面	高	2	4	10	12	2	30
		低	0	1	10	6	1	18
	背面	高	3	3	5	1	0	12
		低	1	2	4	3	0	10
绿林地	景观林	高	0	5	11	3	1	20
		低	0	2	9	6	1	18
	经济林	高	4	3	16	3	0	26
		低	2	4	2	3	1	12

注：表中数字代表样地数量。

2. 长三角城市群城乡交错带镇村环境功能型植物筛选

1）技术特点

对自然植被群落稳定性较差、生态服务功能较低的植被群落进行优化，以植物改善空气质量和固碳释氧为主要优化目标，开展环境功能性植物种类筛选，并进行分类推荐，为长三角绿地生态服务功能提升提供技术基础。

2）技术条件

利用风洞模拟实验开展植物削减大气颗粒物实验，模拟并评价不同植物的颗粒物削减能力，筛选削减大气颗粒物能力强的树种。针对长三角地区常见的绿地植物，在四季中开展固碳释氧能力实验，估算植物年固碳释氧能力，根据不同生活型筛选和推荐高固碳植物。

3）应用案例

A. 空气质量改善型植物群落

以长三角地区乡村常见的 35 种乔灌木为对象，通过室内风洞试验，研究了其在不同风速下滞留 $PM_{2.5}$ 和 PM_{10} 的量随时间变化规律，分析了相关影响因素，分别筛选出 10 种滞留 $PM_{2.5}$ 及 PM_{10} 能力较强的植物（Xie et al.，2018）。

选取可能影响植物滞留颗粒物数量有关植物的枝冠特征、叶表面特征，如枝长、冠幅、表面积、体积、粗糙度、黏附力等共 34 个变量，分析变量与枝条、叶片滞留 $PM_{2.5}$、PM_{10} 数量之间的相关性，计算它们之间的斯皮尔曼相关系数，并检验其显著性。结果表明，不论是枝还是叶对 $PM_{2.5}$ 和 PM_{10} 的滞留能力都受到枝冠体积负向影响，枝冠越大，暴露在颗粒下的枝表面积、叶表面积比例越少，反而会降低颗粒物滞留量，枝密度越高更有利于滞留颗粒物；叶片越厚、越粗糙、反面黏附力越强越有助于叶片滞留颗粒物；风速在一定程度上有利于颗粒与枝条、叶片接触，增加滞留面积。

单位用地面积滞留 $PM_{2.5}$能力排名前10的分别是水杉、海桐、慈孝竹、龙柏、白玉兰、鸡爪槭、紫叶李、红叶石楠、银杏、珊瑚树，它们单位用地面积滞留 $PM_{2.5}$数量在5450～17760个/cm^2；其次是构树、榉树、香樟、小叶黄杨、石榴、狭叶十大功劳、落羽杉、杜鹃、金边黄杨、栀子花、紫薇、悬铃木、八角金盘、无患子、垂丝海棠，其单位用地面积滞留 $PM_{2.5}$颗粒数量均值在1300～5200个/cm^2；栾树、罗汉松等树种单位用地面积滞留 $PM_{2.5}$颗粒数量都小于1300个/cm^2。单位用地面积滞留 PM_{10}能力排名前10的分别是海桐、桂花、雪松、龙柏、落羽杉、罗汉松、构树、香樟、榉树、水杉，它们单位用地面积滞留 PM_{10}数量在2300～6596个/cm^2；其次是栀子花、杜鹃、小叶黄杨、洒金桃叶珊瑚、慈孝竹、石榴、悬铃木、栾树、珊瑚树、金边黄杨、八角金盘、狭叶十大功劳、紫薇、红花檵木、樱花，其单位用地面积滞留 PM_{10}颗粒数量均值在411～1772个/cm^2；白玉兰、鸡爪槭等树种单位用地面积滞留 PM_{10}颗粒数量都小于411个/cm^2。

滞留 $PM_{2.5}$ 能力较强的 10 种植物（乔灌木各 5 种）分别是水杉、慈孝竹、龙柏、白玉兰、鸡爪槭、海桐、珊瑚树、红叶石楠、小叶黄杨、杜鹃；滞留 PM_{10} 能力较强的 10

种植物分别是（乔灌木各 5 种）桂花、雪松、龙柏、落羽杉、罗汉松、栀子花、杜鹃、小叶黄杨、洒金桃叶珊瑚、金边黄杨。

B. 低碳型植物推荐

在自然群落调研的基础上，筛选出长三角地区应用频度>2%的 53 种植物，针对植物的中等规格（中龄）进行四季固碳效益的测定（表 4.26）。根据长三角地区乡村年降雨日平均值及乡村常见园林植物单株植物固碳量推算出常见植物的年固碳量。

表 4.26　长三角城乡交错带地区绿地植物四季高固碳树种排序表

植物分类	生长型	树种名称	春季		夏季		秋季		冬季		年平均	
			固碳量/g	排序	固碳量/g	排序	固碳量/g	排序	固碳量/g	排序	固碳量/kg	排序
大乔木	常绿	香樟	911.85	1	1816.6	2	1530.54	2	278.13	1	264.24	1
	落叶	枫杨	485.35	4	1210.22	3	1854.91	1	0		209.44	3
	常绿	广玉兰	171.24	14	638.95	10	1251.81	4	219.94	2	136.02	4
	落叶	意杨	368.62	7	754.82	9	906.29	5	0		118.98	5
	落叶	大叶榉树	149.39	15	876.25	5	789.53	7	0		104.34	9
	落叶	悬铃木	180.49	12	775.31	8	790.34	6	0		101.08	10
	落叶	复羽叶栾树	68.83	28	296.45	20	476.35	11	0		49.57	15
	落叶	无患子	192	11	379.64	15	222.97	20	0		45.63	19
	落叶	枫香树	75.15	26	278.52	23	320.05	15	0		39.22	21
	落叶	银杏	21.2	45	192.67	27	204.04	23	0		24.13	30
中乔木	落叶	乌桕	439.11	5	2431.91	1	1476.73	3	0		246.22	2
	落叶	垂柳	410.09	6	1052.78	4	775.63	8	0		128.82	5
	落叶	构树	119.38	20	784.58	7	405.46	12	0		73.6	11
	落叶	大叶朴	171.81	13	367	16	291.16	18	0		48	16
	落叶	白玉兰	92.39	23	233.68	25	153.37	28	0		27.5	26
	落叶	日本晚樱	24.37	43	268.52	24	75.72	39	0		20.2	33
	常绿	乐昌含笑	61.12	34	141.58	32	111.55	33	39.11	13	20.57	32
	落叶	喜树	225.19	9	531.28	12	322.81	14	0		61.83	13
小乔木	常绿	女贞	534.07	2	545.92	11	577.34	10	198	3	110.01	8
	常绿	柑橘	310	8	504.02	13	369.28	13	62.44	8	72.47	12
	常绿	桂花	133.24	17	167.6	30	207.48	21	94.55	5	35.86	22
	落叶	杏树	64.25	33	283.62	22	171.18	26	0		29.46	23
	常绿	蚊母	73.2	27	283.9	21	118.09	31	13.48	19	27.53	25
	落叶	碧桃	60.99	35	187.23	28	205.59	22	0		26.42	27
	落叶	石榴	75.88	24	180.73	29	132.95	29	0		22.44	31
	落叶	紫叶李	67.66	29	102.02	36	104.99	35	0		16.09	36
	常绿	杜英	64.94	30	43.6	46	114.3	32	23.49	16	14.93	38
	落叶	青枫	5.39	51	70.12	40	94	37	0		9.88	41
	落叶	老鸦柿	3.03	52	97.74	37	46.58	42	0		8.19	43
	落叶	五角枫	20.47	46	66.07	41	53.4	40	0		8.05	44
	落叶	垂丝海棠	33.28	40	76.55	39	28.65	47	0		7.84	45
	落叶	紫薇	15.41	49	41.45	47	26.05	48	0		4.74	50
	落叶	木芙蓉	487.97	3	822.43	6	630.53	9	0		112.58	7

续表

植物分类	生长型	树种名称	春季		夏季		秋季		冬季		年平均	
			固碳量/g	排序	固碳量/g	排序	固碳量/g	排序	固碳量/g	排序	固碳量/kg	排序
灌木	落叶	紫荆	120.24	19	468.58	14	304.77	17	0		50.93	14
	常绿	夹竹桃	148.98	16	307.82	19	315.21	16	45.1	11	47.81	17
	常绿	石楠	117.67	21	310.18	18	285.03	19	98.79	4	47.42	18
	常绿	茶梅	196.8	10	347.38	17	97.4	36	55.55	9	39.81	20
	落叶	云南黄馨	75.82	25	142.57	31	183.21	25	71.2	6	28.02	24
	落叶	蜡梅	102.72	22	128.81	33	194.48	24	0		25.28	28
	常绿	毛竹	36.71	38	219.22	26	109.82	34	70.6	7	24.92	29
	常绿	杨梅	64.43	31	110.66	34	120.79	30	34.62	15	19.47	34
	落叶	结香	52.24	37	105.3	35	154.62	27	0		18.42	35
	常绿	海桐	64.34	32	80.59	38	77.05	38	45.12	10	15.81	37
	落叶	日本珊瑚树	25.08	42	61.09	42	48.06	41	37.28	14	10.05	40
	常绿	大叶黄杨	34.66	39	57.76	44	39.57	43	40.36	12	10.13	39
	落叶	金丝桃	121.41	18	9.86	52	21.87	50	0		9.42	42
	落叶	南天竹	25.4	41	58.19	43	31.5	44	4.62	21	6.86	46
	落叶	红花檵木	22.56	44	50.73	45	28.87	46	14.87	17	6.77	47
	落叶	洒金桃叶珊瑚	19.52	47	40.3	48	25.79	49	13.88	18	5.78	48
	落叶	小叶栀子	57.36	36	0.6	53	15.67	52	4.21	22	4.84	49
	落叶	八角金盘	15.83	48	19.83	50	30.68	45	11.31	20	4.64	51
	常绿	大叶栀子	8.09	50	29.34	49	19.48	51	2.78	23	3.42	52
	常绿	毛鹃	2.96	53	11.33	51	0.84	53	0.06	24	0.83	53

根据年固碳效益，将53种植物聚类为两类（表4.27）。

表4.27　长三角地区绿地自然群落高固碳树种推荐表

时间	一类树种		二类树种	
	乔木	灌木	乔木	灌木
全年	香樟、枫杨、广玉兰、意杨、乌桕、垂柳、女贞、柑橘、喜树、桂花	木芙蓉、紫荆、夹竹桃、石楠、茶梅、云南黄馨	大叶榉树、悬铃木、栾树、无患子、构树、大叶朴、杏树、蚊母、碧桃、石榴、乐昌含笑、紫叶李、杜英	蜡梅、毛竹、杨梅、结香、海桐、日本珊瑚树、大叶黄杨、金丝桃、南天竺
春季	垂柳	木芙蓉、海桐	枫杨、意杨、无患子、女贞、喜树、大叶朴、香樟、垂丝海棠、紫叶李、柑橘、石榴、紫薇、桂花、杜英	金丝桃、八角金盘、夹竹桃、小叶栀子、大叶黄杨、茶梅、蜡梅、日本珊瑚树、云南黄馨
	香樟、垂柳、女贞	茶梅、木芙蓉、海桐、大叶黄杨、金丝桃	枫杨、大叶朴、喜树、杜英、紫叶李、柑橘、桂花、石榴	石楠、夹竹桃、小叶栀子、云南黄馨、红花檵木、八角金盘、日本珊瑚树、洒金桃叶珊瑚、南天竹
	香樟	—	枫杨、意杨、垂柳、乌桕、女贞	木芙蓉

续表

时间	一类树种		二类树种	
	乔木	灌木	乔木	灌木
夏季	香樟、广玉兰、意杨、大叶朴、大叶榉树、乌桕、无患子、日本晚樱、垂柳、构树、喜树、乐昌含笑、垂丝海棠、紫薇、碧桃	木芙蓉、茶梅、日本珊瑚树、毛竹、夹竹桃	枫杨、悬铃木、白玉兰、女贞、柑橘、杏树、蚊母、紫叶李、五角枫、老鸦柿、石榴、桂花	石楠、海桐、大叶黄杨、毛鹃、大叶栀子、南天竹、云南黄馨、洒金桃叶珊瑚、红花檵木、八角金盘、紫荆
	香樟、广玉兰、枫杨、乌桕、大叶榉树、大叶朴、垂柳、构树、喜树、蚊母、石榴、柑橘	石楠、木芙蓉、海桐、夹竹桃、大叶黄杨、日本珊瑚树、毛竹、红花檵木、云南黄馨、茶梅、毛鹃	枫香树、意杨、悬铃木、银杏、日本晚樱、无患子、白玉兰、复羽叶栾树、杏树、女贞、垂丝海棠、紫叶李、乐昌含笑、杜英、碧桃、桂花、五角枫、青枫、老鸦柿	杨梅、南天竹、紫荆、洒金桃叶珊瑚、大叶栀子、八角金盘、金丝桃、结香、蜡梅
	香樟、乌桕	—	广玉兰、意杨、枫杨、悬铃木、大叶榉树、垂柳、构树、女贞、喜树、柑橘	木芙蓉、紫荆
秋季	枫杨、碧桃	—	香樟、意杨、大叶榉树、大叶朴、垂柳、复羽叶栾树、女贞、杜英、喜树、紫薇、紫叶李	木芙蓉、蜡梅、石楠、夹竹桃、海桐、云南黄馨、日本珊瑚树、小叶栀子
	香樟、枫杨、大叶榉树、垂柳	石楠、海桐、夹竹桃、木芙蓉、云南黄馨、茶梅	广玉兰、意杨、枫香树、悬铃木、银杏、大叶朴、乌桕、复羽叶栾树、构树、白玉兰、乐昌含笑、喜树、柑橘、女贞、青枫、杜英、桂花、紫叶李、碧桃、石榴、蚊母、杏树	杨梅、八角金盘、日本珊瑚树、小叶栀子、大叶黄杨、蜡梅、金丝桃、结香、红花檵木、紫荆、洒金桃叶珊瑚、毛竹、南天竹、大叶栀子
	香樟、枫杨、乌桕	—	意杨、悬铃木、大叶榉树、垂柳、复羽叶栾树、女贞、构树、柑橘	木芙蓉
冬季	—	日本珊瑚树、大叶黄杨、海桐	广玉兰、香樟、女贞、乐昌含笑、杜英、桂花	杨梅、八角金盘、云南黄馨、毛竹、茶梅、石楠、洒金桃叶珊瑚、小叶栀子、红花檵木、夹竹桃
	—	海桐、大叶黄杨	广玉兰	石楠、日本珊瑚树、茶梅、云南黄馨
	香樟	—	广玉兰、女贞	—

4.4　重要水源地生态保育与服务功能提升关键技术与示范

4.4.1　长三角城市群重要水源地生态景观受损诊断

1. 长三角城市群重要水源地分布与特征

以长三角城市群 51 个城市水源地为对象，通过多光谱图像遥感解译和提取归一化水体指数（normalized difference water index，NDWI）对遥感影像区域内水体进行筛选（徐涵秋，2005），得出长三角城市群湖库型水源地特征及 1985～2015 年的变化。

1）长三角城市群重要水源地范围

根据《长江三角洲城市群发展规划》和《全国重要饮用水水源地名录》确定隶属于

长三角城市群行政区划范围内的重要饮用水水源地，并通过查阅文献和各级地方政府水利部门的公开信息查询筛选出的水源地建成时间，共得到 51 个集中式供水水源地（表 4.28），对这 51 个水源地按行政区划整理并标记其经纬度。

表 4.28　长三角城市群重要水源地汇总

南京市江宁区赵村水库应急水源地	南京市溧水区中山水库	南京市溧水区方便（东屏）水库
南京市高淳区固城湖水源地	宜兴市横山水库水源地	常州市金坛区长荡湖涑渎水源地
常州市武进区滆湖应急水源地	溧阳市沙河水库水源地	溧阳市大溪水库水源地
苏州市工业园区阳澄湖水源地	昆山市傀儡湖水源地	句容市北山水库水源地
句容市句容水库应急水源地	肥东县众兴水库	合肥市董铺水库
含山县东山水库	太湖县花亭湖水源地	来安县平洋水库
全椒县黄栗树水库	定远县城北水库	凤阳县凤阳山水库
宣城市龙须湖水源地	广德市卢村水库	宁波市奉化横山水库
奉化区亭下水库	宁波市皎口水库	象山县仓岙水库
奉化区溪口水库	宁海县黄坛水库	余姚市陆埠水库
余姚市四明湖水库	慈溪市上林湖水库	安吉县赋石水库
新昌县长诏水库	嵊州市南山水库	金华市金兰水库
兰溪市芝堰水库	东阳市横锦水库	永康市杨溪水库
武义县源口水库	浦江县金坑岭水库	舟山市城北水库
舟山市陈岙水库	舟山市洞岙水库	舟山市虹桥水库
舟山市普陀区芦东水库	台州市长潭水库	仙居县西岙水库
天台县里石门水库	温岭市湖漫水库	滁州市沙河集水库

2）长三角城市群重要水源地分布特征

下载长三角地区多时段美国陆地卫星 Landsat TM 遥感图，在 ENVI 和 ArcGIS 等地理信息系统软件的支持下，通过提取 NDWI 对遥感影像区域内水体进行筛选，得出长三角城市群湖库型水源地特征及 1985～2015 年的变化。结果表明，截至 2015 年，长三角水源地分布和城市群城市圈（上海、南京、杭州、合肥）分布相吻合，从省级尺度来看，江苏省水源地面积总和最大，浙江省水源地数量最多（图 4.25）。

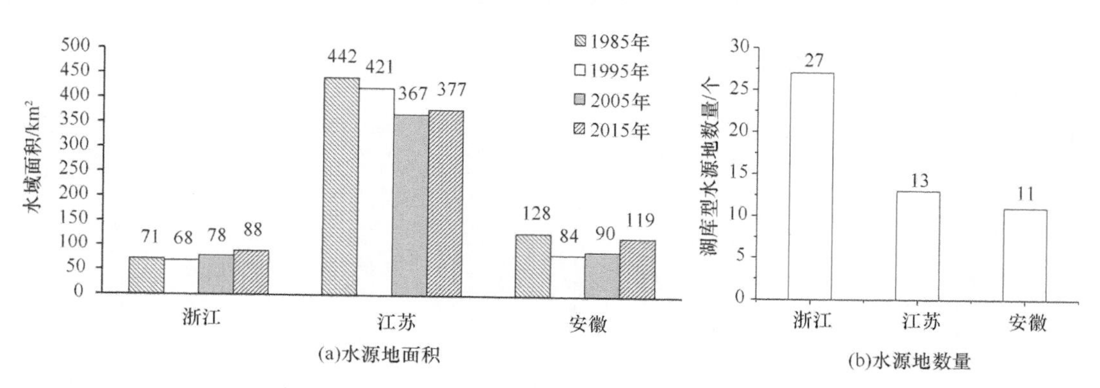

图 4.25　2015 年长三角城市群湖库型水源地的分布

3）长三角城市群重要水源地面积变化

尽管各个水源地之间面积变化差异较大，但是从整体上呈现出面积早年先萎缩，近年来趋于恢复的趋势（图 4.26）。本书选取的研究对象中，面积最大的 5 个水源地（阳澄湖、滆湖、长荡湖、固城湖及花亭湖）为经历了较强程度人类开发的水体，它们的总面积整体呈现下降态势，但是近年来水域面积又有所回升，具体面积变化如图 4.27 所示。

围湖垦殖是导致水域面积持续缩减的重要原因。以固城湖为例，经过 20 世纪 70 年代的围垦，湖泊面积从 78km^2 锐减至 30.9km^2。近十几年来，随着立法的加强，“还湖行动”在较大范围内开始实施，出现了湖泊面积的恢复性增长。本书选取的研究对象中，除去面积最大的五个水源地之外，均为人工管理的、兴建于 1975 年之前并投入使用的饮用水供水水库，它们的总面积在 1985～2005 年减少得较为明显；至 2015 年，水域面积已经恢复到 1985 年的同等水平，具体变化如图 4.28 所示。人类的土地开发和利用是造成湖泊面积萎缩的主要原因之一，如上海市的建城区在 30 年内几乎覆盖了长江入海口地区。所幸的是，在相关政策的推动下（中华人民共和国环境保护部，2018），水域面积的萎缩情况得到了控制。总体而言，2005 年之后整个长三角地区的水域面积出现了恢复性的增长，很多湖泊的围湖利用设施已经逐步拆除并恢复了原有的水域面积。

针对上述研究分析所得出的长三角水源地受损诊断问题，基于地理信息系统并结合政策分析，提出规划建议如下：①加强水源保护和环境保护力度；②解决经济发展带来的水质问题和人口增长带来的水供应量问题；③注重湖泊型水源地水域面积的维持和恢复；④加强水质的保护，并从供需两端加强水库型水源地对城市群的保障力度（Wang et al.，2019）。

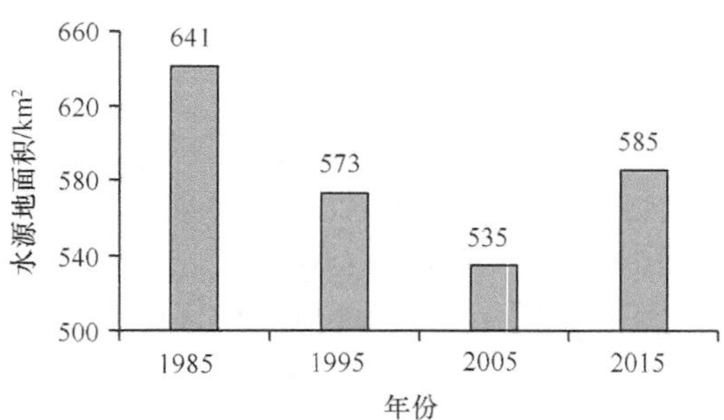

图 4.26　长三角城市群湖库水源地总面积的变化

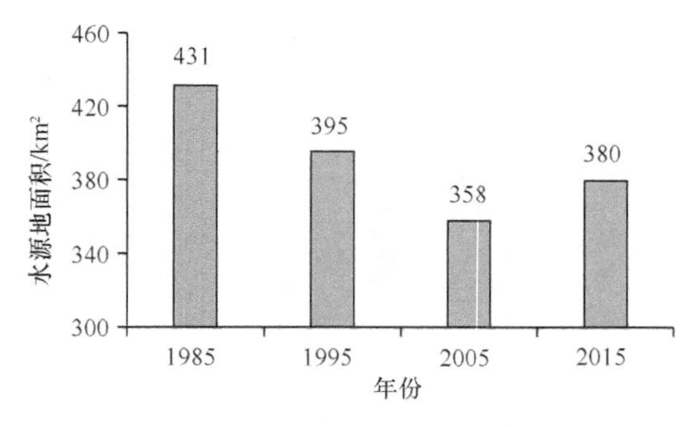

图 4.27　长三角城市群湖泊型水源地总面积的变化

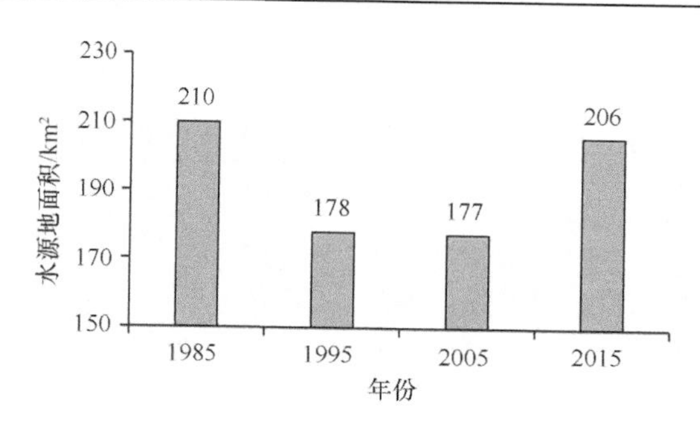

图 4.28　长三角城市群水库型水源地总面积的变化

2. 长三角城市群重要水源地生态系统服务评估

以长三角城市群重要水源地之一淀山湖地区为对象，通过获取 1984 年、1993 年、2006 年和 2014 年遥感影像，修正生态系统服务价值当量因子，基于 GIS 对淀山湖地区 1984～1993 年、1993～2006 年、2006～2014 年土地利用变化及生态系统服务价值进行分析。

1）校正生态系统服务价值当量因子

首先，在淀山湖区域各粮食作物单产、播种面积、各粮食作物全国平均价格的基础上（2000 年不变价），根据公式计算（谢高地和肖玉，2013；谢高地等，2008）：

$$E_{\mathrm{a}} = \frac{1}{7}\sum_{i=1}^{n}\frac{m_i p_i q_i}{M}(i = 1, \cdots, n) \tag{4.1}$$

式中，E_{a} 为 $1\mathrm{hm}^2$ 农田每年粮食作物的经济价值（元/hm^2）；i 为作物种类，淀山湖地区的主要作物有水稻、小麦、玉米、大豆；p_i 为 i 种粮食作物全国平均价格（元/t）；q_i 为 i 种粮食作物单产（t /hm^2）；m_i 为 i 种粮食作物面积（hm^2）；M 为 n 种粮食作物总面积（hm^2）；1/7 为单位面积生态服务价值为研究区当年主要粮食作物单位面积产值的 1/7。

淀山湖地区生态系统服务价值计算公式为

$$\mathrm{ESV} = \sum A_k \cdot \mathrm{VC}_k \tag{4.2}$$

$$\mathrm{ESV}_f = \sum A_k \cdot \mathrm{VC}_{f_k} \tag{4.3}$$

式中，ESV 为生态系统服务价值；A_k 为研究区第 k 类土地利用类型的分布面积（hm^2）；VC_k 为生态系统价值系数［元/(hm^2·a)］；ESV_f 为第 f 项生态系统服务功能价值；VC_{f_k} 为土地利用类型 k 的第 f 项服务功能价值系数［元/(hm^2·a)］。

本书通过统计 1984～2014 年淀山湖地区水稻、小麦、玉米及大豆的价格（2000 年不变价）、单产、播种面积等数据（表 4.29），得到淀山湖地区一个生态系统服务价值当量因子为 1635.28 元/hm^2，由此得到生态系统服务价值系数（表 4.30）。

2）淀山湖地区土地利用类型动态特征

根据淀山湖地区土地利用类型分布图，研究区耕地所占面积最大，为主要土地利用类型，其次是水体和建筑用地，林地、草地和未利用地所占比例较小。根据 1984～2014 年淀山湖地区土地利用变更数据，计算得到淀山湖地区各土地利用类型结构（图 4.29）

和土地利用动态度（表 4.31）。

表 4.29 淀山湖地区 1984 年、1993 年、2006 年和 2014 年主要农作物单产、作物价格和播种面积

年份	单产/(t/hm²)				作物价格/(元/t)				播种面积/hm²			
	水稻	小麦	玉米	大豆	水稻	小麦	玉米	大豆	水稻	小麦	玉米	大豆
1984	7.04	3.42	2.00	2.22	354.2	435.2	313.7	678.1	22165.7	8493.9	3.0	16.7
1993	7.14	4.04	4.37	2.06	627.5	667.9	465.5	1052.5	17501.0	7409.5	54.1	96.7
2006	8.06	4.58	5.33	2.15	2161.7	1433.5	1289.2	2625.4	9203.7	2749.4	32.1	158.1
2014	8.73	5.42	6.75	2.21	3795.5	2421	2245.4	4758.4	7497.7	5149.4	16.6	93.3

表 4.30 淀山湖区域土地利用类型的生态系统服务价值系数

生态系统服务		林地	草地	耕地	水体	未利用地
供给服务	食物生产	539.649	703.179	1635.3	866.709	32.706
	原材料生产	4873.194	588.708	637.767	572.355	65.412
调节服务	气体调节	7064.496	2452.95	1177.416	834.003	98.118
	气候调节	6655.671	2551.068	1586.241	3368.718	212.589
	水文调节	6688.377	2485.656	1259.181	30694.581	114.471
	废物处理	2812.716	2158.596	2273.067	24284.205	425.178
支持服务	保持土壤	6573.906	3663.072	2403.891	670.473	278.001
	维持生物多样性	7375.203	3058.011	1668.006	5609.079	654.12
文化服务	提供美学景观	3401.424	1422.711	278.001	7260.732	392.472
合计		45984.636	19083.951	12918.870	74160.855	2273.067

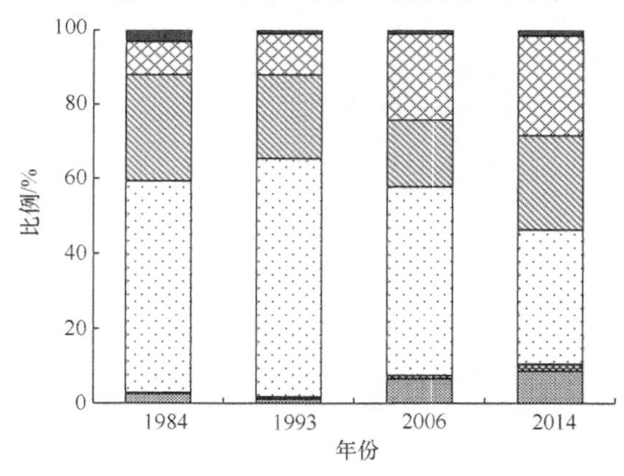

图 4.29 淀山湖地区 1984 年、1993 年、2006 年、2014 年土地利用类型结构

研究区水体面积在 1984～1993 年和 1993～2006 年发生减少，主要转换为耕地和建筑用地，但在 2006～2014 年面积有所增加。耕地面积先增加后减少，前期（1984～1993 年）增加了 6.97%，后期（1993～2006 年、2006～2014 年）分别减少了 13.34%及 14.51%。由于生态环境治理的改善以及耕作技术的提高，耕地逐渐向林地、草地转化，林地面积

自 1993 年开始呈现增加的趋势，1993～2006 年，单一土地利用动态度达到 38.93%。草地面积占比一直表现为增加态势，在 4 个时期分别为 0.26%、0.59%、0.86%和 1.89%。随着城市化进程，建筑用地快速扩张，占比从 8.99%增加到 26.85%。1984～1993 年综合土地利用动态度为 2.31%，淀山湖地区用地空间整体变化不大；1993～2006 年和 2006～2014 年综合土地利用动态度分别高达 48.12%和 28.87%（表 4.31）。

表 4.31　1984～1993 年、1993～2006 年、2006～2014 年三个时期淀山湖地区土地利用动态度（丁丽莲等，2019）　（单位：%）

年份	单一土地利用动态度						综合土地利用动态度
	耕地	林地	草地	未利用地	水体	建筑用地	
1984～1993	1.41	–6.39	14.64	–7.82	–2.37	2.83	2.31
1993～2006	–1.61	38.93	3.52	0.71	–1.49	8.06	48.12
2006～2014	–3.60	3.88	14.92	6.70	5.00	1.98	28.87

3）淀山湖地区生态系统服务价值变化特征

淀山湖地区生态系统服务价值（ESV）在 30 年间减少 1.81 亿元（表 4.32）。1984 年、1993 年、2006 年和 2014 年分别为 26.76 亿元、22.94 亿元、20.79 亿元和 24.95 亿元，呈现先减少后增加的趋势。从各地类 ESV 占比来看，水体 ESV 所占比例最高，其次为耕地。1984 年，耕地 ESV 为 6.58 亿元，占总价值的 24.58%；1993～2006 年耕地和水体 ESV 锐减，与此同时，林地和草地 ESV 增加，尤其是林地，动态度高达 38.90%；2006～2014 年林地、草地 ESV 进一步增加，水体 ESV 出现 V 形增长，但相比于 1984 年生态系统服务价值，仍减少 11.30%；未利用地 ESV 在 1984～2014 年减少 0.04 亿元，动态度为–0.11%（丁丽莲等，2019）。

表 4.32　1984～2014 年淀山湖地区各地类生态系统服务价值变化（丁丽莲等，2019）

土地利用类型	生态系统服务价值/亿元				比例/%				动态度/%			
	1984 年	1993 年	2006 年	2014 年	1984 年	1993 年	2006 年	2014 年	1984～1993 年	1993～2006 年	2006～2014 年	1984～2014 年
林地	1.05	0.45	2.71	3.55	3.93	1.95	13.03	14.22	–6.39	38.90	3.89	8.32
草地	0.04	0.102	0.15	0.33	0.16	0.44	0.71	1.31	14.69	3.51	14.91	0.94
耕地	6.58	7.41	5.86	4.17	24.58	32.31	28.17	16.71	1.41	–1.61	–3.60	–8.03
水体	19.02	14.96	12.05	16.87	71.08	65.21	57.98	67.63	–2.38	–1.49	5.00	–7.17
未利用地	0.07	0.02	0.02	0.03	0.25	0.09	0.10	0.13	–7.82	0.72	6.69	–0.11
建筑用地	0	0	0	0	0	0	0	0	0	0	0	0
总计	26.76	22.94	20.79	24.95	100	100	100	100	–1.59	–0.72	2.50	–6.05

淀山湖地区提供的水文调节服务功能最大，其次为废物处理功能，水体成为价值提供主体（表 4.33）。1984～2014 年，除原材料生产和气体调节的生态系统服务价值增加外，食物生产、废物处理、水文调节、保持土壤、提供美学景观和维持生物多样性的生态系统服务价值均减少，气候调节的生态系统服务价值基本保持不变。随着农业用地的锐减，其提供的食物生产功能也随之降低，1984～2014 年生态系统服务价值减少了 2.41 亿元；

林地面积的快速增加，导致其提供的原材料生产和气体调节服务价值在 1984～2014 年分别增加 22.03%和 18.37%，林地生态系统服务价值增加了 2.50 亿元（丁丽莲等，2019）。

表 4.33 1984～2014 年淀山湖地区生态系统服务价值变化

生态系统服务	生态系统服务价值 ESV/亿元				比例/%				价值变化率/%
	1984 年	1993 年	2006 年	2014 年	1984 年	1993 年	2006 年	2014 年	
食物生产	1.07	1.12	0.92	0.78	4.00	4.89	4.42	3.12	–27.10
原材料生产	0.59	0.53	0.67	0.72	2.19	2.32	3.24	2.90	22.03
气体调节	0.98	0.93	1.11	1.16	3.67	4.04	5.32	4.64	18.37
气候调节	1.84	1.67	1.68	1.84	6.86	7.28	8.08	7.37	0.14
水文调节	8.68	6.99	5.97	7.96	32.42	30.48	28.74	31.87	–8.29
废物处理	7.47	6.24	5.16	6.52	27.91	27.22	24.84	26.13	–12.72
保持土壤	1.56	1.60	1.62	1.50	5.84	6.98	7.78	6.02	–3.85
维持生物多样性	2.48	2.18	2.13	2.45	9.28	9.51	10.26	9.80	–1.21
提供美学景观	2.10	1.67	1.52	2.03	7.83	7.27	7.32	8.15	–3.33

1984～2014 年，淀山湖地区各镇生态系统服务价值均呈现先减小后增加的趋势（图 4.30）。由于地处湖区且平原河网密集，汾湖镇和朱家角镇生态系统服务价值显著高于其他地区，但汾湖镇对于研究区总 ESV 增加没有贡献，30 年间 ESV 减少了 5.62%。1984～2014 年，朱家角镇和锦溪镇的 ESV 呈现净增长（1.06%和 25.76%），张浦镇的 ESV 减少幅度最大（–38.43%）。前期（1984～1993 年），仅锦溪镇的 ESV 增加；后期（1993～2014 年），由于退耕还林还草政策、黄浦江上游水源保护条例的实施，除周庄镇外，其余 6 镇的 ESV 均有增加，其中对总 ESV 增加贡献最大的分别是张浦镇、金泽镇和朱家角镇（丁丽莲等，2019）。

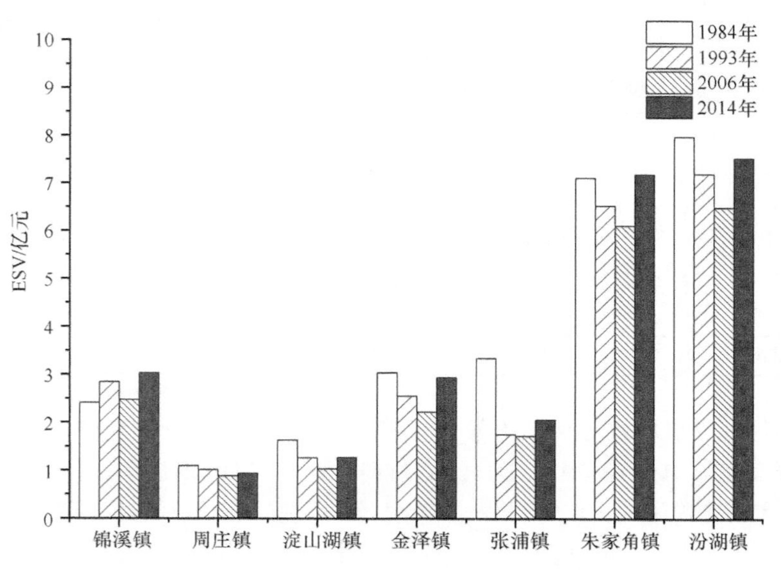

图 4.30 淀山湖地区 1984～2014 年各镇生态系统服务价值空间分布

将空间尺度扩展到省市级管辖区域（图 4.31），1984～2014 年，江苏省境内总地均 ESV 减少 3076.4 元/hm^2，单项地均生态系统服务价值均减少，其中，废物处理地均 ESV 下降幅度最大（–876.61 元/hm^2），水文调节、食物生产和土壤保持地均 ESV 下降幅度次之。上海市境内，总地均 ESV 增加 216.91 元/hm^2，单项地均 ESV 升高的有气体调节、气候调节和原材料生产 3 项服务，分别增长 638.80 元/hm^2、453.49 元/hm^2 和 400.52 元/hm^2，废物处理和水文调节两项生态系统服务功能均减少，地均 ESV 分别减少 1110.31 元/hm^2 和 705.12 元/hm^2。在单项地均 ESV 减少的区域内，除了水文调节和废物处理两项生态系统服务，江苏省境内的地均 ESV 下降幅度均大于上海市境内的地均 ESV。

通过对比 ESV 在各乡镇空间分布和省市级区域分布情况，基于淀山湖地区年均气温变化和年降水量变化（图 4.32），上海市金泽镇和朱家角镇在 1993～2014 年总 ESV 的增加得益于原材料生产、气体调节、气候调节、保持土壤和维持生物多样性 ESV 的增加，这 5 项服务也是林地在 9 个单项生态系统服务中价值系数较高的；相比于金泽镇和朱家角镇，这 5 项服务的各镇单位面积 ESV 值在江苏省境内的其余 5 镇均发生下降。因此，近 30 年淀山湖地区林地面积增加并没有对江苏省境内的 ESV 有更多贡献，而上海市通过构建水源涵养林、退耕还林等措施对黄浦江上游的保护更到位（丁丽莲等，2019）。

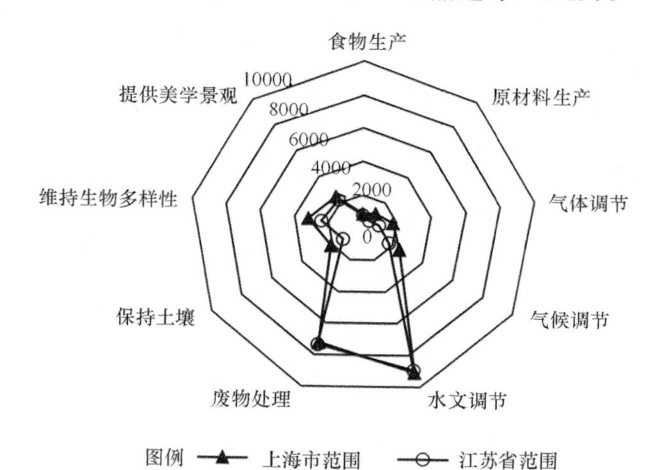

图 4.31　淀山湖地区所在省市级行政区（江苏、上海）地均 ESV 变化分布图（单位：元/hm^2）

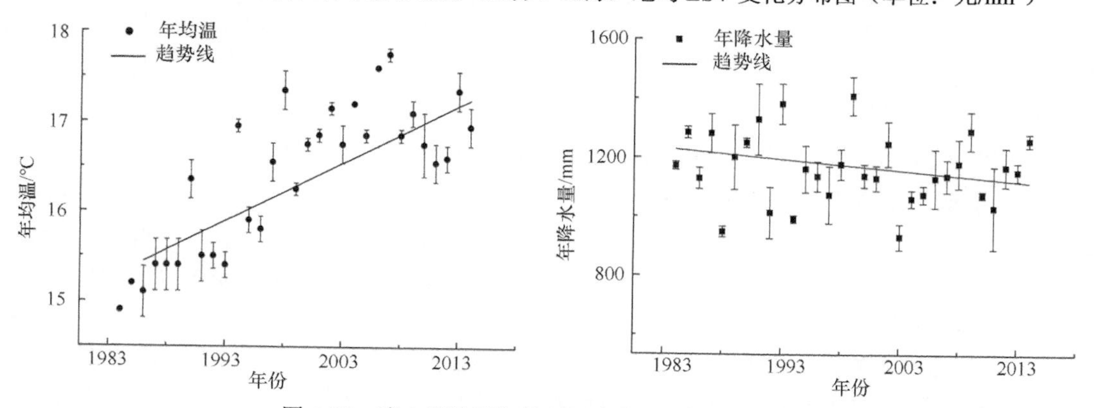

图 4.32　淀山湖地区年均气温变化和年降水量变化

3. 长三角城市群不同类型水源地水质分析

以浙江省 61 个不同类型水源地水体水质为对象，通过训练自组织特征映射（self-organizing feature map）和建立线性回归模型研究人类活动导致的土地利用变化对水源地水体水质的影响，浙江省水库水质的空间分布见图 4.33。

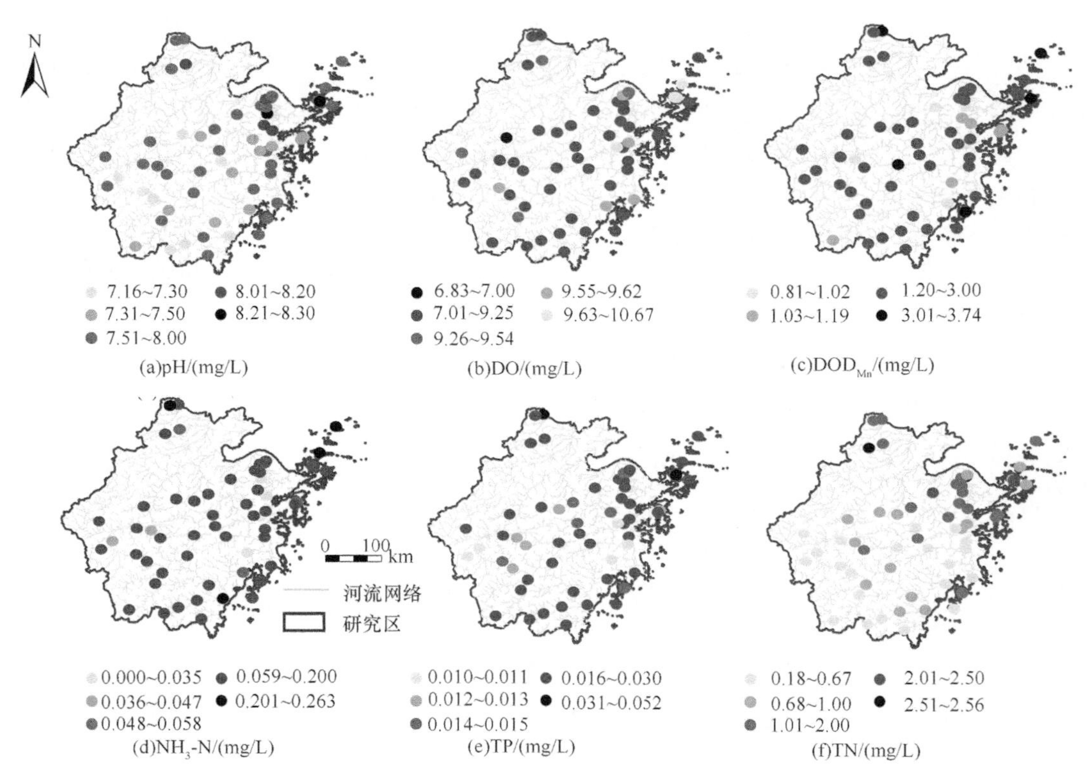

图 4.33 水库水质的空间分布图

1）高程和季节因素对水源地水体水质的影响

本案例通过线性回归分析了 61 个采样点在平水期、丰水期和枯水期的海拔和水质之间的关系。结果表明，在正常和低水位期，水库水位与 COD_{Mn} 浓度呈显著负相关。同时，在 3 个时间段内，采样点的升高也与 TN 浓度呈显著负相关。结果表明，季节和高程对水库水质的影响较大（Wetzel，2001）。

如图 4.34 所示，水库的 DO 浓度在平水期比丰水期和枯水期显著提高（$p<0.05$），并且平水期和丰水期的 pH 显著高于枯水期（$p<0.05$）。从 pH 和 DO 浓度可以看出，丰水期水质较差。其他物理化学性质在不同时期之间没有显著差异。由图 4.35 可知，平原水库 TN 浓度（TN 中值 ＝0.88mg/L）和 pH（TN 中值 ＝7.73mg/L）显著高于山区丘陵型水库（$p<0.05$）。

由图 4.36 可知，山地水库的森林比例高于平原水库，而建设用地、草地和农田的比例则相反。这说明在低海拔地区，水库更容易受到人类活动的影响。在规模上，随着规模（考虑面积）的增加，建设用地比例增加，尤其是平原水库建设用地比例增加（Keeler et al.，2012）。

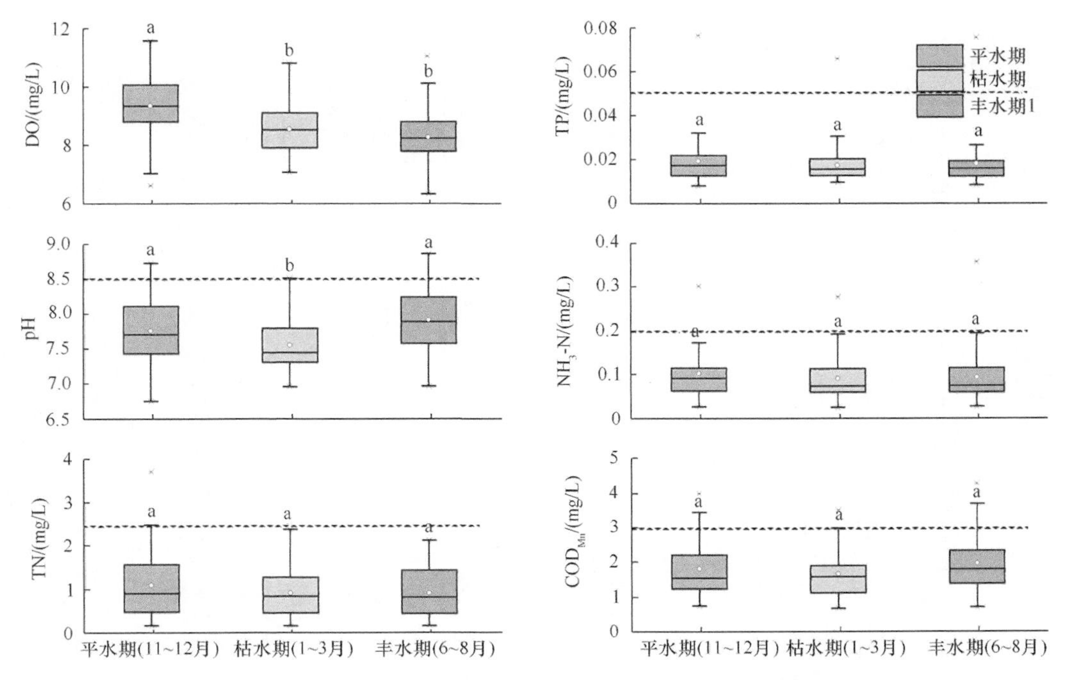

图 4.34　平水期、丰水期、枯水期的水质物理化学性质比较

每个框内的点和实线分别表示平均值和中值，框表示分布的第 25～75 个百分位。在每个框中，不同字母表示的值在 p<0.05 时差异显著。虚线以下的值表示除溶解氧外水质均符合标准（超过 5mg/L 表示符合标准），下同

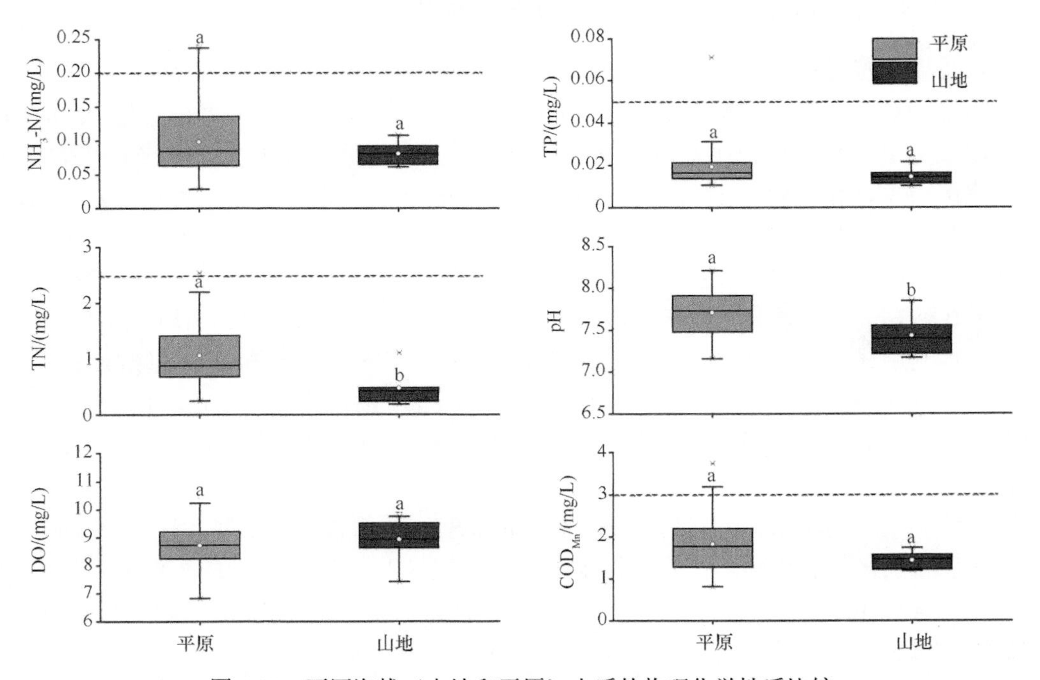

图 4.35　不同海拔（山地和平原）水质的物理化学性质比较

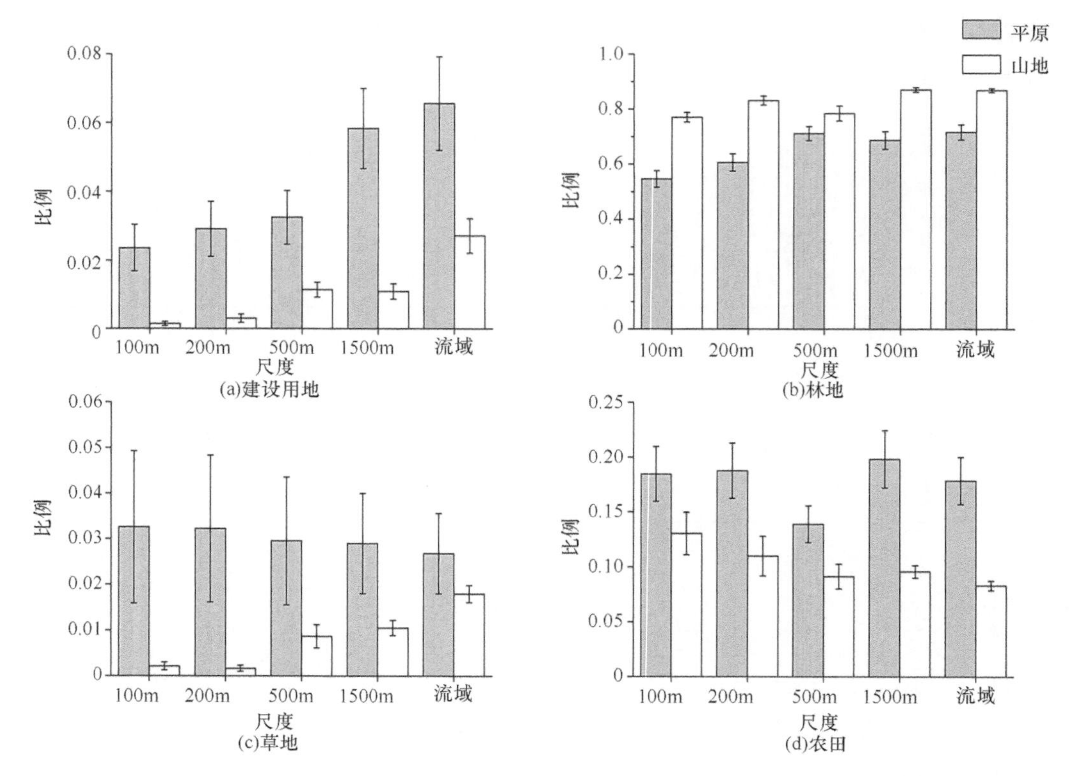

图 4.36 土地利用类型（农田、林地、草地、建设用地）在不同海拔和尺度下的面积比例

数值为平均值+标准差

2）土地利用与水源地水体水质的相关性分析

通过斯皮尔曼相关系数比较，LUI 和建设用地的比例与 COD_{Mn} 和 NH_3-N 呈正相关（n=61，p<0.05）。建设用地比例与 TP、TN 浓度呈正相关，与 DO 浓度呈负相关（n=61，p<0.05）。森林比例、草地比例与 COD_{Mn}、NH_3-N、TN 浓度呈负相关（n = 61，p<0.05）。耕地比例与 COD_{Mn} 浓度呈负相关（Spearman 相关系数=0.26，n=61，p<0.05），与其他水质性状均无显著相关性。水质与土地使用比例之间的相关性在空间尺度大于 500m 时增强。在斯皮尔曼相关系数热图中，可以明显看出两个簇，一个簇包括草地和森林的土地利用比例，另一个簇包括农田、建设用地的土地利用比例和 LUI。山地水库与平原水库的土地利用比例与水质属性的相关性也不同。山地水库 100m 和 200m 缓冲区中，耕地比例与 NH_3-N 浓度呈正相关（n=61，p<0.05）。在平原水库中，耕地比例与水质没有显著相关性（p>0.05），建设用地与土地利用比例和水质性状的相关性最强（Ding et al., 2019）。

土地利用结构（以景观格局指数表示）是影响水质的另一个重要指标。随着解释方差的降序排列，建设用地的景观占比（PLAND）在 1500m 缓冲区与 pH、COD_{Mn}、NH_3-N、TP 和 TN 呈正相关（p=0.002，方差= 15.1%）。此外，最大斑块指数（LPI）与 COD_{Mn}、NH_3-N 和 TP 浓度呈负相关，与流域尺度上 DO 和 TN 浓度呈正相关（p=0.006，方差= 11.2%）。森林的景观凝聚度（the cohesion index，COHE）与 COD_{Mn}、NH_3-N、TP 浓度呈正相关，与TN、DO浓度呈负相关（p=0.008，方差= 10.5%）。RDA进一步表明，在平水期、丰水期和全年平均，1500m缓冲区的土地利用结构对水质的影响是最大的。

针对上述研究分析所提出的长三角城市群不同类型水源地生态系统受损诊断问题，基于水质数据、GIS土地利用分析相结合，通过统计分析和空间制图，提出规划建议：①由于水库的特殊性，政府应更加重视水库水质的季节性变化；②1500m缓冲区尺度是决策者进行水源地生态系统土地利用优化管理的最适宜尺度；③利益相关者，特别是居民，应该加强保护水源地周边自然植被的意识，遵守生态红线政策；④产生工业点源污染的地方工业应限制其污水排放浓度，特别是COD_{Mn}和NH_3-N的浓度；⑤随着公众对水质的关注越来越多，决策者需要更多的关于水质价值的信息。因此，将与水质相关的生态系统产品和服务纳入决策，并在我们未来的工作中探讨土地利用对这些生态系统服务的影响，也将具有重要意义（Ding et al.，2019）。

4.4.2　长三角城市群重要水源地生态保育和功能提升的关键技术

1. 基于种间护理效应的南方水源地酸性退化土壤植被修复技术

本技术以南方水源地酸性退化土壤为对象，建立了一种在南方酸性土壤背景下利用抚育的生态护理效应使得退化生态系统获得快速有效恢复的技术。包括以下步骤：①选用具有显著护理效应的耐逆性豆科植物进行先锋植物群落构建；②将护理效应植物按照特定空间模式进行定植建群，维护一定时间使之成为具有显著护理效应的先锋群落；③在定植的护理植物之间播入构建南方酸性退化土壤区域生态系统终极群落具有生态学价值的目标植物种子或者间植其幼苗；④以拌种或者蘸根方式加入最适合目标植物共生的真菌繁殖体1～6种；⑤通过护理植物的抚育效应及共生真菌特殊分泌物的特殊功效保护目标植物在酸性土壤逆境下重建群落多样性并实现尽快重建植物群落及进行正向演替的目的。应用本技术提供的方法，可以在2～3年内比较快速地重建南方酸性退化土壤逆境下的受损生态系统的成功修复与植物群落重建，构建出具有良好生物多样性及较显著生态维持效益的次生生态系统。

1）耐酸性植物的筛选与邻体效应比较

以美丽胡枝子作为邻体植物，美丽胡枝子、马棘和紫花苜蓿作为目标植物，美丽胡枝子既是邻体植物也是目标植物，研究邻体效应，筛选出耐酸植物为邻体植物。试验是双因子随机区组试验，其中一个因子是土壤pH梯度（3.1、4.1、5.5、6.1），另一个因子是邻体因子（有邻体植物美丽胡枝子或没有邻体植物美丽胡枝子）。第二个因子是指三种目标植物（美丽胡枝子、马棘和紫花苜蓿）单独种植或者和邻体植物一起种植。对于每一种目标植物来说，每个处理重复5次，构成一个含有40个供观察的中型试验生态系统。

研究表明（表4.34～表4.36），在三个试验材料中，美丽胡枝子具有最强的耐酸性；

马棘和紫花苜蓿在 pH 为 5.5 时表现不错；所有供试物种都无法长期在 pH 为 3.1 的环境下持久生存。

表 4.34 美丽胡枝子的耐酸性能力及邻体效应表现

处理	pH	生物量/(g/株)		株高/cm		冠幅/cm	
		无邻	有邻	无邻	有邻	无邻	有邻
1	4.1	26.0942	16.108	114.02	80.3	31	25.76
2	5.5	11.6822	4.3877	101.502	82.02	26.9	21.54
3	6.1	4.288	3.6989	68.7	54.36	19.08	15.6

表 4.35 马棘的耐酸性能力及邻体效应表现

处理	pH	生物量/(g/株)		株高/cm		冠幅/cm	
		无邻	有邻	无邻	有邻	无邻	有邻
1	4.1	2.0269	0.5396	32.375	21	11.55	9.35
2	5.5	1.0963	2.3942	24.25	37.125	10.725	12.25
3	6.1	0.3918	1.6359	12.25	23.75	7.975	9.5

表 4.36 紫花苜蓿的耐酸性能力及邻体效应表现

处理	pH	生物量/(g/株)		株高/cm		冠幅/cm	
		无邻	有邻	无邻	有邻	无邻	有邻
1	4.1	0.0539	0.2933	8.8	18.5	8.6	13.4
2	5.5	4.8707	1.9968	60	58.3	57.6	51.2
3	6.1	0.8418	1.152	49.6	50.1	30	40.2

2）不同目标植物和护理植物之间邻体效应的比较

以筛选出来的美丽胡枝子为邻体植物，测定护理植物邻体效应。双因子随机区组试验，设置土壤 pH 分别为 4.1、5.6 和 6.9 三个酸胁迫水平，设置有邻体、无邻体两种邻体处理。对于每一种目标植物，每个处理重复 5 次，3（pH）×2（邻体）×5（重复）。

结果表明（表 4.37～表 4.41），所有供试植物都存在逆境下的互惠性邻体效应；邻体效应大小存在种间的区别，说明不同物种从邻体构建中获得的益处存在不同；不同阶段、不同植株性状的邻体响应也是不一样的。

表 4.37 各种酸性胁迫水平下邻体效应对不同植物的萌发率影响的比较 （单位：%）

处理	pH	紫穗槐		白三叶		黑麦草	
		无邻	有邻	无邻	有邻	无邻	有邻
1	4.1	95.2	99.23	33	45.6	64.8	77.6
2	5.6	99.2	99.2	47.2	45.2	78	74.4
3	6.9	99.47	99.2	39.2	33.6	69.6	77.5

处理	pH	马棘		狗牙根		高羊茅	
		无邻	有邻	无邻	有邻	无邻	有邻
1	4.1	99	98.75	16.4	35.2	88.8	92.4
2	5.6	99	99.2	28.8	24	92.4	97
3	6.9	99.2	98.8	22.4	26.4	88.4	94.4

表 4.38　各种酸性胁迫水平下邻体效应对不同植物的存活率影响的比较　（单位：%）

处理	pH	紫穗槐		白三叶		黑麦草	
		无邻	有邻	无邻	有邻	无邻	有邻
1	4.1	95.71	90.67	74.90	98.52	82.34	94.45
2	5.6	95.85	97.06	85.61	98.33	90.42	95.45
3	6.9	95.78	86.91	99.29	93.89	97.20	96.36
处理	pH	马棘		狗牙根		高羊茅	
		无邻	有邻	无邻	有邻	无邻	有邻
1	4.1	64.50	88.46	65.72	89.76	97.34	100.00
2	5.6	71.81	76.98	90.21	94.85	100.00	99.17
3	6.9	80.46	78.73	96.46	96.32	99.17	100.00

表 4.39　各种酸性胁迫水平下邻体效应对不同植物株高影响的比较　（单位：cm）

处理	pH	紫穗槐		白三叶		黑麦草	
		无邻	有邻	无邻	有邻	无邻	有邻
1	4.1	21.14	23.24	4.64	9.28	8.82	12.80
2	5.6	32.20	25.48	12.03	9.80	19.50	11.70
3	6.9	30.52	26.32	10.33	9.17	23.60	17.80
处理	pH	马棘		狗牙根		高羊茅	
		无邻	有邻	无邻	有邻	无邻	有邻
1	4.1	12.10	8.53	1.82	5.54	8.70	12.03
2	5.6	8.85	12.20	9.53	1.95	22.50	11.90
3	6.9	8.08	10.85	5.28	2.63	25.84	11.45

表 4.40　各种酸性胁迫水平下邻体效应对不同植物冠幅影响的比较　（单位：cm）

处理	pH	紫穗槐		白三叶		黑麦草	
		无邻	有邻	无邻	有邻	无邻	有邻
1	4.1	10.22	14.14	4.00	8.50	7.27	11.33
2	5.6	19.74	18.62	15.93	11.00	21.70	10.83
3	6.9	19.88	19.46	15.00	8.88	27.25	15.50
处理	pH	马棘		狗牙根		高羊茅	
		无邻	有邻	无邻	有邻	无邻	有邻
1	4.1	6.24	3.52	1.44	4.84	8.56	12.18
2	5.6	4.40	6.64	8.77	1.98	22.22	11.80
3	6.9	3.60	5.89	5.03	1.70	24.75	11.82

表 4.41　各种酸性胁迫水平下邻体效应对不同植物生物量影响的比较　（单位：g/株）

处理	pH	紫穗槐		白三叶		黑麦草	
		无邻	有邻	无邻	有邻	无邻	有邻
1	4.1	7.52	5.58	0.22	0.57	0.70	0.94
2	5.6	10.54	6.89	1.29	0.55	1.07	0.47
3	6.9	9.90	7.35	1.42	0.63	1.17	0.33

续表

处理	pH	马棘		狗牙根		高羊茅	
		无邻	有邻	无邻	有邻	无邻	有邻
1	4.1	4.51	2.16	0.22	0.41	0.74	1.16
2	5.6	6.26	8.10	1.20	0.47	1.27	0.98
3	6.9	2.74	4.76	0.84	0.58	1.56	0.86

3）严重退化酸性土壤逆境下不同植物的邻体互惠效应的鉴定

本试验为双因子裂区完全随机试验。在该试验中，有无邻体处理作为主区，不同物种（紫穗槐、马棘、白三叶、狗牙根、黑麦草和高羊茅）作为裂区。每个大区面积为4m×3m=12m^2（图4.37）。每个大区间隔宽为0.4m的环沟。在每个大区中，平均分割为12个1m×1m的小区。共设置14个重复，2（邻体）×6（目标植物）×14（重复）=168小区。

研究结果表明（表4.42～表4.50），不同物种耐逆境（酸性、瘠薄、高温等）的能力存在显著差异。白三叶、黑麦草与高羊茅由于经受不了极端逆境，陆续死亡，没能存活到收获期；幸存物种的生长表现，以紫花苜蓿为强，马棘次之，狗牙根相对较弱。种植植物对土壤有机质和氮磷等养分含量有显著的改进作用，是改进土壤生态系统的重要举措。

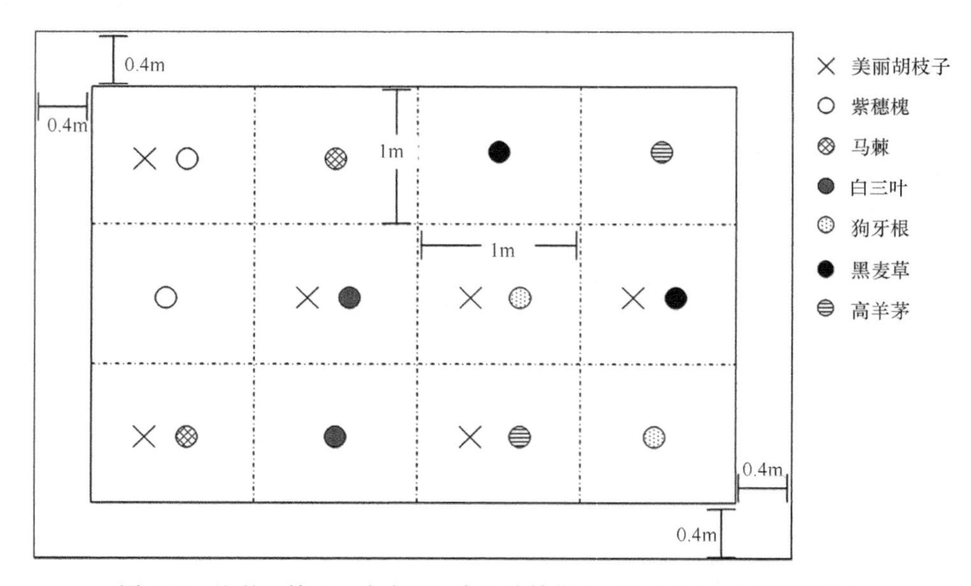

图4.37 野外环境（一个大区）中成体植物对幼苗抚育效应试验示意图

表4.42 有无邻体处理对不同植物种类萌发率的影响 （单位：%）

处理	邻体	紫穗槐	白三叶	黑麦草	马棘	狗牙根	高羊茅
1	无	74.44	39.44	37.78	60.87	74.44	74.44
2	有	81.67	65.00	65.00	60.87	81.67	81.67

表 4.43　有无邻体处理对不同植物种类存活率的影响　（单位：%）

处理	邻体	紫穗槐	白三叶	黑麦草	马棘	狗牙根	高羊茅
1	无	95.26	35.82	62.43	63.79	54.86	88.71
2	有	94.10	59.72	78.62	92.00	89.55	88.74

表 4.44　有无邻体处理对不同植物种类株高的影响　（单位：cm）

处理	邻体	紫穗槐	白三叶	黑麦草	马棘	狗牙根	高羊茅
1	无	47.60	6.80	9.10	19.70	15.90	7.00
2	有	40.80	10.40	11.10	16.50	22.00	12.90

表 4.45　有无邻体处理对不同植物种类冠幅的影响　（单位：cm）

处理	邻体	紫穗槐	白三叶	黑麦草	马棘	狗牙根	高羊茅
1	无	25.00	7.00	9.20	11.20	16.20	7.20
2	有	21.00	10.40	11.30	8.70	22.40	13.20

表 4.46　有无邻体处理对不同植物种类生物量的影响　（单位：g/株）

处理	邻体	紫穗槐	马棘	狗牙根
1	无	32.39	11.45	2.21
2	有	29.82	7.02	4.07

表 4.47　有无邻体处理对土壤总氮量改善效果的影响　（单位：g/kg）

处理	邻体	紫穗槐	白三叶	黑麦草	马棘	狗牙根	高羊茅
1	样地	0.79					
2	无	0.94	0.84	0.84	1.08	1.06	1.12
3	有	0.99	0.94	1.03	1.12	1.09	1.15

表 4.48　有无邻体处理对土壤总磷含量改善效果的影响　（单位：mg/kg）

处理	邻体	紫穗槐	白三叶	黑麦草	马棘	狗牙根	高羊茅
1	样地	114.17					
2	无	155.07	154.32	144.04	161.95	172.48	166.97
3	有	157.20	157.32	156.14	167.98	162.90	169.09

表 4.49　有无邻体处理对土壤有效磷含量改善效果的影响　（单位：mg/kg）

处理	邻体	紫穗槐	白三叶	黑麦草	马棘	狗牙根	高羊茅
1	样地	3.69					
2	无	4.54	4.32	3.19	5.72	6.44	5.82
3	有	5.62	4.02	3.53	6.72	5.80	6.08

表 4.50　有无邻体处理对土壤有机质改善效果的影响　（单位：%）

处理	邻体	紫穗槐	白三叶	黑麦草	马棘	狗牙根	高羊茅
1	样地	0.70					
2	无	0.79	0.86	0.78	0.79	0.66	0.94
3	有	1.08	0.82	0.88	1.04	0.89	0.97

2. 中低海拔库区裸露边坡植被生态恢复技术

以长三角城市群水库型水源地永宁水库（新建水库）为研究对象，通过在中低海拔库区建立裸露边坡植被生态恢复技术，在常规造林绿化植物搭配基础之上，充分考虑植物群落各个演替阶段的主导物种的生物学习性、群落重建过程中各种个体之间的距离、种间关系、最佳生态位效应以及土壤共生真菌的互惠效应，创新提出裸地复绿的植物群落重建技术。研究表明，株间距离不当、仅依据美观效果选择植被、按照传统标准进行栽植，都不利于甚至无助于裸露边坡的快速修复。水源地边坡植被恢复的目标是极大地改善裸露边坡及周边的生态环境，改良土壤结构，恢复水源地森林植被，由此提高生态系统功能稳定性。由于水源地边坡具有其特殊性，植被恢复后的效果需要达到过滤拦截污染物、净化水质的需求，并兼具水源涵养、水土保持、维持生物多样性和景观美学功能。中低海拔库区裸露边坡植被生态恢复技术应用案例步骤如下。

1）先锋植物选择

选择先锋植物应符合相关原则：①因地制宜，应以具有良好水土保持功能的乡土植物为主，非生物入侵性的他地植物亦可适当采用；②应根据边坡立地条件群落重建早期阶段，选择克隆生长能力强，有匍匐根茎、抗旱性强的植物；③种源容易获取、商品化程度高、在困难条件下生长有利植物品种应优先选择；④有固氮习性的豆科植物优先。

2）目标植物选择

选择目标植物应符合：①参照周边自然植被群落构成进行选择，优先选择乡土植物种类和适应当地环境条件的归化种；②适合当地水温条件的生长特点，能与周边自然生态环境相融合，在水文效应、护坡固土、生态恢复等功能上与周边植物群落相一致；③符合生物多样性及生态位原理，物种间具有良好的共存性、更少的竞争性，且能形成稳定的生态系统；④具有一定抗旱性、抗寒性、耐瘠薄、耐高温等抗逆性；⑤具有多层次、多色彩、多季相的景观特点；⑥可设计为匍匐、攀缘、克隆生长等类型。

3）植被恢复措施

植被恢复措施包括：①植苗造林植被恢复技术；②筑坑造林植被恢复技术（人工凿坑、植生袋围堰造坑、浆砌块石围栏造坑）；③植被混凝土植被恢复技术（坡面清理、安装锚杆、铺设镀锌铁丝网、植被混凝土基材配置、植被混凝土喷植、前期养护），建立演替序列和互惠作用，来达到中低海拔库区裸露边坡植被生态恢复（表 4.51）。

4）植物群落演替和互惠作用

群落优势种应从草本为主的植物群落逐渐过渡到以乔、灌木为主的较稳定植物群落。为了保证坡面的植物群落演替应呈正向发展趋势，植被演替初期应以草本植物为主，包括豆科、菊科和禾本科；1～2 年，应以草灌丛植物为主，包括豆科、菊科、禾本科、大戟科和旋花科；3～5 年，应以灌丛植物为主，包括木犀科和蓼科及杜鹃科；5 年以后，应以乔灌丛植物为主，包括壳斗科、樟科、杜鹃科和蔷薇科及黄杨科等。水源地边坡在植被重建后依次经过草丛、草灌丛、灌丛、乔灌丛等 4 种不同类型的植物群落，以后还会朝着相对稳定的植物群落发展，最终与周边的未受损的群落融为一起。坡面、平台、坡脚应有人工栽植的乔、灌木，可以缩短植被演替的时间。其中包括南天竹、红花檵木、丰花月季、龟甲冬青、大叶黄杨、夏鹃、小叶栀子、大花六道木等植被（表 4.52、表 4.53）。植物-植物相互作用（竞争或促进）在构建植物群落中发挥重要作用。由于浙江省山区土壤呈酸性或弱酸性，通过在演替初级阶段，建立耐酸邻体植物与不同耐酸性目标植物的互作体系，可以充分发挥植物的互惠作用。例如，选取美丽胡枝子作为邻体植物，紫穗槐、马棘、白三叶、狗牙根、黑麦草、高羊茅作为目标植物，可以显著增加紫穗槐、马棘、白三叶、狗牙根、黑麦草、高羊茅幼苗萌发率、存活率以及生物量。

表 4.51　浙江省地区裸露边坡植被恢复工程前期植被混凝土喷植种子选择参考表

植物群落演替阶段	植物种子名称（生活习性）	生长时间预期
草丛	豆科紫花苜蓿（*Medicago sativa*）（多年生草本） 禾本科高羊茅（*Festuca elata*）（多年生疏丛草本） 禾本科黑麦草（*Lolium perenne*）（多年生草本） 禾本科狗牙根（*Cynodon dactylon*）（多年生匍匐低矮草本） 菊科小蓬草（*Conyza canadensis*）（一年生直立草本） 菊科艾蒿（*Artemisia argyi*）（多年生草本）	裸坡植被重建修复早期阶段
草灌丛	旋花科牵牛（*Pharbitis nil*）（一年生缠绕草本） 禾本科白茅（*Imperata cylindrica*）（多年生直立草本） 菊科蒲公英（*Taraxacum mongolicum*）（多年生草本） 豆科胡枝子（*Lespedeza bicolor*）（多年生直立灌木） 豆科马棘（*Indigofera pseudotinctoria*）（多年生小灌木） 大戟科算盘子（*Glochidion puberum*）（多年生小灌木）	1～2 年
灌丛	木犀科小叶女贞（*Ligustrum quihoui*）（多年生小灌木） 木犀科黄馨（*Jasminum mesnyi*）（多年生直立亚灌木） 蓼科酸模（*Rumex acetosa*）（多年生草本） 蓼科红蓼（*Polygonum orientale*）（一年生草本） 蓼科杠板归（*Polygonum perfoliatum*）（一年生攀缘草本）	3～5 年
乔灌丛	蔷薇科火棘（*Pyracantha fortuneana*）（多年生常绿灌木） 蔷薇科厚叶石楠（*Photinia crassifolia*）（多年生常绿灌木） 蔷薇科厚叶石斑木（*Rhaphiolepis indica*）（多年生常绿灌木）	5 年以后

表 4.52　山丘区水源地区域裸露边坡植被重建中边坡植被重建目标群落上层植物组建建议

序号	名称	规格/cm			数量/株	备注
		胸径	高度	冠幅		
1	香樟	8	450	200	4	2 年以上移栽苗，3 级以上分枝，全冠，2.2m 以上开枝
2	女贞	8	400	200	4	2 年以上苗圃苗，3 级以上分枝，全冠，2m 以上开枝
3	乌桕	8	400	200	3	2 年以上苗圃苗，3 级以上分枝，全冠，2m 以上开枝
4	垂柳	8	400	200	2	2 年以上苗圃苗，3 级以上分枝，2m 以上开枝
5	池杉	8	600	150	7	1 年以上苗圃苗，全冠，2m 以上开枝
6	四季桂	6	250	250	5	1 年以上苗圃苗，全冠

续表

序号	名称	规格/cm			数量/株	备注
		胸径	高度	冠幅		
7	紫薇	4	200	120	21	1 年以上苗圃苗，3 级以上分枝，1.2 以上开枝
8	紫叶李	6	280	180	9	1 年以上苗圃苗，3 级以上分枝，1.5m 以上开枝
9	木绣球	—	150	100	20	1 年以上苗圃苗，全冠
10	鸡爪槭	6	250	180	11	1 年以上苗圃苗，1m 以上开枝
11	黄山栾树	8	400	200	25	2 年以上苗圃苗，全冠，2m 以上开枝
12	垂丝海棠	6	250	200	15	1 年以上苗圃苗，1.2m 以上开枝

表 4.53　山丘区水源地区域裸露边坡植被重建中边坡植被重建目标群落中下层植物组建建议

序号	名称	密度	高度/cm	冠幅/cm	数量/株	备注
1	南天竹	9 株/m^2	60	40	6.9	
2	红花檵木	25 株/m^2	40	25	358.3	
3	丰花月季	16 株/m^2	40	25	138.9	
4	龟甲冬青	25 株/m^2	30	25	292.9	
5	大叶黄杨	25 株/m^2	40	20	224.6	
6	夏鹃	25 株/m^2	30	25	378.7	
7	小叶栀子	25 株/m^2	30	20	107.7	
8	大花六道木	25 株/m^2	30	25	124.9	
9	红叶石楠	25 株/m^2	40	25	108.7	
10	云南黄馨	16 株/m^2	50	25	105.7	
11	阔叶麦冬	25 丛/m^2	—	—	98.9	5～8 芽/丛
12	兰花三七	16 丛/m^2	—	—	384.7	5～8 芽/丛
13	草皮	满铺	—	—	101.1	狗牙根
14	芦苇	16 株/m^2	100	—	16	3～5 芽
15	黄菖蒲	16 株/m^2	60	—	18.9	3～5 芽
16	再力花	16 株/m^2	80	—	19.2	3～5 芽
17	伞草	16 株/m^2	120	—	32.1	3～5 芽

针对长三角城市群中低海拔库区裸露边坡存在的问题，基于连续 20 多年来对严重胁迫环境下植物与植物之间相互作用变化的生态学规律及其效果、机理和关键技术的长期研究，在常规造林绿化植物搭配基础之上，充分考虑植物群落各个演替阶段的主导物种的生物学习性、群落重建过程中各种个体之间的距离、种间关系、最佳生态位效应以及土壤共生真菌的互惠效应，创新提出裸地复绿的植物群落重建技术。预期结果如下：在条件类似地区和区域，采用本技术规程开展建设施工完成一个月后，草本植物生长情况预期良好。施工中后期植被逐渐演替发展，达到预定的植物群落形成、水土保持、景观恢复等目标。工程结束后要求 1 年的养护期，植被基本稳定。1～2 年，应以草灌丛植物为主，包括豆科、菊科、禾本科、大戟科和旋花科；3～5 年，应以灌丛植物为主，包括木犀科和蓼科；5 年以后，应以乔灌丛植物为主，包括木犀科和蔷薇科。水源地边坡在植被重建后依次经过草丛、草灌丛、灌丛、乔灌丛等 4 种不同类型的植物群落，以后

还会朝着相对稳定的植物群落发展。本技术将有利于浙江省山丘区水源地区域等裸露边坡植被恢复技术的发展，有利于促进生态文明、促进和引导行业健康有序发展，也可期待有利于建成浙江省水资源安全生态体系的保障。

4.4.3 小 结

本章围绕长三角城市群重要水源地的保育和生态系统服务功能的提升开展了研究，取得以下重要进展。①阐明长三角水源地类型分布特征及影响的关键因素，为受损水源地修复提供技术研制的方向和基础。研究揭示，长三角的水源地以湖库型为主，镶嵌分布于低海拔和丘陵区域，受农业生产（土地利用）和城市发展的影响；水源地水质受一年中的不同时期（丰水期、枯水期和平水期）、水库海拔（平原与山区）和水陆交错带土地利用影响，指出水库周围半径为 200m 的区域（水陆交错带）是水源地水质保育的关键区域；水陆交错带中氮循环有关土壤微生物群落和功能基因丰富，且受土地利用、人类活动的强烈影响，这些研究的发现为受损水源地修复技术研制提供方向和基础。② 揭示出种间互惠效应及机理，为受损水源地修复技术的研制提供了依据。研究结果表明，在酸性土壤中，邻体植物对耐酸性较低的物种幼苗具有显著的正效应，具体反映在对幼苗萌发率、存活率以及生物量的促进，但是对耐酸物种幼苗则没有促进作用。结果还表明，植物-植物相互作用的影响不仅取决于土壤酸胁迫（pH）水平，还取决于目标植物物种对 pH 的最佳生态位；在酸胁迫下，邻体植物更加促进偏离最佳 pH（耐酸性较低）的目标物种幼苗的生长，且土壤中的 AMF 对邻体效应具有调控作用。③筛选出受损水源地修复的关键技术，建立中低海拔水源地保育技术体系。基于种间互惠和邻体抚育植物的原理，建立利用抚育植物重建修复水源地退化土壤的技术，包括具有护理效应的耐逆性豆科植的选择、护理植物与目标植物的配置、丛枝菌根真菌的引入等关键技术环节，形成中低海拔水源地保育技术体系，并在湖库型水源地的裸露地植被恢复、湿地植被重建和水陆交错地的水土拦截应用，取得良好效果。

第5章　长三角城市群典型受损生态空间修复保育及功能提升技术与示范

5.1　典型退化城市湿地生态重建与服务功能提升关键技术研究

5.1.1　典型退化城市湿地评估技术

1. 典型退化城市湿地状态评估技术

本技术以典型退化城市湿地为对象，探讨用于评估其退化状态的方法（Wu et al., 2017）。具体包括以下步骤：①构建评价指标体系，从湿地空间范围与结构、水质、生物多样性三大类出发，设置一级和二级监测指标；②确定湿地生态要素评价标准，对自然湿地面积、空间结构、动植物、水量水质等湿地关键生态要素特征指标进行监测与评价。本技术有利于保护和利用湿地资源，促进城市生态环境的健康发展，有利于提升公众的生活质量和身体健康并促进未来的经济发展。

典型退化城市湿地状态评估技术在典型退化城市湿地恢复与重建中应用案例的步骤如下。

1）构建评价指标体系

湿地生态系统由生物要素和非生物要素组成，各要素之间的相互作用极其复杂。通过选取合适的能够表示生态系统主要特征的指标（表5.1），分析指标的状态、变化和驱动，评估湿地修复的效果。

表5.1　退化城市湿地关键生态要素评估指标体系

指标分类	一级评价指标	二级评价指标	指标作用
空间范围与结构	数量、分布	湿地面积、比例	反映各湿地类型的面积与分布
		自然湿地占比/水面率	反映自然湿地类型在所有湿地中的占比
	空间结构	生态单元完整性	反映了自然或人文因素对于湿地斑块的干扰程度
		重要生态单元占比	反映湿地内部的稳定性
水环境	水文	水位	反映湿地内部水源补给的稳定性
	水质	温度	影响湿地植物和游泳动物的生长
		盐度	影响湿地植物的生长和竞争能力
		叶绿素a	与藻类的含量相关，反映水体的营养水平
		透明度	影响沉水植物的光合作用
		溶解氧	影响游泳动物的生长

续表

指标分类	一级评价指标	二级评价指标	指标作用
水环境	水质	总氮	植物生长素
		氨氮	影响湿地氮循环
		总磷	植物生长素
		高锰酸钾指数	
生物多样性	动物	鸟类	种群数量、群落结构
		底栖生物	种类、数量、群落结构
		其他珍稀/重要保护对象	种类、数量、群落结构
	植物	高等植物	种类、分布、种群数量、生长状况
		入侵植物占比	

2）确定湿地生态要素评价标准

针对已经构建的评价指标体系，需要分别对各个指标分类进行评价标准的确定和计算，具体如下。

A. 湿地结构

水面率 W（%）= 水域面积 / 湿地总面积 ×100%

植被覆盖率 P（%）=（植被面积–入侵物种面积）/ 湿地总面积 ×100%

重要生境变化率 H（%）= 重要生境面积 / 湿地总面积 ×100%

（1）植被覆盖率指标评估标准，假设 ΔP 为后时段（P_t）与前时段（P_0）植被覆盖率之差：

$$\Delta P = P_t - P_0 \tag{5.1}$$

式中，$P>0$ 时，植被覆盖率增加；$P<0$ 时，植被覆盖率降低；$|\Delta P/P_0|\leqslant 0.05$ 时，则评价为植被覆盖率无明显变化；$P<0$ 且 $0.05<|\Delta P/P_0|\leqslant 0.1$ 时，植被覆盖率略微减少；$P<0$ 且$|\Delta P/P_0|>0.1$ 时，植被覆盖率明显减少。

（2）水面率指标评估标准，假设 ΔW 为后时段（W_t）与前时段（W_0）水面率之差：

$$\Delta W = W_t - W_0 \tag{5.2}$$

式中，$W>0$ 时，水面率增加；$W<0$ 时，水面率降低；$|\Delta W/W_0|\leqslant 0.05$ 时，水面率无明显变化；$W<0$ 且 $0.05<|\Delta W/W_0|\leqslant 0.1$ 时，水面率略微减少；$W<0$ 且$|\Delta W/W_0|>0.1$ 时，水面率明显减少。

（3）重要生境占比指标评估标准，假设 ΔH 为后时段（H_t）与前时段（H_0）重要生境占比之差：

$$\Delta H = H_t - H_0 \tag{5.3}$$

式中，$H<0$ 时，水面率降低；$|\Delta H/H_0|\leqslant 0.05$ 时，水面率无明显变化；$H>0$ 时，水面率增加；$H<0$ 且 $0.05<|\Delta H/H_0|\leqslant 0.1$ 时，水面率略微减少；$H<0$ 且$|\Delta H/H_0|>0.1$ 时，水面率明显减少。

（4）湿地空间结构指数（S）：

$$S = 0.3\Delta P + 0.3\Delta W + 0.4\Delta H \tag{5.4}$$

单位面积的湿地斑块数量（V_{num}）标准化赋值见表 5.2。

表 5.2　单位面积的湿地斑块数量标准化赋值表

单位面积的湿地斑块数量	标准化分值
$V_{num} \leqslant 0.1$	10
$0.1 < V_{num} \leqslant 0.2$	8
$0.2 < V_{num} \leqslant 0.3$	6
$0.3 < V_{num} \leqslant 0.4$	4
$0.4 < V_{num} \leqslant 0.5$	2
$V_{num} > 0.5$	0

B. 水环境

（1）水位（G）指标评估标准见式（5.5），假设 ΔG 为当前时段（G_t）与多年平均（G_0）水位之差：

$$\Delta G = G_t - G_0 \tag{5.5}$$

式中，$\Delta G>0$ 时，水位增加；$\Delta G<0$ 时，水位降低；$|\Delta G/G_0|\leqslant 0.05$ 时，水位无明显变化；$\Delta G<0$ 且 $0.05<|\Delta G/G_0|\leqslant 0.1$ 时，水位略微降低；$\Delta G<0$ 且$|\Delta G/G_0|>0.1$ 时，水位明显降低。

（2）富营养化状况（以叶绿素 a 含量为准）指标评估标准，假设 ΔChla 为后时段 $Chla_t$ 与前时段 $Chla_0$ 之差：

$$\Delta Chla = Chla_t - Chla_0 \tag{5.6}$$

式中，ΔChla>0 时，叶绿素 a 含量增加，水质变差；ΔChla<0 时，叶绿素 a 含量降低，水质变好；$|\Delta Chla/Chla_0|\leqslant 0.05$ 时，叶绿素 a 含量无明显变化；ΔChla<0 且 $0.05<|\Delta Chla/Chla_0|\leqslant 0.1$ 时，叶绿素 a 含量略微降低；ΔChla<0 且$|\Delta Chla/Chla_0|>0.1$ 时，叶绿素 a 含量明显降低。

C. 湿地生物

（1）水鸟种类（种）指标评估标准，假设$\Delta G'$为后时段（G'_t）与前时段（G'_0）水鸟种数之差：

$$\Delta G' = G'_t - G'_0 \tag{5.7}$$

式中，G'_t为后时段水鸟种数；G'_0为前时段水鸟种数；$\Delta G'>0$ 时，水鸟种数增多；$\Delta G'<0$ 时，水鸟种数减少；$|\Delta G'/G'_0|\leqslant 0.1$ 时，水鸟种数无明显变化；$\Delta G'<0$ 时，且 $0.1<|\Delta G'/G'_0|\leqslant 0.2$ 时，水鸟种数略微减少；$\Delta G'<0$ 且$|\Delta G'/G'_0|>0.2$ 时，水鸟种数明显减少。

（2）水鸟种群数量（只）指标评估标准式，假设$\Delta G''$为后时段（G''_t）与前时段（G''_0）水鸟种群数量之差：

$$\Delta G'' = G''_t - G''_0 \tag{5.8}$$

式中，$\Delta G''>0$ 时，水鸟种群数量增多；$\Delta G''<0$ 时，水鸟种群数量减少；$|\Delta G''/G''_0|\leqslant 0.1$ 时，水鸟种群数量无明显变化；$\Delta G''<0$ 且 $0.1<|\Delta G''/G''_0|\leqslant 0.2$ 时，水鸟种群数量略微减少；$\Delta G''<0$ 且$|\Delta G''/G''_0|>0.2$ 时，水鸟种群数量明显减少。

（3）珍稀物种/重要保护对象的数量（只）指标评估标准，假设$\Delta G'''$为后时段（G'''_t）与前时段（G'''_0）珍稀物种/重要保护对象的数量之差：

$$\Delta G''' = G_t''' - G_0''' \tag{5.9}$$

式中，$\Delta G'''>0$ 时，珍稀物种/重要保护对象的数量增多；$\Delta G'''<0$ 时，珍稀物种/重要保护对象的数量减少；$|\Delta G'''/G_0'''|\leqslant 0.1$ 时，珍稀物种/重要保护对象的数量无明显变化；$\Delta G'''<0$ 且 $0.1<|\Delta G'''/G_0'''|\leqslant 0.2$ 时，珍稀物种/重要保护对象的数量略微减少；$\Delta G'''<0$ 且$|\Delta G'''/G_0'''|>0.2$ 时，珍稀物种/重要保护对象的数量明显减少。

（4）湿地生物指数如下式：

$$S_s = S_{num} \times 0.3 + SS \times 0.7 \tag{5.10}$$

单位面积的湿地斑块数量标准化赋值见表 5.3。

表 5.3　单位面积的湿地斑块数量标准化赋值表

单位面积的湿地斑块数量	标准化分值
$V_{num}\leqslant 0.1$	10
$0.1<V_{num}\leqslant 0.2$	8
$0.2<V_{num}\leqslant 0.3$	6
$0.3<V_{num}\leqslant 0.4$	4
$0.4<V_{num}\leqslant 0.5$	2
$V_{num}>0.5$	0

3）案例分析

根据上述构建的评价指标体系和评估标准，以上海崇明东滩为例，进行湿地生物在修复前后变化的案例分析，首先是数据的获取。自 2012 年以来，崇明东滩记录的迁徙水鸟种类、数量和类群组成上有不同的变化特点。2012～2018 年的水鸟调查中分别记录到各种水鸟：74689 只次，分属 7 目 14 科 78 种；60950 只次，分属 8 目 13 科 76 种；85512 只次，分属 8 目 13 科 74 种；64726 只次，分属 7 目 13 科 81 种；93867 只次，分属 5 目 12 科 75 种；145970 只次，分属 6 目 15 科 81 种；159585 只次，分属 6 目 14 科 76 种。东滩湿地水鸟主要分属雁形目鸭科、鹤形目鹤科/秧鸡科、鸻形目鹬科/水雉科/反嘴鹬科/蛎鹬科/燕鸻科/鸻科、鸊鷉目鸊鷉科、鹈形目鸬鹚科、潜鸟目潜鸟科、鹳形目鹳科/鹭科/鹮科、鸥形目鸥科/燕鸥科。除数量较少的水鸟分属的鹳形目鹳科、潜鸟目潜鸟科、鸻形目水雉科、鸻形目反嘴鹬科、鸻形目蛎鹬科和鸻形目燕鸻科外，其他目科每年均监测到大量水鸟，尤其是雁形目鸭科和鸻形目鹬科。尽管崇明东滩湿地每年监测到的水鸟种类略微发生变化，但鸟类数量持续增加，每年均会吸引大量鸟类的到来。

对崇明东滩湿地记录的水鸟数量进行线性拟合表明，2015～2018 年，水鸟数量呈线性增加，拟合优度达 0.96；由此预测，崇明东滩湿地水鸟数量仍将继续增加。在该时段内，指示各水鸟数量分布的香农指数在 2016 年达到最低值 1.5，表明 2016 年东滩湿地水鸟各类群数量差异明显增加，鸻鹬类水鸟显著增加，而其他类群水鸟数量变化不显著；2016 年后，除鸥类之外的其他类群水鸟的快速增加导致多样性指数不断增加，各类群数量的均匀程度增加。通过对重要人工湿地（北八滧实验区、上实集团东滩湿地公园、捕鱼港鸟类栖息地优化区及新建的互花米草生态治理及鸟类栖息地优化工程区域）和自然滩涂湿地（东旺沙、捕鱼港和小北港区域）水鸟类群的比较发现，人工湿地明显吸引了大量雁鸭类和其他类群的水鸟，其优势逐年增加；鸻鹬类则更偏好自然滩涂湿地（图5.1）。因此，人工湿地对于特定水鸟类群的保育具有关键作用。

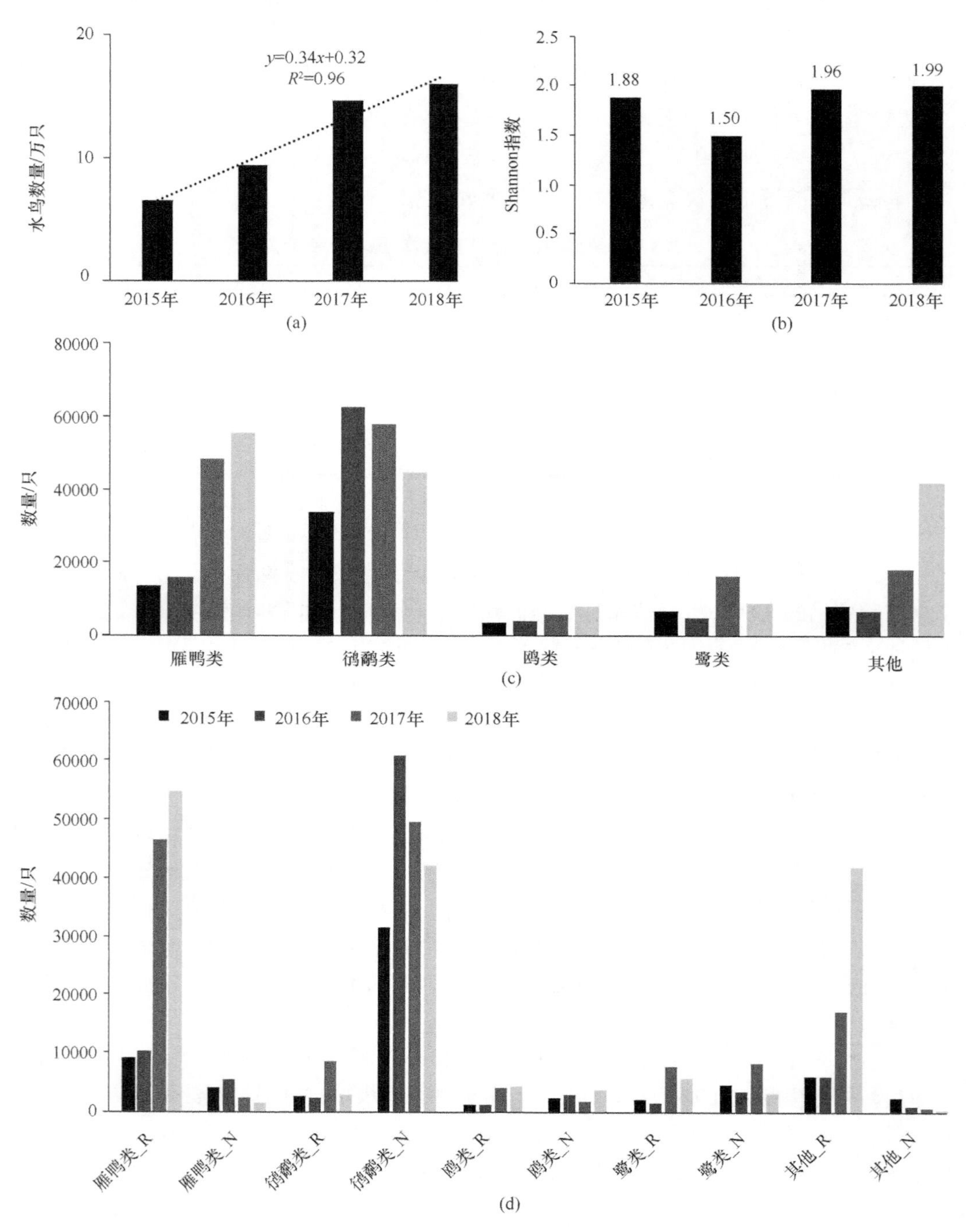

图 5.1　崇明东滩湿地水鸟多样性变化

横轴标签中 R 代表人工湿地，N 代表自然滩涂湿地崇明东滩鸟类栖息地优化工程确实提高了水鸟的多样性（图 5.2）。2012～2014 年，鸟类栖息地优化工程实施带来的干扰使得捕鱼港鸟类栖息地优化区水鸟数量自 2012 年的 22024 只降低到 2014 年的 4059 只。2015～2017 年，水鸟数量不断增加，分别为 17722 只、17715 只和 55025 只。鸟类栖息地优化区的建设对各类群的影响也有很大差异。2012～2014 年，捕鱼港鸟类栖息地优化区内占比最大的雁鸭类群受工程实施的影响最为显著，从 18892 只降低到 2201 只；尽管 2013 年记录到的鸻鹬类和鹭类显著增加，但是 2014 年又明显回落，总体上依然保持在较低的水平；与雁鸭类有同样的变化趋势的是鸥类，由 2012 年的 1578 只逐渐降低到 2014 年的 158 只。值得注意的是，雁鸭类数量的

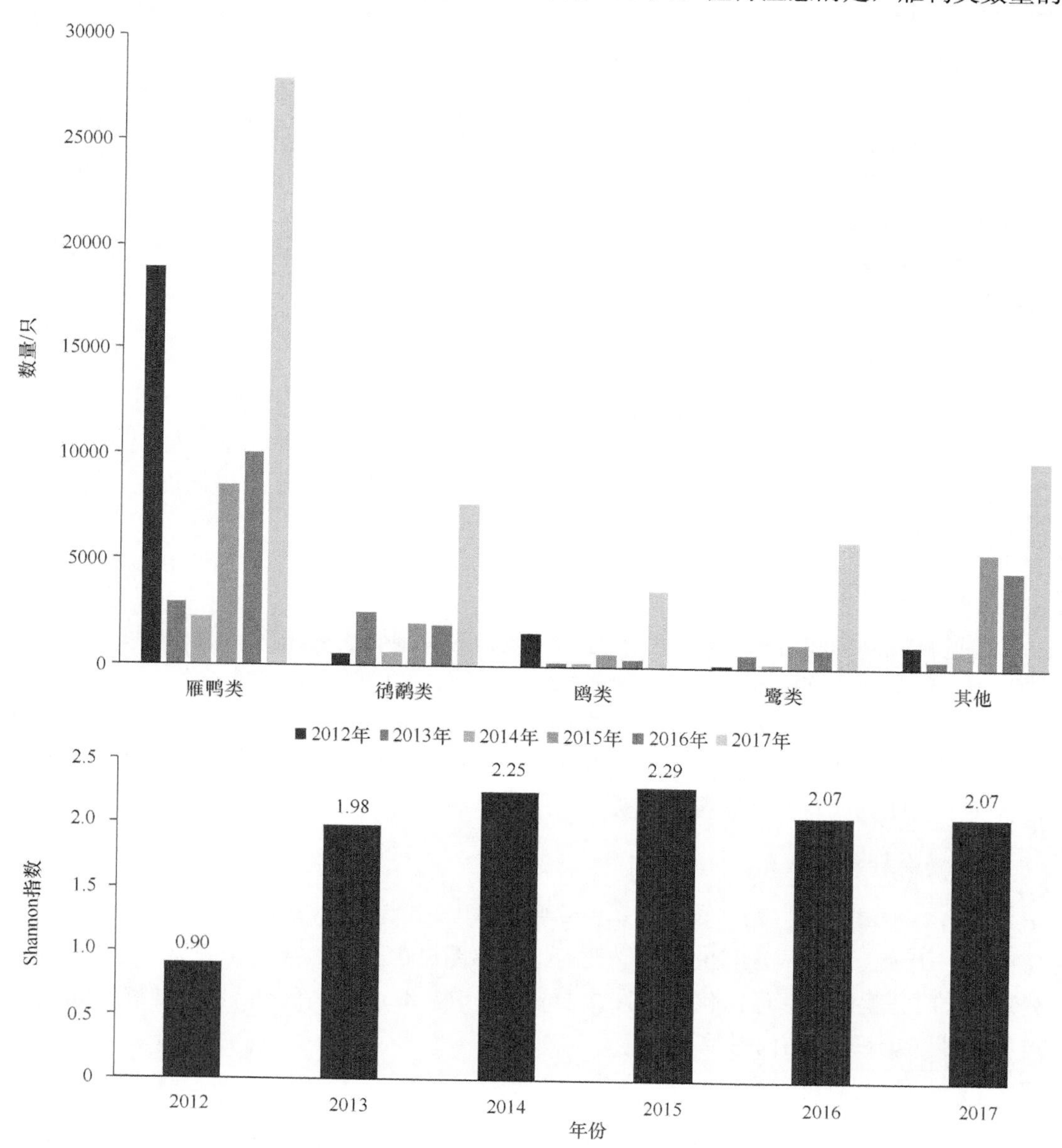

图 5.2　水鸟栖息地优化区鸟类生物多样性变化

显著降低和其他类群数量的增加，使得捕鱼港鸟类栖息地优化区内的生物多样性显著增加。2014 年后，各类群水鸟的数量均不断增加，物种多样性保持稳定。2015～2017 年，雁鸭类由 8499 只增长到 28006 只；鸻鹬类由 2007 只增长到 7614 只；鸥类由 602 只增长到 3578 只；鹭类由 5495 只增长到 9851 只；其他类群的水鸟数量也由 5495 只增长到 9851 只。

2. 典型退化城市湿地空间结构提取技术

本技术以典型退化城市湿地为对象，旨在确定城市湿地植被的空间结构变化。具体包括以下步骤：① 基于归一化植被指数（normalized difference vegetation index，NDVI）提取植被范围；② 运用最大似然法监督分类和面向对象实现分类；③ 精度评估。湿地植物是湿地生态系统的生产者，具有转化太阳能、吸纳 CO_2、提供滨海湿地初级生产力的作用，是湿地生态系统内其他生物类群生长和新陈代谢所需要能量的主要来源，也是湿地生态系统结构和功能的核心，本技术在保护生物多样性，尤其是珍稀濒危物种，以及生物进化方面具有重要的科学价值。

典型退化城市湿地空间结构提取技术在典型退化城市湿地恢复与重建中应用案例的步骤如下。

1）基于 NDVI 提取植被范围

采用 NDVI 进行植被范围的确定。作为使用最广泛的植被指数，NDVI 的可用范围十分广泛，通常被用于检测植被生长状态、植被覆盖度和消除部分辐射误差等。能反映出植物冠层的背景影响，如土壤、潮湿地面、雪、枯叶、粗糙度等，且与植被覆盖度有关。

2）最大似然法监督分类

通过目视判读和野外调查，基于对影像地物的类别属性的先验知识，对每一种类别选取一定数量的训练样本，计算每种训练样区的统计，同时用这些种子类别对判决函数进行训练，使其符合对各种子类别分类的要求。随后用训练好的判决函数去对其他待分数据进行分类。将每个像元和训练样本做比较，按不同的规则将其划分到和其最相似的样本类，以此完成对整个图像的分类。

3）面向对象的分类

监督分类得到的一般是初步结果，分类结果中不可避免地会产生一些面积很小的图斑，难于达到最终的应用目的，有必要对这些小图斑进行剔除或重新分类，称为分类后处理。常用分类后处理通常包括：主/次要（Majority/Minority）分析、聚类处理（clump）、过滤处理（sieve）、面向对象分类等。

4）精度评估

在各种遥感影像精度评估的技术中，由图像分类所得的混淆矩阵演化而来的变化检测误差矩阵作为一种定量的评价方法，是目前精度评估的主要方式。通过混淆矩阵可以计算分类结果的总体精度、用户精度、制图精度，并计算Kappa系数。其中，总体精度等于被正确分类的像元总和除以总像元数。Kappa系数是通过把所有真实参考的像元总数（*N*）乘以混淆矩阵对角线（*XKK*）的和，再减去某一类中真实参考像元数与该类中被分类像元总数之积之后，再除以像元总数的平方减去某一类中真实参考像元总数与该类中被分类像元总数之积对所有类别求和的结果。利用野外调查获得的“真值”与监督分类结果建立混淆矩阵，确保总体分类精度达到80%以上。若精度未达要求，则重新分析分类结果中的错误，重新修正训练样本，再次进行监督分类。

5）案例分析

本案例选择2016～2019年空间分辨率1m的航空影像、空间分辨率1.5m的法国Spot7卫星数据、GF-2号卫星数据、Sentinel-2卫星数据。首先基于NDVI提取植被范围。NDVI通过增加在近红外波段范围叶绿素散射与红色波段范围叶绿素吸收的差异，来凸显植被与其他地物的差别。其比值范围为–1～1，值越大代表植被密度越大，一般绿色植被区的范围是0.2～0.8。由于NDVI是非线性变换，增强了NDVI低值部分，抑制了高值部分，导致NDVI数值容易饱和，对高植被密度区敏感性降低。当LAI值很高，即植被茂密时，NDVI灵敏度会降低。但此特性不影响植被范围提取。对崇明东滩处Spot影像进行NDVI计算，并结合实地验证点位数据可知，NDVI值对于植被稀疏区域与无植被区域具有较强的区分性，可以作为植被范围提取的因子。

在监督分类中，目前监督分类的分类器可分为基于传统统计分析学的（包括平行六面体、最小距离、马氏距离、最大似然），基于神经网络的和基于模式识别（包括支持向量机、模糊分类等），针对高光谱有波谱角（SAM）、光谱信息散度、二进制编码三种分类。选择常用的监督分类方法进行监督分类。其中，二进制编码分类、最小距离法、平行六边形法估计的糙叶薹草的范围明显过大，不符合实际植被生长情况。CART决策树、马氏距离的分类效果相对较好，但对于白茅和海三棱藨草/藨草做出了过高的估计。通过Kappa值的计算可知，经调试后最大似然法的总体分类精度最高，超过80%，故选用此方法。面向对象分类算法最重要的特点就是分类的最小单元不是像元，而是由影像分割得到的同质影像对象，也称为图斑。面向对象分类方法不仅利用地物本身的光谱信息，而且充分利用地物的空间信息，包括形状、纹理、面积、大小等要素，可以使地物分类结果更接近现实中的形状。运用多尺度分割与光谱差异分割结合，将整幅影像的像素层进行分组，形成分割对象层。多尺度分割是一种自下而上的分割，实质上是把小对象组合成一个较大的对象。根据同质性标准，识别像元并与它们相邻的对象合并。多尺度分割的参数包括尺度参数、影像层权重、形状/颜色、平滑度/紧致度，参数选择没有统一标准，需要通过调试获取。分割尺度决定斑块大小，数值越小则斑块越小，斑块内像元同质性越高。形状参数越大斑块圆度越高，越小则更易出现条状斑块，相对而言适合对沿潮沟分布的白茅的提取。紧致度对于斑块形状影响不大，配合形状参数使用。分割尺度、形状、紧致度三个参数最终分别确定为20、0.6、0.5。使用分割后的斑块，对监督分类结果分区，将Majority值作为斑块属性。使用岸线数据、潮沟数据对结果进行裁剪以获取研究区内植被覆盖范围的分类结果。基于上述分类方法对崇明东滩修复区进行湿地植被结构变化分析，结果表明：崇明东滩修复区植被主要有芦苇、水烛和海三棱藨草，2016年植被面积为466.92hm^2，占湿地面积的19.96%；2019年植被面积为735.01hm^2，占湿地面积的31.43%。可以发现，湿地植被面积呈现增加的趋势（图5.3、表5.4）。

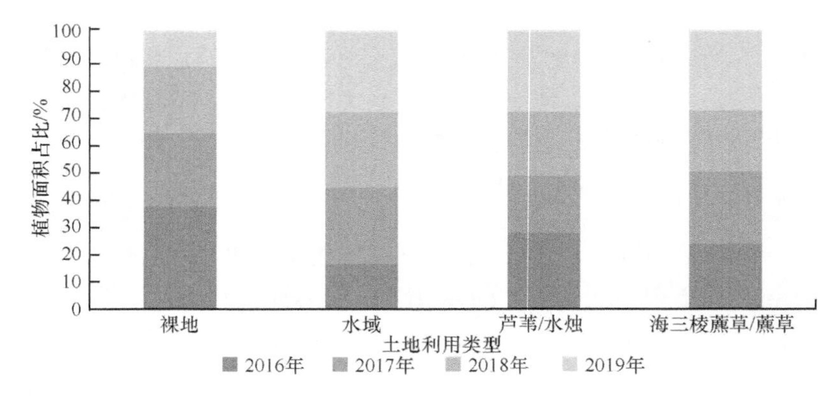

图5.3　修复区土地利用类型

表5.4　研究区域植被面积统计信息表　（单位：hm^2）

年份	裸地	水域	芦苇/水烛	海三棱藨草/藨草
2016	929.50	691.19	855.26	22.46
2017	666.71	1168.73	638.40	24.56
2018	601.57	1153.83	722.05	20.96
2019	323.09	1236.56	911.47	27.30

5.1.2　典型退化城市湿地物联网观测构建、布局与应用

滨海湿地处于陆地与海洋的交错区，受陆地和海洋生态系统共同作用，是世界上生产力最高的生态系统之一，也是在不断发生变化的动态区域，在科学研究与社会服务中均有巨大生态价值和作用。长期实时多要素的定位观测数据对于滨海湿地热点研究问题意义重大。滨海湿地生态状况不断发生变化，长期的生态观测对于了解湿地的发展动态，确定演替轨迹至关重要。滨海湿地是脆弱且对变化敏感的“边缘地区”，气候变化、海平面上升及人类活动对滨海湿地系统结构、服务功能以及物质能量循环等的时空分布会产生重大影响，需要通过长时间连续多要素的生态观测感知其响应。传统滨海湿地观测大多采用人工野外作业，但需要耗费大量人力物力财力进行实地测量，难度较大，无法持续观测，人力物力成本高，数据比较分散管理困难。生态物联网最大特点在于可以获取实时在线、连续、长时间、高质量、多要素的湿地生态基础数据，全面量化湿地的生态状况，在看到湿地生态系统静态特征的同时，还能把握其动态变化规律，实现对湿地健康状况、服务功能等的定量精准进行评估（黄盖先等，2019）。

1. 典型退化城市湿地物联网数据库构建技术

本技术以典型退化城市湿地为对象，针对湿地特有的生态系统结构和功能进行方法的构建，以期确定城市湿地物联网主要观测指标并实现数据库构建。具体包括以下步骤：①参考已有的与湿地生态物联网观测有关的规范性文件，梳理已有的观测指标；②筛选获取性高、可操作性强的观测指标；③构建实时传输数据库。本技术有利于在更大范围湿地生态观测中实现推广。

典型退化城市湿地物联网数据库构建技术在典型退化城市湿地恢复与重建中应用案例的步骤如下。

1）参考已有的与湿地生态物联网观测有关的规范性文件

具体包括《湿地生态系统定位观测技术规范》（LY/T 2898—2017）、《湿地生态系统定位观测指标体系》（LY/T 2090—2013）、《重要湿地监测指标体系》（GB/T 27648—2011）、《水环境监测规范》（SL 219—2013）、《水文调查规范》（SL196—2015）、《土壤环境监测技术规范》（HJ/T 166—2004）、《土壤 pH 的测定》（NY/T 1377—2007）、《土壤氧化还原电位的测定 电位法》（HJ 746—2015）、《地面气象观测规范 自动观测》（GB/T 35237—2017）、《环境空气质量标准》（GB 3095—2012）、《空气负（氧）离子浓度观测技术规范》（LY/T 2586—2016），以及部分空气环境监测规范标准、地形地质调查标准等。

2）筛选获取性高、可操作性强的观测指标

湿地生态物联网观测的主要内容是湿地生态系统的结构和功能，通常通过众多观测要素及其相关关系来体现，包括空气、地面水、土壤、动植物等；而观测站点的空间布局也会影响观测结果对该区域的代表性，需根据具体情况讨论制定。

3）构建实时传输数据库

针对不同的传感器、仪器等多种数据源实时监测获取的海量监测数据，构建了多源异构大数据服务体系。将数据子节点（数据预处理）与主节点（数据服务）分开，采用高性能服务器集群、分布式存储系统 Hive、Hbase、分布式分析引擎 Apache Kylin 等，对监测数据进行高效管理与聚合，为管理者、公众以及科研人员提供快速、稳定、持续的数据服务，并为接下来湿地的生态研究数据挖掘提供数据与平台基础。

4）案例分析

基于以上方法，本案例选取表 5.5～表 5.7 中的各项指标作为应用案例。

同时，目前在上海市崇明西沙湿地研究区，已建立西沙物联超级站与西沙碳通量塔两个数据监测站。其中，西沙物联超级站主要监测了包括空气、气象、土壤、特征等四个模块在内的 23 个生态指标；西沙碳通量塔主要监测了包括气温、气压、空气相对湿度、降雨量、风速、风向、CO_2 浓度、水蒸气浓度、土壤温度、土壤含水量、净辐射、光合有效辐射等基础指标，来计算并监测 CO_2 通量、H_2O 通量以及热通量等相关通量指标。结合西沙物联超级站、西沙碳通量塔、常规野外测量以及其他数据源，构建了滨海湿地生态物联网定位监测平台。

该平台数据采集层适应了滨海湿地受海陆相互作用的特殊潮汐环境，保证数据质量及采集的稳定性；同时集成多种传感器，通过互联网、无线信号或者移动通信网络，将基站收集到的数据汇总进入系统，实时更新测量数据。服务层采取多节点的分布式存储、变分同化、集成同化等方法，对海量监测数据进行数据清洗、质量控制，最终实现数据标准化存储，为生态大数据分析提供接口。应用层采用可交互式的查询展示界面，为用户动态直观地进行数据统计分析并展示其变化情况；为相关生态模型提供定制化格式数据，方便模型的数据输入；提供相应的数据挖掘算法，从数据的角度分析各生态因子间的相互关系。

表 5.5　生态物联网水体观测指标

指标类型	观测指标	单位	观测频率	观测方法	参考的文件标准号
水文	流量	m^3/s	15min	由流速计算	LY/T 2090—2013 GB/T 27648—2011
	流速	m/s	15min	流速仪	LY/T 2090—2013
	水位	m	15min	压力传感器	LY/T 2090—2013 GB/T 27648—2011
	水温	℃	15min	热敏电阻法	LY/T 2090—2013 GB/T 27648—2011
	盐度	PSS	15min	由电导率和温度计算	LY/T 2090—2013 LY/T 2898—2017
	电导率	μS/cm	15min	石墨电极法	LY/T 2090—2013 LY/T 2898—2017
水质	浊度	NTU	15min	90°散射法	LY/T 2090—2013 LY/T 2898—2017
	总溶解气体	mm Hg	15min	压力法	LY/T 2090—2013
	pH	—	15min	复合电极法	LY/T 2090—2013 LY/T 2898—2017
	氨氮	mg/L	15min	离子选择电极	LY/T 2090—2013 LY/T 2898—2017
	化学需氧量	mg/L	15min	COD 仪	LY/T 2090—2013
	溶解氧	mg/L	15min	荧光法	LY/T 2090—2013
	氧化还原电位	mV	15min	白金电极法	LY/T 2090—2013 LY/T 2898—2017
	叶绿素 a	μg/L	15min	荧光法	SL 219—2013
	蓝绿藻	cells/mL	15min	荧光法	SL 219—2013
	有色可溶性有机物	μg/L	15min	荧光法	—

表 5.6　生态物联网土壤观测指标

指标类型	观测指标	单位	观测频率	观测方法	参考的文件标准号	备注
土壤物理性质	土壤含水量	%	15min	土壤含水量传感器	LY/T 2090—2013	包括土壤深度 10cm、20cm、40cm、60cm、80cm、100cm 处含水量
	土壤温度	℃	15min	土壤温度传感器	LY/T 2090—2013 HJ/T 166—2004	包括土壤深度 10cm、20cm、40cm、60cm、80cm、100cm 处温度
	土壤蒸发量	mm	15min	蒸渗仪	LY/T 2090—2013 LY/T 2898—2017	

续表

指标类型	观测指标	单位	观测频率	观测方法	参考的文件标准号	备注
土壤化学性质	土壤 pH	—	15min	土壤 pH 计	LY/T 2090—2013 NY/T 1377—2007	
	土壤电导率	mS/cm	15min	电导率传感器	LY/T 2090—2013	
	土壤盐度	mg/L	15min	由电导率和温度计算	LY/T 2090—2013	
	氧化还原电位	mV	15min	氧化还原电位测量仪	LY/T 2090—2013 HJ 746—2015	

表 5.7　生态物联网气象观测指标

指标类型	观测指标	单位	观测频率	观测方法	参考的文件标准号	备注
气象	气压	Mbar①	15min	气压传感器	LY/T 2090—2013 GB/T 35225—2017	包括最高气压、最低气压与定时气压
	风速	m/s	15min	风速传感器	LY/T 2090—2013 GB/T 35227—2017	包括湿地上方 0.5m、1m、2m、4m 处风速
	风向	(°)	15min	风向传感器	LY/T 2090—2013 GB/T 35227—2017	湿地观测塔最高处风向
	气温	℃	15min	温度传感器	LY/T 2090—2013 GB/T 35226—2017	包括湿地上方 0.5m、1m、2m、4m 处最低、最高与定时温度
	地表温度	℃	15min	温度传感器	LY/T 2090—2013 GB/T 35233—2017	包括最低、最高与定时温度
	空气相对湿度	%	15min	湿度传感器	LY/T 2090—2013 GB/T 35226—2017	包括湿地上方 0.5m、1m、2m、4m 处湿度
	太阳辐射	W/m^2	15min	辐射传感器	LY/T 2090—2013 GB/T 35231—2017	湿地上方 1.5m 处，包括总辐射、净辐射、光合有效辐射和 UVA + UVB 紫外辐射
	日照时间	h	15min	日照计	LY/T 2090—2013 GB/T 35232—2017	
	降水总量	mm	15min	雨量传感器	LY/T 2090—2013 GB/T 35228—2017	
空气质量	降水强度	mm/h	15min	雨量传感器	LY/T 2090—2013 GB/T 35228—2017	
	蒸发量	mm	15min	蒸发量传感器	LY/T 2090—2013 GB/T 35230—2017	
	二氧化硫（SO_2）	$\mu g/m^3$	15min	紫外荧光法	GB 3095—2012	
	一氧化碳（CO）	mg/m^3	15min	气体滤波相关红外吸收法	GB 3095—2012	
	臭氧（O_3）	$\mu g/m^3$	15min	紫外荧光法	GB 3095—2012	
	二氧化氮（NO_2）	$\mu g/m^3$	15min	化学发光法	GB 3095—2012	
	负氧离子	个$/cm^3$	15min	负氧离子监测仪	LY/T 2586—2016	
	粒径小于等于 10μm 的颗粒物（PM_{10}）	$\mu g/m^3$	15min	微量振荡天平法	GB 3095—2012	

续表

指标类型	观测指标	单位	观测频率	观测方法	参考的文件标准号	备注
空气质量	粒径小于等于2.5μm的颗粒物（$PM_{2.5}$）	μg/m³	15min	微量振荡天平法	GB 3095—2012	
	氮氧化物（NO_x）	μg/m³	15min	化学发光法	GB 3095—2012	
植被生长	—	30min	红外植被观测相机			
生态通量	潜热通量	W/m²	30min	水-土-气观测数据计算	LY/T 2090—2013	包括土壤周围与植被冠层附近处的通量
	显热通量	W/m²	30min	水-土-气观测数据计算	LY/T 2090—2013	
	CO_2通量	μmol CO_2/(m²·s)	30min	水-土-气观测数据计算	LY/T 2090—2013	
	H_2O通量	mmol H_2O/(m²·s)	30min	水-土-气观测数据计算	LY/T 2090—2013	

① 1bar=10^5Pa。

2. 典型退化城市湿地物联网观测数据异常检测技术

本技术以示范样地物联网观测数据为对象，旨在利用物联网大数据时间序列回归、多指标回归模型实现数据异常检测。具体包括以下步骤：①确定数据异常类型，分别检测水温、pH、氧化还原电位、电导率等水质指标的异常数据类型；②数据异常检测，完成每项指标检测后，通过删除传感器异常数据完成预处理，以减少传感器异常对回归模型的影响。本技术有利于在更大范围湿地生态观测中实现推广。

典型退化城市湿地物联网观测数据异常检测技术在典型退化城市湿地恢复与重建中应用案例的步骤如下。

1）确定数据异常类型

滨海湿地水质观测由于异常数据种类多样、产生原因复杂，仅用一种方法难以有效检测。因此将异常数据分为数值异常、波动异常及异常事件三类：①数值异常，观测数值超出传感器规格或没有生态、物理意义；②波动异常，观测数值的变化不符合时间规律，也不与其他观测要素变化有关；③异常事件，观测数值的变化不符合时间规律，但其他观测要素同时发生类似变化。其中数值异常与波动异常是传感器故障导致，属于传感器异常，异常事件是观测区环境变化导致，属于环境异常。

2）数据异常检测

在确定滨海湿地各指标数值范围时，需综合考虑历史观测数据、相关文献和传感器规格参数等因素。其中，历史观测数据包括周缘水文站，航次实测等水文水质数据；相关文献不仅包括《地表水环境质量标准》（GB 3838—2002）、《海水水质标准》（GB 3097—1997）等标准文件，也参考了长江口区域的研究文献（翟世奎等，2005；李修竹等，2019；谢明媚等，2016）；传感器规格参数则参考该物联网观测站传感器供应商提供的技术规格。表 5.8 为最终确定的观测区域各指标的数值范围。本书认为该滨海湿地物联网观测系统获取的数值不应超过该表范围，否则是“数值异常”应删除。

表 5.8　各观测指标数值范围

观测指标	水温/℃	pH	氧化还原电位/ mV	电导率/(uS/cm)	浊度/NTU	叶绿素/(μg/L)	蓝绿藻/(cells/mL)	氨氮/(mg/L)	光学溶解氧/(mg/L)
数据范围	–5～50	6～9	0～999	0～100000	0～1000	0～150	0～150	0～10	0～20

3）案例分析

根据数据异常类型的划分，以实测数据为例，认为图 5.4（a）属于数值异常：氨氮数据持续上升，且数值远超国家地表水水质 V 类水标准，与常理不符。图 5.4（b）属于波动异常：8 月 29 日蓝绿藻出现明显离群值，而对应时间段内叶绿素、溶解氧没有相应变化。图 5.4（c）属于异常事件：9 月 19 日叶绿素、蓝绿藻和溶解氧同时出现离群值，是环境变化导致的观测数值变化。

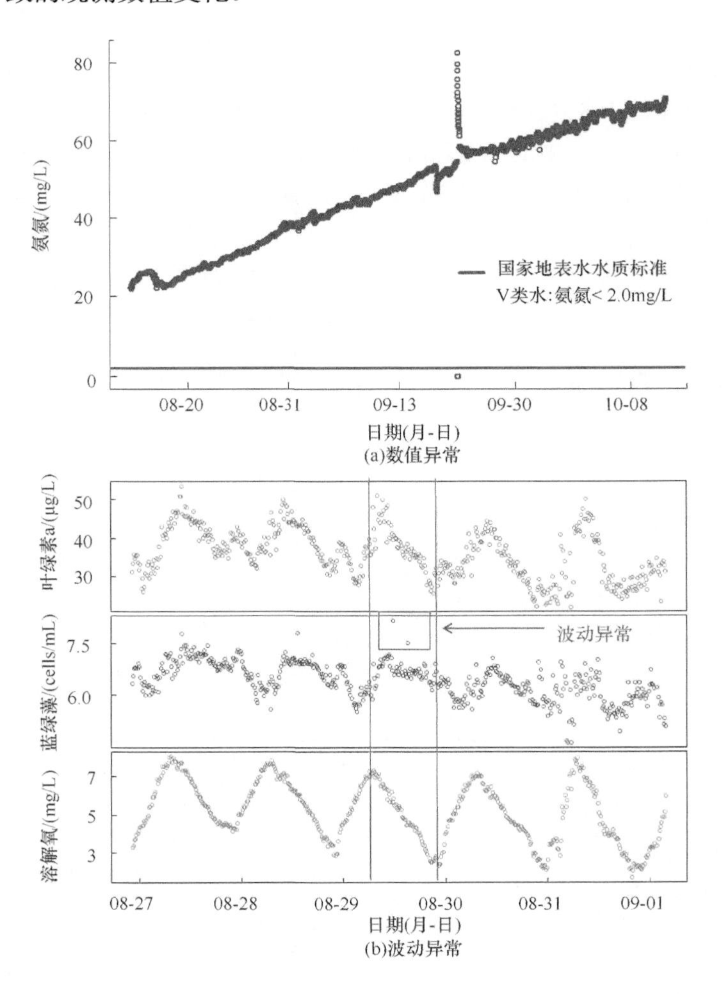

(a)数值异常

(b)波动异常

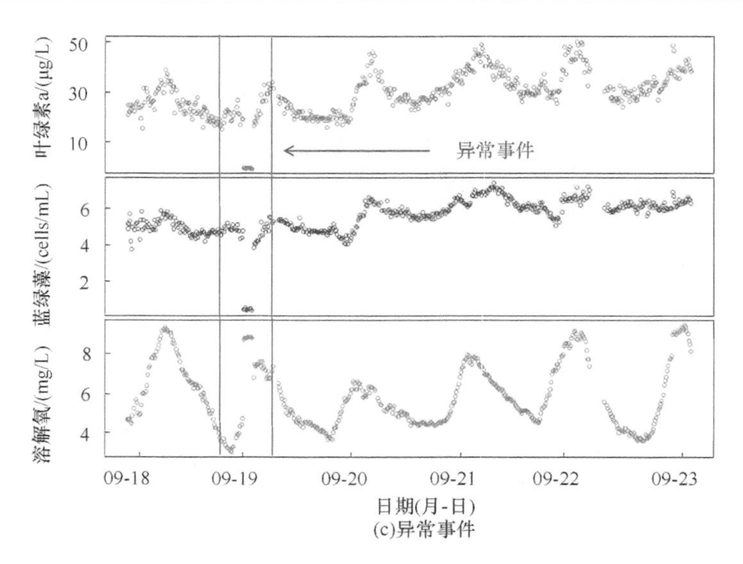

(c)异常事件

图 5.4 各类异常数据示例

分析水质数据预处理结果，各异常数据类型统计如表 5.9 所示。可以看出水温、浊度、蓝绿藻、叶绿素 a 的传感器异常比例较少，而氧化还原电位、电导率、溶解氧的传感器异常明显较多。研究各指标传感器观测原理，氧化还原电位、电导率、pH、溶解氧与氨氮采用电极法测量，其他指标采用热敏、散射、荧光等方法测量。由于仪器电解质溶液的不稳定性、水体离子变化等多种因素影响，造成电极法测量的不稳定，其观测指标容易出现较多的传感器异常，而其他测量方法则相对较为稳定。

表 5.9 生态物联网异常数据情况统计

观测指标	观测数据总量/个	传感器异常数量/个	传感器异常比例/%	数值异常比例/%	波动异常比例/%
水温	6266	11	0.18	0	0.18
pH	6266	36	0.57	0	0.57
氧化还原电位	6266	112	1.79	0	1.79
电导率	6266	509	8.12	0	8.12
浊度	6266	15	0.24	0.02	0.22
叶绿素 a	6266	60	0.96	0	0.96
蓝绿藻	6266	20	0.32	0	0.32
氨氮	6266	—	—	99.86	—
溶解氧	6266	207	3.30	0	3.30

图 5.5 展示了各观测指标不同月份的传感器异常数据比例，纵向分析每个指标，可以看出水温、pH、氧化还原电位、电导率的传感器异常比例从 8 月到 10 月不断减少。分析认为水温对传感器观测的稳定性有一定影响，温度越高，传感器越容易出现读数异常，随着 8～10 月气温的不断下降，观测区域水温也在下降，传感器异常数据减少。与其他不同，叶绿素 a 在 10 月出现较高比例，分析发现其 10 月的一段时间发生了连续读数错误，产生较多的传感器异常数据导致比例偏高。溶解氧的比例从 8 月到 10 月不断

增加，主要因为其异常数据集中在传感器维护期间。

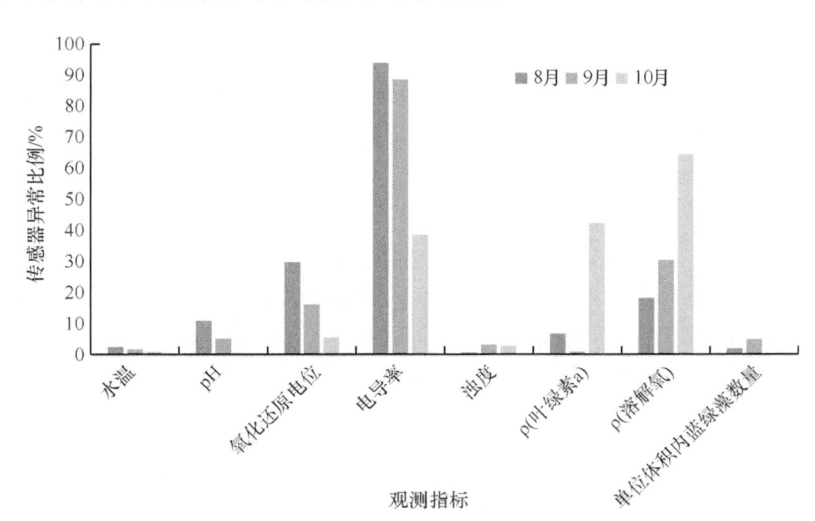

图 5.5　各观测指标不同月份传感器异常比例

3. 基于生态物联网和遥感的水质反演技术

本技术以典型退化城市湿地水质为对象，将生态物联网与遥感相结合，运用随机森林算法，估算区域水质参数数值。具体包括以下步骤：①水质参数选择；②水质反演模型构建；③遥感影像数据的水体提取；④遥感反演模型应用。本技术可以扩大生态物联网水质观测区域，实现从微观到宏观的多尺度观测，实时监测并分析长期水质状况，研制时空多尺度观测数据的整合技术及数据产品，为人工智能模型调试、自动参数调整、智能动态跟踪模拟、生态健康和服务功能研究提供数据基础。

基于生态物联网和遥感的水质反演技术在典型退化城市湿地恢复与重建中应用案例的步骤如下。

1）水质参数选择

在水质估算指标选取时，需考虑其代表性和可行性。这里使用叶绿素 a、溶解氧和蓝绿藻为例构建估算模型，一方面它们是水体富营养化程度的重要表征指标，另一方面已有很多前例使用光学遥感数据实现这些指标的浓度估算，在技术上是可行的。

2）水质反演模型构建

随机森林（Breiman，2001）作为新型机器学习方法，比普通的线性/非线性拟合具有更好的精度，能够更加准确地找到地面观测数据与遥感数据反射率之间的对应关系。其最大优点是适用于小样本训练集的回归，同时随着观测数据和遥感影像的积累，可不断将新增数据加入训练集，不断学习它们之间的关系，以提高模型精度。

3）遥感影像数据的水体提取

通过采集高分辨率 Sentinel-2 影像数据，计算其改进的归一化水体指数（the modified

NDWI，mNDWI）来区分阴影和水体。

4）遥感反演模型应用

将已建立的叶绿素 a、溶解氧和蓝绿藻回归模型应用到提取出的研究区水体，可以有效估算水质参数浓度。

5）案例分析

机器学习算法一般对训练样本有一定的要求，一般认为实测数据应在浓度范围上具有足够的代表性，从低到高均有覆盖。根据筛选出所用的影像对应地面实测数据值（表 5.10），可以看出叶绿素 a、溶解氧和蓝绿藻从低浓度到高浓度均有分布且较为均匀，可以用于模型训练。将各指标数据分别随机选择 70%共 22 个作为训练样本，30%共 9 个作为测试样本。

表 5.10 地面实测数据统计信息

水质指标	单位	最大值	最小值	平均值	标准差
叶绿素 a	μg/L	47.48	5.23	21.80	11.26
溶解氧	mg/L	10.82	3.54	7.54	2.14
蓝绿藻	cells/mL	7.02	3.45	5.18	0.86

根据随机森林的构建过程，使用网格搜索法确定叶绿素 a、溶解氧和蓝绿藻决策树数量 ntree 和分裂特征数量 mtry 的最优值。得到叶绿素 a 估算模型的最佳输入波段组合为 B6、B8、B12，得到溶解氧估算模型的最佳输入波段组合为 B3、B4、B11，最佳 ntree、mtry 分别为 600、2；蓝绿藻估算模型的最佳输入波段组合为 B2、B5、B11，最佳 ntree、mtry 分别为 600、2。

将已建立的叶绿素 a、溶解氧和蓝绿藻回归模型应用到提取出的研究区水体，估算水质参数浓度。这里选取 2018 年 1 月 9 日、2018 年 7 月 30 日和 2018 年 10 月 8 日的 Sentinel-2 遥感影像，分别代表了湿地植被的枯萎期、茂盛期和生长末期，过境时间均为北京时间上午 10 点半左右。为了方便描述，根据崇明东滩湿地修复区划分，将研究区分为 C1N、C1S、C2W、C2E、C3、C4、D 和随塘河共 8 个区域（图 5.6）。

根据三个时间水体提取结果可以发现，研究区水域分布 2018 年整体变化不大。其中 C3 区南部水域面积变少，由上半年较大到下半年消失，取而代之的是滩地和植被；C4 区在 7 月 30 日有明显水体分布，其他时刻则没有，这是因为 7 月 30 日崇明东滩自然保护区进行了水位调控，通过水闸和水泵，整体抬高了研究区的水位，从而淹没了该区域部分滩地。

研究区叶绿素 a 浓度范围为 11.0～38.0μg/L，溶解氧浓度范围为 4.4～9.2mg/L，蓝绿藻浓度范围为 4.1～6.4cells/mL，溶解氧浓度达到国家地表水水质标准，而叶绿素 a 和蓝绿藻浓度基本呈现水体富营养化。

叶绿素 a、溶解氧和蓝绿藻三者浓度在空间分布中呈正相关关系，年内变化不明显，水域面积大的地方浓度低，具体表现在 C1N、C1S、C2W、C2E 北部和随塘河

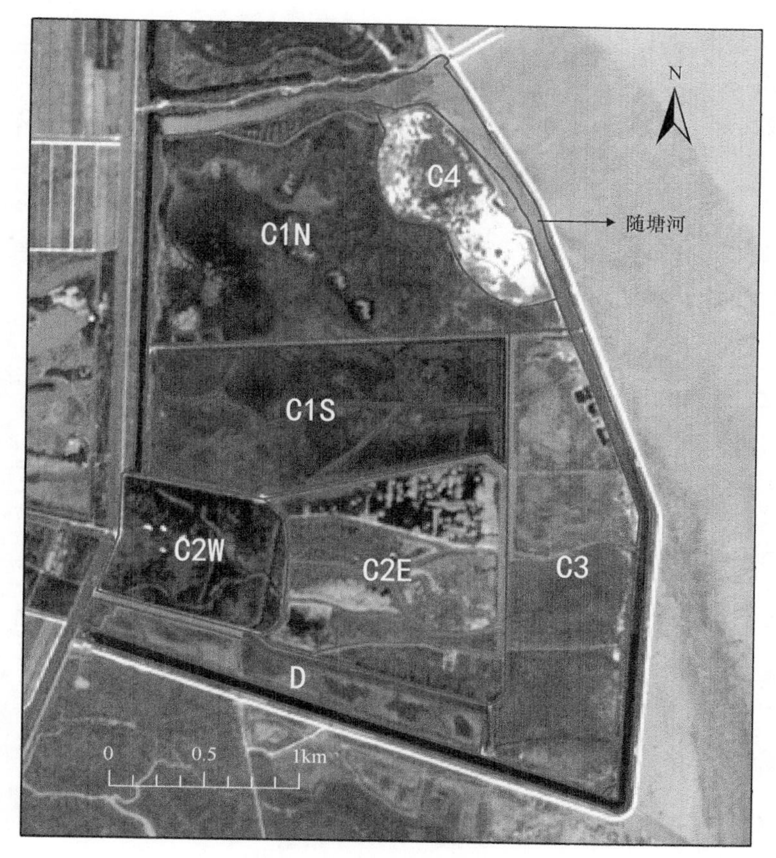

图 5.6　研究区区域划分

宽阔处；水域面积小的地方浓度高，具体表现在 C2E 南部、C3 及随塘河狭窄处。7 月 30 日由于保护区水位调控的影响，在研究区东北角水闸海水流入处出现了较高浓度的溶解氧聚集。

研究区很多水域混生着湿地植被且水深较浅，植被周围水域的水质参数浓度相对表现较高，如 C1N 区。随塘河两侧也出现较高的水质参数浓度，一部分是由于随塘河两侧靠近岸边处生长着大量水草；另一部分由于遥感影像分辨率的限制，随塘河两侧靠岸部分的像素夹带了陆源信息，导致部分像素水质参数估算出现偏差。

5.2　典型退化城市植被生态重建与服务功能提升关键技术研究

5.2.1　典型退化城市生态系统服务评估与植被退化评估分析

1. 典型退化城市生态系统服务供需评估分析

1）技术特点

生态系统服务供给指标构建根据“千年生态系统评估”框架并结合谢高地（2008）

根据中国民众和决策者对生态服务的理解状况，提取 9 项生态系统服务功能；生态系统需求采用 Villamagna 等（2013）的研究观点，综合考虑人类生活对于生态系统服务的消耗和偏好需求。具体包括以下步骤：①评估生态系统服务供给；②明确生态系统服务需求；③构建生态系统服务供需关系。

本技术以典型退化城市土地利用遥感数据，并将其地类划分为耕地、林地、草地、水域、建设用地、未利用土地六大类，以及各省份统计年鉴中的人口、经济、社会等数据为研究基础数据。基于此，得到本技术的评价指标体系（表 5.11）。

表 5.11　评价指标体系

目标	一级指标	二级指标
生态系统服务供给	供给服务	食物生产价值 原材料生产价值
	调节服务	气体调节价值 气候调节价值 水文调节价值 废物处理价值
	支持服务	保持土壤价值 维持生物多样性价值
	文化服务	提供美学景观价值
生态系统服务需求	土地需求	土地利用开发强度
	人口需求	人口密度
	经济需求	地均 GDP

对于生态系统服务供给核算，本书采用价值当量法（谢高地等，2008），依托区域特征、生物特征、经济发展程度对当量系数进行修正，得到符合实际情况的生态系统服务供给价值，具体修正参考式如下：

$$n=\frac{a_i}{A_i} \tag{5.11}$$

式中，n 为修正系数；A_i 为全国均值；a_i 为典型退化区域均值。

按式（5.12）对各区（县）生态系统服务总量进行测算赋值，考虑到各研究单元面积不同，利用单位面积生态系统服务价值反映各区（县）的生态系统服务供给能力：

$$\mathrm{ESV}=\sum_{i=1}^{n}\mathrm{VC}_i\times\frac{u_i}{u} \tag{5.12}$$

式中，ESV 为评价单元生态系统服务价值［元/(hm^2·a)］；n 为土地利用类型数量；VC_i 为第 i 种土地利用类型单位面积生态系统服务价值［元/(hm^2·a)］；u_i 为第 i 种土地利用类型面积（hm^2）；u 为评价单元土地总面积（hm^2）。

生态系统服务需求核算需考虑到生态系统服务需求的驱动因素及数据可获得性，选取土地开发强度、人口密度、地均 GDP 三个经济社会发展指标以表征。考虑到少数极发达地区人口与经济指标出现异常，故对这两个指标进行对数处理，以削弱极端数据对研究区域生态系统服务需求能力的评估。测算方式参考式（5.13）：

$$ESD=\lg X_1\times\lg X_2\times\lg X_3 \tag{5.13}$$

式中，ESD 为生态系统服务需求；X_1 为土地开发强度；X_2 为人口密度；X_3 为地均 GDP。

基于以上对于生态系统服务供给、生态系统服务需求的核算，引入 Z-score 方法进行数据标准化，两轴分别表征标准化后的生态系统服务供给值与需求值，分为 4 象限，分别代表高供给-高需求、低供给-高需求、低供给-低需求以及高供给-低需求等不同类型的生态区划。具体参考式（5.14）～式（5.16）：

$$x=\frac{x_i-\overline{x}}{s} \tag{5.14}$$

$$\overline{x}=\frac{1}{n}\sum_{i=1}^{n}x_i \tag{5.15}$$

$$s=\sqrt{\frac{1}{n}\sum_{i=1}^{n}(x_i-\overline{x})^2} \tag{5.16}$$

式中，x 为标准化后生态系统服务供给（需求）值；x_i 为第 i 个研究单元生态系统服务供给（需求）值；$\overline{x}$ 为典型退化区域平均值；s 为典型退化区域标准差；n 为研究单元数。

2）技术条件

以典型城市生态系统退化区域为对象。

3）应用案例

A. 长三角城市群生态系统服务供给空间特征分异

由长三角城市群各区（县）生态系统服务供给价值分布可得，总体而言，长三角城市群生态系统服务供给价值呈现从北到南逐渐升高趋势：其高值区主要包括研究区域浙江省南部、安徽省西南部，供给值基本超过 22335 元/hm^2，其中，淳安县生态系统服务供给值最高；低值区主要包括上海、江苏省的东部、安徽省中西部，其中，最低值出现在上海市的闸北区与静安区。长三角城市群生态系统服务供给能力与土地利用类型关系紧密，淳安县 79%为林地，建设用地仅为 10%；而上海市闸北、静安区几乎均为建设用地（寿飞云等，2020）。

B. 长三角城市群生态系统服务需求空间特征分异

长三角城市群生态系统服务需求空间分布具有明显的区域性，长江入海口附近形成生态系统服务需求高值区，然后向外围递减。按照 GIS 中的自然间断点分级法将生态系统服务需求值划分为五个等级，111 个区（县）处于 0～1 等级，仅 17 个区（县）其生态系统服务需求处于 11～18 等级。其中上海市静安区需求值最高，为 17.70；内陆地区，特别是山区、郊区生态系统服务需求较低，其值普遍低于 1。

C. 长三角城市群生态系统供需关系空间特征分析

通过 Z-score 标准化将各市的生态系统服务供给值与需求值进行关联，结果见表 5.12，表明处于高供给-高需求区的区（县）极少，仅有 4 个，绝大多数城市处于高供给-低需求区及低供给-低需求区，几乎占研究总数的 3/4；剩下的研究单元处于低供给-高需求区。

以研究范围内省级行政（直辖市）边界为限：上海市作为全国的经济贸易中心，经济发展迅猛，土地利用开发超前，因此各区（县）均处于低供给区域；江苏省各区（县）中，处于低供给-低需求区的研究单元最多，供需能力相对匹配，多次出现于低供给-高需求区，处于高供给区域的研究单元较少；浙江省的经济发展在长三角城市群中较为领先，但其较好地利用了现有的生态资源，在不破坏生态本底的情况下发展生态产业，因此仍然有较多的区（县）出现高供给区，其中高供给-低需求区主要出现在主城市的周边区（县），如杭州市的淳安县、富阳区、建德市、临安区、桐庐县等；还包括自然地理条件优越，生态本底良好尚未开发地区，也可提供较高的生态系统服务，如金华的磐安县、台州的仙居县以及舟山的嵊泗县等；安徽省经济较其他三个省（市）滞后，其处于生态系统服务需求低值区的区（县）为多，因此其处于高供给-低需求区的区县为最多。

表 5.12 长三角城市群生态格局划分

分区类型	所属省份	区（县）名称
生态保育型	江苏省	南京市玄武区、苏州市虎丘区、镇江市润州区
	浙江省	舟山市普陀区
生态修复型	上海市	宝山区、虹口区、黄浦区、嘉定区、静安区、闵行区、浦东新区、普陀区、松江区、徐汇区、杨浦区、闸北区、长宁区
	江苏省	南京市（白下区、鼓楼区、建邺区、栖霞区、秦淮区、下关区、雨花台区）；无锡市（梁溪区、崇安区、惠山区、江阴市）；常州市（戚墅堰区、天宁区、钟楼区）；苏州市（姑苏区、昆山市）；南通市（崇川区、港闸区）；扬州市广陵区；镇江市京口区；泰州市海陵区
	浙江省	杭州市（滨江区、拱墅区、江干区、上城区、下城区）；宁波市（海曙区、江东区）
	安徽省	合肥市（包河区、庐阳区、蜀山区、瑶海区）；芜湖市镜湖区；铜陵市（狮子山区、铜官山区）、安庆市（大观区、迎江区）
生态重塑型	上海市	崇明区、奉贤区、金山区、青浦区
	江苏省	无锡市锡山区；常州市（溧阳市、武进区、新北区）；苏州市（常熟市、太仓市、张家港市）；南通市（海安市、海门市、启东市、如东县、如皋市、通州区）；盐城市；扬州市（宝应县、邗江区、江都区、仪征市）；镇江市（丹徒区、丹阳市、句容市）；泰州市（高港区、姜堰区、靖江市、泰兴市、兴化市）
	浙江省	宁波市（慈溪市、江北区、镇海区）；嘉兴市；湖州市南浔区；绍兴市越城区；台州市路桥区
	安徽省	合肥市（肥东县、肥西县、庐江县、长丰县）；芜湖市（鸠江区、无为市、芜湖县、弋江区）；马鞍山（含山县、和县、雨山区）；滁州市（定远县、凤阳县、来安县、琅琊区、全椒县、天长市）
生态开发型	江苏省	南京市（高淳区、溧水区）；无锡市（滨湖区、宜兴市）；常州市金坛区；苏州市（吴江区、吴中区、相城区）；扬州市高邮市；镇江市扬中市
	浙江省	杭州市（淳安县、富阳区、建德市、临安区、桐庐县、西湖区、萧山区、余杭区）；宁波市（北仑区、奉化区、宁海县、象山县、鄞州区、余姚市）；湖州市（安吉县、德清县、吴兴区、长兴县）；绍兴市（上虞区、绍兴市、嵊州市、新昌县、诸暨市）；金华市；舟山市（岱山县、定海区、嵊泗县）；台州市（黄岩区、椒江区、临海市、三门县、天台县、温岭市、仙居县、玉环市）
	安徽省	合肥市巢湖市；芜湖市（繁昌区、南陵县、三山区）；马鞍山市（当涂县、花山区）；铜陵市（郊区；义安区）；安庆市（枞阳县；怀宁县；潜山市；太湖县；桐城市；望江县；宿松县；宜秀区；岳西县）；滁州市（明光市、南谯区）；池州市；宣城市

D. 长三角城市群生态系统供需问题与建议

针对有限的国土资源与人类日益增长的物质文化需求，以及各区（县）巨大差异与长三角城市群协调发展之间的矛盾，以生态系统服务为视角，分析长三角城市群生态系统服务供给与需求的空间分布特征，长三角城市群绝大多数区（县）处于供需不平衡状态，建议在日后规划中对生态本底条件不同的市（县）进行差异化管理，以推动长三角城市群区域发展并缩小地区差异，走向整体化发展的新阶段。

2. 典型退化城市植被退化空间评估分析

1）技术特点

本技术利用归一化植被指数对城市生态环境进行评价，随后将土地利用图与植被退化矢量图进行空间叠加分析，探明典型城市植被退化地区土地利用变化。使用最小二乘法线性回归分析计算每个栅格在 2001～2015 年植被覆盖变化的趋势（SLOPE），其计算公式如下：

$$\mathrm{SLOPE}=\frac{n\times\sum_{t=1}^{n}i\times \mathrm{NDVI}_t-\sum_{t=1}^{n}i\sum_{t=1}^{n}\mathrm{NDVI}_t}{n\sum_{t=1}^{n}i^2-(\sum_{t=1}^{n}i)^2} \tag{5.17}$$

然后对每个栅格进行置信度的检验，取 $p<0.05$ 的栅格作为有效研究区域。随后，分别将土地利用图与植被退化矢量图进行空间叠加分析，计算叠加分析后所得到的年植被退化地区每一类土地利用类型的面积，再制成植被退化地区土地利用变化矩阵热图。

2）技术条件

以典型城市生态系统退化区域为对象。

3）应用案例

以长三角城市群 2001～2015 年每 16 天一期的 MODIS3Q 遥感影像合成 NDVI 数据，30m 精度的高程数据来源于美国航空航天局；南京、杭州、嘉兴、绍兴和马鞍山 2001 年和 2015 年遥感影像数据来源于 Landsat7/Landsat8。土地利用数据包括长三角城市群 2001 年和 2015 年 1∶10 万土地利用分类数据（2015 年的土地利用数据来源于中国科学院资源环境科学与数据中心）。2001～2015 年每一年的社会经济数据来源于中国城市统计年鉴。

分别将 2001 年、2015 年 1∶10 万土地利用图与长三角城市群 2001～2015 年植被退化矢量图进行空间叠加分析，计算叠加分析后所得到的 2001 年、2015 年植被退化地区每一类土地利用类型的面积，空间叠加分析在 ArcGIS10.2 软件中进行。将空间叠加分析的结果保存为文本格式，在 R 统计分析软件中制作长三角城市群植被退化地区土地利用变化矩阵。

5.2.2 典型退化城市植被生态重建技术试验示范技术

1. 典型城市健康森林特征分析技术

1）技术特点

通过对所取样地进行群落质量综合评价，包括生长势、健康度、持续性（群落寿命）、环境协调性、奇特性、多样性、珍贵度、可入性、垂直结构等 9 个指标，按 5 级量现场打分，并拍摄现场照片以便校核。以总分 75 分为限，以上为优良群落，以下为不良群落。

评价选取优良群落后进行样地调查，乔木树种记录种类、数量、高度（m）、胸径大小（cm）、枝下高（m）、冠幅（cm）；灌木层和草本层记录种类、高度（m）及盖度（%）。同时记录样地概况，包括坡度、坡向、海拔、经纬度、环境特征（周界、下垫面等）。

利用 VPP 对调查数据进行汇总统计，编程计算重要值、丰富度指数、多样性指数、均匀度指数、物种关联数。其中物种关联数定义为与某目标物种相伴出现的物种数量，分别计算其最大值与平均值。

2）技术条件

以地带性植被和城市人工植被为对象。

3）应用案例

以长三角地区 4 条纬度带上的 13 个城市区（县）为研究区（连云港连云区、徐州邳州市、徐州丰县、南京玄武区、镇江京口区、上海崇明区、杭州富阳区、杭州淳安县、宁波余姚市、绍兴诸暨市、舟山岛、丽水庆元县、温州苍南县），基于森林群落质量综合评价（评价指标包括生长势、健康度、群落寿命、环境协调性、奇特性、多样性、珍贵度、可入性、垂直结构等），筛选出健康森林样地 520 个，开展群落调查，分析城市森林植物区系、森林植物多样性、空间分布、群落特征及其纬度向、经度向变化，提炼基调树种和基调群落。从地带性植被与建群种特征分析入手，对长三角地区典型城市森林作分类分析，为地区城市森林植被恢复重建提供依据。

2. 典型城周山地退化植被恢复与重建技术

1）技术特点

围绕城周山地退化植被基底近自然林、多目标人工林恢复、重建与优化，开展技术集成研究，包括树种选择、群落配置、环境耦合、抚育经营等营造林技术和空间调控、色彩配置等植物造景技术。

2）技术条件

以典型城周山地退化植被为对象。

3）应用案例

小坞坑基地位于杭州富阳主城区东北缘，连接富阳经济技术开发区东洲新区，面向江滨东大道，处于富阳主城区入口门户位置。基地为坡谷地貌，独立小流域，谷长1.5km，总面积1000亩。林区属亚热带季风气候区，气候温暖湿润；水土条件空间分异明显，山麓谷地土层较深厚，水分充足，中上坡条件较差，局部土层瘠薄，岩石裸露。原生植被属东亚植物区中国-日本植物亚区，以中亚热带常绿阔叶林最为典型，树种以壳斗科、樟科、山茶科、木兰科为主。由于人类活动的影响，区内原始林已遭到破坏，现状森林起源于伐薪迹地、人工造地上发生的低质效次生林和人工林。次生林主要分布于中、上坡，以松、杉、栎林、木荷林、灌木林、杂竹林占优势，群落演替进展不深，高度有限，林下层藤灌蔓延；人工林分布于下坡，以国外松、杉木、香樟、枫香、深山含笑、千年桐等为主栽树种，树种组成与层次结构简单，下木与地被缺乏；谷地区域曾为经济林试验用地，通过人工造地而成，多砾石，现呈荒芜状态，杂竹、山黄麻、金樱子、刺梅等杂灌荆棘形成林下植被，盖度90%以上。林区于2011年纳入杭州市西郊森林公园、富阳城市森林公园后，开辟为城市游憩林，设置了步游道。总之，基地所处的城区边缘浅山地带，属长三角地区城镇背景林的常见发生区；基地是在强烈人为干扰下形成的退化生态系统，森林质量低下，演替缓慢，对这类植被系统进行恢复重建，提升其服务功能，在长三角地区具有代表性。植被生态系统组成复杂，服务功能多样，系统优化需要从不同层次开展。

A. 小坞坑植被生态恢复树种选择

小坞坑基地的植被恢复目标是按物种多样化和珍贵化及群落复层化和自然化原则，尊重森林发生与演替的自然规律，培育系统健康、景观优美、林产品价值潜力巨大的森林生态系统。在生态服务功能上，无特定强化目标，应考虑其综合性。

a. 选择依据与范围

根据生态恢复目标、小坞坑基地的自然条件，参考长三角地带性植被及其在城市生态建设中的应用状况、浙江省珍贵彩色森林建设推荐树种、富阳区林相改造推荐树种，选择植被生态恢复目标树种。

b. 选择原则

适应性：遵守适地适树原则，以地带性、乡土树种为主体，外来树种应选择驯化成功者，确保建设成效。

综合效益：应以高大乔木为主体，优先选择那些集珍贵、美化、有大径材培育潜力等多种效益于一体的树种。选择耐荫树种与伴生树种，利于配置人工森林群落，提高整体生物量。选择形态优美、呈色显著、明度的树种，构建季相景观。

多样统一：一方面，根据基地的条件特点与建设目标，确立数种主栽树种，形成森林基调；另一方面，还应尽量扩大选择面，应用丰富的物种材料作辅助性种植，增加群落物种多样性。

阴阳结合：立地较好的林下环境，主选慢生、长寿、珍贵、接近顶级的阴性树种；对于立地较差的旷地，应主选速生、阳性先锋树种，构建森林上层骨架，速生、慢生结合，远近结合，加快恢复重建进度。

c. 推荐树种

基调树种：银杏、枫香、浙江楠、桢楠、赤坡青冈；

骨干树种：红豆杉、三角枫、柿子、苦槠、青冈；

一般树种：栎类、乔木樱、野山樱、野漆树、青钱柳、红豆树、金钱松；

点缀树种：紫玉兰、红梅、西府海棠、紫荆等。

d. 种苗质量控制

坚持自然、全冠苗木造林，有中央主导干的乔木种苗严格要求保留主梢，1 年生小苗应保留主根，其他指标达到 GB 6000—1999 规定 I 级的质量要求。为严格控制苗木品质，提倡小苗造林。优先采用优良种质材料培育的优质壮苗、容器苗或带土球苗，并优先采用保障性苗圃生产的苗木。

B. 小坞坑群落配置

a. 群落配置原则

（1）生态原则。群落配置时应遵循植物与群落生态学原理，如适地适树原理、物种生态位原理、群落与环境耦合原理、多样性导致稳定性原理等，师法自然，构建健康群落。

（2）效益复合原则。群落配置应以群落生物产量最大为原则，以群落的综合效益为判据，优化配置好各种树种，如常绿树种枝叶密度大，一般净同化率低，透光率低，林下配植其他植物相对不利，落叶树种反之。应重视土地的生产功能，可将珍贵用材树种作为林下补植的主体，成为未来的建群种，提高收益潜力与森林质量。同时遵循艺术美观原则，力求群落景观化，林外以季相景观营造为重点，林内应开展植株形体美化与游赏空间营造。

（3）人自结合原则。即人工设计与自然设计结合。群落配置的最终目标是形成近自然的植物生态系统，这是一个复杂的自然设计与演替过程，人工措施只是起到了促进作用。应充分利用大自然的自我设计能力，坚持人工促进、自然演替的原则。

b. 群落配置模式

根据以上原则，基地立地环境与现状植被的异质性，植被恢复的目标及其配套建设措施，确定群落配置模式。

（1）针阔混交群落。现状以杉木、湿地松为建群种，间有马尾松分布。伴生阔叶树上层有木荷、青冈、苦槠、枫香、檫树、朴树、千年桐等，中下层有山矾、柃木、冬青、继木、白栎、乌饭、白檀等。通过卫生伐与疏伐、清杂，保留木荷、栎树等幼苗。分两种情况引入目标树种：于立地条件较好或上层密度较高（0.7）以上疏伐补植或直接补植浙江楠、桢楠、浙江樟、红豆杉、赤皮青冈等耐荫树种小苗，重建更新层，形成湿地松–楠、松–栎、杉–楠、杉木–红豆杉等植物群落；立地较差或上层密度较低时（0.6 以下），疏伐补植或直接补植枫香、三角枫、河桦等喜光树种，苗高 1.5m 以上，作为群落共建种，形成针–枫香、针–三角枫等群落，改善树种结构，形成季相景观。

（2）常绿-落叶阔叶混交群落。现状以木荷、香樟等常绿阔叶树种为建群种，数种共建，或小片单建群落。伴生有苦槠、青冈、石栗、继木、乌饭、柃木、冬青、山矾等。该类型一般立地条件较差，上层树木生长不良。通过疏伐清杂，补植枫香、三角枫、野柿等喜光树种，苗高 1.5m 以上，为中间层，再于林下补植塑樟楠类、栎类小苗（1 年生容器苗），形成香樟–三角枫–楠木、木荷–枫香–楠木等群落，改善树种结构，形成 7 季相景观。

（3）落叶-常绿阔叶混交群落。现状包括枫香人工纯林，上层稀疏分布野柿、千年桐、刺槐、豆梨等落叶树的疏林地和抛荒地，立地条件一般较差。其中枫香林密度过大，生长不良，枯株较多；其他林分则上层过稀，生物产量低。对于枫香林，采取全面疏伐，至郁度为 0.7～0.8，补植樟楠类种苗（1 年生容器苗），引入更新层，丰富群落层次。其他地块通过卫生伐与清杂，采取新造林方式重建植被，配置群落。上层种植银杏与北美栎树等落叶树大苗，下层种植浙江樟、青冈、苦槠等常绿树种小苗，形成以落叶树种为建群种，常绿树种为演替层的人工群落。此群落构建时应保障较长时期内落叶树种高于常绿树种，可以从种苗大小上、种植次序上加以区分控制。

（4）常绿阔叶混交群落。现状以木荷、香樟、苦槠、青冈等常绿阔叶树种为建群种，多数种共建，仅木荷、香樟存在小片单建群落。下层伴生有苦槠、青冈、石栗小苗及檵木、乌饭、柃木、冬青、山矾、厚皮香、石斑木等灌木。该类型一般立地条件较好，但上层树木长势不旺，树种组成单调，经济性差。通过疏伐清杂，或直接补植楠木类、红豆杉、红豆树等耐荫树种（1 年生容器苗），作为更新层，构建常绿阔叶林群落，进行珍贵树种储备。

（5）落叶矮林群落。现状包括以继木、白栎为建群种的落叶灌木林及荒草坡，土壤瘠薄，立地恶劣。采取小片状、点丛状抚育清理，引入野山樱、野漆树等耐干耐瘠先锋树种，作为建群种或原灌木共建种，形成落叶矮林群落。

C. 小坞坑景观格局配置

（1）最小扰动，整体稳定。景观布局应尽量维持原植被基底的稳定性，植被恢复工作分期推进，每期对基地部分退化植被进行恢复作业，减少对原基底的扰动。先期恢复作业区应以下坡平缓区域为主，避开生态脆弱区。

（2）环境耦合，配置格局。遵循群落生态学与景观生态学原理，根据海拔、地形、土壤特征及植被退化状况，布置相应的植被斑块或廊道，确保与环境耦合。

（3）种源分散，扩大传播。引入的目标林分，特别是珍贵用材林，尽量分散布置，为未来所在区域提供种源，扩大传播范围。

（4）延伸视域，适于游赏。植被恢复结合边界拓展、前景穿透、景观飞地、屏障设置等手段延伸视域，使有限的作业空间产生较大的视域效应。生态背景林、生态游憩林合理布置，形成最优游赏空间与景观序列。

（5）试验生产，有机结合。格局布置应使植被恢复作业与科学试验有机结合，既有利于植被恢复工程施行，方便种植造林与未成林管理工作的顺利开展，也有利于试验样地的布置，开展日常监测。

D. 景观优化布局

植被恢复作业区主要位于基地下坡，沿中央谷地布置，以步游道为中心，向两侧扩展，条带状布置不同群落模式。中央谷地为生态游憩林，东坡为珍贵化近自然生态风景林，西坡为季相景观林（图 5.7），后两类也沿支流坡谷延伸，部分直至岗部。局部岗地布置生态矮林（图 5.8）。从游赏空间看，谷地林内景观旷幽交替，两侧坡地林外景观延绵不绝，可产生广阔纵深的视觉效果。据研究，森林季相景观格可划分为波纹、线状、网络、聚散、集聚、分散、点丛等模式，不同格局对应不同的观赏效应。基地主要采用聚散格局。该格局季相斑块既有大块聚集，也有小块或点状分散，随机而自然。

(a)定向抚育前　(b)定向抚育后

(c)原林相　(d)清杂补植三角枫后

图 5.7　季相景观林恢复前后

(a)原林相　(b)改造后

图 5.8　生态矮林重建前后

另外，林冠下补植主要应用于东坡，但相关试验安排于西坡，实现了珍贵树种分散布局。植被恢复以谷地及下坡平缓区域为重点，避免了局部环境变化对水土保持、水源涵养等产生的不利影响，方便开展恢复作业与后期管理。

5.3　城郊地球关键带土壤氮素利用率提升技术

1）技术特点

在城市化进程中大规模的工程建设、大量废弃物的排放和频繁的交通运输等多种因素的综合作用下，城市土壤环境质量日益恶化（张甘霖，2005）。城郊关键带由于集约化生产、城市污染物以及农业化学品的大量投入，成为地球表层系统中生态服务各要素间竞争最激烈的区域（Lin et al.，2014）。在当今城市土壤资源日趋紧缺、污染日益严重的形势下，加强城市化对土壤生态的影响研究及如何重建显得尤为重要。

修复受损的土壤生态系统具有极其重要的现实意义。目前，城市土壤生态系统评价与修复方面的研究已向宏观和微观两方面拓展。在宏观上主要通过信息技术进行大尺度、多因素的分析，而在微观上则强调物理、化学与生物过程之间的耦合机制研究，包括以下步骤：①先进的造粒技术，以往都是将硝化抑制剂与尿素简单混合后施入土壤，由于施用量有限（18g N/m^2），进入土壤的硝化抑制剂和尿素极易分离，影响硝化抑制剂的作用效果，本技术利用浙江奥复托化工有限公司先进的造粒技术，将硝化抑制剂包裹在尿素颗粒外面，即使进入土壤也能很好地抑制尿素的硝化作用；②确定合理的施用量，达到减肥增产的效果，由于硝化抑制剂生产成本较高，根据土壤的理化性质及区域气候条件，选择最优的硝化抑制剂与尿素的配比量，降低尿素的施用量，提高土壤氮素的利用效率（Long et al.，2018）。

2）技术条件

以城郊稻麦轮作农田为对象。

3）应用案例

樟溪河城郊关键带试验基地位于浙江省宁波市海曙区鄞江镇正北（121°22′3.10″E，29°47′23.92″N），占地面积 10.3 亩，2017 年 7 月建成使用（图 5.9）。樟溪河流域是长江三角洲地区典型的城郊关键带，具有城市和农村双重特性。此试验基地的建立旨在通过采用微宇宙模拟实验、田间控制实验和野外调查及原位观测、尺度转换与建模等多学科的方法，积极应对我国城市化过程中出现的土壤和水资源问题，为促进城市可持续发展、区域生态文明建设、受损生态系统修复等提供理论依据和科学支撑。

樟溪河城郊关键带田间控制试验从 2017 年 7 月开始，采用稻麦轮作模式，设置不施肥（CK）、常规施用氮肥（240kg/hm^2，U）、常规施用硝化抑制剂包膜氮肥（240kg/hm^2，H）和减量 25%硝化抑制剂包膜氮肥（180kg/hm^2，L）四个处理方式，每个处理方式重复 4 次，采用随机区组排列。

2017 年水稻季，不同处理水稻产量在 7838～9644kg/hm^2（图 5.10），三个施肥处理

（普通化肥 U，减施化肥+抑制剂 L 和普通化肥使用量+抑制剂 H）的产量均显著高于不施肥（CK）处理，其中普通化肥使用量+抑制剂（H）的水稻产量最高，且显著高于减

(a)试验田俯瞰图

(b)试验田水稻种植季

图 5.9　樟溪河城郊关键带试验基地实景图

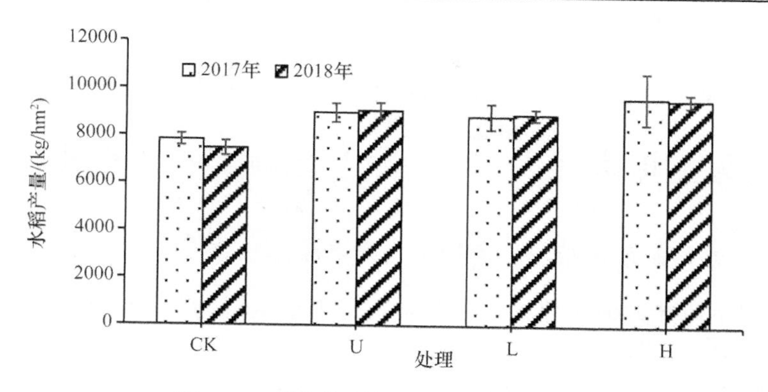

图 5.10　硝化抑制剂对水稻产量的影响

施化肥+抑制剂（L）处理。不同处理之间氮素利用效率也存在显著差异，三个施肥处理的氮肥偏生产力为(50.38 ± 2.10)～(65.16 ± 3.87)kg/kg，氮肥农学效率为(8.23 ± 2.10)～(11.88 ± 6.24)kg/kg，氮肥利用率为(27.36 ± 6.58)%～(31.65 ± 11.07)%，氮肥生理利用效率为（6.14 ± 1.82）～(8.70 ± 4.04)kg/kg，氮素收获指数为（0.631 ± 0.012）～(0.676 ± 0.039)kg/kg，氮素籽粒生产效率为（48.12 ± 4.05）～(56.62 ± 3.23)kg/kg，其中 L 处理显著提高了氮肥偏生产力(65.16 ± 3.87)kg/kg、氮素籽粒生产效率（56.62kg/kg）和氮肥利用率（17.36% ± 6.58%）。H 处理的氮素利用效率和 U 处理没有显著差异。

2018 年不同处理水稻产量为 7484～9576kg/hm^2（图 5.10），三个施肥处理的产量均显著高于不施肥处理，但是施肥处理之间差异不显著。不同处理之间氮素利用效率也存在显著差异（表 5.13），氮肥偏生产力为（50.15 ± 2.17）～(66.10 ± 3.10)kg/kg，氮肥农学效率为（9.25 ± 2.17）～(12.25 ± 2.67)kg/kg，氮肥利用率为(23.61 ± 5.59)%～(33.32 ± 6.14)%，氮肥生理利用效率为（6.35 ± 1.07）～(8.33 ± 0.81)kg/kg，氮素收获指数为（0.631 ± 0.016）～(0.662 ± 0.027)kg/kg，氮素籽粒生产效率为（46.43 ± 2.27）～(52.83 ± 1.76)kg/kg，其中 L 处理显著提高了氮肥偏生产力、氮素籽粒生产效率和氮肥利用率，与第一年结果类似。从以上两年的数据来看，硝化抑制剂能有效提高氮素的资源利用效率，减少氮素损失。

表 5.13　硝化抑制剂对水稻氮素利用效率的影响

年份	处理模式	氮肥偏生产力	氮肥利用率	氮肥生理利用效率	氮素籽粒生产效率
2017	U	50.38 ± 2.10b	25.31 ± 3.12ab	6.14 ± 1.82a	48.29 ± 0.34c
	L	65.16 ± 3.87a	31.65 ± 11.07a	6.37 ± 2.94a	56.62 ± 3.23a
	H	54.03 ± 6.24b	27.36±6.58ab	8.70 ± 4.04a	48.12 ± 4.05c
2018	U	50.15 ± 2.17b	23.92 ± 3.59ab	6.65 ± 1.58a	49.32 ± 0.93bc
	L	66.10 ± 3.10a	33.32 ± 6.14a	6.35 ± 1.07a	52.83 ± 1.76b
	H	53.15 ± 2.67b	23.61 ± 5.59ab	8.33 ± 0.81a	46.43 ± 2.27c

注：氮肥偏生产力= Y/F；氮肥农学效率=（$Y–Y_0$）/ F；氮肥利用率=（$U–U_0$）/ F×100%；氮肥生理利用效率=（$Y–Y_0$）/（$U–U_0$）；氮素收获指数=N/U；氮素籽粒生产效率=Y/U；U 为施肥后收获的地上部氮累计量，U_0 为未施肥收获后的地上部氮累计量；Y 为施肥后收获的作物籽粒产量，Y_0 为未施肥收获后作物籽粒产量；N 为籽粒氮累积量；F 为化肥氮投入量。

5.4 关键生物栖息地生态恢复技术研究

5.4.1 草本植物营养组分估测与关键生物种群承载力研究

1. 基于高光谱的草本植物营养组分含量的估测技术

草本植物品质参数地面数据的获取主要是为草本植物营养组分的高光谱数据反演研究提供建模和验证样本（朱怡等，2020）。

为了获取不同季节、不同类型的草本植物的营养组分含量变化，于 3 月、5 月、7 月、10 月和 12 月采集草本植物测定其粗蛋白、粗纤维和粗脂肪的相对含量（%），分别采用硫酸-氢氧化钾法、索氏抽取法和凯氏法测定。

不同类型草本植物粗蛋白含量差异显著（图 5.11），春季草本植物幼嫩，可食性最高，粗蛋白含量最高。互花米草 3 月粗蛋白含量最高，达 18.61%，随着植株的生长，粗蛋白含量呈下降趋势，12 月最低，为 3.61%，各月份间的粗蛋白含量差异显著。一区狼尾草在3月的粗蛋白含量仅次于互花米草，高于同月份的白茅，在12月最低，为2.26%；3 月、5 月三区狼尾草与一区狼尾草的粗蛋白含量存在差异，7 月后植物开始衰老，粗蛋白含量基本一致。12 月仅加拿大一枝黄花的粗蛋白含量稍高，具较高的可食性。

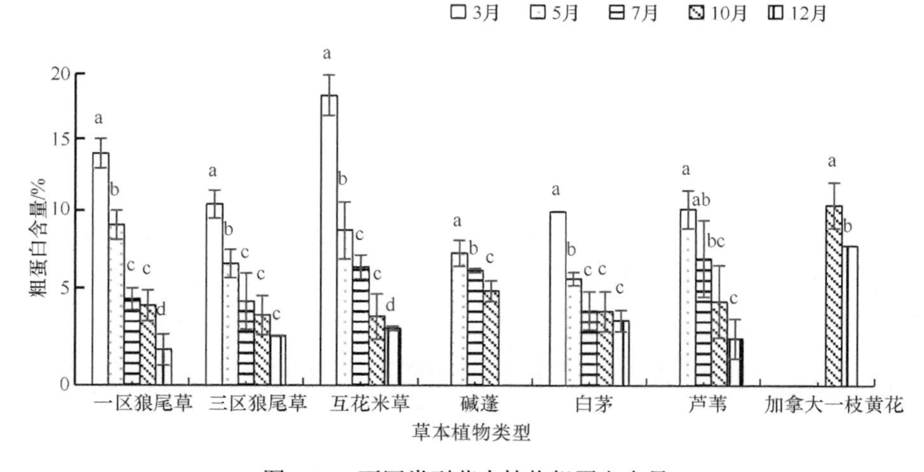

图 5.11 不同类型草本植物粗蛋白含量

不同季节、不同类型草本植物粗纤维含量差异显著（图 5.12），3 月为植物生长初期，植物较为幼嫩，粗纤维含量最低。其中，互花米草粗纤维含量最低，达 21.0%，白茅粗纤维含量最高，达 28.2%。随着温度的升高，植株的生长，茎占植株比例增大，粗纤维含量不断增大，12 月达到最大值；除碱蓬与加拿大一枝黄花外，其他类型草本植物的粗纤维含量均大于 36.0%。碱蓬作为盐生植物，由于茎叶肉质，叶内储有大量的水分，因此粗纤维含量最低，最大值仅为 18.4%。不同植物生长期不同，因此不同月份之间的粗纤维含量显著性差异不同；一区狼尾草、三区狼尾草和芦苇生长期基本相似，在 7 月植株已完全成熟，秋季粗纤维含量变化不显著，12 月植株衰老粗纤维含量显著提高。由于互花米草生长期较长，5 月、7 月、10 月粗纤维含量差异不显著，12 月植株衰老粗纤维达到最高，而白茅生长期较短，7 月植株开始衰老之后粗纤维含量变化不显著。

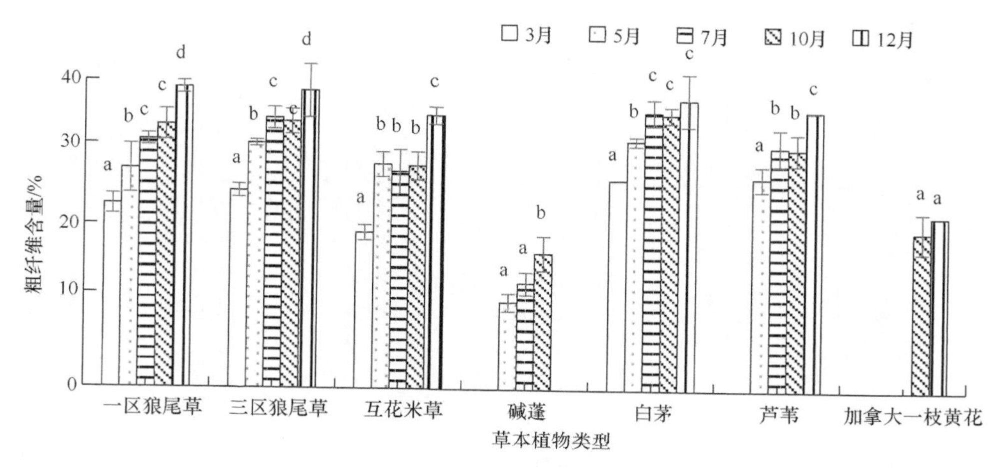

图 5.12　不同类型草本植物粗纤维含量

同样，不同类型草本植物粗脂肪含量存在显著差异（图 5.13）。加拿大一枝黄花的粗脂肪含量最高在 12 月，达 5.90%，10 月，达 3.05%，显著高于其他类型草本植物，不同月份之间粗脂肪含量差异显著。3 月互花米草粗脂肪含量最高，亦证明在春季食物相对匮乏时，互花米草仍对麋鹿具有较高的适口性；5 月、7 月粗脂肪含量最低与其他月份之间差异显著。一区狼尾草与三区狼尾草粗脂肪含量呈先降后升趋势，整体含量较低。碱蓬在 10 月达到最大值，5 月、7 月差异不显著；芦苇的粗脂肪含量呈不断上升趋势；白茅在 3 月粗脂肪含量最高，7 月含量最低。

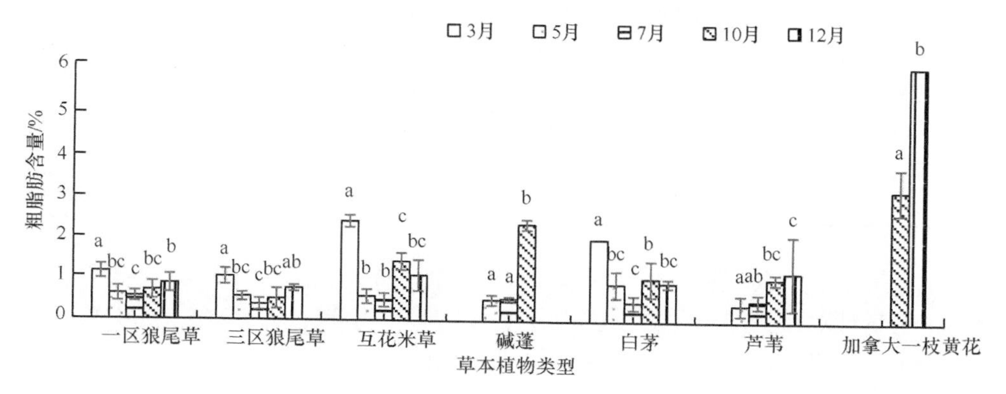

图 5.13　不同类型草本植物粗脂肪含量

2. 关键生物种群承载力评价技术

截至 2018 年底，保护区麋鹿种群数量达到 4556 头，占世界麋鹿总数的 60%，其中野生放养麋鹿数量已达到 905 头。有研究表明，粗蛋白含量是牧草质量的重要指标，对动物的影响最大，高粗蛋白、高消化率和高营养价值相联系；粗蛋白的缺乏导致矿质营养（特别是磷）的不足，往往是动物生产的主要限制因子（韩璐璐，2016）。据统计，在食物匮乏季节圈养区的一头麋鹿需要投料量约 7kg/d，曹克清（1990）研究表明，日粮中 16%粗蛋白即可满足达氏麋鹿对粗蛋白的需求，即日粮中需要约 1.12kg 的粗蛋白才能满足麋鹿生存的需求。如表 5.14 所示，3 月与 12 月是食物最为匮乏月份，在 3 月保护区的可食草本植物可供当前麋鹿持续采食 9.8 天，在 12 月持续采食 17.94 天；在生物量最高时期 10 月可供采食 211.03 天。

表 5.14 保护区不同季节草本粗蛋白总量 （单位：kg）

植物	3 月	5 月	7 月	10 月	12 月
一区狼尾草	1.25×10^3	1.19×10^4	2.59×10^4	1.46×10^4	—
三区狼尾草	1.69×10^3	1.13×10^4	6.82×10^4	2.27×10^4	—
互花米草	4.13×10^4	2.16×10^5	6.00×10^5	8.79×10^5	9.15×10^4
白茅	5.78×10^3	8.91×10^3	3.21×10^4	3.73×10^4	—
碱蓬	—	5.81×10^3	1.31×10^4	1.36×10^4	—
芦苇	—	5.94×10^4	1.49×10^5	1.10×10^5	—
总计	5.00×10^4	3.13×10^5	8.88×10^5	1.08×10^6	9.15×10^4

研究表明，粗纤维含量占干物质的 18%时已满足麋鹿纤维含量的需要，即日粮干物质中需要含有 1.26kg 的粗纤维。如表 5.15 所示，仅从麋鹿对粗纤维的需求方面考虑，在 3 月食物匮乏时保护区的可食草本植物可供当前麋鹿持续采食 11.73 天，在 12 月持续采食 162.75 天；在生物量最高时期 10 月可供采食 1305.99 天。

表 5.15 保护区不同季节草本粗纤维总量 （单位：kg）

植物	3 月	5 月	7 月	10 月	12 月
一区狼尾草	2.08×10^3	3.42×10^4	1.57×10^5	2.28×10^5	—
三区狼尾	3.88×10^3	4.80×10^4	4.62×10^5	2.60×10^5	—
互花米草	4.66×10^4	6.59×10^5	2.32×10^6	6.01×10^6	9.34×10^5
白茅	1.47×10^4	4.38×10^4	2.52×10^5	2.93×10^5	—
碱蓬	—	8.10×10^3	2.54×10^4	4.16×10^4	—
芦苇	—	1.51×10^5	6.01×10^5	6.68×10^5	—
总计	6.73×10^4	9.45×10^5	3.82×10^6	7.50×10^6	9.34×10^5

根据理论承载力公式进行计算，基于 2018 年 3 月、5 月、7 月、10 月和 12 月的草本植物生物量计算得到麋鹿种群承载力分别为 99 头、1034 头、2496 头、4692 头和 473 头；基于年平均草本植物生物量计算，保护区麋鹿承载力为 1759 头，远低于保护区现有麋鹿数量（4556 头）。

5.4.2 关键生物生境水质研究

本技术在大丰麋鹿保护区麋鹿栖息与饮用水河道中的应用步骤如下：利用 2018 年

5～12 月实测地物高光谱数据和实测河流水质参数浓度，在对保护区河流水质现状进行分析评价的同时，对保护区水体参数进行动态反演，构建保护区水体叶绿素 a、总氮和总磷最佳反演模型，从而获得保护区整体水质状况数据。

保护区各月份水体富营养化评价等级结果如图 5.14 所示。

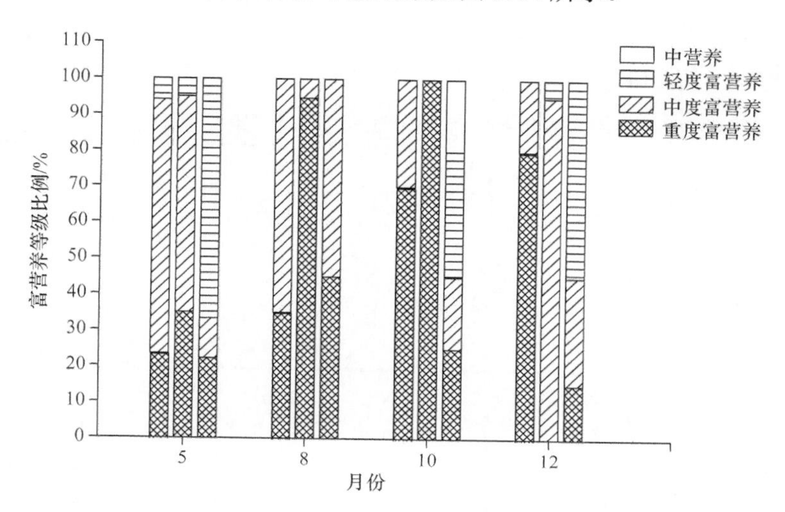

图 5.14　保护区不同月份水体富营养化评价等级比例

各月份三列柱状图从左到右依次为核心一、二、三区富营养等级百分比

总体而言，核心二区水体营养状态较差，核心三区水体营养状态最佳，保护区应重点关注对核心二区水体富营养化的治理，特别是 8 月、10 月前要及时预防水体富营养化。

利用总氮、总磷、氨氮、高锰酸钾指数、重金属浓度及 pH 实测值，通过单因子指数法和综合污染指数评价法来评价保护区水质污染现状。

根据水质参数单因子指数计算公式，以Ⅲ类《地表水环境标准》计算获得的保护区各核心区水质参数单因子 S 值超标（>1）采样点占比情况见表 5.16。

表 5.16　保护区单因子 *S* 值超标（>1）采样点占比　（单位：%）

核心区	TN	TP	NH_3-N	CODMn	pH	Cd	Pb	Cr
一	100	100	0	100	0	0	0	0
二	100	5	10	100	0	0	0	0
三	60	60	15	100	0	0	0	0

由表 5.16 可知，总氮浓度在核心一、二区超标严重，均达到 100%，在核心三区大部分采样点超标。总磷浓度在核心一区采样点全部超标，核心二区个别采样点超标，核心三区大部分采样点超标。氨氮浓度仅核心二、三区个别采样点超标。高锰酸钾指数超标情况最严重，所有采样点均超标。保护区水体 pH 总体状况良好。水体重金属镉、铬、铅含量均未超标。

综合来说，核心一区水体主要污染指标为总氮、总磷、高锰酸钾指数，且超标严重。

核心二、三区水体主要污染指标为总氮、总磷、氨氮、高锰酸钾指数，其中核心二区水体总氮、高锰酸钾指数超标严重，核心三区水体总氮、总磷、高锰酸钾指数超标严重。保护区应加强各核心区水体总氮、总磷、高锰酸钾指数污染治理，及时预防氨氮等水质污染。

根据各水质参数综合污染指数计算方法，对比水质污染程度分级标准，得到保护区综合水质污染因子 P 值的相对污染程度比例，如表 5.17 所示。

表 5.17 保护区综合水质污染因子 *P* 值相对污染程度比例 （单位：%）

水质污染程度分级	核心一区	核心二区	核心三区
尚清洁（0.2～0.4）	0	0	5
轻污染（0.4～0.7）	5	5	45
中污染（0.7～1.0）	75	60	30
重污染（1.0～2.0）	20	35	20

由表 5.17 可知，除核心三区个别采样点处于尚清洁状态外，其他采样点水体均遭到不同程度的污染。其中核心一、二区采样点多个指标检测值超过标准限值，大部分水体都处于中污染及重污染状态，且核心二区污染更严重。核心三区总体水体污染情况好于核心一、二区，但绝大部分采样点水体受到不同程度的污染。综合来看，保护区水体处于中污染状态，应加强对核心一、二区水体污染的治理，尤其是核心二区的水体污染治理。

5.4.3 关键生物生境选择性差异分析

本技术在大丰麋鹿保护区麋鹿对生境选择季节性差异研究中的应用案例步骤如下：利用无人机技术获取研究区不同季节麋鹿分布位点数据，运用 95%核密度估计法得到各季节麋鹿空间利用分布格局图。与三个空间生境因子（土地覆被类型图、水源距离缓冲分析图、投食点距离缓冲分析图）相结合，定量分析不同季节麋鹿在不同生境因子分异类型上的面积分布情况。此外，借助 ArcGIS 空间分析工具对麋鹿空间利用分布格局进行适宜性划分，并结合景观格局指数探究麋鹿空间利用格局的动态变化特征。结合样线法和样方法进行野外生境调查，分析麋鹿利用与未利用生境间的差异性，运用 Vanderploeg 选择系数和 Scavia 选择指数法分析不同季节麋鹿生境选择特征状况（张钧泳等，2016），并使用主成分分析法探究影响麋鹿生境选择的主要因素。

由表 5.18 可知，麋鹿春季在植被类型上倾向于选择互花米草群落、白茅群落和糙叶薹草群落，而不选择盐地碱蓬群落和狗牙根群落；偏爱植被高度大于 4cm，植被盖度低于 30%，植被密度低于 150 株/m^2，地上生物量低于 100g/m^2 的生境；倾向于选择距水源 210m 以内，距投食点 1800m 以内的生境活动。

表 5.18　麋鹿春季对生境变量的选择

生境变量	类别	利用样方数 r_i	调查样方数 p_i	选择系数 w_i	选择指数 E_i
植被类型	白茅群落	22	25	0.33	0.25
	糙叶薹草群落	4	5	0.30	0.20
	盐地碱蓬群落	1	11	0.03	−0.74
	互花米草群落	25	27	0.34	0.26
	狗牙根群落	0	1	0.00	−1.00
植被高度/cm	≤4	7	15	0.22	−0.20
	4～12	33	38	0.42	0.11
	≥12	12	16	0.36	0.04
植被盖度/%	≤5	13	15	0.43	0.13
	5～30	36	45	0.40	0.09
	≥30	3	9	0.17	−0.33
植被密度/(株/m^2)	≤30	11	12	0.49	0.19
	30～150	40	51	0.42	0.11
	≥150	1	6	0.09	−0.58
地上生物量/(g/m^2)	≤40	19	23	0.43	0.13
	40～100	31	39	0.42	0.11
	≥100	2	7	0.15	−0.38
水源距离/m	≤30	33	39	0.43	0.13
	30～210	16	23	0.35	0.03
	≥210	3	7	0.22	−0.21
投食点距离/m	≤600	25	36	0.35	0.02
	600～1800	25	28	0.45	0.15
	≥1800	2	5	0.20	−0.25

麋鹿夏季生境选择指数结果表明（表 5.19），麋鹿在植被类型上偏爱白茅群落和互花米草群落；倾向于选择植被高度低于 4cm，植被盖度高于 30%，植被密度低于 150 株/m^2，地上生物量低于 40g/m^2 的植被生境；多选择距水源（≥210m）和投食点较远（≥1800m）的生境活动。

表 5.19　麋鹿夏季对生境变量的选择

生境变量	类别	利用样方数 r_i	调查样方数 p_i	选择系数 w_i	选择指数 E_i
植被类型	白茅群落	25	26	0.49	0.42
	糙叶薹草群落	0	3	0.00	−1.00
	盐地碱蓬群落	0	6	0.00	−1.00
	互花米草群落	21	26	0.41	0.34
	狗牙根群落	1	5	0.10	−0.33
植被高度/cm	≤4	2	2	0.42	0.11
	4～12	32	45	0.30	−0.06
	≥12	13	19	0.29	−0.08
植被盖度/%	≤5	27	39	0.29	−0.08
	5～30	19	26	0.30	−0.05
	≥30	1	1	0.41	0.11

续表

生境变量	类别	利用样方数 r_i	调查样方数 p_i	选择系数 w_i	选择指数 E_i
植被密度/(株/m^2)	≤30	6	8	0.37	0.05
	30～150	37	51	0.35	0.03
	≥150	4	7	0.28	–0.09
地上生物量/(g/m^2)	≤40	22	27	0.39	0.08
	40～100	17	25	0.33	–0.01
	≥100	8	14	0.28	–0.09
水源距离/m	≤30	8	14	0.25	–0.15
	30～210	35	48	0.32	–0.03
	≥210	4	4	0.43	0.13
投食点距离/m	≤600	23	35	0.28	–0.09
	600～1800	18	25	0.30	–0.05
	≥1800	6	6	0.42	0.12

麋鹿秋季生境选择指数结果表明（表 5.20），麋鹿在植被类型上偏爱白茅群落、互花米草群落和盐地碱蓬群落，而回避糙叶薹草群落和狗牙根群落；倾向于选择植被高度低于 4cm，植被盖度低于 30%，植被密度高于 30 株/m^2，地上生物量低于 100g/m^2 的生境；多选择距水源 30～210m，距投食点较远（≥1800m）的生境。

表 5.20 麋鹿秋季对生境变量的选择

生境变量	类别	利用样方数 r_i	调查样方数 p_i	选择系数 w_i	选择指数 E_i
植被类型	白茅群落	21	23	0.43	0.37
	糙叶薹草群落	0	3	0.00	–1.00
	盐地碱蓬群落	1	2	0.23	0.07
	互花米草群落	13	22	0.28	0.17
	狗牙根群落	1	8	0.06	–0.54
植被高度/cm	≤4	23	28	0.54	0.23
	4～12	12	26	0.30	–0.05
	≥12	1	4	0.16	–0.34
植被盖度/%	≤5	18	31	0.37	0.06
	5～30	17	21	0.52	0.22
	≥30	1	6	0.11	–0.51
植被密度/(株/m^2)	≤30	0	5	0.00	–1.00
	30～150	26	38	0.51	0.21
	≥150	10	15	0.49	0.19
地上生物量/(g/m^2)	≤40	19	27	0.43	0.13
	40～100	15	21	0.44	0.14
	≥100	2	10	0.12	–0.46
水源距离/m	≤30	7	16	0.27	–0.11
	30～210	27	38	0.43	0.13
	≥210	2	4	0.30	–0.05
投食点距离/m	≤600	15	29	0.24	–0.17
	600～1800	15	23	0.30	–0.05
	≥1800	6	6	0.46	0.16

5.5　基于环境物联网原位监测技术

5.5.1　技 术 特 点

基于 InVEST 生态系统模型，应用物联网技术实时收集环境数据，结合 GIS、遥感等相关技术将收集数据构建基于空间数据库的水资源安全评估系统，形成基于城市群的环境物联网关键技术与示范。运用该平台监测城市环境要素安全变化情况，揭示其生态修复前后的环境特征变化，提供城市生态修复发展空间的数据支持（Dou et al.，2021）。此外，该系统利用成熟的生态评估模型，以大数据和云计算技术为基础，构建数据收集、统计、分析、应用于一体的综合服务管理平台（图 5.15、图 5.16）。该系统通过数据分析整合，深入揭示影响城市水安全的因素、机理、机制等，为城市建设者、管理者、决策者提供重要参考。

5.5.2　应 用 案 例

浙江宁波位于中国的东南沿海长三角城市群区域。地势西南高，东北低。属亚热带季风气候，温和湿润，四季分明。多年平均气温 16.4℃，多年平均降水量在 1480mm 左右，多年平均日照时数 1850 小时。河流有余姚江、奉化江、甬江，余姚江发源于西北部绍兴市上虞区梁湖；奉化江发源于南部奉化区斑竹。发源地离宁波市区较远，途径城市区域较多。两江在宁波市区“三江口”汇成甬江，流向东北入东海。而樟溪发源于宁波市区西部的四明山腹地，距离宁波市区较近，流经区域内经历了宁波市的远郊、近郊和城市中心区后在鄞江镇经古代著名水利工程——它山堰分流后，一路称为鄞江，向东注入奉化江；另一路则沿南塘河，进入宁波市区。樟溪河流经区域不受长三角城市群其他城市的影响，能更好地代表一个城市系统内经历的城市化不同阶段。宁波市芦江和小侠江流域均位于宁波市北仑区，是属于城市近郊的沿海区（县），该区域以境内深水港——北仑港而得名，2018 年入选中国工业百强区（县），流域内工业发展造成了当地水体、土壤和大气的污染，因此研究该区域具有代表性（窦攀烽等，2019）。

1. 平台系统框架

平台系统框架如图 5.15 所示。

2. 平台系统结构

基于环境物联网数据的水资源安全监测系统是基于 InVEST 的年均产水量模型及季节产水量模型。通过降雨、潜在蒸散及相关的地表参数进行计算得到的年时间步长和月时间步长的城市水资源空间分布，其中降雨和潜在蒸散属于通过天气数据估算所得指标（图 5.16）。

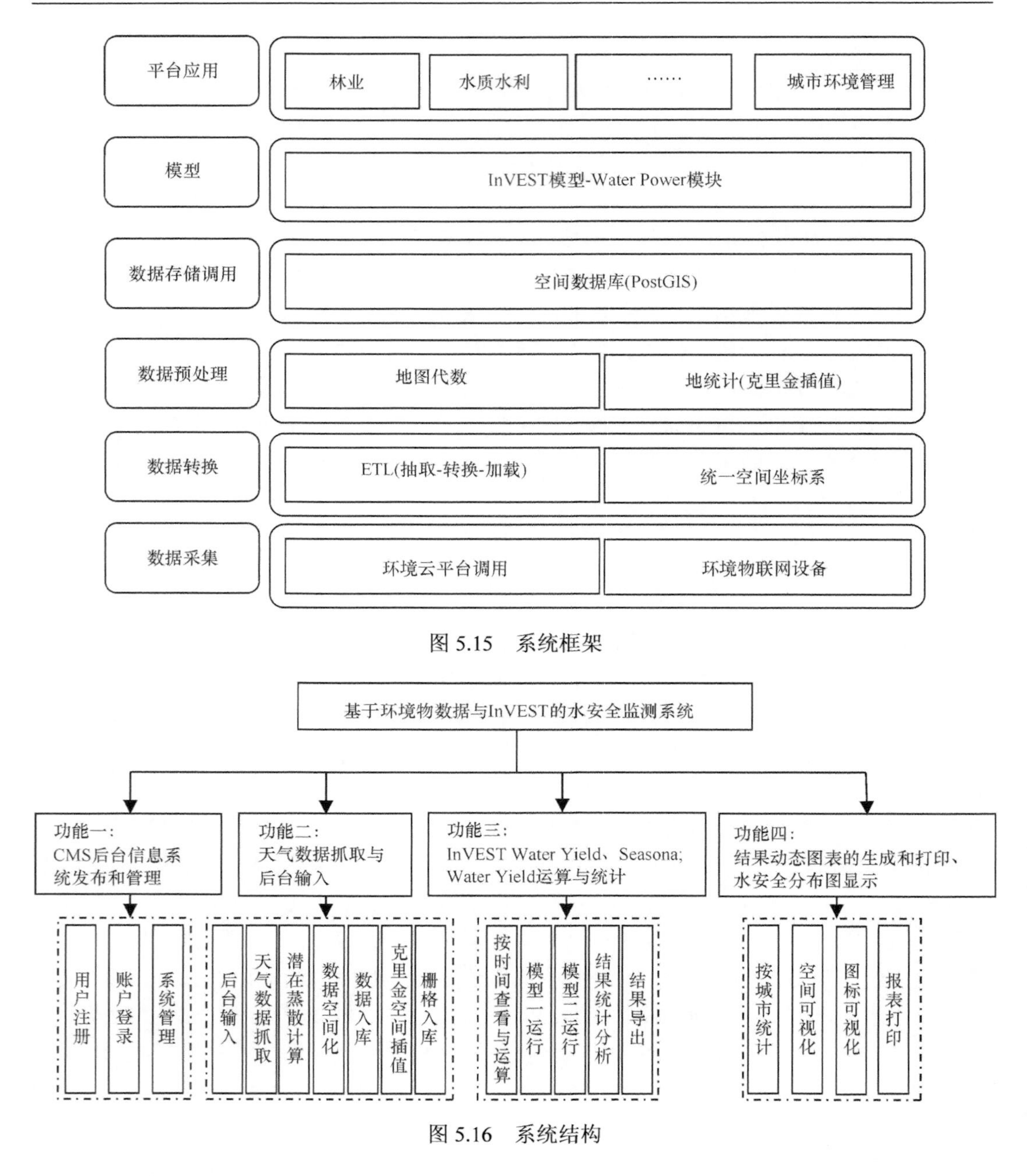

图 5.15　系统框架

图 5.16　系统结构

3. 大气数据抓取

本系统对每一天的天气数据进行了定时自动抓取（每天晚上 9 点抓取当天天气数据），作为 InVEST 模型的输入参数，这部分功能为后台自动执行。天气数据源来自环境云平台的 API 以及自行架设的部分物联网设备。季节产水量模型要求天气数据必须是月时间步长，这里增加了后台输入气象数据的功能。系统中的默认气象数据为 2016 年长三角城市群区域 38 个气象站点气象数据（来源于中国气象数据网），或者选择原来的 151 个县级城市气象数据（来源于环境云平台）。

潜在蒸散计算：在抓取天气数据的同时直接对潜在蒸散量进行计算，这里采用的是 Hargreaves 法，仅需要最高温度、最低温度和平均温度即可计算出潜在蒸散，这部分功能为后台自动执行：

$$ET_0 = 0.0023 \times 0.408 \times R_a \times \left(T_{avg} + 17.8\right) \times TD^{0.5} \tag{5.18}$$

式中，ET_0 为潜在蒸散量（mm/d）；R_a 为太阳大气顶层辐射［$MJ/(m^2 \cdot d)$］；T_{avg} 为日平均气温（℃）；TD 为日最高温均值和日最低温均值的差值（℃）。

R_a 可以通过经验式（5.19）计算：

$$R_a = \frac{24(60)}{\pi} G_{sc} d_r \left[\omega_s \sin(\phi)\sin(\delta) + \cos(\phi)\cos(\delta)\sin(\omega_s)\right] \tag{5.19}$$

式中，R_a 为太阳大气顶层辐射［$MJ/(m^2 \cdot d)$］；G_{sc} 为太阳常数，取 $0.0820 MJ/(m^2 \cdot min)$；$d_r$ 为日地距离的倒数；ω_s 为日落视角（rad）；ϕ 为纬度（rad）；δ 为太阳赤纬（rad）。

数据空间化：将数据关联到已有的矢量上，以及生成空间点要素的矢量数据，最后转成 geojson 数据，这部分功能为后台自动执行。

数据入库：将 geojson 数据导入 PostGIS 数据库，这部分功能为后台自动执行。

克里金空间插值：采用克里金空间插值技术，将降雨、潜在蒸散插值成研究区范围的栅格数据，这部分功能为后台自动执行。

栅格入库：利用 raste2pgsql 将生成的栅格导入 PostGIS 数据库，以时间作为命名。此外除了自动生成的气象数据以外，还有一些其他相关栅格数据一起导入，这部分功能均为后台自动执行。InVEST 年均产水量输入数据包括根系深度、植被可利用含水率（PAWC）、土地利用类型、年均潜在蒸散量、年均降雨量、流域边界和生物物理系数表，而季节产水量还要求输入每月降雨量分布、每月参考（潜在）蒸散量、高程、土地利用类型、流域边界、生物物理参数表、每月流域降雨次数（Sharp et al.，2015）。

后台输入：由于季节产水量模型输入气象数据需要以月为时间步长，因此增加后台输入功能，主要通过 FTP 之类的方式上传，这方面一般由系统管理人员操作。

按时间查看与运算：实时天气抓取与空间插值的功能属于每天系统自动执行的操作。而对于水源涵养的监测，可能需要在一定时间长度内进行查询和分析。在进入主页面之后，点击栅格管理页面，点击“添加数据”。根据管理者和决策者的需求，可以在今天之前任意选择一个时间段，作为感兴趣的时间段，即可生成该时间段的降雨与潜在蒸散量的栅格数据。所有参数填写完毕后，点击提交，即可生成我们感兴趣区域的潜在蒸散量与降雨量，用于下一步水源涵养的计算。此外也可以点击“增加添加数据”手动添加自己的气象数据。

模型一运算：使用年均产水量模型计算的引导界面，填入计算所需的水分指标（包括降雨量、潜在蒸散量——水分蒸发量和植被含水率），其中植被含水率是由区域的土壤数据计算得到的。降雨量和潜在蒸散量只需点击“选择”。系统就会弹出可以选择的输入数据。选择刚刚查看时间段生成的栅格，勾选，并点击“确定”。进入土地指标参数输入界面。这里需要输入的是土地利用数据——土地使用率、土壤深度数据——土壤深度（研究区土壤数据库得到），以及流域的矢量文件（由水文分析得到或者已有的流域数据），子流域为选填参数，若填入子流域的矢量文件，则在结果生成时分别产生流域和子流域的统计结果，否则只会生成流域尺度的统计结果。接着进入上传表格参数输入界面。这里需要上传的是年均产水量的生物物理参数表（生态数据表）、用水需求表格（水需求）与水电转换系数表格（运算数据），三者均为 csv 格式文件。可以点击“模板下载”，下载得到模板表格，对系数进行更正和调整，主要是针对不同地表与水源涵养关系设置的参数。其中生物物理参数表是必填，其余二者是选填，上传用水需求表格的话，结果会多生成供水量和耗水量的数据，上传水电转换系数表格，可以得到最后具体的生态服务价值价格。上传方式即点击“选择文件”，找到你的表格即可。最后到其他参数输入界面。其他参数中可以根据不同研究区对影响系数进行调整。默认是 5。如不修改，即可点击“完成”，参数设定结束。点击“完成”后，即跳回“任务列表”，再点击“运算”，即可对刚刚设定完的任务和制定参数进行年均产水量计算。

模型二运算：使用季节产水量模型计算的引导界面，填入计算所需的土地与流域指标（包括计算年份、土地利用、海拔、流域数据与生物参数表），其中计算年份需要点击三角形，从下拉表里的年份中选择一年。目前系统中仅提供了 2016 年数据，后续将会逐步更新数据，生物参数表必须自己上传，在本地电脑中选择生物参数表并点击“确定”。进入的界面主要包括输入的气象数据及土壤数据。土壤水文类型主要根据世界粮农组织（FAO）的全球土壤 1km 数据库进行构建得到。气象数据则根据后台输入的气象数据决定。这里可以上传降水次数表，如果模拟区域较小（如仅有一个气象站点），即可以直接上传降水次数表。如果模拟区域较大（当前为长三角城市群），则需要后面进一步数据输入。由于该系统上主要是模拟长三角城市群的水资源安全相关指标，因此必须使用气候区数据（气候区数据使用泰森多边形生成并转换为栅格文件）。接着根据气候区不同生成对应的降水次数表（区域气候数据表），这里需要上传。这一个界面里的参数均是可选参数。后面两个参数目前未使用因此不考虑。最后一部分是关于一些模型结果优化的可调整参数。根据模型输出结果与实际观测结果的差异，可以调整部分参数以优化输出结果。目前采用默认参数。点击“完成”后，即跳回“任务列表”，点击“运算”，即可对刚刚设定完的任务和制定参数进行季节产水量计算。

结果统计分析：主要是生成多个统计结果，包括栅格的、矢量的及图表的，在后面一部分会提到。

结果导出：在任务列表里，点击“地图”或“图表”，即可跳转至统计和图表页面。在统计和图表页面提供了 InVEST 的年均产水量和季节产水量模型输出结果导出的功能。

第6章　长三角城市群生态安全格局网络设计与综合保障技术

6.1　长三角城市群PREED耦合发展模式与调控技术

6.1.1　长三角城市群PREED耦合发展模式与区域尺度的调控技术

1. 长江经济带城市群生态安全与绿色发展评估技术

1）研究创新性

目前基于城市群生态安全评价多聚焦于单一体系评价方法，本技术以长江经济带四大城市群为例，基本覆盖了中国城市群的基本类型，使用压力–状态–响应（pressure state response，PSR）模型和PREED方法对城市群生态环境安全进行评价和比较，探究两种指标体系的适用范围和实用性，为评价全国范围内城市群生态安全提供科学的指导和建议（王祥荣等，2019）。

2）研究目的

本技术基于全国基本情况综合考量，在长江经济带中选取长三角城市群、长江中游城市群、成渝城市群和滇黔城市群为典型代表，来进行PSR城市生态文明建设和PREED生态耦合协调度评价。通过不同指标评价体系的结果，以及将四个城市群的评价结果作对比，分析四个城市群的生态安全状况，评估长江经济带城市群生态安全与绿色发展水平，归纳出城市群发展的特性和经验。对比归纳两种指标体系下得出结果的一致性、矛盾点以及引起矛盾的具体指标，探讨两种指标体系的适用范围和实用性。

3）研究方法

本技术使用PSR模型，且在相关文件的指导下，结合理论分析法等相关方法，筛选出28个指标，划入压力、状态和响应3个准则层和社会压力、资源压力、环境压力、环境状态、人居状态、经济响应、环境响应和社会响应8个主题层中，建成PSR指标体系框架（表6.1）。

ECI为生态文明建设综合指数，将评价等级分为5级：①高级阶段，0.8<ECI≤1.0，城市生态空间格局、产业结构、生产方式、生活方式达到最佳状态，人与自然和谐共生，为理想条件下的情况；②稳定阶段，0.6<ECI≤0.8，经济发展方式转变取得实质性进展，

民生改善与城乡统筹得到同步推进，生态环境较为优化，是我们现阶段追求的目标；③中级阶段，0.4<ECI≤0.6，能源资源利用效率有所提高，城市生态系统状况有所改善，生态文明有待提高，这种情况普遍存在我国的城市中；④发展阶段，0.2<ECI≤0.4，资源约束、环境污染、经济结构单一、社会问题凸显，在这种情况下，我们应该积极地采取行动来扭转劣势；⑤初始阶段，0≤ECI≤0.2，人口过剩、资源耗竭、环境污染等矛盾日益突出，城市生态系统健康面临威胁，这种状态最为恶劣。通过上述工作，全面建成城市生态文明建设指标体系。

表 6.1　基于 PSR 的长三角城市群生态文明指标建设体系

目标层	准则层	权重	主题层	权重	指标层	权重	指标方向
城市群生态文明综合指数	压力指标	0.3491	社会压力	0.3814	人口密度/(人/km^2)	0.3791	负向
					工业产值比例/%	0.6209	负向
			资源压力	0.2737	单位 GDP 能耗/(吨标准煤/万元)	0.4142	负向
					单位 GDP 水耗/(m^3/万元)	0.5858	负向
			环境压力	0.3448	废水排放强度/(t/万元)	0.4241	负向
					烟粉尘排放量/(t/万元)	0.5759	负向
	状态指标	0.3189	环境状态	0.5341	API<100 的天数	0.2251	正向
					区域环境噪声昼间平均值/dB	0.1451	正向
					主要骨干河道优于Ⅲ类水比例/%	0.1777	正向
					近岸海域优于Ⅲ类海水比例/%	0.2965	正向
					绿化覆盖率/%	0.1556	正向
			人居状态	0.4659	居民家庭人均纯收入/元	0.3287	正向
					恩格尔系数/%	0.5134	正向
					人均公园绿地面积/(m^2/人)	0.1579	正向
	响应指标	0.3320	经济响应	0.2968	环保投资占 GDP 比例/%	0.2886	正向
					R&D 投入占 GDP 比例/%	0.3291	正向
					工业固体废物综合利用率/%	0.1984	正向
					工业用水重复利用率/%	0.1839	正向
			环境响应	0.3647	生活垃圾无害化处理率/%	0.2797	正向
					新增立体绿化面积/万 m^2	0.4454	正向
					污水集中处理率/%	0.2748	正向
			社会响应	0.3385	家庭天然气用户比例/%	0.2488	正向
					每万人拥有公交车辆/辆	0.1513	正向
					生态规划完善程度/%	0.2894	正向
					公众生态文明建设参与率/%	0.3105	正向

然后，使用 PREED 生态耦合协调类型对城市群发展状态进行分类：PREED 生态耦合协调度越高，说明人口经济发展和环境资源协调配合就越顺利，契合度就越高，越趋向于良性循环（表 6.2）；而耦合协调度比较低时，人口经济发展和环境资源不但不能很好地配合，而且相互之间会产生巨大的阻碍，形成恶性循环。生态耦合协调度一共分为 10 个等级，如表 6.3 所示。

表 6.2　PREED 生态耦合协调度指标评价体系

目标层	准则层	指标层	权重	指标方向
PREED 生态耦合协调度评价指数	人口（P）-经济（E）-发展（D）	人口密度/(人/km^2)	0.3791	负向
		工业产值比例/%	0.6209	负向
		居民家庭人均纯收入/元	0.3287	正向
		恩格尔系数/%	0.5134	正向
		家庭天然气用户比例/%	0.2488	正向
		每万人拥有公交车辆/辆	0.1513	正向
		公众生态文明建设参与率/%	0.3105	正向
	环境（E）-资源（R）	生活垃圾无害化处理率/%	0.2797	正向
		新增立体绿化面积/万 m^2	0.4454	正向
		污水集中处理率/%	0.2748	正向
		环保投资占 GDP 比例/%	0.2886	正向
		R&D 投入占 GDP 比例/%	0.3291	正向
		工业固体废物综合利用率/%	0.1984	正向
		工业用水重复利用率/%	0.1839	正向
		API<100 的天数	0.2251	正向
		区域环境噪声昼间平均值/dB	0.1451	正向
		主要骨干河道优于Ⅲ类水比例/%	0.1777	正向
		近岸海域优于Ⅲ类海水比例/%	0.2965	正向
		绿化覆盖率/%	0.1556	正向
		单位 GDP 能耗/(吨标准煤/万元)	0.4142	负向
		单位 GDP 水耗/(m^3/万元)	0.5858	负向
		废水排放强度/(t/万元)	0.4241	负向
		烟粉尘排放量/(t/万元)	0.5759	负向
		人均公园绿地面积/(m^2/人)	0.1579	正向
		生态规划完善程度/%	0.2894	正向

表 6.3　PREED 生态耦合协调度类型分类

协调度	0～0.1	0.1～0.2	0.2～0.3	0.3～0.4	0.4～0.5	0.5～0.6	0.6～0.7	0.7～0.8	0.8～0.9	0.9～1.0
等级	极度矛盾	严重矛盾	中度矛盾	轻度矛盾	濒临失调	勉强协调	初级协调	中级协调	良好协调	优质协调

4）研究结果

A. 城市群生态文明建设评估

a. 要素分析

长三角城市群和中游城市群均面临着较大的人口压力，在经济和发展要素得分中，长三角城市群和中游城市群均远高于成渝城市群和滇黔城市群。在环境要素的得分中长三角城市群明显低于另外三个城市群，这是由于长三角城市群虽经济发展水平在长江经济带四大城市群中居于领先地位，但同时也是能源消耗的重点地区，污染物排放量大、人口压力大，具有更大的生态环境压力。中游城市群和成渝城市群在各项要素的得分中均处于中等位置，而滇黔城市群经济、人口和发展要素的得分均明显低于另外三个城市群，这表明滇黔城市群在维持良好的生态环境质量的同时，需要更多的牵引动力带动区域的经济和社会发展，提升发展水平（图 6.1）。

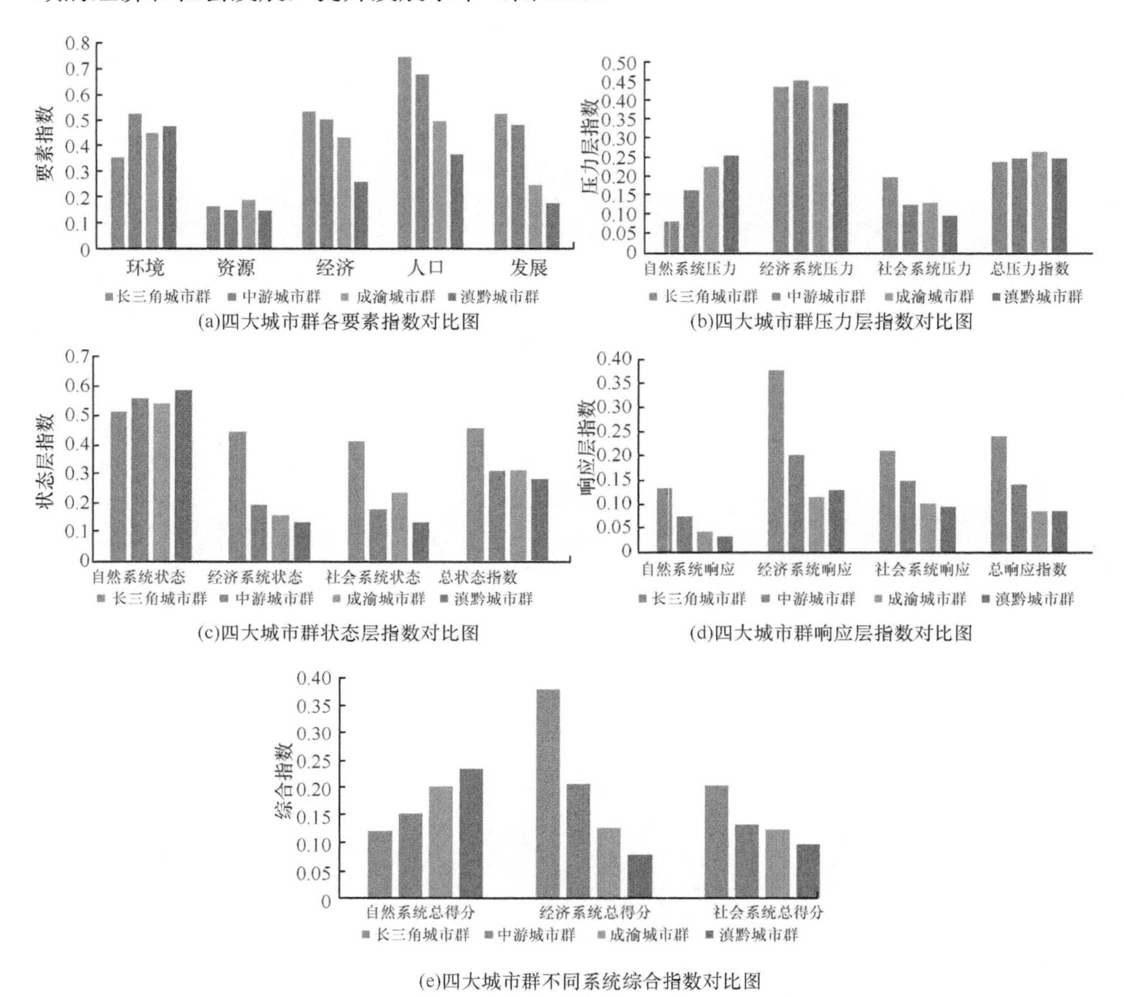

(a)四大城市群各要素指数对比图

(b)四大城市群压力层指数对比图

(c)四大城市群状态层指数对比图

(d)四大城市群响应层指数对比图

(e)四大城市群不同系统综合指数对比图

图 6.1 长江经济带四大城市群生态文明建设比较

b. 压力分析

在研究区间内，四个城市群压力指标普遍显示经济系统压力过高，这主要是由城市人口密度和产业比例增加导致的。总体上，四大城市群均处于工业化和经济起飞阶段，第二、三产业发展迅速，中心城市及第二和第三级中心也逐步成长起来。长三角城市群以劳动密集型产业为主，产业聚集呈现规模大、层次多、速度快的特点，城市化表现为城市人口高度集聚的特征。中游城市群以密集型工业为主，产业集聚呈现规模较小、层次单一、速度较慢等特点，城市化表现为较快速的城市建设用地扩张特征。成渝城市群和滇黔城市群产业结构相对落后，基础设施欠缺。城市群发展过程中产生压力的因素有：一是劳动力密集型导致城市流动人口数量增加，从而造成城市公共设施负荷增大、人均红利以及居民生活质量的降低，增加了城市生态文明建设的压力；二是第一、第二产业可以加快城市化进程，但是到了中后期阶段会导致能源资源趋紧，加剧废水、废气及固体废弃物等各类污染的排放的问题。压力系统中，长三角城市群的经济系统和社会系统压力指数均偏高，表明其所受到的经济系统和社会系统压力偏低，这是由于长三角城市群产业结构在长江经济带中处于较优位置、社会人文条件和基础设施建设较为完善，相反其自然系统的压力指数偏低，表明其所受到的自然系统压力较高，这是因为长三角城市群人口密度大、产业密集导致其环境负荷较高。中游城市群也有类似规律，这与其城市群的产业结构和社会发展特征是密不可分的。与上述两个中下游城市群状况有所不同，成渝城市群及滇黔城市群的自然系统压力要低于长三角城市群及中游城市群，与此对应的，其经济系统和社会系统的压力相对较大，其原因主要是成渝和滇黔地区虽经济发展相对另外两个城市群落后，但有着丰富的自然资源以及良好的生态环境。总体来看，四个城市群的总压力指数相差无几，其中成渝城市群略高于其他三个城市群，长三角城市群压力指数最低，这说明在四个城市群中成渝城市群所受到的自然-经济-社会综合压力最低，而长三角受到的综合压力最高。可见，城市化过程中的人口增长和经济发展会带来城市生态文明建设压力的增加。

c. 状态分析

在四大城市群状态指数的对比之中，可以发现四大城市群的自然系统状态指数均较之另外两项状态指数偏高，其中滇黔城市群的自然状态指数最高，说明其环境状况更为良好，这与其先天的地理地势以及产业结构有着极大关系，而显示自然状态指数最低的长三角也与上节分析中面临着较高自然系统压力相吻合，高速发展的长三角地区将面临更大的环境压力。经济社会状态和社会系统状态指数均以长三角城市群位列第一，滇黔城市群居末位，这说明长三角在社会经济发展中仍为长江经济带四大城市群的领先地位，而自然环境更好的滇中城市群则需要更多经济增长和社会发展的牵引。中游城市群在四大城市群的对比之中显得更为均衡，在总状态指数中，长三角城市群得分远高于另外三大城市群，这是由于长三角城市群在经济系统和社会系统的状态指数远高于另外三个城市群，其余三个状态指数显示相差不大，滇黔城市群略低于中游城市群和成渝城市群。

d. 响应分析

总体上从响应系统上来区分，四大城市群在自然系统中响应并不突出，经济系统和社会系统的响应较为明显。表明在城市群的尺度上，经济调控和社会调控的能力很强，自然系统方面需要长期生态水源地涵养、提高物种多样性、构建生态廊道，需要缓慢地调节，响应结果不是十分显著。从四大城市群角度分析，长三角城市群在三大系统指数中均为最高，说明长三角地区的城市生态文明建设相关政策、制度的建立健全以及生态文明制度建设能力和公众生态文明建设参与率在长江经济带是四大城市群中最为领先的，尤其是经济系统响应指数远高于另外三个城市群，这与长三角城市群急速发展的经济是相一致的，而滇黔城市群在自然-经济-社会响应指数中均偏低，说明滇黔城市群相关规章制度的实施和完善还有很大提升空间，成渝城市群也类似，在社会积极反馈投身于城市生态文明建设中存有一定的提升空间。综合来看，在城市群建设中，长三角城市群拥有极为显著的经济系统发展优势，长期的经济发展优势，使得长三角城市群拥有相对领先的社会系统，在社会系统各方面均具有优良表现；而经济系统的发达使得长三角城市群面临着巨大的生态环境压力，虽然长三角城市群在环境治理和资源利用上成为城市群中的领先者，但当前的水平远未达到不破坏环境的程度。

e. 综合分析

综合评价指数受压力、状态、响应三者的共同影响，从自然-经济-社会系统分析，四大城市群的自然系统综合指数普遍不高，而长三角城市群的经济系统综合指数最高，这表明长三角城市群在长江经济带的经济发展中起到了很好的引领作用，同时由于长三角城市群的社会福利及城市基础建设相对较为完善，因此其社会系统综合指数也在四个城市群中位居首位。中游城市群与长三角城市群呈现相似规律，在经济系统及社会系统综合指数评估中仅次于长三角城市群，居第二位，这与其经济的快速发展以及社会福利的不断完善有着密切的关系。相较之长江经济带的中下游两大城市群，上游的成渝城市群和滇黔城市群则呈现相似的状态，在经济和社会系统的综合指数得分中分别位居第三、四位，说明成渝城市群及滇黔城市群在经济发展及社会建设方面仍有很大提升空间，但二者在自然系统综合指数得分中均领先了长三角和中游城市群，如何在维持良好的自然状态的同时谋求更好更快的发展，是成渝城市群以及滇黔城市群应着重考虑的问题。而长三角城市群和中游城市群虽在经济及社会发展中处于领先地位，但存在环境负荷高、生态环境质量欠佳等问题，如何进一步提升自然环境质量，减少环境污染，做到人与自然协调发展，是当前的工作重心所在。

综上所述，城市群不光是具有集聚产业与人口、承接产业转移，依托优势资源发展特色产业的功能，也是推动所在省（区）新型工业化和生态文明建设进程的集聚中心，长江经济带的四大城市群在地理地势、历史溯源、产业结构和发展模式上各有不同，但又存在一定的相互关联性。总体来看，长江中下游城市群的经济社会发展较为迅速，而上游城市群在发展速度相对落后的情况下维持了较好的生境质量，如何充分调动四大城市群的协同联动机制、优势互补、共谋发展将成为一项迫在眉睫的任务，唯有求同存异、建设良好、协调的长江经济带一体化发展，方可实现合作共赢的局面。此外，在城市群层面的生态文明建设过程中，自然-社会-经济三大子系统任一方面的建设都不能掉以轻心，只有防患于未然，才能走上可持续发展之路（王祥荣等，2019）。

B. 城市群耦合协调度评估

a. 长三角城市群

如图 6.2 所示，长三角城市群 PREED 生态耦合类型整体处于初级协调状态，内部区域协调度由高到低依次是：江苏、上海、浙江、安徽。其拥有诸多产业集群，并且还有很多具有影响力的新兴产业。此外浙江和江苏拥有着优越的自然环境条件和相对完善的社会人文基础设施，有效地保证了生态环境和城市的发展。位于长三角北部的江苏区域处于中度协调状态，其经济子系统水平较高，发达的水系以及交通条件不仅支撑着社会经济发展，还为该区域的旅游开发提供便利。南部的上海市以及浙江地区处于中度协调状态，上海拥有充足的水资源总量，但是其庞大的人口基数迫使上海成为人均水资源匮乏的城市区域；浙江区域拥有丰富的森林资源和生物多样性，独特的区位和交通条件勉强可以满足浙江区域的经济发展。西部的安徽区域面临着濒临失调的现状，丰富的生态资源使安徽区域拥有较高的环境承载力，近几年安徽省工业生产迅速发展，使得工业和农业污染问题对环境造成的压力同样存在。

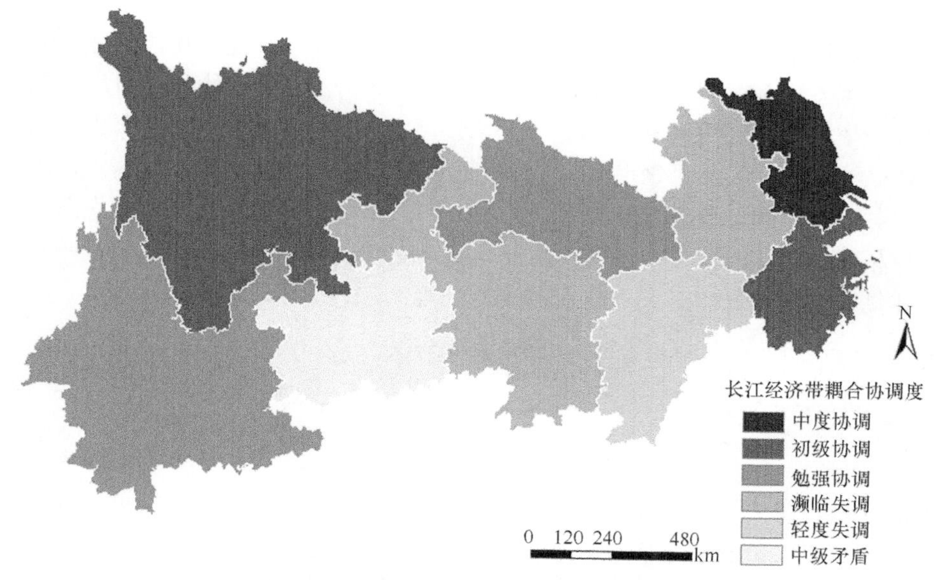

图6.2 长江经济带生态耦合协调度评估

b. 长江中游城市群

长江中游城市群PREED生态耦合类型整体处于濒临失调的边缘，内部区域协调度由高到低依次是：湖北、安徽、湖南、江西。相对于东部沿海地区，中游城市群市场化水平一般，并且受市场规模、技术水平以及劳动力素质等条件限制，外资数量少、质量相对较差，产业结构相对落后，主要集中在一些制造业等工业行业，对环境造成的影响较大。同时，也因为其较低的经济发展水平，高端、服务型的商品消费占比较低，仍以工业制成品为主。江西区域处于轻度失调的状态，作为国家森林资源大省，江西中部生态资源较为丰厚，但是其人文基础相对薄弱，社会系统处于长江经济带末位，产业结构相对单一。

c. 成渝城市群

成渝城市群PREED生态耦合类型整体处于勉强协调状态。成渝城市群气候温和，降雨丰沛，水资源优越。整体综合发展水平在四大沿江城市群中占据第三位，也与成渝城市群处于长江经济带西部的空间地理位置紧密联系。相较于四川地区的耦合协调度，重庆市耦合协调度明显偏低。重庆虽然是长江上游最大的中心城市，但其第三产业产值较低，产业结构升级缓慢，经济水平差距与其他中心城市相比仍很大。在社会发展方面，社会人文及基础设施建设较弱，与高的生态环境得分之间耦合协调度不足。

d. 滇黔城市群

滇黔城市群PREED生态耦合类型整体处于轻度失调状态，城市群内部滇中城市群区域协调度低于黔中城市群。贵州省积极响应实施《贵阳建设全国生态文明示范城市规划》，自然状况有所提升，加之原本生态基底雄厚，使得贵州地区生态环境排名位于长江经济带前列，但其人文基础较为薄弱。云南地区独特的自然资源使其拥有不弱于贵州地区的生态环境承载力，但随着工业化的发展，供水达标，道路交通建设成为制约其经济快速发展的主要瓶颈。险峻的地理环境也为社会基础设施的建设和人文理念的普及增加了不少难度，在一定程度上间接影响着经济的发展。

从长江经济带整体区域来看，区域的人口、资源、环境、经济和社会各自的综合发展水平以及生态耦合协调发展格局存在明显的空间差异。资源环境和人口经济发展方面的整体水平依旧是东部地区>中部地区>西部地区。从指标体系来看，协调程度高的地区大多产业结构合理，城市绿化水平以及对三废的处理能力也相对较高，基础设施建设以及社会服务更加完善。反之，耦合度低的城市产业结构综合得分较低，对生态环境的重视程度也相对较低，但在各大城市群内部的差异更加明显，因此要统筹长江经济带协同联动一体化发展，加强生态文明建设（王祥荣等，2019；崔馨月等，2021）。

2. 长江经济带生态安全管理协调性评估技术

1）研究目的

目前现有生态安全管理制度体系缺乏对行政主体协调性的定量化评估，本技术提供了基于权重模型评估不同层级行政主体（国家、区域、省级和市级）制度建设协调度的应用框架。本书主要内容包括评估长三角各行政层级生态安全管理制度层面的建设表现，量化不同尺度（区域、省和市域）不同行政层级生态安全管理制度建设的协调性。

2）研究方法

A. 区域生态安全管理协调性评估技术框架

具体内容见图 6.3。

B. 生态安全管理制度分类体系及评估模型构建

本研究中，生态安全管理侧重于不同生态环境安全风险防范的现行制度体系。目前，我国已经形成《中华人民共和国环境保护法》《中华人民共和国大气污染防治法》《中华人民共和国水污染防治法》《中华人民共和国固体废物环境污染防治法》等环境保护法律法规体系。根据生态环境风险防范的对象和过程将当前出台的制度进行分类。就生态环境风险防范的对象而言，制度建设的主体（政府层面）在应对生态环境风险时，根据生态环境风险来源，其防范的主要对象有重金属、危险废物、化学品等，同时，诸如土壤、大气、水等环境要素依然存在。而在应对环境污染等突发或累积性环境事件时，主要有识别、评估、控制、应急等过程。综上所述，将生态安全管理制度划分为大气、水、土壤、固体废弃物、危险化学品、环境条例、环境应急和规划共 8 个类别。

选取赋值法和权重法对现有的制度进行数学运算，通过数学转换可以计算得到不同层级、不同类别和不同发布机构的得分（Z_i）。Z_i 得分是在同一量纲标准下得到的国家及各省（市）分值，其计算公式为

$$Z_i = s_i w_i \tag{6.1}$$

式中，s_i 为不同发布机关赋予的分值；w_i 为生态环境风险权重。

各省份或市的总得分（$Z_{总}$）由各个类别的值相加，其计算公式为

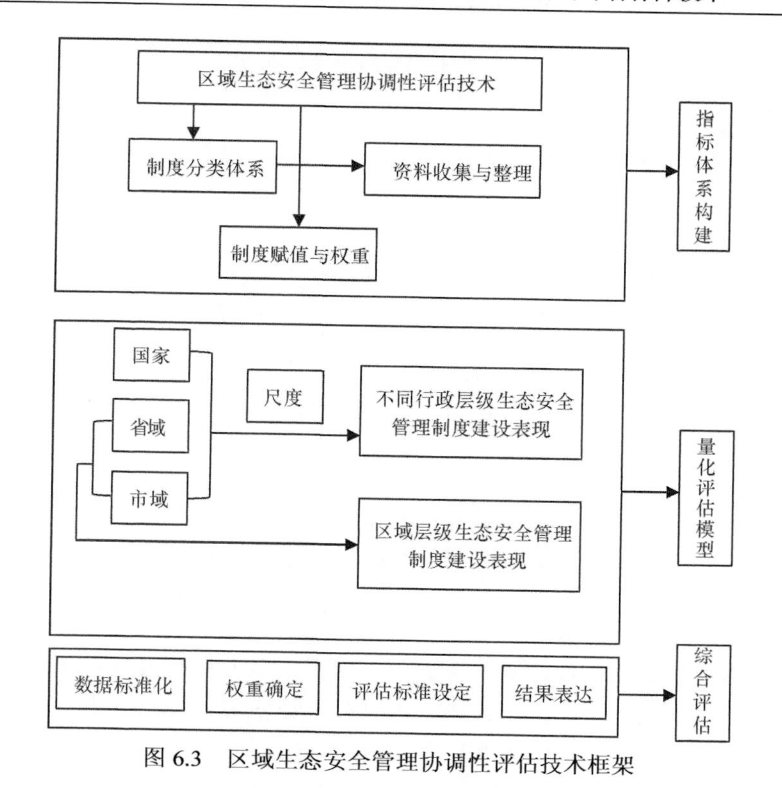

图 6.3　区域生态安全管理协调性评估技术框架

$$Z_{总}=Z_{大气}+Z_{水}+Z_{土壤}+Z_{规划}+Z_{环境条例}+Z_{固废}+Z_{危化}+Z_{环境应急} \tag{6.2}$$

此外，在省与市域的制度协调性分析中，根据长江流域地域分布划分长江上游（$Z_{上}$）、长江中游（$Z_{中}$）和长江下游（$Z_{下}$），其计算公式为

$$Z_{(上/中/下)}=\frac{z_1+z_2+z_3+\cdots+z_n}{n} \tag{6.3}$$

式中，z 为单要素得分；n 为个数。

3）研究结果

A. 国家层面的制度创新与流域生态安全管理

部分学者在研究生态安全管理的相关法律对策时指出我国在生态安全管理制度体系下还存在专门立法缺失、政府对环境风险防范法律责任缺失、生态安全预警制度不完善、生态安全信息公开制度不健全等问题，需要制定专门的《生态安全管理法》，建立与完善生态安全与生态环境风险防范的具体法律制度。这就需要国家和地方政府明确区域与地方生态安全管理制度体系的责任，其建立生态环境风险防范体系的落脚点是互补的。国家层面上要通过普查、监测及专项调查总体上把握国家重点流域、区域的生态环境风险状况，开展全国生态安全状况的总体评价，加大国家层面的数据覆盖面，提高基于区域生态安全状况的数据质量和数量的精度要求，进而明确生态安全管理制度之国家层面的法律法规。而地方政府根据区域生态环境空间异质性的特征，深入研究生态安全管理与环境风险防范的概念内涵，严格防控生态环境风险的源头，建立以高风险企业、化工园区、岸线码头等为重点的环境风险防控体系，对土壤、饮用水、有毒有害物质等

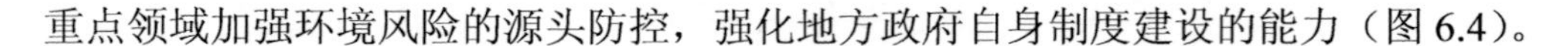

重点领域加强环境风险的源头防控，强化地方政府自身制度建设的能力（图 6.4）。

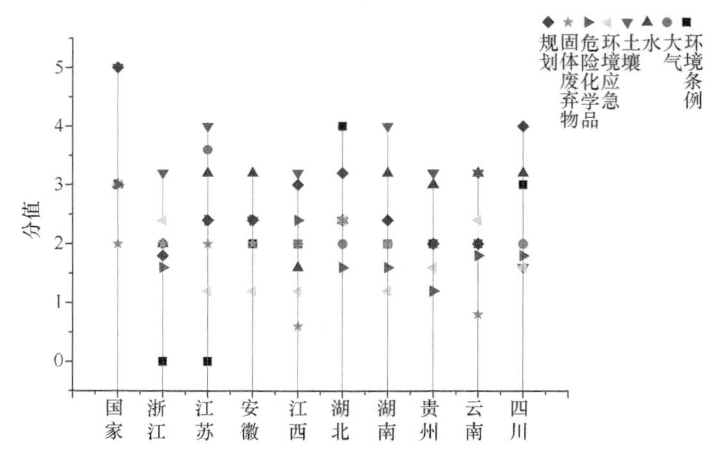

图 6.4　长江经济带各省份制度分值

B. 地方政府聚焦本地生态安全问题的管理

地方政府是生态安全管理体系的实施层，国家与地方在制度建设上权力分工，地方政府直接接触环境风险的发生，而且地方政府对本地生态环境状况直接监督管理。现阶段我国许多地方政府部门一味地追求政绩，在易发生环境风险的区域进行污染排放高的工业生产活动，为达到过高的 GDP 指标无视生态环境保护制度效力。此外，当前我国与环境风险防范工作相关的机构关系错综复杂，政府机构权力不明确，使得环境风险防范的效率下降，尤其是当环境风险发生在跨省、市的行政边界的地方时，区域性的行政管理矛盾问题使得政府很难同步沟通，以模糊定义的关系打擦边球、逃避并推卸责任，组织实施不作为的解决方案。所以，在环境风险防范的体系法律法规的建设过程中权力有必要适当下放到地方政府，而国家层面更多地实施监督管理的权力，同时地方政府应当提高环境风险防范意识，科学合理的环境风险防范制度建设需要政府形成良性的、主动的、资源的干预（图 6.5）。

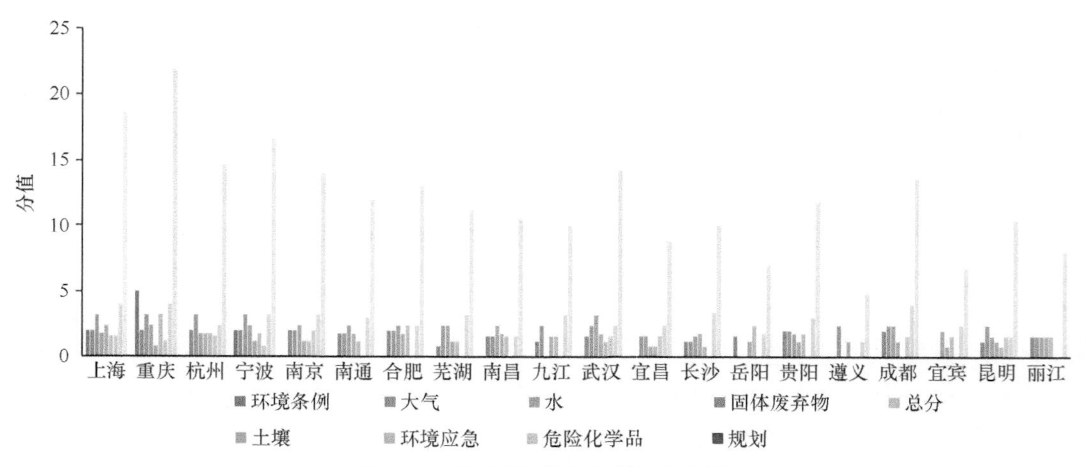

图 6.5　长江经济带各市制度分值图

C. 加强地级市生态环境风险交流，区域性跟踪区域生态安全

关于长江上、中、下游省与市级制度协调性分析表明（图6.6），地级市相对完善的制度建设会极大地改善不同层级在应对环境风险、实施生态安全管理制度方面的协调性，有助于提高生态环境风险防范的效率，保证区域生态安全。研究结果显示生态安全管理制度体系建设与城市经济水平并没有对应关系。经济水平不能成为制约生态安全管理制度体系建设的主要因素。整体上看长江上、中和下游三角形模型是相似的，但具体到不同环境风险防范制度类别差异显著，一方面说明长江经济带不同区域的环境风险类型和大小各有差异，造成这种差异的原因主要有自然资源禀赋和产业结构的不同，以及流域内环境污染转移问题一直未受到重视；另一方面表明区域内政府应对生态环境风险是目标导向的，并不是千篇一律，但从发展的视角理解流域内社会经济发展是不能止步的，这就预示着生态环境风险在时空格局里的变化趋势必然复杂。所以长江经济带生态环境风险防范制度或体系的构建需要密切关联流域内各级行政机构、国家战略和复合地域生态系统的属性等三个内在方面，区域性跟踪流域的生态环境风险变化状况有益于针对性地协调国家与地方制度建设的错位发展，提高长江流域环境风险的监督管理与地方生态环境保护的分工协作能力，处理好国家与地方政府在流域生态环境治理中的责权利关系，实现上下游之间、中央与地方政府之间在生态环境治理实践中的战略协同。

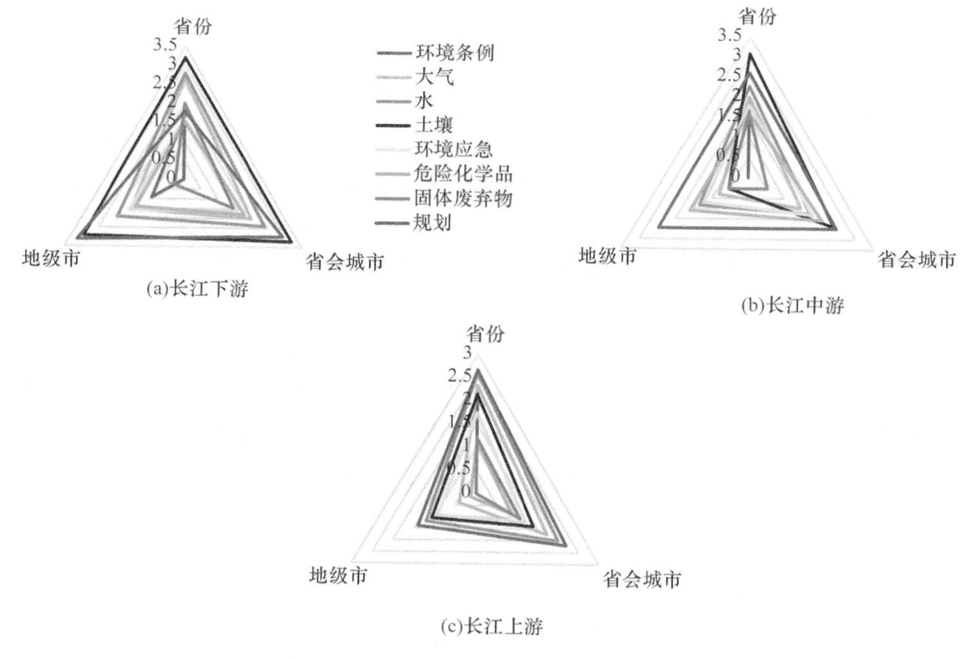

图6.6 长江经济带区域制度分值模型

区域生态安全管理涉及社会、经济、政治和文化等方方面面，构建生态安全型社会，要加强生态安全管理，促进生态治理体系和治理能力现代化。通过对现行生态安全制度全面梳理和改革创新，建立起较为完善的生态安全监管体系、生态安全法律体系、生态安全应急救援体系和生态安全预警机制、对生态环境突发事件的信息共享机制、生态安

全趋势的预测机制以及保障生态安全的组织机制。本书针对现有环境制度体系的建设条件，量化其不同行政层级的管理体系的行动力，构建明确的制度分类与评分体系，为后续将生态安全纳入各级领导干部的政绩考核体系中，建立健全领导干部自然资源资产离任审计制度和生态安全责任追究制度，强化各级领导干部的生态安全意识和生态安全责任提供科学建设。

3. 基于 DPSIR 模型的长三角城市群生态安全评价技术

本书以长三角城市群 41 个城市为研究对象建立驱动力（driving）-压力（pressure）-状态（state）-影响（impact）-响应（response）（DPSIR）生态安全指标评价模型，利用熵权法与均方差决策法确定长三角城市群的 DPSIR 权重，采用主成分分析法和综合指数法得到长三角城市群生态安全综合指数 YDESI 与生态安全等级。结果表明，长三角城市群 41 个城市依据生态安全水平可划分为 4 类。总体水平属于临界安全偏较不安全水平，上海市与江苏省生态安全情况较好，浙江省生态安全水平一般，安徽省生态安全情况稍差。DPSIR 模型显示，驱动力与响应指标对长三角城市群生态安全建设有很大贡献。长三角城市群生态安全主要影响因素为农业发展、环境空气质量、环保投资、城市绿化建设。最终提出相应的策略，即提高区域人口素质、强调新型城镇化、加强城市群基础设施建设，为长三角城市群生态安全建设提供思路与依据。

1）数据和方法

A. 数据来源

本次研究数据来源于 2016 年的《中国城市年鉴》、《上海绿化市容行业年鉴》、《上海市统计年鉴》、《浙江省统计年鉴》、《安徽省统计年鉴》、《江苏省统计年鉴》、长三角三省一市 40 个地级市《统计年鉴》、41 个城市 2015 年的《国民经济和社会发展统计公报》、《全国 1%人口抽样调查主要数据公报》、《环境状况公报》及政府工作报告等资料。

数据收集过程中，由于长三角城市群各市统计局统计口径与统计项目不完全相同，有少数指标在统计年鉴与公报等资料中没有统计，对于这部分缺失的数据，要用数据插补法处理。本书中的缺失数据为淮南市酸雨频率，为完全随机缺失（missing completely at random，MCAR）数据，即缺失数据的概率与其本身的值或在数据组中其他值都无关，可以利用随机估计法中的热卡法（随机 hot-deck 插补法）进行补充。

B. 研究方法

a. DPSIR 模型

生态安全包含社会、经济和生态环境要素，是多层次的开放系统。因此单纯利用少量指标无法达到评价城市群生态安全的目的，需确立完整的评价指标体系。在 DPSIR 模型中，经济和社会文化因子作为驱动力（D），推动环境压力（P）的增加或减轻，造成了诸如自然资源损耗、生物多样性降低与环境质量退化的环境状态（S）改变。这些改变对生态系统、人类健康、社会经济等方面产生影响（I），并使得社会以预防、适应或改善的方式做出响应（R）（图 6.7）。

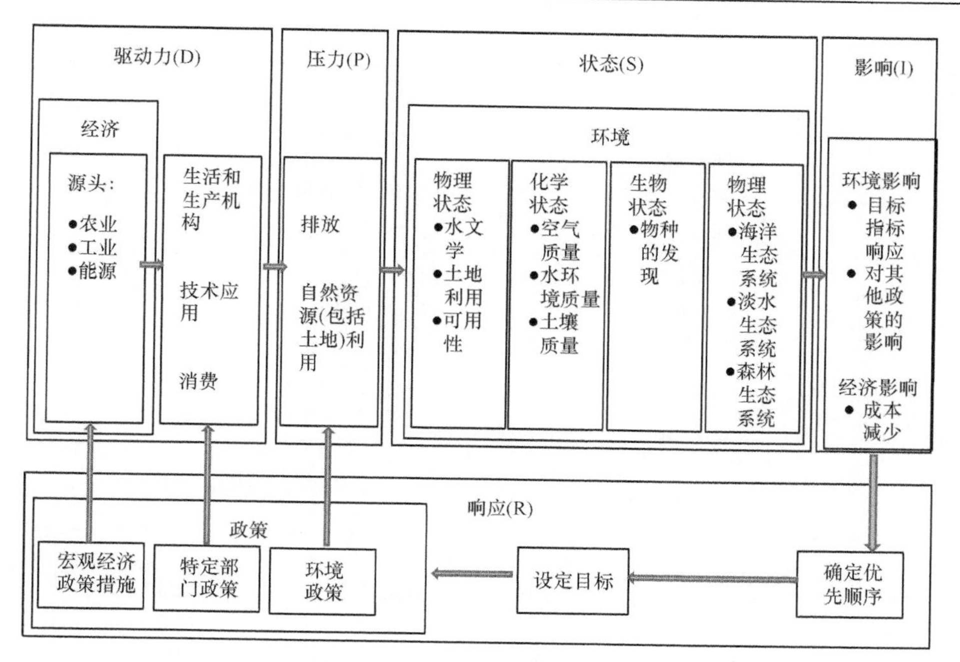

图 6.7　DPSIR 模型结构示意图

图 6.7 中，驱动力（D）包括人口、交通运输、能源、工业、农业等方面；压力（P）包括能源利用、直接或间接污染排放等；状态（S）包括空气、水、土壤质量、生态系统人类生活状态等方面；影响（I）包括由环境理化生状态变化决定的生态系质量和人类福利事业，即生态系统的生命承载能力、人类根本健康和社会性能；响应是决策者对于非期望的影响做出的决策，从而影响到模型中的每个指标，如交通方式转变、限制污染物排放等。

b. DPSIR 评价指标选取与体系构建

本书确定长三角城市群生态安全评价体系，包括目标层（A）、准则层（B）和指标层（C），以长三角区域实际情况为依托选取指标，初选长三角城市群生态安全指标 40 项，为保证指标科学性、系统性与可得性，最终确定指标层包含 25 项指标，并针对指标特征确定其类型：效益型（+）或成本型（–）。

指标层 A 用来衡量城市生态安全的总体情况及生态安全水平，指区域生态安全综合评价结果；准则层包括驱动力 B1、压力 B2、状态 B3、影响 B4、响应 B5，指影响区域生态安全的主要因素；指标层包含指标 C1～C25，每个准则层对应的指标都可细化为经济指标、生态指标、社会指标（表 6.4）。

表 6.4　城市群生态安全评价指标体系

目标层	准则层	指标层	描述与说明	单位	类型
城市生态安全 A	驱动力 B1	人口密度 C1	常住人口密度，表征人口分布情况	人/km^2	–
		人均生产总值 C2	表征地区经济总体状况，以常住人口计	元	+
		人口自然增长率 C3	表明人口增长趋势，以常住人口计	‰	–

续表

目标层	准则层	指标层	描述与说明	单位	类型
城市生态安全A	驱动力B1	城镇常住居民人均可支配收入C4	表明区域生活水平	元	+
		城镇化率C5	表明人口向城市的聚集程度	%	+
		农林牧渔业总产值C6	反映农业生产规模	亿元	+
	压力B2	工业烟尘排放总量C7	表明区域污染压力	万t	−
		工业SO_2排放总量C8	表明区域污染压力	万t	−
		工业废水排放量C9	表明区域污染压力	万t	−
		市区人均日生活用水量C10	表明区域生活用水压力 $C10=\frac{\text{报告期生活用水总量}}{\text{用水人数}\times\text{报告期天数}}\times 1000$	L/(人·d)	−
		单位GDP电耗C11	表明区域对经济发展对资源消耗产生的压力，C11=全社会用电量/区域生产总值	kW·h/万元	−
	状态B3	人口死亡率C12	表明区域居民健康水平状态，以常住人口计	‰	−
		第三产业比例C13	表明区域产业结构状态，C13=第三产业增加值/区域GDP	%	+
		酸雨频率C14	表明区域环境质量状态，是环境压力的反表征	%	−
		市区环境噪声平均等效声级C15	表明区域环境质量状态，是环境压力的反表征	LeqdB（A）	−
	影响B4	人均公园绿地面积C16	反映了长三角区域资源质量	m^2	+
		建成区绿化覆盖率C17	反映了长三角区域资源质量	%	+
		环境空气质量优良率C18	表明区域环境质量，C18=AQI优良天数/有效测量天数	%	+
	响应B5	每万人拥有医生数C19	表明区域医疗水平和社会响应，C19=城市执业（助理）医生数/常住人口数	人	+
		工业固体废物综合利用率C20	表示区域对生态安全采取的行动，为改善生态安全情况做出的响应，C20=工业固体废物综合利用量/（工业固体废物产生量+综合利用往年储存量）×100%	%	+
		万人拥有高校在校学生数C21	表示区域智力资本	人	+
		科学技术支出占公共预算支出比例C22	表示区域政策响应，反映区域生态安全投入能力及对生态安全重视程度	%	+
		教育支出占公共预算支出比例C23	表示区域政策响应，反映区域生态安全投入能力及对生态安全重视程度	%	+
		污水处理厂集中处理率C24	城市市区经过城市污水处理厂二级或以上处理且达到排放标准的城市生活污水量占城市生活污水排放总量的比例	%	+
		节能环保支出占公共预算支出比例C25	表示区域政策响应，反映区域生态安全投入能力及对生态安全重视程度	%	+

c. DPSIR权重确定方法

本书所构建的DPSIR指标体系采用较为普遍使用的熵权法和精度较高的均方差决策法得到权重。

熵权法赋权首先要进行标准化。评价指标分为“成本型指标”和“效益型指标”两种，成本型指标数值小为优，效益型指标则相反。得到 j（j=1,2,3,⋯,n）个评价对象的 i（i=1,2,3,⋯,m）项生态安全指标后，建立评价模型，其原始数据为

$$x=\begin{bmatrix} x_{11} & x_{12} & \cdots & x_{1n} \\ x_{21} & x_{22} & \cdots & x_{2n} \\ \vdots & \vdots & & \vdots \\ x_{m1} & x_{m2} & \cdots & x_{mn} \end{bmatrix}=\left\{x_{ij}\right\}_{m\times n} \tag{6.4}$$

对于效益型指标，标准值 y_{ij} 用下式计算：

$$y_{ij}=\frac{x-x_{\min}}{x_{\max}-x_{\min}} \tag{6.5}$$

对于成本型指标，标准值 y_{ij} 为

$$y_{ij}=\frac{x_{\max}-x}{x_{\max}-x_{\min}}=1-\frac{x-x_{\min}}{x_{\max}-x_{\min}} \tag{6.6}$$

式中，$x_{\max}$ 和 $x_{\min}$ 分别为指标数值的最大值、最小值。然后，需要用式（6.7）计算指标 i 的信息熵 e_i：

$$e_i=-k\sum_{j=1}^{n}p_{ij}\ln p_{ij} \tag{6.7}$$

式中，p_{ij} 为城市 i, j 指标的数据值比例，用式（6.8）求得。k=1/ln$n$，当 p_{ij}=0 时，令 $p_{ij}\ln p_{ij}$=0。

$$p_{ij}=\frac{y_{ij}}{\sum_{j=1}^{n}y_{ij}} \tag{6.8}$$

最终由式（6.9）获得权重：

$$w_i=\frac{g_i}{\sum_{i=1}^{m}g_i}=\frac{1-e_i}{m-\sum_{i=1}^{m}e_i} \tag{6.9}$$

其中，g_i 为变异系数，由式（6.10）获得。

$$\sum_{i=1}^{m}w_i=1，\ 0\leqslant w_i\leqslant 1$$

$$g_i=1-e_i \tag{6.10}$$

均方差决策法是以各个评价指标为随机变量，利用无量纲化处理后属性值的均方差作为各指标权重。均方差决策法的评价指标的标准化需使用式（6.5）和式（6.6）处理得到 y_{ij}。标准化处理后，需求出随机变量的标准差（均方差），将标准差进行归一化，结果可作为各指标的权系数。

求第 i 项指标的均值 $E(J_i)$：

$$E(J_i)=\frac{1}{m}\sum_{i=1}^{m}y_{ij} \tag{6.11}$$

求第 i 项指标的均方差 $\sigma(J_i)$：

$$\sigma(J_i) = \left[\sum_{j=1}^{m}(y_{ij} - E(J_i))^2\right]^{0.5} \tag{6.12}$$

得到第 i 项指标的权系数 v_i：

$$v_i = \frac{\sigma(J_i)}{\sum_{i=1}^{n}\sigma(J_i)} \tag{6.13}$$

根据熵权法赋权和均方差决策法计算指标权重后的结果对比，可得到相对精确的综合结果。

d. DPSIR 评价体系指标综合计算

根据 DPSIR 指标体系综合计算结果，利用主成分分析法和综合指数法所得得分，获得区域生态安全评价综合指数，本书研究区域为长三角城市群，得到的生态安全评价指数为长三角城市群生态安全指数（Yangtze River delta urban agglomerations eco-security index，YDESI）：

$$\text{YDESI} = F + \text{ESI} \tag{6.14}$$

式中，F 为主成分分析法所得得分，由式（6.15）获得；ESI 为综合指数法所得得分，由式（6.16）获得：

$$F = \sum_{k=1}^{p}(\lambda_k / m) \tag{6.15}$$

式中，$\lambda_k (k = 1,2,\cdots,p, p \leqslant m)$ 为主成分特征值；m 为指标数目；$p(p \leqslant m)$ 为特征根数目。

$$\text{ESI} = \sum_{j=1}^{n} W_j \cdot \text{ESI}_j \tag{6.16}$$

式中，ESI_j 为各准则层的生态安全综合指数，计算方法见式（6.17）；W_j 为各层权重。

$$\text{ESI}_j = \sum_{i=1}^{m} W_i \cdot y_{ij} \tag{6.17}$$

式中，y_{ij} 为各指标的标准化值；W_i 为各指标权重。根据城市生态安全综合评价分值高低，并参考国内外相关综合指数分级方法与本书研究的实际情况，建立城市生态安全分级标准与相应特征见表 6.5。

表 6.5 生态安全分级与特征表

等级	安全状况	特征
<0.25	不安全	城市生态系统压力极大，城市生态系统结构极不完善，城市生态系统有极大的崩溃风险
0.25～0.45	较不安全	城市生态系统压力较大，城市生态系统结构存在缺陷，处于不稳定的状态
0.45～0.55	临界安全	城市生态系统压力较大且接近其阈值，生态系统结构较为完整，能发挥生态系统基本功能
0.55～0.75	较安全	城市生态系统压力较小，功能完善，生态系统处于较为稳定的状态
>0.75	安全	城市生态系统压力很小，生态功能、结构完善，城市生态系统处于十分稳定的状态

2）研究结果

A. DPSIR 评价体系指标权重结果与分析

分别利用熵权法、均方差决策法对长三角城市群，41 个城市 2015 年 25 项指标进行处理，得到各指标权重及综合权重结果如图 6.8 和表 6.6 所示。

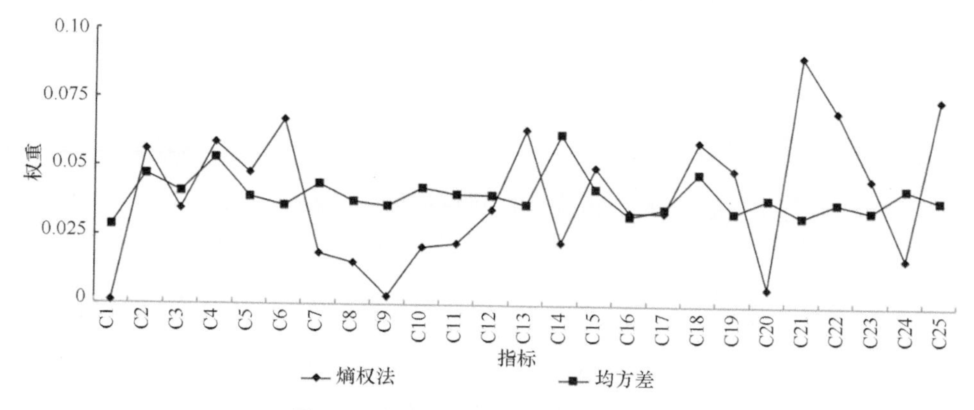

图 6.8　熵权法与均方差决策法权重图

表 6.6　熵权法与均方差决策法权重

准则层		指标层	熵权法	均方差法	综合权重
驱动力	C1	人口密度	0.0010	0.0286	0.0148
	C2	人均生产总值	0.0561	0.0471	0.0516
	C3	人口自然增长率	0.0346	0.0410	0.0378
	C4	城镇常住居民人均可支配收入	0.0587	0.0533	0.0560
	C5	城镇化率	0.0478	0.0392	0.0435
	C6	农林牧渔业总产值	0.0673	0.0360	0.0516
压力	C7	工业烟尘排放总量	0.0185	0.0439	0.0312
	C8	工业 SO_2 排放总量	0.0153	0.0374	0.0264
	C9	工业废水排放量	0.0029	0.0359	0.0194
	C10	市区人均日生活用水量	0.0209	0.0425	0.0317
	C11	单位 GDP 电耗	0.0223	0.0403	0.0313
状态	C12	人口死亡率	0.0346	0.0398	0.0372
	C13	第三产业比例	0.0639	0.0363	0.0501
	C14	酸雨频率	0.0229	0.0621	0.0425
	C15	市区环境噪声平均等效声级	0.0502	0.0422	0.0462
影响	C16	人均公园绿地面积	0.0339	0.0324	0.0332
	C17	建成区绿化覆盖率	0.0337	0.0351	0.0344
	C18	环境空气质量优良率	0.0594	0.0479	0.0537

续表

准则层		指标层	熵权法	均方差法	综合权重
响应	C19	每万人拥有医生数	0.0493	0.0339	0.0416
	C20	工业固体废物综合利用率	0.0061	0.0389	0.0225
	C21	万人拥有高校在校学生数	0.0908	0.0326	0.0617
	C22	科学技术支出占公共预算支出比例	0.0708	0.0375	0.0541
	C23	教育支出占公共预算支出比例	0.0462	0.0347	0.0404
	C24	污水处理厂集中处理率	0.0173	0.0428	0.0300
	C25	节能环保支出占公共预算支出比例	0.0753	0.0384	0.0569

在 DPSIR 五个准则层、25 项指标中，权重≥0.05 的指标有 8 项，其中响应指标层与驱动力指标层分别占有三项，分别为 C21、C25、C22；C4、C6、C2（图 6.9）。

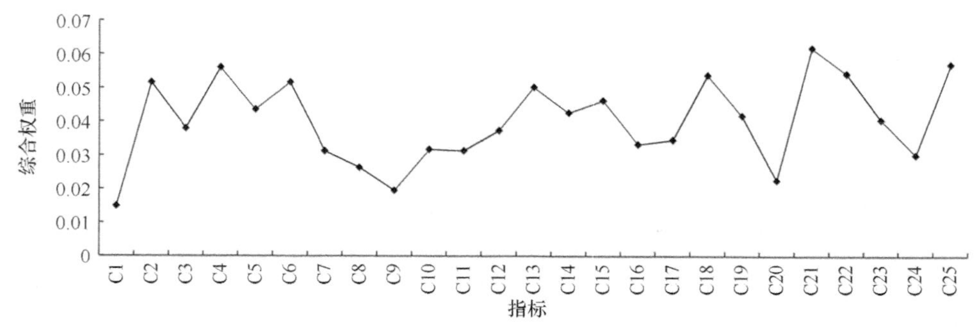

图 6.9　指标综合权重

此研究中城市生态安全分析方法由主成分分析法和综合指数法构成。分析各主成分系数与贡献率，可以得出农业发展、环境空气质量、环保投资、城市绿化建设等方面对于长三角城市群生态安全评价都有较大影响，定性结果与熵权法所得结论相符。

以上结果表明，响应指标对区域生态安全有很大影响，反映了长三角城市群各地级市政府在促进环境生态建设中采取的积极措施对促进生态安全产生作用，包括增加环境保护投资强度、增强公民意识，加强科学技术水平等举措；与此同时，长三角城市群的社会经济活动和产业发展趋势对于城市生态安全有重要影响，包括人均 GDP、人均收入、农业生产规模等方面。通过分析指标贡献情况，可以对长三角城市群生态治理发展方向做出指导。

B. DPSIR 评价体系主成分分析法结果分析

主成分分析的公因子方差和特征值及特征值贡献率的结果如表 6.7、表 6.8 所示。公因子方差显示除 C15、C24、C22、C10 损失较大外，主成分基本包含各指标 70%以上信息。特征值分布表明 25 个主成分中，第一主成分特征值最大（7.563），第 7 主成分特征值在拐点处，前 7 个主成分特征值均大于 1，其余 18 个主成分特征值均较小且数值趋于平缓。据此判断可利用主成分 1～7 可概括指标全部信息。选取前 7 个主成分效果较好，据此计算出相应的特征向量。由主成分线性组合的各主成分值，得到综合主成分函数：

$$F = 0.30252\times z_1 + 0.11210\times z_2 + 0.10391\times z_3 + 0.08037\times z_4 + 0.07290\times z_5 + 0.06430\times z_6 + 0.04222\times z_7 \tag{6.18}$$

表 6.7　指标公因子方差

指标	初始	提取	指标	初始	提取	指标	初始	提取
C1	1.00	0.81	C10	1.00	0.69	C19	1.00	0.85
C2	1.00	0.95	C11	1.00	0.72	C20	1.00	0.68
C3	1.00	0.80	C12	1.00	0.84	C21	1.00	0.82
C4	1.00	0.93	C13	1.00	0.85	C22	1.00	0.67
C5	1.00	0.86	C14	1.00	0.88	C23	1.00	0.77
C6	1.00	0.74	C15	1.00	0.65	C24	1.00	0.62
C7	1.00	0.72	C16	1.00	0.75	C25	1.00	0.76
C8	1.00	0.76	C17	1.00	0.72			
C9	1.00	0.80	C18	1.00	0.83			

表 6.8　特征值及其贡献率表

成分	特征值	贡献率	累计贡献率	成分	特征值	贡献率	累计贡献率
1	7.563	30.252	30.252	14	0.360	1.440	94.746
2	2.803	11.210	41.462	15	0.308	1.233	95.979
3	2.598	10.391	51.854	16	0.245	0.979	96.959
4	2.009	8.037	59.890	17	0.175	0.702	97.660
5	1.822	7.290	67.180	18	0.168	0.670	98.331
6	1.607	6.430	73.610	19	0.120	0.480	98.810
7	1.056	4.222	77.832	20	0.080	0.322	99.132
8	0.881	3.526	81.358	21	0.071	0.286	99.418
9	0.755	3.020	84.378	22	0.068	0.270	99.689
10	0.671	2.682	87.060	23	0.041	0.166	99.855
11	0.623	2.493	89.553	24	0.025	0.101	99.956
12	0.515	2.060	91.613	25	0.011	0.044	100.000
13	0.423	1.693	93.306				

根据前 7 个主成分系数，得到 41 个城市生态安全总得分及排名（表 6.9）。

表 6.9　城市生态安全总得分及排名

城市	总分	排名	城市	总分	排名	城市	总分	排名
上海	1.55	4	杭州	1.57	3	淮南	–0.62	32
南京	1.59	2	宁波	0.46	11	马鞍山	0.35	13
无锡	1.32	5	温州	–0.07	21	淮北	–0.53	29
徐州	–0.08	22	嘉兴	0.88	7	铜陵	0.16	18
常州	0.98	6	湖州	0.74	9	安庆	–1.02	38
苏州	2.01	1	绍兴	0.77	8	黄山	–0.01	19
南通	0.28	14	金华	0.19	17	滁州	–0.95	36
连云港	–0.61	31	衢州	0.23	15	阜阳	–1.81	41
淮安	–0.39	26	舟山	–0.47	27	宿州	–1.10	39
盐城	–0.51	28	台州	–0.05	20	六安	–0.89	35
扬州	0.21	16	丽水	–0.12	23	亳州	–1.64	40
镇江	0.66	10	合肥	0.39	12	池州	–0.26	24
泰州	–0.61	30	芜湖	–0.31	25	宣城	–0.64	33
宿迁	–0.73	34	蚌埠	–0.96	37			

从主成分分析法得分情况来看，得分最高的三个城市为苏州市（2.01）、南京市

（1.59）、杭州市（1.57），得分最低的三个城市为阜阳市（–1.81）、亳州市（–1.64）、宿州市（–1.10）。在整体生态安全情况方面，上海市生态安全情况较好，江苏省总体生态安全情况较好，浙江省总体生态安全情况一般，安徽省总体生态安全情况稍差。

C. DPSIR 指标体系综合指数法结果分析

由于主成分分析法无法对城市所处的安全等级进行判断，只能通过评分值来对所评价的城市进行排序。为了判断长三角城市群各个城市所处的生态安全等级，需要利用综合指数法对所得指标进一步分析。根据上述相关以及长三角城市群各指标权重 W_i 与标准化结果 y_{ij}，计算出 41 个地级市驱动力、压力、状态、影响、响应五大指标及综合指数和安全等级。对比主成分分析法和综合指数法所得 41 个地级市的得分趋势如图 6.10、表 6.10 所示。

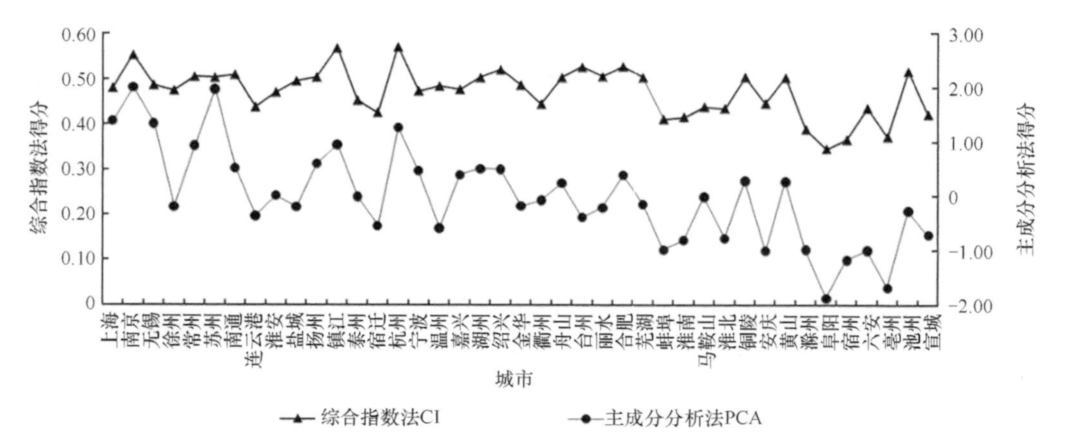

图 6.10　主成分分析法与综合指数法结果比较

表 6.10　综合指数法得分

城市	驱动力	压力	状态	影响	响应	综合指数法得分	安全等级	排名
上海	0.17	0.07	0.10	0.02	0.11	0.48	临界安全	22
南京	0.18	0.06	0.10	0.05	0.16	0.55	较安全	3
无锡	0.17	0.07	0.06	0.04	0.14	0.49	临界安全	19
徐州	0.11	0.09	0.10	0.05	0.12	0.47	临界安全	24
常州	0.16	0.07	0.09	0.05	0.14	0.50	临界安全	10
苏州	0.19	0.02	0.09	0.05	0.15	0.50	临界安全	14
南通	0.16	0.10	0.07	0.06	0.12	0.51	临界安全	8
连云港	0.10	0.10	0.10	0.04	0.09	0.44	较不安全	31
淮安	0.11	0.11	0.10	0.04	0.11	0.47	临界安全	26
盐城	0.14	0.10	0.10	0.05	0.11	0.49	临界安全	18
扬州	0.14	0.10	0.08	0.06	0.12	0.50	临界安全	12
镇江	0.15	0.10	0.10	0.07	0.14	0.57	较安全	2
泰州	0.13	0.12	0.08	0.04	0.08	0.45	临界安全	27
宿迁	0.08	0.11	0.08	0.05	0.10	0.42	较不安全	34

续表

城市	驱动力	压力	状态	影响	响应	综合指数法得分	安全等级	排名
杭州	0.17	0.08	0.08	0.04	0.19	0.57	较安全	1
宁波	0.17	0.08	0.06	0.05	0.11	0.47	临界安全	25
温州	0.11	0.10	0.08	0.06	0.12	0.48	临界安全	21
嘉兴	0.13	0.08	0.07	0.05	0.14	0.48	临界安全	23
湖州	0.13	0.10	0.06	0.08	0.14	0.50	临界安全	16
绍兴	0.15	0.09	0.07	0.06	0.15	0.52	临界安全	6
金华	0.12	0.10	0.09	0.04	0.13	0.49	临界安全	20
衢州	0.09	0.08	0.09	0.07	0.12	0.44	较不安全	29
舟山	0.15	0.14	0.07	0.07	0.07	0.50	临界安全	15
台州	0.13	0.12	0.08	0.08	0.13	0.52	临界安全	5
丽水	0.09	0.11	0.10	0.09	0.12	0.50	临界安全	9
合肥	0.12	0.09	0.11	0.05	0.15	0.53	临界安全	4
芜湖	0.11	0.11	0.09	0.05	0.15	0.50	临界安全	13
蚌埠	0.06	0.11	0.08	0.04	0.12	0.41	较不安全	37
淮南	0.07	0.10	0.11	0.06	0.08	0.41	较不安全	36
马鞍山	0.11	0.06	0.09	0.07	0.11	0.44	较不安全	30
淮北	0.06	0.12	0.11	0.05	0.09	0.43	较不安全	33
铜陵	0.09	0.09	0.08	0.07	0.17	0.50	临界安全	11
安庆	0.07	0.12	0.08	0.07	0.10	0.44	较不安全	28
黄山	0.07	0.13	0.08	0.11	0.12	0.50	临界安全	17
滁州	0.07	0.10	0.08	0.05	0.09	0.39	较不安全	38
阜阳	0.04	0.11	0.07	0.04	0.08	0.34	较不安全	41
宿州	0.05	0.12	0.08	0.06	0.06	0.37	较不安全	40
六安	0.06	0.12	0.11	0.07	0.08	0.43	较不安全	32
亳州	0.03	0.12	0.10	0.04	0.07	0.37	较不安全	39
池州	0.07	0.11	0.11	0.10	0.12	0.52	临界安全	7
宣城	0.08	0.10	0.08	0.06	0.09	0.42	较不安全	35

综合指数法得到的长三角城市群 41 个城市生态安全分数，与主成分分析法相比城市间得分相差较小，数值均在 0.5 左右，但总体趋势基本相同。通过综合指数法得到长三角城市群 41 个城市生态安全指数，并根据指数分析其生态安全等级，可以得出长三角城市群所包含的 41 个城市大部分属于临界安全水平与较不安全水平，少数城市处于较安全水平。上海市生态安全处于临界安全水平，浙江省总体生态安全状况处于临界安全及以上水平；江苏省除杭州市和衢州市分别处于生态安全较安全与较不安全外，总体处于临界安全水平；安徽省生态安全总体情况较差，总体处于较不安全水平。

D. 长三角城市群生态安全指数

综合 DPSIR 生态安全指标体系主成分分析法与综合指数法得出的结果，利用两种方法得到的分值总分作为长三角城市群生态安全指数 YDESI，如表 6.11 所示。

长三角城市群 41 个城市中，苏州市、南京市、上海市生态安全情况较好、得分较高，阜阳市、亳州市、宿州市生态安全得分较低。总体来说，江苏省生态安全总体情况较好，浙江省总体情况次之，安徽省总体情况稍弱。具体地，可以将长三角城市群的城市按照生态安全指数划分为四类城市。

表 6.11　长三角城市群生态安全指数 YDESI 及城市排名

城市	总分	排名	城市	总分	排名	城市	总分	排名
上海	1.02	4	杭州	1.07	3	淮南	–0.10	32
南京	1.07	2	宁波	0.47	11	马鞍山	0.40	14
无锡	0.90	5	温州	0.21	21	淮北	–0.05	29
徐州	0.20	22	嘉兴	0.68	7	铜陵	0.33	18
常州	0.74	6	湖州	0.62	9	安庆	–0.29	38
苏州	1.25	1	绍兴	0.65	8	黄山	0.24	19
南通	0.40	13	金华	0.34	16	滁州	–0.28	37
连云港	–0.09	31	衢州	0.34	17	阜阳	–0.73	41
淮安	0.04	26	舟山	0.01	27	宿州	–0.37	39
盐城	–0.01	28	台州	0.24	20	六安	–0.23	35
扬州	0.36	15	丽水	0.19	23	亳州	–0.63	40
镇江	0.62	10	合肥	0.46	12	池州	0.13	24
泰州	–0.08	30	芜湖	0.10	25	宣城	–0.11	33
宿迁	–0.15	34	蚌埠	–0.27	36			

第一类为苏州、南京、杭州、上海、无锡、常州、嘉兴、绍兴、湖州、镇江、宁波、合肥 12 个城市。12 个城市 YDESI 指数均大于 0.45，这些城市综合指标安全等级属于临界安全偏较安全。这些城市的共同点是其驱动力指标与响应指标均处于较高水平，而压力、状态、影响指标处于中等至较低水平。在状态、影响指标与其他城市相似的情况下，苏州市的压力指标明显小于其他城市，其驱动力指标水平最高，因此生态安全水平较高。合肥市在影响、响应指标处于平均水平的情况下，驱动力指标水平较低，压力指标相对较高，因此属于第一类城市中的最后一名。第一类城市基本属于经济发展水平中较高的城市。其中，苏州市的人均生产总值为 137602 元，城镇化率达到 74.9%，影响指标科学技术与节能环保支出水平处于长三角城市群中领先水平。但苏州市 SO_2 排放量水平与单位 GDP 电耗为长三角区域最高，使得其压力指标得分属于 41 个城市中的最后一名，但由于苏州市在驱动力和响应方面的优异表现，生态安全总体较安全，且为长三角城市群中得分第一的城市。

第二类城市包括南通、马鞍山、扬州、金华、衢州、铜陵、黄山、台州、温州、徐州、丽水、池州、芜湖、淮安、舟山 15 个城市。这些城市的 YDESI 在 0.01～0.4 范围内，生态安全等级属于临界安全偏较不安全。这些城市的驱动力指标与响应指标水平依然较高，但压力、状态、影响指标水平相对上升，因此城市生态安全的总体水平有所下降。南通市依然保持较高的驱动力和响应指标水平，且压力、状态、影响指标水平较低，处于第二类城市中生态安全水平较高的城市。舟山市虽然驱动力指标水平属于平均以上，但压力指标在15个城市中属于最高，且响应指标水平最低，因此处于第二类城市中的靠后位置。第二类城市在五项指标的表现方面均属于中等偏上水平。南通市压力、影响和响应指标分别为41个城市总体水平的56%、41%和37%；南通市2015年酸雨频率较高为37.3%，人口死亡率较高为8.98‰，使南通市状态指标在长三角区域中排名较低，但南通市驱动力指标水平普遍较高，如人口自然增长率仅为–1.38‰，城镇居民人均可支配收入为36291元，农林牧渔业产值较高为664.3亿元，使南通市驱动力指标为长三角城市群总体水平的17%，因此南通市为第二类城市中的第一名。

第三类城市包括盐城、淮北、泰州、连云港、淮南、宣城、宿迁、六安、蚌埠、滁州、安庆11个城市。这些城市的YDESI为–0.29～–0.01，生态安全等级属于较不安全包含少量临界安全城市。这些城市的压力指标和响应指标水平普遍较高，驱动力指标较前两类城市有明显下降，状态指标处于中等偏上水平。盐城市压力指标、状态指标和影响指标属于11个城市的中等水平，但驱动力指标和响应指标水平较高，因此生态安全情况属于第三类城市中最好的。安庆市的压力指标为11个城市中最高，其他四个方面没有突出表现，因此生态安全水平属于第三类城市中最后一名。第三类城市的五项指标均为中等偏低水平。其中，盐城市驱动力、压力和响应指标分别为长三角区域的32%、43.9%和68%。由于盐城市2015年酸雨频率仅为0.6%，市区环境噪声平均声效等级为52.3，属于区域中较高水平，使得盐城市状态指标处于长三角城市群第10名。但盐城市人均公园绿地面积为12.4m^3/人，建成区绿化覆盖率为41.2%，属于中等偏下水平，使得盐城市影响指标水平偏低。综合以上情况，盐城市生态安全水平为第三类城市第一名。

第四类城市包括宿州、亳州、阜阳3个城市。这些城市的YDESI小于–0.30，安全等级为较不安全。这三个城市的压力指标与状态指标为相对最高的两类指标，且驱动力指标水平最低，各个方面相对于前三类城市均没有突出表现。其中，宿州市响应指标、驱动力指标与影响指标水平相对较高，因此属于第四类城市中城市生态安全状况较好的城市。阜阳市的影响指标与驱动力指标水平较低，属于区域内中生态安全水平最低的城市。第四类城市在生态安全方面属于区域内最末水平。以阜阳市为例，阜阳市人均生产总值较低，人口自然增长率较高；第三产业比例较低，市区环境噪声水平较高；人均公园绿地面积与建成区绿化覆盖率较低；科学技术与节能环保支出均较低，使得阜阳市的驱动力、状态、影响和响应指标分别为长三角地区的98%、88%、93%和93%。但阜阳市污染排放如工业烟尘、SO_2、废水排放均较低，因此压力指标得分情况较好，为长三角城市群的24%。综合以上情况，阜阳市生态安全水平属于长三角城市群中的最末水平。

陈燕等（2019）曾认为“长三角生态重心仍位于区域中部，转移速度较慢，未来有向东南方向转移的趋势预测”。而DPSIR综合评价结果显示生态重心已经处于长三角城市群的东南方向：上海市与江苏省生态安全情况较好，浙江省生态安全水平一般，安徽省生态安全情况稍差。这一差异与采用的PSR模型和指标数量不足有关。也与前人的研究只使用单一评价方法有关。本技术的研究结果的主成分分析法所得生态安全得分与陈燕等（2019）一致，生态安全格局确实是中部较为安全。但是主成分分析方法与综合指数法共同考虑之下的YDESI结果表明生态安全重心已经处于长三角城市群的东南方向，揭示了不一样的评价结果。同样的原因还导致本技术的研究结果中城市排序与分级与吕文利等（2013）研究结果不同。吕文利等（2013）认为上海和无锡为低安全区，这忽略了上海、无锡的驱动力指标和响应指标（图6.11）。

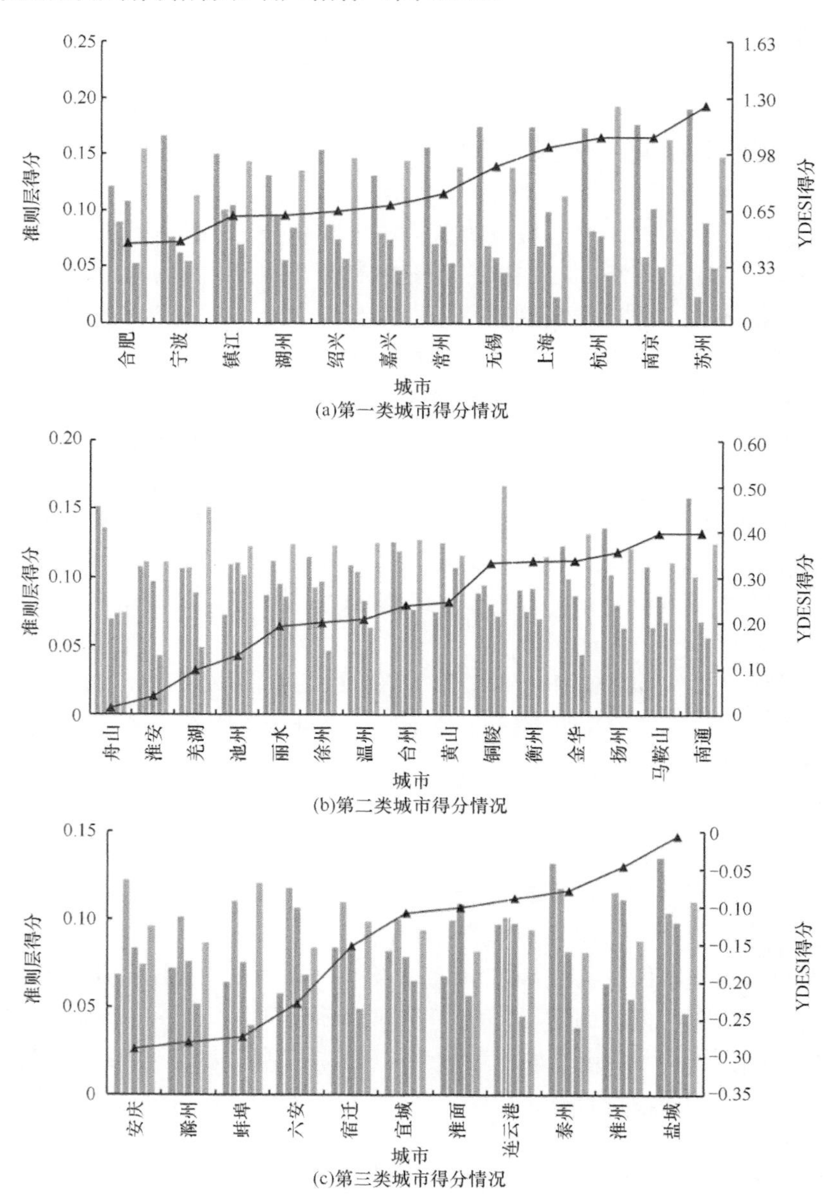

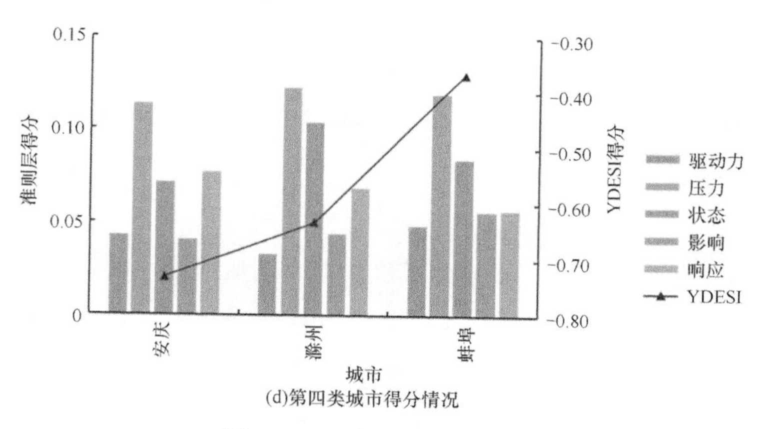

(d)第四类城市得分情况

图 6.11　四类城市得分情况

E. 长三角城市群生态安全对策

通过对泛长三角城市群生态安全指数权重和贡献度的分析，说明驱动力、影响、响应指数对长三角城市群生态安全状况的影响占主导地位，因此从加大财政投入、提高区域智力资本和人口素质、新型城镇化和农业现代化、提高绿化覆盖率和加大基础设施建设这四个方面提出长三角城市群生态安全状况的应对对策。值得注意的是，常规指标：人口指标（人口密度等）、区域污染压力的指标（工业烟尘排放总量等）、环境压力的反表征指标（酸雨频率等）、产业结构指标（第三产业比例等）等均不是长三角生态安全现状的主要影响因素。这与前人的研究结论不同。例如，万正芬等（2019）认为常规指标资源利用水平较低、污染物排放量大及水环境状况等仍是影响长三角生态安全的主要因素，该结论只是从 11 项指标的生态安全指数得分中得出的，而且长三角范围小于本技术的研究范围，难免结论有所不足。陈燕等（2019）利用压力-状态-响应（PSR）模型得到的结论仍然认为人口增长率是主要影响因素，不足之处在于将人口看作是压力因素，而忽略了人口要素也可以同时是驱动力因素。但本研究的结果并不能表明长三角生态安全现状中的环境污染状况、产业结构做得非常好，而是 DPSIR 的综合分析结果告诉我们目前影响长三角城市群生态安全的最主要因素为农业发展、环境空气质量、环保投资、城市绿化建设这四个方面，在生态环境保护资源有限的情况下，应该优先考虑这四个方面。

4. 长三角城市群地区生态系统服务供需的时空尺度变化下的调控技术

1）研究内容

目前基于生态系统服务评价多聚焦单尺度服务供应（Sun et al.，2019），本技术结合不同级别管理范围，在地级市、省、长三角城市群开展多尺度碳沉积和粮食供需失配评价，揭示了服务内不同时空尺度以及服务间供需失配状态的差异和驱动力，并提出碳沉积在传统供给侧外，大力加强需求侧（如通过新技术应用、产业结构调整、扩大碳交易等系统减少碳排放，应用精明增长理念和存量优化的方法管理城乡建设用地的扩展，加大对高碳储植被群落的营建力度），粮食加强供给侧新理念和新技术应用（如生态农业技术）等调控措施改善长三角城市群生态系统服务供需失配状态。

本书主要内容包括如下两点：①探索长三角城市群地区生态系统服务供需和供需失配在不同时空尺度上的表现；②揭示影响生态系统服务供需失配的主导因素。

2）数据和方法

A. 数据来源

本书的数据包括地理数据、社会经济数据和其他数据，数据类型和数据来源如表 6.12 所示。

表 6.12　数据来源一览表

数据描述		尺度	数据来源
地理数据	土地利用	30m	国家地球科学数据共享服务平台（http://www.geodata.cn）
社会经济数据	人口	城市	26 个城市的统计年鉴，中国第五次、第六次人口普查
	能源消耗	城市	26 个城市的统计年鉴、中国能源统计年鉴
	粮食生产	城市	26 个城市统计年鉴
其他数据	碳密度和碳排放系数		Aburas et al.，2017；Fan et al.，2008；Fang et al.，2018；Huang et al.，2019；Jiang et al.，2019；Li et al.，2016；Liang et al.，2018；Liu et al.，2011；Qiu et al.，2018；Song et al.，2015；Tang et al.，2018；Verburg et al.，2002
	每种食品的粮食转化系数		Su and He，2013；Xu and Ding，2015
	发展规划		长三角城市群发展规划（2016—2030 年）

B. 土地使用分类与统计

为了生态系统服务后续的计算，土地使用参照相关文献共分为 9 种类别，分别是耕地、森林、草地、河流、湖泊、滩涂、河滩、建设用地和未利用地。在 ArcGIS 中运行相关工具分别统计各个不同空间单元内各类用地的规模。

C. 碳储服务和粮食供应服务供需定量

碳储供应指年度碳沉积率（t/hm^2），也可认为是碳库的改变量。考虑到数据的可得性，以 2000～2010 年的碳库变化值的 1/10 作为年度碳沉积量（碳储）。首先计算每种土地利用面积与该土地类型总的碳密度的乘积得到该种土地利用类型的碳库，然后将所有土地利用类型的碳库相加得到总的碳库。碳沉积需求指年度碳排放率（t/hm^2），其等于各种能源消费量与相应的碳排放系数的乘积的加和。粮食供应指年度粮食生产率（t/hm^2），其等于粮食产量除以相应的土地面积。粮食消费指年度粮食消费率（t/hm^2），其等于每种涉粮的食品的消费量与粮食转换系数的乘积的加和。引入需求不满足率（UDR）来定义供需之间的不匹配。UDR 指未被供应满足的需求占总需求的比例。

D. 生态系统服务不匹配的驱动力分析

为了分析生态系统服务供需不匹配的驱动力，选用了四种社会经济因素（人口密度、GDP 密度、城市化率、建设用地占比）和两种自然因素（耕地占比、绿色空间占比）作为解释变量进行冗余分析（RDA）。

3）研究结果

A. 土地利用变化

各类用地变化情况如图 6.12 所示。耕地和林地是长三角城市群占比最大的两类用地，分别代表了粮食和碳储服务这两种典型服务的主要承载空间。2000～2015 年，随着社会经济的快速发展，经济规模扩大和人口增长带来了强劲的生态系统服务需求。相应地，长三角城市群各类用地出现了显著增减变化。受益最大的是建设用地，损失最严重的是耕地，绿色空间（森林、草地）略减少。相应地，引起了各种生态系统服务供给能力的变化。

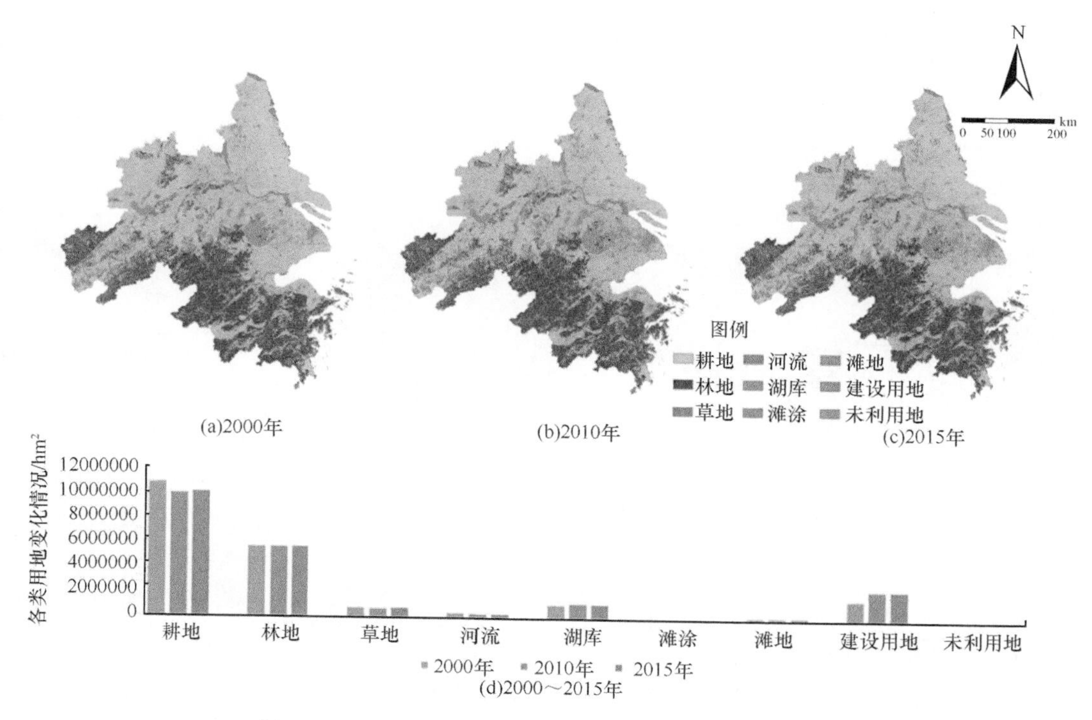

图 6.12　2000～2015 年土地利用图和各类用地变化情况

B. 碳储供需多尺度动态

总体上看，2010 年碳库相比 2000 年有所增加，碳沉降率是 0.118tC/(hm²·a)。上海和安徽省有更高的碳沉降率。在城市尺度，沿长江的中部城市向南北城市碳沉降率逐步降低；特别的，南北共有 5 个城市碳沉积率是负值（经济发展、林地被侵占）（图 6.13）。

总体上看，2010 年碳排放相比 2000 年大幅增加。2000 年碳排放 5.504tC/(hm²·a)，2010 年碳排放增加了 2.5 倍。2000 年上海、江苏、浙江、安徽碳排放率逐步降低，但上海是安徽省的 30 倍。2010 年，上海与其他三省碳排放率比值逐渐缩小。一半的省提高了碳排放水平。在城市尺度，长江沿岸城市形成了高排放带，并随着时间逐步扩大，其中 2000～2010 年 50%的城市提高了碳排放水平（图 6.13）。

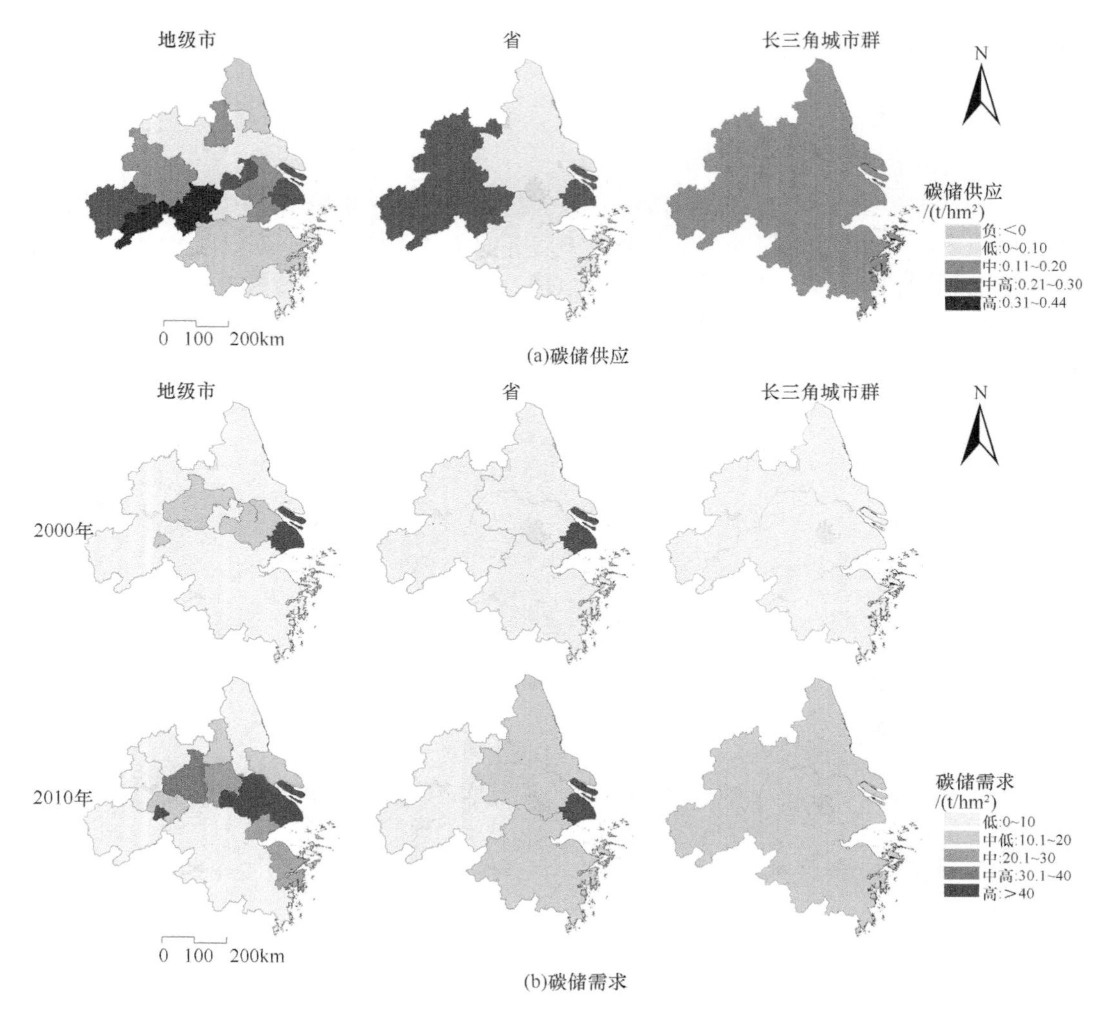

图 6.13 碳储在多时空尺度的供需情况

C. 粮食供需多尺度动态

总体上看，2000 年粮食生产率是 2.12t/hm^2，2010 年略微增长[2.13t/(hm^2·a)]。江苏一直保持最高的粮食生产率。一半的省改变了粮食生产水平。在城市尺度，呈现北高南低的总体格局。2000～2010 年，约 50%的城市改变了粮食生产水平（图 6.14）。2000 年粮食消费率是 1.88t/hm^2，2010 年略微降低[1.80t/(hm^2·a)]。上海有显著更高的粮食消费率，25%的省改变了粮食消费水平。在城市尺度，东北部城市有着最高的粮食消费率。2000～2010 年，27%的城市改变了粮食消费水平（图 6.14）。

D. 生态系统服务供需不匹配状态及驱动力

两种生态系统服务供需关系在不同尺度的变化有着显著的差异（图 6.15）。对于碳储服务，在三个尺度，仅有极少部分的碳能被沉积；且西部省和城市的碳服务强于东部。省层面碳沉积供需服务保持不变，但在长三角和城市层面有着显著的改变。与碳沉积服务不同，在不同尺度上，粮食供应服务基本上可以保持平衡。在长三角层面，粮食供需

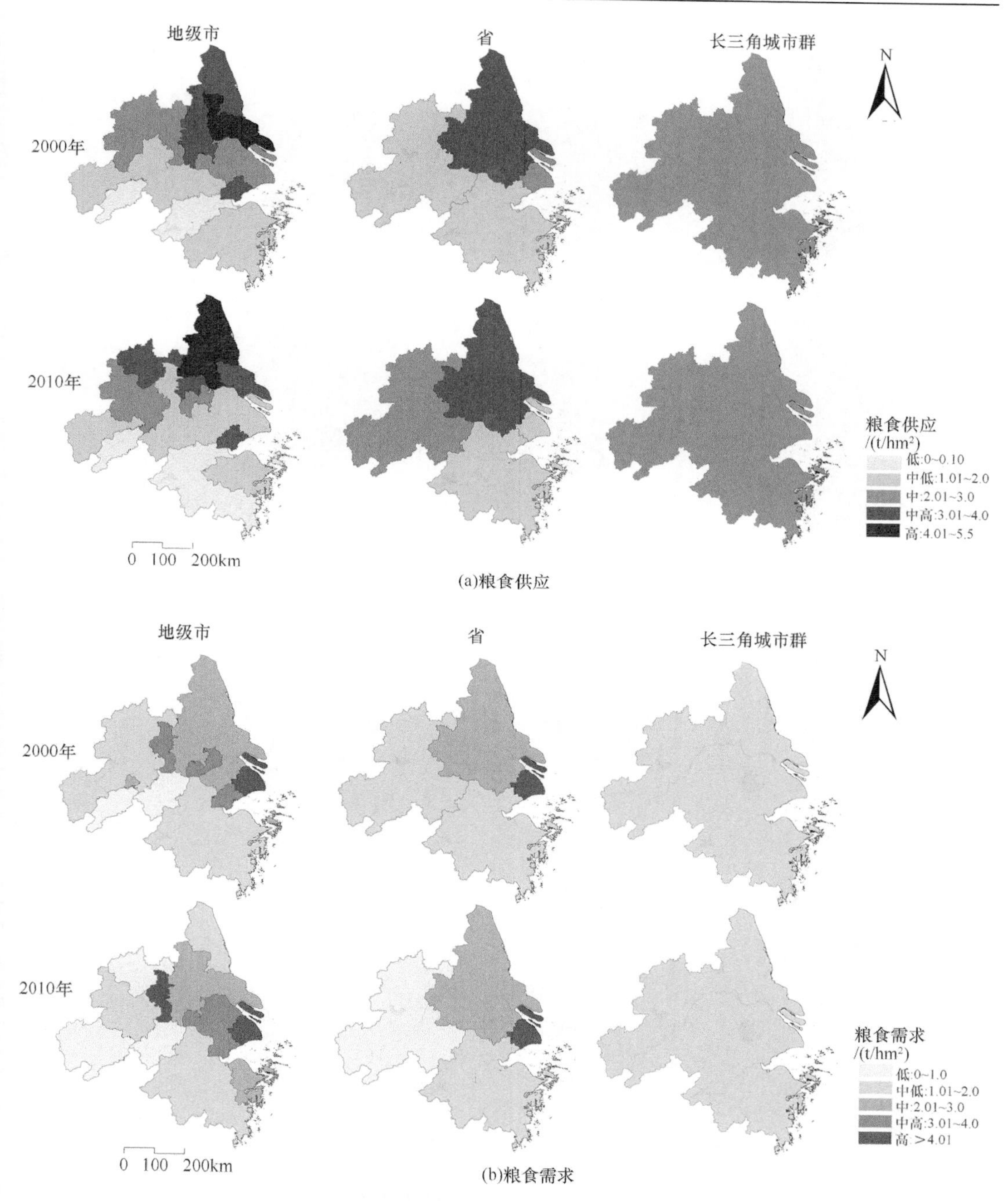

图 6.14　粮食服务在多尺度的供需情况

基本保持平衡，且在两个年份的供需水平保持不变。在省域层面，东南省份处于不平衡状态；且 50%的省份改变了供需不匹配水平。在城市层面，北部城市供需状况更加好于南部城市；且南部城市的不平衡水平在提高，62%的城市改变了供需不匹配的水平。

RDA 分析的结果表明（图 6.16），在 2000 年和 2010 年城市化率和耕地占比对生态系统服务的 UDR 有重大影响。这两个变量对 UDR 值在 2000 年和 2010 年分别有 52%

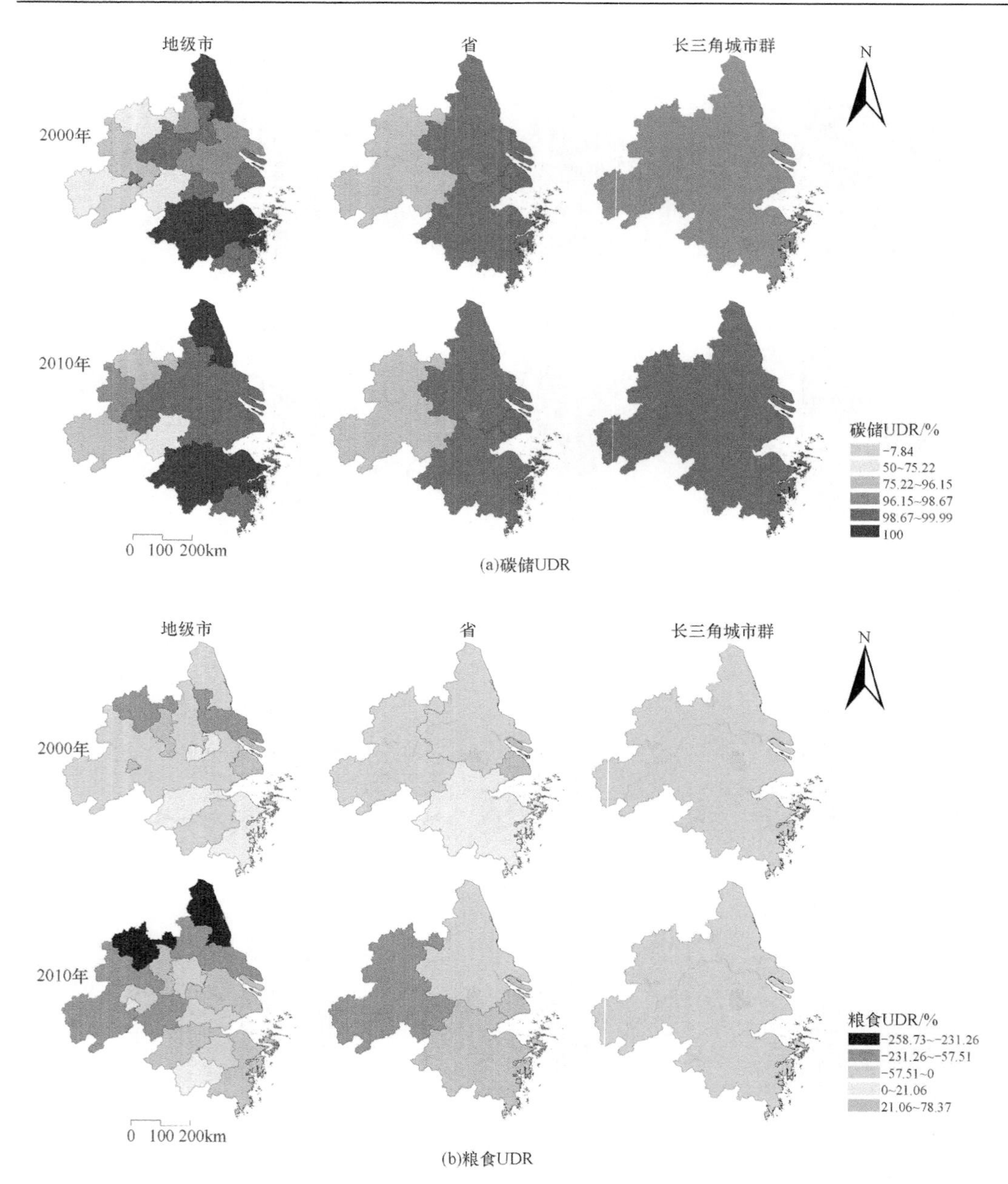

图 6.15 两种服务在多尺度的 UDR 情况

和 54%的解释能力。2000～2010 年，这两个变量的解释能力的变化是不同的。城市化率对 UDR 的解释能力保持不变（38%），且在解释 UDR 中起主导作用。耕地占比对 UDR 的解释能力增加了 2%（从 2000 年的 14%增加到 2010 年的 16%），但其解释能力较弱。这表明，虽然社会经济因素和自然因素共同决定了这种失衡或平衡，但社会经济因素对两种服务的供需失衡起主导作用。也就是说，需求侧更多地决定了这种不匹配。例如，长三角城市群的城市化发展是建立在大量资源和能源消耗的基础上的，其排放的碳远远超过了生态系统的碳汇能力。

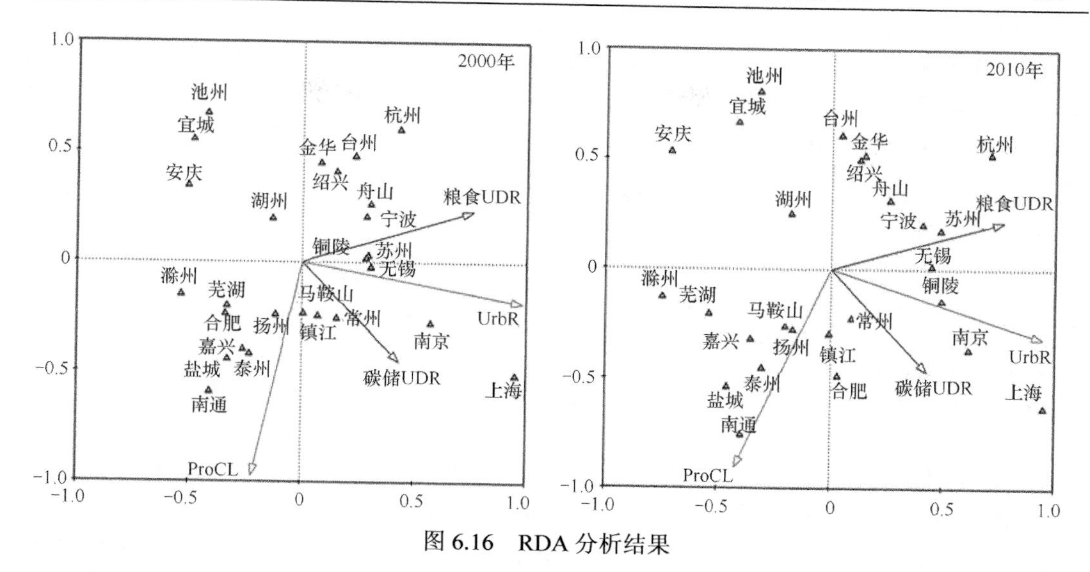

图 6.16 RDA 分析结果

结合对长三角城市群两种重要的生态系统服务供需、失配状况的评价，以及引发失配的驱动力分析，总结归纳形成如下四点结论（Sun et al.，2019）。

（1）不同服务在不同尺度上表现出不同的供需状态，这进一步可以用来评价和识别相应尺度上的生态安全状态与格局。例如，对于碳储服务来说，所有尺度都是不安全的（排放的碳总量的 95%不能被植被转化）。但对于粮食供应服务来说，尺度越大越安全；尺度越小，异质性越强。

（2）人为因素（城市化率）是引发区域生态安全格局变化和向不安全状态转变的驱动力。

（3）从表面上看，基于粮食供需分析的区域生态安全格局状态良好；但其生态安全状态来源于大量的化肥和农药的使用，存在较大的潜在风险。

（4）调控对策：在产业、技术、管理方法上系统减少碳排放（新技术、产业结构调整、碳交易等）；加大对高碳储植被群落的营建力度；应用精明增长理念和存量优化的方法管理城乡建设用地的扩展；加强生态农业技术在粮食生产中的应用。

5. 长三角城市群生境质量与城市化时空关系评估技术

1）研究内容

本研究主要内容为三个方面：①长三角城市群 1995 年、2000 年、2005 年、2010 年四期生境质量与城市化强度变化；②分析城市群中生境质量与城市化关系；③识别不同程度城市化对栖息地的生态影响。

2）研究方法与数据来源

A. 生境质量评估

生境质量作为生物多样性的反映指标，代表着生态系统提供适合生存、繁殖和种群持续生存的条件的能力(Zhu et al.,2020)。生境质量评价主要采用 InVEST-Habitat Quality 模块,结合地类、交通等不同因子的威胁程度计算生境退化指数,评价长三角城市群 1995

年、2000年、2005年、2010年四期生境质量，用于反映快速城市化背景下长三角地区的生境质量情况。主要的数据源包括：Landsat 遥感数据、分为11个不同类别的土地类型，以及 Openstreet 下载的城市群国道和高速公路。

$$D_{xj}=\sum_{r=1}^{R}\sum_{y=1}^{Y_r}\left(w_r/\sum_{r=1}^{R}w_r\right)r_y i_{rxy}\beta_x S_{jr} \tag{6.19}$$

$$Q_{\text{obs}}=H_j\left(\frac{k^2}{D_{xj}^z+k^z}\right) \tag{6.20}$$

式中，R 为威胁因子个数（r=1,2,3,…,R）；Y_r 为威胁因子 r 所占面积；$\left(w_r/\sum_{r=1}^{R}w_r\right)r_y$ 为 r 威胁因子的相对影响；w_r 为 r 威胁因子的权重；r_y 为威胁因子 r 对于栖息地 y 的退化系数；i_{rxy} 为距离衰减方程；β_x 为栅格 x 的理论可达性；S_{jr} 为威胁因子 r 对于栖息地 j 的相对敏感度；Q_{obs} 为生境质量指数；k 为生境参数；z 为常数；D_{xj} 为生境类型 j 中栅格 x 的总威胁水平；H_j 为生境类型 j 的生境适宜度。

B. 城市化强度评估

城市化强度是城市化在人口、产业结构和区域空间方面的多重反映。DMSP-OLS 中夜间灯光数据体现了这些因素之间相互作用结果的综合响应。为了识别年内稳定像素并移除不稳定点亮像素，我们通过相互校准和年际序列校正来校准 DMSP / OLS NTL 数据，并采用夜间灯光综合指数法计算对应的城市化强度：

$$\beta=\text{NLCI}=p_1\times\text{NLII}+p_2\times\text{NLAI} \tag{6.21}$$

$$\text{NLII}=\begin{cases}\sum_{i=t}^{63}(\text{DN}_i\times n_i)\times 100\% & N_t\neq 0\\ N_t\times 63\times 100\% & N_t=0\\ 0\end{cases} \tag{6.22}$$

$$\text{NLAI}=\frac{N_t}{\text{Count}}\times 100\% \tag{6.23}$$

式中，β 为城市化强度；NLCI 为夜晚灯光综合指数；NLII 为夜晚灯光强度指数；NLAI 为夜晚灯光面积指数，在长三角地区二者的权重取值为 p_1=0.7, p_2=0.3；DN_i 为第 i 个像素的灯光亮度值；n_i 为第 i 个像素的面积；N_t 为有灯光亮度值的像素总面积；Count 为研究区域的总面积。

C. 城市化生态影响分析

根据前人研究，我们将城市化的生态影响拆分为直接和间接两个部分。直接影响仅指城市用地扩张带来的栖息地丧失，间接影响指除直接影响以外，其他人类活动对栖息地带来的影响。采用相对贡献系数 τ 定义城市化对于生境质量直接和间接影响的程度。相对贡献系数中其他人为因素对剩余的生态贴剂的作用可以偏移或加剧直接替换植被栖息地的退化。

$$\tau=\frac{w_{\text{i}}}{w_{\text{d}}}\times 100\% \tag{6.24}$$

$$\begin{cases} w_{\mathrm{d}} = \dfrac{\Delta Q_{\mathrm{d}}}{\Delta Q} = \dfrac{Q_{\mathrm{b}} - Q_{\mathrm{zi}}}{Q_{\mathrm{b}} - Q_{\mathrm{obs}}} \times 100\% \\ w_{\mathrm{i}} = \dfrac{\Delta Q_{\mathrm{i}}}{\Delta Q} = \dfrac{Q_{\mathrm{zi}} - Q_{\mathrm{obs}}}{Q_{\mathrm{b}} - Q_{\mathrm{obs}}} \times 100\% \end{cases} \tag{6.25}$$

式中，w_{d} 和 w_{i} 为直接和间接影响所占比例；$\Delta Q_{\mathrm{d}}, \Delta Q_{\mathrm{i}}$ 和 ΔQ 分别为因直接影响、间接影响和整体影响所导致的生境质量变化；Q_{b}、Q_{zi}、Q_{obs} 分别为 3 种城市用地类型的生境质量。

3）研究结果

A. 城市用地扩张趋势

从城市用地扩张的空间分布来看，快速城市化进程下长三角城市群主要在各地级市的市辖区内部缓慢扩张，城市沿着原有的建成区外延呈现出蔓延式发展，其中上海市、南京市、宁波市、合肥市等省会城市的空间扩张最为明显；2000 年以后，特大型城市上海市的兴起，对上海周边地区起了很强的辐射带动作用；城市之间的经济社会联系趋向紧密，长江沿岸产业带、苏锡常产业带、杭州湾产业带的内部城市空间逐渐向城市间的交通线路方向扩张，形成多中心的组团城市。区域内其他小型城市依旧按照蔓延式扩张发展。2015 年，在长三角城市群区域一体化发展政策的推动下，各城市的社会经济产业分工更加明确。苏州、常州、无锡、杭州等大型城市作为长三角城市群新的经济增长极，城市中心功能区进一步细化，形成了以综合工业与高新技术产业结合的新型产业中心，带动周边小城市群发展，城市发展由遍地开花变为网络化、多中心的空间格局（图 6.17）。

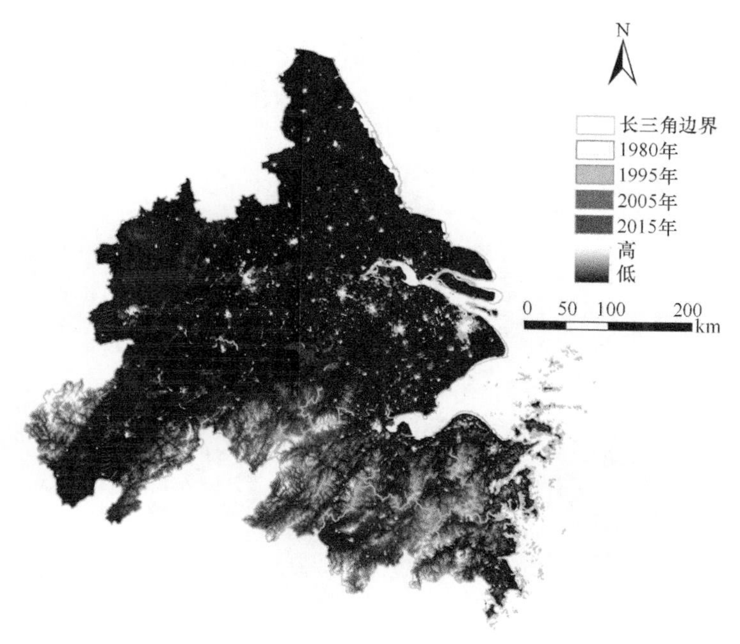

图 6.17　长三角城市群 1980～2015 年城市用地扩张情况

B. 生境质量时空变化

长三角城市群中的生境质量和城市化强度具有不同的空间格局。在黄山和太湖地区对应的两个的高价值区域，生境质量的值通常在浙江省西南地区较高，而在江苏省东北平原相对较低。此外，生境质量的最低值集中在上海、苏州、南京和无锡等主要城市的城市核心区，人口密度最高。在不同的土地利用类型中，林地是长江三角洲地区生境质量的主要供应源，其次是耕地和水体。在城市地区，生境质量要低于其他地方，这主要是由于大量的建设用地占用而导致的生态用地短缺从而造成总栖息地质量下降。长三角区域生境质量年平均值在 1995 年、2000 年、2005 年和 2010 年分别为 0.586、0.581、0.572 和 0.557。十五年的生境质量变化中，变化最大的城市是上海（–18.83%），其次是苏州（–17.19%），仅有滁州、宣城和安庆三个城市的生境质量有所提升，分别为 0.98%，0.31% 和 0.12%。

C. 城市化强度时空变化

长三角城市群中城市化强度的空间格局与生境质量完全相反。长江沿岸以及杭州湾的城市化强度最高，尤其是在长江口地区（上海、苏州和无锡）。作为长三角地区重要的生态屏障和饮用水源，长三角西南地区实施了各种生态保护项目，城市化强度相对较低。1995 年、2000 年、2005 年和 2010 年，区域城市化强度的平均值分别为 0.092、0.109、0.134、0.256。上海的城市化平均值最高（0.723），增长率为 177.56%；池州的平均值最低（0.056），其次是 2010 年的宣城（0.062）和安庆（0.063）（图 6.18）。生境质量下降幅度最大的苏州，也是城市化水平提升最突出的城市（0.456），城市化水平提升最低的是安庆（0.045）。

D. 多尺度生境质量与城市化的响应关系

区域尺度上看，生境质量与城市化呈负相关，从城市中心到郊区的城市化对生境质量的胁迫程度为倒“U”形趋势。对生境质量的最小负面城市化影响主要分布在城市周边郊区，各个等级的城市化影响边界再融合形成更大的范围。在生境质量的核密度分析

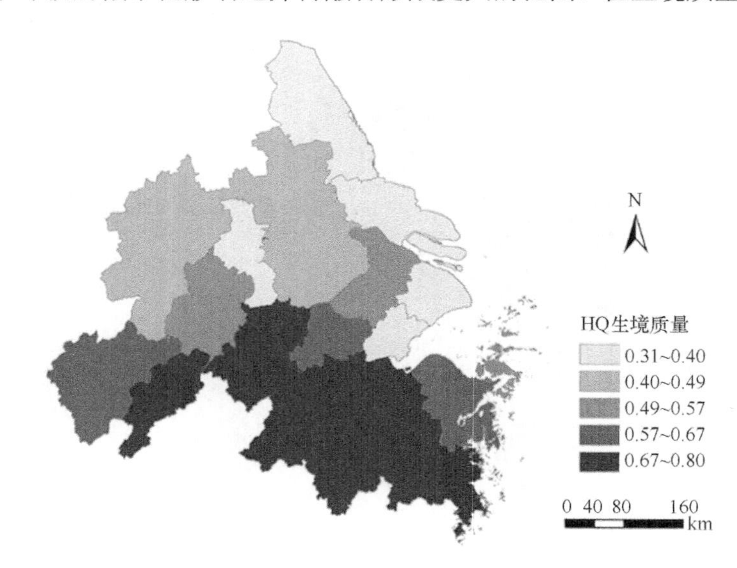

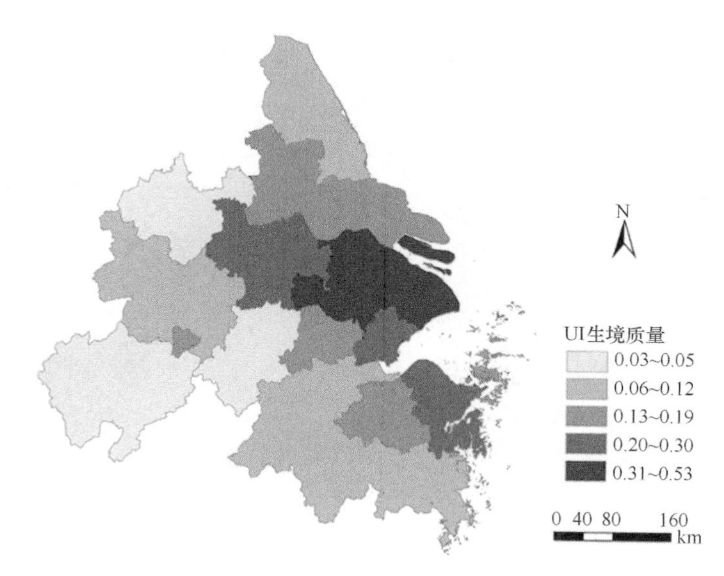

图 6.18 1995～2010 年长三角城市群城市化强度分布与生境质量变化图

中，生境质量在城市化梯度上呈现出明显的非线性响应，拐点位于城市化率分别为 20%和 80%位置。长三角城市群十五年的发展过程中，位于相对较低城市化阶段的区域生境质量随着城市化进程而降低；然而在中高级城市阶段的区域开始出现相对较高的生境质量。这表明更多的自然区域受到城市化的影响，与此同时城市化过程中一部分城市内部生态环境得到了改善。

城市尺度中，对比各城市之间的生境质量与城市化的关系曲线，有 15%的城市为线性负相关：池州、无锡、宁波、苏州等城市；有 70%的城市与区域尺度呈现相同的非线性关系，如铜陵、南京、杭州等。但也有一些例外，如南通、上海、盐城和嘉兴等城市，其生境质量与城市化之间没有显著的负相关，在中度的城市化中维持着相对均衡的生境质量。不同形式的响应关系在很大程度上与当地的发展方向和城市化背景有关。

E. 城市化对生境质量的直接和间接影响

为了研究城市化对生境质量的影响，我们分别提取了长三角区域在城市化的总体、直接和间接影响下的生境质量。研究发现，除了已经提及的总体变化为非线性趋势外，城市化通过建设用地扩张会导致生境质量线性减少，在不同城市化阶段的间接影响表现各有差异（图 6.19、图 6.20）。间接部分的生境质量主要集中在城市化的早期阶段，中高城市化阶段要高于零影响线，最大值在城市化为 80%的位置。相对贡献系数（τ）在城市化为 40%之前为负，并且在增长超过零后趋于稳定。这表明初级阶段的城市化对当地生境质量具有负面的间接影响，但相对而言较高的城市化水平已逐渐转变为积极影响。从概念上讲，负面的间接影响将加速栖息地的退化，而正面的影响则可以部分抵消土地转化所引起的栖息地退化。在 2010 年、2005 年、2000 年、1995 年，这种抵消补偿程度分别约为 16.18%、22.94%、17.41%和 28.23%。

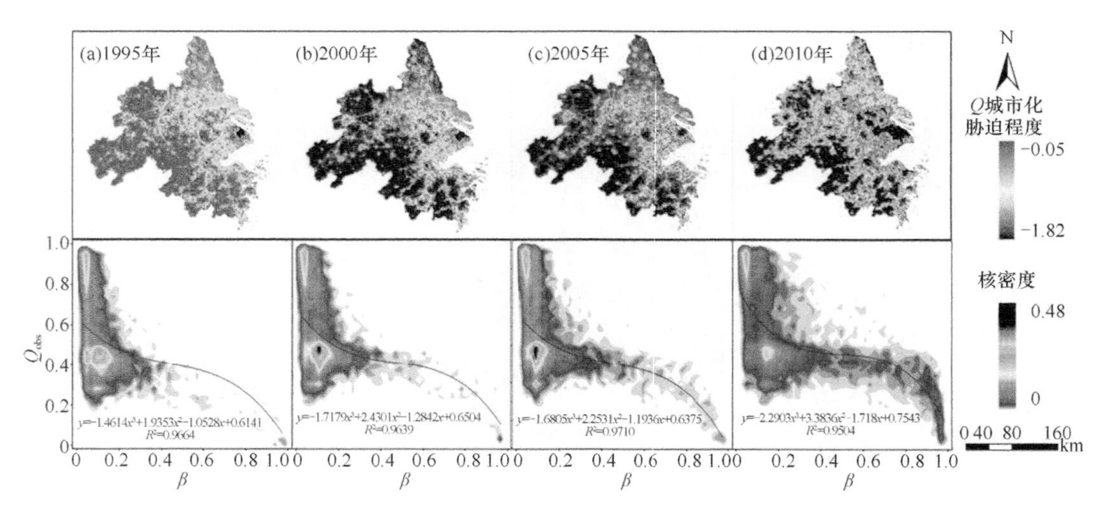

图 6.19　城市化胁迫程度空间分布与生境质量核密度分布图

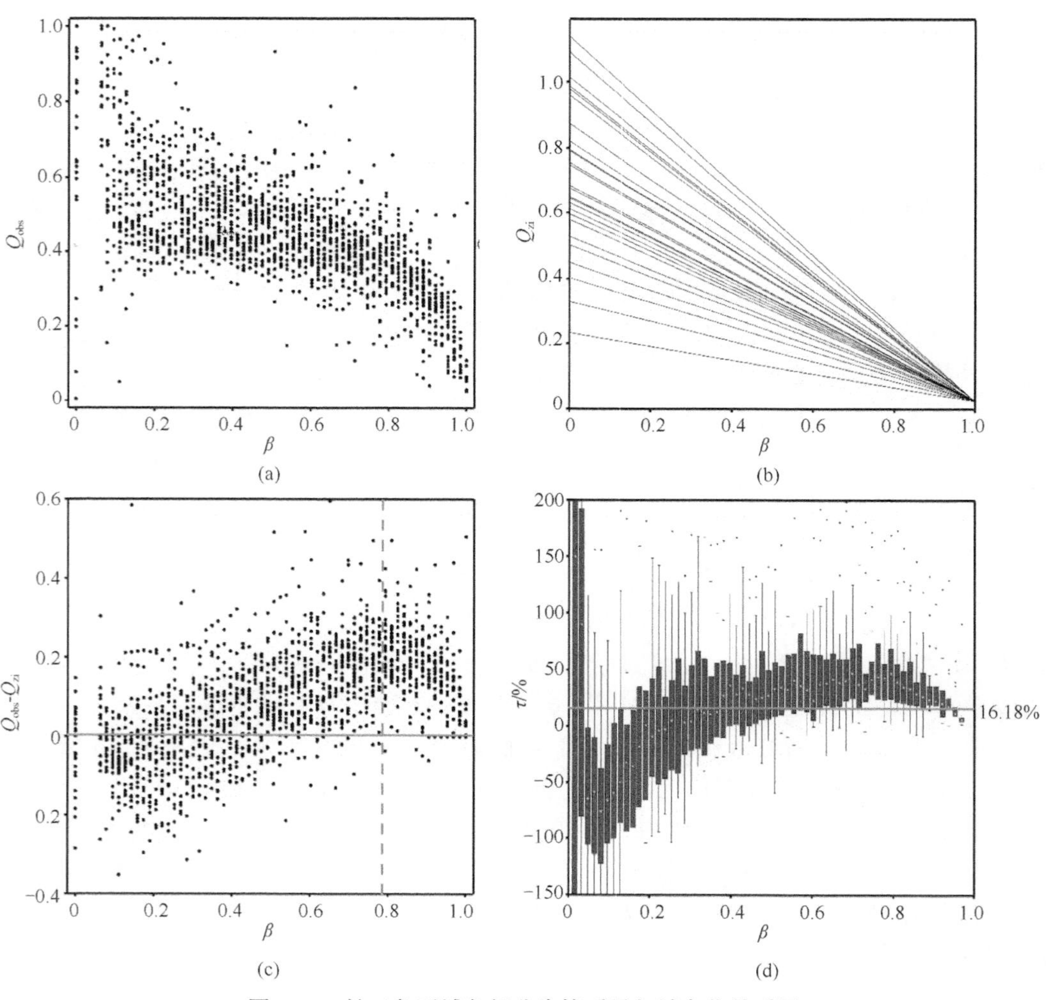

图 6.20　长三角区域各部分生境质量与城市化关系图

在长三角区域的26个城市中，因为每个城市对应不同的城市化阶段，对生境质量的影响也不同。通过各城市中生境质量、城市化和τ的变化，可以将城市分为四个阶段：①有11.5%的城市，如嘉兴、芜湖、马鞍山等，其生境质量值较差，而城市化加剧了生境退化的速度；②有42.3%的城市，如南通、舟山、湖州等，其生境质量减少，但生境退化速度有所减缓；③有34.6%的城市，如无锡、苏州等，其生境质量有一定提升，栖息地的退化被城市化的间接影响部分补偿；④上海、南京、镇江等城市的生境质量有所改善，但城市化进程仍在加剧生境退化。

根据这项研究，我们将间接城市化对生境质量动态的影响分为四个阶段：破坏阶段、对抗阶段、协调阶段和退化阶段。城市化的间接影响分为负面影响和正面影响。在破坏阶段，由于斑块碎片化，粮食供应短缺，生态系统抵抗力和复原力减弱，在城市化程度较低的情况下，对栖息地的负面影响显著增加。资源开发（如森林砍伐、滥杀滥伐）也破坏了栖息地的生态条件。在对抗阶段，快速的城市化加快了对生态土地的占用。同时，为了满足人们对蓝绿生态空间（如绿地、水景）和相应生态系统服务的迫切需求，开展了一些生态保护和恢复工作。协调阶段中，随着人类生态保护的意识以及对生态修复和管理的不断投资，修复了一些关键的生态走廊和功能，城市化带来的积极生态影响已逐渐抵消了负面影响。在退化阶段，极高的建筑密度为物种的繁衍提供了非常有限的空间，这增加了物种对外部环境的危害暴露。人工管理产生的积极生态影响存在阈值上限。周围环境的负面影响持续增加，导致综合利用程度有所降低。

通过分析长三角城市群生境质量和城市化之间的关系，以及城市化的直接和间接生态影响。结果表明，城市化可能导致栖息地退化，主要结论可归纳如下。

（1）1995～2010年，长三角城市群绝大多数城市扩张主要集中在杭州湾带、长江口及长江带，伴随着相当大比例的栖息地退化。

（2）总体上，生境质量与城市化的关系是负的非线性关系，并且由单调递减逐渐转化为存在拐点的平台型。说明更多的自然栖息地受到城市化影响出现生境退化，城市区域内部的栖息地在城市化影响中逐渐好转。

（3）城市化的生态影响在很大程度上取决于不同城市化阶段的人类需求。在城市化进程中，城市土地需求的增长加剧了对生态环境的威胁，但在对抗阶段之后，人类对生态条件的保护意识开始增强，逐渐改善了城市内部的生态环境。

F. 城市群生态用地重要性评估

生态用地的重要性评估主要从生态用地的三个属性特征考虑：第一个特征是考虑生态用地对区域生态系统的支持和调节能力的重要性，如保护物种多样性、土壤保持、水源涵养等生态系统服务；第二个特征是考虑生态用地满足人们的游憩休闲服务需求的重要性；第三个特征是考虑生态用地在连通整个区域景观格局中的重要性，继而维持生态系统的稳定性和整体性。综合以上特征考虑，在对生态用地重要性评估中选取了生态系统服务（图6.21）、生态需求强度以及景观连通性（图6.22）三个指标进行评价。

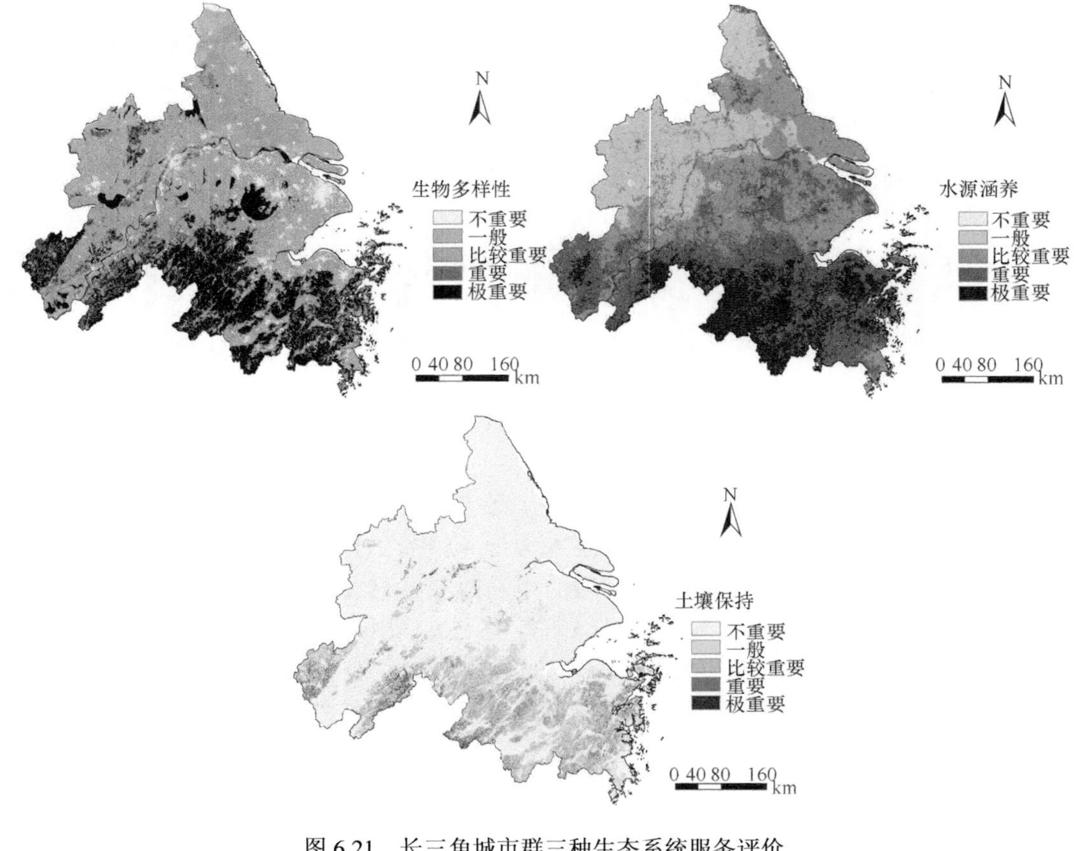

图 6.21 长三角城市群三种生态系统服务评价

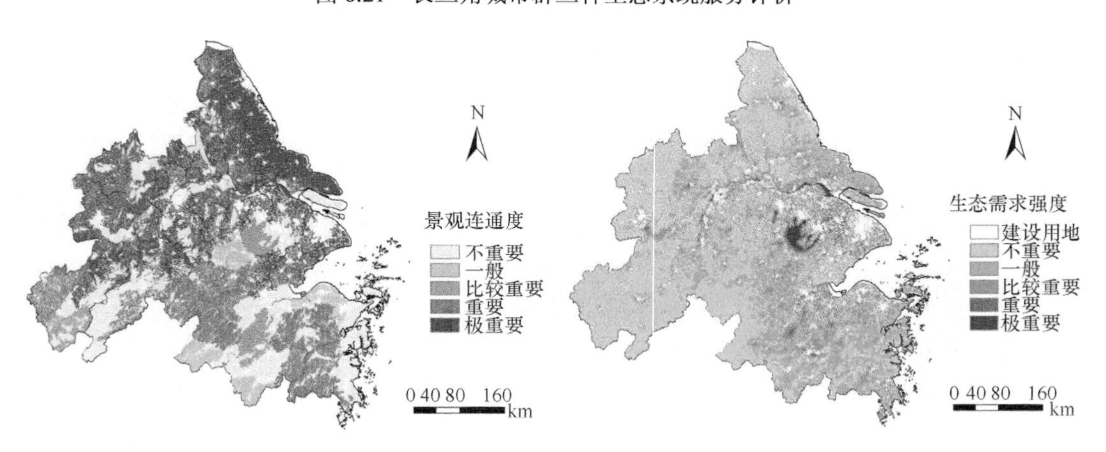

图 6.22 长三角城市群生态需求强度和景观连通度评价

研究区生态用地重要性（图 6.23）呈现出显著的空间异质性。生态用地重要性指数高值区的总面积为 51059km^2，占全域面积的 27.62%，其中极重要生态用地主要分布在长三角城市群南部的池州市、宣城市、杭州市、绍兴市的成片的森林中部的太湖、长江下游段水域，以及满足人口稠密建成区生态需求的城市周边的生态碎片。生态用地重要性指数中值区的总面积为 78011km^2，占研究区面积的 42.22%，主要分布在长三角城市群北部的成片耕地和部分丘陵地区的零散林地。生态用地重要性指数低值区的总面积为 55737km^2，占研究区面积的 30.16%，以城市建设用地、草地和林地为主，主要集中在池州市、金华市、绍兴市等地（Zhu et al.，2020）。

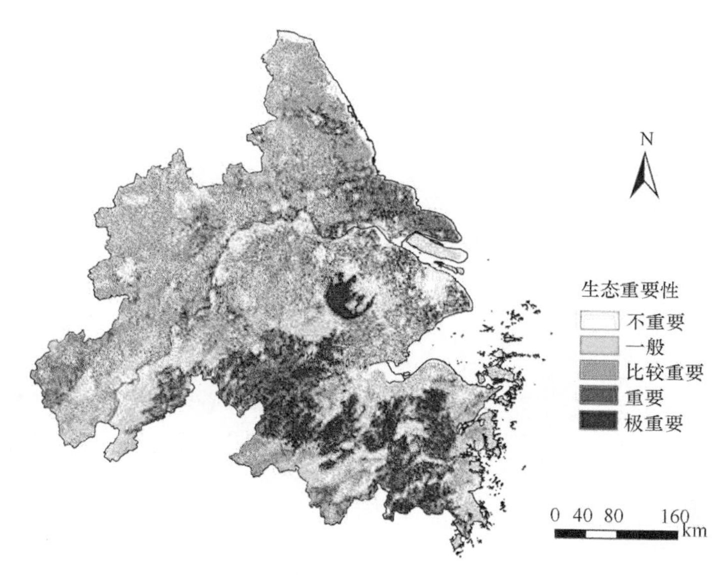

图 6.23　生态用地重要性综合评估

6. 长三角城市群地区生态安全维护下的土地利用变化预测技术

目前基于情景化的土地利用模拟研究对土地利用的生态安全考虑不足，本技术开发了一个包含生态安全的土地利用/覆被预测框架。本技术以长三角城市群 26 个城市为对象，从生境质量评估、生态系统服务重要性评价和景观连通性评价三个维度出发，识别长三角城市群生态安全源地，并将生态安全源地作为底线生态安全保护区域，基于 FLUS（future land use simulation）模型建立生态保护和自然增长两种对比情景，模拟预测 2015～2030 年长三角城市群土地利用变化格局。本技术在长三角城市群的应用案例表明：长三角城市群生态安全源地面积为 64911km^2，占区域总面积的 32.51%，主要分布在安徽南部和浙江西部；生态保护情景下，2015～2030 年长三角城市群建设用地增长 0.7%，扩张得到有效控制，且有 523km^2 的水域、159km^2 的林地和 98km^2 的湿地得到保护（Zhang et al.，2020）。

1）数据与方法

A. 数据输入、输出

数据输入为长三角城市群 26 个城市的土地利用覆被、夜间灯光数据、降水量、温度、土壤类型、植被类型、行政边界、归一化植被指数、净初级生产力、数字高程模型（digital elevation model，DEM）、多年平均蒸散量和自然保护区分布等 12 项数据（表 6.13）。

数据输出包括长三角城市群生境质量分布图、生态系统服务重要性分布图、景观连通性分布图、生态安全源地分布图、土地利用转移矩阵表、自然增长情景未来土地利用分布图、生态保护情景未来土地利用分布图。

表 6.13 输入数据与来源

数据名称	分辨率	年份	数据源
植被类型	1km	1980	中国科学院资源环境科学数据中心（http://www.resdc.cn）
土壤类型	1km	1995	
数字高程模型	90m	2003	
夜间灯光数据	1km	2013	
土地利用覆被	1km	2010/2015	
降水量	1km	2015	
温度	1km	2015	
归一化植被指数	1km	2015	
净初级生产力	1km	2015	
行政边界	市/县	2015	
自然保护区分布	–	2015	中国自然保护区生物标本资源平台（http://www.papc.cn）
多年平均蒸散量	1km	1961～2000	国家生态科学数据中心资源共享服务平台（http://www.cnern.org.cn）

B. 技术方法

a. 生境质量评估

首先提取耕地、草地、林地、水域和湿地作为生境，其他为非生境。其次选取公路、铁路、港口、航道、人类活动强度 5 个人类活动因素作为威胁源，利用 InVEST 模型的生境质量模块对长三角城市群进行生境质量评估，计算步骤和公式如下：

$$\bar{D}_{xj}=\sum_{r=1}^{R}\sum_{y=1}^{Y_r}\left(w_r/\sum_{r=1}^{R}w_r\right)r_y i_{rxy}\beta_x S_{jr} \tag{6.26}$$

$$i_{rxy}=1-\left(\frac{d_{xy}}{d_{r\max}}\right)\quad（线性衰减） \tag{6.27}$$

$$Q_{xj}=H_j\left[1-\left(\frac{\bar{D}_{xj}^z}{\bar{D}_{xj}^z+k^z}\right)\right] \tag{6.28}$$

式中，$\bar{D}_{xj}$ 为生境退化程度；w_r 为威胁源的相对权重；r_y 为威胁源的威胁值；i_{rxy} 为威胁源对不同生境的胁迫程度；β_x 为生境受法律保护的程度；S_{jr} 为生境对威胁源的敏感性；d_{xy} 为生境 x 和威胁源 y 之间的空间距离；$d_{r\max}$ 为威胁源的最大影响距离；Q_{xj} 为生境适宜性；k 为亚饱和常数，一般为 $\bar{D}_{xj}$ 最大值的一半；z 为常数，一般取 2.5。模型参数设置如表 6.14 所示。

b. 生态系统服务重要性评价

（1）水源涵养重要性。采用水量平衡方程，以总降水量与森林蒸散量及其他消耗的差作为水源涵养量，公式如下：

表 6.14　长三角城市群生境质量评估参数

威胁源	权重	敏感性					最大影响距离
		农田	林地	草地	水域	湿地	
人类活动强度	1	0.75	0.75	0.5	0.8	0.8	10
公路	0.8	0.8	0.65	0.3	0.65	0.7	3
铁路	1	0.5	0.55	0.2	0.55	0.6	5
港口	1	0.5	0.8	0.8	0.8	0.8	10
航道	0.8	0.5	0.7	0.7	0.7	0.75	3

$$\mathrm{TQ}=\sum_{i=1}^{j}\left(P_i-R_i-\mathrm{ET}_i\right)\times A_i \tag{6.29}$$

式中，TQ 为总水源涵养量（m^3）；P_i 为降雨量（mm）；R_i 为地表径流量（mm）；ET_i 为蒸散发（mm）；A_i 为第 i 类生态系统面积（km^2）；i 为生态系统类型；j 为生态系统类型数。

（2）土壤保持重要性。采用修正土壤流失方程，潜在土壤侵蚀量与实际土壤侵蚀量之差即为生态系统的土壤保持量，公式如下：

$$A_{\mathrm{c}}=R\times K\times LS\times(1-C\times P) \tag{6.30}$$

式中，A_{c} 为土壤保持量[$\mathrm{t/(hm^2{\cdot}a)}$]；$R$ 为降雨侵蚀力因子[$\mathrm{(MJ{\cdot}mm)/(hm^2{\cdot}h)}$]；$K$ 为土壤可蚀性因子[$\mathrm{t\,h/(MJ{\cdot}mm)}$]；$L$、$S$ 为地形因子；C 为植被覆盖因子；P 为降水量（mm）。

（3）生物多样性保护重要性。采用景观安全格局法，选取长三角地区 30 个国家和省级自然保护区作为物种保护的源，通过对坡度、NPP 和夜间灯光指数等阻力因子归一化处理构建综合阻力面，并根据离源距离与累积阻力值关系曲线识别门槛值，以此划分缓冲区作为不同重要性等级的分界线，累积阻力值越小，生物多样性保护重要性越高。

c. 景观连通性分析

采用形态学空间格局分析，结合可能连通性指数（possible connectivity index，PC）方法，对长三角城市群景观连通性进行评价，软件平台包括 Guidos、Conefor 2.6 和 Conefor Inputs for ArcGIS 10.*x* 插件。

$$\mathrm{PC}=\frac{\sum_{i=1}^{n}\sum_{j=1}^{n}a_i\times a_j\times p_{ij}^{*}}{A_{\mathrm{L}}^{2}} \tag{6.31}$$

式中，A_{L} 为景观总面积；a_i 为斑块 i 面积；a_j 为斑块 j 面积；p_{ij}^{*} 为斑块 i 和 j 之间全部路径连通性中的最大值；n 为生态斑块总数。

d. 土地利用模拟与预测

（1）选取空间驱动因子。本技术中共选取 12 个与土地利用变化有关的空间驱动因子，自然环境因子包括高程、地形起伏、归一化植被指数；气候因素包括降水和温度；社会经济因素包括夜间灯光指数、单位网格的 GDP 和人口数；距离因素包括到城市中心、县中心、铁路和河流的距离（利用 ArcGIS 欧式距离工具生成）。基于 2015 年土地利用数据和多个空间输入变量，采用随机抽样训练的神经网络方法计算每个特定网格每种土地利用类型发生的概率，样本比例设置为10%。

（2）设置空间约束图层和转换规则。将生态安全源地设置为生态保护情景的空间约束图层，同时设置自然增长情景作为对比情景，自然增长情景没有生态保护空间的限制。针对两种情景设置不同的邻域效应因子和转换限制矩阵两项参数。

（3）模型验证。采用Kappa系数来评估FLUS模型的性能。一般来说，0.6～0.8的Kappa系数表示模拟一致性较高，0.8～1.0表示近似完全一致性。通过真实土地利用影像与预测的土地利用图对比，对模型进行验证。

（4）运行FLUS模型，经过模型验证后，基于相关参数即可输出不同情景下的未来土地利用图。

2）研究结果

A. 长三角城市群生态安全源地识别结果

如图6.24和图6.25所示，长三角地区生态源地总面积64911km^2，占全区总面积的32.51%，集中分布在长三角南部，分别是皖南山地丘陵、皖西大别山、浙西山地丘陵、浙中丘陵盆地、浙东丘陵山地以及太湖、巢湖等地，此外长三角北部的盐城、西北部的滁州亦有零星分布源地斑块。从行政区来看，源地主要分布在安庆、池州、宣城、湖州、杭州、金华、绍兴、台州等市；从土地利用类型来看，源地以林地、水域、湿地土地覆盖类型为主，以耕地和草地次之。

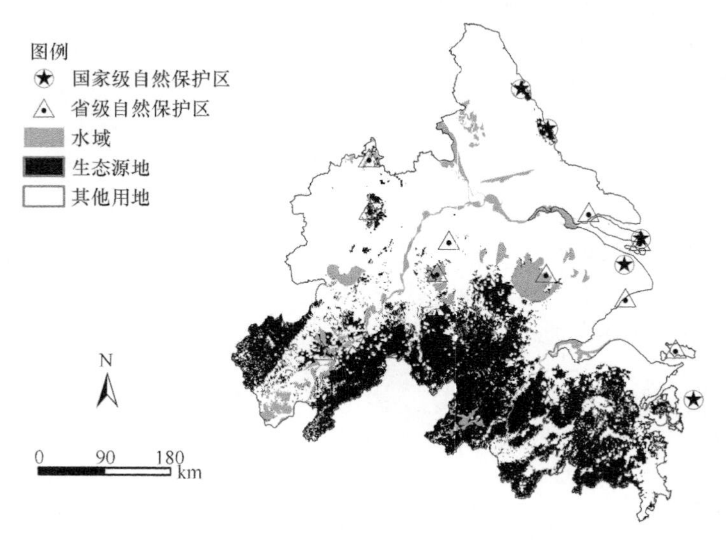

图6.24　长三角地区自然保护区与生态安全源地的空间重叠图

B. 长三角城市群2015～2030年土地利用变化预测

表6.15和图6.26显示了2015～2030年两种情景下土地利用的变化情况及长三角城市群2030年土地利用/覆盖图。

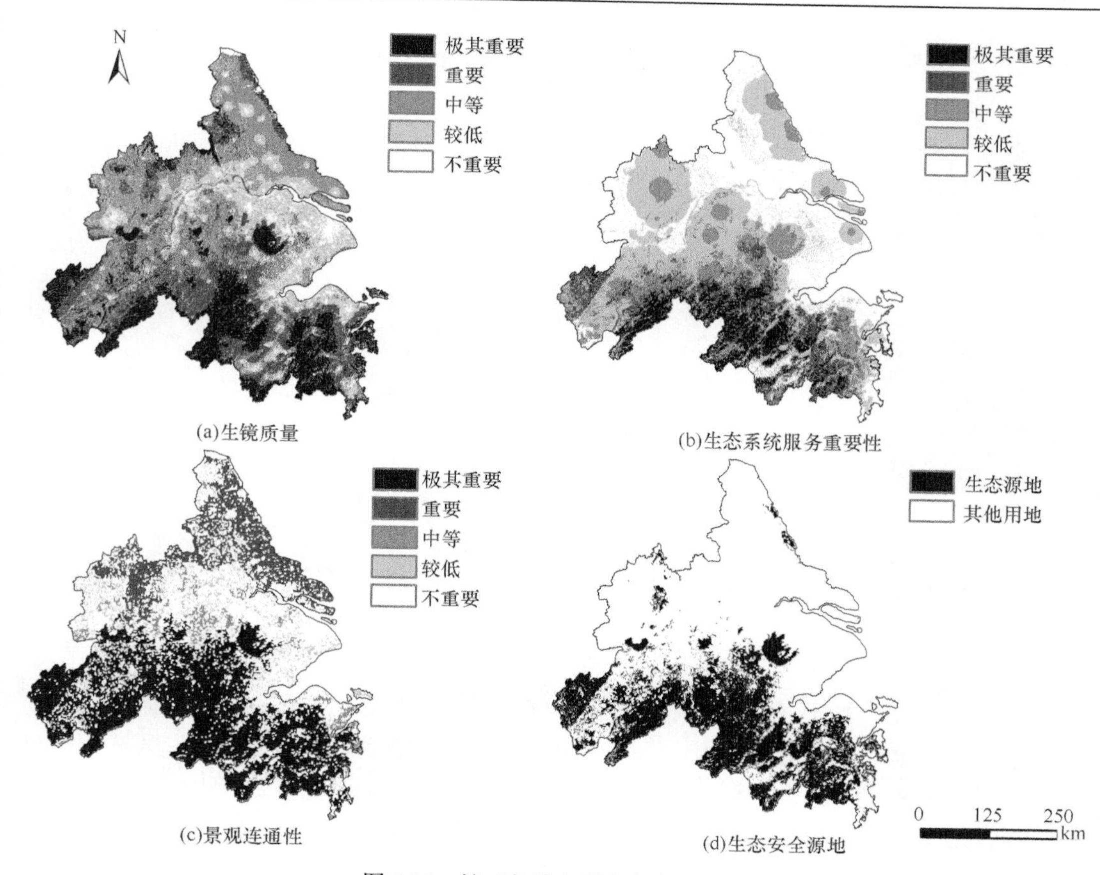

图 6.25　长三角城市群生态安全源地

表 6.15　2015～2030 年自然增长（NG）和生态保护（EP）情景下土地利用变化

土地利用类型	面积/km^2			比例/%			变化/%	
	2015 年	2030 年（NG）	2030 年（EP）	2015 年	2030 年（NG）	2030 年（EP）	NG	EP
农田	102627	99034	101696	49.98	48.25	49.53	–1.73	–0.45
林地	55070	54523	57348	26.82	26.55	27.93	–0.27	1.11
果园	1315	1285	679	0.64	0.63	0.33	–0.01	–0.31
草地	7133	7112	5028	3.47	3.46	2.45	–0.01	–1.03
水域	13912	13879	13912	6.78	6.76	6.78	–0.02	0.00
湿地	1563	1441	1563	0.76	0.70	0.76	–0.06	0.00
建设用地	23655	27969	25085	11.52	13.62	12.22	2.10	0.70
未利用地	51	83	15	0.02	0.02	0.01	0.00	–0.02

长三角城市群 2015～2030 年耕地面积在自然增长情景下的减少幅度大于生态保护情景；林地在自然增长和生态保护情景下呈现出完全相反的空间变化趋势，前者在案例区南部呈下降趋势，后者在案例区西部呈上升趋势；水域面积在自然情景下显著减少，而在生态保护情景下水域面积保持不变；建设用地在自然增长情景下以耕地流失为代价进行扩张，主要集中在研究区域东部，而在生态保护情景下，建设用地的增长得到缓解。

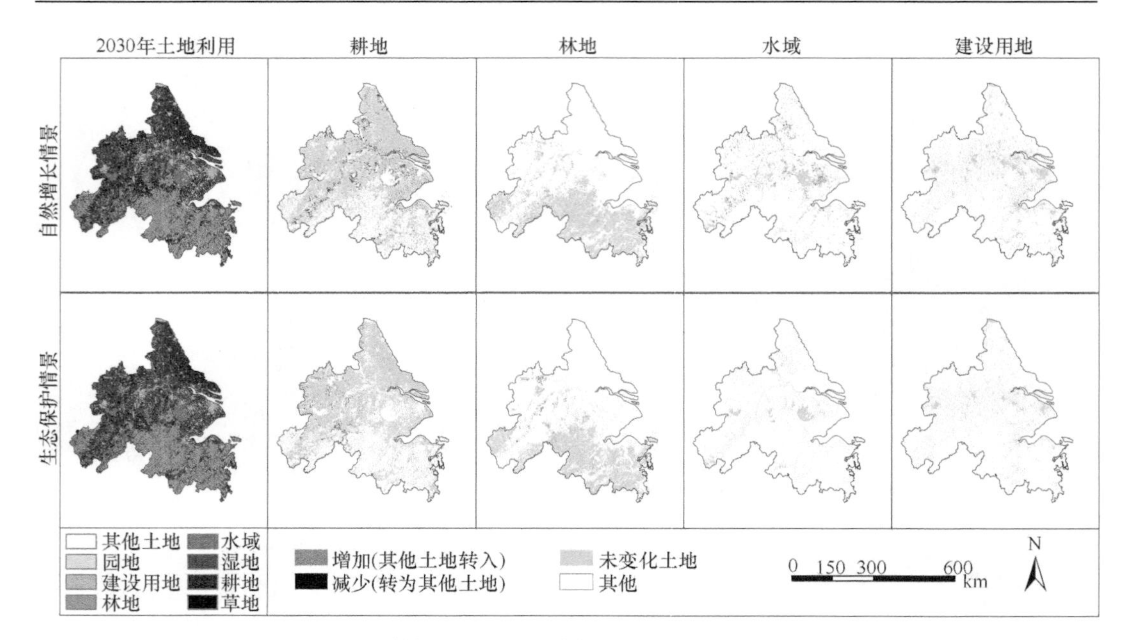

图 6.26 两种情景下长三角城市群 2030 年土地利用/覆盖图

基于生态安全源地的生态保护情景不仅能减缓建设用地扩张，而且能有效保护林地、水域和湿地等重要的生态用地；基于生态安全源地的生态保护情景下，区域土地利用变化过程更稳定；从空间上看，生态保护情景不仅能抑制快速发展城市的建设用地扩张，还有助于改善生态本底较差地区的生态环境质量；基于生态安全维护的土地利用模拟预测技术是识别重要生态用地、指导国土空间规划的有效方法（Lu et al.，2016）。

该技术不仅解决了生态安全源地综合识别的问题，同时构建了基于生态安全维护的土地利用模拟预测的框架。通过该技术，我们从生态重要性、景观连通性以及防止生态系统退化等多角度对区域生态系统进行综合评价，识别出生态保护的关键区域，作为城市发展的生态底线。进一步，我们以生态底线作为限制区域，构建了未来土地利用格局的模拟框架，并基于 FLUS 模型预测了未来土地利用格局、技术框架可为长三角城市群地区国土空间规划提供参考（Zhang et al.，2020）。

6.1.2 长三角城市群 PREED 耦合发展模式与局部尺度的调控技术

1. 长三角区域典型城市土地污染差异及影响因素识别技术

1）研究目的

本节研究可指导和应用于长三角区域的环境综合调查与评价工作，可以为研究区和类似区域科学地确定城市化开发强度规模和保护生态环境提供理论依据，也可为合理规划和布局区域生态资源提供科学建议，对区域资源开发、环境保护、社会发展有深远的现实和战略意义。

2）研究方法

A. 土壤环境质量调查

首先需开展土壤污染状况详查工作，一方面，摸清污染程度、面积、分布、风险等基本情况；另一方面，为建立土壤环境数据库提供大数据支撑，并借助土壤监测点位实现数据的动态更新和共享。

B. 土壤污染源头管控

按土地利用状态（未利用、规划利用、正在利用、搬迁遗留）和利用方式（建设用地和农用地）对可能造成土壤污染的风险源采取管控措施，坚持防范新增污染、减少污染输入、杜绝污染扩散和治理现存污染的建设目标。

C. 风险管控

根据土壤污染状况详查结果和建设用地土壤环境风险评估结果，结合城市土地利用规划，合理确定土地用途，对暂不具备开发条件的土地采取治理修复或防止污染扩散的风险管控措施。

D. 土地安全利用

依据土壤污染程度，划定土壤环境质量类别，针对优先保护类、安全利用类和严格管控类耕地制订详细的管理措施，并针对数据不完整或者精度不够导致的耕地土壤环境质量划分与实际不符的情况，形成动态调整机制。同时，加强对林地、草地、园地等其他农用地的土壤环境管理，保障农业生产环境安全，尤其加强重度污染生产区的农林产品质量检测，对超标产品安全处置，并对超标产品产地及时采取管控措施。

E. 土壤污染防治支撑体系

土壤污染防治工作的有序开展离不开可操作管理手段的配套支持，从加快立法进程、构建标准体系、完善管理体制、拓宽融资渠道、明确责任机制、发挥市场作用、鼓励公众参与、加大研发力度和开展宣传教育等九个方面入手构建系统全面的土壤污染防治支撑体系，对于快速实现既定管理目标具有重要的现实意义。

3）技术路线

A. 土壤污染源解析技术

土壤污染源解析技术是指通过对土壤污染特征及周边环境进行调查，结合同位素分析技术、定量源解析模型和污染物指标调查技术等分析污染物的来源类型，并估计各污染源的贡献率，为土地污染提供科学依据。同位素分析技术是以特定污染源具有特定的稳定同位素为原理而兴起的重金属污染源溯源技术，需借助统计方法方可实现。定量源解析模型技术由于具有不依赖污染源排放的条件、气象和地学因素，以及无须追踪污染物的具体迁移过程等优势，近年来获得了广泛发展。目前主要借助受体模型定量识别土壤污染物各类来源的贡献率。污染物标调查技术通过合理选取土壤污染指标、综合应用多种监测和数值分析技术，优化土壤污染调查方案，达到揭示系统中污染物的多介质分布、输入途径和污染来源的目标（图 6.27）。

由于环境的复杂性，以及以重金属为代表的污染物的持续累积性，现有的技术尚难以实现真正意义上的源解析。目前的基本思路是通过：①背景样地调查或者土壤剖面分析，明确区域土壤重金属污染是否由于高地质背景而非人类活动造成的；②灌溉水、肥料、大气沉降等现状监测，明确其污染来源现状；③历史资料估算输入通量，综合运用模拟和统计分析，形成土壤重金属来源图谱。

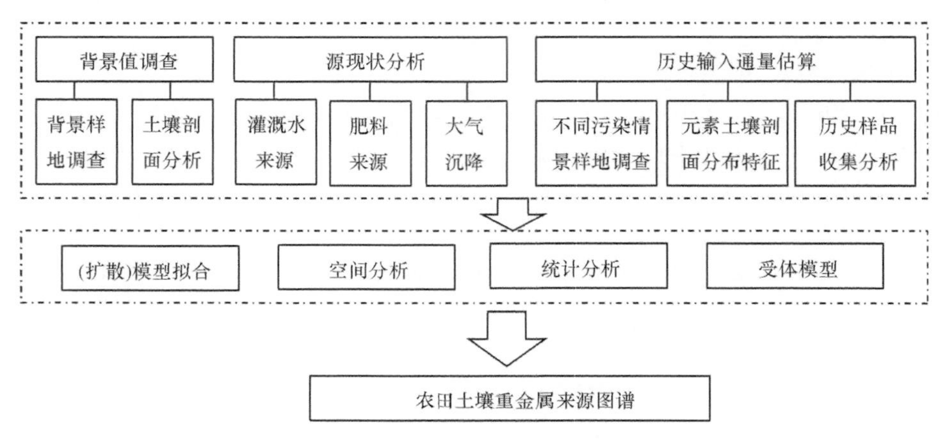

图 6.27　污染源解析技术框架

B. 污染源控制技术

污染源控制技术是对各类生产活动进行优化，防止或降低污染物进入系统，从源头上杜绝土壤污染。目前较成熟的、可大面积推广的技术主要包括：合理规划用地类型、控制汽车尾气排放和精准施药技术为主要手段，避免因过度利用土地等掠夺式生产方式造成土壤环境质量下降；以资源化利用农业废弃物和加强畜禽养殖污染防治为主要手段的面源污染防治技术，推行清洁生产；以加强水质管理、开展水质监测、净化处理未达标排放废水为主要手段的水净化技术，防止污染水源进入土地系统，加重或新增污染土壤。

4）研究结果

本次研究区域的土壤特征主要为碱性。样品中镍、汞、铅和锌的平均浓度略高于本研究区域尺度上相应的背景值。砷、铬和铜的含量略低于背景浓度。镉的平均浓度为该地区背景浓度（0.14mg/kg）的 9 倍。变异系数波动较大，从镍的 29.3%到镉的 314.90%，变异系数越高，说明外部因素对土壤重金属的干扰越大。

从相关性分析可以看出，PC1 与 Cd、Pb 和 Ni 的接触非常密切，占总变化的 27.074%，说明与人类活动有着非常密切的关系，因此可以认为是人为源。在研究数据中，许多样品的镉（94.9%）、铅（49.6%）和镍（50.2%）浓度超过了背景值。PC2 解释了总变异的 21.171%，主要由汞、铜和锌负载，高浓度的样品集中在化工厂周围，可能是由于废水排放和废气沉淀所导致，因此可看作是工业源。PC3 解释了总变异的 16.58%，包括铬和砷，由于其平均浓度低于背景值，且 Cv 值也较低，说明这两种金属的主要贡献是天然源（表 6.16）。

表 6.16 相关性分析图

因子载荷矩阵				旋转后的因子载荷矩阵			
元素	第一	第二	第三	元素	第一	第二	第三
As	0.315	0.543	0.412	As	−0.180	0.345	0.642
Cd	0.600	−0.592	−0.264	Cd	0.872	0.016	−0.141
Cr	0.514	0.039	0.649	Cr	0.258	−0.026	0.787
Ni	0.797	0.282	0.232	Ni	0.742	0.095	0.458
Hg	0.364	−0.562	−0.346	Hg	−0.037	0.753	0.017
Pb	0.796	−0.338	−0.143	Pb	0.835	0.237	0.119
Cu	0.404	0.319	−0.245	Cu	0.134	0.552	0.052
Zn	0.650	0.498	−0.232	Zn	0.200	0.798	0.219

2. 环杭州湾沿岸城市区域土壤重金属分布特征及生态风险评价技术

1）研究内容

目前，很多学者围绕杭州湾沿岸城市土壤进行了研究，认为不同的功能区类型对土壤重金属浓度的影响不同，不同的污染源对不同的城市功能区划影响也不相同。并且，一些研究还利用源解析对研究区域的重金属污染风险进行了评价。然而，这些研究更多的是将一个城市作为整体进行研究，弱化了杭州湾带来的影响，缺乏区域整体对比分析（Li et al.，2020）。同时，基于不同土地利用类型和不同人口密度下土壤重金属污染带来的生态和健康风险评价还鲜有研究。

为了探索不同土地利用类型与人口分布相结合下人体健康风险评价新方法，本书选择杭州湾沿岸城市区域 6 种功能区（耕地、工业区、居住区、林地、科教区、道路交通），测量分析 19 种重金属浓度及 5 种理化性质。本书的目的在于：①调查杭州湾沿岸城市区域不同土地利用类型下表层土壤重金属的浓度；②利用多元统计方法分析研究区域内重金属污染主要来源；③利用 PLI、NPI 和 PERI 明确杭州湾沿岸城市区域内重金属污染潜在生态风险等级；④明确基于杭州湾沿岸城市区域不同功能区和人口分布情况下人体健康风险评价等级。本书的总体目标是了解杭州湾沿岸城市区域内土壤重金属污染程度对不同人口分布情况下生态风险和健康风险的实际影响，为当地政府制订有效的土地规划和重金属污染防治政策提供更有效的信息。

2）研究方法

健康风险评价通常是使用 USEPA 指标体系通过皮肤接触、摄食、呼吸三种暴露途径来评价研究地区土壤重金属污染对人体造成致癌和非致癌风险的等级。

每日平均暴露剂量：

$$\mathrm{ADD_{ing}} = \frac{C \times R_{\mathrm{ing}} \times \mathrm{EF} \times \mathrm{ED}}{\mathrm{BW} \times \mathrm{AT}} \times 10^{-6} \tag{6.32}$$

$$\mathrm{ADD_{inh}} = \frac{C \times R_{\mathrm{inh}} \times \mathrm{ED} \times \mathrm{EF}}{\mathrm{PEF} \times \mathrm{BW} \times \mathrm{AT}} \tag{6.33}$$

$$\mathrm{ADD_{der}}=\frac{C\times \mathrm{SA}\times \mathrm{AF}\times \mathrm{ABS}\times \mathrm{ED}\times \mathrm{EF}}{\mathrm{BW}\times \mathrm{AT}}\times 10^{-6} \tag{6.34}$$

非致癌风险（HI）：

$$\mathrm{HI}=\sum \mathrm{HQ}_i=\sum \frac{\mathrm{ADD}_i}{\mathrm{RfD}_i} \tag{6.35}$$

致癌风险（CR）：

$$\mathrm{CR}=\mathrm{ADD}_i\times \mathrm{SF}_i \tag{6.36}$$

式中，$\mathrm{ADD_{ing}}$、$\mathrm{ADD_{inh}}$、$\mathrm{ADD_{der}}$分别为平均每日经口、皮肤、呼吸摄入的剂量；R_{ing}为每日呼吸量；R_{inh}为每日摄入的食物或饮水；PEF为自产食物摄入比例；C为土壤重金属浓度；SA为皮肤暴露面积；AF为土壤对皮肤的黏附系数；ABS为皮肤接触吸收效率因子；ED为暴露年限；EF为暴露频率；BW为成人体重；AT为作用平均时间；HQ_i为不同暴露途径下重金属元素的非致癌风险；RfD_i为参考剂量；SF_i为斜率因子。

生态风险评价则采用内梅罗综合污染指数、污染负荷指数、潜在生态风险指数相结合的综合方法。

内梅罗综合污染指数（PN）：

$$\mathrm{PN}=\sqrt{\frac{\left(\frac{1}{n}\sum P_i\right)^2+{P_{i\max}}^2}{2}} \tag{6.37}$$

污染负荷指数（PLI）：

$$\mathrm{CF_{metal}}=C_{\mathrm{metal}}/C_{\mathrm{background}} \tag{6.38}$$

$$\mathrm{PLI}=(\mathrm{CF}_1\times \mathrm{CF}_2\times \mathrm{CF}_3\times\cdots\times \mathrm{CF}_n)^{\frac{1}{n}} \tag{6.39}$$

潜在生态风险指数（RI）：

$$C_f^i=C_s^i/C_n^i \tag{6.40}$$

$$E_r^i=T_r^iC_f^i \tag{6.41}$$

$$\mathrm{RI}=\sum E_r^i \tag{6.42}$$

式中，PN为综合污染指数；P_i为土壤中各污染指数；n为污染物种类；$P_{i\max}$为土壤中各污染指数最大值；$\mathrm{CF_{metal}}$为重金属实测值与背景值的比值；C_{metal}为重金属实测值；$C_{\mathrm{background}}$为重金属背景值；C_f^i为污染系数；C_s^i为当前土壤重金属浓度；C_n^i为工业记录的土壤重金属浓度；E_r^i为单要素重金属潜在风险；T_r^i为重金属毒性响应系数；RI为所有重金属潜在生态风险总和。

3）研究结果

对上海市沿杭州湾北岸三区（浦东新区、奉贤区、金山区）中六种功能区（工业区、耕地、居民区、道路交通、林地、科教区）的表层土壤中Cu、Cr、Ni、Zn、Pb、Cd、

As、Hg、Mn、Co 十种重金属浓度进行了测定。运用的评价方法包括：PLI、NPI、PERI 三种生态风险评价方法，以及致癌和非致癌的健康风险评价模型。①除了 As 以外其他重金属浓度均超过全国土壤重金属背景值；在这些重金属中，Hg 的 Cv 值最高，为高变异率。从整体上看，除 As 以外，其他重金属浓度在研究区中呈现出西高，中低，东部较高的趋势，这主要是由于西部金山区多化工园区，东部浦东新区则以重装备制造及物流业为主，都对表层土壤重金属浓度产生主要影响。②PCA 分析结果表明，在不同功能区中，土壤重金属的污染来源也不相同，工业区污染源主要来自化工产品生产及石油燃料燃烧；耕地污染源主要来自道路交通、大气沉降和有机肥；居民区的主要污染源则是复合污染源，包括道路交通、大气沉降、工业污染等。③通过三种生态风险评价分析，我们可以看出 Hg 和 Cd 在本次研究中是对不同功能区生态风险影响最大的重金属，而林地的潜在生态风险大于耕地和工业区，这主要是因为林地周边点源污染比较严重，包括橡胶厂、发电站、铸造厂，都是林地土壤重金属超标的主要污染源。④研究区内各功能区土壤重金属污染对成人影响较小，但是对于儿童却存在一定的非致癌风险，并且 Cr 对于儿童存在一定的致癌风险，但在可接受范围内。由于研究区西部和东部污染较重，因此，需要在这两个区域重点制定政策来降低土壤污染水平，提高生态系统的质量（Li et al.，2020）。

3. 长三角地区及太湖流域人为活动氮平衡识别及调控技术

1）研究内容

氮元素是生态系统物种组成、多样性、功能及动态变化的主要影响因素，它以 3 种形式（即分子态氮、无机氮和有机氮） 在大气、水、生物、土壤等圈层中相互转化，这些运动构成了氮素在地球上的生物化学循环，也是地球最主要的生物地球化学循环。自 20 世纪以来，人类活动对自然界的氮循环影响越来越大，由于人类活动的干扰，使这原本复杂的陆地生态系统氮循环过程变得更加难以确定与预测。其中人类活动导致的氮、磷营养素过量输入，被认为是富营养化、低氧和有毒藻类等威胁全球水生生态系统的主要环境问题的主要诱发原因（Wang et al.，2018）。

本书对人为活动干扰强烈的长三角地区以及其典型流域——太湖流域，进行了人为活动净氮输入强度的评估及风险分析。

2）数据和方法

A. 数据来源

本书核算范围为长三角地区 26 个核心城市以及太湖流域的 50 个区（县），使用的数据类型、名称及来源如表 6.17 所示。

B. 净人为活动氮输入评估模型

本书采用 NANI 模型对人为活动净氮输入强度进行评估，该模型将区域内与人为活动相关的氮素输入分为 4 个组成部分：化肥氮施用、生物固氮、大气氮沉降、食品/饲料氮输入（图 6.28）。

$$NANI = Nim + Nfer + Ncro + Ndep \tag{6.43}$$

表 6.17 数据类型、名称及来源

数据类型	数据名称	数据来源
地理数据	土地利用/土地覆盖数据 流域、河网数据集 市界、区县界 数字高程图（DEM）	中国科学院资源环境科学与数据中心 国家地球系统科学数据中心 中国气象科学数据共享服务平台 中国土壤数据库 市级、区/县级统计年鉴 市级、区/县级社会经济公报 相关文献资料 《中国居民营养与健康状况调查报告》 《中国食物成分表》
环境数据	大气氮沉降数据集 农田生产潜力数据集 土壤、气象数据集	
社会经济数据	人口空间分布公里网格数据集 GDP 空间分布公里网格数据集	
其他数据	固氮因子、化肥施用 人均氮消费量 畜禽氮素摄入、排泄水平 农产品、畜禽产品含氮率	

式中，NANI 为人为活动净氮输入量；Nim 为食品/饲料氮净输入量；Nfer 为氮肥施用量；Ncro 为生物固氮量；Ndep 为大气氮沉降量，其中各项的计量单位一般采用 kg/（km^2·a）。

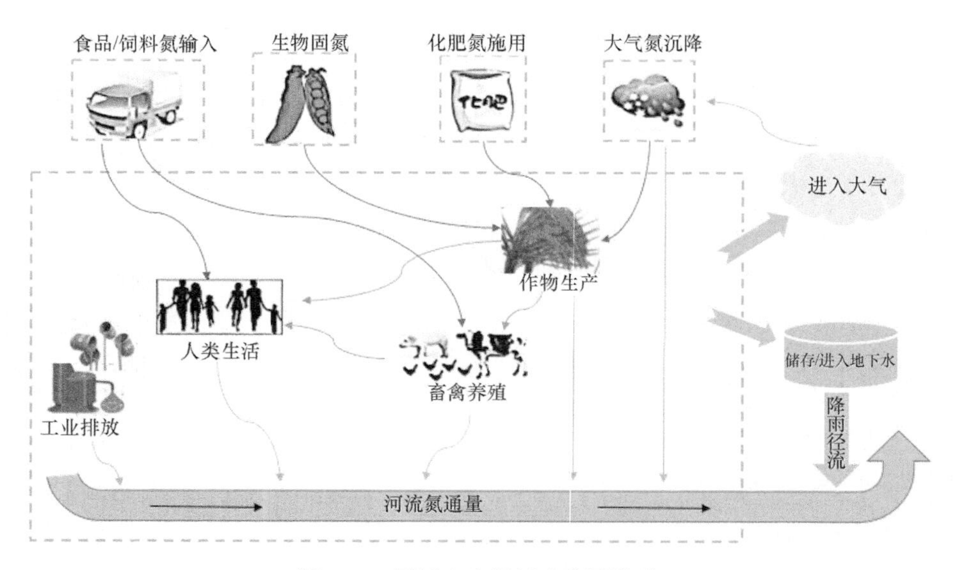

图 6.28 区域人为源氮素流通模型

食品/饲料氮净输入量（Nim）是指区域内人类和畜禽氮消费量与氮素产品量的差值，反映区域食品/饲料的氮素供需情况。当 Nim 为正时，说明研究区域以进口食品/饲料为主，即区域食物供不应求；反之，以出口食品/饲料为主，氮素随食品输出而流出研究区域。其计算公式为

$$\text{Nim} = \text{Nhc} + \text{Nlc} - \text{Nlp} - \text{Ncp} \tag{6.44}$$

式中，Nim 为食品/饲料氮净输入量（kg）；Nhc 和 Nlc 分别为人类和畜禽氮消费量（kg）；Nlp 和 Ncp 分别为畜禽产品中供人类食用的氮含量和作物产品的氮含量（kg）。

其中，人类食品氮消费量用于计算人类日常饮食中氮的消费量，一般采用人口数量与人均氮消费量计算。其中人均氮消费量可以间接通过食物中蛋白质含氮量估算或者直接采用人均氮消费量计算。为考虑人口类型的差异，在本节研究中，区分城镇人口与农村人口，分别计算氮消费量，最后加和获得区域总人口食品氮消费量。

$$\mathrm{Nhc}=\sum_{i=1}^{2}\frac{\mathrm{POP}_i\times\mathrm{PROT}_i\times 365}{\mathrm{NCF}} \tag{6.45}$$

式中，POP 为区域人口数量；PROT 为人类食品中蛋白质含量[kg/(人·d)]；NCF 为蛋白质与氮含量的换算系数，一般取 6.25；i 为人口类型，i=1，2 分别为城镇人口和农村人口类型。

畜禽饲料氮消费量是指畜禽饲养过程中从饲料中摄入的氮素量，由畜禽养殖量和畜禽氮素摄入水平两个因素共同决定。本书收集的畜禽养殖量为年末存栏数和出栏数，畜禽饲料氮消费量计算公式为

$$\mathrm{Nlc}=\sum_{i=1}^{4}(\mathrm{AN}_i\times\mathrm{ANI}_i) \tag{6.46}$$

式中，AN 为区域畜禽养殖数量（头/只），大牲畜（牛、马、羊等）以存栏量计，猪和禽类以出栏量计；ANI 为畜禽氮消费量[kg/(头/只·a)]；i 为牲畜类型，i=1，2，3，4 分别表示牛或羊、猪、兔子、家禽。

畜禽产品氮产量根据畜禽产品（肉类、奶类、蛋产品）计算。鉴于长三角地区水产品消费量较高，故本研究将其加入畜禽产品氮产量中。作物氮产量主要考虑农作物、牧草和水果等农业产品的氮素构成，本节研究考虑稻谷、小麦、玉米等 10 种作物。考虑食品在加工、零售和餐桌剩余中的损失，畜禽产品和作物氮产量不能完全被人类利用，故需扣除该部分的损失，一般取 10%的损失率。

氮肥施用量是 NANI 的重要组成部分，一般直接采用各地年鉴中统计的化肥折纯施用量。由于有机肥主要来源于区域内部，并不带入新的氮源输入，故在 NANI 计算中仅考虑化学肥料的氮素输入量。各地区氮肥施用量（Nfer）计算公式如下：

$$\mathrm{Nfer}=\mathrm{NF}+\mathrm{CF}\times\mathrm{Rn} \tag{6.47}$$

式中，NF 和 CF 分别为氮肥和复合肥的施用量（t）；Rn 为复合肥中氮素的含量。

随着固氮作物的大面积种植，作物固氮成为区域的重要氮源输入项。本研究考虑豆类、花生、稻谷三种作物类型，分别计算它们的固氮量（Ncro），计算公式为

$$\mathrm{Ncro}\leqslant\sum_{i=1}^{3}(\mathrm{CA}_i\times\mathrm{NF}_i) \tag{6.48}$$

式中，CA 为作物的播种面积（km^2）；NF 为作物固氮能力[$kg/(km^2\cdot a)$]；i 为作物类型，i=1，2，3 分别表示豆类、花生、稻谷。

大气氮沉降包括 NH_y 和 NO_y 两种形式，其中，NH_y 在大气中存留的时间较短，一般会重新沉降到原来的区域，因此在 NANI 的核算模型中，仅考虑 NO_y 形态的氮沉降量。

3）研究结果

A. 长三角城市群人为活动氮输入（NANI）时空特征

市域层面，2000～2015 年人为活动氮输入（NANI）及非点源氮输入（NANIn）和非点源氮输入（NANIp）的空间分布特征如图 6.29 所示。从图中可以看出，长三角城市群 NANI 的空间强度分布具有明显的差异性，高值区集中在北部、中部和东部，而低值区分布在西部和南部，其中东部的上海市和嘉兴市在 2000～2015 年 NANI 输入强度始终为区域最高的，北部的盐城市、泰州市、南京市、镇江市和无锡市在 2000 年的 NANI 强度在区域中属于较高水平，但在 2000 年以后，NANI 的强度分别逐步降低；位于西部的合肥市、铜陵市和芜湖市在 2000～2015 年的 NANI 值出现明显增加，根据统计数据发现，合肥市的增加主要是由于化肥施氮量和大气氮沉降量的增加，铜陵市的增加主要是由于其化肥施氮量和生物固氮量的增加，而芜湖市的增加主要是由于化肥施氮量和大气氮沉降量的增加。NANIn 和 NANI 的强度空间分布具有一定的一致性，高值区域主要分布在北部、中部和东部，2000～2015 年上海市和嘉兴市的 NANIn 依然在长三角城市群的高值区，总体看来，NANIn 的高值区，即输入强度在 27000kgN/(km^2·a)以上的地区，在 2000～2015 年有明显减少，而浙江省的绍兴市在 2000～2010 年 NANIn 却明显增加，这是由于其食品/饲料氮进口及大气氮沉降量在 2005～2015 年发生了显著增加。由图 6.29 可知，长三角城市群 NANIp 的高值区主要分布在中部和东部城市，结合对长三

图 6.29　2000～2015 年 26 市 NANI、NANIn、NANIp 的空间分布特征

角城市群土地利用格局的分析，可以发现，NANIp 的高值区主要集中在长三角城市群中以太湖流域为中心的人口密集区，该区域地势平坦，建设用地扩张显著，人口大量聚集加之受人为活动干扰的工业活动强度较高，导致该区域的 NANIp 强度显著高于长三角城市群的其他区域。

2000～2015 年长三角城市群 26 市的各类非点源氮输入源空间分布特征如图 6.30 所示。从图中可以看出，食品/饲料氮进口（Nim）的高值区分布于长三角城市群的中部和东部人口聚集的区域，且 2000～2015 年的高值区有所增加；化肥氮施用（Nfer）的高值区主要集中在北部以农耕为主的城市区；生物固氮（Nfix）的强度分布在长三角城市群中相对较为均匀；大气氮沉降（Ndep）的空间强度特征变化明显，以中部区域的强度更为显著，而点源氮输入源的空间分布特征如图 6.31 所示，从图中可以看出，生活点源氮排放（Nurban）的高值区集中在长三角城市群的中部和东部，而工业点源氮排放（Nind）的高值区除集中在中部与东部外，还包括了南部浙江省的杭州市和绍兴市。

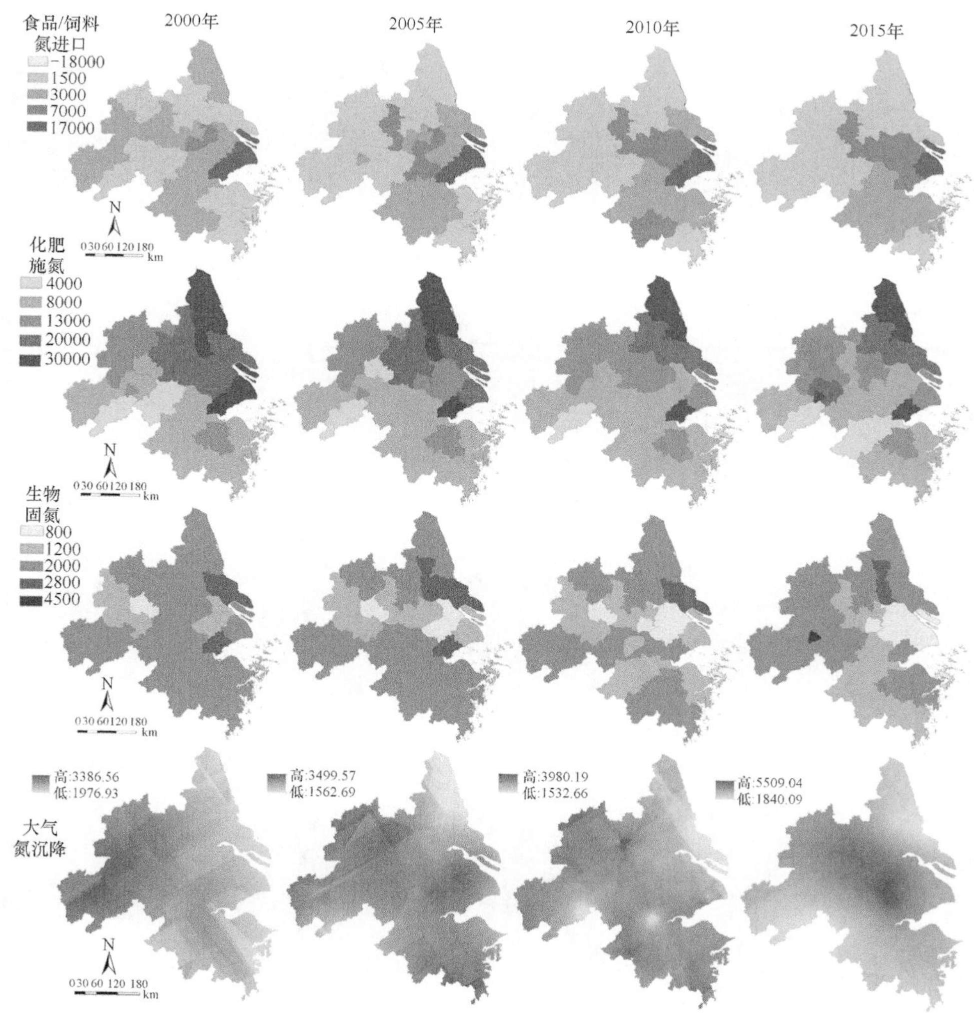

图 6.30　2000～2015 年 26 市非点源氮输入源的空间分布特征

长三角城市群 26 市域的 2000～2015 年人为活动氮输入及输入源时间变化特征，其中黑色表示增量，白色表示减少，总体以 NANI 值变化的程度进行排序。从图 6.32 中可以看出，在这 15 年间，NANI 增加最多的城市为安徽省的铜陵市，NANI 减少程度最大的是江苏省泰州市。其中，有 42.3%的城市 NANI 发生了不同程度的增加，有

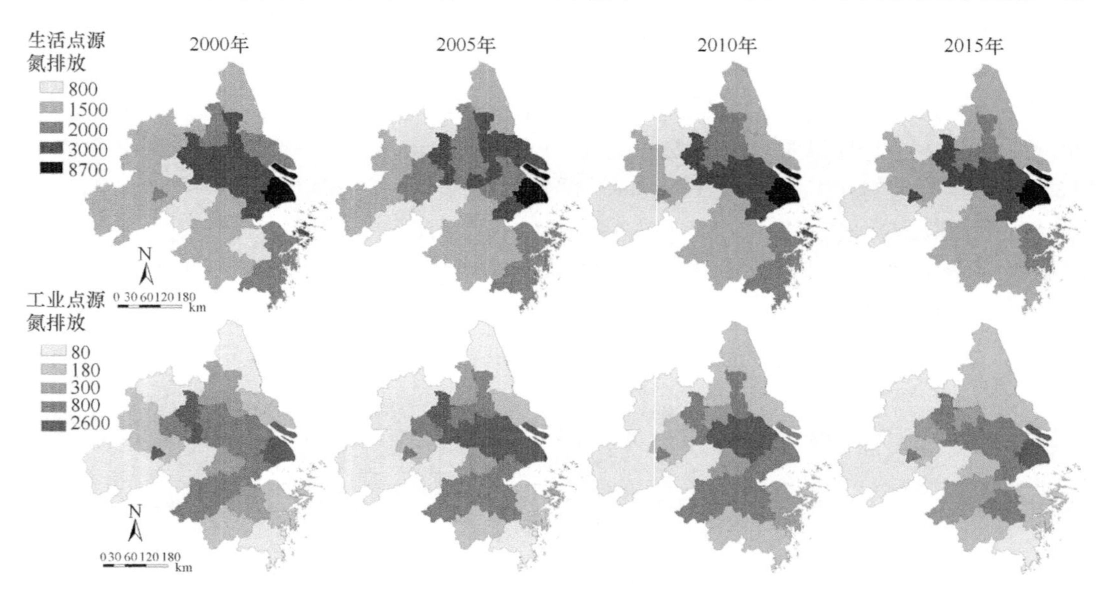

图 6.31 2000～2015 年 26 市点源氮输入源的空间分布特征

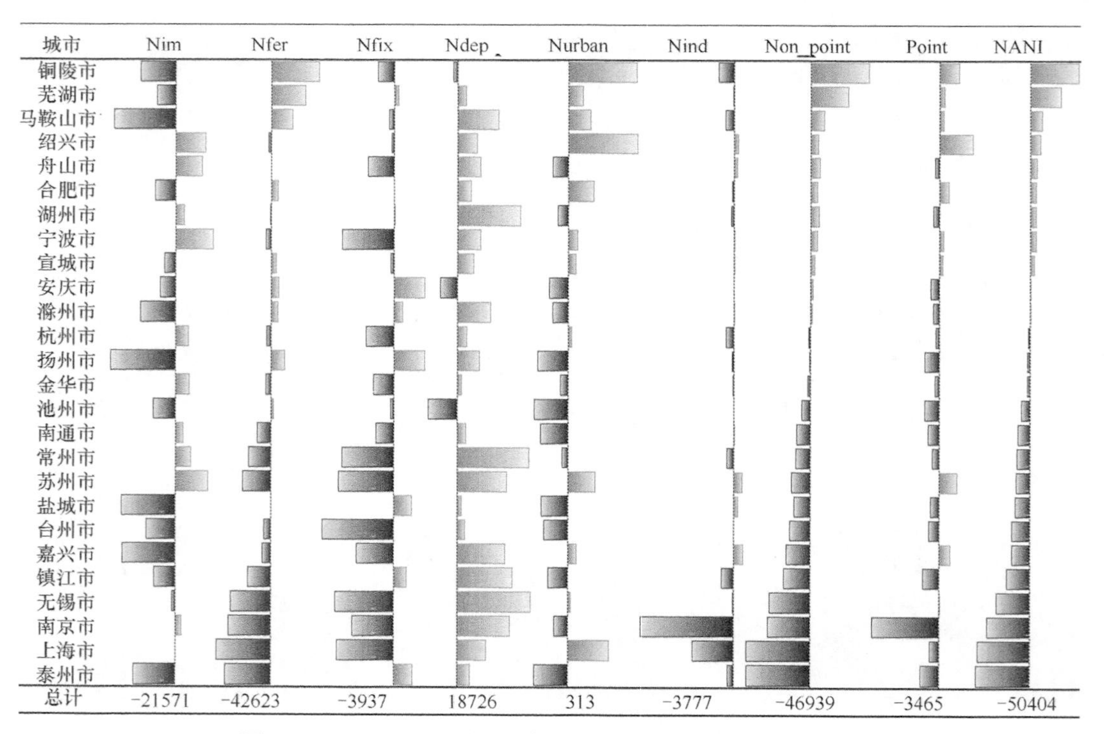

图 6.32 2000～2015 年 26 市 NANIn 和 NANIp 的构成特征

57.7%的城市 NANI 发生了不同程度的减少。由于非点源污染在研究区域占 90%的贡献率，因此 NANI 的变化特征与 NANIn 的高度相似。在非点源氮输入源中，食品/饲料氮进口（Nim）的变化以马鞍山市和扬州市最为显著，出现了明显的减少，一方面可能是该地区农业生产能力的提高，另一方面可能是人口数量或畜禽养殖量的减少，导致该地区的粮食供给更加充足；此外，Nim 增量最多的为宁波市和苏州市，主要是由于人口的增加，导致对食物的进口有了更多需求。化肥施用氮（Nfer）输入源增量最显著的是铜陵市和芜湖市，而减少最显著的是上海市和泰州市，从 Nfer 的变化情况来看，长三角城市群在 2000～2015 年，共有 17 个城市化肥施用量不同程度地发生了下降。从生物固氮（Nfix）的变化情况来看，约有 65.4%的城市固氮量减少，其最主要的原因是固氮作物种植量的下降。从大气氮沉降（Ndep）的变化情况来看，有多达 88.5%的城市出现了明显的增加，Ndep 也是诸多氮来源中增加程度最高的，这也说明，在未来逐步解决氮肥造成的面源污染问题时，控制大气沉降带来的氮元素的输入量变得尤为重要，而大气中氮元素的来源主要是化石燃料的燃烧以及交通尾气的排放。在点源氮输入源中，居民生活氮排放（Nurban）在铜陵市和马鞍山市发生了显著增加，在泰州和池州出现显著减少，总体有 46.1%的城市出现增加，53.9%的城市出现减少。工业氮排放（Nind）在大多是城市中并未发生明显变化，而在南京市和上海市出现了较为明显的减少，一方面可能由于工业活动从大型城市中转移，另一方面污水厂处理污水的能力也对削减工业废水氮排放发挥有效的作用。

B. 长三角城市群与太湖流域人为活动氮输入分析

研究结合 NANI 模型，对长三角核心城市区，以及长三角典型流域——太湖流域进行了市域及县域尺度的分析。结果表明，2015 年长三角核心城市群人为活动氮通量输入强度范围为 2923.55～30310.07kgN/km^2，平均氮输入强度达到 14624.89kgN/km^2，高于全国大部分地区；而太湖流域人为活动氮输入强度在 6178.42～166677.22kgN/km^{2}之间，平均输入强度为 15794.76kgN/km^2，高于长三角城市群的均值，长三角城市群中以太湖流域的人为氮输入强度最为突出。

比较化肥施用（Nfer）、作物固氮（Ncro）、大气沉降（Ndep）、食品/饲料氮输入（Nim）的强度特征，其中太湖流域的 Nim 明显高于长三角核心城市群，而 Nfer 和 Ndep 太湖流域略低于长三角城市群，Ncro 二者无显著差异。

图 6.33 显示 2015 年长三角城市群及太湖流域人为氮输入源的组成分布特征，在氮输入构成中，长三角城市群整体以 Nfer（66%）为主要氮输入来源，这与长三角地区耕地面积占比较多有密不可分的关系；其次依次为 Ndep（21%）、Ncro（7%）和 Nim（6%）；太湖流域的人为活动氮输入同样以 Nfer（58%）为主，但区别于前者，Nim（24%）在太湖流域为第二大输入源，表示粮食生产的供需状况，正值表示供不应求，粮食进口；负值表示供过于求，粮食出口。由此，人和畜禽的食品/饲料进口在太湖流域的氮素输入过程中发挥了重要的作用。

从长三角地区的市域尺度来看（图 6.34），NANI 的高值主要集中在铜陵、嘉兴、上海、扬州、盐城、常州等人类活动较强的地区，最高为上海市，而南部区域的 NANI 值普遍较低，最低为舟山市。在各项氮输入源的空间分布中，Ndep 的高值主要集中在南京、镇江、常州、无锡等太湖以北城市；Ncro 高值主要分布于扬州、泰州、南通、滁州、合肥等城市；Nim

在北部盐城、扬州、泰州及西部滁州、马鞍山、铜陵、安庆等市出现负值，而 Nfer 与 Nim 呈现相反的分布趋势。各城市的氮输入主要贡献源受土地利用方式、社会经济发展水平和人口密度等因素影响，上海市由于高密度人口的食物需求带来的大量氮素输入，其氮通量以食物进口为主；舟山市由于人口及农业用地不突出，区域性大气沉降成为主要氮输入来源。

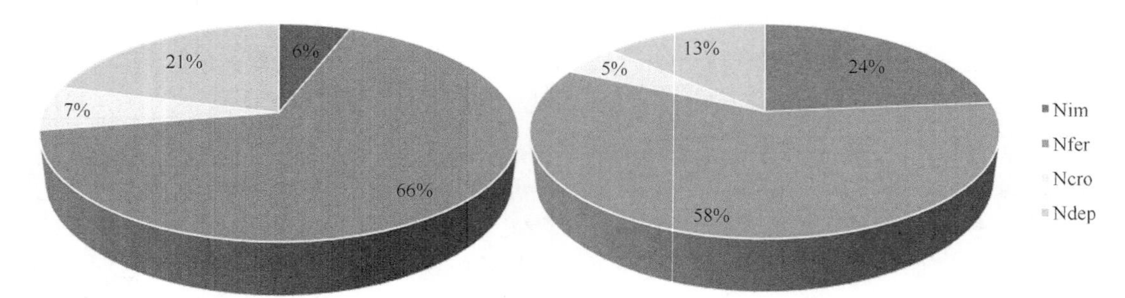

图 6.33　2015 年长三角城市群及太湖流域人为氮输入组成分布

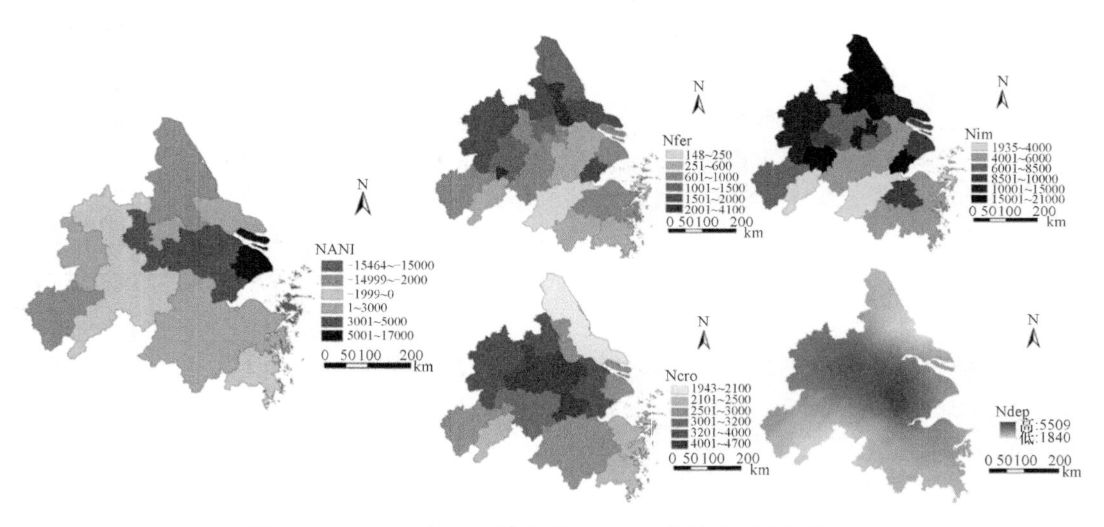

图 6.34　2015 年长三角城市群 NANI 及各输入源空间格局

从太湖流域的县域尺度来看，NANI 的高值集中在以上海为首的东部三角区，主要表现为上海的黄浦、静安、普陀、虹口等区，常州的天宁、钟楼等区，嘉兴的海宁、桐乡、南湖等区，以及苏州的常熟市等地。低值分布于流域的西部及西南部人为活动强度较弱地区。各项输入源的空间分布中（图 6.35），Nim 在上海市、苏州市以及无锡市的核心城区较为突出，其主要受人口密度因素限制；Nfer 在太湖流域西北及东南部区县范围呈现高值，其主要受农业用地占比大及农耕作业的影响；Ncro 以流域西北部较为突出，主要受作物固氮情况的限制；Ndep 值以中部及西部更为突出，主要受人类生产生活及气象条件制约。

通过对长三角地区核心城市群以及太湖流域的人为活动氮素输入强度进行评估，识别出目前长三角区域在人为活动的干扰下，氮素输入的主要构成源，以及核心市域、县域地区。化肥氮输入仍是长三角城市群及太湖流域首要应受管控的输入源；其次，由于该区域人口密集、工业生产及交通发展带来的食品进口氮素输入以及大气沉降氮素输入特征不容忽视。

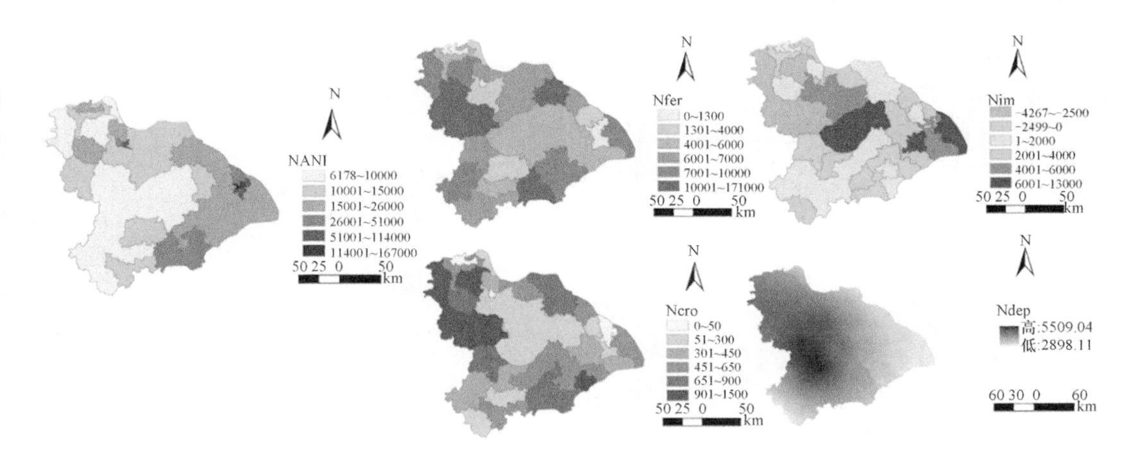

图 6.35　2015 年太湖流域 NANI 及各输入源空间格局

4. 基于水生态系统服务的子流域重要性识别技术

随着经济的快速发展和人口的不断增长，水生态系统服务供给和需求在总量和空间上的不平衡将进一步加剧，迫切需要在流域尺度上评估水生态系统服务重要性，以实现对重要流域的优先保护和整体安全的可持续发展（Wang et al.，2020）。本技术开发了一个结合生态系统服务供给、需求和流的评价框架，以钱塘江流域为对象，根据子流域提供水供给服务的能力和受益人口，识别高重要性子流域。本技术在钱塘江流域的应用案例表明：高重要性子流域分布主要在新安江子流域和兰江子流域，低重要性子流域主要分布在富春江子流域、钱塘江子流域和曹娥江子流域（Li et al.，2021）。

1）数据与方法

A. 数据输入、输出

数据输入为钱塘江流域土地利用/土地覆盖数据、数字高程（DEM）数据、行政区划数据、流域/河网分布数据、土壤类型和气象数据（表 6.18）。

数据输出为钱塘江流域水供给服务供给、水供给服务需求、水供给服务流量和子流域重要性分布图。

表 6.18　数据输入与来源

名称	年份	分辨率	来源
土地利用/土地覆盖数据	2018	30m	中国科学院资源环境科学与数据中心
数字高程（DEM）数据	2003	90m	地理空间数据云平台
行政区划数据	2019		中国科学院资源环境科学与数据中心
流域/河网分布数据	2012		中国科学院资源环境科学与数据中心
中国气象站点数据	2013		中国气象数据网
土壤厚度、砂粒含量、粉粒含量、黏粒含量和有机质含量等土壤类型数据	1995	1km	地理空间数据云平台
降水量、风速、温度、湿度、日照等气象数据	2018		中国气象数据网
工业、农业和居民生活用水量	2018		各省级、市级统计年鉴
中国人口空间分布公里网格数据集	2018	1km	中国科学院资源环境科学与数据中心

B. 技术方法

a. 水供给服务供需评估

利用 InVEST 模型的产水量模块计算水供给量（Y），计算步骤和公式如下：

$$Y = (1 - \text{AET} / P) \times P \tag{6.49}$$

$$\text{AET} / P = (1 + \omega \times R)/(1 + \omega \times R + 1/R) \tag{6.50}$$

$$R = (k \times \text{ET}_0) / P \tag{6.51}$$

$$\omega = (Z \times \text{AWC}) / P \tag{6.52}$$

式中，AET 为年均实际蒸发量；P 为年均降水量；R 为潜在蒸散量与降水量的比值；ω 为植物可利用水系数；ET_0 为参考蒸散量；k 为土地利用/覆盖的植物蒸散系数；Z 为季节性参数；AWC 为植被有效含水量。

根据工业、农业和居民生活用水量之和评估水需求量，计算公式如下：

$$D_{\text{w}} = D_{\text{i}} + D_{\text{a}} + D_{\text{d}} \tag{6.53}$$

式中，D_{w} 为水需求；D_{i} 为工业用水量；D_{a} 是农业用水量；D_{d} 为居民生活用水量。

b. 水供给服务流模拟

通过水流模型进行水供给服务流的模拟与量化，路径和方向的模拟是基于高程（DEM）数据和水系网格数据，流量的模拟是基于供需评估的结果、水流方向和流域边界数据（图 6.36）。在 ArcGIS 10.2 平台中使用水文分析工具（hydrology analyst tools）运算得到。

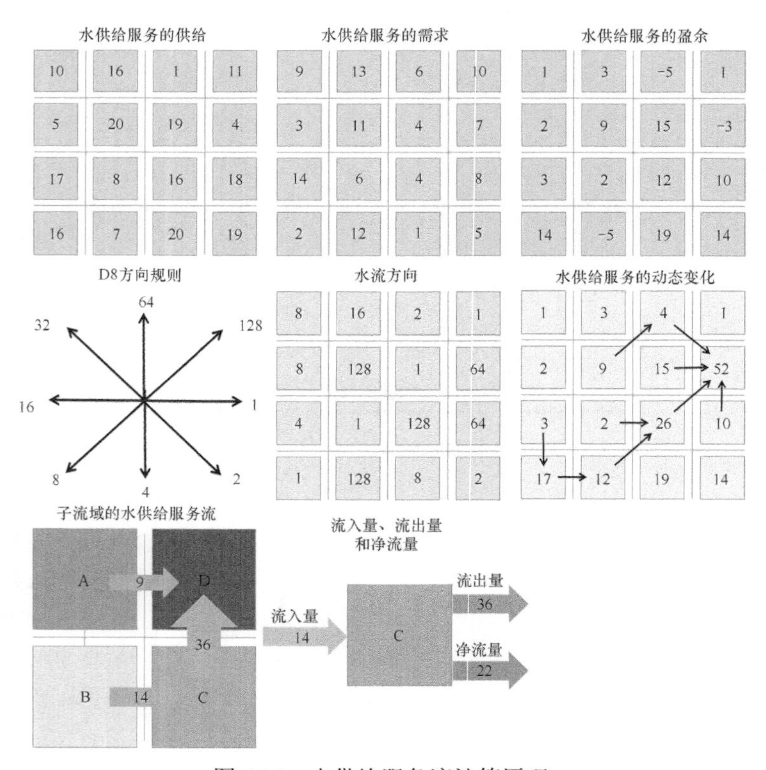

图 6.36 水供给服务流计算原理

c. 子流域重要性评价

流域重要性指数是根据水生态系统服务从提供区向受益者流动的过程，计算该地区提供的服务流与从中受益的人数的乘积，来评价子流域对整体的影响力。计算公式如下：

$$\text{Importance Index}_i=F_i\times P_i \tag{6.54}$$

式中，$\text{Importance Index}_i$ 为 i 子流域重要性指数；F_i 为 i 子流域的水供给服务流量；P_i 为基于服务流向和路径的受益人口总数。

按重要性指数降序排列，分别将前 20%、40%、60%和 80%的子流域归类为重要性“非常高”流域、重要性“较高”流域、重要性“中等”流域和重要性“一般”流域，其余为重要性“较低”流域。

2）研究结果

A. 钱塘江流域水供给服务供需流评估结果

如图 6.37～图 6.39 所示，2018 年钱塘江流域水供给服务的供给呈现出西高东低的空间格局，供水总量为 $3.57\times10^{10}\text{m}^3$，地均供水量为 $6.80\times10^5\text{m}^3/\text{km}^2$；新安江流域和兰江流域一直都是水资源供给的主要地区。2018 年用水总量为 $5.71\times10^9\text{m}^3$，地均用水量为 $1.09\times10^5\text{m}^3/\text{km}^2$。山区人烟稀少，不适合建厂和耕作，因此对水资源的需求较低。地势平缓、靠近河流的地区，有利于人类生活和城市发展，对水资源的需求较高。2018 年钱塘江流域水供给服务流量总计 $2.68\times10^{10}\text{m}^3$，为中部高四周低的空间格局。

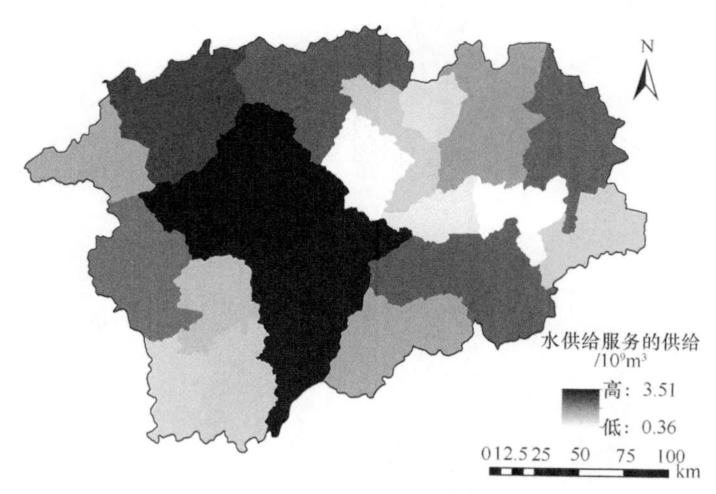

图 6.37　水供给服务的供给

B. 钱塘江流域基于水供给服务流的子流域重要性评价结果

如图 6.40 所示，2018 年钱塘江流域水供给服务重要性的空间分布表现出西高东北低的特点。一方面，西部流域供给高需求低，能提供较高的水供给服务净流量；另一方面，西部流域位于钱塘江流域的上游，拥有着较多的受益人口。东北部流域供给低需求高，能够提供的水供给服务净流量有限，加上处于钱塘江流域下游位置，受益人口也不多，对钱塘江流域整体的重要性也较低。

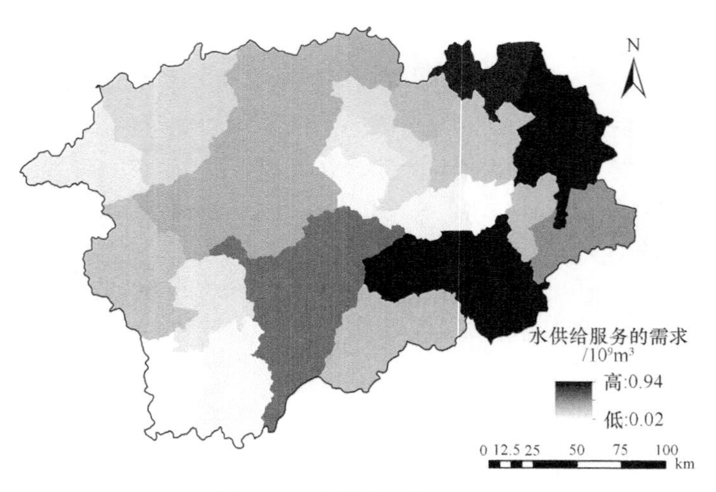

图 6.38　水供给服务的需求

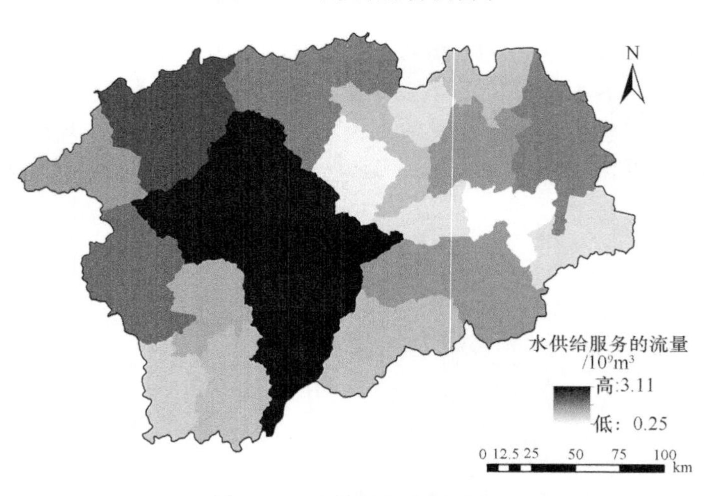

图 6.39　水供给服务的流量

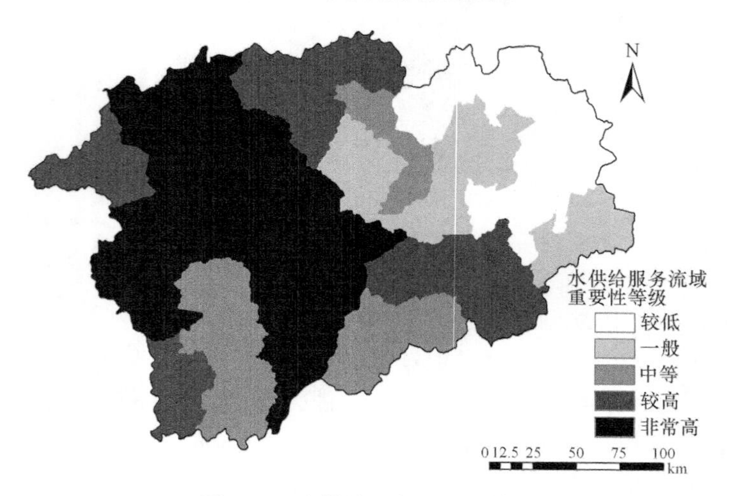

图 6.40　水供给服务重要性等级

6.2　长三角城市群城市生态安全格局规划与分级调控关键技术

6.2.1　长三角城市群城市生态安全格局规划

1. 研究内容和目的

长三角城市群生态安全格局规划研究分为区域整体层面（长三角区域）和典型城市组群层面（沪嘉湖地区），在 2019 年度以典型城市地区层面的规划研究为主（Geng et al.，2021；Zhang et al.，2020）。

本书以典型城市组群——沪嘉湖地区（上海、嘉兴、湖州）的土地利用变化分析与生态系统功能服务评价为依据，对研究对象地区的生态问题进行诊断。将源汇流格局理论代入了长三角城市群景观生态演变的复合性研究当中，构建沪嘉湖地区城市生态空间安全整体战略格局，提出规划建议。

2. 研究方法与数据

数据包括中国科学院城市环境研究所提供的 1990～2010 年土地利用数据，选取 1990 年、2000 年、2010 年沪嘉湖地区（上海、嘉兴、湖州）土地利用数据，空间分辨率 30m×30m，空间坐标系为 Krasovsky1940 坐标系（北京 54 坐标系），共分为 22 种土地利用类型。

通过对上述城市的 22 类土地利用类型的栅格数据进行重分类，得到了耕地、林地、草地、水域、城乡工矿居民用地和未利用土地六大类土地利用类型，并在此基础上对其进行土地利用变化分析。采用刘桂林等（2014）制定的长三角生态系统服务价值系数对长三角城市群的生态系统服务功能进行质量评价（刘桂林等，2014）。利用综合方法，以区域用地变化为基础，梳理了长三角在生境质量、污染排放、碳源碳汇、植被退化和热岛效应五个方面的空间格局，为生态空间安全整体战略格局构建提供参考和依据。

3. 研究结果

1）分级调控划定

通过梳理《长江三角洲地区区域规划》（2010 年）、《长江三角洲城市群发展规划》（2016 年）、《中华人民共和国国民经济和社会发展第十三个五年规划纲要》（2016—2020 年）等相关规划，理清了长三角城市群相关范围的界定，并提出“三级调控”的规划思路。

针对不同规划中对长三角城市群界定的差异，建议将“长三角城市群（26 个）”作为第一层级的基础范围，上延至泛长三角城市群（41 个）、下延至长三角城市群核心城市群（16 个）。本次规划第一层级以基础范围作为主要研究对象。第二级为城市组群层级。根据长三角城市群的组群发展的特点，提出基于山水要素划定而成的城市组群层级作为本次研究的第二层级，即为“沿江城市带”、“环湖城市群”、“环湾城市群”和“环山城市群”。第三层级为市域层级，包括地级市和直辖市。

2）长三角区域土地利用变化情况分析

通过对中国科学院城市环境研究所提供的 1990 年、2000 年、2010 年三景长三角城市群的 22 类土地利用类型的栅格数据进行重分类，得到了耕地、林地、草地、水域、城乡工矿居民用地和未利用土地六大类土地利用类型。利用 GIS 软件进行空间转移矩阵分析得到 1990～2000 年和 2000～2010 年的土地利用变化数据（表 6.19、表 6.20）。

结果表明：1990～2000 年耕地减少，转化为城乡工矿居民用地和林地；退草还林和退耕还林有成效，林地增加约 2820km^2；未利用土地减少，大部分被用于植树造林。2000～2010 年耕地面积持续减少，并且主要转化为城乡工矿居民用地；林地和草地面积基本维持不变，因为转化为城乡工矿居民用地的部分由原耕地转入补充；水域面积有所增加，主要因为原耕地部分转入；城乡工矿居民用地持续扩张，直接和间接的来源均为耕地；未利用土地显著增加，除原水域外，其他四种用地类型贡献面积比例基本相同。据此得出结论：1990～2000 年用地变化形式单一，2000～2010 年用地变化形式复杂多样。

表 6.19　1990～2000 年土地利用类型变化　（单位：km^2）

		2000 年						总计
		耕地	林地	草地	水域	城乡工矿居民用地	未利用地	
1990 年	耕地	105013.53	1276.65	689.04	604.71	2600.91	0.36	110185.20
	林地	191.88	56628.18	273.60	54.99	214.29	2.61	57365.55
	草地	158.04	2234.25	10451.25	118.98	337.23	0.27	13300.02
	水域	33.12	19.62	13.14	15330.33	177.57	0.09	15573.87
	城乡工矿居民用地	2.70	11.43	1.62	8.55	10119.60	0	10143.90
	未利用土地	0.18	15.57	0.72	0	0	24.57	41.04
	总计	105399.45	60185.70	11429.37	16117.56	13449.60	27.90	206609.58

注：1990～2000 年耕地减少 5%（约 4786km^2），有 2.36%的耕地转化成城乡工矿居民用地和 1.16%转化成林地。草地约有 22%转化成其他用地类型，有 16.8%的草地（约 2234km^2）转化成林地。退草还林面积约是退耕还林的两倍。未利用土地是转出率是最高的，有大约 40%的未利用土地转化成其他用地类型，其中有 38%变成了林地（约 16km^2）。耕地减少，转化为城乡工矿居民用地和林地；退草还林和退耕还林有成效，林地增加约 2820km^2；未利用土地减少，大部分被用于植树造林。

表 6.20　2000～2010 年土地利用类型变化　（单位：km^2）

		2010 年						总计
		耕地	林地	草地	水域	城乡工矿居民用地	未利用土地	
2000 年	耕地	95267.25	904.04	831.91	1289.05	7055.08	49.95	105397.29
	林地	461.69	58553.64	387.49	185.92	566.57	29.94	60185.26
	草地	141.38	243.86	10072.54	386.71	550.22	34.01	11428.70
	水域	171.65	19.91	168.07	15230.78	522.80	3.00	16116.20
	城乡工矿居民用地	155.73	18.81	35.99	335.90	12869.32	33.58	13449.33
	未利用地	0.02	0.70	0.28	0.28	2.62	24.00	27.90
	总计	96197.71	59740.97	11496.27	17428.64	21566.61	174.48	206604.69

注：2000～2010 年耕地减少 10%（约 9200km^2），有 6.69%耕地转化为城乡工矿居民用地，有 1.22%转化为水域。草地约有 12%转化为其他类型用地，但是由于林地和耕地类型的转入，总面积却基本维持不变。草地面积的 4.8%转化为城乡工矿居民用地和 3.38%转化为水域。水域约有 5%的面积转化为其他类型用地，大部分转化为城乡工矿居民用地（522km^2），但是由于耕地类型的转入，使得水域面积有所增加。城乡工矿居民用地面积持续增加，约有 95.7%的土地原有用地类型，小部分转化为耕地和水域。未利用土地中有 9.4%（2.6km^2）转化为城乡工矿居民用地，但是其他五种用地类型均有不同程度的转入，使得未利用土地面积大大增加，增加率达到 600%。

3）长三角区域景观格局分析

在对原数据进行重分类的基础上，同时对原来30m×30m空间分辨率的栅格数据重采样，得到300m×300m空间分辨率栅格数据，再利用Fragstasts软件进行景观格局指数运算处理，根据研究需要并参考相关文献选取总共21项指标，从面积指标、密度指标、边缘指标、形状指标、多样性指标和聚散性指标六个方面对类型尺度和景观尺度进行研究分析，指标详见表6.21。

表6.21 景观格局指数

应用范围	指标名称	英文缩写	单位	应用尺度
面积指数	斑块类型面积	CA	hm^2	类型
	斑块所占景观面积的比例	PLAND	%	类型
	最大斑块占景观面积比例	LPI	%	类型/景观
	景观面积	TA	hm^2	景观
密度指数	斑块数量	NP	个	类型
	斑块密度	PD	$100hm^2$	类型
边缘指数	边缘密度	ED	m/hm^2	类型/景观
	总边缘长度	TE	m	类型/景观
形状指数	形状指标	SHAPE	—	类型/景观
	边缘面积比	PARA	—	类型/景观
	边缘面积分维	PAFRAC	—	类型/景观
多样性指数	香农多样性指数	SHDI	—	景观
	Simpson多样性指数	SIDI	—	景观
	香农均匀度指数	SHEI	—	景观
	Simpson均匀度指数	SIEI	—	景观
聚散性指数	景观分割度	DIVISION	%	类型
	有效粒度尺寸	MESH	%	类型
	分离度指数	SPLIT	%	类型
	蔓延度指数	CONTAG	%	景观
	聚集度指数	AI	%	景观
	散布与并列指数	IJI	%	景观

类型尺度的景观格局指数分析结果如表6.22、表6.23所示。按照1990年、2000年和2010年三个时间段内的景观格局特征进行比较发现：耕地斑块面积减少，斑块数量增加，最大斑块面积减小，有效粒度尺寸较小，呈现出斑块集聚性变差的结果。林地斑块面积先增加后减少，但是斑块数量持续增加，最大斑块面积也是先增加后减少，有效粒度尺寸和最大斑块面积呈现同样趋势，所以斑块集聚性也是先变好再变差。草地斑块面积减少，斑块数量增加，最大斑块面积也较小，斑块集聚性变差，尤其是在1990～2000年。水域斑块面积和斑块数量和边缘长度均持续增加，斑块集聚程度也在增加。城乡工矿居民用地斑块面积急剧增加，斑块数量却基本维持不变，斑块边缘长度也在增加，有效粒度尺寸急剧变大，斑块集聚性急剧增加，尤其是2000～2010年。未利用土地斑块面积和数量都增加，斑块集聚性增强，但是数量等级非常小。

表 6.22 类型尺度的景观格局指数分析结果（一）

指标	年份	CA	PLAND	LPI	NP	PD	ED	TE
耕地	1990	11018538	53.3301	26.2473	14557	0.0705	12.4406	2.57×10^8
	2000	10539963	51.0133	25.5539	14678	0.0710	13.1313	2.71×10^8
	2010	9620064	46.5456	24.1957	16678	0.0807	13.4158	2.77×10^8
林地	1990	5736564	27.7652	18.0091	25599	0.1239	7.4353	1.54×10^8
	2000	6018795	29.1309	20.3653	26193	0.1268	7.2725	1.5×10^8
	2010	5974641	28.9076	18.5117	27177	0.1315	7.3948	1.53×10^8
草地	1990	1330011	6.4373	0.4011	42792	0.2071	4.4326	91581900
	2000	1142937	5.5318	0.1975	43639	0.2112	4.2559	87932700
	2010	1149768	5.5630	0.1968	45838	0.2218	4.3996	90930300
水域	1990	1557387	7.5378	1.3413	23124	0.1119	2.8042	57937200
	2000	1611756	7.8009	1.3466	25498	0.1234	3.0116	62223000
	2010	1747323	8.4542	1.3614	28409	0.1375	3.3831	69921600
城乡工矿居民用地	1990	1014408	4.9098	0.2074	46279	0.2240	4.2719	88262100
	2000	1344960	6.5096	0.3277	49818	0.2411	5.1225	1.06×10^8
	2010	2157669	10.4396	0.7686	47054	0.2277	6.0768	1.26×10^8
未利用地	1990	4104	0.0199	0.0032	172	0.0008	0.0171	352800
	2000	2790	0.0135	0.0014	140	0.0007	0.0132	273300
	2010	18576	0.0899	0.0160	387	0.0019	0.0499	1030800

表 6.23 类型尺度的景观格局指数分析结果（二）

指标	年份	SHAPE	PARA	PAFRAC	DIVISION	MESH	SPLIT
耕地	1990	1.2957	113.0221	1.5944	0.9061	1940984	10.6446
	2000	1.3046	112.6565	1.5964	0.9132	1793946	11.5172
	2010	1.3235	111.4943	1.5982	0.9336	1373221	15.0508
林地	1990	1.1151	122.8489	1.5081	0.9670	681636.7	30.3109
	2000	1.1075	123.5860	1.5093	0.9580	866838.5	23.8351
	2010	1.1082	123.6368	1.5123	0.9651	721557.8	28.6436
草地	1990	1.0816	123.9442	1.5021	1	745.2190	27724.75
	2000	1.0753	124.6425	1.5023	1	191.1752	108074.70
	2010	1.0735	124.7973	1.5075	1	188.0361	109915.30
水域	1990	1.0941	123.4421	1.4968	0.9996	7567.611	2730.190
	2000	1.0907	123.6449	1.4965	0.9996	7648.554	2701.321
	2010	1.0941	123.3869	1.5012	0.9996	7866.618	2627.31
城乡工矿居民用地	1990	1.0777	122.1149	1.5188	1	153.8595	134284.90
	2000	1.0967	120.3112	1.5187	1	345.6445	59775.87
	2010	1.1231	118.2566	1.5025	0.9999	1922.1390	10752.62
未利用土地	1990	1.0873	120.0250	1.4659	1	0.0355	5.82×10^8
	2000	1.0897	119.6092	1.4875	1	0.0085	2.42×10^9
	2010	1.1579	109.549	1.3978	1	0.6854	302×10^7

注：斑块面积（包括总面积和最大斑块面积）第一档为耕地，第二档为林地，第三档为草地、水域、城乡工矿居民用地（三者中，水域最大斑块面积大于另两类），第四档为未利用地土地。斑块密度（数量和密度）第一档为草地和城乡工矿居民用地，第二档为水域和林地，第三档为耕地，第四档为未利用土地。斑块边缘的复杂程度第一档为耕地，第二档为林地，第三档为城乡工矿居民用地、草地和水域，第四档为未利用土地。斑块形状的复杂程度第一档为耕地，其余五类归为第二档。斑块集聚程度第一档为耕地和林地，第二档为水域，第三档为草地和城乡工矿居民用地，第四档为未利用土地。

通过对六大类型的斑块面积、斑块密度、斑块边缘、斑块形状和斑块集聚性五个方面进行比较可以得出：耕地的斑块面积最大，斑块边缘形状最复杂和斑块集聚程度最高，因为集聚程度最高，所以虽然有最大的斑块面积，但是斑块数量上却是六大类中倒数。林地在五个方面均排第二，水域其次，未利用土地垫底。草地和城乡工矿居民用地在景观格局特征上在六大类中有许多共性，可能由于在城市建设中和城市绿化建设有许多同步性，而城市绿化主要以人工草地为主。

景观尺度上的景观格局指数分析结果如表6.24和表6.25所示，景观尺度的最大斑块面积减少，斑块边缘长度和密度增加，形状指数增加，斑块多样性持续增加，分布越均衡。斑块之间程度越来越低，破碎化程度增加。

表6.24　景观尺度的景观格局指数结果（一）

年份	TA	LPI	ED	TE	SHAPE	PARA	PAFRAC
1990	20661012	26.2473	15.7008	3.24×10^8	1.1084	122.0824	1.5259
2000	20661201	25.5539	16.4035	3.39×10^8	1.1107	121.8574	1.5263
2010	20668041	24.1957	17.3599	3.59×10^8	1.1222	121.1297	1.5242

表6.25　景观尺度的景观格局指数结果（二）

年份	SHDI	SIDI	SHEI	SIEI	CONTAG	AI	IJI
1990	1.2122	1.2122	0.6263	0.6765	0.7515	44.8918	68.6684
2000	1.2408	1.2408	0.6415	0.6925	0.7698	43.3769	69.1040
2010	1.3265	1.3265	0.6786	0.7403	0.8144	39.4608	71.7367

4）长三角区域重要生态区域研究

本书根据资料梳理长三角城市群区域内所有国家级重要生态区域，包括世界遗产、国家公园、国家地质公园、国家自然保护区、国家森林公园、国家湿地公园、国家级风景名胜区、国家水产种质资源保护区、国家饮用水水源一级保护区。长三角城市群区域内的国家公园、国家森林公园、国家级风景名胜区和水产种质资源保护区在数量上超出全国平均水平（表6.26、表6.27）。

表6.26　长三角城市群区域内所有国家级重要生态区域

生态区域	上海	江苏	浙江	安徽	总数
世界遗产地	0	2.5	1.5	0	4
国家公园	0	0	1	0	1
国家地质公园	1	3	3	5	12
国家自然保护区	2	2	6	6	16
国家森林公园	4	16	27	22	69
国家湿地公园	2	18	7	13	40
国家级风景名胜区	0	4	17	8	29
国家水产种质资源保护区	0	25	3	14	42
国家饮用水水源一级保护区	3	17	12	10	42
总数	12	87.5	78.5	78	255

注：世界自然遗产京杭大运河纵跨浙江、江苏两省，故该自然遗产两省各占一半。

表 6.27 长三角城市群重要生态区域占比情况

类别	长三角城市群/个	全国/个	占比/%
行政区（市）	26	334	7.78
国家公园	1	10	10
世界遗产	4	53	7.55
国家地质公园	12	271	4.43
国家自然保护区	16	446	3.59
国家森林公园	69	828	8.33
国家湿地公园	40	836	4.78
国家级风景名胜区	29	244	11.89
国家水产种质资源保护区	42	535	7.85
国家饮用水水源一级保护区	42	618	6.80

从长三角城市群重要生态区域的空间分布而言，国家森林公园相较于其他重要生态区域，数量最多且分布较为均衡。国家湿地公园、国家级风景名胜区、水产种质资源保护区和饮用水源一级保护区在长江流域均有集中分布；洪泽湖、高邮湖、太湖水域以及长江入海口、环杭州湾地区也分布有相当重要的生态区域。江苏省长江以北地区在长三角范围内缺少重要的生态区域。总体来看，在长三角城市群范围内，重要的生态区域分布特征呈现为沿江和环湾。未来将逐渐演变为以崇明岛为中心，将南北滨海带串联成重要的重要生态保护带。

5）生态服务功能现状质量评价

通过对不同土地利用类型1990～2010年生态系统服务总价值的比较发现，如表6.28所示，长三角城市群生态系统服务功能价值在1990～2000年和2000～2010年两个时间段内经历了先增加后减少的趋势，但是变化率都不大，都只有1%，20年间增加了18.5亿元生态系统服务功能价值。生态系统服务功能价值变化量最大的是林地，先增加了103亿，又减少了17亿元，20年间增加了86亿元服务功能价值。生态系统服务功能价值变化率最大的是草地，20年间总共减少了26%，其中在1990～2000年就减少了24%，一共减少了30.9亿元。耕地的生态系统服务功能价值不断减少，20年间一共减少了161亿元，占12%；水域的生态系统服务功能价值不断增加，20年间一共增加125亿元，占10%。未利用土地的生态系统服务功能价值最低，加上面积最少，所以变化量很小。

表 6.28 1990～2010年长三角城市群各类用地生态系统服务及总价值变化

土地利用类型	1990年	2000年	2010年	1990～2000年		2000～2010年		1990～2010年	
	价值/亿元	价值/亿元	价值/亿元	变化量/亿元	变化率/%	变化量/亿元	变化率/%	变化量/亿元	变化率/%
林地	2073.47	2176.84	2159.56	103.38	4.99	−17.29	−0.79	86.09	4.15
草地	119.11	91.07	88.16	−28.04	−23.54	−2.91	−3.19	−30.95	−25.98
耕地	1378.14	1324.00	1216.27	−54.13	−3.93	−107.73	−8.14	−161.86	−11.75
水域	1212.76	1245.75	1337.84	32.99	2.72	92.09	7.39	125.08	10.31
未利用地	0.03	0.02	0.15	−0.01	−30.62	0.12	509.80	0.11	323.09
建设用地	0	0	0	0	0	0	0	0	0
总计	4783.51	4837.69	4801.98	54.18	1.13	−35.70	−0.74	18.47	0.39

6）长三角区域生态安全战略格局

通过文献分析的方法，本书梳理了长三角区域在生境质量、污染排放、碳源碳汇、植被退化和热岛效应五个方面的空间格局，并以此为依据，提出构建生态空间安全整体战略格局。

A. 生态环境质量格局

杨芳等（2015）基于环境状况指数计算方法对 2005～2010 年长三角地区生态环境质量的基本特征和时空格局进行定量分析。结果显示在此期间长三角地区整体生态环境质量均属“良”，空间分布大致以上海—苏锡常—南京为界，呈南高北低中间差的特征。吴健生等（2013）对长三角的城市增长边界基于生境质量进行了研究，研究同样认为长三角生境质量总体呈南高北低的格局，平均生态系统服务价值密度为 10770.604 元/(hm^2·a)，高质生境位于西南地区。杭州价值密度最高[17694.3 元/(hm^2·a)]，上海最低[4417.28 元/(hm^2·a)]。

B. 环境污染空间格局

王怀成等（2014）基于 2003～2010 年产业和环境数据探讨泛长三角地区产业发展与环境污染重心演变特征及其空间分布格局。结果显示泛长三角地区环境污染重心位于芜湖市内和繁昌区境内。2003 年以来，环境污染重心整体上朝西南方向移动，共偏移 51.39km。从集聚的区域看，江浙沪地区依然是泛长三角地区环境污染的主要来源，其中江苏沿江及上海地区二氧化硫排放量最多，环境污染最为严重。程进（2016）运用马尔可夫链分析 2003～2013 年长三角城市群大气污染空间格局的演变过程及特征。结果显示 2004～2012 年长三角城市群大气污染的区域差异不断缩小，而 2012 年以后区域不平衡性逐渐扩大。

C. 碳源碳汇格局

义白璐等（2016）核算了 1995～2010 年长三角地区的碳源碳汇并分析了其时空演变格局特征。结果表明浙江省是长三角地区碳汇增加的主要贡献，江苏省的排放量和增长速度位居长三角第一。

D. 植被退化格局

李广宇等（2015）利用 2000～2010 年的 SPOT-VEGETATIONNDVI 遥感数据、土地利用数据对长三角植被退化的空间格局及其影响因素进行分析。结果显示 10 年间长三角区域 14%的植被覆盖面积显著退化，并呈一定空间分异，在长江以南、太湖的北部与东部，环杭州湾地区及南京、南通和台州等城市快速无序的城镇化造成了建设用地面积增加和耕地的破碎化，使植被退化区域连片集中，沿沪宁沿线、沪杭沿线、杭甬沿线形成“Z”字形退化区。植被退化面积最大的依次是上海、苏州和无锡。

E. 热岛效应格局

韩春萌（2014）在研究区域城市化对热岛效应的影响机制时发现 2000～2010 年以来长三角地区形成了 3 条发展廊道，分别为沿长江北岸的发展廊道、沿长江南岸的发展廊道、沿海岸线的发展廊道。高温区的分布形状由“L”字形过渡到“Z”字形再过渡到“M”字形，最后有向“区”字形转变的趋势；热岛强度较高的地区集中在沿海岸线发展的绍兴、宁波地区，较低的地区集中在南通市地区。因为绍兴、宁波地区郊区植被茂盛、水体密布，对气温的抑制作用显著，造成了较大的城郊温度差。南通市地区郊区分布着大量的盐碱地，植被稀少，盐碱地对太阳热辐射的吸收与不透水地表相差无几，故城郊温度差较小（韩春萌，2014）。

通过梳理长三角区域生境质量、污染排放、碳源碳汇、植被退化和热岛高温区的空间分布格局特征，长三角整体呈现出：南部浙江省有高质量的生境，低浓度污染的排放，碳汇总量丰富和强烈的热岛效应；江苏北部有中等质量的生境、较高浓度污染排放、碳源总量巨大和较少的城市高温区；长江以南的中部地区以沪宁线和沪杭线构成的“Z”字形区域的生境质量最低，污染排放浓度最高，碳源排放总量巨大，高温区域连片集中分布。这些格局分布特征与城市化进程速度加快、建设用地扩张，森林草地被侵占，产业发展分布都着紧密的联系。长三角生态空间安全格局要从恢复自然生态系统，提升净初级生产力，抑制建设用地扩张，调整产业结构和布局入手，提升长三角整体生态安全。

针对上述研究分析提出的长三角现有生态空间安全问题，并基于“源-流-汇”理论，此处提出构建长三角城市群生态空间安全整体战略格局原则。

（1）以重点生态区域为抓手，保护长江流域生态安全廊道、加强环杭州湾生态安全环带建设，提升沿海生态安全保护廊道等级。

（2）从生态保护角度和社会发展两个角度解读“源-流-汇”理论，在长三角生态安全整体战略格局中体现出斑块功能的复合性和生态廊道的双向性。

（3）着重保护耕地、林地和水域景观格局，保证其斑块面积、完整性已经功能性。

（4）限制城乡工况和城乡居民用地扩张和集聚，利用城市绿化（草地）来遏制建设用地斑块的无序扩张。

（5）加强对未利用土地的管理，减少土地限制荒废。

基于以上原则，本书提出了由滨海生态保护带、环湾生态交换带、长江生态流动廊道、湖泊生态汇聚区域、生态限制屏障、河流生态连接廊道构成的“海湾-江湖-山河”六位一体的生态空间安全战略格局。

7）长三角区域综合生态安全格局

本书建立的综合生态安全格局涵盖了水文系统安全格局、绿地系统安全格局、地质灾害安全格局、生物多样性安全格局、自然文化遗产安全格局、经济活动安全格局。其中，水文系统包括湖泊、水库坑塘、河渠、滩涂滩地；绿地系统包括林地、草地和耕地；地质灾害包括滑坡、崩塌、泥石流、地面塌陷地质灾害、地面沉降和地裂缝地质灾害；生物多样性区域主要分析大别山、黄山-怀玉山和武夷山生物多样性保护优先区域，上海崇明东滩、浙江天目山等 30 个国家级和省级自然保护区，以及林地、湿地、湖泊等关键生物栖息点；自然文化遗产主要分析区域内已划定的世界自然/文化遗产区域；经济活动包括万人 GDP 和地均 GDP。

本书通过对单因子分析得到的安全格局进行叠加分析，最终得到长三角区域综合生态安全格局（图 6.41）情况为：高安全格局 11.73 万 km^2，中安全格局 1.34 万 km^2，低安全格局 5.09 万 km^2。

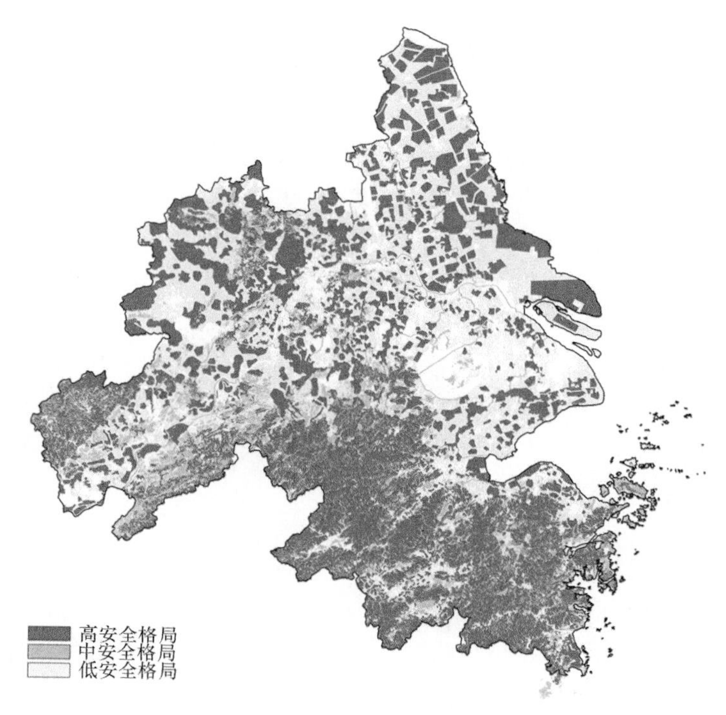

图 6.41　长三角区域综合生态安全格局

根据长三角区域综合生态安全格局分析得到的生态安全格局分布情况，我们提出了构建长三角城市群“一廊、两源、四屏障”的整体格局引导。其中，“一廊”是指长江生态廊道，“两源”是指太湖水源涵养区和巢湖水源涵养区，“四屏障”是指江北基本农田集中区生态屏障、皖西大别山生态屏障、浙西皖南山区生态屏障和海洋生态屏障。

6.2.2　长三角城市群城市生态安全分级调控关键技术

1. 研究内容

长三角城市群生态安全分级管控技术研究分为区域层面（长三角区域）、城市组群层面（小城市群）和主城区层面，2019 年以主城区层面的调控技术研究为主。

本书以上海市为例对主城区层面的生态安全管控进行研究。上海是长江三角洲冲积平原的一部分，同时包括北部的长兴岛、横沙岛，以及崇明岛的大部分地区。由于岛屿与陆地有明显的分界，且城市化程度不高，因此在这部分的研究中，岛屿不作为研究范围（王祥荣，2019）。

上海市城市化程度非常高，建成区面积占研究区域总面积的 41.30%；同时，由于地势平坦，冲积平原土地肥沃，农业用地占比也非常高，占研究区域总面积的 53.10%，是典型的都市与都市农业占主导地位的城市，林地占比相对较低。在主城区层面，生态绿地绝对面积和相对占比都较小。在这种约束条件下，根据绿色基础设施网络模式，进行生态安全管控，维护生态安全格局（Xu et al.，2018）。

2. 研究数据和方法

绿色基础设施网络的结构由网络中心（hub）、廊道（corridor）和站点（site）构成，廊道连接网络中心，使整个系统处于连通的状态。绿色基础设施网络的构建在强调保护大面积生态斑块的同时，也对连接生态斑块的廊道进行保护，使既定面积的生态斑块可以提供最大限度的生态服务功能，这与主城区层面绿地面积有限的实际情况比较契合。

数据包括中国科学院城市环境研究所提供的 1990 年、2000 年、2010 年长三角 26 各城市土地利用数据，空间分辨率 30m×30m，空间坐标系为 Krasovsky 1940 坐标系（北京 54 坐标系），共分为 22 种土地利用类型。

3. 研究结果

1）区域尺度

区域尺度研究对象为整个长三角区域，本尺度通过空间粒度筛选的方法，对长三角区域的生态源地进行确定。不同的空间粒度下，生态源地的大小会出现很大不同，且在不同的粒度下，生态源地的组分构成会出现差别。粒度越大，局部信息和生态源地组分会相应减少，而粒度越小，生态源地的组分会相应增多，信息也会越详细。

本节研究使用斑块连接度指数（CONNECT）来衡量不同粒度下的生态源地连通性。在 30m 分辨率下，我们在 100～1000m 之间，每隔 100m 设置一个连通性阈值，计算每个阈值下的连接度指数，并计算连接度指数的增加率，结果如图 6.42 所示。

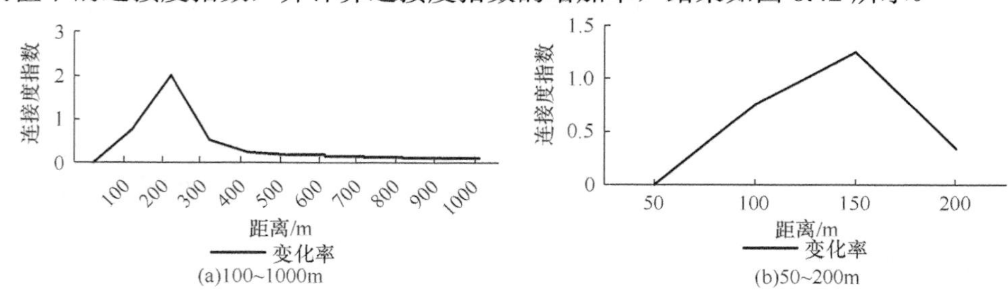

图 6.42 不同阈值下的连接度指数变化率

从图 6.42 可以看出连接度指数的变化率在阈值 200m 处到达峰值，而在阈值 400m 之后稳步下降。将 200m 内的阈值进一步细分，可以看到在阈值 150m 处连接度指数的增长率是最高的。

在不同粒度水平下，本书选取斑块数量（NP）、景观聚集度指数（CONTAG）、斑块内聚力指数（COHESION）和景观破碎化指数（SPLIT）对斑块连接度进行描述。粒度选择在 30～540m 之间，每隔 30m 设置一个粒度，并对相关指数进行计算，结果如图 6.43 所示。

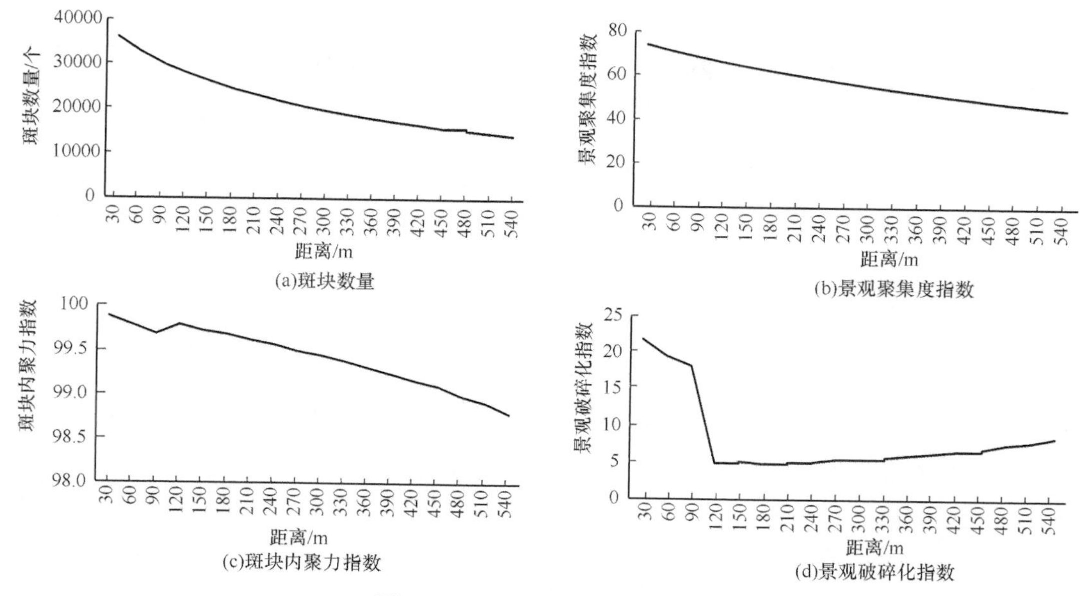

图 6.43　不同粒度下的景观指数

从图 6.43 可以看出，斑块数量（NP）和聚集度指数（CONTAG）上，不同粒度之间并没有一个明显的拐点，而斑块内聚力指数（COHESION）和景观破碎化指数（SPLIT）上，在粒度 150m 左右均存在一个明显的拐点。其中，破碎化指数（SPLIT）的最小值出现在 180m 处。综合相同粒度下的连通度指数（CONNECT），本书确定以 180m 作为最优粒度对长三角区域的生态源地进行选择。基于粒度筛选的结果，在 180m 分辨率下，本研究选择面积大于 $100km^2$ 的斑块作为生态源地，然后叠加区域内的主要水系，总体作为长三角区域的重点生态管控区，总面积为 $78183.43km^2$，占总面积的 37.83%。

这一层级的调控针对主要生态源地，通过对生态源地的辨认和保护，实现对大型山水格局的维护，从而维护长三角区域的生态安全。

对生态源地的调控可以分为三个措施，分别是管控、修复和优化。其中，管控的目标为筛选得到的生态源地和脆弱性、敏感性较高的生态斑块；修复主要是在筛选出生态源地的粒度下，对生态源地内的人为活动进行管控，限制生产活动规模的随意扩大；优化的目标是尽量提高生态源地内斑块之间的连接度，降低景观破碎度，最终使整个区域内的生态功能和人类活动保持协调。

2）*城市组群尺度*

本尺度选择沪嘉湖城市组群作为研究对象，主要通过构建生态安全格局和生态保护红线的落地，提出相应管理和调控措施，对该层面的生态安全进行调控。

在沪嘉湖城市组群中，本节研究以森林、草地和水域作为生态源地，并分别对这三种土地利用类型构建生态安全格局，构建方法如表 6.29 所示，最后通过叠加分析，得到综合生态安全格局。

表 6.29　沪嘉湖生态安全格局构建方法

生态安全格局	划分等级	划分标准
森林生态安全格局	基本	斑块面积>100hm^2
	中等	斑块面积>10hm^2
	较高	所有森林斑块
草地生态安全格局	基本	斑块面积>10hm^2
	中等	斑块面积>1hm^2
	较高	所有草地斑块
水域	基本	水域及其缓冲区 30m 范围
	中等	水域及其缓冲区 80m 范围
	较高	水域及其缓冲区 200m 范围
综合生态安全格局	叠加分析，重叠部分取最小值	

通过生态安全格局的构建和叠加分析，得到沪嘉湖的单项生态安全格局和综合生态安全格局，数据见表 6.30，由于森林主要分布于区域西部，基本生态安全格局以西部为主，总面积为 3330.22km^2；中等生态安全格局要求管控范围扩大至 3938.06km^2；而较高生态安全格局则要求管控范围总面积为 4855.48km^2，占区域面积的 30.44%。

表 6.30　沪嘉湖城市组群生态安全格局

生态源地	生态安全格局	面积/km^2
森林	基础	2381.30
	中等	2609.51
	较高	2635.33
草地	基础	42.70
	中等	75.26
	较高	84.35
水域	基础	911.46
	中等	1282.25
	较高	2215.38
综合	基础	3330.22
	中等	3938.06
	较高	4855.48

除生态安全格局的控制范围外，在城市组群（城市）层面，会包含一定数量的自然保护地，因此生态保护红线的落地管控中很重要的内容是对该区域的分区调控。根据《关于在国土空间规划中统筹划定落实三条控制线的指导意见》，在调整完成后，全国范围内将建成以国家公园为主体的自然保护地体系，并划分核心保护区和一般控制区进行管理，而生态保护红线将会根据自然保护地体系的划定，将自然保护地体系的核心保护区作为核心区，其他红线范围内区域作为一般控制区进行管理，其中核心区原则上禁止人类活动，一般控制区仅允许不破坏生态功能的有限人类活动。因此在城市组群（城市层面），需要严格按照该管理要求，对生态红线范围进行分区调控。

这一层级的调控重点在于，通过对生态保护红线的落地管理，实现对整体生态安全格局的管理和调控。相较于长三角区域尺度，调控的精确性将会更高。

这一层级的调控分为两部分：一部分是根据生态保护红线范围和相关分区，对红线范围内进行分区调控，调控措施根据生态保护红线的分区管理要求进行执行；另一部分是根据已构建的生态安全格局，在生态安全红线之外和生态空间之内，对相关区域进行调控，调控措施根据生态保护红线一般控制区要求执行。

3）市域尺度

本尺度以上海市为例进行研究。上海是长江三角洲冲积平原的一部分，同时包括北部的长兴岛、横沙岛，以及崇明岛的大部分地区。由于岛屿与陆地有明显的分界，且城市化程度不高，因此在这部分的研究中，岛屿不作为研究范围。本尺度主要通过生态源地辨识、最小阻力分析确立生态源地和廊道，并提出通过构建绿色基础设施网络的方法对本尺度的生态空间进行调控。

本节研究提取了上海市区内的绿地斑块，通过对粒度梯度进行对比，将 180m×180m 确定为生态源地的粒度，并以斑块面积大于 1km^2 的绿地作为研究区域的生态源地（图 6.44）。

对上海市区域斑块进行赋值。通过图层叠加后得到整个研究区域内的阻力值分布[图 6.45(a)]。通过 ArcGIS 中的 cost-distance 模块对阻力面进行构建，如图 6.45（b）所示。可以看出，中心部分由于城市建成区密集，阻力值非常大；同时，由于城市周边存在大量农田，所以环城市中心区域阻力值相对较小。

根据阻力面分析，本节研究对生态廊道进行了确定，并在廊道阻力值最高的位置构建控制点，从而确保各个生态源地之间的连通性，完善绿色基础网络设施。本节研究共确立了 62 条廊道，并在主要分区之间的廊道中确立了控制点，共 9 个控制点（图 6.46）。

绿色基础设施网络的构建是本尺度调控的主要手段。通过构建绿色基础设施网络，重点对生态源地斑块、绿色廊道和控制点进行管理和调控，维持整个绿地系统的结构。

图 6.44　研究区域的生态源地

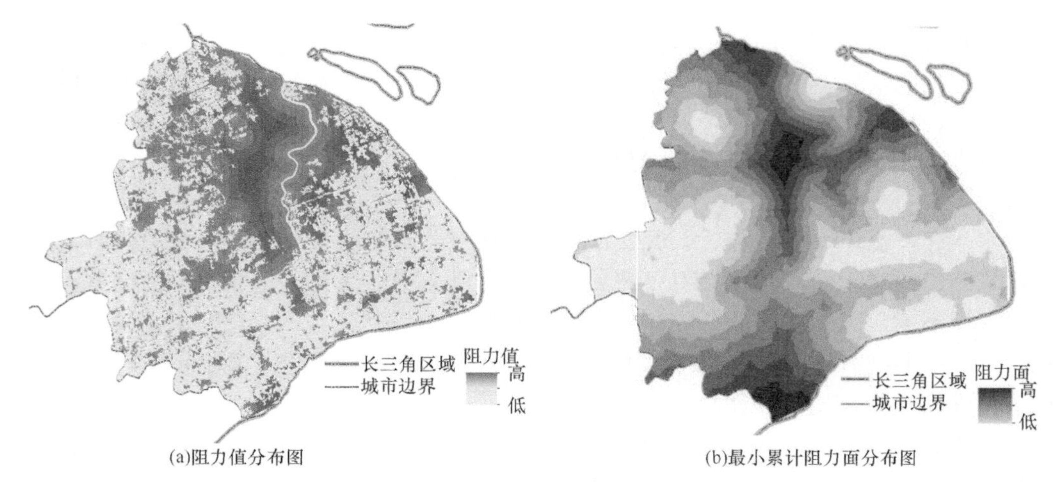

图 6.45 阻力值和最小累计阻力面分布图

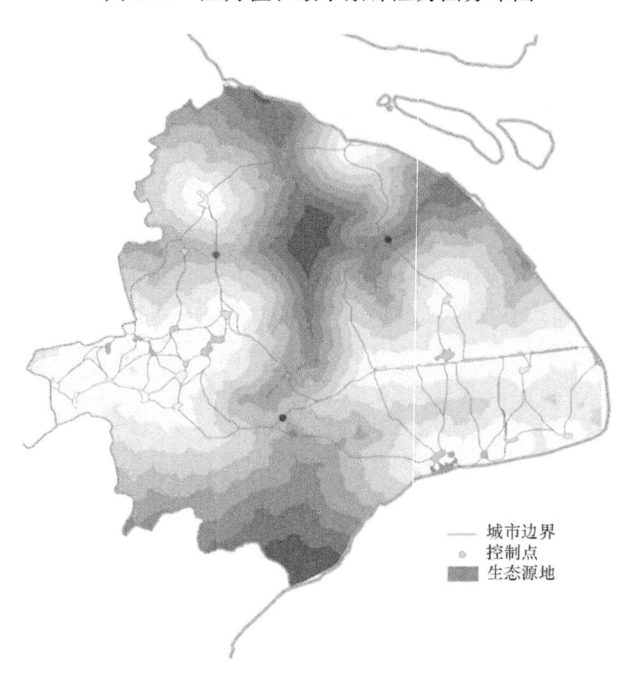

图 6.46 廊道和控制点

A. 控制重点生态源地斑块

研究区域内，大面积生态源地占比较小，应重点对大面积生态源地斑块进行管控。在市域尺度，城市生态绿地除了提供生态服务功能之外，还应注重其在城市中的多种功能，包括娱乐、休憩、美化景观等。因此，需要根据不同生态源地的主导功能对其进行分类引导管控，充分发挥市域生态源地在日常生活中的多种功能。根据主导功能，可将市域尺度的生态源地分为四类，包括防护类绿地、游憩类绿地、保护类绿地和文化类绿地。

B. 连通生态廊道

如前所述，上海市内存在大量农业用地，通过阻力面数据可以看出，农业用地起到很大程度的廊道作用。但由于建设用地的广泛分布，农业用地的破碎化程度也很高，难以完整的构建起廊道系统。有目的地构建绿色基础设施网络的廊道，使整个绿地基础设施网络达到高效的连通，是这个层面管控的另一个重点。

C. 总体生态安全调控策略

对于一个生态空间而言，确保各个尺度上对空间调控的连续性，是让生态空间充分发挥其生态服务功能的重要保障。本节的目的在于，在不同尺度上，生态空间的管理和调控措施实现互相衔接，使得各尺度的调控策略更有依据。

在充分梳理相关政策和规划的基础上，本书结合景观生态学的相关理论和方法，对各个空间尺度上的生态安全空间调控措施进行了研究，并得到了以下结论：在省级层面上识别重要生态源地，并构建总体生态空间管理和调控格局；在城市组群尺度对生态安全格局进行细化构建，结合生态保护红线的落地管控，对生态空间进行管理和调控；

D. 在市域尺度，识别能作为生态源地的斑块，对城市绿地系统进行维护，构建城市绿色基础设施网络，维持和提升生态服务功能。

从整体上看，在各尺度上构建生态安全格局，落实空间分级调控措施，保证各生态过程的完整性，才能真正实现区域上的生态安全。

6.3 长三角城市群多尺度生态网络设计研究

6.3.1 长三角城市群生态网络和生态安全格局数据库构建技术

1. 数据库构建目的

将多源城市生态网络和生态安全格局数据集成，并构建生态网络和生态安全格局的数据库，可为今后的生态安全展示、管理及优化工作提供灵活高效的数据支持。

2. 数据库原始数据

构建数据库的原始数据包含1990年、2000年、2010年和2015年共四个时相下全国30m分辨率的土地利用类型图、数字高程模型数据、土壤质地数据、植被覆盖度数据、人口空间分布数据和全国年降水量空间插值数据。其中，土地利用、降雨、土壤质地和人口数据均来源于中国科学院资源环境科学与数据中心；DEM数据使用USGS软件下载；植被覆盖度数据是根据MODND1D计算得到的中国500m NDVI 月合成产品转换所得，来源于中国科学院计算机网络信息中心国际科学数据镜像网站。

3. 数据库构建方法及过程

本书以ArcGIS 10.2为主要研究工具，调用其中的Spatial Analyst工具箱和Data Management工具箱，对原始多源数据进行规范、标准的处理，进而建立与研究区域生态安全格局相关的若干数据库。

将多源数据全部统一转换成WGS_1984_UTM_ZONE_50N坐标系，使用长三角城市群共26个地级市的行政边界图进行裁剪，构建数据库进行分类保存。

原始的土地利用现状监测遥感分类体系共有 25 个二级类型，本书将其重分类为耕地、林地、草地、水域、建设用地、未利用地和湿地 7 个一级地类，见表 6.31，最终绘制成 1990 年、2000 年、2010 年和 2015 年四个时间的土地利用矢量图，见图 6.47，构建四个时相的土地利用类型数据库。

表 6.31 土地利用类型重分类

一级地类名称	二级地类名称
耕地	水田、旱地
林地	有林地、灌木林、疏林地、其他林地
草地	高覆盖度草地、中覆盖度草地、低覆盖度草地
水域	河渠、湖泊、水库坑塘、永久性冰川雪地
建设用地	城镇用地、农民居民点、其他建设用地
未利用地	沙地、戈壁、盐碱地、沼泽地、裸土地、裸岩石质地和其他
湿地	滩涂、滩地

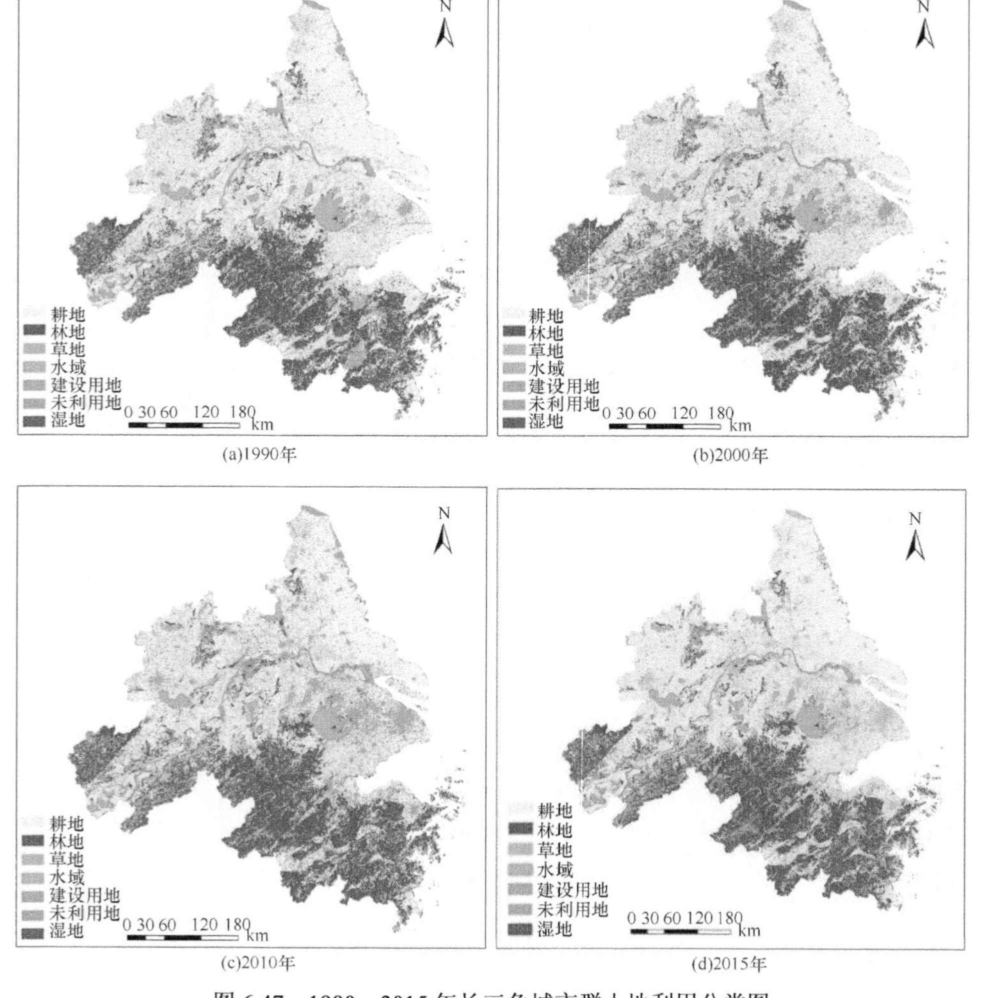

图 6.47 1990～2015 年长三角城市群土地利用分类图

土壤质地数据是根据 1∶100 万土壤类型图和第二次土壤普查数据编制而成，根据国际制土壤质地分级标准将原始数据中砂土、粉砂土和黏土的比例进行矢量叠加计算，最终划分为十一大类；根据原始的 DEM 数据提取坡度，计算地形起伏，并利用 Spatial Analyst 中的 Hydrology 模块提取长三角城市群的河网；将研究年份下的月 NDVI 数据建库，考虑到长三角城市群四季分明的亚热带季风气候，不同季节的植被覆盖情况存在显著差异，本书使用年平均数据来反映研究区域的植被覆盖情况。

6.3.2　长三角城市群不同历史时期土地利用与生态服务价值耦合分析

1. 长三角城市群 1990～2015 年土地利用历史变化规律

1）研究目的

土地利用的变化一定程度上能够反映人类对自然的改造情况。该研究以长三角城市群为研究区域，基于 1990 年、2000 年、2010 年和 2015 年四个时间断面的土地利用分类数据，分析七个一级地类的面积变化及地类之间的相互转移关系。长三角城市群土地利用的历史变化情况以及对地类之间转移情况的理解，是生态安全格局中的基本阻力面建立的基础。

2）研究方法

本书综合运用地理信息系统、遥感等技术手段，运用城市地理学、生态学等理论、方法和模型分析长三角城市群近 20 年的土地利用变化情况。

将统一坐标后的长三角城市群土地利用数据进行解译处理，通过 ArcGIS10.2 的栅格计算器，运用运算符和 CON 函数对栅格数据进行求和、统一边界和选择等，对三幅影像的边界进行裁剪，保证研究范围的一致性。

通过构建 1990～2000 年、2000～2010 年和 2010～2015 年的土地利用类型转移矩阵，探索各土地利用类型的转入和转出情况，进而定量化反映各土地类型之间的变化概率。

3）小结

A. 土地利用数量变化分析

将统一坐标后的长三角城市群土地利用数据进行解译处理，利用栅格计算器对三幅影像的边界进行裁剪，保证研究范围的一致性，最终得到研究范围的总面积为 20.68 万 km^2。

从表 6.32、表 6.33 中可以看出，1990～2015 年，长三角城市群的土地利用类型发生了巨大的变化：

（1）1990～2000 年，耕地、草地、未利用地和湿地的面积呈现减少趋势，在十年间分别减少 4513.93km^2、2232.80km^2、14.69km^2 和 21.22km^2，林地、水域和建设用地的面

表 6.32　长三角城市群 1990～2015 年四期各土地利用类型面积数量表

类型	1990 年		2000 年		2010 年		2015 年	
	面积/km^2	比例/%	面积/km^2	比例/%	面积/km^2	比例/%	面积/km^2	比例/%
耕地	114850.25	55.54	110336.32	53.36	101350.59	49.01	102228.44	49.45
林地	54642.46	26.42	57368.85	27.74	56911.95	27.52	56849.77	7.50
草地	9468.66	4.58	7235.86	3.50	7003.72	3.39	7196.67	3.48
水域	13416.24	6.49	13850.43	6.70	15080.16	7.29	14482.36	7.01
建设用地	12606.62	6.10	16228.68	7.85	24637.28	11.91	24325.79	11.77
未利用地	47.95	0.02	33.26	0.02	188.86	0.09	52.00	0.03
湿地	1756.04	0.85	1734.82	0.84	1615.66	0.78	1592.32	0.77

表 6.33　长三角城市群 1990～2015 年四期各土地利用类型变化表　（单位：km^2）

类型	1990～2000 年	2000～2010 年	2010～2015 年	1990～2015 年
耕地	–4513.93	–8985.73	877.84	–12621.82
林地	2726.39	–456.90	–62.18	2207.31
草地	–2232.80	–232.14	192.94	–2271.99
水域	434.19	1229.73	–597.80	1066.12
建设用地	3622.06	8408.60	–311.49	11719.17
未利用地	–14.69	155.61	–136.86	4.05
湿地	–21.22	–119.16	–23.34	–163.72

积则均呈现增长趋势，分别增长了 2726.39km^2、434.19km^2 和 3622.06km^2。在这十年间，耕地侵占和草地退化的现象较为严重，减少的耕地和草地主要用于建设用地的扩张以及林业用地的增加。

（2）2000～2010 年，耕地、林地、草地和湿地的面积呈现减少趋势，在十年间分别减少 8985.73km^2、456.90km^2、232.14km^2 和 119.16km^2。水域、建设用地和未利用地则呈现增长趋势，分别增加了 1229.73km^2、8408.60km^2 和 155.61km^2。2000～2010 年是我国城市化进程最快的十年，在这十年间，耕地侵占和湿地退化的现象更为严重，草地面积减少的速率虽有所下降，但仍保持着持续下降的趋势，林地面积也开始减少。城镇化快速发展的十年间，建设用地增长了 51.81%，而建设用地增加带来的直接后果是各类生态用地面积的减少，可能给各个地区的生态环境保护增加不小的压力。

（3）2010～2015 年，林地、水域、建设用地、未利用地和湿地的面积呈现减少趋势，在五年间分别减少 62.18km^2、597.80km^2、311.49km^2、136.86km^2、23.34km^2。耕地和草地则呈现增长趋势，分别增加了 877.84km^2 和 192.94km^2。

（4）从整体上看，1990～2015 年，耕地一直是长三角城市群面积占比最大的土地利用类型，主要分布在江苏、安徽和上海，但 1990～2010 年的耕地面积持续减少，共减少了 13499.66km^2，直到 2015 年耕地面积略有回升，为 1990 年耕地面积的 10.99%。林地是长三角城市群占比第二大的土地利用类型，主要分布在浙江南部和安徽的南部，如池州市和宣城市，以及安徽安庆市的西北部。林地呈现先增后减的趋势发展，总体上略有增加，25 年间共增加 2207.31km^2。林地大多交替分布的草地，在 1990～2015 年共减少 2271.99 km^2，2000～2010 年的减小幅度较前十年有所降低，2010～2015 年草地面积略有增加。水域是 1990～2010 年唯一持续增长的生态用地类型，但在 2010～2015 年水域面积减少，25 年间共增加了 1066.12km^2；湿地的面积虽然不大，但具有分解污染物、调节气候等作用，其在 25 年间面积一直减少的趋势需要引起相关部门的关注。2015 年建设用地的面积已经达到 1990 年时的 1.93 倍，这是在改革开放期间我国积极推动城镇化发展造成的必然结果。长三角城市群作为我国经济最活跃的城市群之一，建设用地作为社会经济活动的承载体，将随着城镇化的推进而进一步扩张，加剧对其他各类土地类型的侵占。

B. 土地利用转移情况分析

a. 1990～2000 年土地利用转移情况

1990～2000 年，各种土地利用类型之间可以相互进行转换。表 6.34 中耕地转变为其他土地利用类型的总量达到 4870.43km^2，转出率为 4.24%，耕地主要转变为建设用地、林地和水域，其中建设用地占耕地转出量的 72.31%；其他土地类型转变为耕地的面积为 356.60km^2，转入率仅为 0.32%，主要由林地和草地转变而来。林地的转入率为 5.48%，主要由绍兴和金华市的大片草地及杭州市的耕地转变而来，说明在这十年间，浙江省加强了对境内草地的利用，有效提高了绿色空间的质量，同时推行退耕还林，加强杭州南部的林地覆盖度；林地的转出率为 0.77%，主要表现为宣城市的部分林地退化为耕地和草地；草地的转入量和转出率分别为 3.09%和 2.14%；水域的转出率为 0.54%，转入率为 3.56%，主要由耕地转变而来，从空间分布上，这些耕地斑块大多距离水域较近，经审批变更用途后可适当增加蓝色空间；建设用地的转出率为 0.20%，转入率高达 22.47%，主要由耕地转化而来。这些耕地的转出区域主要为各城市中心建成区周边，以及新建、扩张的农村居民点，推动城市化的进程；湿地的转入率和转出率分别为 0.94%和 2.13%，约有 85.34%的湿地都转变为水域。

表 6.34　1990～2000 年土地利用类型转移矩阵　（单位：km^2）

		2000 年						
		耕地	林地	草地	水域	建设用地	未利用地	湿地
1990 年	耕地	109979.83	915.15	17.94	409.14	3521.70	0.64	5.85
	林地	145.28	54223.53	199.18	3.86	67.06	3.54	0.02
	草地	161.68	2186.78	7012.63	58.77	46.82	0.24	1.74
	水域	36.78	12.60	5.31	13343.55	9.32	0.07	8.62
	建设用地	10.34	11.47	0.07	3.16	12581.57	—	—
	未利用地	0.16	18.30	0.72	—	0.02	28.75	—
	湿地	2.27	1.02	—	31.96	2.19	0.02	1718.58

b. 2000～2010 年土地利用转移情况

2000～2010 年，土地类型之间的转变方式更加灵活，除湿地未退化为未利用地之外，其他各种转变方式均有发生。具体来看（表 6.35），由湿地转化的土地利用类型中，水

表 6.35　2000～2010 年土地利用类型转移矩阵　（单位：km^2）

		2010 年						
		耕地	林地	草地	水域	建设用地	未利用地	湿地
2000 年	耕地	100546.89	269.00	24.84	1134.01	8274.51	56.39	30.86
	林地	264.39	56541.65	98.87	33.88	393.43	35.25	2.20
	草地	62.50	72.27	6860.99	86.00	85.06	33.51	35.58
	水域	169.70	9.55	9.38	13411.38	206.10	0.07	44.27
	建设用地	273.53	17.54	9.52	241.80	15648.35	34.98	3.11
	未利用地	0.09	1.55	0.01	0.30	2.57	28.65	0.09
	湿地	33.71	1.18	0.16	172.82	27.41	—	1499.55

域的占比最高。大量耕地和生态用地转化为城镇建设用地，以承载当地的经济发展，其中，耕地的转出率为 8.87%，转为建设用地的面积为 8274.51km^2，占所有转出耕地面积的 84.52%；林地的转出率为 1.44%，转为建设用地的面积为 393.43km^2，占所有转出林地面积的 47.51%；水域的转出率为 3.17%，转为建设用地的面积为 206.10km^2，占所有转出水域面积的 46.94%。

c. 2010～2015 年土地利用转移情况

2010～2015 年，土地类型之间的转变方式更加灵活，说明这五年间长三角城市群区域的人类活动和生态演替过程都更加频繁和显著。具体来看（表 6.36），耕地转变为其他土地利用类型的总量达到 8720.37km^2，转出率为 9.44%，耕地主要转变为建设用地和水域，其中建设用地占耕地转出量的 58.66%。由湿地转化的土地利用类型中，水域的占比最高，为 139.91km^2。2010～2015 年仍然有大量耕地和生态用地转化为城镇建设用地，以承载当地的经济发展；水域的转出率为 1.59%，转为建设用地的面积为 393.90 km^2，占所有转出水域面积的 18.39%。林地的转出率为 5.83%，转为建设用地的面积为 322.06 km^2，占所有转出林地面积的 10.33%。

表 6.36　2010～2015 年土地利用类型转移矩阵　（单位：km^2）

		2015 年						
		耕地	林地	草地	水域	建设用地	未利用地	湿地
2010 年	耕地	92345.03	2127.74	388.97	964.53	5114.95	10.74	113.44
	林地	2184.91	53470.48	511.68	84.44	322.06	5.84	10.01
	草地	337.65	549.65	5893.39	65.09	50.42	0.93	5.72
	水域	1348.01	80.26	175.53	12865.60	393.90	4.89	139.91
	建设用地	5617.23	256.26	87.71	251.90	18315.31	2.79	19.49
	未利用地	48.36	34.43	25.15	8.98	37.96	26.34	0.01
	湿地	109.83	8.76	47.42	115.18	17.45	0.38	1268.35

d. 1990～2015 年土地利用转移情况

通过前面三个小节的分析，对长三角城市群在 25 年间的土地利用转移情况进行总结梳理，结果如表 6.37 所示，各用地类型之间转移的概率矩阵结果如表 6.38 所示。从中可以看出，整体上各种用地类型在 25 年间都能基本保持原状，具有较高的稳定性，其中，林地、水域的保持状况最好，保持率分别为 93.25%、89.55%。耕地的转出概率为 16.24%，其中受城镇化影响，转出为建设用地的概率占 11.52%。林地向建设用地转变的概率为 1.02%，这部分区域主要分布在浙江省，尤其是宁波都市圈和杭州都市圈周边；向耕地和草地转变的概率分别为 4.17%和 1.34%，这部分区域主要分布在皖西和浙南。草地的总转出率为 37.42%，其中转出为林地的概率占 28.62%。这可能主要由于前十年内浙江绍兴和金华范围有大片草地被承包给私人或集体，原有的草地植被逐步替换为更具有经济价值的乔木或人工竹林。未利用地的转出率为 55.82%，是所有类型中最不稳定的。转出的未利用地主要用于发展林业，仅有 3.91%用于发展建设用地，说明长三角城市群对于未利用地的管理建设比较高效，能够充分挖掘未利用地的利用潜力，促进其向生态友好的方向进行转化。

表 6.37　1990～2015 年土地利用类型转移矩阵　（单位：km^2）

		2015 年						
		耕地	林地	草地	水域	建设用地	未利用地	湿地
1990 年	耕地	95931.59	2995.97	400.48	1866.37	13195.65	13.10	125.61
	林地	2266.05	50667.06	725.90	99.87	554.09	9.81	10.05
	草地	558.68	2672.51	5843.70	120.21	133.89	2.73	6.51
	水域	837.34	82.12	116.73	11957.59	231.51	3.83	123.88
	建设用地	2271.67	79.62	22.84	78.94	10103.53	0.88	5.12
	未利用地	1.15	21.42	1.22	0.87	1.86	20.99	0.01
	湿地	124.54	8.87	18.98	231.86	31.53	0.58	1285.75

表 6.38　1990～2015 年土地利用类型转移概率矩阵　（单位：%）

		2015 年						
		耕地	林地	草地	水域	建设用地	未利用地	湿地
1990 年	耕地	83.76	2.62	0.35	1.63	11.52	0.01	0.11
	林地	4.17	93.25	1.34	0.18	1.02	0.02	0.02
	草地	5.98	28.62	62.58	1.29	1.43	0.03	0.07
	水域	6.27	0.62	0.87	89.55	1.73	0.03	0.93
	建设用地	18.08	0.63	0.18	0.63	80.43	0.01	0.04
	未利用地	2.41	45.08	2.57	1.83	3.91	44.18	0.02
	湿地	7.32	0.52	1.12	13.62	1.85	0.03	75.54

2. 生态系统服务价值对土地利用变化的响应与反馈

1）研究目的

生态系统服务（ecosystem service）是人类从生态系统中获得的有形物质产品供给和无形的服务惠益，包括供给服务、调节服务、文化服务和维持其他类型服务所必需的支持服务四个方面。本书将长三角城市群生态系统服务价值评估与土地利用历史变化相结合，分析长三角城市群土地利用历史变化及生态系统服务价值的响应与反馈情况。

2）研究方法

生态系统服务价值计算基于刘桂林等（2014）结合长三角地区 1980～2010 年的平均粮食产量和粮食价格，获得长三角地区的生态系统服务价值系数，见表 6.39。

表 6.39　长三角城市群土地利用类型的生态系统服务价值系数（单位：元/hm^2）

服务类型	生态系统服务与功能	耕地	林地	草地	水域	未利用地	湿地
供给服务	食物生产	1738.18	173.82	521.45	173.82	17.38	521.45
	原材料	173.82	4519.27	86.91	17.38	0	121.67
调节服务	气体交换	869.09	6083.63	1390.54	0	0	3128.72
	气候调节	1546.98	4693.09	1564.36	799.56	0	29722.88
	水源涵养	1042.98	5562.18	1390.54	35458.87	52.15	26941.79
	废物处理	2850.62	2277.02	2277.02	31634.88	17.38	31600.11
文化服务	娱乐休闲	17.38	2224.87	69.53	7543.70	17.38	9646.90
支持服务	土壤形成与保护	2537.74	6778.90	3389.45	17.38	34.76	2972.29
	生物多样性保护	1234.11	5666.47	1894.62	4328.07	590.98	4345.45

本节采用的土地利用数据为 30m 分辨率。为了体现不同区域生态系统服务价值的差异，拟建立大于原始数据分辨率的区域生态系统服务价值网格系统。由于本书的其他各项数据均为 1km 分辨率，因此为了增强数据的可计算性，将格网大小定义为 1km × 1km。使用 ArcGIS 中的 Create Fishnet 工具创建格网，并根据研究区边界使用 Clip 工具进行裁剪。此时每个格网内存在不同土地利用类型的组合，能够较好地反映不同区域的生态系统服务价值。每个格网内的生态系统服务价值计算公式为

$$\mathrm{ESV}=\sum_{i=1}^{n}\mathrm{ESV}_i \tag{6.55}$$

$$\mathrm{ESV}_i=\sum_{k=1}^{m}A_k\times \mathrm{VC}_{ki} \tag{6.56}$$

式中，ESV 为生态系统服务总价值；ESV_i 为单项生态系统服务价值；n 为单项服务的数量，此处 n=9；A_k 为土地利用类型 k 的面积；VC_{ki} 为土地利用类型 k 在计算第 i 项生态系统服务功能时的价值系数；m 为土地利用类型的种类，此处 m=6。

从表 6.40 的系数表可以看出，同一种土地类型往往可以同时提供若干项主要和次要的生态系统服务，所以生态系统服务价值量与土地类型的面积并不呈现完全的正向关系。

为了反映生态系统服务价值对表 6.39 中系数的敏感程度，以验证使用该系数进行长三角城市群生态系统服务价值研究的可行性，故采用敏感性指数（coefficient of sensitivity，CS）进行分析，CS 大于 1 表示因变量的变化幅度超过自变量的变化幅度，系数的可信度较低；小于 1 则表示系数可信。CS 的计算公式为

$$\mathrm{CS}=\left|\frac{(\mathrm{ESV}_j-\mathrm{ESV}_i)/\mathrm{ESV}_i}{(\mathrm{VC}_{jk}-\mathrm{VC}_{ij})/\mathrm{VC}_{ik}}\right| \tag{6.57}$$

式中，ESV_j 和 ESV_i 分别为生态系统服务价值系数调整前后计算出的生态价值，其余符号的含义同前。将表 6.39 中的系数上调 50%，计算得出各个年份的敏感指数均小于 1，其中未利用地的敏感性最低，均为 0，林地的敏感性最高，但也都不超过 0.5。所以将式（6.57）中的系数用作计算长三角城市群的生态系统服务价值的结果是有效的。

3）小结

20 年间，长三角城市群的生态系统服务总价值呈现先增加后减少，整体略微上涨的趋势。1990 年的生态系统服务总价值为 4838.27 亿元，2000 年增加至 4891.91 亿元，增加 53.64 亿元，上涨幅度为 1.11%；2010 年，总价值下降至 4849.18 亿元，较 2000 年时减少了 0.87%；2015 年，总价值下降至 4809.33 亿元，较 2010 年时减少了 0.82%。表 6.28 中可以看出，林地能够提供高质量的生态服务致使其具有最高的价值量，是长三角城市群最主要的生态系统服务提供者。其生态系统服务价值量分别占总价值的 42.89%、44.54%、44.57%和 44.89%。

表 6.40　生态用地的生态系统服务价值量及变化情况

土地利用类型	总价值/亿元				1990～2000 年		2000～2010 年		2010～2015 年	
	1990 年	2000 年	2010 年	2015 年	变化量/亿元	变化率/%	变化量/亿元	变化率/%	变化量/亿元	变化率/%
耕地	1379.45	1325.23	1217.30	1227.85	−54.22	−3.93	−107.93	−8.14	10.55	0.87
林地	2075.28	2178.82	2161.47	2159.11	103.55	4.99	−17.35	−0.80	−2.36	−0.11
草地	119.16	91.06	88.14	90.57	−28.10	−23.58	−2.92	−3.21	2.43	2.75
水域	1072.95	1107.67	1206.02	1158.21	34.72	3.24	98.35	8.88	−47.81	−3.96
未利用地	0.04	0.02	0.14	0.04	−0.01	−25.00	0.11	555.00	−0.10	72.88
湿地	191.41	189.10	176.11	173.57	−2.31	−1.21	−12.99	−6.87	−2.54	−1.45
合计	4838.27	4891.91	4849.18	4809.33	53.64	1.11	−42.73	−0.87	−39.85	−0.82

各单项生态系统服务的价值量如表 6.41 所示。由表可知，食物生产、土壤形成与保护和气候调节服务价值总体呈现下降趋势，25 年间分别下降 10.42%、3.61%和 3.27%，其余服务价值为先上升后下降，其中娱乐休闲、水源涵养、原材料服务分别上涨 4.54%、3.06%和 2.83%。废物处理、生物多样性保护和气体交换经过 25 年的变化都表现为价值回落，下降幅度分别为 0.79%、0.65%和 0.27%。

进一步将其分类为供给、调节、文化和支持服务，得到的变化见图 6.48、图 6.49，可以看出供给和支持服务价值量的变化趋势为先增加后降低，再小幅上升，调节和文化服务的价值量的变化趋势为持续增加后降低。

表 6.41　单项生态系统服务价值量及变化

项目	总价值/亿元				1990～2000 年		2000～2010 年		2010～2015 年	
	1990 年	2000 年	2010 年	2015 年	变化量/亿元	变化率/%	变化量/亿元	变化率/%	变化量/亿元	变化率/%
食物生产	217.31	208.84	193.18	194.67	−8.47	−3.90	−15.66	−7.50	1.49	0.77
原材料服务	268.18	279.52	275.88	275.76	11.35	4.23	−3.64	−1.30	−0.12	−0.04
气体交换	450.90	460.39	449.11	449.69	9.49	2.11	−11.28	−2.45	0.58	0.13
气候调节	511.85	513.88	494.92	495.11	2.04	0.40	−18.97	−3.69	0.19	0.04
水源涵养	959.91	982.09	1010.26	989.26	22.18	2.31	28.17	2.87	−21.00	−2.08
废物处理	953.29	954.61	962.57	945.71	1.32	0.14	7.96	0.83	−16.86	−1.75
娱乐休闲	242.38	251.28	258.22	253.37	8.90	3.67	6.94	2.76	−4.85	−1.88
土壤形成与保护	699.42	698.83	671.81	674.19	−0.60	−0.09	−27.02	−3.87	2.38	0.35
生物多样性保护	535.03	542.46	533.24	531.56	7.43	1.39	−9.22	−1.70	−1.68	−0.31
总价值	4838.27	4891.91	4849.18	4809.33	53.63	1.11	−42.73	−0.87	−39.85	−0.82

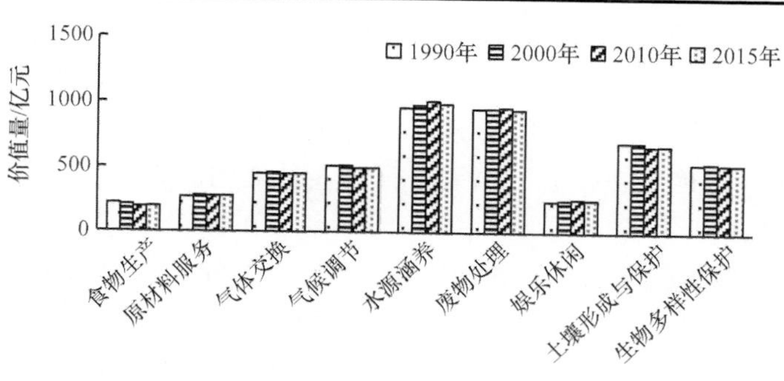

图 6.48　单项生态系统服务价值量及变化

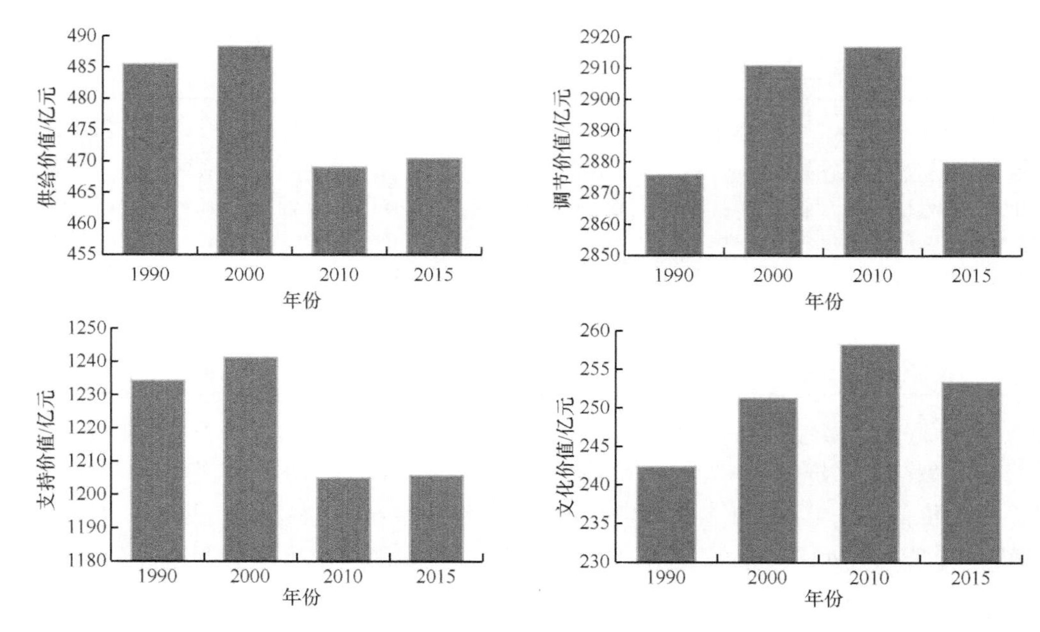

图 6.49 生态系统服务价值量及占比历史变化

3. 长三角城市群的用地矛盾分析

本书将生态系统服务价值评估与土地利用历史变化相结合，梳理出长三角城市群的主要用地矛盾，为后续定性选择源地提供依据。通过分析长三角城市群土地利用历史变化及生态系统服务价值的响应情况，对区域主要的用地问题和用地矛盾进行归纳。

（1）研究表明，长三角城市群在 1990～2015 年经历了城市化的快速推进过程，具体表现为耕地持续性退化而建设用地面积不断扩张，上海市和江苏省表现得尤为明显。耕地是食物生产服务的主要供应者，而长三角乃至全国的人口数量仍在不断攀升，对于粮食生产的需求日益增加，耕地大量转变为建设用地对区域的农产品供应造成压力。在城市扩张的过程中，必然会侵占其他类型的土地，但是基本农田的底线应该守住，禁止违法占用基本农田，保证生态系统服务价值的供需平衡。

（2）湿地被称为“地球之肾”，对气候调节、废物处理等具有十分显著的作用。然而，长三角城市群的湿地面积在 25 年间缩减 9.32%，对生态安全造成了一定程度的破坏并形成隐患。从检索到的新闻报道来看，湿地面积的减少和由此带来的调节服务降低已经引起了各省（市）的关注，政府积极筹建湿地公园、湿地保护区，虽然对已有的部分湿地进行了必要的保护和功能提升，但对区域整体的湿地数量和质量优化工作仍需深入，并寻找更为有效的举措、政策法规对多种类的湿地类型进行分别恢复，增强湿地的生态功能性。

经济发展不能以牺牲生态环境为代价，但同时生态环境保护工作也无须成为经济发展的障碍。所以，识别并明确某斑块的生态重要性和生态敏感性，以加强对区域内“红线”的规范保护，以最少、最有效的土地实现区域生态安全的保护工作，具有很强的经济和现实意义。为此，我们选取 2015 年为研究年份，重点分析 2015 年的生态重要性和敏感性，并基于分析结果构建生态安全格局。

6.3.3　长三角城市群生态安全分析与多层次复合体系生态网络设计技术

1. 生态重要性评估与识别

1）研究目的

生态重要性评估是对研究区域内能够提供的服务进行评估，从中提取出其中比较重要的斑块，可通过生态系统服务价值反映重要程度，也可弥补土地利用动态监测结果难以反映人类从自然获益情况的不足。基于生态系统服务价值的概念及分类，使用敏感性分析评估价值系数的适宜性，进而通过价值系数评估生态系统服务价值的历史变化情况，是实现长三角城市群生态重要性评估目标的重要途径。

2）研究方法

本书以 2015 年为基准年，基于格网分析，对区域的生态系统服务价值进行评估，并从中筛选出生态重要性区域，为后续定量选择源地提供依据。生态系统服务价值评估方法与 6.3.2 节一致。

3）小结

长三角城市群在 2015 年总共提供约 4809 亿元的生态系统服务价值，见图 6.50、图 6.51，从不同土地类型上看，林地的生态系统服务价值最高，为 2159.11 亿元，占总价值的 44.89%，耕地的服务价值次之，为 1227.85 亿元，占总价值的 25.53%。从单项生态系统服务价值上看，各服务价值量的排序为：水源涵养>废物处理>土壤形成>生物多样性>气候调节>气体交换>原材料>娱乐休闲>食物生产。研究区提供的水源涵养和废物处理服务价值最高，分别为 989.26 亿元和 945.71 亿元，合计占总价值的 40.23%，是研究区最主要的生态系统服务。长三角，尤其是浙江、上海和江苏，自古就被称为“江南水乡”，水系十分发达，水量也很充沛，并且依靠河流、湖泊和海洋形成大小不一但数量、种类繁多的湿地，因此具有良好的水资源供给能力和较强的环境自净能力。土壤形成和生物多样性保护也是长三角城市群提供的基本服务之一，合计占总价值的 25.07%。这与位于浙江省南部的林地、草地在生长过程中的固碳、固氮作用及其提供的稳定、良好的动植物栖息环境均有着密切关系。

为了体现出生态系统服务价值在研究区域内的空间差异，运用格网 GIS 的技术对长三角城市群的四类生态系统服务价值进行定量化评价，再分别利用自然断点法（natural breaks）将价值量分为五类，绘制成研究区 2015 年供给、调节、文化和支持四项生态系统服务价值分布图（图 6.52）。

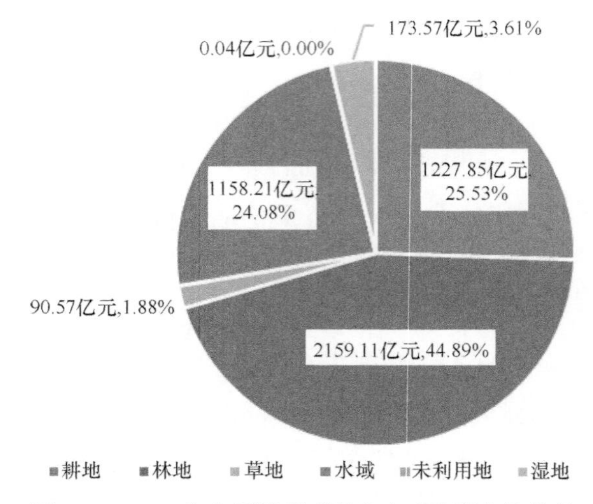

图 6.50 2015 年各用地类型的生态系统服务价值量

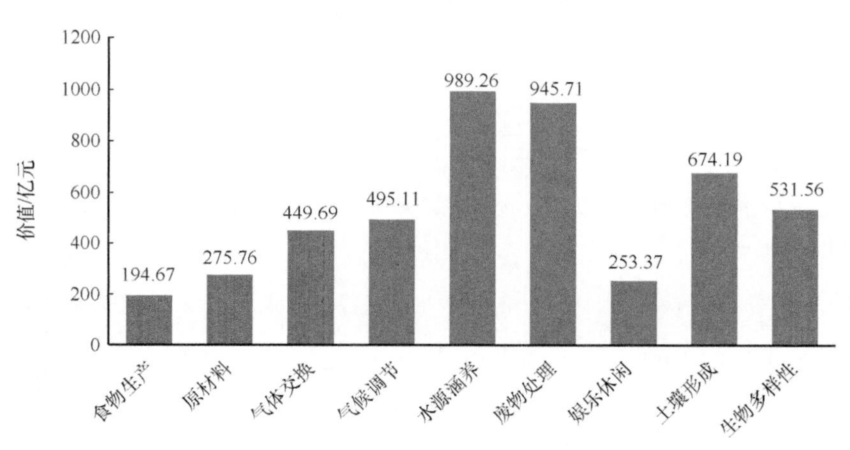

图 6.51 2015 年单项生态系统服务价值量

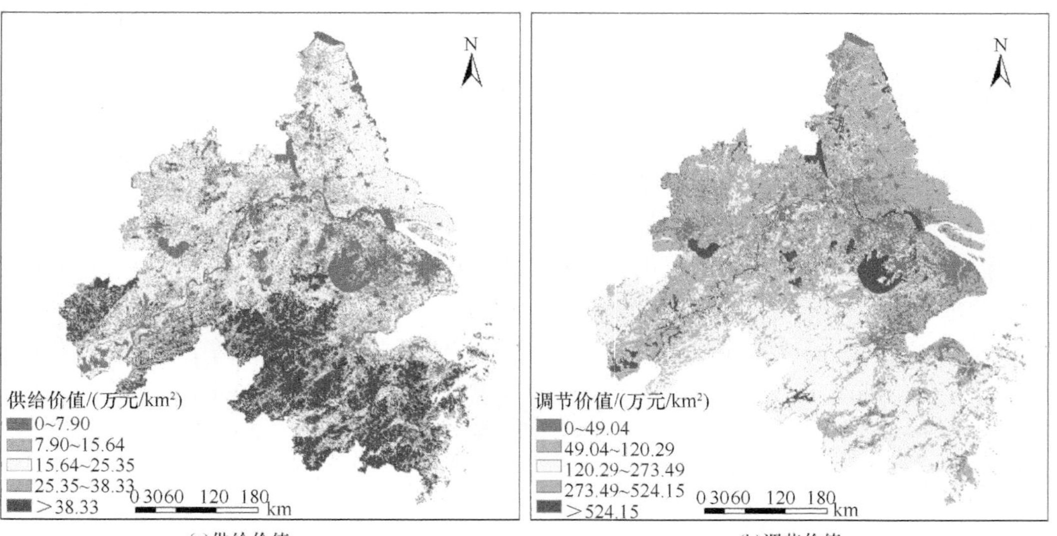

(a)供给价值 (b)调节价值

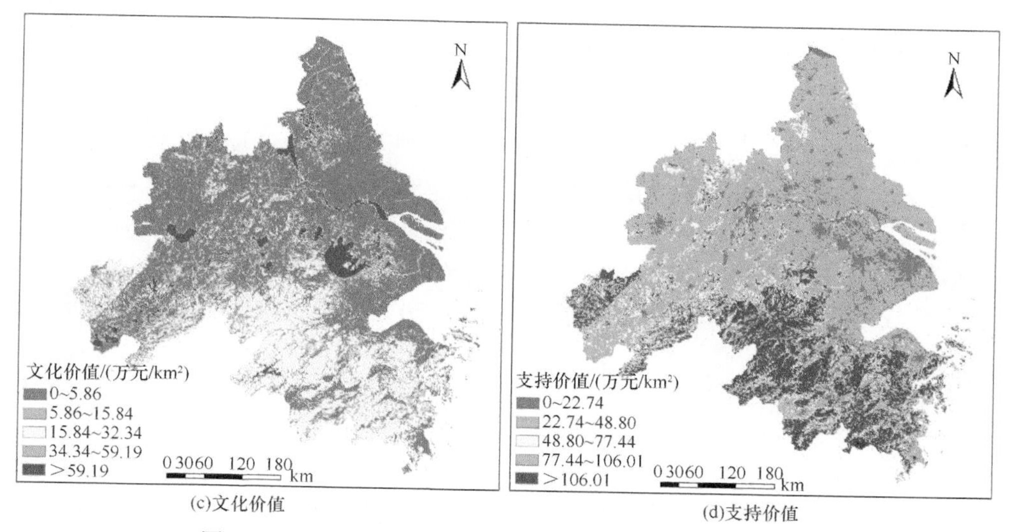

(c)文化价值　　(d)支持价值

图 6.52　2015 年长三角城市群单项生态系统服务价值分布

长三角城市群 2015 年的供给服务总价值为 470.43 亿元。1km^2 的纯林地格网在研究区范围内共有 12855 个。每个这样的林地格网能够提供的供给服务是所有格网中最高的，为 46.93 万元/km^2。根据图 6.52（a），供给价值高于 38.33 万元的格网面积为 43996km^2，占总面积的 21.26%；价值处于 25.35 万～38.33 万元的格网面积为 23615km^2，占 11.41%；价值位于 15.64 万～25.35 万元的格网面积最大，为 73365km^2，占 35.45%；价值处于 7.90 万～15.64 万元的格网面积为 40723km^2，占总面积的 19.68%；价值低于 7.90 万元的格网面积为 25226km^2，占总面积的 12.19%。调节价值为 2916.85 亿元，文化价值为 258.22 亿元，均呈现出南北低、中间高的态势。

利用栅格计算器进行叠加时需要确定图 6.52 中四类生态系统服务价值的权重。考虑到长三角城市群借助自身得天独厚的自然资源优势让各项生态系统服务都得以充分发挥，所以对供给、调节、文化和支持服务各赋予 0.25 的权重，叠加后得到总价值公布如图 6.53 所示。

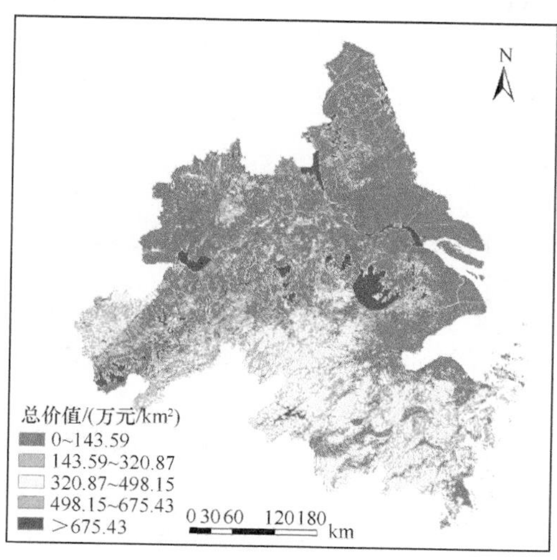

图 6.53　2015 年长三角城市群生态系统服务总价值分布

2. 生态敏感性分析

1）研究目的

生态敏感性是指生态系统对人类活动干扰和自然环境变化的反映程度，说明发生区域生态环境问题的难易程度和可能性大小。由于能够集中表示出生态过程对环境变化的响应情况，因此常作为指标之一，用于定量识别源地。选取土壤侵蚀和洪涝灾害作为长三角城市群的主要敏感生态过程，再利用层次分析法构建生态敏感性评价体系，并对各个敏感因子进行评价分级，最终得到的生态敏感区分布图是定量选取源地的重要数据支撑之一。

2）研究方法

A. 层次分析法

运用层次分析法，以生态敏感性为目标层，并根据数据的可获取性和长三角城市群的具体情况选择土壤侵蚀敏感性和洪涝灾害敏感性作为评价内容，即准则层。一般来说，土壤侵蚀的程度在自然情况下会受到降雨、土壤质地、地形起伏和植被覆盖度的重要影响，故将这四个因素作为土壤侵蚀的指标层。长三角地区主要位于长江下游部分，是洪涝灾害的高发区域，一旦发生降雨，尤其是暴雨导致的洪涝灾害，将给整个区域的人身和经济安全造成极大的影响。本书选取坡度、人口密度、降雨和与河网的距离四个因素作为洪涝灾害的指标层。具体的生态敏感性评价体系如图 6.54 所示。

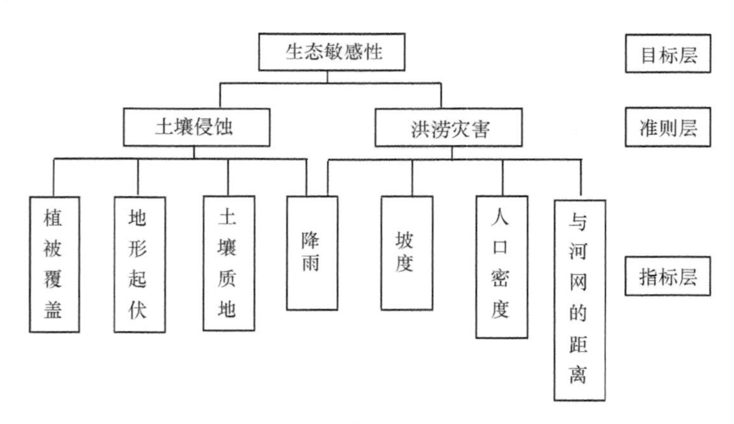

图 6.54　生态敏感性评价体系示意图

结合《生态功能区划暂行规程》中生态环境敏感性指标体系分级标准及文献（贾冰，2008；刘康等，2003； 王洁等，2017；于惠，2013），划定各个指标的分级标准，见表 6.42。

生态敏感性研究主要关注现状，目的在于防止对敏感区域进行过度开发。此外，本书并未获得关于土壤质地和 DEM 的长时间监测数据，故将 2015 年作为典型年份，利用 2015 年年均降雨、人口密度和植被覆盖度的数据进行生态敏感性评价。

表 6.42　生态敏感性指标体系分级标准

	指标	Ⅰ级	Ⅱ级	Ⅲ级	Ⅳ级	Ⅴ级
土壤侵蚀	降雨量/mm	<13000	13000～15500	15500～17500	17500～20000	>20000
	土壤质地	壤质砂土	黏土	壤土、黏壤土	砂质壤土、砂质黏壤土、壤质黏土、粉砂质黏土	粉砂质壤土、粉砂质黏壤土
	地形起伏/m	0～20	21～50	51～100	101～300	>300
	植被覆盖度	0.8～1	0.6～0.8	0.4～0.6	0.2～0.4	<0.2
洪涝灾害	坡度/(°)	<3	3～7	7～15	15～25	>25
	人口密度/(人/km^2)	<80	80～228	227～447	447～1210	>1210
	降雨量/mm	<13000	13000～15500	15500～17500	17500～20000	>20000
	与河网的距离/m	>8	5～8	3～5	1～3	<1

B. 权重计算

根据 AHP 法，生态敏感性各项评价指标进行两两比较，构建判断矩阵，进而求得各评价指标的权重见表 6.43，其中，生态敏感对准则层的一致性检验结果均为 0，土壤侵蚀对相应指标的一致性检验结果为 0.074，洪涝灾害对相应指标的一致性检验结果为 0.070，三个层级上的一致性结果均小于 0.1，具有满意的一致性。

表 6.43　评价指标体系因子权重表

目标层	准则层	权重	指标层	权重
生态敏感性	土壤侵蚀	0.5	降雨	0.16
			土壤质地	0.08
			地形起伏	0.26
			植被覆盖度	0.50
	洪涝灾害	0.5	坡度	0.14
			人口密度	0.08
			降雨	0.44
			与河网的距离	0.34

3）小结

A. 土壤侵蚀敏感性评估

由研究目的可知，本书选取降雨、土壤质地、地形起伏和植被覆盖度作为土壤侵蚀敏感性评估的指标。

a. 单因子敏感性评估

（1）降雨：长三角城市群属于亚热带季风气候，夏季高温多雨，冬季温和少雨，年降水量均在 8000mm 以上。高强度的降雨容易形成巨大的冲击力和冲刷力，冲散土壤中的团聚体而使土壤的侵蚀程度加剧。

根据图 6.55（a），研究区降雨量呈现由北至南逐渐增多的带状分布，南部和西南部山体林地区域又稍高于周围。降雨量最小的区域位于安徽滁州市，最大的区域位于杭州西南部与衢州交界处。根据降雨量的敏感性分级标准绘制降雨敏感性分级图[图 6.55（b）]，约有 41.38%的区域属于一般敏感区，这些区域主要分布在上海和江苏省的地级市；16.57%的区域属于高度敏感性，主要位于宁波、绍兴、宣城市的南部、杭州市中部和金华、池州市的北部；11.10%的区域降雨敏感性极高，主要位于安徽池州南部、杭州、金华南部和台州市。

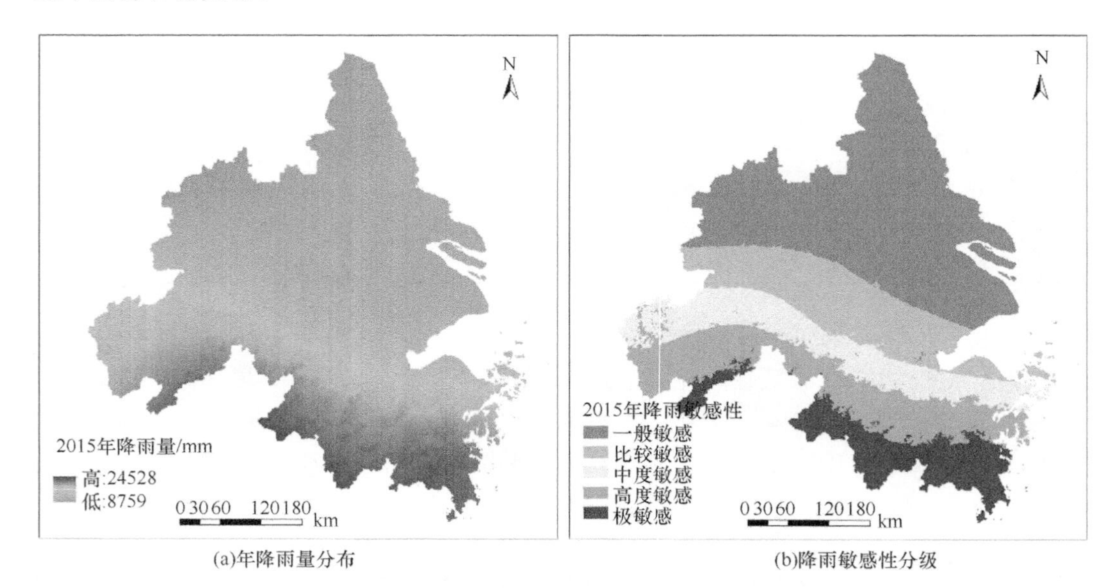

(a)年降雨量分布　　(b)降雨敏感性分级

图 6.55　长三角城市群 2015 年年降雨量分布及降雨敏感性分级

（2）土壤质地：长三角城市群共有 10 种土壤质地，值缺失的区域多为水域、湿地等地。壤质黏土分布最多，共有 146817.60km^2，占总面积的 71.00%；黏壤土是第二大质地且主要分布在江苏盐城和南通，共有 30838.71km^2，占 14.91%；壤土虽然分布较少，仅占 1.26%，但呈现较明显的聚集效应，主要分布在长江沿岸地区。土壤质地决定了土壤中团聚体的数量、粒径大小等性质，显著影响抗侵蚀能力。根据对土壤质地的敏感性进行划分，将值缺失数据的列为敏感性最低等级，结果如图 6.56 所示。总体上，由于壤质黏土对土壤侵蚀的敏感性较高，所以高度敏感的区域占总面积的 77.81%。极敏感区域的面积为 5.98km^2，壤质黏土交替分布于长江沿岸的河堤附近。若难以采用土层混合、引进淤积等方法逐步增加这些区域土壤中的有机肥，土壤质地的抵抗力将很难得到提升，进而增加侵蚀发生的风险。

（3）地形起伏：地形起伏度是指在一个特定的范围内海拔最高点与海拔最低点之间的差值，若地形起伏较大，将显著影响地表径流，增大雨水势能，而使土壤中的营养成分更容易变冲刷，从而造成土壤侵蚀。

获取 DEM 数据后，利用 Focal Statistics 工具分别计算矩形邻域范围内的最大值和最小值，再利用栅格计算器绘制地形起伏图。研究中的 DEM 数据为 30m 分辨率，33m × 33m 是最接近 1km^2 的邻域范围，故以 0.9801km^2 为窗口，计算窗口范围内的高程差作为中心栅格的地形起伏值。由图 6.57（a）可以看出，长三角城市群的地形起伏较为平缓，最低值为 0，最高值为 858m，没有极为陡峭的山峰。北部地势平缓，以平原为主，适宜发展农业和种植业，而南部山体较多，地形起伏相对更大，更加适宜依托林木业资源，从事经济林种植、木材加工或森林旅游等行业。

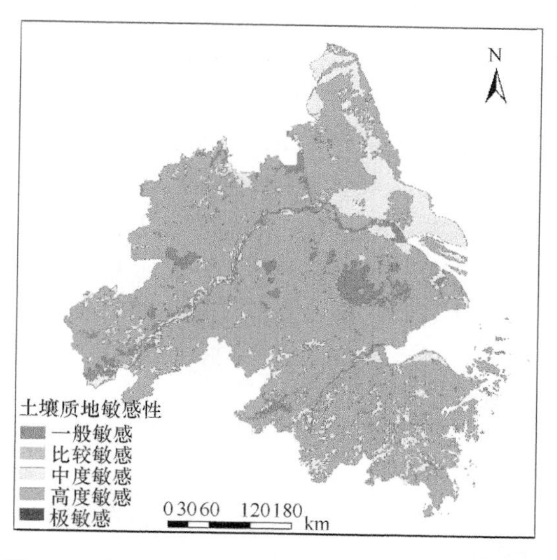

图 6.56　长三角城市群土壤质地分布及敏感性分级

生态敏感性研究主要关注现状，主要目的在于防止对敏感区域进行过度开发。此外，本书并未获得关于土壤质地和 DEM 的长时间监测数据，故将 2015 年作为典型年份，利用 2015 年年均降雨、人口密度和植被覆盖度的数据进行生态敏感性评价。

将地势起伏的结果进行重分类，结果显示 63.8% 的土地地形起伏都在 20m 以下，为一般敏感区；17.07% 的区域属于高度敏感，2.45%的区域对地形起伏极敏感，这些区域均位于南部，应格外注重地形对于土壤侵蚀造成的影响，实行差别化功能定位发展，防止过度开垦造成更大的生态问题。

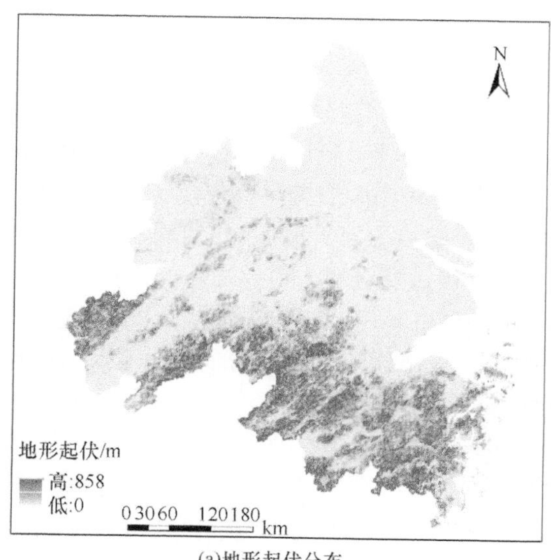

(a)地形起伏分布

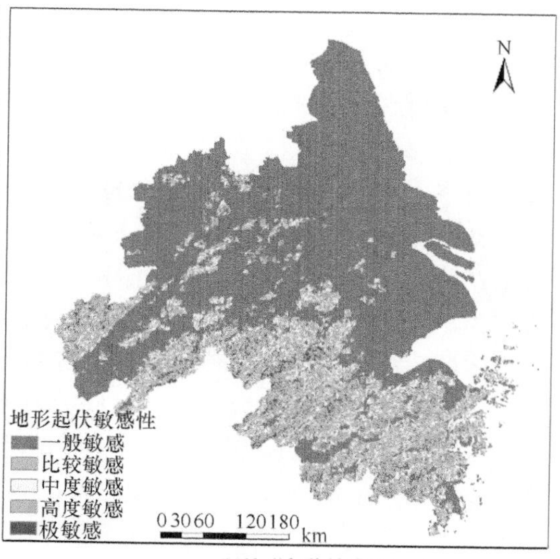

(b)地形起伏敏感性分级

图 6.57　长三角城市群地形起伏分布及敏感性分级

（4）植被覆盖度：植被覆盖度是用近红外波段和红波段的反射率值计算出的均一化植被指数信息，取值在[–1，1]之间，能够较好地反映植被生长状态和植被覆盖情况的指数，其中 0 表示有掩饰或者裸土，负值表示地面覆盖为云、水、雪等，对可见光高反射。

由图 6.58（a）可知：长三角城市群地区的植被丰富，植被覆盖度普遍较高，对于土壤侵蚀的敏感性程度较低。极敏感区占总面积的 2.23%，主要集中在太湖、巢湖、荷花荡和长江沿岸区域，以水域湿地为主，植被覆盖度较低。在河流湿地的周围，缺失植被很容易造成土壤中的有机质被雨水或长江的潮汐作用带走，不仅造成水域周边的水土流失，还可能造成河道淤积甚至水体富营养化。高度敏感区占研究区面积的 2.08%，除分布在水域湿地周边，在城市建设用地，尤其是城市的中心城区也分布较广。

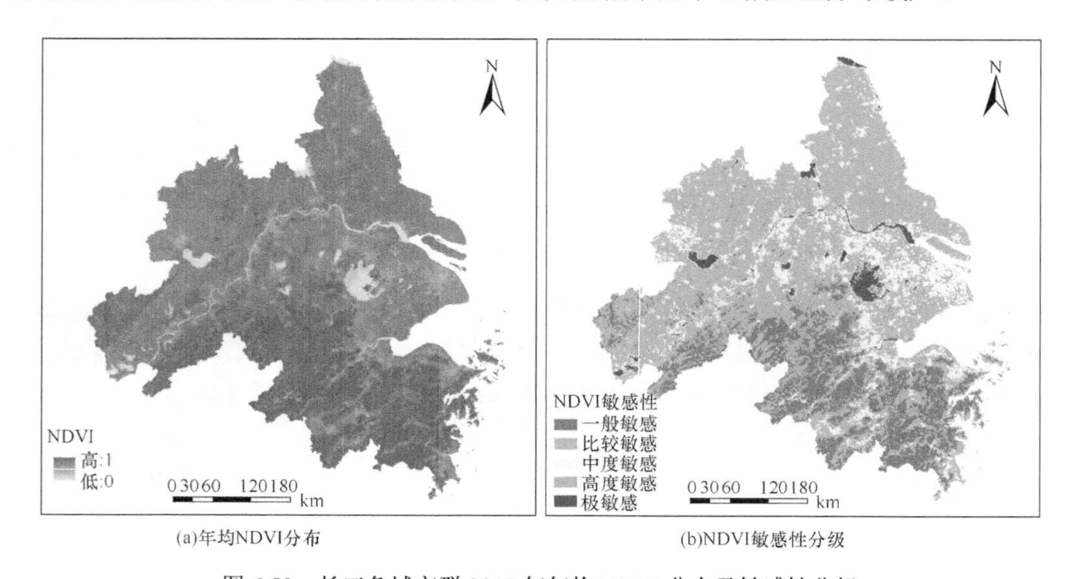

(a)年均NDVI分布　　(b)NDVI敏感性分级

图 6.58　长三角城市群 2015 年年均 NDVI 分布及敏感性分级

b. 叠加分析

对降雨、土壤质地、地形起伏和植被覆盖度分别进行敏感性分级后，按一般敏感到极敏感五个等级依次赋值为 1、2、3、4、5。然后结合表 6.43 中确定的权重，利用栅格计算器将土壤侵蚀敏感性单因子分级结果进行叠加。叠加后的图层取值范围在[1，5]之间，其中 1 表示在四项单因子的敏感性评价中，该栅格均处于最低的一般敏感区域，5 表示在单因子的敏感性评价中，栅格均处于最高的极敏感区域。将叠加后的结果重新分成四类，[1，2]为低敏感区域，[2，3]为中敏感区域，[3，4]为高敏感区域，[4，5]为极敏感区域，由此最终确定长三角城市群 2015 年土壤侵蚀敏感性的评价结果（图 6.59）。

由图 6.60 可知，研究区的土壤侵蚀敏感性整体处于中等偏低的水平，以从宁波经嘉兴、湖州延伸至宣城—芜湖—合肥中部的降雨敏感性分级线为界将研究区显著分为两个区域：以南以中敏感区为主，各地级市中也零星分布较多高敏感区域斑块；以北以低敏感区为主，巢湖、太湖、高邮湖和长江入海口处集中分布较大的高敏感区斑块。高敏感区的面积为 17103km^2，占研究区面积的 25.56%；极敏感区的面积仅为 3km^2，仅占研究区面积的 3.74%，主要位于台州市南部临海区域。

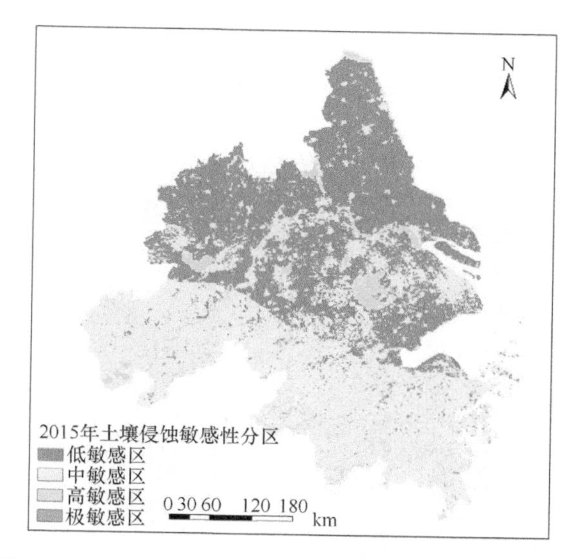

图 6.59　长三角城市群 2015 年土壤侵蚀敏感性评价结果

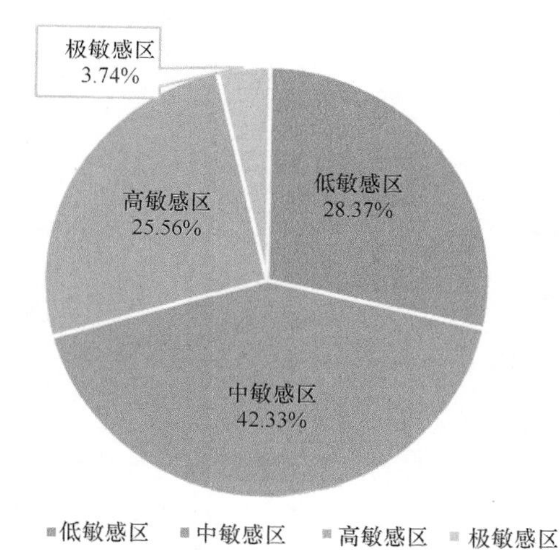

图 6.60　长三角城市群土壤侵蚀敏感性各等级占比

B. 洪涝灾害敏感性评估

由研究目的可知，本书选取坡度、人口密度、降雨和与河网的距离四个指标作为洪涝灾害敏感性评估的指标。

a. 单因子敏感性评估

（1）坡度：坡的发育受地形、地质构造等多因素作用。与地形起伏类似，研究区的坡度呈现由北至南逐渐升高的趋势，北部耕地区域坡度低，南部林地区域坡度大，最大的栅格坡度为 45.58°。按照表 6.42 的敏感性分级标准，约有 156860.31km^2 的区域敏感性都处于最低水平，占总面积的 79.98%；高度敏感区域的面积为 4296.73km^2，占总面积的 2.27%；极敏感区域的面积为 223.83km^2，占总面积的 0.12%。结合 2015 年的土地利用图发现，一部分高敏感区分布在长三角城市群西南部城镇建设用地周边，极敏感区则主要位于山体的中央区域（图 6.61）。当暴雨来临时，雨水将沿着坡度较大的线路快速流下并聚集，很有可能发生洪涝灾害，并伴随山体滑坡，很容易造成人员伤亡、财产损失等不良后果，威胁区域生态安全。

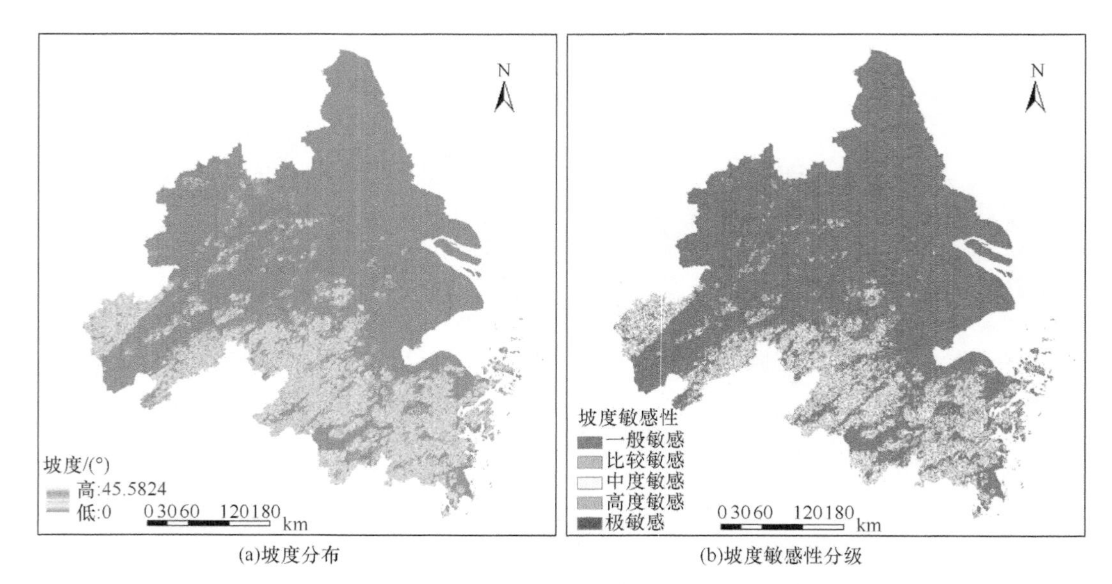

(a)坡度分布　　(b)坡度敏感性分级

图 6.61　长三角城市群坡度分布及敏感性分级

（2）人口密度：人口和灾害之间存在双重关系。一方面，灾害爆发时，人口是受灾因子，并且一定区域内的人口密度越大，被灾害影响的程度也越大；另一方面，密集的人口容易使资源被过度利用，加剧灾害发生的概率，加重灾害的程度，所以人本身也是重要的致灾因子（汪朝辉等，2003）。对于本节研究的洪涝灾害敏感性问题，将人口密度作为表征的指标之一显得十分必要。由图 6.62 可知，长三角城市群的人口密度为 0～48888 人/ km^2。长三角 26 个地级市中，上海的建成区面积最大，人口也最集中，南京、合肥和杭州作为省会也是省域范围内人口密度最大的城市。江苏省各地级市的人口密度的绝对值和集聚性都显著高于浙江省和安徽省的城市，浙江省在台州、宁波和金华的主城区也具有很高的人口密度。根据图 6.62 的标准划分人口密度的敏感性，极敏感区域的面积为 19102km^2，占研究区总面积的 9.24%，主要位于上海市和江苏省的中部、浙江省的中部和南部；高度敏感区占研究区面积的 22.68%，主要位于安徽的安庆至马鞍山一带和上海、浙江环杭州湾区域。

（3）降雨：降雨情况和上述的降雨因子一样，本节对其敏感性的分布情况不做赘述。据新闻报道，浙江省，尤其是金华、台州等市，近年来受台风暴雨引发的洪涝灾害尤其严重，如 2014 年的金华洪水直接导致 44.6 万人受灾，造成直接经济损失 3.81 亿元；2016 年受莫兰蒂影响的局部大雨使台州市 23 万人受灾，直接经济损失 2.02 亿元。因此，强降雨将大幅增加引发洪涝灾害的概率。

（4）与河网的距离：长三角城市群区域水系丰富，且有多条江河汇入海洋。传统的河网密度能够表示在某区域内干流和支流的总长度，却难以反映出研究区内的河流与发

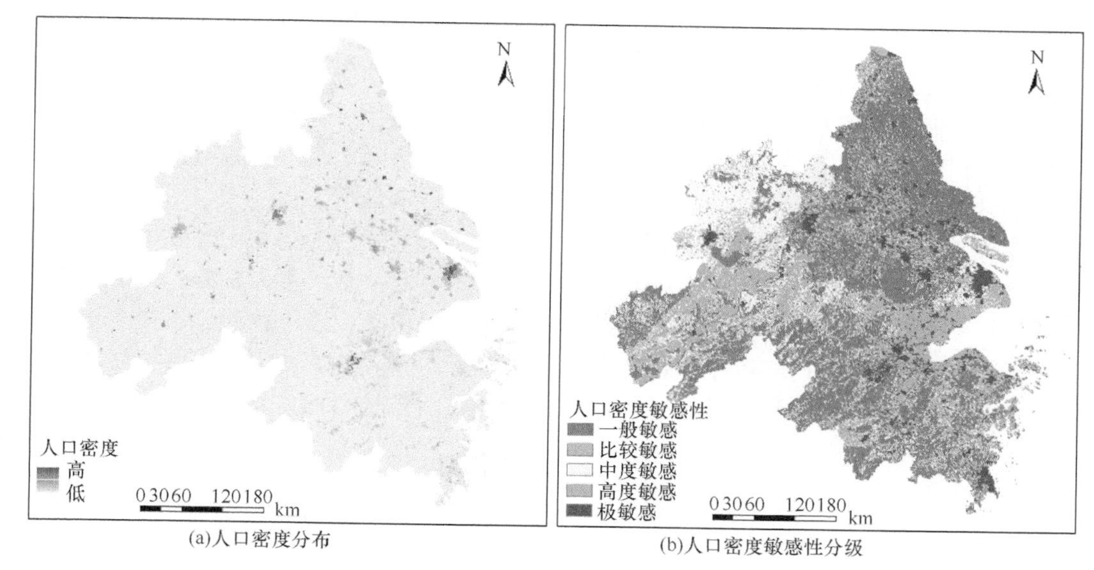

(a)人口密度分布　(b)人口密度敏感性分级

图6.62　长三角城市群2015年人口密度分布及敏感性分级

生洪涝灾害可能性的关系。本节研究中采用与河网的距离这一指标反映河流与洪涝灾害可能性的关系，并结合实际经验认定距离河网水系越近的地方越容易受到洪水的影响。

首先利用DEM高程图，使用Fill工具进行填洼，接着使用Flow Direction工具进行流向的计算，再使用Flow Accumulation工具进行水流积聚的计算，最后使用栅格计算器提取河网栅格，如图6.63（a）所示。根据生成属性表对河网水系进行缓冲（buffer）区提取，构建与河网的距离敏感性分级图，如图6.63（b）所示。极敏感的区域占研究区总面积的15.58%，高度敏感区域占27.15%。高敏感和极敏感区域距离河网的距离均不足3km，一旦堤坝失守，将使周边的区域遭受重大损失。

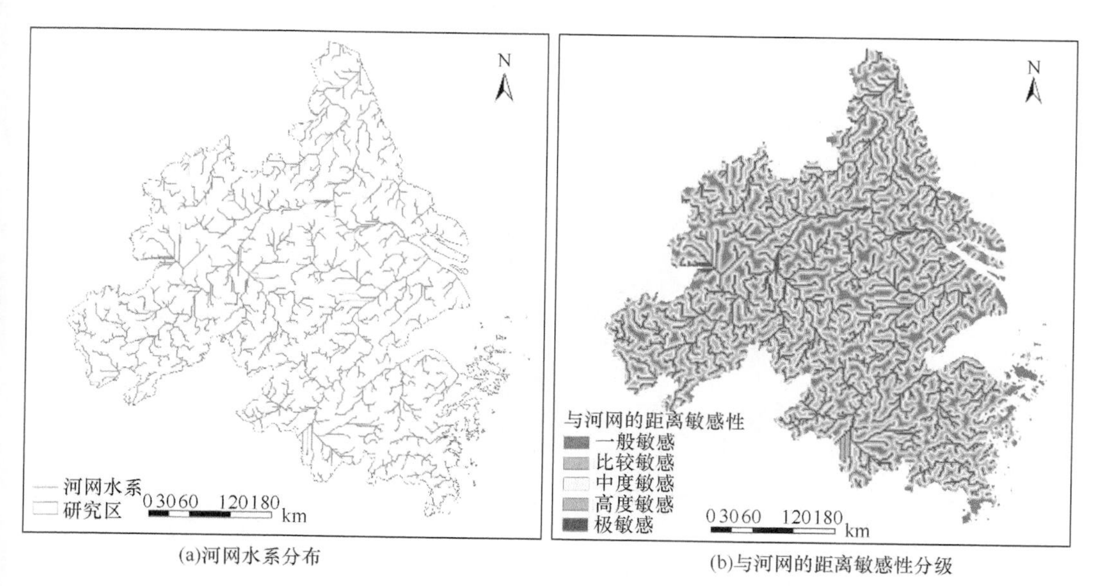

(a)河网水系分布　(b)与河网的距离敏感性分级

图6.63　长三角城市群河网水系分布及与河网的距离敏感性分级

b. 叠加分析

对坡度、人口密度、降雨和与河网的距离分别进行敏感性分级后，结合研究方法中确定的权重，利用栅格计算器将洪涝灾害敏感性分析的各因子分级结果进行叠加。与前述叠加分析相似，叠加后的结果重新分成四类，由此最终确定长三角城市群洪涝灾害敏感性的评价结果。

由图 6.64 可知，研究区的洪涝灾害敏感性整体呈现由北至南逐渐增大的趋势。高敏感区的面积为 52739km^2，占总面积的 25.64%，极敏感区的面积为 7764km^2，占 3.78%。高敏感区和极敏感区共涉及长三角城市群中的 16 个地级市，所以构建生态安全格局以预防和抵抗洪灾具有十分突出的必要性，尤其是极敏感区集中且包含城市主城区的金华、宁波和台州 3 个地级市（图 6.65），更应将防洪工作纳入规划之中，使城市的降雨、

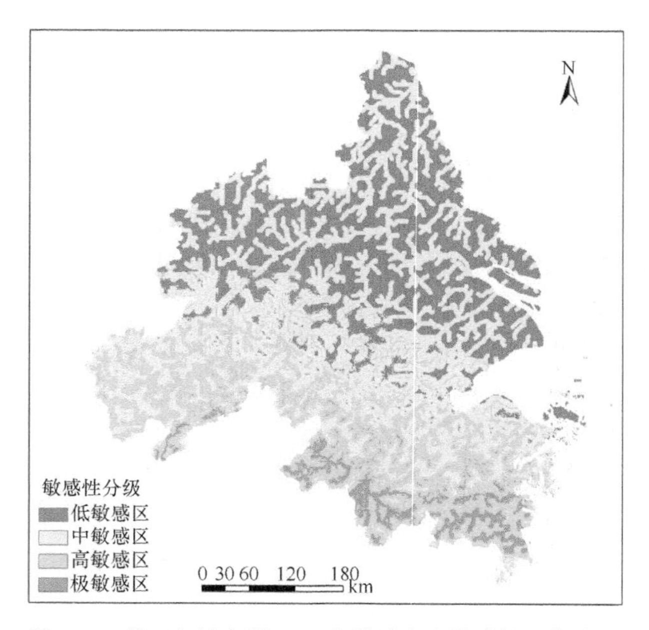

图 6.64　长三角城市群 2015 年洪涝灾害敏感性评价结果

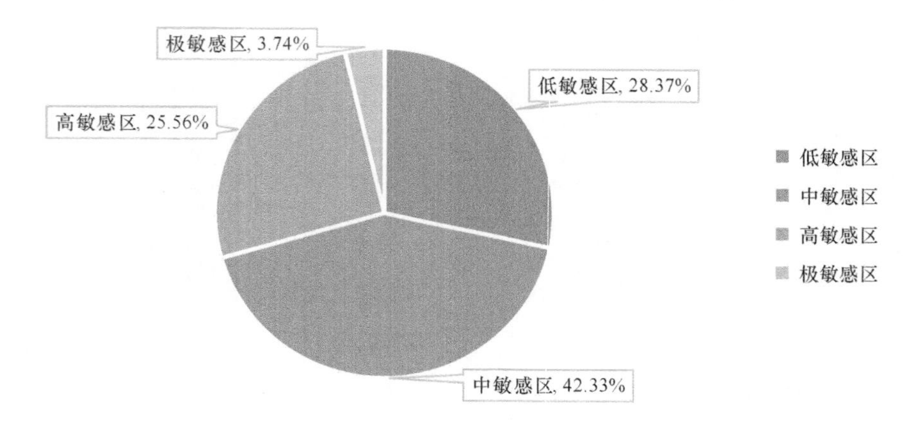

图 6.65　长三角城市群洪涝灾害敏感性各等级占比

水位监测系统更加灵敏，加强河边堤坝的修建和维护工作，促进多水共治，日常储备应急预案，减小洪涝灾害可能带来的损失。同时，在建设用地的选择上，也应避免靠近坡度较大的区域，尽量在建设用地和敏感区之间设置防洪隔离带。

C. 生态敏感性评价结果

本书中生态敏感性主要关注土壤侵蚀和洪涝灾害，一旦任意一种灾害发生都可能给生态安全和人身财产安全造成巨大的损害。所以，只要在其中的一个方面表现出较高的生态敏感性，都应当被视作脆弱区域。利用栅格计算器中的 Pick 函数选取土壤侵蚀、洪涝灾害中叠加分析结果中的高敏感区和极敏感区，使用 Append 工具将两个区域进行合并，作为长三角城市群在土壤侵蚀和洪涝灾害双重生态压力下的敏感性区域，见图 6.66、图 6.67。

生态敏感性综合评价中的敏感性区域总面积达到 65314km^2，占研究区面积的 31.58%，其中在土壤侵蚀和洪涝灾害评价中都表现出较高敏感性的区域面积为 10369km^2，全部位于安庆-台州以南一侧。就敏感性区域的土地利用组成而言，耕地和林地是敏感性区域的主要组成部分，其中林地的面积为 31228.62km^2，是所有土地类型中最大的，占敏感区域面积的 47.91%；耕地的面积次之，为 20110.22km^2，占 30.86%；再次之为水域 6657.11km^2、建设用地 3950.65km^2、草地 2710.54km^2、湿地 510.17km^2 和未利用地 8.93km^2。就所属的市级区域而言，敏感区面积最大的五个城市分别为杭州、金华、安庆、台州和池州，单个城市的敏感区面积均超过 5000km^2；尤其是金华和台州，占各自城市总面积的比例分别为 88.02%和 92.19%，因此，这两个城市的生态保育工作对于保障长三角城市群的生态安全意义重大。

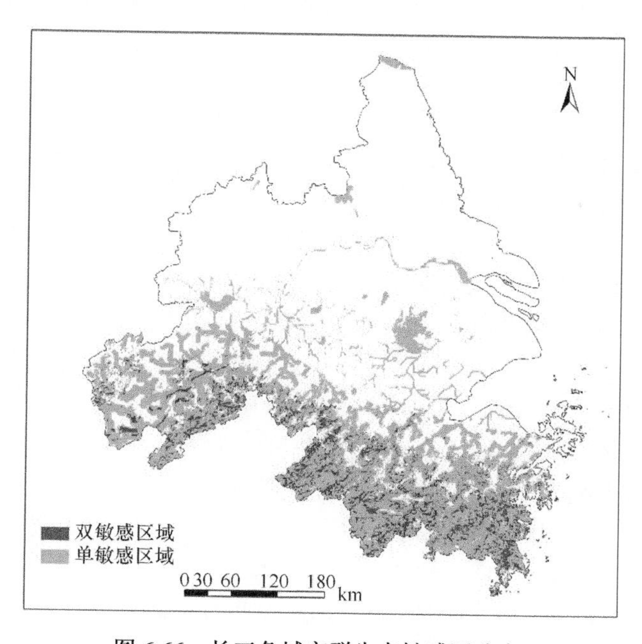

图 6.66　长三角城市群生态敏感区分布

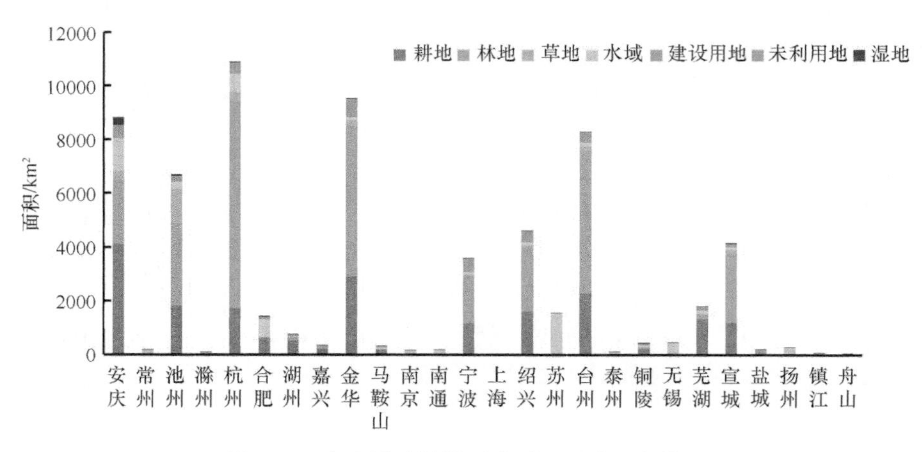

图 6.67　生态敏感性景观类型及区域分布特征

3. 长三角城市群生态安全格局构建方法

1）研究目的

本书在生态重要性与生态敏感性的研究结果的基础上，主要介绍了长三角城市群生态安全格局的构建方法及评价结果。生态安全格局的组分可分为源地、生态阻力面、廊道和战略点等重要的点、线、面，分别运用土地利用分类定性选取蓝色源地和绿色源地，和生态重要性、生态敏感性评价结果定量选取复合源地，共设置三种不同源地情形；利用文献调研法和上文中的土地利用转移矩阵及克里金插值法获取不同源地情形下的基本生态阻力面；通过最小阻力模型和 Python 实现廊道的批量计算并从中获取战略点信息。

2）研究方法

A. 源地识别

本书综合运用定性和定量的方法共设置三种情形下的源地选取方案，综合比较格局构建后的网络功能连通度等指标。

情形 1：以城市群的蓝色空间作为保护目标，以下简称为“蓝色情形”。从 2015 年长三角城市群土地利用图中提取水域和湿地，并利用 Aggregate Polygon 工具将相邻或相近的图斑进行聚合，聚合距离为 250m，再根据聚合后的图斑的面积筛选出面积大于 $3km^2$ 的区域以减少源地的破碎化程度。最终提取出的斑块即为以保护研究区蓝色空间为目标的生态安全格局源地，简称蓝色源地。

情形 2：与情形 1 类似，将城市群的绿色空间列为保护目标，以下简称为“绿色情形”。从 2010 年的土地利用图中提取林地，以同样的方式进行聚合、筛选。最终提取出的斑块为以保护研究区绿色空间为目标的生态安全格局源地，简称绿色源地。

情形 3：以下简称为“复合情形”。结合本节前两个部分的研究结果，选取生态重要性评估中属于极重要和高度重要的区域，即 1km 格网的生态系统服务总价值大于 498.15 万元的区域，以及生态敏感性评估中的敏感性区域，将二者转换为 SHP 格式，使用 Merge 工具进行融合。再使用与前两种情形相同的方法进行聚合、筛选。

最终提取出的斑块为基于生态重要性和生态敏感性评估下的生态安全格局源地，简称复合源地。

B. 基本生态阻力面的构建

阻力值反映了物种从源向外迁移，或生态过程从源向外扩张的难易程度（李通等，2017），阻力值越大，源克服的阻力就越大。本书选取的源地主要为生态用地，而生态用地在水平空间上的扩张主要与土地覆被类型和人类对土地的开发利用程度有关（Kong et al.，2010），土地覆被类型与源在景观上的结构、特征表现越相似，源在扩张运动中受到的阻力越小（王旭熙等，2016）；反之如果土地覆盖已经转变为被高度开发利用的建设用地，生态用地在扩张运动中受到的阻力将显著增大。这个阻力面的设置仅与土地利用类型有关，称之为显性生态阻力面。根据上文中的研究结果，不同类型的用地类型之间转换的面积各有不同，所以上文中的转移矩阵，用 1990～2010 年各用地类型之间的转出面积与用地总面积的比值作为用地转移概率，再将每两个用地类型之间的转移概率进行平均。例如，耕地转为林地的概率为 p_1，林地转为耕地的概率为 p_2，那么林地和耕地之间的相互转移概率即为（p_1+p_2）/2。通过计算，不同用地类型之间的相互转移概率如表 6.44 所示。

表 6.44　不同用地类型之间的相互转移概率

	林地	草地	水域	建设用地	未利用地	湿地
耕地	0.86	1.18	1.27	5.87	0.32	1.08
林地	—	12.01	0.11	0.49	20.41	0.06
草地	—	—	0.86	0.61	1.09	0.20
水域	—	—	—	1.55	0.31	5.78
建设用地	—	—	—	—	2.28	2.28
未利用地	—	—	—	—	—	0

生态用地和建设用地、未利用地之间的转换受人类活动影响较大，用表 6.44 中的转移概率表征源扩散需要克服的显性阻力不够准确，所以，对任意一种单一的生态用地而言，建设用地和未利用用地的显性阻力都无法遵从表 6.44 的设置。将显性阻力值设置在 1～100，通常选择 1、10、30、50、80、100 等数值表示阻力大小。生态过程通常在人类活动不活跃的地方运行更加顺畅，故建设用地对生态源地的显性阻力最高，为 100，未利用地次之，为 80。因此，在绿色源地中，林地的阻力赋值为 1，耕地、草地和水域湿地的阻力依据表 6.45 中的概率大小依此设置为 30、10 和 50；蓝色源地中，水域和湿地的阻力均赋值为 1，由于水域、湿地向耕地、林地和草地扩散需克服陆地阻力做功，所以概率大小反向设置为 50、10 和 30；复合源地中的土地类型更加多样，故采用蓝色源地和绿色源地的阻力均值，具体情形中的阻力赋值见表 6.45。

环境中物质能量的流动除受到自身所处土地利用类型的影响之外，还会受到空间上相邻或相近斑块的影响。其他生态因素，如空气、水流等也会间接对生态事件的迁移运动造成影响。这些影响因素对于构建生态环境隐性生态阻力面十分重要。本书通过采用

表 6.45　不同源地情形下土地覆盖类型阻力赋值

土地类型	源地情形		
	蓝色源地	绿色源地	复合源地
耕地	50	30	40
林地	10	1	1
草地	30	10	20
水域	1	50	1
建设用地	100	100	100
未利用地	80	80	80
湿地	1	50	1

Feature to Point 获取各景观斑块的质心，并将景观阻力值赋予质心，然后运用克里金插值法，考虑预测点周边邻近的 10 个点的生态阻力值，预测长三角城市群的隐性生态阻力面。其中克里金插值法的计算公式为

$$Z(x_0)=\sum_{i=1}^{n}\lambda_i Z(x_i) \tag{6.58}$$

式中，$Z(x_0)$为未知样点值；$Z(x_i)$为未知样点周围的已知样点值；λ_i 为第 i 个已知样本点的权重；n 为已知样本点的个数。

分别得到长三角城市群显性生态阻力面和隐性生态阻力面后，结合文献（陆禹等，2015），分别赋予 0.7 和 0.3 的权重，利用栅格计算器进行叠加，得到更能反映实际生态事件在水平运动过程中的基本生态阻力面。

C. 生态廊道的识别

廊道是指不同于两侧基质，以条带状出现的景观单元（陈利顶等，2014），并能够显著影响景观的连通性，使得被连接的斑块之间具有更强的物质和能量交流。提取三种情形中源地斑块的中心点，以其中一个中心点为中心，剩余中心点为目标点，基于基本生态阻力面和最小阻力模型（MCR 法），得到从起点到达其他斑块的最小耗费路径，即为一条生态廊道。依次进行以上步骤，共得到 n 条生态廊道，其中 n 为斑块中心点的数量。当研究中的斑块数量较多时，可使用 Python 语言批量构建廊道。

3）小结

A. 源地选择

蓝色源地：从土地利用图中共提取出 24457 个水体湿地斑块，邻近 250m 范围内共聚合成 12266 个斑块，计算聚合后的斑块发现最小的斑块为 30m×30m 的栅格，面积为 0.0009km^2，位于盐城市北部沿海滩涂地区，最大的斑块面积为 7423.80km^2，涵盖了长江沿线、巢湖、太湖区域，连接长三角城市群面积较大的水系，是重要的生态蓝色空间。经过面积筛选后的蓝色源地共有 260 个斑块，总面积为 13748.08km^2，其中最小的斑块面积为 3.0191km^2，最大的斑块面积为 7423.80km^2。

从图 6.68 分省级行政区看，江苏省的蓝色源地总面积最大，共有 8050.07km^2，安

徽省的蓝色源地面积为 4787.81km^2，并且两个省的源地斑块多有交叉，在制定相关的保护政策时，应该加强区域协作，打破区域界线，促进水系上下游的共同可持续发展。浙江省内的蓝色源地主要为辖内的新安江水库流经富春江至钱塘江的区域，其中新安江水库区域由于横跨浙皖两省，不仅为杭州市的供水提供了较大的保障，还具备极强的生物多样性和蓄洪保障，具有十分重要的生态意义。同时，新安江流域的生态保护问题、跨省生态补偿机制问题都属于我国的先进试点问题，能够为其他蓝色源地间的跨区域建设提供良好的参考样式。

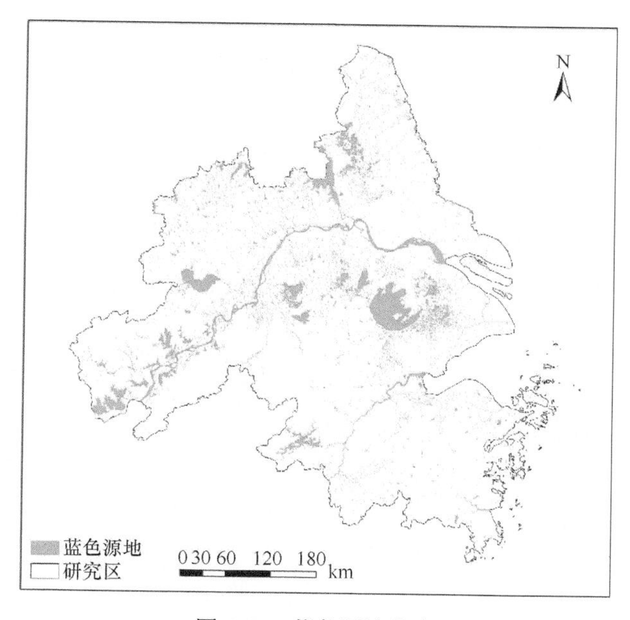

图 6.68　蓝色源地分布

绿色源地：从土地利用图中共提取出 36474 个林地斑块，邻近 250m 范围内共聚合成 4951 个斑块。经过面积筛选后的源地共有 349 个斑块（图 6.69），最小的斑块面积为 3.0937km^2，最大的斑块面积为 42872.5km^2。这些斑块的总面积为 69496.54km^2，其中既包括了大片人工林，又涵盖了杭州大奇山国家森林公园、安吉竹乡国家森林公园、绍兴五泄国家森林公园等天然区域，物种丰富，保育价值高。

复合源地：如图 6.70 所示，复合源地基于生态重要性和生态敏感性的评价结果，共有 357 个斑块，总面积为 69596.06km^2，占研究区总面积的 33.84%，其中最小的斑块面积为 3.00km^2，最大的面积为 39114.50km^2，主要为金华与台州市交界的大盘山区域。与蓝色源地和绿色源地相比，复合源地中的土地类型更加丰富，也更贴近精准管理的现实目标，便于相关部门对重点生态用地进行保护。林地的面积为 29258.14km^2，主要位于研究区西南方向，占源地面积的 47.35%，占绿色源地面积的 51.89%。这部分林地与黄山山脉相连，为长三角城市群筑起绿色屏障，并且提供基本的原材料服务。耕地的面积为 18772.98km^2，占源地面积的 30.38%，是复合源地中的第二大土地类型。这部分耕地主要位于安徽省和浙江省，且由于距离河网较近而具有较高的生态敏感性。源地中，水

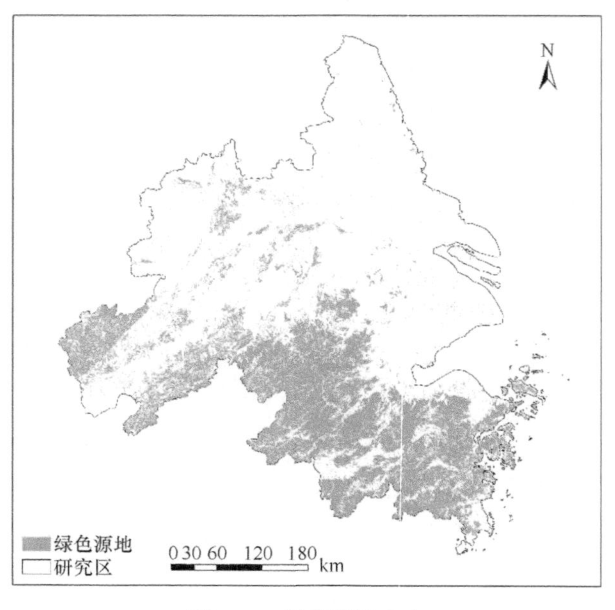

图 6.69　绿色源地分布

域和湿地的面积共为 10684.85km^2，占 17.29%，占蓝色源地面积的 73.59%，与蓝色源地重合度较高，尤其是在长江及以北区域。复合源地中的水域湿地包括太湖、巢湖和长江沿岸上的重要斑块，这部分斑块具有较完整的面积特性和较高的生态敏感性，有助于保障长三角城市群的用水安全，降低洪涝灾害可能带来的不良影响。

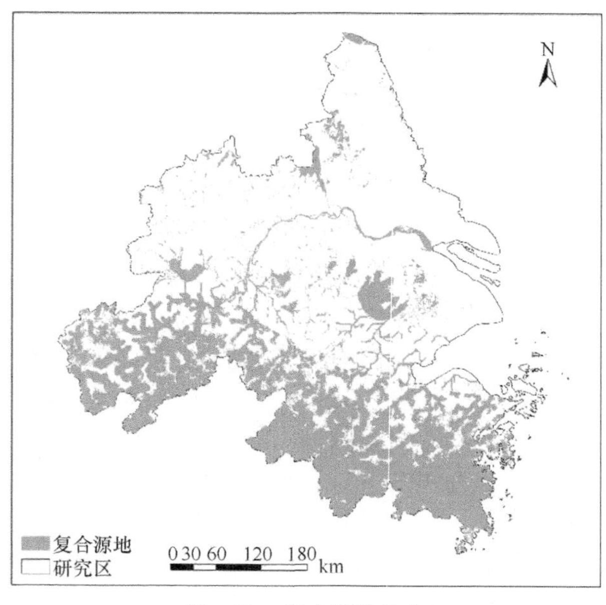

图 6.70　复合源地分布

B. 生态阻力面分析

三种情形下的显性生态阻力面主要基于土地覆盖的不同类型及其与生态源地在结

构、形态上的相似性、可转换型等特性进行设定。如表6.46所示，总体上绿色源地的平均显性阻力最小，为31.03，蓝色源地的显性阻力最大，为40.34。这主要是因为绿色源地中林地面积大，且耕地的阻力值为三种情形中最低；而蓝色源地中耕地的阻力值较其他两种情形大，导致整体的显性阻力值分布偏大。同时，在三个显性阻力面的中部均形成较为明显的峰值凸起，这主要是由于三种情形下建设用地和未利用地的显性阻力值都是最大的，分别设置为100和80。这些区域主要分布着以上海为龙头向西延伸的苏锡常都市圈、南京都市圈和合肥都市圈。通常情况下，都市圈的建设会侵占大量生态用地或耕地，对生态产生破坏，增加生态斑块的破碎度。因此，在进行规划设计时，应充分考虑建成区扩张的条件，确定城市的增长边界，避免出现因无序增长对生态造成不可逆的影响。

表6.46　三种源地情形下阻力面基本特征

阻力面	蓝色源地		绿色源地		复合源地	
	平均值	标准差	平均值	标准差	平均值	标准差
显性阻力	40.34	29.21	31.03	29.37	32.63	30.51
隐性阻力	63.15	22.84	62.25	26.74	59.48	25.27
综合阻力	47.18	23.66	40.38	24.70	40.68	25.04

如图6.71～图6.73所示，三种情形下的隐性阻力面均呈现由北至南逐渐降低的趋势，这主要是因为水域和林地等用地类型大多集中在研究区的中部和南部，使生态流的运行更加畅通。隐性生态阻力的峰值主要集中在江苏省和安徽省内的耕地区域：这一方面可能是由于耕地主要提供食物生产服务，在其他系统服务方面贡献较少导致物质和能量交换难以完成；另一方面可能由于长期的耕作造成土壤酸化、土壤板结等问题，影响了自身与周边林地、草地等其他用地之间的生态过程的顺畅发生。

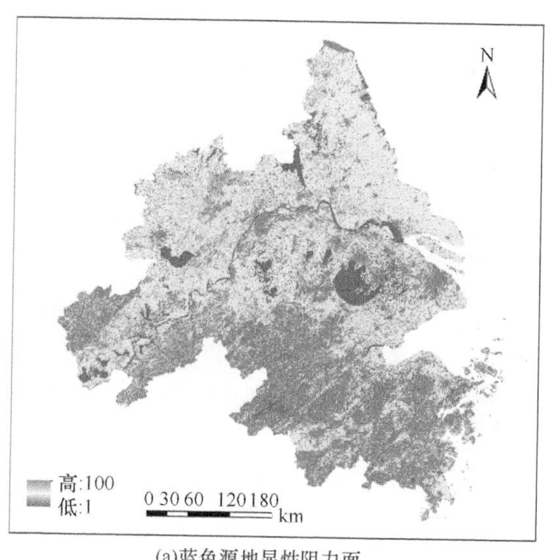

(a)蓝色源地显性阻力面

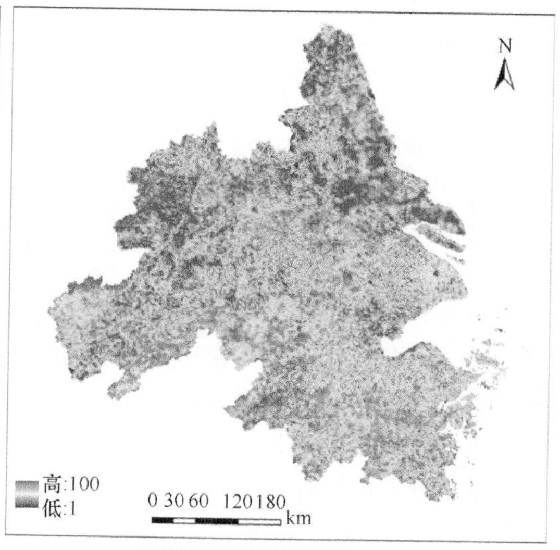

(b)蓝色源地隐性阻力面

图6.71　蓝色源地阻力面

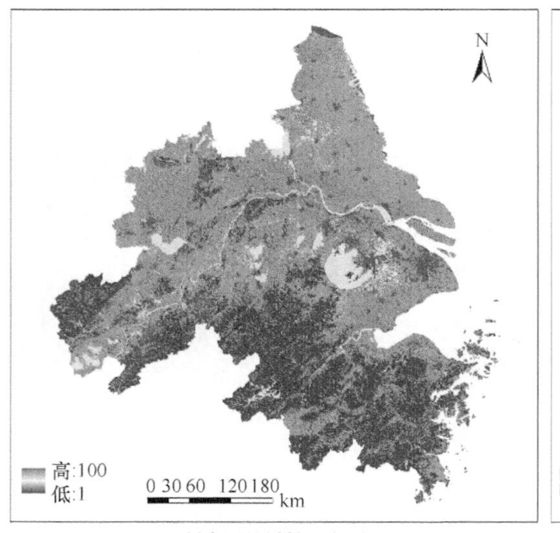

(a)绿色源地显性阻力面

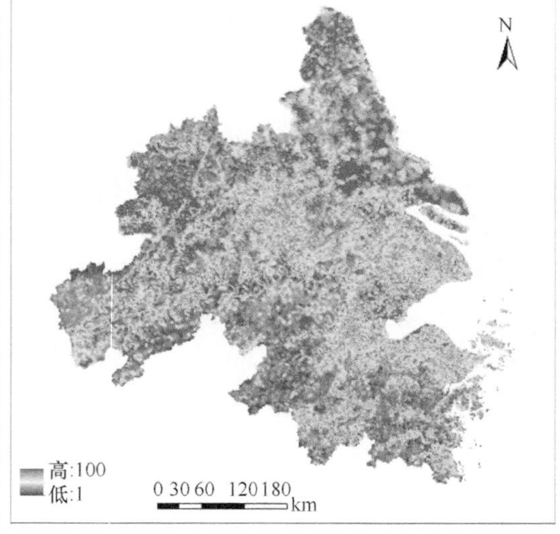

(b)绿色源地隐性阻力面

图 6.72　绿色源地阻力面

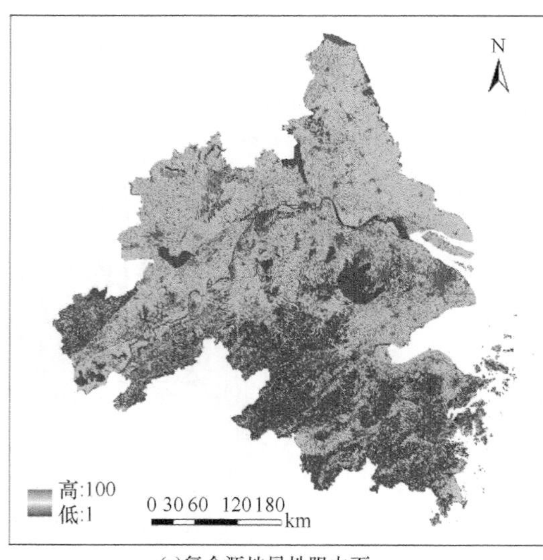

(a)复合源地显性阻力面

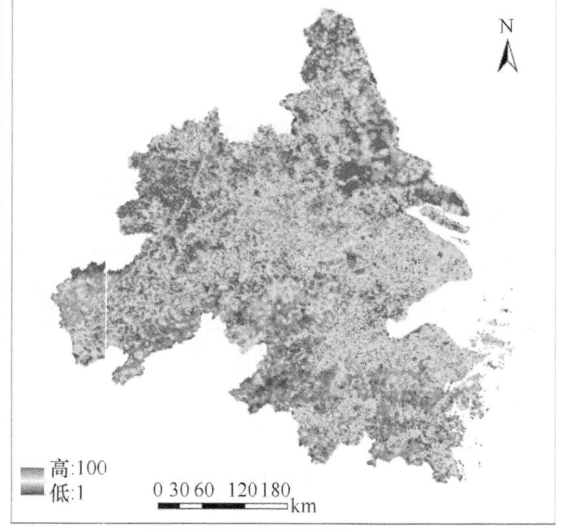

(b)复合源地隐性阻力面

图 6.73　复合源地阻力面

如图 6.74～图 6.76 所示，蓝色源地下的综合阻力平均值最大，但标准差最小。这主要是因为在蓝色源地中，水域湿地的阻力值最小，但源地区域的面积同样最小，导致其他阻力值相对较大的区域使整体的平均值升高。绿色和复合源地下的综合阻力平均值比较接近，均呈现南部阻力小、北部阻力中等、中部阻力最大的趋势。

如图 6.77 所示，蓝色源地中共有 514 条生态廊道，总长度为 4198.26km。由于连接的源地之间距离较远，且蓝色源地的综合阻力值较大，因此蓝色廊道的平均长度为 8.17 km，比较容易受到人为活动的影响而被阻断，难以发挥廊道的连接功能。最长的廊道位于杭州千岛湖，长度达到 75.25km，河流自身即为天然廊道。盐城、南通的

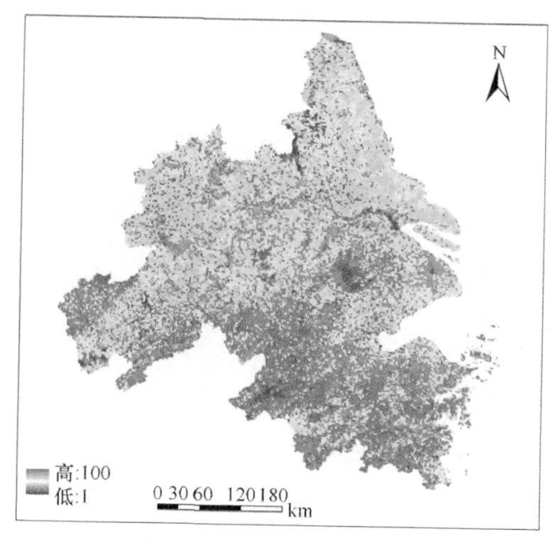

图 6.74　蓝色源地基本生态阻力面

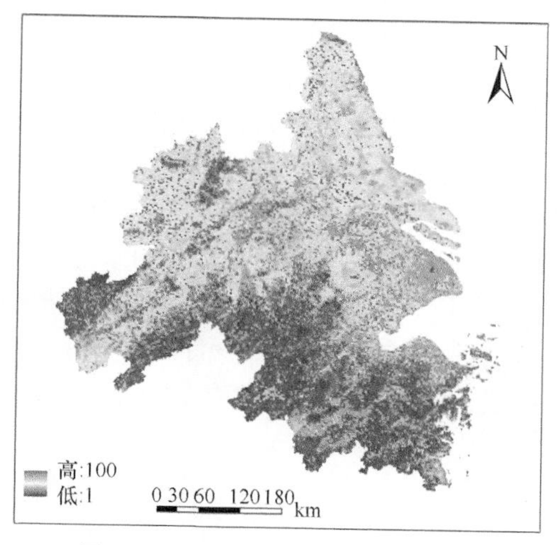

图 6.75　绿色源地基本生态阻力面

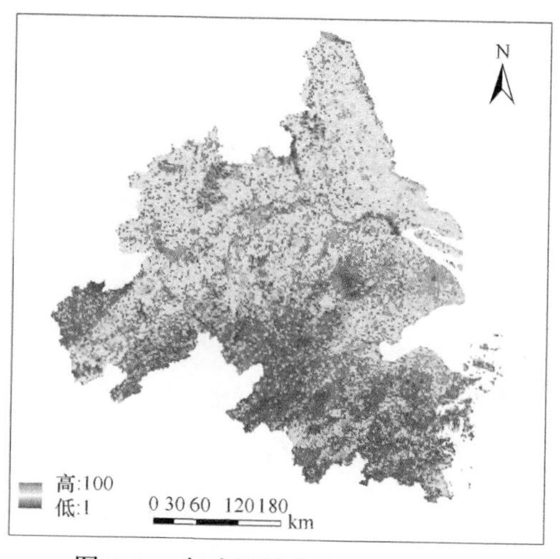

图 6.76　复合源地基本生态阻力面

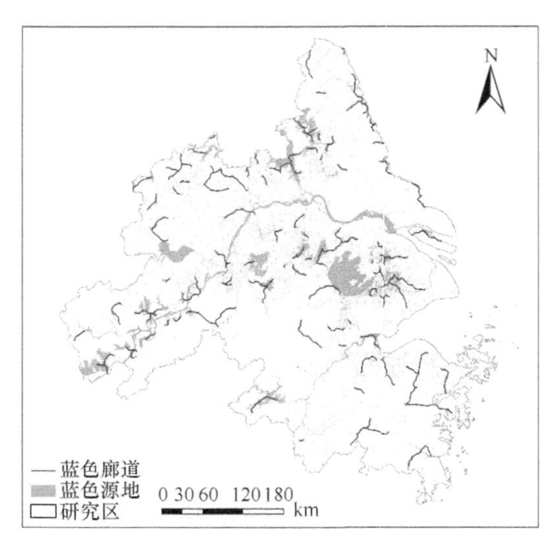

图 6.77 蓝色源地廊道分布

东部区域和上海崇明岛上共分布着 25 条沿海廊道，这些廊道可依托滨海优势，建立蓝色海岸线，既能提升城市形象，增强城市的蓝色经济发展，又能沟通城市水体，保障长三角北翼的蓝色生态安全。

如图 6.78 所示，绿色源地中共有 355 条生态廊道，总长度为 2628.66km。就分布情况而言，绿色廊道主要分布在长三角城市群的西北部和东南部：西北部的廊道较为集中，且由于沟通的源地距离较近导致廊道的面积普遍较小；东南部的源地面积较大，因此源地中心相隔较远，导致东南部的廊道呈现分散、面积大的特点。绿色源地廊道的平均长度为 9.60km。最长的廊道位于宣城市内，长度为 78.09km，贯穿南山—伏岭山。

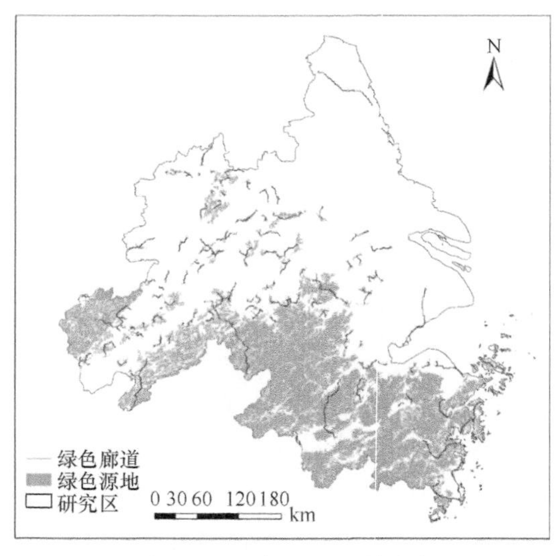

图 6.78 绿色源地廊道分布

如图 6.79 所示，复合源地情形中共有 1219 条廊道，总长度达到 5632.76km，约为前面两种情形廊道长度之和。复合廊道的平均长度为 5.97km，在三种情形中最低，因此，廊道不会因为需要连接的距离太长而轻易被阻断。由于动植物跨越大型河流（如长江）的能力有限，因此长江可作为生态廊道一条明显的分界线，将廊道的布局分成长江以南和长江以北两部分。长江以南的源地以敏感性细碎斑块居多，因此生态廊道的长度相对较小，两两成对，通过高度密集的廊道构建网络进行连接，从而达到提高源地间连通度的目标；而长江以北的廊道整体较长，主要用于连接巢湖、高邮湖、洪泽湖和滨海水域湿地等具有较高生态重要性的区域，形态和功能上与蓝色源地中对应的区域均较为接近，因此在后期的规划优化中可考虑进行重组、融合以便更加适应建设的可行性。

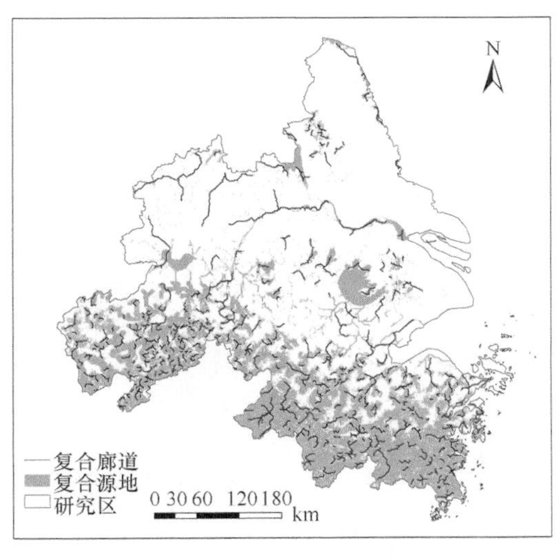

图 6.79　复合源地廊道分布

通过对三种情形的对比总结，蓝色和绿色源地只考虑了单一土地类型的源间连接，可能难以适应长三角城市群日益复杂的用地基底，而复合源地情形源地类型更加丰富，对于源地的选择也更加定量化、精准化，能够更好地促进多元生态用地的连通性，从而保障格局的有效性。此外，从平均廊道长度与廊道数量的比例两个指标可看出，三种情形中，蓝色廊道连接的源地范围较大，因此容易受到人为活动的影响而被阻断，难以提升连接效果。而复合源地情形中，廊道数量多，距离短，不易被阻断，能够较好地发挥其沟通作用。

4. 长三角城市群最优情形的生态格局分区管理策略

通过上述的分析比较，采用复合源地情形能够较好地发挥源地、廊道等生态组分的保障作用。将复合源地作为需要保护的区域，通过 MCR 法计算源地至研究区其他区域的最小耗费阻力值，再通过标准差法对阻力值进行划分，并以确定的阶段性阈值为边界划定不同水平的安全格局。

图 6.80 中，低阻力区域以巢湖—太湖为分界线，以南包括皖西、皖南、浙西、浙南，以北涵盖源地周围较低缓冲区的区域，面积为 52118.43km^2，占长三角城市群总面积的 25.34%。由于低阻力区域与源地之间的阻力较低，即生物过程很容易从源地出发扩散至此处，因此认为该区域对于维持源地的结构功能不受侵害具有较强的保护作用。中阻力

水平区域主要分布在皖北、苏西和环杭州湾地区，面积为 46745.35km^2，占总面积的22.73%。相较于低阻力区域，此范围内与源地的阻力适中，因此可以进行适当的人工建设，以增强区域的经济发展水平。高阻力区域主要包括上海、北翼的南通和盐城两个地级市，以及泰州、扬州、苏州、常州、无锡、镇江、南京、滁州、合肥、嘉兴十个地级市的部分区域，面积共计 22404.45km^2，占长三角面积的 10.89%。高阻力区域与源地间的耗费阻力大，即生态过程从源地较难扩散至此处，因此各类生态用地对于保障生态安全的作用相对较弱，可以进行优先开发建设。

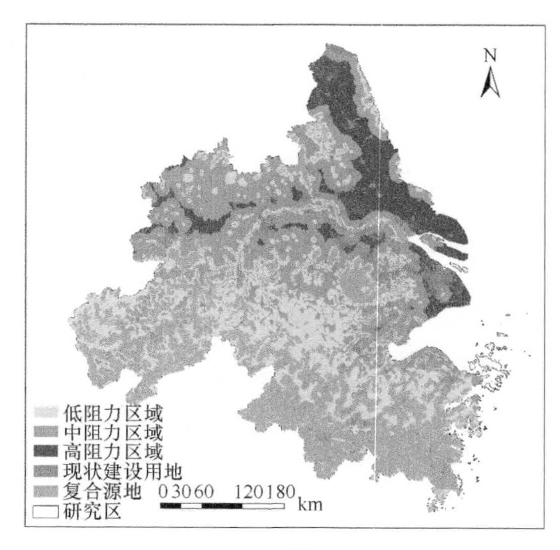

图 6.80　复合源地缓冲区分布

根据《长江三角洲城市群发展规划》（以下简称《规划》），长三角城市群的主体功能区可划分为限制开发区、重点开发区和优化开发区。其中，限制开发区是指生态敏感性较强、资源环境承载能力较低的地区，重点开发区域是指资源环境承载能力还具有较大潜力的地区，优化开发区域是指资源环境承载能力出现阶段性饱和的地区。这种分类方式反映了在长三角城市群内，根据县域一级尺度上的资源环境承载能力而确定出的国土开发强度和城市发展方向。

本书中的生态安全格局在实质上也是试图实现国土空间的分区管治，因此借鉴《规划》中长三角城市群的主体功能区名称，针对图 6.80 中的结果进行二次分类汇总成限制开发区、适当开发区和优先开发区。限制开发区包括复合源地和低阻力区两部分，该区域的面积合计占长三角城市群的 55.08%，主要位于太湖以南。适当开发区包括中阻力区，优先开发区包括现状开发用地和高阻力区两部分，面积合计占区域的 22.73%。在不同区域的面积占比上，本书基本实现了 5∶3∶2 的比例，在空间上对区域进行了有效的划分。就二者的比较分析而言，本书是在生态重要性和生态敏感性的评估基础上确定源地的，因此研究尺度为 1km 栅格，较县域尺度更加精细，能够在更小的尺度上确定土地的开发优先等级。同时，二者也存在部分区域上的差异，具体表现为太湖、金华-台州和盐城-南通等区域的开发等级。在本书的评估中，主要考虑生态重要性和生态敏感性，生态敏感性评估中又主要考虑陆地上的土壤侵蚀和洪涝灾害过程。太湖是长三角城市群中重要的淡水湖，面积大，能提供较多生态系统服务价值，对于保障长三角城市群的饮用水安全和水源涵养等都具有显著作用；而金华和台州是洪涝灾害多发地，且南部林地与杭州、池州和安庆南部的林地一同构成完整的皖南—浙西—浙南生态屏障，保障长三角城市群的生态安全。所以，这两个区域都不太适宜进行大规模的城镇建设，而应作为限制开发的区域。

结合以上分析对比，对长三角城市群的生态安全格局土地分区结果提出如下建议。

（1）限制开发区：该区域为保障长三角城市群生态安全的底线，应严格控制区域周边现有城镇向限制区扩张的规模，通过详细的生态调查对已受损的生态用地进行修复和重建；由于限制开发区内存在多个国家级、省级乃至市级的自然保护区或森林公园等，应对这些区域进行重点管控，划定公园红线，设置围栏以防过多游客进入公园核心区。

（2）适当开发区：该区域可作为城镇适当扩张的区域，但由于城镇建设过程中难免会使生态用地受到人为干扰的破坏，所以应对区域内的蓝色、绿色空间进行优化，如引进经济林、灌木林等增加区域内的绿色空间，拓宽廊道以便为动物提供更多的栖息空间，增强区域内各景观斑块间联系的同时也为动物迁徙、生态过程扩散提供畅通的渠道。

6.3.4　长三角城市群生态安全格局网络设计信息集成平台

本书基于地理信息系统、层次分析法、最小累积阻力模型等多种模型方法，针对具体的生态过程，构建了长三角生态安全格局；设置蓝色源地、绿色源地和复合源地三种情形，在三种情形下分别针对各生态安全格局组分的特点进行对比分析，为多情景生态安全格局的构建提供参考依据，并为长三角城市群的生态安全保障提供规划思路和指导建议。

目前本书基于上述过程，已通过 Python 语言编写程序，实现了生态网络设计全过程和廊道的自动化处理，并基于 ArcGIS、Web Service，运用信息技术和大数据平台，开发了长三角城市群生态安全格局网络设计信息集成与平台。该平台以数据为核心，生态格局构建过程为主线，以需求为导向，能够为用户提供访问各环节数据的统一界面和接口，增强生态安全格局构建过程中各环节之间的耦合度，实现构建过程的智能化管控、信息传递和数据共享。能够为未来城市群发展过程中，城市之间以及城市内部对于保障区域生态安全的影响研究提供便捷，也将为提升生态系统质量和稳定性，保障区域生态安全，实现城市群内更加精细的土地管理提供工具和支持。

6.3.5　长三角城市群多尺度生态网络设计关键技术结论

长三角城市群多尺度生态设计关键技术基于长三角城市群 1990 年、2000 年、2010 年及 2015 年四期土地利用图，利用地理信息系统、层次分析法、最小累积阻力模型等多种模型方法，针对具体的生态过程构建生态安全格局，为长三角城市群的生态安全保障提供规划思路和指导建议。

本部分研究的结论主要包括：

（1）1990～2015 年是我国城市化迅速发展的时期，土地利用转变灵活，类型和数量均发生较大变化：2015 年建设用地的面积为 1990 年的 1.93 倍，增加的建设用地主要来源于耕地和林地；耕地面积共减少 12621.81km^2，林地面积先增后减，总体上仍增加 2207.31km^2；草地总计下降 2464.94km^2，但下降趋势明显放缓；水域是唯一持续增长的生态用地类型，共增加了 1066.12km^2；湿地也持续性减少。从土地转移的角度看，各种土地类型之间均可能发生转变，说明自然退化和人类活动都能强烈改造土地的利用方式，其中耕地的转出率是所有类型中最高的，生态用地退耕的土地数量比较有限；生态用地中，水域的转出率较高，与我国围海造地、围湖造地等举措密切相关。整体上，由于日益增长的经济发展需求，传统的土地利用方式在用地规模、用地类型等方面均给长三角城市群造成较大的供需矛盾，且难以满足国家提出的“既要金山银山，又要绿水青山”的观念。因此，亟须针对城市群整体做出规划，在保障生态安全不受侵害的情况下，辨析其适宜发展建设的区域。

（2）生态系统服务总价值先增加后减少，但随着生态用地的面积收缩，城镇建设用地的进一步扩张，区域的生态系统服务价值必将呈现逐渐降低的趋势。就单项服务而言，食物生产和土壤形成与保护两项服务价值持续下降，分别下降 10.41%和 3.61%，水源涵养、废物处理和娱乐休闲服务在 1990～2010 年持续上升，分别上升 5.24%、0.97%和 6.54%，在 2015 年略有下降，其余四项服务价值也存在先上升后下降的趋势，仅有原材料服务价值略微上涨 2.83%，气体交换、气候调节和生物多样性保护服务经过 20 年的变化都表现为价值回落，下降幅度分别为 0.27%、3.27%和 0.65%。按供给、调节、文化和支持服务分析，供给和支持服务的价值量先增加后降低，但占比持续下降，调节和文化服务的价值量和占比均一直上升。以上结果说明，长三角城市群的主要生态系统服务价值正面临减少的危机，随着人群逐渐向东部沿海地区聚集，生态服务价值方面也将产生供需矛盾。

（3）以 2015 年为典型年份进行生态重要性和生态敏感性的评估，结果表明，供给价值和支持价值由北向南逐渐升高，而调节价值和文化价值呈现出南北低、中间高的特点。土壤侵蚀敏感性选取降雨、土壤质地、地形起伏和植被覆盖度作为单因子，洪涝灾害敏感性选取坡度、降雨、人口密度和与河网的距离作为评价因子，最终的生态敏感性综合评价中的敏感性区域达到 65323km^2，占研究区面积的 31.76%，其中在土壤侵蚀和洪涝灾害评价中都处于敏感性区域的面积为 10371km^2，全部位于安庆—台州以南一侧。耕地和林地是敏感性区域的主要组成部分。就所属的市级区域而言，面积最大的五个城市分别为杭州、金华、安庆、台州和池州，单个城市的敏感区面积均超过 5000km^2；尤其是金华和台州，占各自城市总面积的比例分别为 88.04%和 92.21%，可以认为这两个城市的生态保育工作对于保障长三角城市群的生态安全具有重大意义。

（4）设置蓝色源地、绿色源地和复合源地三种情形进行对比分析，研究结果表明：复合源地中，林地的面积为 29258.14km^2，占源地面积的 47.35%；水域湿地的面积共 10684.85km^2，占 17.29%。这两种用地类型与对应情形的源地面积重合度较高，说明选取的源地涵盖了其中极具生态保护意义的用地。同时，复合源地中还包括了 18772.98km^2 的耕地，对于划定耕地红线、判定永久基本农田都具有一定的参考价值。

而生态阻力面集中反映了源地扩张和从源地出发的生态过程在进行过程中的阻力情况。显性阻力面在三种情形中均在中部形成峰值凸起，并存在多个都市圈，增加生态斑块的破碎度。而隐性阻力面由北至南逐渐降低，峰值主要集中在江苏省和安徽省内的耕地区域。蓝色源地情形下的综合阻力平均值最大，但标准差最小；绿色源地和复合源地情形下的综合阻力平均值比较接近，且南部阻力小，北部阻力中等，中部阻力最大。

蓝色源地情形中有514条生态廊道，绿色源地情形中有355条生态廊道，复合源地情形中有1219条廊道。复合情形中的廊道数量最多，平均长度最小，为5.97km，所以不易被人为活动等阻断，能够较好地发挥其沟通作用。此外，蓝色和绿色源地情形只考虑了单一土地类型的源间连接，难以适应长三角城市群日益复杂的用地基底，而复合源地情形源地类型更加丰富，对于源地的选择也更加定量化、精准化，能够更好地促进多元生态用地的连通性，从而保障格局的有效性。因此认为复合情形是最符合为长三角城市群保障生态安全的一种格局情形。基于此，提出分区管理方案。低阻力区域的面积为52118.43km^2，占长三角城市群总面积的25.34%，与复合源地合计占总面积的55.22%，共同组成了长三角城市群的生态安全保障底线。建议对已受损的用地进行修复、重建，同时限制城镇扩张，加强城区与远郊的生态联系，划定公园红线、设置围栏，适当限制游客人数。中阻力区域主要分布在皖北、苏西和环杭州湾地区，面积为46745.35km^2，占总面积的22.73%。可适当进行城镇扩张，并引进经济林、灌草丛，以增强区域内的生态畅通性。高阻力区域对于保障生态安全的作用相对较弱，可以进行优先开发建设。

6.4 长三角城市群区域生态安全综合保障与技术集成

6.4.1 长三角城市群区域生态安全综合保障技术集成

长三角城市群区域生态安全综合保障技术集成内容，包括开展区域生态系统综合评价与健康诊断、生态安全评估、生态景观修复与重建、生态空间保育及功能提升、生态系统监测与监管、生态风险预测预警、生态安全格局规划与网络设计，以及生态安全协同联动决策平台等综合型技术研究，为长三角城市群区域生态安全格局构建、规划实施与管理提供实践参考。

长三角城市群区域生态安全综合保障技术集成的内在逻辑关系为：基于近40年来长三角区域生态系统时空演变规律，构建长三角城市群自然-社会-经济系统耦合机制，阐明城市化与区域生态系统的DPSIR（驱动力-压力-状态-影响-响应）多元共轭机理，以此开展区域生态系统综合评价、生态安全综合评估，诊断区域生态系统健康、生态安全水平状况；在此基础上，针对长三角城市群河网景观、环湖生态林、城乡交错带和重要水源地等典型的生态景观进行生态修复与重建，针对城市湿地、城市植被和生物栖息地等受损的典型生态空间开展生态修复保育和服务功能提升；与此同时，保持基础研究与技术研发双轨制的原则，开发具有实时、快速诊断与识别生态系统健康状况的FERDAS-II系统，集水、土、气、生一体的生态环境立体监测与生态风险预测预警平台，对重点产业和城市灾害等重要领域的生态风险进行专项研究。生态系统评价监测与生态风险预测预警相辅相成，为生态安全格局规划、生态网络设计等奠定了技术基础与监管系统。

基于生态安全评价、生态健康诊断、生态景观修复、生态功能提升，以及生态系统监测、生态风险预警等的一整套技术研究与开发，秉持宏观、中微观兼顾的技术路线，从生态安全宏观保障技术角度，基于生态系统“源-流-汇”空间格局理论与空间优化决策模型的城市群“三生”共轭生态空间规划与生态安全格局网络设计技术；开发基于城市群 PREED（人口-资源-环境-经济-发展）生态耦合协调、基础生态空间网络优化的生态安全综合保障技术体系。最后，基于已建立的生态安全识别与监测、生态安全评估与预警、生态功能修复与提升等模型及技术方法进行模型方法的整体技术集成，构建长三角城市群综合生态安全保障决策支持系统和联动平台（图 6.81）。

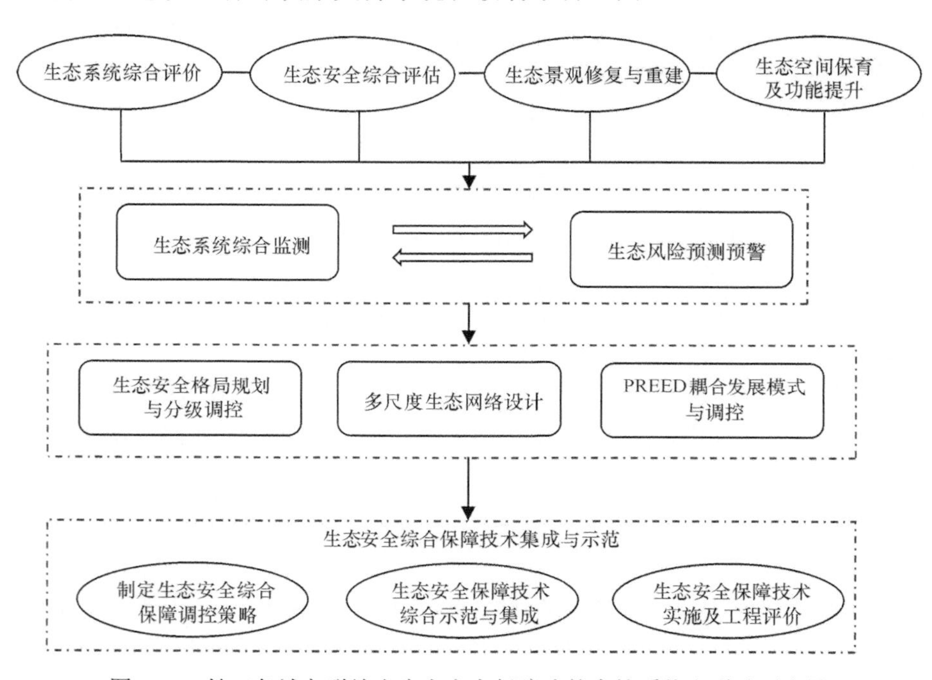

图 6.81　长三角城市群综合生态安全保障决策支持系统和联动平台图

具体而言，完成的技术研究包括以下内容。

（1）基于 PSE（压力-敏感-弹性）模型、场景测试、环境物联网与云智 TM 等技术，应用自主研发的国家发明专利“生态评价单元粒度栅格法”（ZL201220013418.7）、“水-土-气-生”一体化 FERDAS-I 监测与数据处理技术、城市群发展信息提取与分析集成技术，研究年长三角区域生态系统时空演变规律，论述城市化对区域生态系统的 DPSIR（驱动力-压力-状态-影响-响应）多元共轭机理，开发构建具有实时、快速诊断与识别功能的 FERDAS-II 系统，研发长三角城市群生态系统评价、健康诊断与监管技术体系。

（2）集成应用 VSD（脆弱性评价整合模型）、CLUE-S（土地利用变化及影响模型）等模型开展长三角城市群生态安全评估、生态风险及重点区域识别，建立长三角城市群生态安全评估技术体系。同时，基于空间“3S”技术和现代网络通信技术产生的大数据，通过计算机编程辅助计算和空间可视化技术相结合，集成研发长三角城市群生态安全响应、快速诊断与识别技术。在对重点产业和极端气候生态风险开展专项研究的基础上，构建城市群多维生态风险模型，基于城市群多维生态环境与社会经济大数据，开展相关数据的挖掘与同化，以 LUCC 为突破点，开发基于系统动力学模型与面向对象技术的 LUCC 预测模型软件，开展生态风险的预测预警研究，建立长三角城市群生态风险预测预警技术平台。

（3）针对长三角城市群退化河网景观、环湖生态林、城乡交错带和重要水源地等关键生态景观，重点开展山体-河岸带-水体、源头-过程-末端，“点-线-面”、个体-群落-景观-生态系统等多尺度相融合的功能物种筛选、结构优化配置等梯级生态景观重建技术研究，构建提升长三角重要生态景观服务功能的技术体系，并进行试验示范，为长三角城市群生态安全保障提供技术支撑。

（4）开展长三角城市群典型退化城市湿地恢复与重建、典型退化城市植被生态重建与服务功能提升、典型受损土壤生态修复与服务功能提升、典型生物栖息地生态重建与服务功能提升，以及长三角城市群环境物联网等关键技术研究与示范。运用环境物联网技术，根据示范区改造区位与立地条件和修复目标，揭示典型受损的城市环境要素存在的问题，制定改造途径，对比关键区域生态修复前后的生态功能，阐明典型受损的城市环境要素主要生态功能提升的作用机理。

（5）以长三角城市群为研究对象，从生态安全宏观保障技术角度出发，基于生态系统“源-流-汇”生态格局理论与空间优化决策模型，构建布局合理、功能复合的长三角城市群生态安全格局与网络，并提出不同分区生态安全战略空间管控要求及规划导引方案。基于生态网络空间格局时空演变过程，城市空间和边界扩展与生态网络格局的相互影响机制构建长三角城市群多尺度生态网络设计技术。基于区域生态系统战略性保护的目标，开发基于与区域生态资源支撑力相适应的长三角城市群 PREED（人口-资源-环境-经济-发展）耦合发展模式、路径和优化配置方案。

（6）以长三角城市群为研究对象，构建该地区生态安全保障监管体系、协同联动机制与管控体系，建立大数据框架下的长三角城市群生态安全保障技术系统，在此基础上研发具有生态安全识别与监测、生态安全评估与预警、生态功能修复与提升等功能的生态安全保障决策支持系统，并进一步开发以突发生态风险的响应为主要目标的生态安全联动平台。在示范区部署决策支持系统和联动平台，开展典型示范应用，提出生态安全保障决策方案，实现长三角城市群生态安全保障的联动管理与决策支持，为长三角城市群的可持续发展和生态城市建设服务（图 6.82）。

6.4.2 长三角城市群区域生态安全综合保障技术系统开发与示范

在长三角城市群 PREED 耦合发展模式与调控关键技术的基础上，对核心的环境要素——水要素开发了水环境生态安全评估虚拟仿真系统。该系统在技术上基于计算机图形学及 UNITY 3D 引擎的核心仿真模拟模块而开发，模拟并展示了虚拟仿真水样采集、水质变化动态模拟、溢油模拟展示等三维效果（图 6.83）。在制作过程中，所运用的软件技术对于三维场景的画面构图、色彩、光线等方面的加工和调整，使效果达到

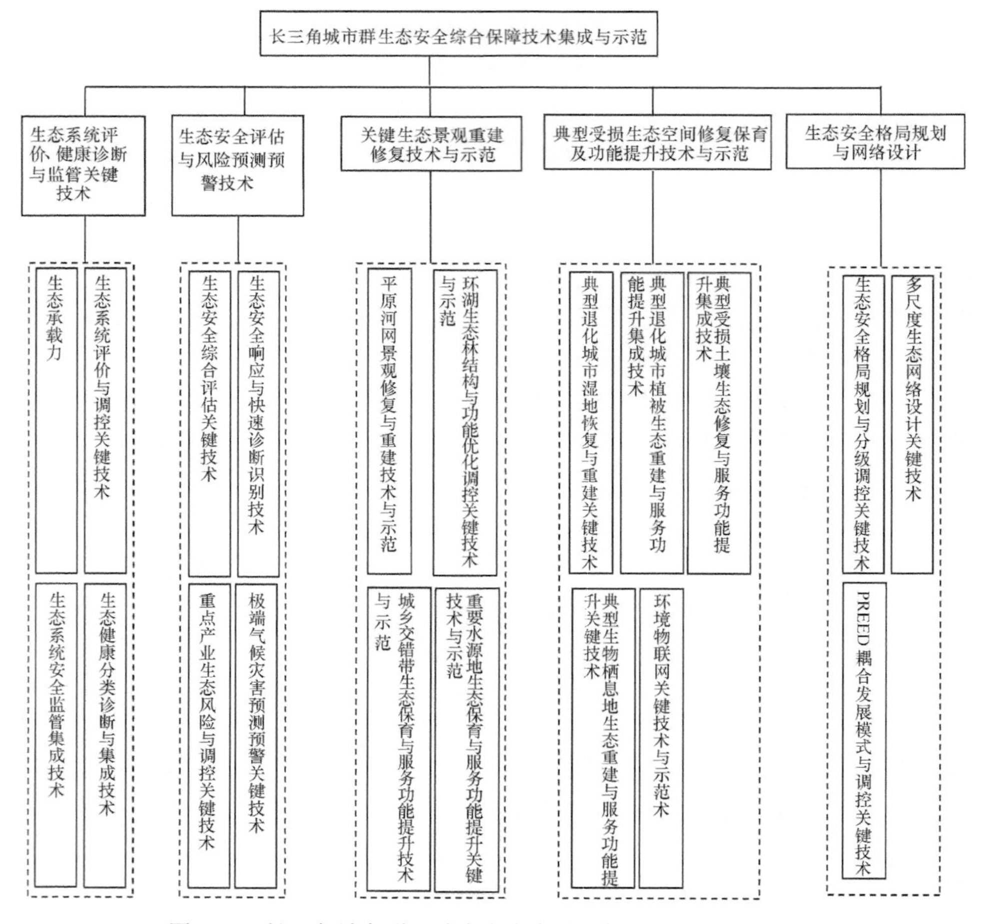

图 6.82　长三角城市群区域生态安全综合保障技术集成展示图

图 6.83　水环境生态安全评估虚拟仿真系统

了“以虚补实”的逼真层次。视觉艺术精致而富有美感。同时，系统紧扣国家绿色发展的重大战略，包含大量开放性操作，可供社会用户和高校用户自由使用，提升使用者的创造性和家国情怀。在虚拟仿真水样采集版块中，涵盖了采水样教学的全部流程及细节。在溢油模拟及水质变化动态模拟版块中，显示了从流域上游到下游的每个采样点的污染物浓度，并展示长期水质变化的 3D 可视化模拟结果，效果清晰直观。

本书作者与三个合作单位组积极协调和合作，同时在上海九段沙、崇明区和青浦区建立研究及示范基地。“长三角城市群城市生态安全格局规划与分级调控关键技术”、“长三角城市群多尺度生态网络设计关键技术”和“长三角城市群 PREED 耦合发展模式与调控关键技术”三方面的关系如图 6.84 所示。

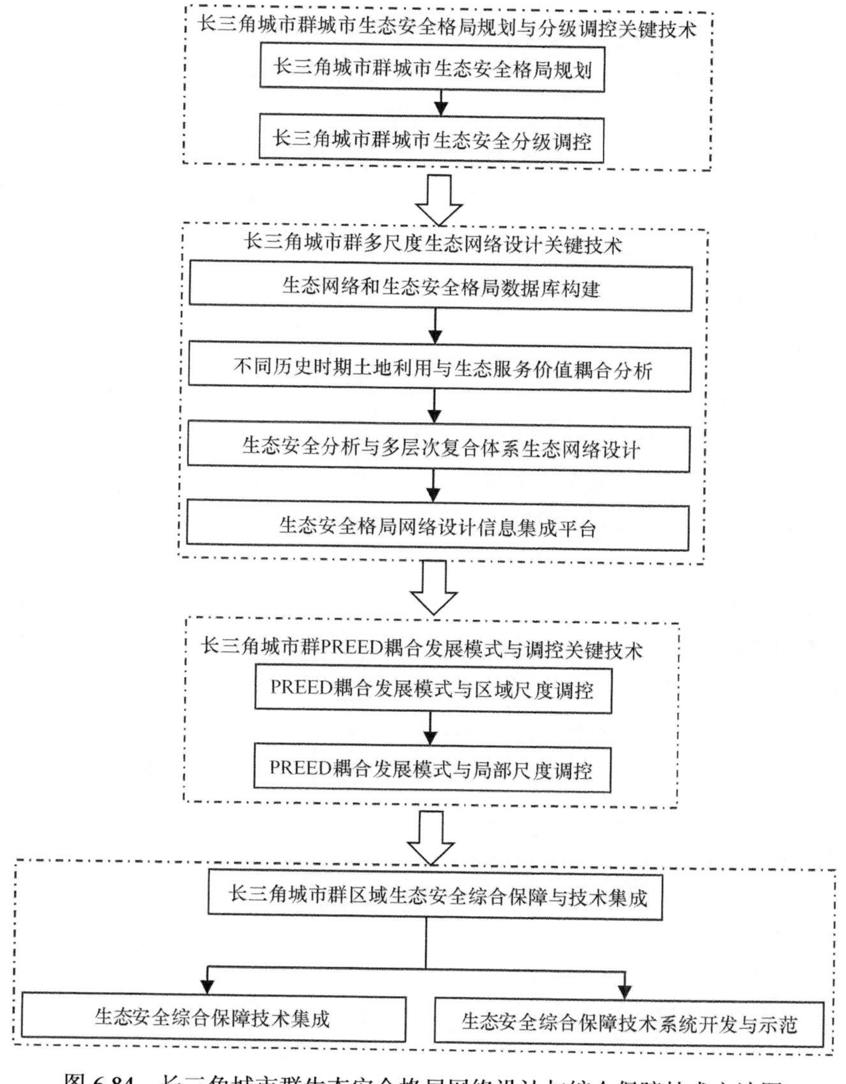

图 6.84　长三角城市群生态安全格局网络设计与综合保障技术方法图

第 7 章　长三角城市群生态安全协同联动决策支持系统和平台构建及集成示范

7.1　长三角城市群生态安全协同联动机制与管控体系研究

从协同联动的范围、深度、效能、制度化、组织化和机制化评估城市群生态安全联动的现状水平和存在问题；明确生态安全的保护、建设者和生态安全成果受益者，建立分区域、分城市、分部门的城市生态安全联动的分级体系；从区域和地方层面研究城市群生态安全协同联动的机制，构建生态安全的监测网络平台，完善应急处置体系、强化监督，完善联动各部门考核和责任追究机制；城市群生态安全管控的指标体系研究、空间区划、生态补偿与对口支援区域体系研究。

7.1.1　引　　言

为贯彻落实《中华人民共和国环境保护法》、《国务院关于加强环境保护重点工作的意见》和《长江三角洲区域一体化发展》，保障长三角城市群生态安全，在科技部（2016年）国家重点研发计划“典型脆弱生态修复与保护研究”重点专项“长三角城市群生态安全保障关键技术研究与集成示范”（2016YFC0502706）相关科研成果的基础上，针对目前存在的跨界区域生态安全管控中的问题，制订《长三角城市群生态安全协同联动管控技术规程》，旨在提升区域生态安全保障水平，促进长三角城市群的可持续发展。通过《长三角城市群生态安全协同联动管控技术规程》的编制能够推动课题研究在区域生态安全管控技术方面实现突破，为长三角城市群区域一体化协同发展提供技术支撑。

长三角城市群健康与可持续发展是保障我国国家安全的重要基础，但因其城市化过程缺乏区域间协同联动，产业布局各自为政，导致生态用地流失、水生态失衡等，由此带来区域生态系统服务下降、跨区域生态风险加剧、环境协调能力不足，严重影响区域的可持续发展（Zhang et al.，2016）。本规程的编制将有助于长三角地区提高生态系统监管能力，促进区域健康发展，并为国家城市群可持续发展提供科学依据，具有极其重要的社会、经济和生态效益。

7.1.2　生态安全协同管控技术的内涵

管控的基本解释为“管理控制”，是在既有的框架下对特定资源和行为所进行的约束和组织，管控具有既定的目标，并且需要一定的权力赋予作为实施管控行为的保障。

从管控的基本解释可以看出，“管”即为定性的方法措施，“控”即为定量的指标和技术。

因此，长三角城市群生态安全管控是综合了定性和定量的方法、技术和指标，对长三角城市群的生态安全进行定性和定量的管理控制。

生态安全协同管控技术是指在长三角城市群范围内，各省市、各部门协作联合利用监测技术、风险评估与政策管理等定量和定性的管理手段与控制方法，形成有助于长三角城市群提高生态系统监管能力，促进区域健康发展的技术集成与规范要求。

7.1.3　长三角城市群生态安全协同联动分级框架体系

结合长三角地区大气污染物主要构成、空间分布、地理特征，以及主要大气污染物的控制目标等，从区域、城市、部门三个层面考虑，包括大气主要污染物的区域分级管控（大气污染监测、污染防治、监督和效果评估等）；提出城市减排策略；各部门分工、考核及监督等；市场和社会参与（生态安全的保护者、建设者和受益者等利益相关者）等方面。

一是协同联动治理大气污染的基础是对区域内的自然地理条件、经济社会发展状况、大气污染来源以及输送规律等方面进行深入的分析和研究，从 $PM_{2.5}$、PM_{10}、CO、NO_2、O_3 等污染物中锁定所在区域的主要污染物，并据此形成主要大气污染物的分级管控质量目标。并且，在参考和借鉴国家发布的“大气国十条”减排方案基础上，组建跨区（县）、跨地市乃至跨省（市）的区域大气污染防治领导小组，形成跨区领导机构、跨区发展规划、跨区行动计划等一整套大气污染监管和防控体系。

二是在经济发展、人民生活、交通运输、产业布局、法律法规等方面形成统一规划、统一防治、统一监测、统一监管、统一评估的全方位、立体化的防治运作机制。在统一规划方面，侧重能源消费结构、产业发展规划、产业布局优化以及交通运输升级等方面；在统一防治方面，由于大气污染物来源的多样性、产生的复杂性以及化学性质的不稳定性，对于硫氧化物、氮氧化物以及臭氧等主要气体污染物需要采取综合的治理措施，只针对某一种污染物的防治方法难以奏效；在统一监测方面，不同区域、不同单元有必要进行联防联控，综合运用多种方法对大气污染物进行系统监测、信息共享、数据分析以及应急响应；在统一监管与评估方面，考虑到大气污染物的特殊性，在立法、执法以及生态补偿、排污权交易等方面制订切实可行的措施方法，并对总量目标、分量目标等进行多层级、多角度评估。

三是在统一规划、防治、监测、监管以及评估的基础上，形成大气污染物联防联控的具体策略。例如，在生活垃圾处理方面，严控垃圾随意倾倒及生活垃圾露天焚烧；在绿色建筑方面，提倡使用绿色建材、工地绿色施工、加强扬尘、渣土覆盖；在交通运输方面，减少老旧车辆和黄标车，严格加装尾气处理装置；在产业结构方面，加强技术创新，淘汰高耗能、高污染企业，推进现代生态农业发展，以生态服务业引领产业结构优化新引擎。此外，优化能源消费结构，提高节能减排力度。

四是大气污染的来源是多方面的，其治理措施也需要各方协调推进，共同发力。政府部门、生产企业、社会公众及各种利益相关者都应该各自发挥自己的力量加强大气环境保护。此外，由于大气污染的隐秘性及外部性特征，有必要进一步加强大气污染的监督、执法力度，在我国大气污染防治法的基础上建立起不同层级、不同区域相对成熟、完善的大气污染防治法律体系，为践行绿色生态文明发展理念，实施绿色 GDP 考核目标奠定坚实的基础。框架体系如图 7.1 所示。

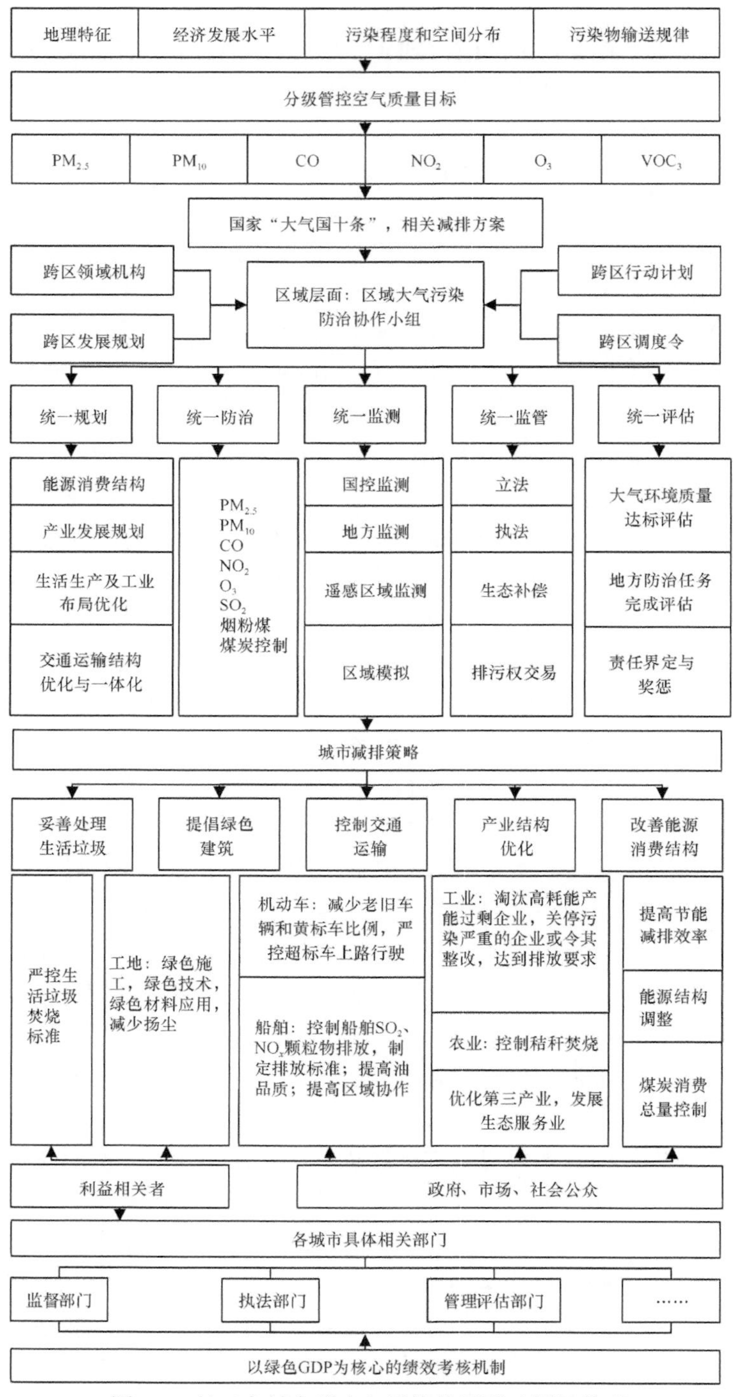

图 7.1 长三角城市群大气污染协同联动框架体系

7.1.4　长三角城市群生态安全协同联动机制研究

1. 健全完善长三角城市群大气污染防治协同联动机制组织架构

基于我国的大气污染联防联控经验，以及欧盟和美国的管理模式，健全和完善长三角城市群大气污染防治协同联动组织架构。具体包括：增设具有立法、执法、监管和决策权的长三角城市群空气质量管理委员会，对长三角城市群区域大气污染协同联动工作进行指导管理。增设长三角城市群区域大气科学中心，下设污染成因分析实验室、大气污染数据监测平台和由长三角各省市权威专家学者组成的专家库，为长三角城市群区域大气污染问题成因及协同减排对策提供技术支撑（图 7.2）。

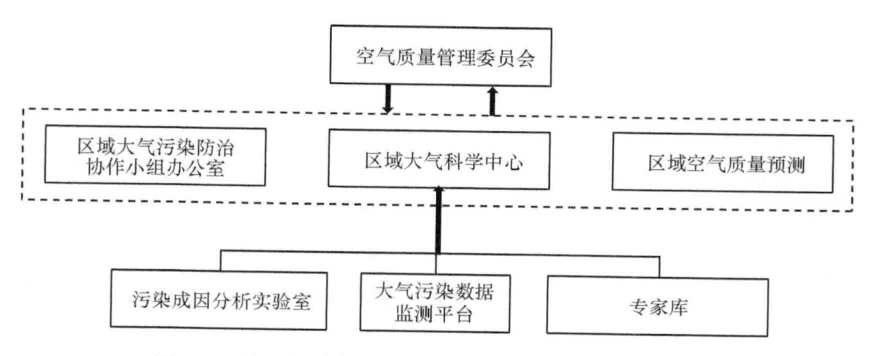

图 7.2　长三角城市群大气污染防治协同联动组织架构

2. 构建长三角城市群大气污染防治协同联动机制

针对长三角现有的大气污染防治协作机制存在的问题，从区域层面和地方层面，健全长三角大气污染防治协同联动的机制，包括构建大气污染信息、监测网络共享平台，制订突发性及特殊事件大气污染（应急处理）预案，建立大气污染的生态补偿机制，以及明确各联动部门的监督、分工、考核和责任追究机制等方面。

A. 构建大气污染信息、监测网络共享平台

大气污染治理过程中要充分发挥信息化手段的作用，通过跨地区和跨部门的信息系统互联互通，建设具有公开性、透明性、实时性等特点的区域性信息平台，以便在最短的时间内查明污染源，采取有效的应急联动措施，将污染影响降到最低。具体来看，涉及大气污染的全部固定污染源，以位置为基准公开在这个信息平台；涉及大气污染的全部移动污染源，以区域为基准公开在这个信息平台，并且每一污染源要将其每日产生的污染物在相应的位置和区域范围进行公开。

同时，充分利用好公众对大气污染的监督作用，由于该信息平台具有公开性、透明性、实时性和互动性，公众就可以随时了解大气质量、大气污染源，同时通过监督将隐瞒未报的大气污染源反映到信息平台上，确保大气污染的准确性，且对污染者起到警示作用，做到长三角大气污染源全披露。

另外，尽快统一区域大气环境标准和监测标准，健全长三角区域大气环境监测网络，

充分实现区域内空气质量监测数据、气象数据等信息的统一发布和及时预警。此外，应逐步实现治理技术成果、管理经验、执法信息以及可能造成跨界大气影响的污染事故信息等的无障碍共享，促进区域联动，提升整体性治理效能。

B. 制订突发性及特殊事件大气污染（应急处理）预案

为及时、有效应对污染天气，缓解大气环境污染，降低对市民身体健康的危害，建立健全高效快速的应急反应机制。2013 年 9 月，国务院印发的《大气污染防治行动计划》中第九条明确指出“建立监测预警应急体系，妥善应对重污染天气”。从建立预警体系、应急预案、应急措施等方面进一步要求做好各地重污染天气应急管理体制。

首先，设立组织领导机构。在大气重污染应急指挥中心部署下，各职能部门严格履行各自职责，通过完善体制、健全机制，形成政府组织实施、有关部门和单位具体落实、全民共同参与的重污染天气应急领导体系。

其次，设立监测与预警机制。预警机制一般按照污染物的浓度及气候因素进行分类。不同的污染物浓度代表不同的等级，同时一般以不同的颜色对应不同的等级。以计算机和网络技术为基础，构建数字化动态应急预案系统，将空间地理、静态和动态污染源分布、生态人群分布、应急救援措施、应急救援队力量等基础信息配置为动静态数据库，通过大气扩散动态仿真模型，模拟在突发事件或紧急情况发生过程中污染物的未来扩散途径和影响范围，使决策者能够第一时间掌握事故信息，根据现场影响范围和人群数量，以及预警系统的反馈信息，实时地做出正确的决策和相应的救援预案，将事故损失降到最低。

C. 建立大气污染的生态补偿机制

长三角区域大气污染协同治理，需要各级政府的协调配合，合作完成，而这会涉及不同地区各种利益的博弈和妥协，特别是经济水平相对落后的区域对完成大气污染防治需要做出更大的经济利益让步。因此，大气污染协调协同治理需要加入生态补偿机制，对环境外部性受益者支付一定的费用，受损者获得补偿，以平衡地区发展。

生态补偿以期通过经济刺激的方式激励损害人减少损害，鼓励保护人增加保护。大气污染的协同治理首先应当是政府之间的协同，其次是政府和市场、社会之间的协同，市场和社会是政府力量的有效补充，与政府之间形成一种良好的合作伙伴关系。由于大气是公共产品，因此政府主导的生态补偿是相对有效的模式，生态补偿财政补贴、优惠信贷、生态补偿专项基金等，拥有法定强制力，容易推行，易于管理。同时结合市场主导的模式的经济手段，充分利用经济趋利避害的特点，更贴近社会现实，包括大气污染物排污权交易、大气污染生态补偿保证金等。因此，建立政策手段和经济手段相结合的大气污染物排污权交易是目前协同治理下最适合的选择。

首先，建立一个可供交易的平台，该平台需要涵盖主要污染物监测、污染预警预报、交易信息公开、资金流动渠道、交易风险防控、交易档案管理等多个方面。主要大气污染物监测、大气污染预警预报提供基础信息，是交易的前提，由政府环保部门统一处理，通过监控可以确定排污总量，在此基础上确定排污权的分配情况。保障交易信息公开、公平、有效，能够提供可交易的对象，同时建立有效的资金流动渠道，这是大气污染物排污权交易中最为关键的。然后，做好交易风险防控、交易档案管理，建立安全、合法、公平的交易平台。

D. 明确各联动部门监督、分工、考核和责任追究机制

大气污染的治理涉及各个地区治理目标和任务的履行情况，必须建立科学的目标考核和责任追究机制，严格规定大气污染物排放总量较大的地区和行业承担更大的减排责任，倒逼地方政府和企业加大污染治理和落后产能淘汰的力度。党的十八大报告提出将资源消耗、环境损害、生态效益纳入经济社会发展评价体系，建立体现生态文明要求的目标体系、考核办法、奖惩机制。为此，应构建一套以绿色 GDP 为核心的地方政府绩效考核机制。在新的考核机制下，政府应树立绿色发展观，改变粗放的经济增长方式，着力寻求与自身资源禀赋优势相契合的新经济增长点，大力发展循环经济，对高污染、高能耗的产业进行技术改造或者有步骤地取缔，自觉加强跨地域公共事务的合作，不断推动区域创新、协调、绿色、开放、共享发展。建议引入第三方评估机制，由第三方负责对各个地区大气环境质量改善目标和主要污染物排放总量减排等情况进行科学化和系统化的分析，以进一步确认各地区采取措施的执行力和有效性。对超额完成治理目标和任务的地区予以一些奖励和优惠条件，而对未完成的地区则进行更多的环保融资份额摊派。同时，要从区域层面建立常态化的巡查走访机制，实地考察各地区大气污染治理目标及任务完成情况，避免各职能部门相互扯皮，推诿责任。

针对上述长三角大气污染防治协作机制当前存在的行政协调问题，提出以下建议，借鉴全国环境保护部际联席会议制度的相关经验，尝试组建区域大气污染防治跨行政区领导小组，协调有关省（市）以及区（县）不定期召开由有关部门和相关地方人民政府参加的专题会议，协调解决区域大气污染联防联控工作中的重大问题，组织编制重点区域大气污染联防联控规划，明确重点区域空气质量改善目标、污染防治措施及重点治理项目。进一步完善长三角区域大气污染防治协作小组的行政领导职能，根据相关法律法规赋予其一定的管理权限，根据生态环境部等有关部委的要求设定具体职能、组织结构、人员编排等，提升长三角区域大气污染防治协作小组的行政领导能力和污染防治能力。同时，要加强考核和监管。定期邀请生态环境部会同有关部门对大气污染联防联控工作情况进行评估检查，对区域大气污染防治重点项目完成情况和城市空气质量改善情况进行考核，并将考核结果作为城市环境综合整治定量考核的重要内容，每年向社会公布。对于未按时完成规划任务且空气质量状况严重恶化的城市，严格控制其新增大气污染物排放的建设项目，具体由生态环境部与有关地方和部门会商制定。

7.1.5　长三角城市群大气污染防治管控体系研究

1. 长三角城市群大气污染防治协同联动指标体系

大气环境指标最初是作为一项内容出现在国家环境保护规划中，但具体的指标内容、质量标准、框架设计等一系列内容都比较缺乏。20 世纪 80 年代，环境保护规划开始用具体的指标对环境保护提出要求，这时的指标主要是针对污染防治（吉木色等，2015；王清军，2016），如工业达标排放指标等。此外，国家环境保护总局在 20 世纪 80

年代还制定了城市环境综合整治定量考核指标体系，对大气、水体等要素环境内容进行管理和控制，此时的大气环境质量指标基本包括环境质量、污染控制、环境建设以及环境管理四个方面的内容。

20 世纪 90 年代以来，我国大气污染由浓度控制向总量控制转变，提出了具体的大气污染总量控制指标，主要包括 SO_2、烟粉尘总量控制指标等，并提出城市空气质量达到环境功能区标准（王金南等，2012；谢宝剑和陈瑞莲，2014）。在 90 年代末，国家有关部门又制定了环境保护模范城市考核指标体系，其中与大气环境有关的考核指标主要包括单位 GDP 能耗、空气污染指数（API）、城市气化率、城市集中供热率、烟尘控制区覆盖率等几个方面。

21 世纪以来，国家环境保护“十二五”规划将 SO_2、NO_x 的排放总量及城市空气质量达到二级标准以上天数的比例作为主要大气防治指标。十二五以来，鉴于我国大气污染的严峻形势，《重点区域大气污染防治“十二五”规划》作为我国第一部综合型的大气污染防治规划出台，从“质量改善”和“污染减排”两个方面提出大气环境综合防治目标，具体指标有 SO_2、NO_2、PM_{10}、$PM_{2.5}$ 等指标年均浓度的下降比例、工业烟粉尘的减排比例、重点行业现役源挥发性有机物排放削减比例等。2012 年底，针对日益严重的大气污染，各级政府根据当地产业发展和污染程度进行相应的环境发展规划，如《大气污染防治行动计划》和《京津冀及周边地区落实大气污染防治行动计划实施细则》等，重点控制城市 PM_{10}、$PM_{2.5}$ 的年均浓度。某些省（市）的大气污染防治规划根据国家和当地污染控制的要求，将经济社会发展、能源、大气污染物等具体目标纳入指标体系，以求全面、科学、合理地为大气污染防治提出有效对策。

大气污染防治指标体系应根据具体的大气环境特征，立足于满足城市大气环境保护及改善需求，注重解决城镇化、工业化、农业现代化协同推进过程中的大气环境保护问题（庄汝龙等，2018）。既要在空间上反映空气质量的整体分布和特征，又要在时间上反映大气管理的目标和趋势，具体目标指标应体现不同阶段城市大气环境保护的重点和差异，明确主要的约束性指标和指引性指标（宓科娜等，2017；Mi et al.，2019）。并且，指标体系是描述大气环境质量目标、解释并且决策目标实施可达的有机体系（宁淼等，2012）。因此，构建城市大气污染防治指标体系时应该遵循下列原则。

（1）科学性和可度量性，即指标应具有科学的定义和确切的计算计量方法，并符合相应的技术规范。尽量采用定量指标，难以量化的重要指标可以采用定性描述或者进行转化。

（2）完备性和代表性，除了反映大气环境的改善目标之外，还要有影响大气环境、协调大气污染防治的社会、经济、人口、产业等系统的发展指标。而且，所选取的指标应能确切地反映该城市的大气环境影响特征，具有代表性。

（3）针对性和关联性，指标所表征的大气环境状况应该与相应的战略行为有清晰的因果关系，不同子系统的指标可以相互验证和反映。

（4）数据的可获得性和可比性，要充分考虑数据的获得和资料来源的可靠性，克服指标过于抽象难以定量不易操作的问题。指标体系的设定，一方面要能够横向比较各地区污染治理水平和大气环境质量目标，另一方面要能够纵向反映区域大气污染防治的努力程度，尽可能照顾到不同性质规模、不同发展水平城市间的差异。

（5）可操作性。指标的内容能按实施操作的需要进行分解，便于实现各级管理部门的落实。

2. 大气污染管控指标体系构建与指标设计

A. 指标体系逻辑结构

该管控指标体系以《环境空气质量标准》（GB 3095—2012）中涉及的污染物排放的国家标准为基础，设定 TSP、VOCs、SO_2、NO_2、$PM_{2.5}$、PM_{10}、CO、O_3 等污染物的达标标准，这是属性层中的现状分析，标准后以便后期统计进行其他分析；根据现状分析及当地的社会经济发展的实际情况，制订长三角大气污染物总量控制指标和预留指标，预留指标用于排污权有偿使用和交易工作；将总量控制分配到三省一市，对污染物浓度达标情况和减排情况进行实际监测统计；最后对政策目标执行情况进行评估，该管控指标体系逻辑结构如图 7.3 所示。

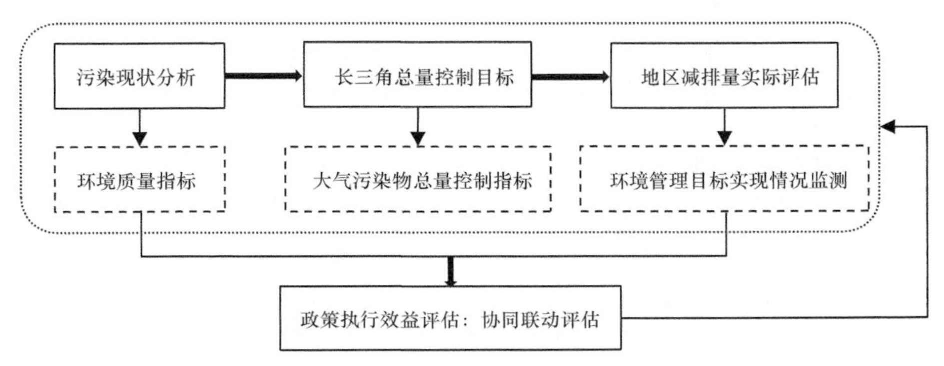

图 7.3　大气污染管控指标体系逻辑结构图

B. 指标体系总体设计

大气污染防治指标体系的建立需要摸清大气污染特征以及影响环境的重要驱动因素，进而通过实施污染源的控制，加以前端经济社会的协调，改善大气环境状态。建立以大气环境“质量改善”为主线，以污染物“标准”为基础，以“环境质量”和“排放总量”双重约束为主要内容的指标体系。同时，对大气污染的协同联动治理效益进行综合评价。根据上述原则和方向，首先构建长三角大气污染管控指标体系，如表 7.1 所示。

表 7.1　长三角大气污染管控指标体系

类别层	要素层	指标层	管控目标
现状分析	环境质量指标	TSP	年均限值 80200μg/m³，日均限值 120300μg/m³（一类：保护区）
		SO_2	年均限值 60μg/m³，日均限值 150μg/m³（二类：居住区等）
		NO_2	年均限值 40μg/m³，日均限值 80μg/m³（二类：居住区等）
		$PM_{2.5}$	年均限值 35μg/m³，日均限值 75μg/m³（二类：居住区等）
		PM_{10}	年均限值 70μg/m³，日均限值 150μg/m³（二类：居住区等）
		CO	日均限值 4mg/m³，每小时限值 10mg/m³（二类：居住区等）
		O_3	8 小时平均 160mg/m³（二类：居住区等）

续表

类别层	要素层	指标层	管控目标
长三角总量控制目标	大气污染物总量控制目标	区域二氧化硫总量控制指标	国家对于每个省（市）的要求总和
		区域氮氧化物总量控制指标	国家对于每个省（市）的要求总和
		区域挥发性有机物减量指标	国家对于每个省（市）的要求总和
		二氧化硫、氮氧化物和挥发性有机物预留量指标	根据历年每省（市）的实际减排量预算未来每省（市）的减排量，再根据国家的目标要求计算出差值，作为预留量，加和成为长三角的总预留量，用于不同省（市）之间的预留购买
地区减排量实际评估	环境管理目标实现情况	空气质量优良天数比例	完成国家、省要求
		细颗粒物浓度下降	完成国家、省要求
		细颗粒物浓度	完成国家、省要求
		各地区二氧化硫排放总量减少量	完成国家、省要求
		各地区氮氧化物总量减少量	完成国家、省要求
		各地区挥发性有机物减少量	完成国家、省要求
		各污染物总量控制完成情况	完成国家、省要求
		排污权有偿使用和交易情况	第三方评估
政策执行效益评估	协同联动评价	协同治理机制运行效率评估	第三方评估
		大气污染治理效果评估	第三方评估
		污染信息、治理信息共享平台运行效果	第三方评估
		相关利益者的反馈情况	第三方评估

一是现状分析。这部分内容主要是制定各类污染物浓度限值，主要包括 TSP、SO_2、NO_2、$PM_{2.5}$、PM_{10}、CO、O_3 等 7 项指标。同时，设定每一类指标的年均限值、日均限值以及主要的适用范围，具体标准的数值设定主要根据国家和地区的有关政策文件以及规划等整理获得。这类指标主要用于日常监测和数据统计分析，属于指标体系的现状分析层面。

二是长三角总量控制目标。主要包括区域二氧化硫总量控制指标、区域氮氧化物总量控制指标、区域挥发性有机物减量指标，以及二氧化硫、氮氧化物和挥发性有机物预留量指标。大气环境质量的全面改善必须以污染物排放量的持续稳定下降为基础，以各个污染源的综合防治减排为主要目的，因此，大气污染物的总量控制极为必要。大气环境质量的改善不仅需要关注单个指标的持续、稳定下降，也要根据总量控制–质量输入的响应关系，通过目标导向分析，总量减排计划。需要说明的是，对于总量控制有必要设置一定的预留指标，以灵活、有效地应对各种突发状况和各种项目的特殊要求。

三是地区减排量实际评估。这部分主要是针对各个指标的具体改善情况和努力方向而设定的，包括空气质量优良天数比例、细颗粒物浓度下降、细颗粒物浓度、各地区二氧化硫排放总量减少量、各地区氮氧化物总量减少量、各地区挥发性有机物减少量、各污染物总量控制完成情况、排污权有偿使用和交易情况等 8 项。为了避免由于空气质量标准、评价因子等的变化对结果造成影响，可以采用年均浓度下降比例作为指标进行定量稳定的考核。

四是政策执行效益评估。包括协同治理机制运行效率评估、大气污染治理效果评估、污染信息、治理信息共享平台运行效果、相关利益者的反馈情况等 4 个主要方面。当前研究已经证实，大气污染的治理绝非单个城市可以完成，区域协作、联防联控是有效防止大气污染、提高大气环境质量的必要手段。因此，将大气污染联防联控纳入指标体系将有效提高各个区域、城市、部门之间的协同联动、信息共享、应急处理以及政策制定，推动大气污染冲突行政区划界限向更高治理层次迈进。

C. 指标体系分区设计

长三角地区是一个约定俗成的地域概念，是具有统一行政边界的行政实体。因此，长三角地区的大气污染防控在制定整个区域的防控指标体系的基础上，有必要根据各个省（市）的实际情况因地制宜地分别制定各自的防控指标体系，如表 7.2～表 7.5 所示。分指标体系是在总指标体系的框架下进行的，围绕总体的指标设计和内容要求并结合各个省（市）的污染情况、产业发展、政策落实等设定具体的指标。

浙江、江苏及安徽分别包括 8 个、9 个、8 个城市，具体指标有细颗粒物浓度下降、细颗粒物浓度、空气质量优良天数比例、二氧化硫总量控制指标、氮氧化物总量控制指标、挥发性有机物减量指标等 6 项指标。并且，对二氧化硫、氮氧化物和挥发性有机物等容易变化和难以控制的指标设置预留量，主要用于污染物排放权有偿分配和交易试点工作与国家战略性重大项目及国家重大科技示范项目。每个城市的污染物预留量主要是根据国家战略和地方发展的实际需要进行测算和设定的。

具体来看，“十一五”期间，国家在部分省份开展了试点工作，先后将江苏、浙江、天津、湖北、湖南、内蒙古、山西、重庆、陕西、河北 10 个省（区、市）列为国家排污权交易试点省份。通过先期试点，这项制度取得了积极进展，各地区配合总量减排工作出台了一系列法规政策文件，部分地区已全面开征排污权有偿使用费，并进行了多笔排污权交易，盘活了总量指标，节省了减排成本。排污权有偿分配体现了环境资源的有价性。“十一五”时期，在试点地区，新建项目要获得排放总量，必须通过有偿的方式获取，指标来源主要是淘汰技术落后的现有企业，侧面上促进了地方上“以新代老”，提高生产技术水平及污染治理水平，盘活总量指标。而企业获取的排放指标如果在生产过程中有所富余，可以参与交易，体现了排放指标的灵活性，在一定区域内对排放指标资源进行了合理配置，节省了减排成本，对地方完成污染减排任务及环境质量改善任务有推动作用。

表 7.2　上海市大气污染管控指标设计（2015～2020 年）

项目	细颗粒物浓度下降/%	细颗粒物浓度/（μg/m^3）	空气质量优良天数比例/%	二氧化硫总量控制指标	氮氧化物总量控制指标	挥发性有机物减量指标	二氧化硫、氮氧化物和挥发性有机物预留量指标
上海	完成国家下达的任务	完成国家下达的任务	完成国家下达的任务	完成国家下达的任务	完成国家下达的任务	完成国家下达的任务	由长三角区域总量分配后的多余量决定

表 7.3　浙江省大气污染管控指标设计（2015～2020 年）

	细颗粒物浓度下降/%	细颗粒物浓度/(μg/m^3)	空气质量优良天数比例/%	二氧化硫总量控制指标	氮氧化物总量控制指标	挥发性有机物减量指标	二氧化硫、氮氧化物和挥发性有机物预留量指标
杭州	完成国家、省要求	完成国家、省要求	完成国家、省要求	完成国家、省要求	完成国家、省要求	完成国家、省要求	由长三角区域总量分配后的多余量决定
宁波	完成国家、省要求	完成国家、省要求	完成国家、省要求	完成国家、省要求	完成国家、省要求	完成国家、省要求	由长三角区域总量分配后的多余量决定
湖州	完成国家、省要求	完成国家、省要求	完成国家、省要求	完成国家、省要求	完成国家、省要求	完成国家、省要求	由长三角区域总量分配后的多余量决定
嘉兴	完成国家、省要求	完成国家、省要求	完成国家、省要求	完成国家、省要求	完成国家、省要求	完成国家、省要求	由长三角区域总量分配后的多余量决定
绍兴	完成国家、省要求	完成国家、省要求	完成国家、省要求	完成国家、省要求	完成国家、省要求	完成国家、省要求	由长三角区域总量分配后的多余量决定
金华	完成国家、省要求	完成国家、省要求	完成国家、省要求	完成国家、省要求	完成国家、省要求	完成国家、省要求	由长三角区域总量分配后的多余量决定
舟山	完成国家、省要求	完成国家、省要求	完成国家、省要求	完成国家、省要求	完成国家、省要求	完成国家、省要求	由长三角区域总量分配后的多余量决定
台州	完成国家、省要求	完成国家、省要求	完成国家、省要求	完成国家、省要求	完成国家、省要求	完成国家、省要求	由长三角区域总量分配后的多余量决定
指标属性	约束性	约束性	约束性	约束性	约束性	约束性	

表 7.4　江苏省大气污染管控指标设计（2015～2020 年）

	细颗粒物浓度下降/%	细颗粒物浓度/(μg/m^3)	空气质量优良天数比例/%	二氧化硫总量控制指标	氮氧化物总量控制指标	挥发性有机物减量指标	二氧化硫、氮氧化物和挥发性有机物预留量指标
南京	完成国家、省要求	完成国家、省要求	完成国家、省要求	完成国家、省要求	完成国家、省要求	完成国家、省要求	由长三角区域总量分配后的多余量决定
无锡	完成国家、省要求	完成国家、省要求	完成国家、省要求	完成国家、省要求	完成国家、省要求	完成国家、省要求	由长三角区域总量分配后的多余量决定
常州	完成国家、省要求	完成国家、省要求	完成国家、省要求	完成国家、省要求	完成国家、省要求	完成国家、省要求	由长三角区域总量分配后的多余量决定
苏州	完成国家、省要求	完成国家、省要求	完成国家、省要求	完成国家、省要求	完成国家、省要求	完成国家、省要求	由长三角区域总量分配后的多余量决定
南通	完成国家、省要求	完成国家、省要求	完成国家、省要求	完成国家、省要求	完成国家、省要求	完成国家、省要求	由长三角区域总量分配后的多余量决定
盐城	完成国家、省要求	完成国家、省要求	完成国家、省要求	完成国家、省要求	完成国家、省要求	完成国家、省要求	由长三角区域总量分配后的多余量决定
扬州	完成国家、省要求	完成国家、省要求	完成国家、省要求	完成国家、省要求	完成国家、省要求	完成国家、省要求	由长三角区域总量分配后的多余量决定
镇江	完成国家、省要求	完成国家、省要求	完成国家、省要求	完成国家、省要求	完成国家、省要求	完成国家、省要求	由长三角区域总量分配后的多余量决定
泰州	完成国家、省要求	完成国家、省要求	完成国家、省要求	完成国家、省要求	完成国家、省要求	完成国家、省要求	由长三角区域总量分配后的多余量决定
指标属性	约束性	约束性	约束性	约束性	约束性	约束性	

表 7.5 安徽省大气污染管控指标设计（2015～2020 年）

	细颗粒物浓度下降/%	细颗粒物浓度/(μg/m³)	空气质量优良天数比例/%	二氧化硫总量控制指标	氮氧化物总量控制指标	挥发性有机物减量指标	二氧化硫、氮氧化物和挥发性有机物预留量指标
合肥	完成国家、省要求	完成国家、省要求	完成国家、省要求	完成国家、省要求	完成国家、省要求	完成国家、省要求	完成国家、省要求
滁州	完成国家、省要求	完成国家、省要求	完成国家、省要求	完成国家、省要求	完成国家、省要求	完成国家、省要求	完成国家、省要求
马鞍山	完成国家、省要求	完成国家、省要求	完成国家、省要求	完成国家、省要求	完成国家、省要求	完成国家、省要求	完成国家、省要求
芜湖	完成国家、省要求	完成国家、省要求	完成国家、省要求	完成国家、省要求	完成国家、省要求	完成国家、省要求	完成国家、省要求
宣城	完成国家、省要求	完成国家、省要求	完成国家、省要求	完成国家、省要求	完成国家、省要求	完成国家、省要求	完成国家、省要求
铜陵	完成国家、省要求	完成国家、省要求	完成国家、省要求	完成国家、省要求	完成国家、省要求	完成国家、省要求	完成国家、省要求
池州	完成国家、省要求	完成国家、省要求	完成国家、省要求	完成国家、省要求	完成国家、省要求	完成国家、省要求	完成国家、省要求
安庆	完成国家、省要求	完成国家、省要求	完成国家、省要求	完成国家、省要求	完成国家、省要求	完成国家、省要求	完成国家、省要求
指标属性	约束性	约束性	约束性	约束性	约束性	约束性	

3. 长三角城市群大气污染联防联控的空间区划

1）研究区域概况

长三角城市群位于 29°20′N～32°34′N，115°46′E～123°25′E，长江的下游地区，濒临黄海与东海，地处江海交汇之地，沿江沿海港口众多，是长江入海之前形成的冲积平原。地处亚热带季风气候区，降水量较大，夏季高温多雨，冬季温和少雨。目前对长三角城市群的界定是 2016 年国家发展改革委与住房城乡建设部发布的《长江三角洲城市群发展规划》中给出的，包括上海、江苏、浙江、安徽沿江发展的 26 个市，国土面积 21.17 万 km^2，约占全国的 2.2%；长三角城市群承载着 1.5 亿人口。长三角城市群是“一带一路”与“长江经济带”的重要交汇地带，在中国国家现代化建设大局和全方位开放格局中具有举足轻重的战略地位（庄汝龙等，2018），是中国经济最发达、城镇集聚程度最高的城市化地区，以仅占中国 2.1%的国土面积，集中了中国 1/4 以上的工业增加值，是中国经济最发达的地区。与此同时，其经济的高速发展对煤炭、石油等传统能源的需求与消耗也是巨大的，由此导致了严重的大气污染，对城市居民的健康造成了一定的危害。

2）数据来源与处理

大气污染数据 AQI（空气质量指数），来源于空气质量数据查询平台，包括 $PM_{2.5}$、PM_{10}、SO_2、CO、NO_2、O_3 六项主要污染物项目，查询各市环境状况公报以及查询 2014～2018 年各市空气质量指数月统计历史数据，针对有污染情况的月份，计算当月造成污染的首要污染物，然后结合所有月份的首要污染物即该城市的主要污染物。其他数据来源于当年各省（市）统计公报、统计年鉴和环境质量状况公报。

3）各市主要污染物的确定

（1）对照各项污染物的分级浓度限值，以 $PM_{2.5}$、PM_{10}、二氧化硫、二氧化氮、臭氧、一氧化碳等各项污染物的实测浓度值（其中 $PM_{2.5}$、PM_{10} 为 24 小时平均浓度）分别计算得出空气质量分指数（IAQI）。

（2）从各项污染物的 IAQI 中选择最大值确定为 AQI，当 AQI 大于 50 时将 IAQI 最大的污染物确定为主要污染物（表 7.6）。

表 7.6　各城市主要污染物

城市	AQI	主要污染物
舟山市	63.50	O_3
台州市	64.36	O_3
宁波市	73.67	$PM_{2.5}$
金华市	79.07	$PM_{2.5}$ 和 O_3
宣城市	79.63	$PM_{2.5}$
盐城市	81.39	$PM_{2.5}$
绍兴市	82.02	$PM_{2.5}$ 和 O_3
南通市	82.44	$PM_{2.5}$
杭州市	82.93	$PM_{2.5}$ 和 O_3
上海市	83.04	O_3
安庆市	83.16	$PM_{2.5}$
嘉兴市	83.23	$PM_{2.5}$ 和 O_3
苏州市	84.59	$PM_{2.5}$ 和 O_3
南京市	85.84	$PM_{2.5}$、PM_{10} 和 O_3
铜陵市	85.93	$PM_{2.5}$
湖州市	86.78	$PM_{2.5}$ 和 O_3
无锡市	88.28	$PM_{2.5}$ 和 O_3
常州市	88.37	$PM_{2.5}$ 和 O_3
泰州市	88.38	$PM_{2.5}$ 和 O_3
池州市	88.67	$PM_{2.5}$
芜湖市	89.72	$PM_{2.5}$ 和 O_3
马鞍山市	91.57	$PM_{2.5}$ 和 O_3
滁州市	92.70	$PM_{2.5}$ 和 O_3
镇江市	93.61	$PM_{2.5}$、PM_{10} 和 O_3
合肥市	94.05	$PM_{2.5}$ 和 O_3
扬州市	95.20	$PM_{2.5}$ 和 O_3

2016 年，长三角城市群空气质量 7 个城市的优良天数比例为 80%～100%，18 个城市的优良天数比例为 50%～80%，上海优良天数比例为 75.4%。超标天数中以 $PM_{2.5}$、O_3、PM_{10} 和 NO_2 为首要污染物的天数分别占污染总天数的 55.3%、39.8%、3.4%和 2.1%，

未出现以 SO_2 和 CO 为首要污染物的污染天。

舟山、台州和上海 3 市主要污染物为 O_3；宁波、宣城、盐城、南通、安庆、铜陵、池州 7 市主要污染物为 $PM_{2.5}$；金华、绍兴、杭州、嘉兴、苏州、湖州、无锡、常州、台州、芜湖、马鞍山、滁州、合肥、扬州 14 市主要大气污染物为 $PM_{2.5}$ 和 O_3；南京、镇江主要大气污染物为 $PM_{2.5}$、PM_{10} 和 O_3。

本次研究在城市群大气污染联防联控中，通过划分不同空间区划来进行管控（李宏和李王锋，2012；王永红和吕洁，2015；杨振等，2018；Liu et al.，2016），按照各城市的主要污染物的异同以及污染物对人群造成的危害，由于粒径为 2.5～10μm 的颗粒物能够进入上呼吸道，部分可通过痰液等排出体外，另外也会被鼻腔内部的绒毛阻挡，对人体健康危害相对较小，故在分区时不把 PM_{10} 作为因子考虑。而 $PM_{2.5}$ 和 O_3 对人群造成严重的危害，城市群内 SO_2、CO、NO_2 污染导致的空气质量超标情况不多，故分区时只将 $PM_{2.5}$ 和 O_3 作为分区指标，将城市群内 26 市作如下划分，主要大气污染物为 O_3 的城市划为黄色管控区，主要大气污染物为 $PM_{2.5}$ 的城市划为橙色管控区，主要大气污染物为 $PM_{2.5}$ 和 O_3 的城市划为红色管控区。针对每个空间区划提出相应的管控建议，不同的区域主要是针对城市的主要污染物进行防治与管控，在黄色管控区内主要是对 O_3 的管控，橙色管控区内主要是对 $PM_{2.5}$ 的管控，而红色管控区内主要是对 $PM_{2.5}$ 和 O_3 的管控。

4. 长三角城市群大气污染生态补偿机制研究

1）大气污染生态补偿机制

大气污染生态补偿是生态补偿中重要的一种，但是基于大气污染的成因及特点，大气污染生态补偿有其特殊之处。首先，大气污染的污染物众多，来源不同，如工业排放、机动车尾气排放、城市建设等，这导致损害大气的行为人不明确，因此在生态补偿上，按照污染行为所占污染比例，对大气污染行为进行相应的追责。其次，保护大气的主体多样，不仅包括排污企业、各类建设单位，而且还包括广大社会群众，如果就生态补偿中的“谁保护谁受偿”原则来执行的话，受偿的对象众多，因此可以针对企业和建设单位来进行补偿，对社会民众加以鼓励和宣传。最后，由于大气污染物的种类繁多，如 PM_{10}、$PM_{2.5}$、SO_2 等，且在大气中所占的比例及污染强度的不同，因此在生态补偿上按照各大气污染物所占的比例来进行追责或补偿（程玉，2015；聂鹏，2014；颜敏，2018）。

2）大气污染生态补偿的类型

大气污染生态补偿的类型主要有三种。第一种是按照行为主体对环境是否有利于进行划分，对环境有利的行为人将受到补偿，而对环境不利的行为人需要做出赔偿。赔偿对象可以是破坏大气的主体，也可以是政府管理部门；受偿主体可以是污染气体本身，也可以是保护环境的贡献者。第二种是按照补偿的主体是政府、还是市场及社会进行划分，政府主导的补偿主要有优惠信贷、押金退款制度、财政转移支付等；市场主导的补偿主要有大气排污权交易和大气污染生态补偿保证金；社会主导的补偿主要是先进的大气污染治理技术和高素质人才。第三种是按照横纵向的生态补偿方式进行划分，主要是针对城市之间及城市内部进行的补偿（秦玉才和汪劲，2013）。

3）长三角城市群大气污染的主要来源

依据监测数据显示，2017 年，长三角地区 25 个城市优良天数比例范围为 48.2%～94.2%，平均为 74.8%，比 2016 年下降 1.3 个百分比；平均超标天数比例为 25.2%，其中轻度污染为 19.9%，中度污染为 4.4%，重度污染为 0.9%，严重污染为 0.1%。6 个城市优良天数比例在 80%～100%之间，18 个城市优良天数比例在 50%～80%之间，1 个城市优良天数比例小于 50%。超标天数中以 $PM_{2.5}$、O_3、PM_{10} 和 NO_2 为首要污染物的天数分别占污染总天数的 44.5%、50.4%、2.3%和 3.0%，未出现以 SO_2 和 CO_2 为首要污染物的污染天气。

长三角地区的大气环境在国家环境空气质量标准下属于轻污染级，但是在工业集中的部分城市和地区，大气污染有逐渐增加的趋势。长三角地区的能源消费结构以煤为主，其大气污染的主要来源是煤燃烧、机动车尾气排放和秸秆焚烧等，这就决定了长三角地区空气中的主要污染物为可吸入颗粒物和二氧化氮等（张乐，2016）。夏收、秋收时期是秸秆焚烧的高峰期，大面积的秸秆集中焚烧已成为长三角地区重霾污染天气形成的主要原因之一。另外，机动车尾气的排放和城市烟尘造成空气中臭氧和细粒大量增加，再加上金属冶炼、矿物燃料和化肥农药等污染行业排放出了大量的二氧化硫和氮氧化物，使得长三角地区的酸雨危害和温室效应日益严重。目前，长三角各省（市）中，上海、江苏汽车保有量已达 300 万辆。机动车激增，导致城市道路拥堵，车辆走不动，又加剧了尾气排放污染。与此同时，燃油品质不稳定也在加重城市的空气污染。由于近年来长三角社会、经济、城市建设快速发展，城市建设工程多、分布面广，建筑施工和道路扬尘污染大量存在。

4）大气污染补偿机制现状

长三角城市群是我国沿海城市经济最发达的地区，同时也是我国能源消耗最多、大气污染物排放密集、大气复合污染最严重的地区之一。长三角城市群各省（市）的大气污染补偿机制有所不同，上海市以市场补偿为主，主要是排污权交易，政府补偿方式少。江苏省南京市，针对本市的大气污染源主要来自燃煤与工业排放、机动车尾气排放污染和扬尘污染三方面的分析，探索了其生态补偿机制，具体有主要大气污染物排污权交易、大气污染生态补偿保证金、生态补偿财政补贴及优惠信贷等途径来完善现有的大气污染治理体系，解决大气污染治理专项资金短缺问题。

2018 年 7 月 20 日，安徽省人民政府办公厅关于印发《安徽省环境空气质量生态补偿暂行办法》，本办法按照“将生态环境质量逐年改善作为区域发展的约束性要求”和“谁保护、谁受益，谁污染、谁付费”的原则，以各设区市的细颗粒物（$PM_{2.5}$）和可吸入颗粒物（PM_{10}）平均浓度季度同比变化情况为考核指标，建立考核奖惩和生态补偿机制。大气污染物考核数据采用省级环境监测部门提供的各设区市的城市环境空气质量自动监测数据，自动监测数据每月通过省环境保护部门官方网站发布。

5）长三角城市群大气污染生态补偿机制

为了更好地控制大气污染、改善空气质量，长三角城市群需构建以纵向生态补偿和横向生态补偿相结合的，政府补偿为主、市场补偿为辅的大气污染补偿机制。其依据补偿指标是 $PM_{2.5}$、O_3、PM_{10} 和 O_2 在大气污染中所占的权重，补偿标准是平均浓度及空气质量优良天数比例的季度同比变化情况。

A. 纵向大气污染生态补偿

长三角大气污染生态补偿机制中，纵向补偿机制适用于城市群之间，主要是政府主导的三种补偿方式。

（1）财政转移支付是上级政府向下级政府或微观经济主体拨付财政资金的制度，是以专项资金形式的补助，其款项必须用于指定的项目，切实保障“专款专用”。

（2）发放排污权。排污权是企业在污染物排放总量低于规定排放量的条件下，以排污许可证的形式取得合法的污染物排放权力。政府通过污染物排放权总量控制来控制大气污染物排放总量，并允许内部各污染源之间将这种权利视为可计量、可分割的商品，以货币交换的方式进行买入和卖出，从而达到保护环境的目的。

（3）征机动车环境税是有效遏制机动车数量和使用量的重要措施，对于长三角地区而言，交通拥堵、汽车尾气损害人民健康，开征机动车环境税，不同排量的车主承担不同的税费，是由生态破坏者必须做出的生态赔偿。

B. 横向大气污染生态补偿

长三角大气污染生态补偿机制中，横向补偿机制主要是政府主导、市场主导与社会相结合。

政府主导的补偿方式有优惠信贷、押金退款制度和专门的大气污染生态补偿专项基金。设立专门的大气污染生态补偿专项基金，有助于缓解环保财政资金短缺的问题。优惠信贷主要集中在小额贷款方面，银行以提供低息贷款的方式向保护大气环境的行为或活动提供一定的资金支持，而这又可以激励贷款人有效使用贷款，从事有利于大气环境的工作；押金退款制度，这是政府实施大气污染防治补偿的约束与激励机制。对于未能遵循排放标准的企业将其押金扣押，用于资助积极进行大气污染防治的企业，实现对大气资源利用负效应的约束。对于既达到排放标准，又取得一定防治效果的企业除了退还押金，对企业污染防治的损失进行补偿，还应鼓励更多的企业进行大气污染防治。

市场主导的生态补偿方式有主要大气污染物排污权交易和大气污染生态补偿保证金。建立以主要大气污染物排污权交易为主的大气污染生态补偿模式，是目前治理情势下最合适的选择，可以有效地对长三角 $PM_{2.5}$、O_3、PM_{10} 和 NO_2 这四种污染物进行补偿；大气污染生态补偿保证金，在大气污染补偿机制中也可以运用，主要指每排放多少吨污染气体，就缴纳一定数量的大气治理基金。

大气污染补偿机制主要是指社会环境与经济发展共同改善的有效机制，同时也有效的控制空气污染，改善大气环境。长三角城市群的能源消费结构以煤为主，其大气污染的主要来源是煤燃烧、机动车尾气排放等，由此带来的生态破坏严重制约了该区域的经济发展，过度地关心经济发展，忽视环境的破坏，不利于长三角城市群的长期发展。长三角城市群大气污染生态补偿机制目前处于探索阶段，要想更好地完善长三角地区的生态补偿机制，还需要我们进一步探索。

7.1.6　长三角城市群水污染协同联动现状和存在问题——以太湖流域为例

1. 长三角城市群水污染协同联动背景

2016年，国务院发布了《长江三角洲城市群发展规划》（2016—2020年），规划明确了将以上海市、江苏省、浙江省和安徽省为核心，打造世界级城市群的宏伟目标。三省一市正逐步探索和形成区域协作发展的协同联动机制，为长三角地区源源不断地注入发展新动力。

根据习近平总书记关于长江经济带生态环境保护的重要指示，按照《“十三五”生态环境保护规划 》和《长江经济带生态环境保护规划》部署的各项目标任务，将严实抓好长江经济带生态环境保护工作，这也更加凸显了长三角地区生态文明建设的重要性。近些年来，围绕该地区，举行了一系列会议，相继出台了不同政策法规，旨在提升区域间政府合作水平和解决跨界水污染防治问题，如表7.7所示。

表7.7　近些年长三角地区——太湖流域水污染协同联动工作主要会议和成果

会议时间、地点，会议名称或机构	达成共识、成果
2008年4月，北京，国务院常务会议	审议通过《太湖流域水环境综合治理总体方案》
2008年5月，北京，太湖流域水环境综合治理第一次省部际联席会议	介绍《太湖流域水环境综合治理省部际联席会议制度工作细则和职责分工》，编制《太湖流域水功能区划》
2008年8月，江苏无锡，太湖流域两省一市水环境综合治理及蓝藻应对协调会第一次会议	会议通过《太湖流域水环境综合治理及蓝藻应对合作协议框架》
2009年4月，江苏苏州，太湖流域水环境综合治理第二次省部际联席会议	进一步完善了13项在太湖流域执行的国家水污染物排放标准；正式启动了太湖流域排污权有偿使用和交易试点工作，并完成了《太湖流域水污染物排污权有偿使用及交易技术指南》
2010年4月，江苏无锡，太湖流域水环境综合治理第三次省部际联席会议	全面组织实施《太湖流域综合治理总体方案》
2011年3月，浙江湖州，太湖流域水环境综合治理第四次省部际联席会议	继续加强开展《太湖流域综合治理总体方案》
2011年8月，北京，国务院第169次常务会议	通过《太湖流域管理条例》，开创了我国流域性综合立法的先河
2012年4月，江苏常州，太湖流域水环境综合治理第五次省部际联席会议	继续推进《太湖流域综合治理总体方案》的实施
2012年4月，江苏苏州，环太湖五市政协联合议政	会议形成了《关于加强太湖流域湿地生态保护的联合建议》
2013年3～4月，北京，国务院	印发《太湖流域水环境综合治理总体方案（2013年修编）》和《太湖流域综合规划（2012—2030年）》
2014年11月，浙江嘉兴，太湖流域“一湖两河”水行政执法联合巡查暨深化河湖专项执法联席会议	两省一市的各级水行政执法部门建立了联席会议制度，网络已延伸到了乡镇级，实现了不同区域间信息共享
2015年3月，江苏苏州，太湖流域水环境综合治理省部际联席会议第六次会议	正值落实国家太湖总体方案近期目标的最后一年。经过7年多持续治理，太湖流域生态文明建设取得明显成效
2015年4月，北京，国务院	印发《水污染防治行动计划》简称“水十条”。提出到2020年长三角等区域水生态环境状况有所好转
2015年12月，浙江安吉，第二次环太湖城市水利工作座谈会	会议审议并通过环太湖城市水利工作联席会议议事规则，环太湖城市水利工作联席会议制度初步建立

续表

会议时间、地点，会议名称或机构	达成共识、成果
2016年6月，北京，国务院	印发《长江三角洲城市群发展规划》，明确太湖流域跨界水体联保行动
2016年12月，上海，环太湖城市水利工作联席会议第一次会议	会议通过了《环太湖城市水利联席会议第一次会议纪要》
2016年12月，浙江杭州，长三角区域大气污染防治协作机制第四次工作会议暨长三角水污染协作机制第一次工作会议	三省一市和中央12个部委等新组成了长三角区域水污染防治协作机制，印发了《长三角区域水污染防治协作机制工作章程》
2017年12月，江苏苏州，环太湖城市水利工作联席会议第二次会议	落实《关于推进太湖流域率先全面建立河长制的指导意见》，助推流域率先全面建立河长制
2018年1月，江苏苏州，长三角区域大气污染防治协作机制第五次工作会议暨水污染防治协作小组第二次工作会议	审议通过《长三角区域水污染防治协作实施方案（2018—2020年）》和《长三角区域水污染防治协作2018年工作重点》
2018年2月，上海，长三角地区主要领导座谈会	三省一市联合组建的长三角区域合作办公室挂牌成立
2018年6月，上海，长三角地区主要领导座谈会	审议并原则同意《长三角地区一体化发展三年行动计划（2018—2020年）》和《长三角地区合作近期工作重点》

2. 长三角城市群水污染协同联动现状

2016年12月，长三角区域大气污染防治协作小组第四次会议暨长三角区域水污染防治协作小组第一次工作会议在杭州召开。会议审议通过《长三角区域水污染防治协作小组工作章程》，组建由三省一市、环保部、国家发展改革委、科技部、工业和信息化部、财政部、国土资源部、住房城乡建设部、交通运输部、水利部、农业部、国家卫生计生委、国家海洋局12个部委组成的长三角区域水污染防治协作小组，立足于“会商协议，分工合作，共享联动，科技协作，跟踪评估”的大气协作工作机制，按照“协商统筹、责任共担、信息共享、联防联控”的协作原则，在运行机制上力求高效，与大气污染防治协作机制相衔接，机构合署、议事合一，由此拉开了长三角协同联动治理水污染的序幕。

2018年1月长三角区域大气污染防治协作小组第五次工作会议暨长三角区域水污染防治协作小组第二次工作会议在苏州召开。会议深入交流了落实国务院《水污染防治行动计划》有关情况，系统研究了区域水污染防治协作工作，明确下一步重点任务，审议通过《长三角区域水污染防治协作实施方案（2018—2020年）》和《长三角区域水污染防治协作2018年工作重点》。同年6月，2018年长三角地区主要领导座谈会在上海召开，会议以“聚焦高质量，聚力一体化”为主题，对长三角更高质量一体化发展进行再谋划、再深化。

自水污染防治协作全面启动以来，通过全面落实长江经济带“共抓大保护”和“水十条”要求，坚持共商共治共享，把生态文明建设融入经济建设、政治建设、文化建设、社会建设各方面和全过程，大气、水污染防治与区域一体化发展和经济社会转型升级有效衔接。三省一市及时制订发布省级水污染防治行动计划，并与当地政府签订了目标责任书，建立了按月调度、督查机制推动责任落实。加大对长江、太湖、淮河等重点流域及其他省级的水环境保护工作，大力推进水源地保护，全面完成“十小企业”取缔，完成城镇污水处理厂一级地，完成城镇污水处理厂一级 A 提标改造 61 座，新增污水收集管网 6793km，完成 120 条黑臭水体整治，取缔或违规畜禽养殖场 1.64 万家。2017 年，水污染防治完成年度工作目标。近几年来，长三角区域环境协作各项重点工作扎实推进，成效显著，成果丰硕（表 7.8、表 7.9）。

表 7.8　长三角区域 2016 年水污染重点工作完成情况

省（市）	污水厂提标改造/家	配套管网建设/km	黑臭水体整治/条段	畜禽养殖整治/家
上海	5	80	20	2720
江苏	10	1800	50	4284
浙江	27	3252	6	8170
安徽	19	1661	44	1235
合计	61	6793	120	16409

数据来源：各省（市）环保厅（局）。

表 7.9　长三角三省一市国家地表水考核断面（简称：国考断面）2017 年水环境质量年度数据

省（市）	国考断面个数/个	三类及以上个数/个	占比/%	较 2016 年变化/%	劣于五类	占比/%	较 2016 年变化/%
上海	20	18	90.0	15.0	0	0	–10
江苏	104	75	72.1	3.8	1	1.0	–1.0
浙江	103	95	92.2	3.9	0	0	0
安徽	106	82	77.4	7.5	3	2.8	–0.9
总计	333	270	81.1	5.7	4	1.2	–1.2

数据来源：各省（市）环保厅（局）。

太湖流域作为长三角地区协同联动治理流域水污染的一个缩影，其十年治理的历程，堪称典范。太湖流域地处长江三角洲核心区域，分属江苏省、浙江省、上海市和安徽省，总面积 36895km^2，占全国面积的 0.4%，流域河道总长约 12 万 km，河道密度达 3.3km/km^2，流域地表水资源普遍受到不同程度的污染。在 2007 年太湖蓝藻事件暴发以前，我国并没有制定以太湖流域为调整对象的法律法规，只是设立了以整个太湖流域为治理对象的专属管理机构，即隶属于水利部和环保部的太湖流域管理局。2007 年 5～6 月，太湖流域暴发大规模蓝藻污染事件，国务院紧急召开太湖水防治座谈会，并于 2008 年颁布《太湖流域水环境综合治理总体方案》，自此揭开了太湖流域水环境生态恢复和治理工作的序幕。

流域水环境综合治理近 10 年来，国家先后出台了《太湖流域水功能区划》、《太湖流域管理条例》和《太湖流域综合规划（2012—2030 年）》等一系列政策法规，而有关水污染协同联动的政府间协作又经历了一个漫长的发展过程。太湖流域内各省（市）包括上海市、江苏省和浙江省在内的有关部门形成了太湖流域水环境综合治理省部际联席会议和环太湖五市（苏州、无锡、常州、湖州、嘉兴）水利工作联席会议以调节太湖流域水污染协同治理工作。通过中央政府统一领导，各级地方政府分级负责，各地区各部门协同联动，推动各项治理措施全面而有序地开展。三省一市目前也正根据

《长江三角洲城市群发展规划》（2016—2020 年）中所提出的“深化跨区域水污染联防联治，以改善水质、保护水系为目标，建立水污染防治倒逼机制”，完善区域水污染防治联动协作机制目标要求，形成了一套具有“太湖特色”的水污染治理的协同联动的组织机制架构。

目前，伴随着日臻完善的太湖流域水污染协同治理的区域间政府合作架构，三省一市有关部门也正毫不动摇地继续将“三级运作、统分结合”的长三角区域间政府协同治理工作不断推向前进，充分发挥决策层、协调层和执行层的各级优势，积极调动环湖重点核心城市群的内在动能和周边地市的特色优势，围“湖”打援，形成治污强大合力。与此同时，太湖流域管理局作为流域内开展协同治污工作的中流砥柱，正源源不断地为各省（市）联防联控跨界水污染提供强大技术支持，逐步形成了以实现流域水资源信息共享，面向流域防汛抗旱、水资源调度管理与保护等多目标的决策支持系统，建成了多个以实时传输流域水资源数据的技术分析中心，充分发挥卫星遥感、GIS、大数据、云技术、通信工程等科学技术，创建众多特色优势平台，让科技创新更多惠及治水实效，打造智慧太湖。其次，依托在技术开发的基础上，太湖流域管理局仍不断注重完善流域内的法制规章，逐步形成常规机制，联合三省一市环保督察部门，定期加强流域内巡逻执法，贯彻落实“河长制”“湖长制”等国家重要大政方针，为太湖流域水污染协同治理保驾护航，不断深化组织效能，完善联动机制，形成了别具一格的“太湖模式”。

如今“联防联控”已经走过了四年时间，大气污染治理的经验也已经被迅速复制推广到水污染治理领域。2016 年长三角区域水污染协同联动治理主要抓机制建设，2017 年则以跨界临界水源地风险防控为重点，全面落实长江经济带“共抓大保护”和“水十条”的要求。而 2018 年 1 月闭幕的省部际联席会议则明确了落实国务院《水污染防治行动计划》的有关情况，系统研究了区域水污染防治协作工作。也正是基于三省一市在协同联动的深度上继续拓展，在组织效能的基础上不断提高，在科技、政策、法规和经济方面的融合更加深入，近年来，随着对于太湖流域水环境生态的大力治理，尤其是 2016 年成功保障 G20 杭州峰会顺利举行，太湖流域水环境得到明显改善，水质富营养化趋势得到遏制，河网水环境质量得到显著提高，目前治理成果已经渐渐显现。

（1）太湖境内流域重点水功能区水质达标率总体呈现上升趋势，2016 年太湖流域 108 个重点水功能区中，达标个数 61 个，达标率为 56.5%，相比较于 2007 年的 22.5% 有大幅提升（表 7.10），且根据 2017 年 1～3 月的水质监测结果显示，太湖主要水质指标平均浓度高锰酸盐指数为 3.94mg/L（Ⅱ类），氨氮为 0.18mg/L（Ⅱ类），总磷为 0.069mg/L（Ⅳ类），总氮为 2.33mg/L（劣于Ⅴ类）。与 2007 年相比，除总磷外，其他各项主要指标均有所改善。图 7.4 显示了太湖流域 2007～2016 年氨氮浓度的变化情况。

表 7.10　太湖流域重点水功能区达标率

	2007 年	2009 年	2011 年	2012 年	2013 年	2014 年	2015 年	2016 年
达标率/%	22.5	29.7	32.0	40.6	33.7	38.7	42.6	56.5

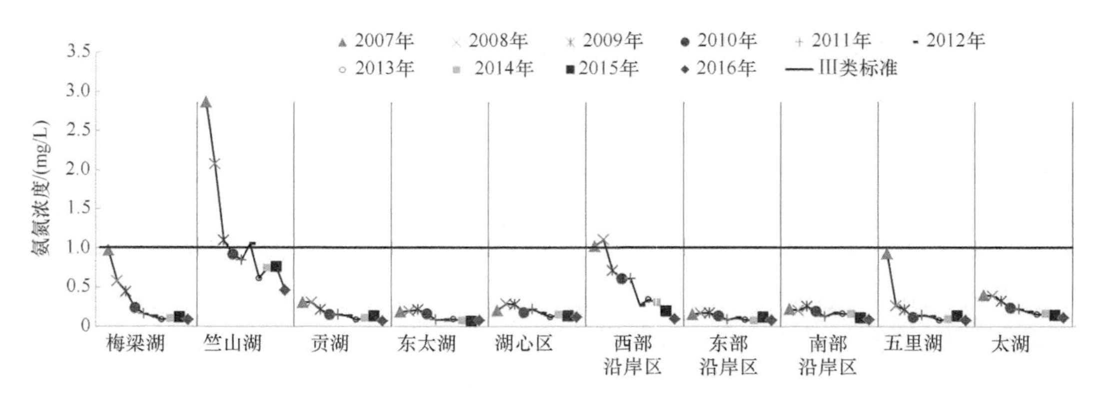

图 7.4　太湖流域 2007～2016 年氨氮浓度变化曲线

（2） 对于人们日益关心的太湖流域水体富营养化状况而言，据有关资料显示，2015 年太湖平均营养指数为 61.0，处于中度富营养状态。与 2007 年相比，太湖营养指数略有下降，五里湖和南部沿岸区由中度富营养转变为轻度富营养，与 2014 年相比，营养指数略有下降，各湖区中南部沿岸区由中度富营养转变为轻度富营养（表 7.11、图 7.4）。同时，据卫星遥感显示，2016 年 1～12 月太湖有蓝藻水华发生，以零星湖区水华为主，7 月 17 日水华面积最大，为 936.4km^2，但最大水华面积较前两年已经有所降低。

表 7.11　太湖流域 2007～2015 年营养状况变化

	2007 年	2009 年	2011 年	2013 年	2014 年	2015 年
全湖营养指数	62.3	60.9	60.8	62.1	61.5	61.0

根据每季采样监测结果计算 Shannon-Wiener 多样性指数，浮游植物和浮游动物多样性指数总体呈上升趋势，尤其是水生植物相对丰富的东太湖和东部沿岸等地区，其浮游植物、浮游动物、底栖动物和鱼类的种类较多，生物多样性指数较高，如图 7.5 所示。

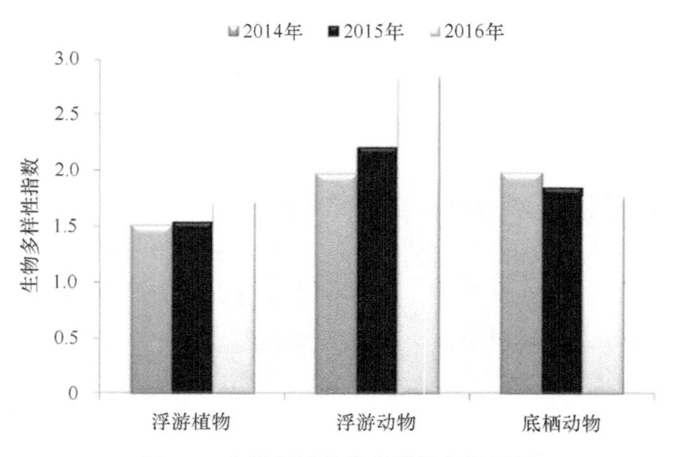

图 7.5　太湖流域生物多样性指数情况

目前，长三角地区大气污染的区域联防联控机制已经发展得日臻完善，反观水污染的协同治理现状，其复杂的水污染成因、具体河湖特殊的区位因素、治理成本的高昂负担、责任主体的模糊不清、企业与政府的利益博弈、应急机制的有待完善、立法工作的间接滞后、相关信息的亟待共享、有关标准的暂未统一、机制效能的有待提高、社会力量的参与不足、主体单位的监督较弱、城市职能的发挥不全、科技创新的力度不够，都是当前制约长三角地区水污染协同联动成效所存在的问题（智伟迪，2020；刘新，2019；Dai et al.，2017）。具体分析如下：

（1）缺乏系统而又综合的顶层设计及防控路径，亟待创新适合水污染协同治理的体制机制。三省一市各地区目前仍处于各自为战的水污染治理状态，治理体系分散化，治污的针对性、减排对策有效性仍有待提升，部分城市职能不能有效整合，区域之间的相关政策法规、技术路径、防控体系、水质标准不能有效对接，实现资源共享。

（2）相关职能部门的建立仍不健全，缺乏统一有效的水污染协同联动的科学技术平台，执法监督部门和跨区域跨流域的管理中心，且区域性合作机构有待扩展。相较于长三角区域大气治理已经形成的“一个中心+四个分中心”的技术支撑平台，目前，在长三角水污染治理领域暂未设置该类机构，且仅有的长三角区域大气和水的污染协作防治小组的办公室尽管发挥了重要的作用，但是权限仍有待扩大。

（3）各地区责任主体意识淡薄，利益切合点不一致，政府与政府之间，政府与企业之间存在有偏差的共同利益，导致协作机制贯彻大打折扣。由于区域经济发展不协调，思想认识不统一，对待经济增长与环境治理诉求有冲突，且水污染成因排查不明，无法区分具体量化指标，治污的针对性有待提高，难以实现联防联控效果。

（4）市场激励制度有待进一步完善。尽管长三角地区正在尝试探索排污权交易市场，创新区域环境经济政策，如逐步推进企业统一的排污费征收，探索生态补偿机制等，但是覆盖的深度和广度仍有待加强，且目前仍处于试行阶段，经济刺激手段仍有待多元化扩展。

（5）应急处置和保障督察工作的连续性有待加强。目前，长三角地区相关水域的各行政主体联合监测、协同预警、联合执法体制机制已经建立，但是一体化程度仍有待加强，需要进一步优化协作机制，做好已有成果转化，加强共性难点联合攻关，提高共商、共治、共享水平。

7.1.7　长三角城市群水污染协同联动机制

1. 长三角城市群水污染协同联动组织架构的构建

根据长三角区域水污染协同联动治理的组织架构并不完备的现实情况，我们以长三角区域合作办公室为组织核心，参考国内外流域跨界水污染治理的先进经验，结合长三角实际情况，构建了如图7.6所示的水污染协同联动的组织架构，以便更好地整合区域资源，提高治理效能。

该组织架构中，由长三角水污染防治协作小组办公室作为领导机构，以区域水污染科学中心作为技术集成核心，辅之以区域水环境污染应急管理中心作为长三角地区全流域的水污染突发事件应急处理处置和灾害救援，同时还设置水体污染指标监测和预测发布平台，实时向政府机关以及社会公众发布水质监测结果，同时增设具有募集社会资本、

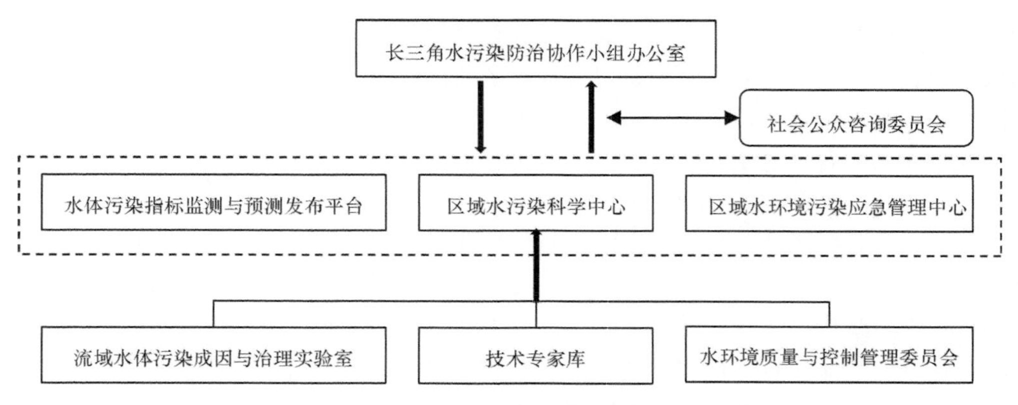

图 7.6 长三角区域水污染协同联动组织架构示意图

征集广泛民意舆情和论证重大区域水污染决策规划的社会公众咨询委员会，对长三角城市群区域水污染协同联动工作进行统一管理。

增设的区域水污染科学中心，下设流域水体污染成因与治理实验室、技术专家库和水环境质量与控制管理委员会，为长三角城市群区域水污染问题成因研究、协同治理与减排对策实施、制定统一且有区别的区域水体环境污染指标提供技术支撑。同时，以长三角各省（市）权威专家学者组成的技术专家组作为重大科技创新的有力支持。

2. 长三角城市群水污染协同联动体制机制的完善

在构建一套强有力的组织架构的基础上，也应当继续完善和创新已有的体制机制，不断夯实长三角地区三省一市合作的坚实根基，不断拓展彼此合作的内涵与外延（杜微，2015；林兰，2016）。正是基于此，我们提出了应以生态文明指标为核心的考评体系，明确彼此分工与责任，建立终身追踪，引入第三方评估机制，在法律的约束、民意的监督、科技的保障和政绩的测评中逐步完善水污染跨界治理的协同联动机制，并据此提出以下四点建议。

（1）充分发挥各中心城市特色职能，深化三级统分的管理协调机制，加强重点城市间在水污染治理方面的密切联系。三省一市由于经济社会发展水平不一和独特的区位因素，形成了各具特色的发展模式和省（市）优势。上海作为长三角地区核心都市，应当充分发挥自己在经济、金融、科技和教育方面的优势，不断提供高新技术、资金资本、拓宽科研攻关和人才培养的渠道，从而辐射带动周边省份的共同发展，同时，发挥区域内三省在特色产业、政策扶持、流域区位优势等方面的因素，不断反哺上海，促进彼此联动机制的转型升级。

（2）构建区域水污染信息监测共享网络，建立相应流域数据库和统一且有区别的排放标准并定期发布水质污染信息。通过建立完善的对接体系机制，从流域角度，区域着手，不断增强各省（市）间的治污一体化进程，破除信息不共享、标准不统一和播报不及时的壁垒。

（3）建立与强化跨界流域水污染的生态补偿机制，在控制污染物总量的基础上，建立试点地区，创造交易平台与示范区。以保护和可持续利用区域水资源生态系统服务为目的，以经济手段为主调节相关者利益关系，包括企业与政府、社会与民众间的重大利益关切，调动生态保护积极性，不断探索生态补偿新模式。

（4）制定区域统一的水污染应急处理处置预案与联防联控对策，深化跨区域的流域定期联合执法巡逻机制和立法的民意支持与监督。应当秉承“依法治污”、“定期巡视”和“快速处置”的工作理念，制定严格的流域法律规章，作为事前管控，同时，不断加强流域巡视巡逻力度，严肃查处，作为事中管理；建立起一级、二级和三级的分区，分部门和分流域的宽领域，多层次的不同水污染应急处理处置预案，作为事后处理，逐步使之长效化、常态化和制度化。

3. 长三角城市群水污染协同联动体制机制的分级体系构建

在分析和评估长三角城市群水污染协同联动现状水平和存在问题的基础上，我们基于流域概况、污染物种类与特性和社会经济发展的情况，设置了基于总量控制的分级分区分流域的管控目标。管控目标包含 TN、TP、COD、重金属和有机物等水质指标，从国家、区域和城市三个层面逐步展开（图 7.7）。

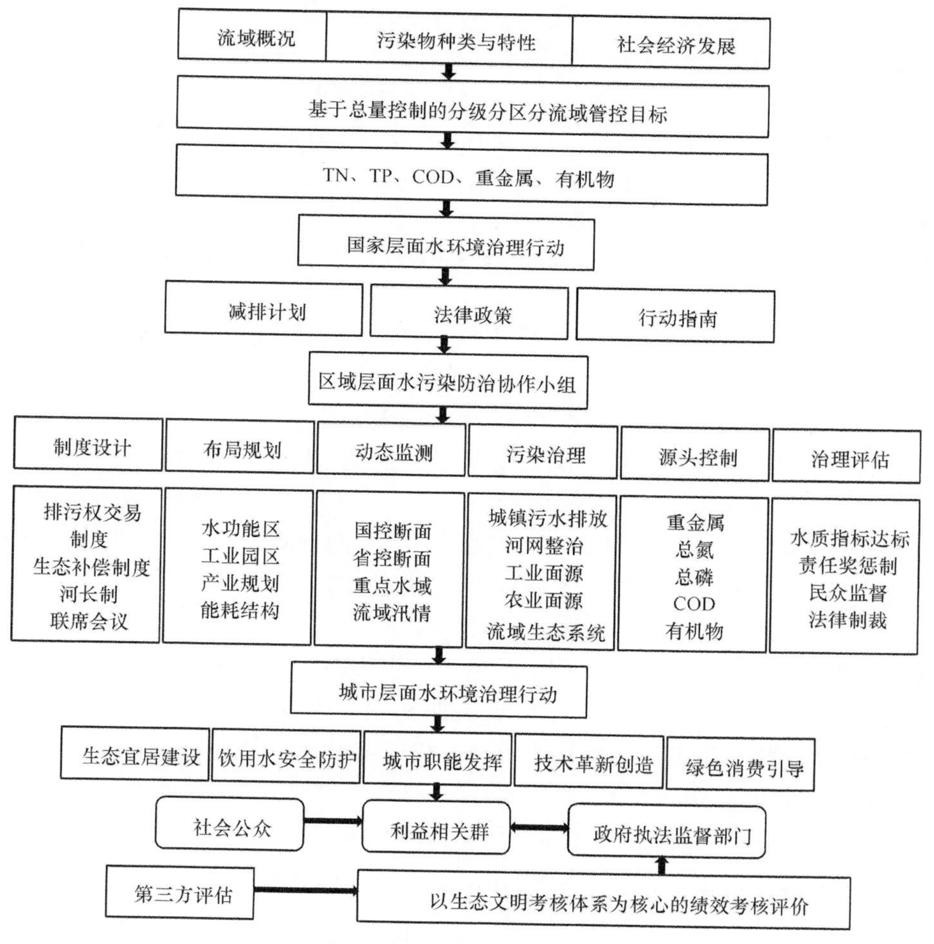

图 7.7　长三角区域水污染协同联动分级体系示意图

其中，国家层面的水环境治理行动以发布减排计划、制定法律政策和行动指南为主；以区域水污染防治协作小组作为枢纽，在区域层面将开展制度设计、布局规划、动态监测、污染治理、源头控制和治理评估等内容，不断丰富体系的内涵和外延；在城市层面的水环境治理行动中，贯彻以人为本的发展理念，着眼城市发展需要，涵盖了生态宜居建设、饮用水安全防护、城市职能发挥、技术革新创造和绿色消费引导等内容。同时将社会公众、利益相关群体、政府执法监督部门融入其中，以生态文明考核体系为核心进行绩效考核，引入第三方评估机制共同推动水体污染防治协同联动分级体系的建立和运行。

7.2 长三角城市群生态安全云数据库构建与模型集成关键技术

7.2.1 引言

通过大数据处理、大数据关联分析等挖掘长三角城市群生态安全保障的关键要素及模型技术要点，着重解决各个单独模型技术方法上的数据和模型的整体集成问题。

规范城市群生态安全模型的元数据格式和进行有效的数据集成，基于已建立的各类评价、模拟、诊断、预警等模型及技术方法进行整体数据与模型方法集成；利用信息共享、传感器网络、WebGIS 等技术手段进行相关城市大数据收集，借助大数据处理技术挖掘出城市群生态安全保障的关键要素，完善城市群生态安全保障模型；将生态安全信息大数据融入城市群生态安全保障模型集成中，形成城市群生态安全保障的整体集成，为城市群生态安全决策支持系统及联动平台的构建提供信息及技术支持。

7.2.2 长三角城市群生态安全保障模型集成技术的设计

基于 DPSIR（驱动力-压力-状态-影响-响应）模式和长三角区域复合生态系统特征，本书针对长三角城市群生态安全保障决策建模与分析需求，提出了结合数据融合和数据挖掘技术的模型集成架构。该架构以解决各个单独模型技术方法基础上的数据和模型的整体集成问题为导向，基于模型功能集成方式，采用面向对象技术、数据库订阅分发技术，以及数据流驱动模型等思路，以实现大数据协同的城市群生态安全保障的模型技术集成。

如图 7.8 所示，在具体实施过程中，由各种传感器从信息处理对象获取各类信息存储于生态安全云数据库中，通过整合长三角城市群生态安全评价（健康诊断和风险识别）、生态安全预警、生态格局评价等数据集和专题模型；根据知识库的知识模型进行生态安全保障模型方法集成和模式结果融合；对推理和模式结果进行维护和解释。

生态安全保障模型集成中包含的生态专题模型如下。

1. 长三角城市群生态健康分类诊断模型

长三角城市群生态健康分类诊断采用 PSE 模型，通过构建长三角城市群生态健康标

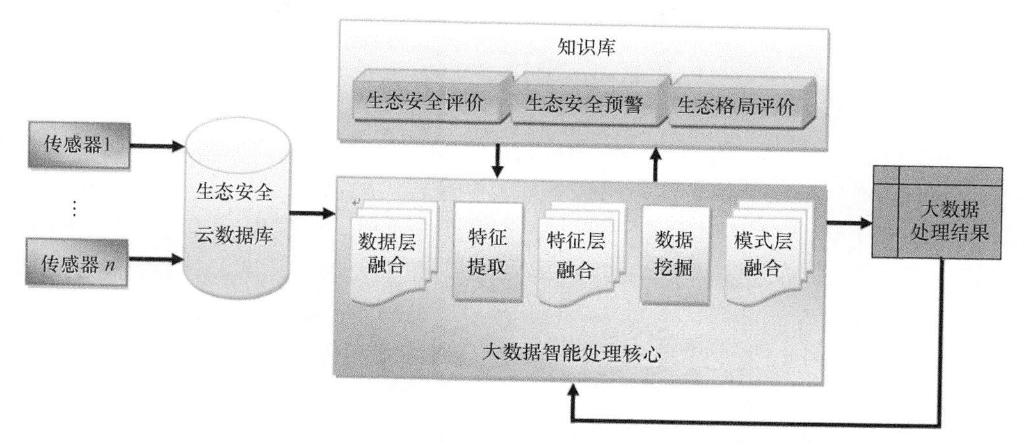

图 7.8　长三角城市群生态安全保障模型方法集成的架构示意图

准、经济社会发展与生态健康耦合状态测度及预测模型，研发长三角城市群生态健康影响因子识别技术，针对区域、城市群、不同类型城市（特大型、大型、中型、小型等）和不同生态系统（如城市、农村、湿地、林地等）四个方面，对长三角城市群生态健康动态变化进行诊断分析。

2. 长三角城市群生态风险评价模型

通过构建长三角城市群生态风险评估技术体系，辨识长三角城市群生态风险源、风险受体，研制长三角城市群生态风险评价模型，对长三角城市群近 30 年来生态风险进行评价，建立长三角城市群的生态风险诊断技术体系。

3. 长三角城市群生态风险预测预警技术与模型

基于城市群多维生态环境与社会经济大数据，采用数据挖掘和同化技术，研制基于系统动力学模型与面向对象技术的 LUCC 预测模型，构建城市群多维生态风险模型与预警平台，开展生态风险的预测预警研究。

4. 长三角城市群城市生态安全格局评价模型

构建长三角区域生态安全约束下城市土地集约利用评价指标体系，基于生态系统“源-流-汇”生态格局理论与空间优化决策模型，构建布局合理、功能复合的长三角城市群生态安全格局与网络，阐明长三角城市群生态空间安全整体战略格局（Sun et al.，2020）。

模型之间的集成采用数据驱动的并行计算执行模型。数据的逻辑流向和逻辑交换过程基于数据流图表达，不仅高效、弹性好、扩展性强、鲁棒性高并且利于节点的管理控制，是目前较为先进的并行计算模型。当数据流中输入数据可用时，该模型部分就被激活，进而产生输出数据回馈给网络，作为下一个节点输入源。

通过数据流驱动模型以及数据标准化的思路，可以适应动态调度、自适应管理及感知控制的需求，从而为整个系统提供兼容性、可靠性、并行处理等方面的保证。

7.2.3 长三角城市群生态安全云数据库构建

云数据库是大数据云数据库和传统意义上数据库的整合和技术融合产物，基本框架是通过构建虚拟环境将数据上传至云数据库，终端客户根据自身特性选择对应的数据获取路径。云数据库保证了储存容量的弹性化机制。云数据库是在软件即服务（software-as-a-service，SaaS）成为应用趋势的大背景下发展起来的云计算技术，它极大地增强了数据库的存储能力，消除了人员、硬件、软件的重复配置，让软、硬件升级变得更加容易，同时也虚拟化了许多后端功能。云数据库具有高可扩展性、高可用性、采用多组形式和支持资源有效分发等特点，可以说云数据库是部署和虚拟化在云计算环境中的数据库，是数据库技术的未来发展方向。云数据库一般具有以下四种特性。

（1）终端用户选择适用性广，可以根据自己的实际情况选择对应的数据库，且支持容量的扩增。

（2）具有数据稳定性，防止由于其他因素造成数据的泄露和遗失，一定程度上降低了用户数据安全风险。

（3）可实现远程参数调配，最大限度地降低设备的维护成本。

（4）实现数据的安全备份机制，提供数据安全监控策略，提高数据的可靠性。

1. 云数据库的功能

（1）基本能力：云数据库应该具备传统关系型数据库系统的基本功能，从而在最大限度简化当前业务系统和业务人员适配工作的同时，保障数据库业务的正常运转。它的基本能力指标包括在支持多种隔离级别下，实现数据操作的完整性约束，即具有 ACID 属性的事务性、标准的数据接口、表、索引、分区、存储过程以及自定义函数等基本的能力指标。

（2）兼容能力：兼容能力代表了关系型云数据库与现有业务系统和通用数据存储模式的衔接能力，这类指标衡量了关系型云数据库在落地过程中工作量大小以及落地过程后对现有业务生态造成的影响大小，而兼容能力的主要指标包括数据迁移、数据导出、支持多种通用的连接方式、开放接口和日志等。

（3）高可用能力：云数据库作为各类数据业务的基础支撑设施，高可用能力必须得到保障，从而在硬件、软件、网络等异常情况发生时，数据库服务不出现问题，满足各行业用户应用和监管要求。它的高可用性指标包括故障切换、多可用区实例、多副本数据和异地灾备等。

（4）云服务能力：此类能力是云数据库区别于传统关系型数据库的本质，体现了关系型云数据库在资源管控、灵活购买、多部署形态等云化方面的能力。

（5）安全性：完整的安全能力能够使云数据库稳定承担各类业务负载，同时防止用户敏感数据的泄露，杜绝非计划性的误操作，同时满足监管机构的合规审查要求。具体指标包括数据隔离、账号管理权限、审计、加密和防注入等能力。

（6）监控和优化：完整而友好的监控和优化能力能够为云数据库运维工作提供有力

的支撑，从而使相关数据库运维管理人员、数据库业务负责人、相关应用支撑团队拥有对数据库的良好掌控能力。其监控和优化指标包括监控、告警、执行计划解析等。

（7）服务支持：云数据库由数据库应用企业和云数据库提供商共同负责，其中云服务商能够提供的服务能力很大程度上影响了企业在云数据库上需要持续投入的资源数量，所以好的服务支持能力能够有效减轻数据库应用企业的负担，主要包括顾问支持和产品文档等服务支持指标。

（8）可扩展性：云数据库需要在客户业务无明显感知的基础上，通过灵活的可扩展性，满足客户业务增长的需求，解决现有数据库应用在磁盘容量、性能等方面暴露出来的瓶颈，主要指标为实例动态伸缩、读写分离和只读实例等。

（9）性能：云数据库应该能够满足用户业务负载的性能要求。但由于硬件和执行负载不同将会影响关系型云数据库性能结果，所以用户应根据自身实际业务需求完成关系型云数据库性能测试。

2. 云数据库的主要组成和应用

云数据库主要指由数据库、硬件、软件以及相关人员构成的物理组成部分和平台架构部分。其中常见的基于 OpenStack 的平台架构主要是由底层的数据库资源池当中一定数量的服务器来存储共享数据，在此基础上连接的 OpenStack 中常见的 7 种云组件来对相应的共享数据进行的相关操作与组织。而云数据库的硬件包括存储所需的外部设备。硬件的配置应满足整个数据库系统的需要，主要由不同部分的物理服务器构成，这些服务器当中还包括主服务器及备用服务器，而在存储服务器和用户之间还通过控制服务器连接。软件部分主要是用户操作终端界面、相关的应用程序、手机端的 APP 或者 Web 界面和用户连接。

在云数据库应用中，客户端不需要了解云数据库的底层细节，所有的底层硬件都已经被虚拟化，对客户端而言是透明的。它就像在使用一个运行在单一服务器上的数据库一样，非常方便、容易，同时又可以获得理论上近乎无限的存储和处理能力。

长三角城市群生态安全云数据由空间数据与非空间数据联合组成，空间数据方面已有长三角各地理要素数据，基于高分卫星遥感的生态要素的反演数据，以及污染排放企业的空间分布及排放量数据等（严莹婷等，2021；He et al.，2019a，2019c）。非空间数据主要包括长三角控点 $PM_{2.5}$、臭氧等大气污染数据与气温、风速、风向等气象要素数据（He et al.，2019b；刘靳等，2020）。基于课题目标，进行了诸如大气污染数据的实时获取与实时数据库录入的工作，以及在客户端应用的自动化程序设计及实现的研究。

根据实际的处理需求，本书的数据分为两类来分别储存：以气象监测数据和空气质量监测数据为代表的结构化数据存放于云数据库；其他图像、文本及字段耦合关系复杂或计算需求简单的表格等数据存放于云储存服务。

云数据库使用华为云旗下的 MySQL 关系型数据库服务（relational database service，RDS）。该云数据库具有完善的性能监控体系和多重安全防护措施，架构成熟稳定，支持流行应用程序，支持各种 Web 应用，支持在线通过结构化查询语言（structured query language，SQL）来方便地完成数据的定义、操纵和控制功能。SQL 的数据定义功能指能够定义数据库的三级模式结构，即外模式、全局模式和内模式结构。在 SQL 中，外模式又叫作视图，全局模式简称模式，内模式由系统根据数据库模式自动实现，一般无须用户过问。SQL 数据操纵功能包括对基本表和视图的数据插入、删除和修改，特别是具有很强的数据查询功能。SQL 的数据控制功能主要是对用户的访问权限加以控制，以保证系统的安全性。云数据库具备以上所有的操作能力，与自建数据库相比未做任何功能阉割。

RDS 的最小管理单元是实例，一个实例代表了一个独立运行的数据库。创建实例时 RDS 默认开启自动备份策略，实例创建成功后，用户可对其进行修改。用户也可进行手动备份，建立由用户启动的数据库实例的全量备份，它会一直保存，直到用户手动删除。

本书在 RDS 系统上创建了名为“rds-d289”的实例，用以储存气象监测数据和空气质量监测数据。创建该实例的用户被称为管理员，拥有对数据进行定义、操纵和控制等所有功能。为使数据可被他人查询，管理员可创建 IAM 用户并对 IAM 用户授予不同的权限策略，获得权限的 IAM 用户方可对云数据库进行相应操作。授权可以精确到具体服务的操作、资源及请求条件等，方便对不同程度的数据处理需求提供响应。本书还建立了向云数据库传输数据的应用程序接口（application programming interface，API），实现数据的实时上传。

目前上传至云数据库的气象监测数据包含 2017 年 1 月至今的监测记录，来源为国家气象信息中心（http://data.cma.cn），囊括上海、浙江、江苏、安徽辖内 212 个站点。目前上传至云数据库的空气质量监测数据包含 2015 年 3 月至今的监测记录，来源为全国城市空气质量实时发布平台（http://106.37.208.233:20035），囊括上海、浙江、江苏、安徽辖内 238 个站点。本书默认仅对 IAM 用户提供只读权限，用户可对数据进行在线查询并导出所需数据，如有必要需求，用户可向管理员申请获得其他 SQL 操作权限。

针对非结构化数据，采用对象存储服务（object storage service，常写作 OBS）的方式进行云储存。OBS 是一款稳定、安全、高效、易用的云存储服务，可存储任意数量和形式的非结构化数据，用户可以像操作本地文件系统一样对 OBS 系统内的文件和目录进行在线处理。

对象（object）是 OBS 中数据存储的基本单位。一个对象实际是一个文件的数据与其相关属性信息（元数据）的集合体。用户上传至 OBS 的数据都以对象的形式保存在桶中。OBS 提供上传、下载、列举、搜索、分享、断点续传、多段操作等基本功能。桶是 OBS 中存储对象的容器。每个桶都有自己的存储类别、访问权限、所属区域等属性，用户可以在不同区域创建不同存储类别和访问权限的桶，并配置更多高级属性来满足不同场景的存储诉求。OBS 提供创建、列举、搜索、查看、删除等基本功能来进行桶管理。该 OBS 服务还提供了高性能的并行文件系统（parallel file system），能够提供毫秒级别访问时延以及 TB/s 级别带宽和百万级别的读写性能，能够快速处理高性能计算工作负载，为本书可能进行的数据开放及大流量访问提供了技术保障。

本书在 OBS 系统上创建了名为“yrd”的储存桶，内含“十三五项目数据”文件夹，将本书涉及的数据按照类别归档，分别是：长三角基础数据、统计年鉴、基于遥感的数据、基于调查统计的数据及专题图数据。用户可通过网络分享的链接地址下载数据，也可通过登录 OBS 系统在线查阅并获取数据。管理员可以对不同的账号和用户授予不同的访问权限，也可以对桶和对象设置不同的开放策略来控制桶和对象的读写权限。本书默认对所有 IAM 用户提供只读权限，用户不可上传新数据或更改已存在的数据，且对部分数据设置加密，如有必要需求，用户可向管理员申请获得访问权限。

3. 大数据采集与数据挖掘

长三角城市群大气和气象大数据以长三角城市群 41 个城市为数据采集对象，采集内容包括空气质量数据、气象数据等数字化数据及土地利用等图像格式数据。本技术使用 Python 语言编程，结合 MySQL 数据库管理系统，实现大数据的获取、查询、下载、储存等功能，辅助于长三角城市群环境数据的收集和分析。

基于 Python 语言编程，利用大气污染物数据来源网站提供的应用程序接口，与大气污染国控监测点实时发布网站链接，网络爬虫实现每小时的大气污染全要素的数据下载及更新，数据内容包括监测站点名称及对应时段的空气质量指数、空气质量等级、主要污染物、$PM_{2.5}$ 浓度、PM_{10} 浓度、CO 浓度、NO_2 浓度、O_3 浓度和 SO_2 浓度等监测指标；气象数据采集自国家气象信息中心（http://data.cma.cn），所囊括的气象信息有气压、风速、风向、气温、相对湿度、水汽压、降水量、水平能见度、云量等参数。

基于 MySQL 数据库管理系统，建立本地数据库，且实现远程连接及数据的实时获取；基于图形用户界面编程，创建长三角地区的大气环境数据爬虫、存储、查询、分析集成系统。以上技术方法均在 Windows 环境下运行。

1）大数据获取及查询

本技术对空气质量、气象数据分别建立了数据查询和获取途径，用户能够通过图形用户界面方便地实现对目标数据的调取。以空气质量数据为例，图 7.9 为空气质量数据查询的界面展示。条件查询功能可以通过设置条件来筛选空气质量数据的地区、指标及

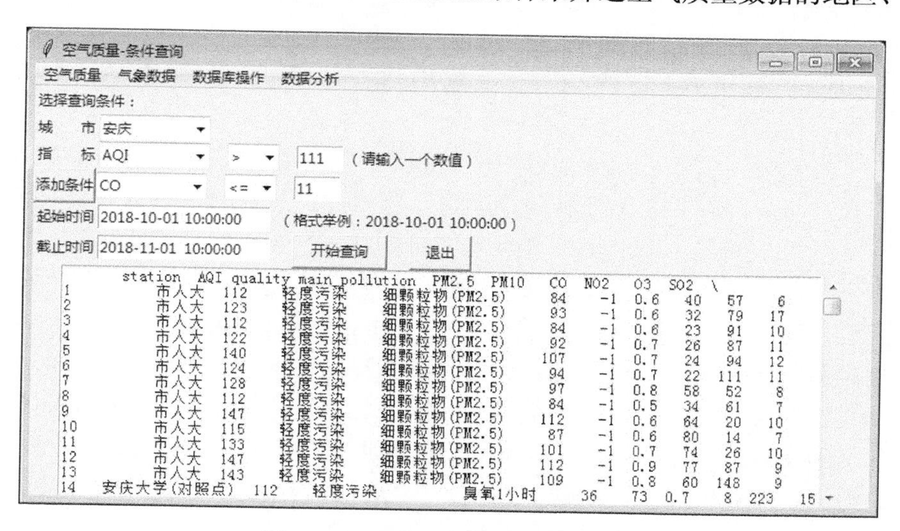

图 7.9　空气质量数据查询界面展示

时间区间。地区可选江、浙、沪、皖四省辖内共 41 座城市。指标可选 AQI、$PM_{2.5}$、PM_{10}、CO、NO_2、O_3、SO_2共 7 项筛选参数，以及>、>=、=、<=、<共 5 种逻辑关系。查询时间可选 2016～2019 年任意日期。查询结果将显示在界面中，也可选择将查询结果保存至本地。

2）大数据抽取及可视化

本技术包含对数据进行可视化的功能，可对空气质量或气象数据中某指标随时间的变化的趋势作图，且能够自动识别数据源文件中的不同站点数据，分别形成图像。图 7.10 以气象数据为例对可视化操作进行了展示。

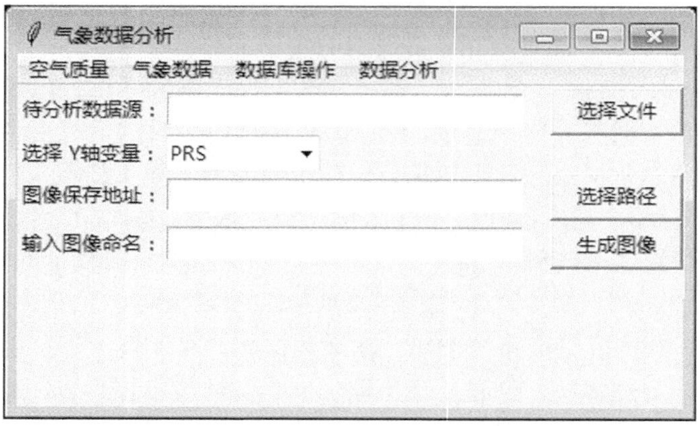

图 7.10　气象数据可视化操作界面

待分析数据源为保存在本地的数据查询结果文件，图中 *Y* 轴变量可选气压、风速、风向、气温、相对湿度、水汽压、降水量、水平能见度等 24 项气象参数。本技术中的可视化功能将自动识别所导入数据中的不同站点，形成所选的作图变量随时间变化的趋势图，最终可将生成的分析结果保存至客户端。

7.2.4　基于深度学习的长三角城市群大气污染大数据挖掘技术

在当下的大数据时代，数据体量的增长和维度的增加都意味着它所承载的信息量也更加庞大，与此同时其冗余性和复杂度也显著增加，这对数据处理和信息挖掘带来了更高的难度（He et al.，2019a）。大气环境问题是一个典型的多因素多过程的复合型问题，以大气污染为例，它涉及空气中多种成分之间的相互作用，包括多种物理和化学变化过程（汪安璞，1999；朱彤等，2010；Zhang et al.，2014），我们很难通过厘清某污染物相关的所有实际形成和转化过程来得到污染情况的模拟或预测，但大数据能够提供给我们另一个途径：在大量数据中找到现象所对应的特征及总结其内在规律，以获取环境的实时信息或预测其未来变化（宓科娜等，2018）。伴随大数据时代的来临，深度学习得到了快速的发展和广泛的应用。深度神经网络作为其中一项主要技术，与常见的回归模型或传统机器学习方法相比具有更加强大的特征提取和特征表达能力，已在多个研究领域有了出色的应用表现（Hinton et al.，2012；Wu and Zhao，2018），在环境信息的挖掘上，深度学习也已有了不少成功的应用案例（徐凌宇等，2018）。环境大数据的数据支持和深度学习的技术应用，能够实现更准确、更深度的环境信息挖掘，为长三角城市群生态安全建设提供思路与依据（Lu et al.，2020）。

1. 数据和方法

1）数据来源

大气污染物监测数据来源为生态环境部的环境空气质量监测网，每小时持续更新，数据内容包括监测站点名称及对应时段的空气质量指数、空气质量等级、主要污染物、$PM_{2.5}$浓度（$\mu g/m^3$）、PM_{10}浓度（$\mu g/m^3$）、CO 浓度（mg/m^3）、NO_2浓度（$\mu g/m^3$）、O_3浓度（$\mu g/m^3$）和 SO_2浓度（$\mu g/m^3$）等监测指标；气象数据源自国家气象信息中心（http://data.cma.cn），所囊括的气象信息有气压（PRS，hPa）、风速（WS，m/s）、气温（TMP，℃）、相对湿度（RH，%）、水汽压（VAP，hPa）、水平能见度（VIS，m）等参数；土地利用数据来自欧空局（ESA）提供的 CCI-LC 产品；卫星遥感数据（小时分辨率）从日本宇宙航空研究开发机构（JAXA）所发布的 P-Tree 数据下载平台（http://www.eroc.jaxa.jp/ptree）上获得。

2）技术方法

本技术应用深度神经网络来挖掘环境大数据中的规律和信息。深度神经网络基于传统人工神经网络而发展。传统人工神经网络也叫感知机，由输入层、隐含层和输入层构成，其中隐含层的作用为：将输入的特征向量变换为满足输出条件的分类结果。随着数学方法和硬件水平的提高，隐含层从一开始的单层发展为多层，传输函数由早期的离散函数改进为 sigmoid 等连续函数。在算法上采用反向传播算法（BP 算法），通过迭代的方式训练网络，在随机设定的初值基础上计算当前网络的输出，后根据当前输出和初值的对应标签值之间的差值调整前面隐含层的参数。但传统人工神经网络存在严重的“梯度扩散”现象，即在进行 BP 反向传播时，每一层的残差信号将衰减为原信号的 0.25，当层数增加，低层便难以接收到有效的误差校正信号。此现象限制了传统神经网络的层数增加，使其只能开展浅层（多为一层）学习。

深度神经网络的分层结构与传统神经网络相似，包含输入层、多隐层、输出层与相邻层的节点之间相互连接，同层或跨层节点间则相互独立，如图 7.11 所示。在训练机制上，以自下而上的非监督学习与自上而下的监督学习相结合的方式，取代了传统神经网络单一的反向校正过程。首先逐层构建单层神经元，采用无标定数据分层训练各层参数，第 n–1 层的输出即第 n 层的输入，每一层通过独立的训练学习上一层数据的结构，进而得到比原始输入更具表示能力的特征（Hinton and Salakhutdinov，2015）。在完成各层的参数训练后，引入带标签的数据，从顶层向下进行误差传输，并对网络进行调优。深度神经网络较之传统人工神经网络能够取得更好效果的关键，在于逐层的特征学习过程（LeCun et al.，2015）。

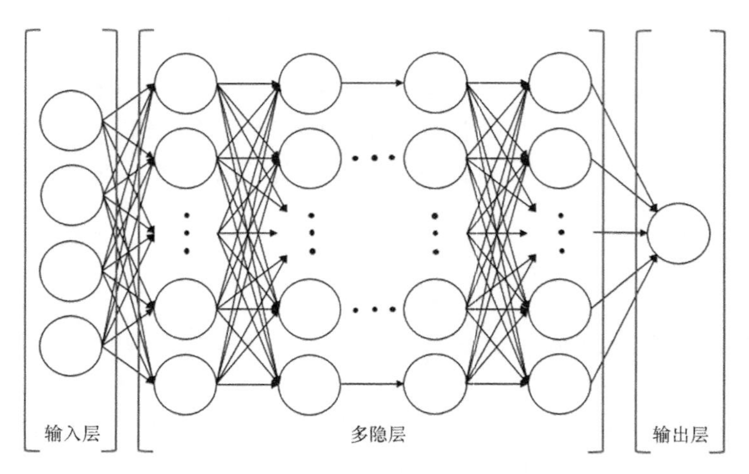

图 7.11　深度神经网络结构示意图

在逐层构建神经元的过程中，每一层将其直接前驱层的输出结果作为初始输入，经过线性变换和激活运算得到本层的输出（邓力和俞栋，2016）。

图 7.12 截取了深度神经网络中的三层，图中任意两个相互连接的神经元间存在一种线性关系，关系函数用式（7.1）表示：

$$z_j^l = \sum_{k=1}^{m} w_{jk}^l \, a_k^{l-1} + b_j^l \tag{7.1}$$

式中，z_j^l 为当前神经元（第 l 层第 j 个神经元）的线性运算结果；a_k^{l-1} 为第 l–1 层的第 k 个神经元的输出值；w_{jk}^l 为第 l–1 层第 k 个神经元对当前神经元的权重系数；m 为第 l–1 层的神经元总数；b_j^l 为当前神经元的特定常数参数。

在线性变换过后，使用激活函数获得该节点的最终输出值。该变换用式（7.2）表示：

$$a_k^l = \sigma\left(z_j^l\right) \tag{7.2}$$

式中，a 为当前神经元的输出结果；z_j^l 为线性变换的运算结果；σ 为激活函数。

常用的激活函数主要有 sigmoid 函数、tanh 函数和 ReLU 函数。当 z 很大或很小时，若应用前两个函数，会导致权重更新非常缓慢，产生梯度消失的问题。而 ReLU 函数解决了在正数输入侧的上述问题，同时具有计算速度快的优点。本书使用 ReLU 函数作为神经网络模型的激活函数，其公式表达为

$$\sigma(z) = \begin{cases} z, \text{ if } z \geqslant 0 \\ 0, \text{ if } z < 0 \end{cases} \tag{7.3}$$

式中，z 为线性变换的运算结果。

线性运算和激活运算构成了深度神经网络的前向传播算法，可将变换过程总结为若干个权重系数矩阵（W），引入偏倚向量（b）和输入值向量（a），从输入层开始，逐层向后计算。用式（7.4）表示：

$$a^l = \sigma\left(a^l\right) = \sigma\left(W^l a^{l-1} + b^l\right) \tag{7.4}$$

式中，a^l 为第 l 层的输出值向量；a^{l-1} 为第 l 层的输入值向量；W^l 为第 l 层的权重系数矩阵；b^l 为第 l 层的偏倚向量。

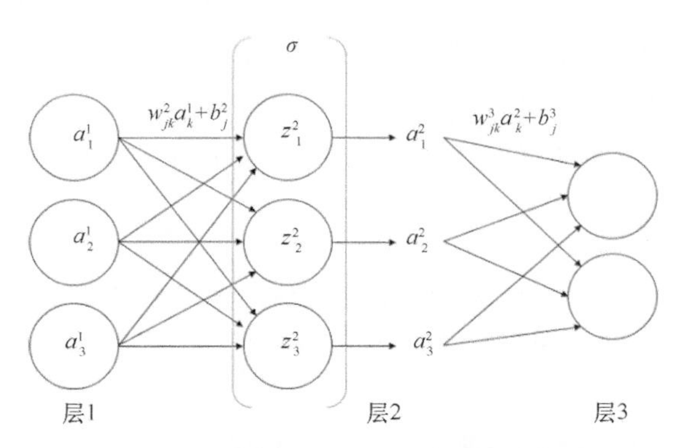

图 7.12　深度神经网络逐层运算示意图

反向传播算法即对深度神经网络的损失函数进行迭代优化，求极小值的过程。其中损失函数有多种选择，如均方差损失函数、合页损失函数和交叉熵损失函数等，本书使用均方误差损失函数，配合梯度下降法的迭代方式。

均方差损失函数的思想是使各个训练点到最优拟合线的距离最小，即平方和最小，表达公式为

$$J(W,b,x,y)=\frac{1}{2}\left\|a^l-y\right\|^2=\frac{1}{2}\left\|\sigma\left(W^l a^{l-1}+b^l\right)-y\right\|^2 \tag{7.5}$$

式中，x 为当前拟合线上所取点的横坐标；y 为当前拟合线上所取点的纵坐标；a^l 为第 l 层的输出值向量；a^{l-1} 为第 l 层的输入值向量；W^l 为第 l 层的权重系数矩阵；b^l 为第 l 层的偏倚向量。

继而通过调整每一层的线性变换参数来减小拟合误差，故需要对均方差损失函数的 W 和 b 变量分别求解梯度，计算过程如式（7.6）所示：

$$\frac{\partial J(W,b,x,y)}{\partial W^l}=\left[\left(a^l-y\right)\odot\sigma'\left(z^l\right)\right]\left(a^{l-1}\right)^{\mathrm{T}} \tag{7.6}$$

$$\frac{\partial J(W,b,x,y)}{\partial b^l}=\left(a^l-y\right)\odot\sigma'\left(z^l\right) \tag{7.7}$$

式中，$\odot$ 为 Hadamard 积；σ' 为激活函数。

根据式（7.7），可计算得到：

$$\frac{\partial J(W,b,x,y)}{\partial W^l}=\delta^l\left(a^l-y\right)^{\mathrm{T}} \tag{7.8}$$

$$\frac{\partial J(W,b,x,y)}{\partial b^l}=\delta^l \tag{7.9}$$

式中，$\delta^l=\dfrac{\partial J(W,b,x,y)}{\partial z^l}$。

使用数学归纳法，可得到任一隐层中的 δ^l 值与其相邻层的 δ^{l+1} 值之间的关系，递推

结果如下：

$$\delta^l = \left(W^{l+1}\right)^{\mathrm{T}} \delta^{l+1} + 1 \odot \sigma'\left(z^l\right) \tag{7.10}$$

在进行反向传播时，使用标签数据从神经网络的顶层开始调优，得顶层 δ 值，再结合式（7-8）～式（7-10），可以得到任一隐层中 W^l 和 b^l 的对应梯度。沿着梯度的负方向调整线性变化参数，逐步找到使均方差损失最小化的全局最优解。

2. 案例

大气细颗粒物（$PM_{2.5}$）是参与空气质量评价的主要污染物之一，由于大范围、高浓度灰霾天气的频发，以及细颗粒物对人体健康的众多危害而引起社会各界的高度重视（Dominici et al.，2006；Li et al.，2013）。我国的 $PM_{2.5}$ 地面监测网络布置起步较晚，现有对 $PM_{2.5}$ 的监测数据储量十分有限，卫星遥感监测手段则可以对地面站点监测在时间和空间分布上的不足起到很好的补充作用（Miller and Xu，2018；Van Donkelaar et al.，2015）。本案例以长三角城市群（包含 26 个城市）为例，建立了利用气溶胶光学厚度（AOD）及多种气象因子估算 $PM_{2.5}$ 浓度的深度神经网络模型。为满足对 $PM_{2.5}$ 污染情况实现实时追踪的要求，本案例使用的气溶胶光学厚度来自向日葵 8 号卫星的遥感反演，该静止气象卫星能够提供 1h 时间分辨率、5km 空间分辨率的气溶胶光学厚度数据，与空气质量监测数据及气象监测数据有较高的匹配度。由于变量因子多且相关性较为复杂，直接建立深度神经网络模型所得到的估算效果并不理想，使用具有噪声的基于密度的聚类方法（density-based spatial clustering of applications with noise，DBSCAN）（Ester et al.，1996）预聚类的方式找到能够与高 $PM_{2.5}$ 污染水平产生良好对应的指示因子，从而将神经网络模型的输入数据集分为高污染水平与低污染水平两组，分别建立更有针对性的权重和偏移向量，深度学习模型运作流程如图 7.13 所示。

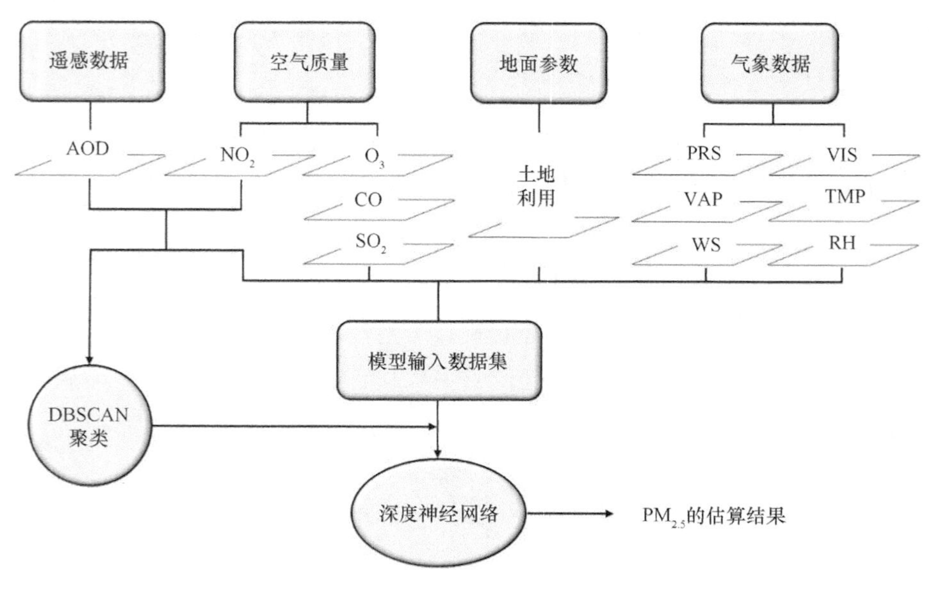

图 7.13　深度学习模型运作流程图

经过筛选，我们选择了与 $PM_{2.5}$ 浓度具有良好相关性的 AOD 与 NO_2 作为聚类指标，将此两者数值进行 z-score 标准化后，使用 DBSCAN 算法对其进行聚类，从而将数据集分为两组。基于 AOD 与 NO_2 的输入数据集聚类结果如表 7.12 所示，可以看到两组的 $PM_{2.5}$ 浓度在 1%的置信水平下具有显著差异，即基于 AOD 与 NO_2 的 DBSCAN 聚类成功识别了不同的 $PM_{2.5}$ 污染水平。

表 7.12　基于 AOD 与 NO_2 的输入数据集聚类结果

区域	$PM_{2.5}$ 低污染水平组		$PM_{2.5}$ 高污染水平组		t	p
	均值	标准差	均值	标准差		
长三角城市群	49.23	27.07	77.85	39.77	45.87	0.000*
上海	42.79	24.27	77.91	43.69	17.50	0.000*
江苏	52.15	30.19	79.50	41.13	29.06	0.000*
浙江	43.58	21.85	61.89	29.57	18.73	0.000*
安徽	51.35	25.54	71.07	31.09	19.40	0.000*

*$p < 0.01$ 表示在 1%置信水平下显著。

对聚类后的两组数据分别进行深度神经网络模型的训练，以此方式建立的模型表现出良好的估算准确度，较之无聚类的深度神经网络模型，结合预聚类后的模型精度得到了很大的提升，且估算性能更加稳定。如图 7.14 所示，结合聚类的深度神经网络模型的 $PM_{2.5}$ 估算值与 $PM_{2.5}$ 监测值的拟合斜率更加接近 1，且相关系数（R）皆达到 0.80 以上，均方根误差（RMSE）为 9.70～16.26μg/m³。因为 AOD 仅能在日间得到可靠的反演数值，故我们以 2018 年 10 月 27 日为例，对该日日间 9:00～16:00（地方时）的模型估算结果做了空间展示，如图 7.15 所示。结果表明，模型的估算结果与监测值在空间分布上呈现较好的吻合，且该模型能够捕捉到比地面监测站点更多的污染分布细节。

环境大数据和深度学习的结合，为大区域和时间跨度且高精细度的环境研究提供了更多的可能性，如本案例所示的高时空分辨率的污染物分布模拟，可为大众和相关研究人员提供更详细的环境污染信息。环境大数据挖掘技术的发展，将极大地有利于环境监测、评估、控制等领域的共同技术进步。

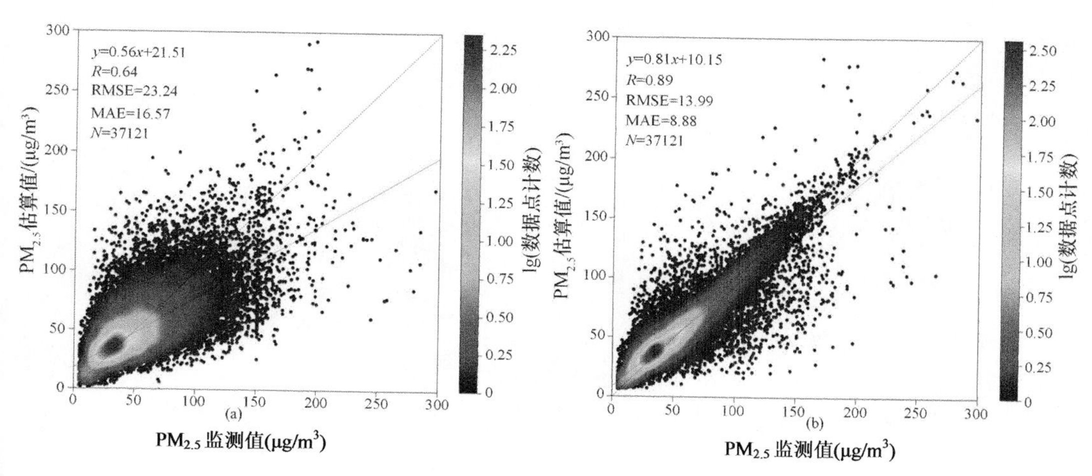

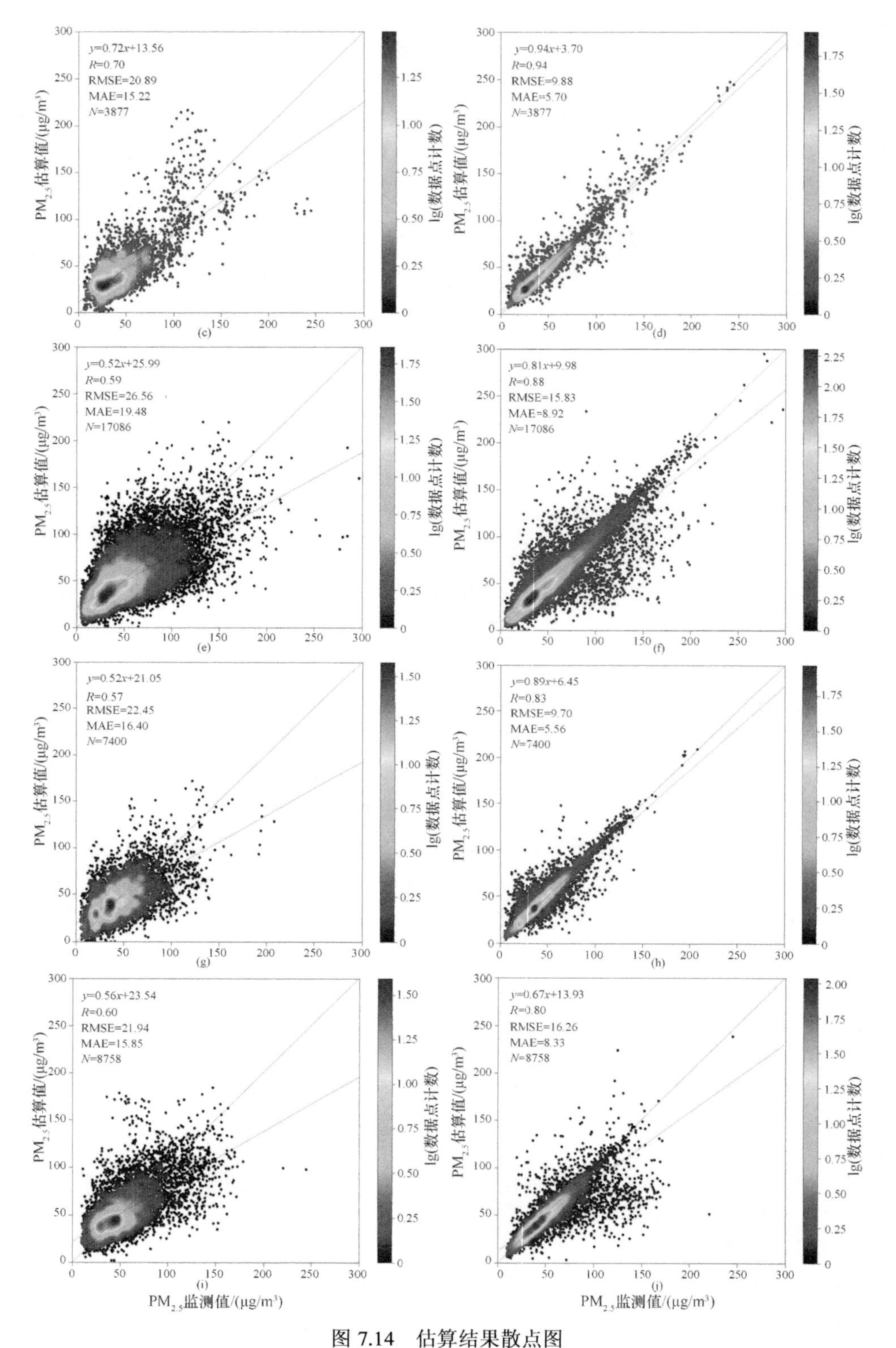

图 7.14　估算结果散点图

左侧为无聚类的深度神经网络模型，右侧为有聚类的深度神经网络模型；由上至下依次为长三角城市群、上海、江苏、浙江及安徽

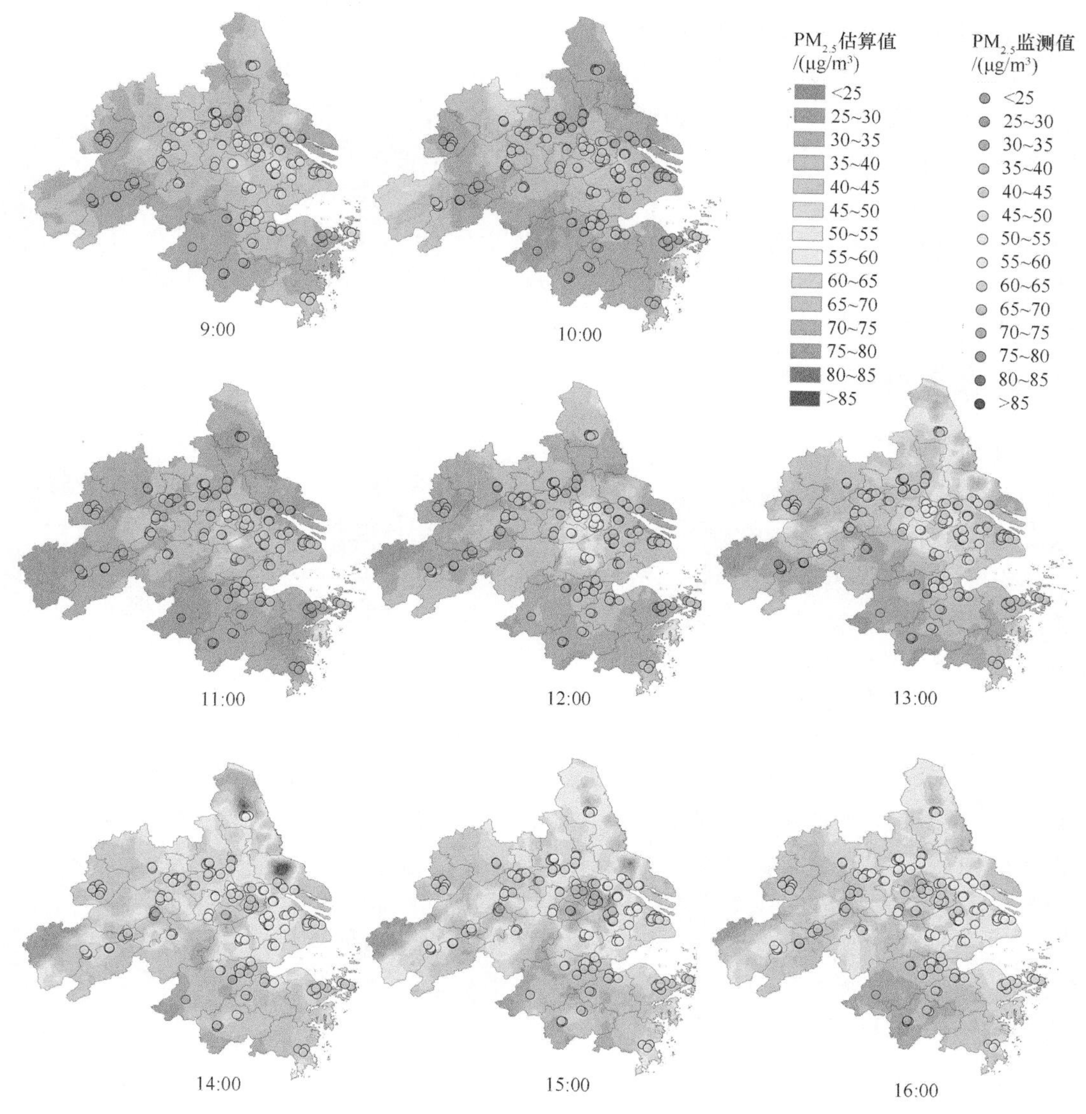

图 7.15 长三角城市群深度学习模型估算结果的空间展示

7.2.5 基于小波的长三角城市群大气细颗粒物污染大数据分析技术

$PM_{2.5}$ 作为长三角城市群的首要大气污染物之一，对于大气能见度、气候变化和人体健康都具有显著的负效应（Yao et al.，2019；Zhao et al.，2018），成为长三角城市群生态安全的重要威胁。本技术以长三角城市群的 26 个城市为研究对象，基于 2015～2018 年长三角城市群 $PM_{2.5}$ 的小时浓度数据，结合小波分析的数据分析方法，探究了 $PM_{2.5}$ 浓度的时空分异规律及其与影响因素（其他大气污染物及气象因子）的相关关系。结果表明，$PM_{2.5}$ 浓度在空间上呈现自西北向东南阶梯状下降的趋势，在时间上则呈现显著的多尺度时间分异特征，即在大尺度上浓度逐年下降，年内呈现“U”形变化规律，在小尺度上具有四阶段变化特征，且突变事件主要发生在冬季（Huang et al.，2020）。$PM_{2.5}$浓度变化具有两个主周期，在250～480天尺度上的一年周期及130～220天尺度上的半年周期。$PM_{2.5}$与大气污染物、气象因子的相关关系也具有尺度依赖性，在大气污染物中，$PM_{2.5}$与CO的相关性最为一致，与SO_2、NO_2的相关性随着时间尺度的增加而提升，与O_3在小尺度上呈现正相关而在大尺度上呈现负相关；在气象因子中，$PM_{2.5}$与风速、降雨量、气温、气压及相对湿度的相关性主要反映在较大的时间尺度上（Jiang et al.，2018；Li et al.，2019）。

1. 数据和方法

1）数据来源及数据预处理

大气污染物（SO_2、NO_2、O_3、$PM_{2.5}$和CO）的小时浓度数据来自全国城市空气质量实时发布平台（http://106.37.208.233:20035），由中国环境监测总站实时发布。本技术共收集了长三角城市群156个国家级空气质量自动监测站点自2015年1月1日到2018年12月31日的大气污染物数据，共计410万余条。同期的每日气象观测数据来自中国气象数据网（http://data.cma.cn）发布的中国地面气候资料日值数据集（V3.0），包括日均风速（m/s）、降雨量（mm）、气温（℃）、气压（hPa）和相对湿度（%）。

为了保证空气质量数据的有效性和分析结果的客观性，根据《环境空气质量标准》（GB 3095—2012）的要求对$PM_{2.5}$浓度数据进行预处理。首先，数据中的异常值被去除（如小于0的浓度值及缺失值）。其次，当每日至少有20个小时浓度值时，由小时浓度的算术平均求得该日的日均$PM_{2.5}$浓度。最后，月均、季均及年均$PM_{2.5}$浓度均通过日均浓度的算术平均值求得，其中每月及每年的有效天数应分别≥27天（2月为≥25天）、≥324天。在研究$PM_{2.5}$浓度数据的时间变化规律时，缺失的日均浓度数据通过计算相邻两天日均浓度的算术平均值得到，但它们不包含在月均、季均及年均值的计算当中。

2）研究方法

小波分析是当前应用数学和工程学科中一个迅速发展的新领域，由于它可以通过伸缩平移运算对信号逐步实现多尺度细化，也被称作多分辨率分析，有效弥补了传统的傅里叶分析方法仅具有单一时间或频率定位能力的不足（Hwang et al.，2003）。因此，小波分析在处理具有多层次演变规律的非平稳序列时具有极大的优势，因而被广泛地应用于水文学、气象与气候以及大气污染等领域的研究中（Nalley et al.，2016；Qin et al.，2008）。选择适当的小波函数是决定小波分析效果好坏的关键因素。

A. 连续小波变换

连续小波变换定义如下：

$$\mathrm{WT}\chi(a,t)=\frac{1}{\sqrt{a}}\int_{-\infty}^{\infty}\chi(t)\psi\left(\frac{t-\tau}{a}\right)\mathrm{d}t\left(a\in\mathbf{R}^{+},\tau\in\mathbf{R}\right) \tag{7.11}$$

式中，WT为小波系数；$\chi(t)$为时间序列；ψ为经伸缩和位移引出的函数族；a和τ分别为尺度因子和平移因子；t 为时间；$\mathbf{R}^{+}$、$\mathbf{R}$ 均为函数集合。由式（7.11）可知小波变换是信号与被伸缩和平移的小波函数之积在信号存在的整个时间域内求和的结果，其变换结果是小波系数，这些系数是尺度因子和平移因子的函数。通过改变尺度因子和平移因子得到一系列小波系数并绘制小波系数实部图和方差图，从而清楚地反映出该信号在不同时间尺度的周期变化及其在时间域中的分布。

B. 离散小波的分解与重构

离散小波的分解就是将信号拆分成高频部分和低频部分的过程，其中高频部分随着分解层次的增加而被一次次去除，最终保留下来的是低频信号。小波的高频信号表征该序列的突变特征，为小波的细节系数；而低频信号代表该序列的一般特征，能够真实地反映信号变化的本质规律，为小波的近似系数。将高频信号和低频信号叠加还原得到原始信号，这一过程即为离散小波的重构，通常用第 1、2 层高频系数的重构来研究该信号的突变特性（Feng et al.，2015）。

C. 小波相干性分析

小波相干是在小波变换的基础上建立的，可以通过图像的方式直观清晰地反映出两个时间序列在不同的时间尺度和不同的时间段内的线性或非线性相关关系，在以往的研究中通常选取 Morlet 小波对数据进行分析（Li et al.，2014）。小波相干谱定义为

$$R_n^2(s)=\frac{\left|S\left[s^{-1}W_n^{XY}(S)\right]\right|^2}{S\left[s^{-1}\left|W_n^X(s)\right|^2\cdot s^{-1}\left|W_n^Y(s)\right|^2\right]} \tag{7.12}$$

式中，s 为尺度；S 为平滑算子；$W_n^X(s)$、$W_n^Y(s)$ 分别为 X 和 Y 序列的小波变换；$W_n^{XY}(S)$ 为 X 和 Y 序列的交叉小波谱（Grinsted et al.，2004；Torrence and Compo，1998；Torrence and Webster，1999）。

2. 案例及应用结果

1）$PM_{2.5}$ 的空间分异规律

A. $PM_{2.5}$ 分级统计分析

根据《环境空气质量指数（AQI）技术规定（试行）》（HJ 633—2012）对空气质量指数进行了等级划分，根据各等级指数所对应的 $PM_{2.5}$ 浓度值，将 $PM_{2.5}$ 浓度划分为六个等级，具体划分标准如表 7.13 所示。此外，《环境空气质量标准》（GB 3095—2012）规定了日均 $PM_{2.5}$ 浓度的国家标准，包括一级标准（35μg/m^3）和二级标准（75μg/m^3），以 75μg/m^3 作为 $PM_{2.5}$ 日均浓度超标阈值。三省一市的 $PM_{2.5}$ 年均浓度及不同等级 $PM_{2.5}$ 占比情况如图 7.16 所示。

安徽省、江苏省、浙江省、上海市四年平均 $PM_{2.5}$ 浓度值分别为 53.53μg/m^3、49.63μg/m^3、41.36μg/m^3、43.93μg/m^3，其日均 $PM_{2.5}$ 浓度的超标率分别为 18.82%、18.82%、8.69%、13.00%。其中，安徽省四年平均 $PM_{2.5}$ 浓度最高，江苏省次之；浙江省和上海市四年平均 $PM_{2.5}$ 浓度相近，但浙江省日均 $PM_{2.5}$ 浓度的超标率显著低于上海市。浙江省和上海市 $PM_{2.5}$ 等级为 1 级的比例显著高于安徽省和江苏省。

表 7.13　日均 $PM_{2.5}$ 浓度等级划分依据

$PM_{2.5}/(\mu g/m^3)$	0～35	35～75	75～115	115～150	150～250	>250
等级	1	2	3	4	5	6
空气质量	优	良好	轻度污染	中度污染	重度污染	严重污染

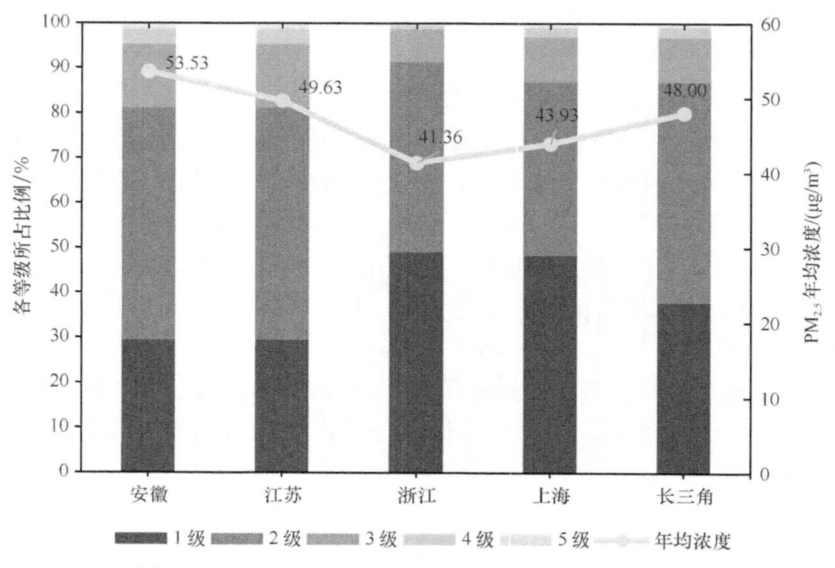

图 7.16　长三角城市群三省一市 $PM_{2.5}$ 浓度分级统计图

B. $PM_{2.5}$ 的空间分布格局

选取普通克里金插值方法探究长三角城市群 $PM_{2.5}$ 的空间分异规律（Li et al.，2017；Ouyang et al.，2018）。长三角城市群各地的 $PM_{2.5}$ 浓度呈现逐年下降的趋势，但每年的空间分布格局是相似的，总体呈现自西北向东南方向的阶梯式递减趋势。$PM_{2.5}$ 浓度最高的地区位于江苏省的镇江、常州和安徽省的滁州、合肥，浓度最低的地区主要分布在浙江省的沿海城市，如宁波、台州和舟山。2015 年长三角城市群的 $PM_{2.5}$ 污染最为严重；2016 年和 2017 年江苏省的 $PM_{2.5}$ 浓度大幅降低，浙江省和上海市的部分地区能够满足二级标准的要求；2018 年安徽省的 $PM_{2.5}$ 浓度显著下降，浙江省和上海市的 $PM_{2.5}$ 污染基本消失，长三角城市群的污染区域依旧集中在安徽省和江苏省。

季均 $PM_{2.5}$ 浓度的空间分布格局与年均浓度类似，自西北向东南方向递减。长三角城市群的 $PM_{2.5}$ 污染状况为：冬季（12 月至次年 2 月）>春季（3～5 月）>秋季（9～11 月）>夏季（6～8 月）。夏季各地区 $PM_{2.5}$ 浓度较春季显著下降，较低的 $PM_{2.5}$ 浓度不再局限于浙江省的沿海地区，而是逐渐向北、向西扩散，$PM_{2.5}$ 污染基本消失。秋季 $PM_{2.5}$ 污染状况恶化，在冬季达到最严重的污染水平，尤其是在长三角城市群的西北部。冬季 $PM_{2.5}$ 的平均浓度几乎是春季的两倍。

2）$PM_{2.5}$ 的时间分异规律

A. $PM_{2.5}$ 的时间序列分析

从图 7.17 可以看出，整个长三角城市群地区的 2015～2018 年的 $PM_{2.5}$ 年均浓度分别为 55.24μg/m³、48.06μg/m³、46.17μg/m³、42.49μg/m³，年均浓度呈现逐年下降的趋势。与此同时，四年内的 $PM_{2.5}$ 浓度超标率也逐年降低。如图 7.18 所示，长三角城市群 $PM_{2.5}$ 浓度月均值最高的三个月份依次为 1 月、12 月、2 月，全部位于冬季；月均值最低的三个月依次为 8 月、7 月和 9 月。$PM_{2.5}$ 浓度超标率最高的是 1 月，高达 45.16%，其次是 12 月和 2 月，超标率分别为 40.32%和 28.32%。图 7.19 显示，长三角城市群的 $PM_{2.5}$ 日均浓度在年内呈现"U"形振荡，四年中 $PM_{2.5}$ 日均浓度在 10.94～196.24μg/m³ 之间波动，其中最低值出现在 2016 年 9 月 16 日，最高值出现在 2017 年 12 月 31 日。2016 年 9 月 16 日的 $PM_{2.5}$ 浓度超过二级标准（75μg/m³）161.65%。

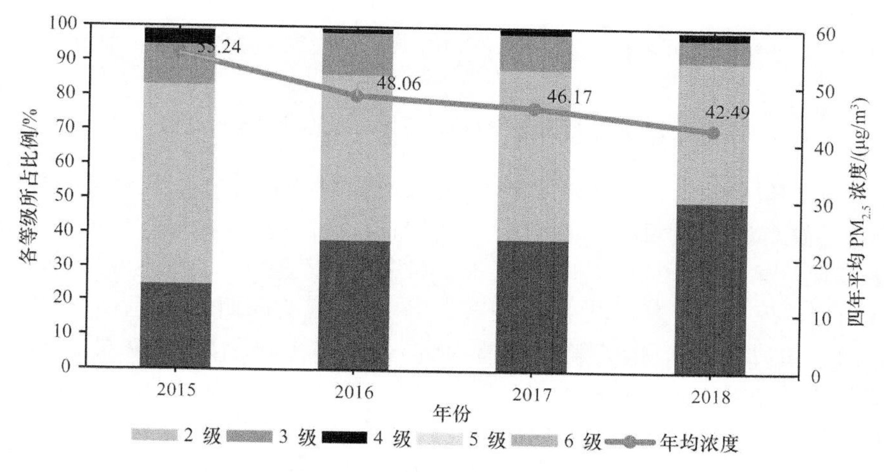

图 7.17　长三角城市群 $PM_{2.5}$ 年均浓度

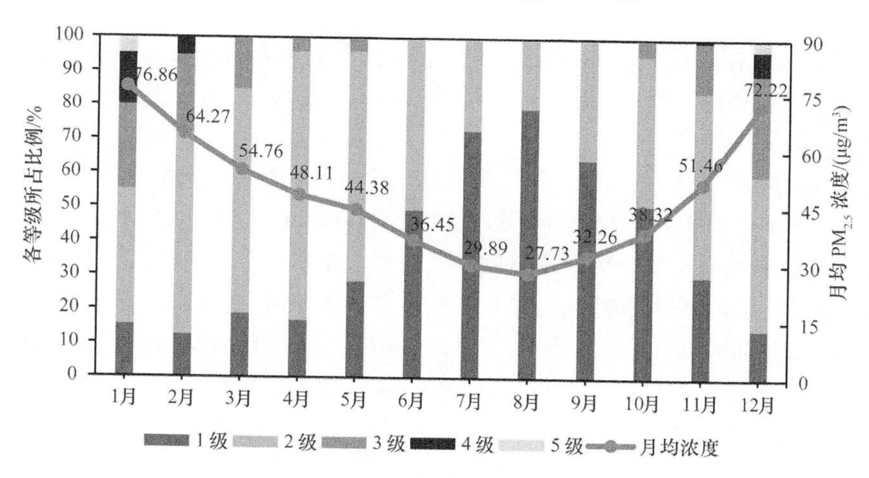

图 7.18　长三角城市群 $PM_{2.5}$ 月均浓度

B. $PM_{2.5}$ 的四阶段年变化规律

选取 db6 小波作为小波函数研究 $PM_{2.5}$ 时间序列的本质年变化规律，分解尺度定为 4，通过重构第四层低频系数得到 $PM_{2.5}$ 的总体年变化特征（Cheng et al.，2019）。如图 7.20 所示，2015～2018 年，$PM_{2.5}$ 浓度具有非常相似的年内变化规律。综合考虑平均

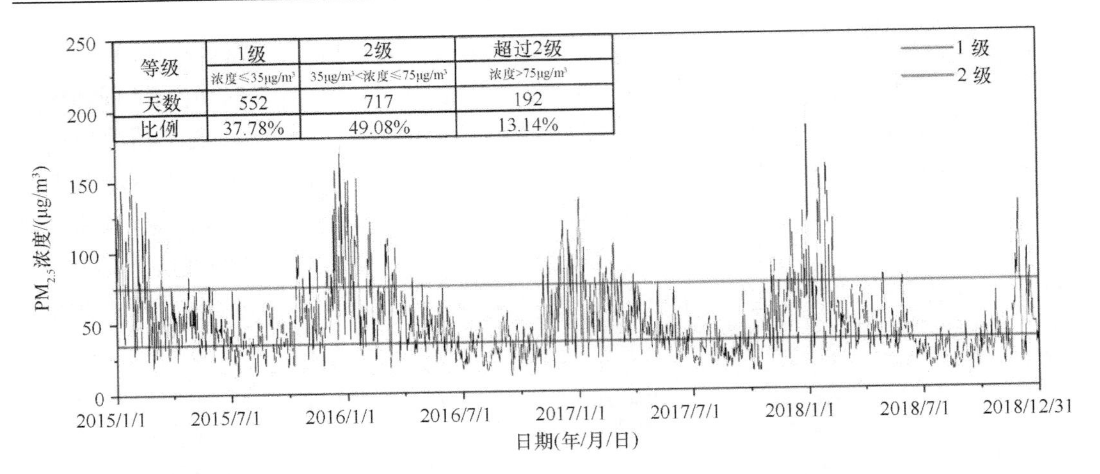

图 7.19 长三角城市群 $PM_{2.5}$ 日均浓度的时间序列变化

浓度、波动幅度和区域间差异，$PM_{2.5}$ 浓度的年变化可划分为四个阶段：①第一阶段为 1～3 月，该阶段的日均浓度波动幅值较大，但其平均浓度较高，此外，地区间 $PM_{2.5}$ 浓度存在显著差异，尤其是 2017 年和 2018 年；②第二阶段为 4～6 月，与第一阶段相比，该阶段 $PM_{2.5}$ 浓度显著下降，波动趋于平缓；在该阶段的末期总是存在一个 $PM_{2.5}$ 浓度低谷值，这一阶段区域间 $PM_{2.5}$ 浓度的差异缩小；③第三阶段为 7～9 月，$PM_{2.5}$ 浓度呈现进一步下降的趋势，这一阶段的显著特征是其 $PM_{2.5}$ 浓度最低，稳定性最强，在此阶段内存在两次较小波动，区域间 $PM_{2.5}$ 浓度差异最小；④第四阶段为 10～12 月，$PM_{2.5}$ 浓度显著升高，波动幅度较大，甚至超过了第一阶段的波动幅度，该阶段存在 2～3 个浓度峰值，除 2015 年外，峰值间隔时间均为 1 个月左右。与此同时，区域间 $PM_{2.5}$ 浓度的差异也在增大，在峰值时差异最大。四个阶段的年变化规律可以反映长三角城市群地区 $PM_{2.5}$ 浓度的总体时间演化特征和普遍波动特征。

C. $PM_{2.5}$ 的突变特征

$PM_{2.5}$ 时间序列的突变点往往代表了污染物浓度较高、污染持续时间较长的污染事件，突变事件很难预测，但对公众健康有着极大危害（Sun et al.，2019）。$PM_{2.5}$ 的突变特征可通过重构第一层高频系数得到，突变事件即发生在系数幅值较大的点所对应的时间段内。

高频系数超过 40 的天数被视为严重突变事件，其 $PM_{2.5}$ 浓度较前一天至少增加一倍（Zhong et al.，2018）。如图 7.21 所示，2015～2018 年各区域突变事件发生频率呈逐年下降趋势，表明空气质量逐年改善。2015 年 $PM_{2.5}$ 突变事件的发生频率是四年来最高的，尤其是上海。2015 年上海共发生 $PM_{2.5}$ 严重突变事件 6 次，其中有 4 次（2015 年 1 月 11 日、2015 年 2 月 12 日、2015 年 12 月 15 日、2015 年 12 月 23 日）日均 $PM_{2.5}$ 浓度超过 150μg/m³，即 $PM_{2.5}$ 达到重度污染及严重污染水平。在长三角城市群的四个区域中，每一年浙江省发生突变事件的频率都是最低的，表明浙江的空气质量相对较好且较稳定。

$PM_{2.5}$ 突变事件主要发生在 1 月、2 月和 12 月，由此可得出冬季是 $PM_{2.5}$ 突变事件发生最频繁的季节。这一结果也证明了其四阶段年变化特征（图 7.21），即 $PM_{2.5}$ 在第一、四阶段日均浓度波动剧烈，而在第二、三阶段趋于平缓。如图 7.21 所示，共发生 4 次覆盖整个长三角城市群的 $PM_{2.5}$ 突变事件，分别是 2015 年 12 月 15 日、2015 年 12 月 23 日、2016 年 1 月 4 日、2017 年 1 月 4 日。结合相应的气象资料，可发现这些事件均发生在低风速（≤2m/s）、低降雨量（≈0mm）的气象条件下，为 $PM_{2.5}$ 的积累提供了相对稳定的气象环境，而冷空气的到来对随后几天 $PM_{2.5}$ 浓度的下降起到了重要作用。

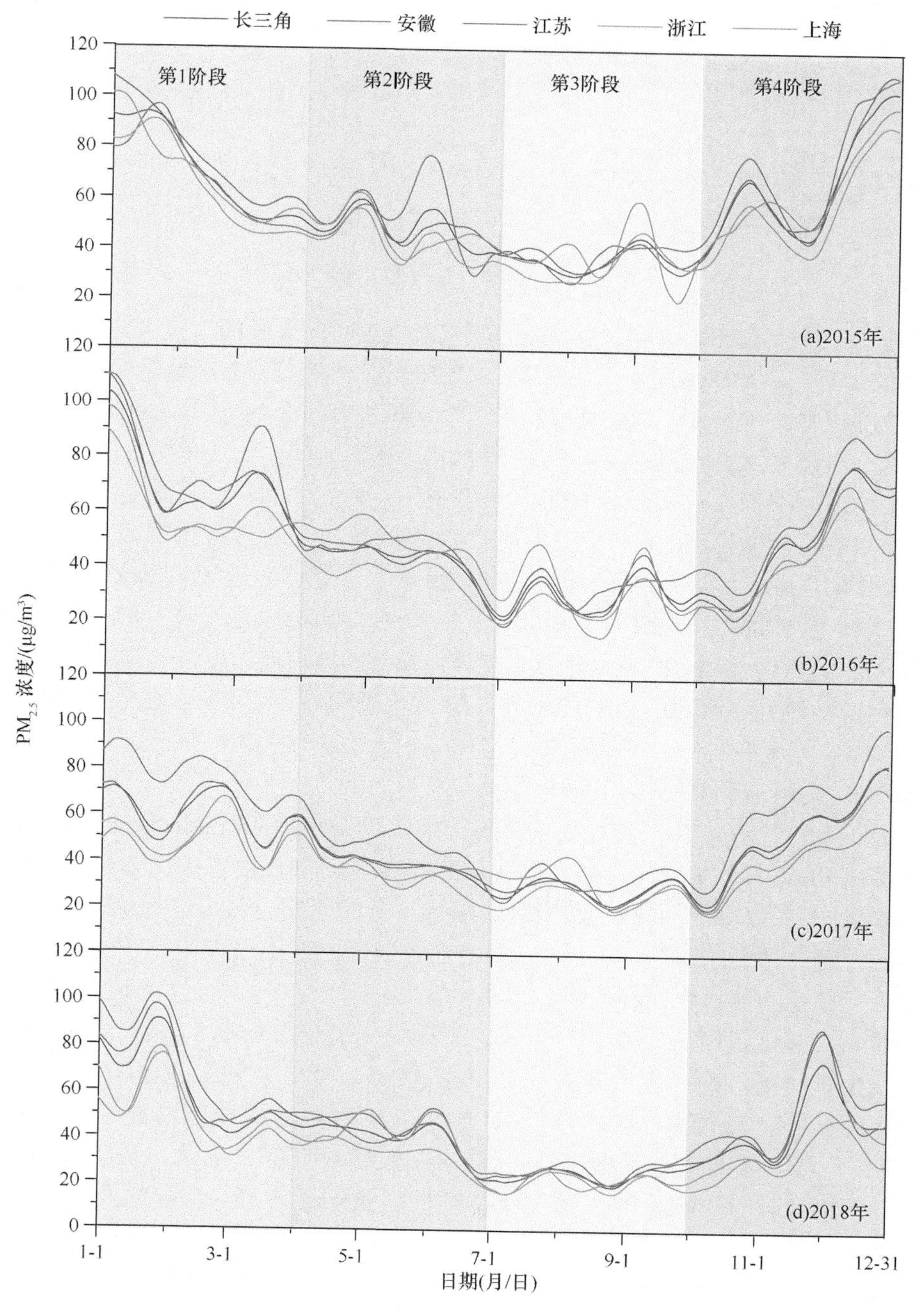

图 7.20　$PM_{2.5}$ 四阶段年变化规律

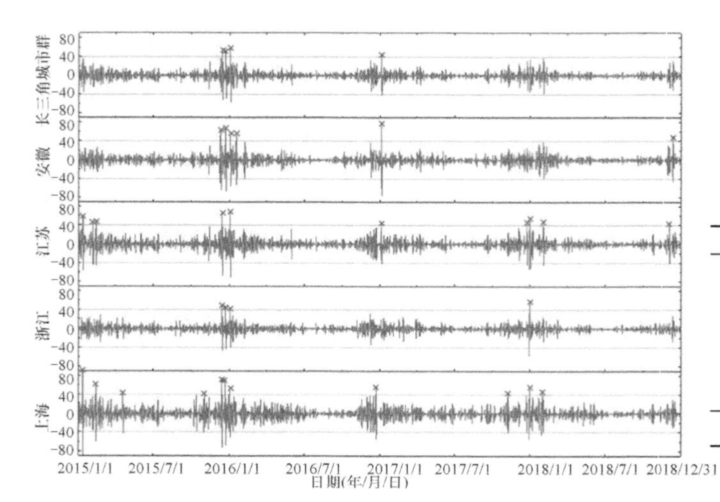

× 表明一次$PM_{2.5}$突变事件
每年各地区发生突变事件的具体次数记录在下表中

项目	2015年	2016年	2017年	2018年
长三角	2	1	1	0
安徽	2	2	1	1
江苏	4	1	3	2
浙江	2	1	1	0
上海	6	2	2	1
合计	16	7	8	4

图 7.21 db1 小波第一层高频系数的重构图

2018 年长三角城市群 $PM_{2.5}$ 污染最为严重、持续时间最长的一次事件发生在 1 月 17 日～1 月 23 日，日均浓度的最大值达到 296.83μg/m^3，在 156 个监测站点中共有 93 个站点日均浓度超过 150μg/m^3，达到重度污染及以上程度。结合该时间段内的气象观测数据，对发生这一污染事件的原因进行详细的分析如下：该段时间内长三角城市群区域地面风速较小，平均风速小于 2m/s；气温较前几日有了一定程度的回升，因此易于形成逆温层，对流层低层的温度层稳定，不利于污染物的扩散和稀释；总云量及中低云含量均较高，导致 $PM_{2.5}$ 垂直扩散能力较差。在此期间空气湿度较大，能够促进气溶胶粒子吸湿性增长，因而为二次颗粒物的生成贡献了又一来源。21 日起伴随着风速的增大和一次降雨过程，空气质量有所好转。随着 23 日冷空气的到来，长三角城市群温度迅速降至 0 ℃以下，逆温层消失，有利于颗粒物的扩散和稀释，随后长三角城市群平均 $PM_{2.5}$ 浓度迅速降至 20.66μg/m^3。

D. $PM_{2.5}$ 的周期变化特征

由于四年的数据支撑，$PM_{2.5}$ 日均浓度的多尺度变化特征得到清晰地展现（Huang et al.，2020）。$PM_{2.5}$ 浓度在 250～480 天和 130～220 天时间尺度上的周期变化在整个研究时段内非常稳定，具有全局性。四个区域最为显著的周期震荡均位于 250～480 天的时间尺度上，中心尺度位于约 370 天。$PM_{2.5}$ 在该时间尺度上表现为显著的年循环特征，高值位于一年中的前三个月和最后三个月（即 1～3 月、10～12 月），而低值位于中间六个月（即 4～9 月）。130～220 天尺度上的周期变化没有 250～480 天尺度显著，但同样覆盖了整个时间域。各区域的 $PM_{2.5}$ 浓度在四年中呈现八次高低变化的循环交替特征，表现为半年循环振荡周期。在该时间尺度上，4～9 月的周期可以被进一步划分为两部分，4～6 月浓度值相对较高，7～9 月浓度值相对较低。因此，位于 250～480 天和 130～220 天时间尺度上的周期变化特征同样证明了 $PM_{2.5}$ 浓度的四阶段年变化规律。此外，还存在一些持续几个月的小尺度振荡。例如，在 60～100 天的尺度上，这些区域的 $PM_{2.5}$ 浓度在 2015 年 9 月至 2016 年 4 月（对应于第 240～480 天）共出现四次高低转换，平均振荡周期为两个月。

3）$PM_{2.5}$ 和大气污染物、气象因子的相关关系

A. $PM_{2.5}$ 和大气污染物的小波相干分析

由于各种大气污染物之间或是存在着物理化学反应的相互转化机制，或是在来源途径上具有相似性，因此这些大气污染要素的浓度不可避免地存在着相互关联的变化趋势（Ma et al.，2019；Xie et al.，2015）。本节采用小波相干谱分析了 $PM_{2.5}$ 与其他大气污染物（CO、O_3、NO_2 和 SO_2）之间的相关性，结果如图 7.22 所示。图 7.22 可以清晰地反映出 $PM_{2.5}$ 与各大气污染物的相关关系在不同季节、不同时间尺度上具有不同的体现。

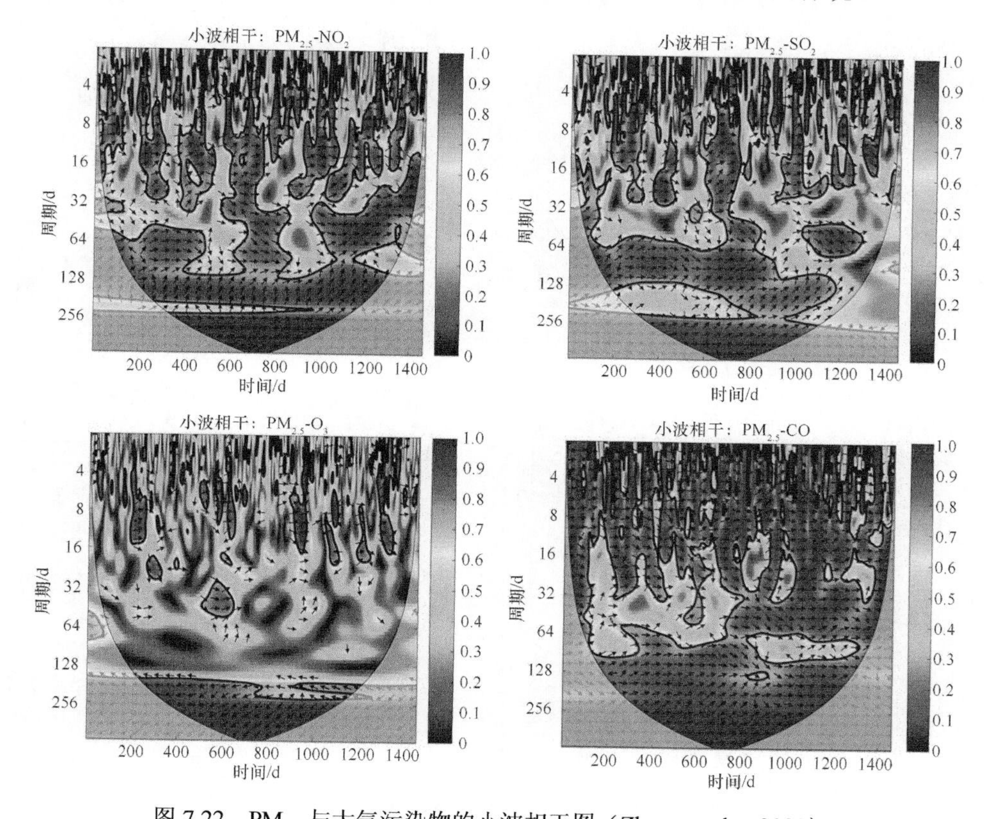

图 7.22　$PM_{2.5}$ 与大气污染物的小波相干图（Zhang et al.，2020）

两要素的相干系数由红向蓝逐渐递减，箭头水平向右（→）表示二者同相位，水平向左（←）表示二者反相位。粗黑线包围部分表示通过了显著性水平为 5%的红噪声检验，细黑线包围范围以外由于受到边界效应的影响而不作考虑

由图 7.22 可知，$PM_{2.5}$ 与 CO 的显著相关关系在整个研究期间最为一致，在所有时间尺度上均呈现出稳定的正相关关系。这种一致的相关关系表明 CO 始终对 $PM_{2.5}$ 产生瞬时影响。此外，$PM_{2.5}$ 与 NO_2/SO_2 显著相关的一致性随着时间尺度的增大而提升，但无论在哪个时间段均表现为正相关关系。然而，$PM_{2.5}$ 与 O_3 在较小时间尺度上的显著相关性与其在较大时间尺度上的显著相关性相反，在较大的时间尺度上（如年时间尺度上），它们的负相关关系在整个研究时段内是一致的；而在较小的时间尺度上，O_3 与 $PM_{2.5}$ 在一些时间段存在正相关关系，尤其是在夏季（6～8 月），表明在这些时间段内 O_3 与 $PM_{2.5}$ 同步增加或减少。

B. $PM_{2.5}$和气象因子的小波相干分析

从上述研究可以看出，$PM_{2.5}$具有显著的年变化周期，这与大多数气象因子相似，说明气象因素可能是 $PM_{2.5}$ 存在较强季节性的潜在驱动因素。本书还分析了不同时间段、不同时间尺度下 $PM_{2.5}$ 与气象因子（风速、降水、温度、气压、相对湿度）的相关性（图 7.23）。

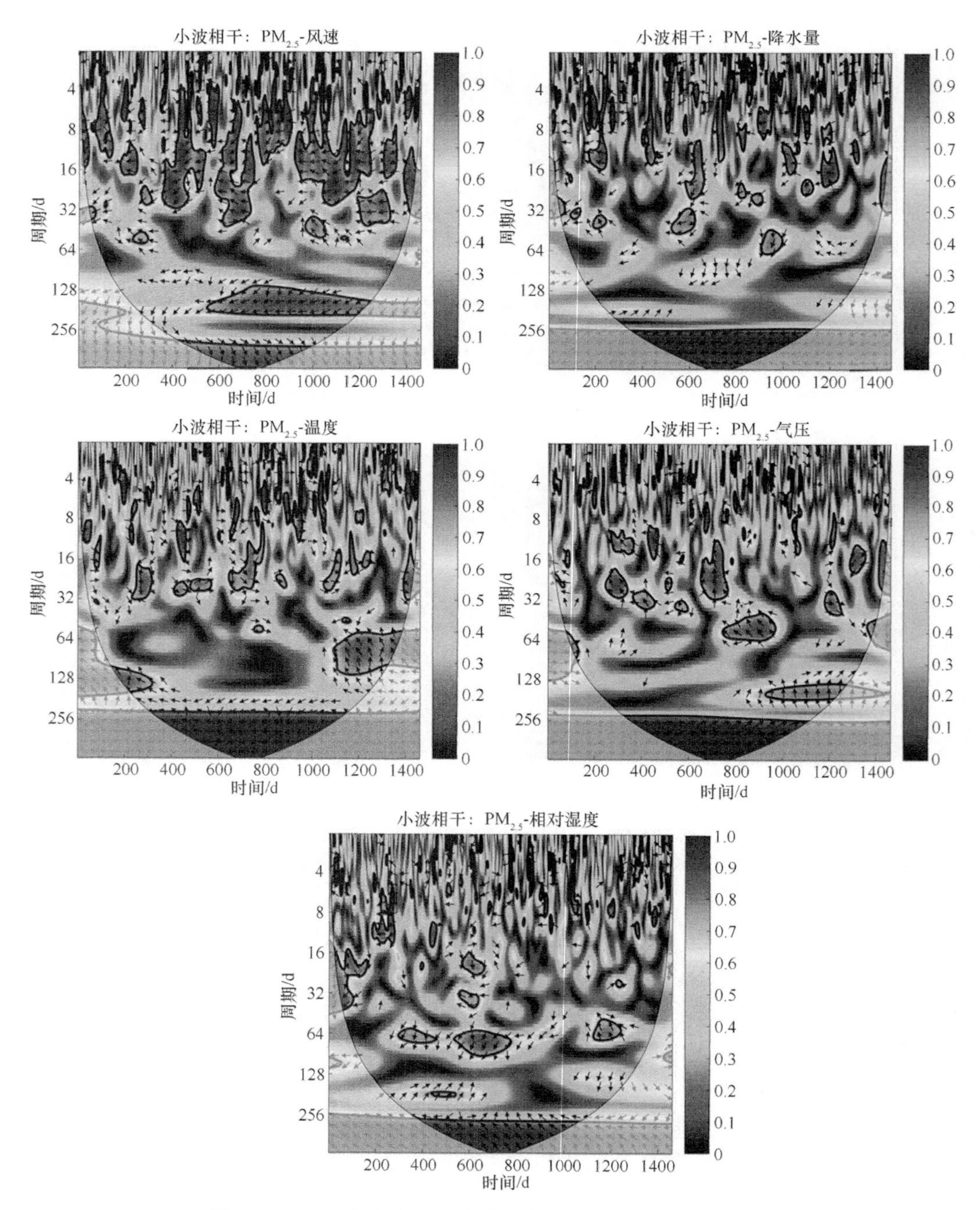

图 7.23 $PM_{2.5}$与气象因子的小波相干图（Lu et al.，2019）

由图7.23可以发现，在256～512天的时间尺度（约为年周期）上，风速、降水、温度、气压和相对湿度在整个研究时段内与$PM_{2.5}$均表现为一致的显著相关性。在较大的时间尺度上，风速、气压与$PM_{2.5}$呈正相关，降水、温度、相对湿度与$PM_{2.5}$呈负相关；在较小的时间尺度上，$PM_{2.5}$与气象因子的显著相关性不一致。其中，$PM_{2.5}$与风速的相关性最为一致，即两者同步变化，没有滞后和提前时间。它们的负相关关系在四年内分布较为均匀，表明其相关性受季节的影响较小。此外，$PM_{2.5}$与降水/相对湿度在大尺度上的显著相关性与其在小尺度上较为一致，它们的负相关关系主要体现在夏季。然而，气温/气压和$PM_{2.5}$的相关性要复杂得多，在不同时间段和时间尺度上表现为极其不一致的相关性。

该技术是探究区域$PM_{2.5}$浓度的时空分异规律及多时间尺度相关性分析的一次成功探索，基于大数据的支持和小波分析的时频定位能力，有助于更加灵活地探究$PM_{2.5}$多尺度演变规律，为今后研究大气污染物长期数据的变化规律提供了良好的样本。

7.2.6　长三角城市群大气与气象环境数据的大数据采集技术

长三角城市群大气和气象大数据以长三角城市群41个城市为数据采集对象，采集内容包括空气质量数据、气象数据等数字化数据及土地利用等图像格式数据。本技术使用Python语言编程，结合MySQL数据库管理系统，实现大数据的获取、查询、下载、储存等功能，辅助于长三角城市群环境数据的收集和分析。

基于Python语言编程，利用大气污染物数据来源网站提供的应用程序接口，与大气污染国控监测点实时发布网站链接，网络爬虫实现每小时的大气污染全要素的数据下载及更新，数据内容包括监测站点名称及对应时段的空气质量指数、空气质量等级、主要污染物、$PM_{2.5}$浓度、PM_{10}浓度、CO浓度、NO_2浓度、O_3浓度和SO_2浓度等监测指标；气象数据采集自国家气象信息中心（http://data.cma.cn），所囊括的气象信息有气压、风速、风向、气温、相对湿度、水汽压、降水量、水平能见度、云量等参数。

基于MySQL数据库管理系统，建立本地数据库，且实现远程连接及数据的实时获取；基于图形用户界面编程，创建了长三角地区的大气环境数据爬虫、存储、查询、分析集成系统。以上技术方法均在Windows环境下运行。

7.3　长三角城市群生态安全保障决策支持系统研发

7.3.1　引　　言

以群决策方法实现生态系统的安全评价（健康诊断和风险识别）、安全预警、格局评价、区域优化和修复方案等功能进行城市生态风险预警中的联动。

针对城市群发展过程中已出现的和可能出现的重大且复杂的城市生态安全问题，综合地理信息系统、决策支持系统、空间信息数据库、计算机网络等现代技术，整合现有单一或复合生态安全系统，构建城市群综合生态安全保障决策支持系统和联动平台，实现具有安全评价、安全预警、格局评价、区域优化和修复方案制订等功能的生态安全保障决策支持系统。主要包括：城市群决策支持模型库构建、决策方法研究、城市群生态安全数据库与生态安全建设决策可视化系统构建，以及城市生态安全保障联动平台逻辑架构与技术体系构建。

7.3.2 长三角城市群生态安全评价关键技术

1. 评价指标体系建构与统计

通过设置目标层、准则层、因素层和指标层（表 7.14），采用多种统计数据和遥感数据来构建评价指标，力求提高评价的精确性。为了消除 PSR 模型中指标权重主观性，本

表 7.14 长三角城市群生态安全指标

目标层	准则层	因素层	指标层	指标方向
生态安全	压力	社会压力	人口密度/(人/km^2)	负向
			人口自然增长率/‰	负向
			城镇登记失业人员数/人	负向
		经济压力	地方财政支出占财政收入比例/%	负向
			GDP 年增长率/%	正向
		自然压力	每万元工业废水排放量/t	负向
			每万元工业二氧化硫排放量/t	负向
			每万元工业烟尘排放量/t	负向
			每万元固体废弃物产生量/t	负向
			生态足迹/hm^2	负向
	状态	社会状态	城市化率/%	负向
			人均城市道路面积/m^2	正向
			人均公园绿地面积/m^2	正向
		经济状态	人均地区生产总值/元	正向
			城镇居民人均收入/元	正向
			乡村居民人均收入/元	正向
			生态服务价值/元	正向
		自然状态	水资源总量/亿 m^3	正向
			森林覆盖率/%	正向
			建成区绿化覆盖率/%	正向
			空气质量优良率/%	正向
			净初级生产力/t	正向
	响应	社会响应	每万人在校大学生数/人	正向
			每万人医生数/人	正向
			每万人公共图书馆藏书/册	正向
			每万人拥有公共汽车/辆	正向
		经济响应	教育支出占财政支出比例/%	正向
			科技支出占财政支出比例/%	正向
			第三产业占 GDP 比例/%	正向
		自然响应	城镇污水集中处理率/%	正向
			一般工业固体废弃物综合利用率/%	正向
			生活垃圾无害化处理率/%	正向
			归一化植被指数/%	正向

书运用熵权法对指标进行客观赋权，并引入采用突变级数法的概念，根据相对应的等数学模型对评价指标进行逐层向上归一化计算，对长三角城市群 2005～2015 年生态安全状况进行客观、定量评价。为探究阻碍长三角城市群生态安全良好发展的原因，通过引入障碍因子模型，对指标层的因子障碍度进行排序，找出识别主要障碍因子，探讨影响长三角城市群生态安全良好发展的原因，为长三角城市群生态安全可持续发展提供理论依据。

2. 主要模型

在具体研究中使用了生态安全评价 PSR 模型、突变级数模型、灰色关联度模型、灰色系统理论、障碍因子模型等多种模型和研究方法。

突变级数模型：这是进行生态安全时空格局评价的核心内容。突变理论是数学中拓扑学的一个重要分支，主要研究的是动态系统中出现的不连续变化现象，非常适合对生态系统的变化进行研究。该理论使用形象的数学模型来描述连续性系统突然中断导致质变的过程，核心思想就是帮助人们认识和理解系统变化和系统中断的现象。突变级数法的理论基础是突变理论，突变理论的数学思想是常微分方程的三大要素，即结构稳定性、动态性和临界集。主要数学思想是势函数导致了系统状态的突然变化，即从一种稳定的状态转化成另一种非稳定的状态。该理论用于那些内部结构尚不清晰的系统，重点研究因连续作用而导致系统不连续的突变现象。势函数 $f(x)=f(x,u)$ 通过状态变量 x 和外部控制参量 u 来描述系统行为。构建突变模型时，若待评价目标（系统状态变量 x）包含两个以上的指标系统（控制变量 u）时，则需对各控制变量（u_1、u_2、u_3、u_4）进行重要性排序（表 7.15）。经本书作者考察，决定采用熵权法对控制变量的重要性进行排序。

表 7.15　突变级数法各模型

突变模型	维数	势函数	分歧方程	归一化方程
折叠突变	1	$f(x)=x^3+u_1x$	$u_1=-3x^2$	$x_{u_1}=u_1^{\frac{1}{2}}$
尖点突变	2	$f(x)=x^4+u_1x^2+u_2x$	$u_1=-6x^2,u_2=8x^3$	$x_{u_1}=u_1^{\frac{1}{2}},x_{u_2}=u_2^{\frac{1}{3}}$
燕尾突变	3	$f(x)=\frac{1}{5}x^5+\frac{1}{3}u_1x^3+\frac{1}{2}u_2x^2+u_3x$	$u_1=-6x^2,u_2=8x^3$ $u_3=-3x^4$	$x_{u_1}=u_1^{\frac{1}{2}},x_{u_2}=u_2^{\frac{1}{3}}$ $x_{u_3}=u_3^{\frac{1}{4}}$
蝴蝶突变	4	$f(x)=\frac{1}{6}x^6+\frac{1}{4}u_1x^4+\frac{1}{3}u_2x^3+\frac{1}{2}u_3x^2+u_4x$	$u_1=-10x^2,u_2=20x^3$ $u_3=-15x^4,u_4=4x^5$	$x_{u_1}=u_1^{\frac{1}{2}},x_{u_2}=u_2^{\frac{1}{3}}$ $x_{u_3}=u_3^{\frac{1}{4}},x_{u_4}=u_4^{\frac{1}{5}}$

障碍因子模型：为找出影响城市生态安全的主要障碍因子，提高城市生态安全，引入因子贡献率、指标偏离度、障碍度和年均障碍度，构建障碍因子模型。

灰色系统理论：这是基于关联空间、光滑离散函数等概念定义灰导数与灰微分方程，进而用离散数据列建立微分方程形式的动态模型，即灰色模型是利用离散随机数经过生成变为随机性被显著削弱而且较有规律的生成数，建立起的微分方程形式的模型，这样便于对其变化过程进行研究和描述。灰色模型不需要大量且有规律性分布的样本，可用于近期、短期和中长期预测，具有预测精准度高等优点。

3. 长三角生态安全状况评估

采用熵权法对各项指标进行赋权，突变级数法对长三角生态安全发展水平做出测度结果及评价（Cao et al.，2020）。总系统层、压力层、状态层和响应层测度结果数值如表7.16～表7.19所示。

表 7.16　长三角 2005～2015 年总系统层生态安全指数测度结果

城市	2005年	2006年	2007年	2008年	2009年	2010年	2011年	2012年	2013年	2014年	2015年
上海	0.94053	0.94715	0.95234	0.95228	0.94816	0.94966	0.94998	0.95213	0.94801	0.95140	0.95778
南京	0.95891	0.96139	0.96544	0.96754	0.96876	0.96997	0.97128	0.97261	0.97100	0.97138	0.97587
无锡	0.95533	0.95858	0.96491	0.96574	0.96828	0.96881	0.97065	0.97084	0.96757	0.96936	0.97159
常州	0.94974	0.95350	0.95936	0.96022	0.96354	0.96381	0.96648	0.96822	0.96675	0.96885	0.97042
苏州	0.94829	0.95637	0.96425	0.96600	0.96804	0.96692	0.96903	0.97023	0.96962	0.97113	0.97288
南通	0.94874	0.95211	0.96021	0.96061	0.96161	0.96261	0.96580	0.96688	0.96705	0.96864	0.97132
盐城	0.94474	0.94738	0.95198	0.94990	0.95367	0.95373	0.95731	0.96072	0.95987	0.96387	0.96622
扬州	0.95272	0.95459	0.96010	0.96051	0.96323	0.96529	0.96618	0.96752	0.96574	0.96654	0.96906
镇江	0.95150	0.95533	0.96121	0.96347	0.96602	0.96681	0.96849	0.97102	0.96835	0.97123	0.97350
泰州	0.94354	0.94676	0.95408	0.95420	0.95537	0.95911	0.96158	0.96377	0.96124	0.96164	0.96444
杭州	0.96354	0.96832	0.97359	0.97629	0.97625	0.97885	0.97989	0.98214	0.97994	0.98100	0.98409
宁波	0.95911	0.96338	0.96972	0.96911	0.96947	0.97168	0.97279	0.97546	0.97470	0.97596	0.97752
嘉兴	0.95167	0.95695	0.96220	0.96335	0.96482	0.96736	0.96784	0.97049	0.96783	0.96912	0.96963
湖州	0.95656	0.95976	0.96496	0.96671	0.96784	0.96979	0.97068	0.97192	0.96936	0.97158	0.97353
绍兴	0.96464	0.96442	0.96964	0.96989	0.97164	0.97311	0.97363	0.97641	0.97328	0.97525	0.97786
金华	0.96114	0.96365	0.96863	0.96925	0.96955	0.97274	0.97244	0.97501	0.97136	0.97491	0.97425
舟山	0.95525	0.95815	0.96462	0.96482	0.96672	0.96709	0.96656	0.97044	0.96831	0.97218	0.97159
台州	0.94895	0.95490	0.96246	0.96502	0.96627	0.96876	0.96740	0.97040	0.97210	0.97255	0.97329
合肥	0.95132	0.95148	0.95644	0.95889	0.96275	0.96156	0.96452	0.96692	0.95997	0.96585	0.96922
芜湖	0.94788	0.94971	0.95698	0.95932	0.96396	0.96691	0.96375	0.96768	0.96771	0.96795	0.96851
马鞍山	0.94187	0.94067	0.94396	0.94912	0.95126	0.95592	0.95992	0.96017	0.95758	0.96082	0.96387
铜陵	0.93616	0.94555	0.95221	0.95328	0.95425	0.95638	0.94735	0.96381	0.96357	0.96603	0.96742
安庆	0.92908	0.94261	0.94782	0.95330	0.94942	0.95430	0.95287	0.96072	0.95549	0.96371	0.96248
滁州	0.92568	0.93338	0.94182	0.94644	0.94712	0.95139	0.95430	0.95605	0.95790	0.95868	0.95992
池州	0.92325	0.93993	0.94804	0.95409	0.95617	0.96096	0.96262	0.96577	0.96606	0.96483	0.96908
宣城	0.93112	0.93457	0.94617	0.94917	0.95270	0.95688	0.96014	0.96152	0.962738	0.96656	0.96715

表 7.17　长三角 2005～2015 年压力层生态安全指数测度结果

城市	2005年	2006年	2007年	2008年	2009年	2010年	2011年	2012年	2013年	2014年	2015年
上海	0.92990	0.92422	0.93806	0.92881	0.89665	0.91395	0.91099	0.90562	0.89929	0.89537	0.91261
南京	0.95404	0.96009	0.96399	0.96031	0.9617	0.96931	0.96337	0.96420	0.96230	0.95681	0.95767
无锡	0.96207	0.96641	0.97007	0.96811	0.96728	0.97167	0.96955	0.96447	0.95334	0.95635	0.95671
常州	0.94416	0.96147	0.96563	0.96405	0.96446	0.97057	0.96956	0.97057	0.96736	0.96364	0.96281
苏州	0.95876	0.96547	0.96951	0.96832	0.96696	0.96655	0.96582	0.95995	0.95578	0.95316	0.95457
南通	0.97432	0.97499	0.97983	0.97555	0.97841	0.97704	0.97466	0.97508	0.97262	0.97309	0.97221
盐城	0.96155	0.95826	0.96408	0.96320	0.96891	0.96688	0.96122	0.96693	0.96558	0.96329	0.9608
扬州	0.95782	0.96772	0.97817	0.97129	0.97828	0.97936	0.97436	0.97660	0.96954	0.96922	0.96825
镇江	0.96285	0.96676	0.97574	0.97371	0.9738	0.97605	0.97000	0.97938	0.97106	0.96955	0.96703
泰州	0.95796	0.96097	0.97664	0.96561	0.96764	0.97660	0.96758	0.97949	0.97009	0.97002	0.96947

续表

城市	2005 年	2006 年	2007 年	2008 年	2009 年	2010 年	2011 年	2012 年	2013 年	2014 年	2015 年
杭州	0.92688	0.95410	0.95990	0.95711	0.95323	0.96006	0.95999	0.96034	0.95156	0.95030	0.96439
宁波	0.96598	0.96885	0.97258	0.96094	0.95229	0.96975	0.96418	0.95682	0.95913	0.95441	0.95918
嘉兴	0.96422	0.96663	0.97119	0.95959	0.96045	0.97109	0.96537	0.95879	0.96087	0.95257	0.95420
湖州	0.96426	0.96697	0.97023	0.96026	0.96287	0.96997	0.96633	0.96782	0.96041	0.95701	0.96268
绍兴	0.96425	0.96329	0.96822	0.95770	0.96114	0.96617	0.96628	0.96519	0.96248	0.95578	0.95829
金华	0.96025	0.96528	0.97110	0.95906	0.95909	0.96690	0.96524	0.96787	0.95772	0.95800	0.94975
舟山	0.97346	0.97736	0.97703	0.97244	0.96829	0.97081	0.96900	0.96418	0.95803	0.96628	0.96346
台州	0.95963	0.96077	0.96588	0.95317	0.95403	0.96394	0.95287	0.94559	0.95533	0.95157	0.94379
合肥	0.97061	0.94275	0.95859	0.96863	0.9684	0.96948	0.97054	0.96832	0.96307	0.94956	0.94712
芜湖	0.96151	0.96757	0.96215	0.96829	0.97357	0.98071	0.97175	0.97902	0.96415	0.96047	0.95773
马鞍山	0.9465	0.94847	0.94525	0.94947	0.94097	0.95555	0.95035	0.94954	0.93198	0.94680	0.94033
铜陵	0.83339	0.9379	0.93482	0.9328	0.93292	0.95561	0.95229	0.94765	0.93970	0.94839	0.94705
安庆	0.95706	0.9489	0.9434	0.93876	0.90419	0.94958	0.94428	0.94648	0.89534	0.94517	0.91127
滁州	0.93440	0.93611	0.94164	0.95149	0.93453	0.95919	0.95755	0.95541	0.95151	0.94181	0.93986
池州	0.86600	0.93290	0.92882	0.93952	0.95069	0.96734	0.95885	0.96205	0.96165	0.94764	0.95126
宣城	0.95060	0.95574	0.94863	0.94802	0.95440	0.96432	0.96017	0.96367	0.95879	0.95868	0.95131

表 7.18 长三角 2005～2015 年状态层生态安全指数测度结果

城市	2005 年	2006 年	2007 年	2008 年	2009 年	2010 年	2011 年	2012 年	2013 年	2014 年	2015 年
上海	0.77964	0.81161	0.81998	0.82527	0.81649	0.8156	0.81762	0.82766	0.80922	0.83021	0.85958
南京	0.85431	0.86056	0.86951	0.87650	0.88518	0.88796	0.89524	0.89978	0.88893	0.89009	0.91113
无锡	0.85463	0.8651	0.88231	0.88475	0.89709	0.89586	0.90679	0.90729	0.89179	0.90293	0.9137
常州	0.83365	0.85077	0.85881	0.86289	0.87438	0.87593	0.88769	0.88946	0.87904	0.89198	0.90213
苏州	0.84571	0.87386	0.88315	0.89019	0.89924	0.8922	0.90050	0.90456	0.90008	0.91044	0.91695
南通	0.82039	0.83922	0.85449	0.85979	0.87177	0.87881	0.89168	0.89361	0.89098	0.9011	0.91065
盐城	0.82487	0.84546	0.84849	0.84089	0.85978	0.86957	0.88224	0.88518	0.87815	0.88819	0.90345
扬州	0.84113	0.85316	0.86204	0.86338	0.87490	0.87944	0.8933	0.89328	0.88748	0.89357	0.90419
镇江	0.83026	0.85137	0.86528	0.87162	0.88498	0.88687	0.89677	0.89853	0.88784	0.90252	0.91453
泰州	0.81048	0.82749	0.84173	0.84693	0.85769	0.86408	0.87997	0.87985	0.87945	0.88213	0.88971
杭州	0.89237	0.90309	0.90992	0.92322	0.92532	0.93278	0.93710	0.94730	0.93473	0.94199	0.95237
宁波	0.87531	0.88958	0.90181	0.90567	0.90974	0.91396	0.91895	0.93281	0.92638	0.93407	0.94046
嘉兴	0.84088	0.85897	0.86975	0.87830	0.88326	0.89073	0.89409	0.90736	0.89121	0.90106	0.90543
湖州	0.86415	0.88289	0.89128	0.90553	0.91059	0.91781	0.92187	0.92575	0.90924	0.92645	0.93187
绍兴	0.89491	0.89972	0.90899	0.91363	0.91918	0.92573	0.92582	0.9372	0.92468	0.93404	0.94521
金华	0.88393	0.89253	0.89851	0.90510	0.90712	0.92023	0.92143	0.93298	0.91531	0.93631	0.93844
舟山	0.86100	0.87287	0.88302	0.8954	0.89643	0.90247	0.90281	0.91876	0.91251	0.92275	0.92721
台州	0.83395	0.87051	0.89523	0.90866	0.91437	0.92518	0.92204	0.93497	0.93545	0.94088	0.94373
合肥	0.80462	0.81975	0.83424	0.83958	0.8519	0.84546	0.85961	0.86853	0.82593	0.86911	0.88511
芜湖	0.81919	0.82486	0.8386	0.84876	0.86031	0.87465	0.87465	0.88407	0.88265	0.88524	0.89368
马鞍山	0.82297	0.82369	0.82929	0.83868	0.84992	0.8568	0.87106	0.87785	0.87687	0.88207	0.88886
铜陵	0.82264	0.82207	0.83742	0.84668	0.85933	0.86419	0.83083	0.88516	0.88188	0.8844	0.88618

续表

城市	2005年	2006年	2007年	2008年	2009年	2010年	2011年	2012年	2013年	2014年	2015年
安庆	0.78313	0.82398	0.84347	0.85805	0.86684	0.87392	0.87757	0.89374	0.89401	0.90326	0.90890
滁州	0.75428	0.7905	0.81694	0.82749	0.84234	0.84922	0.86294	0.86889	0.87559	0.88176	0.88426
池州	0.82183	0.84941	0.86901	0.88435	0.89062	0.90072	0.90453	0.91356	0.91351	0.92007	0.92654
宣城	0.80882	0.83187	0.85553	0.86913	0.88653	0.88914	0.89945	0.90994	0.92021	0.92242	0.92947

表 7.19 长三角 2005～2015 年响应层生态安全指数测度结果

城市	2005年	2006年	2007年	2008年	2009年	2010年	2011年	2012年	2013年	2014年	2015年
上海	0.87546	0.88493	0.90517	0.90336	0.90643	0.90741	0.90913	0.91578	0.91449	0.91347	0.90934
南京	0.89618	0.90318	0.92109	0.93110	0.92729	0.92788	0.93244	0.93641	0.94043	0.94601	0.95231
无锡	0.86049	0.86867	0.89304	0.89773	0.90139	0.90452	0.90533	0.90985	0.91337	0.90972	0.91240
常州	0.85857	0.85173	0.88492	0.88712	0.89737	0.89296	0.89852	0.90981	0.91533	0.91640	0.91520
苏州	0.81931	0.83874	0.88668	0.89169	0.89640	0.89769	0.90364	0.91207	0.91656	0.91592	0.92007
南通	0.84911	0.84809	0.88840	0.88678	0.87533	0.87419	0.88341	0.88920	0.89623	0.89428	0.90341
盐城	0.81939	0.81283	0.84099	0.83596	0.83491	0.82282	0.83719	0.85652	0.86071	0.88056	0.87953
扬州	0.86209	0.85274	0.87742	0.88363	0.88422	0.89387	0.88435	0.89394	0.89269	0.89061	0.89677
镇江	0.86483	0.86205	0.88347	0.89432	0.89568	0.89785	0.90162	0.91365	0.91302	0.91662	0.91983
泰州	0.83333	0.83199	0.85923	0.86012	0.85244	0.86732	0.87062	0.88053	0.86687	0.86626	0.87865
杭州	0.89795	0.90236	0.93269	0.93813	0.93748	0.94373	0.94634	0.95042	0.95663	0.95600	0.95682
宁波	0.85833	0.87060	0.90271	0.90022	0.90354	0.90337	0.90939	0.91704	0.91829	0.92118	0.92163
嘉兴	0.84952	0.86412	0.88825	0.89345	0.89776	0.90031	0.90343	0.91094	0.91089	0.91325	0.90989
湖州	0.85502	0.85204	0.88013	0.88095	0.88109	0.88178	0.88592	0.88954	0.89748	0.89345	0.89785
绍兴	0.87643	0.86834	0.89460	0.89747	0.90158	0.90075	0.90487	0.91253	0.90638	0.91419	0.91823
金华	0.86645	0.87099	0.89949	0.90361	0.90311	0.90508	0.90205	0.90493	0.90734	0.90641	0.90374
舟山	0.84269	0.84627	0.88466	0.87144	0.88853	0.88106	0.87743	0.88993	0.88565	0.89717	0.88787
台州	0.84094	0.83496	0.85701	0.86758	0.86899	0.86704	0.86812	0.87966	0.88606	0.88468	0.89242
合肥	0.89689	0.89495	0.90275	0.90791	0.92189	0.92090	0.92356	0.93204	0.94255	0.93586	0.94222
芜湖	0.85280	0.85500	0.89808	0.89777	0.91560	0.91370	0.89352	0.90729	0.92036	0.92121	0.91531
马鞍山	0.80977	0.79807	0.81794	0.84239	0.84918	0.86666	0.88227	0.87492	0.86769	0.87604	0.89608
铜陵	0.84663	0.84620	0.87984	0.87624	0.86540	0.85958	0.83776	0.89572	0.90437	0.91496	0.92513
安庆	0.76157	0.81246	0.82931	0.85540	0.83612	0.83302	0.82013	0.85857	0.85250	0.87029	0.87656
滁州	0.79238	0.79769	0.82146	0.83595	0.83151	0.83860	0.84324	0.85017	0.85822	0.86254	0.87041
池州	0.72542	0.76697	0.80492	0.82357	0.82360	0.83614	0.84995	0.86044	0.86313	0.85371	0.87668
宣城	0.74518	0.73606	0.79572	0.80043	0.79958	0.82198	0.83624	0.83021	0.82900	0.85671	0.85669

4. 长三角生态安全时间变化趋势分析

以长三角 26 市作为研究对象，时间尺度为 2005～2015 年，分别从总系统层（图 7.24）、压力、状态和响应层对区域生态安全状况进行时间层面变化的评价与分析。

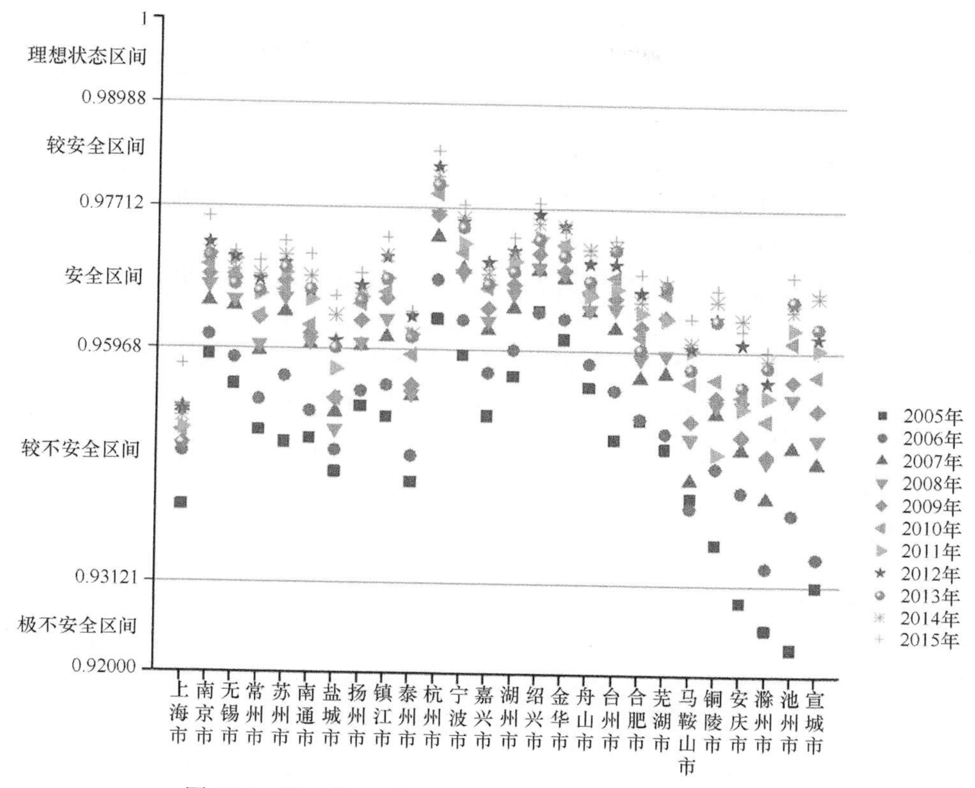

图7.24　长三角26市2005～2015年总系统层生态安全状况

总体来看，长三角各市生态安全水平集中在较不安全区间、安全区间及较安全水平区间。宣城、滁州、安庆及池州市在2005年处于极不安全状态，11年来，26市中没有城市的生态安全水平达到理想状态。各城市单元生态安全状态在较安全和安全水平区间内存在较大波动，说明长三角整体生态安全水平不高，存在较大的发展空间。

从经济发展角度来研究，2015年，长三角GDP处于前三位的是上海、苏州和杭州。上海市生态安全水平为较不安全，该时间段为上升发展，上升情况并不明显；苏州市生态安全发展水平进步显著，由2005年的较不安全状态发展到2015年的安全状态，城市生态安全状况有所好转；杭州市生态安全水平历年处于领先地位，处于安全状态及其以上发展水平，生态安全水平持续上升，生态安全水平高。排在末尾的三个城市为宣城、铜陵和池州，2005年，这三个城市的生态安全水平均处于极不安全的区间，生态安全水平低下，经过11年的发展，至2015年，生态安全水平上升且达到安全水平。随着城市单元经济状况的好转，城市生态安全水平有所提高，但经济发展的排名与城市单元生态安全水平的排名关系不大。

从年份变化来看，2005年，生态安全水平最低的是宣城市，主要原因是经济发展水平低下，对应的经济压力、经济状态和经济响应指标数值归一化后较小造成的，虽然城市环境压力、状态相关指标发展较好，但环境响应机制方面欠缺，其城镇污水集中处理率、一般工业固体废弃物综合利用率相对较低。2015年，生态安全水平最低的是上海市，主要原因是上海市的经济发展水平较高，但是以牺牲一定的环境状态为代价换取的，在城市迅速发展的同时，城市建筑增多，城市用地面积也在逐步扩大，导致其建成区绿化覆盖率、森林覆盖率等与环境状态相关的指标较低，此外人口密度大使得人均相关发展指标相对较差。杭州市历年生态安全状况发展较好，主要原因是其系统状态、系统压力、系统响应各项指标均处于较高发展水平，其中森林覆盖率指标为极高值，建成区绿化覆盖率、空气质量优良率等与环境状态相关的指标数值较高，其经济发展水平相对较好，社会响应机制完善和健全，因而其生态安全表现出最高的发展水平。

从生态安全水平的发展波动程度来看，上海市生态安全水平的发展波动程度最小，2005～2015 年生态安全水平均处于较不安全区间，池州市生态安全水平的发展波动程度最大，从 2005 年的极不安全发展为安全。就上海市而言，本身经济发展水平、社会化程度相对较高，社会响应机制较为健全，存在较小的发展空间，虽然经济状况发展较好，但环境状态却日趋恶化，使得总体生态安全水平维持在较不安全的区间内；池州市经过 11 年的发展，经济水平上升较快，生态安全的响应机制逐渐完善，环境状态保护较好，因而生态安全水平持续提升。

5. 长三角生态安全空间变化趋势分析

依据表 7.14～表 7.19 的测度结果，分别从总系统层、压力层、状态层和响应层生态安全状况 4 个方面对区域生态安全水平进行空间分布差异分析。

从图 7.25 时间变化情况可知，长三角生态安全发展水平呈上升发展态势。

2005 年，长三角生态安全发展水平较高的城市集中在西南部，金华市、绍兴市和杭州市达到安全状态，生态安全发展水平较低的城市主要集中在长三角的西北部，主要是宣城市、滁州市、池州市和安庆市，这几个城市为极不安全状态。其他城市处于较不安全状态，城市生态安全发展水平类型有极不安全、较不安全和安全状态，区域生态安全发展水平差异较大，且处于较不安全状态的城市数量较多。

2005～2007 年，长三角生态安全指数有所上升，上升幅度较大的主要集中在长三角的中部地区和中北部地区，其中从极不安全转为较不安全的城市有宣城市、滁州市、池州市和安庆市。从较不安全状态转为安全状态的有扬州、苏州、南京、宁波、镇江、舟

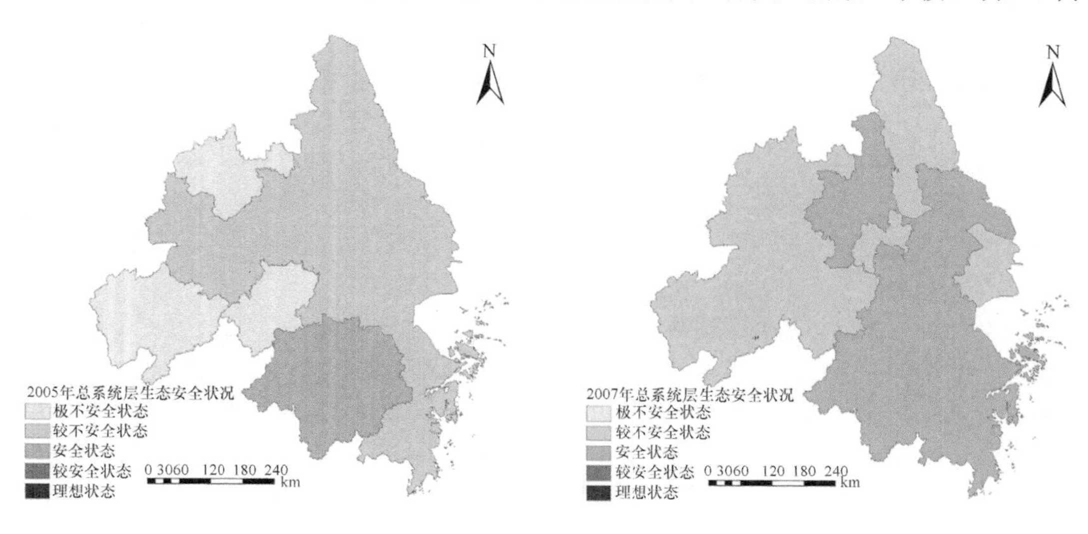

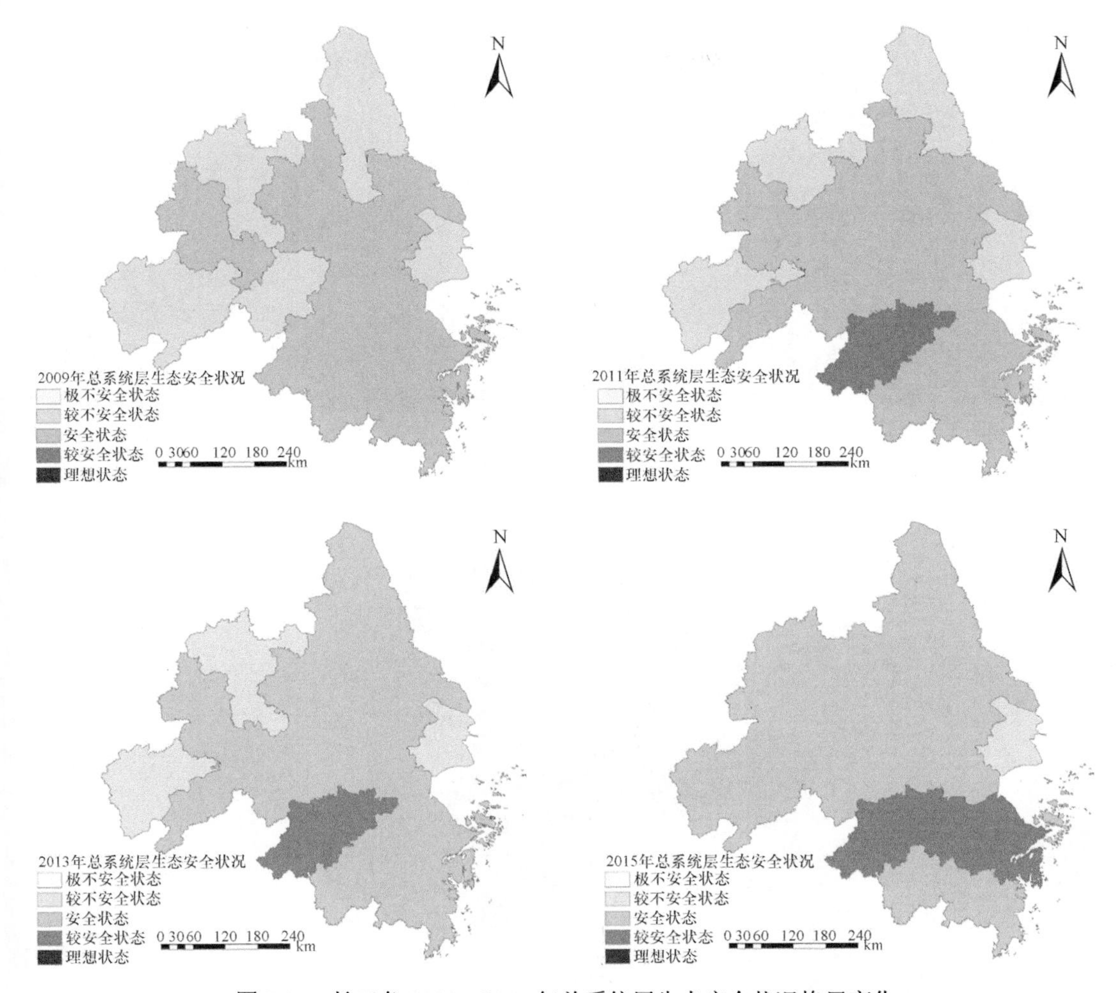

图 7.25　长三角 2005～2015 年总系统层生态安全状况格局变化

山、台州、无锡、嘉兴、湖州和南通市，生态安全指数呈现出南部高、西部低的特点，城市生态安全类型主要分为较不安全和安全，且发展水平在安全区间的城市个数大于在较不安全区间的个数。

2007～2009 年，生态安全指数进一步好转，从较不安全转为安全的城市有合肥市、芜湖市和常州市，城市生态安全类型包含较不安全和安全发展水平，且处于安全发展水平区间的城市占绝大多数。

2009～2011 年，生态安全指数进一步上升，其中杭州的生态安全水平处于较安全的高水平区间，除盐城、安庆、滁州和上海市处于较不安全状态外，其余城市均处于安全状态，生态安全较低值均出现在长三角的外围地区。城市生态安全类型主要分为较安全、安全和较不安全，且达到安全水平的城市个数所占 26 市比例较大。

2011～2013 年，马鞍山的生态安全指数呈下降态势，由安全水平区间转变成较不安全水平区间，盐城市和铜陵市的生态安全呈上升趋势，从较不安全状态发展为安全状态。其中杭州市系统层生态安全发展水平为较安全状态，处于 26 市中的领先地位。

2013～2015 年，上海市处于较不安全状态外，其他城市发展水平均为安全或较安全水平。其中杭州市、绍兴市和宁波市生态安全发展水平较高，达到较安全水平，26 市中大部分城市处于安全水平，空间格局上呈现出南部较高，其余城市处于安全水平状态，即均一化的特点（庄汝龙等，2017）。

6. 长三角城市群生态安全预警与分析

长三角生态安全的发展水平关系到区域内经济、社会和环境状态的可持续发展，预测长三角生态安全未来的发展趋势，对区域的可持续发展及环境保护具有重要意义（唐钰等，2021；Wu et al.，2019； He et al.，2020）。本部分主要通过利用灰色模型测算长三角城市群 2023 年生态安全的未来发展状况，了解其变化趋势（图 7.26）。

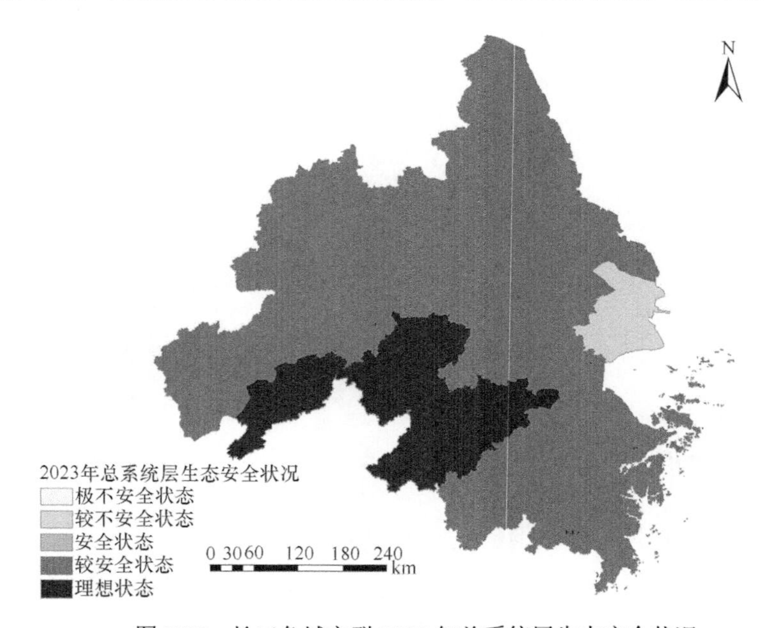

图 7.26　长三角城市群 2023 年总系统层生态安全状况

2023 年，长三角生态安全总体发展状况良好，呈现出西南部较高的格局特点。其中池州、宣城和杭州市处于理想状态，安全指数分别为 0.995、0.997 和 0.996。池州市压力层和响应层指数达到理想状态，状态层为较安全状态；宣城压力层达到理想状态，状态层和响应层为较安全状态；杭州压力层和状态层达到理想状态，响应层处于较安全状态。由此可见处于理想状态发展水平的城市，系统中的压力层安全指数较高，相关指标发展较好，带来的系统压力小，状态层和响应层均处于较高的发展水平，总系统层表现出理想的生态安全发展水平。上海处于较不安全状态，安全指数为 0.957，其压力层和响应层处于较不安全发展水平，状态层为安全状态，可见与系统压力和系统响应相关的指标，没有得到良好的发展，是阻碍其生态安全良好发展的主要原因。

从图 7.27 上可以看出，2023 年，长三角压力层生态安全状况发展总体情况良好。上海市处于较不安全状态，安全指数为 0.87330，主要原因是人口大量集聚，导致高人口密度，从而对生态系统带来较大的人口压力，降低了压力层生态系统的得分。池州市和泰州市压力层的生态安全指数较高，分别为 0.98319 和 0.97641，达到理想状态，安庆、台州和马鞍山市处于安全状态，其余城市处于较安全状态。总体而言，长三角压力层生态安全水平进一步朝着良好的方向发展。

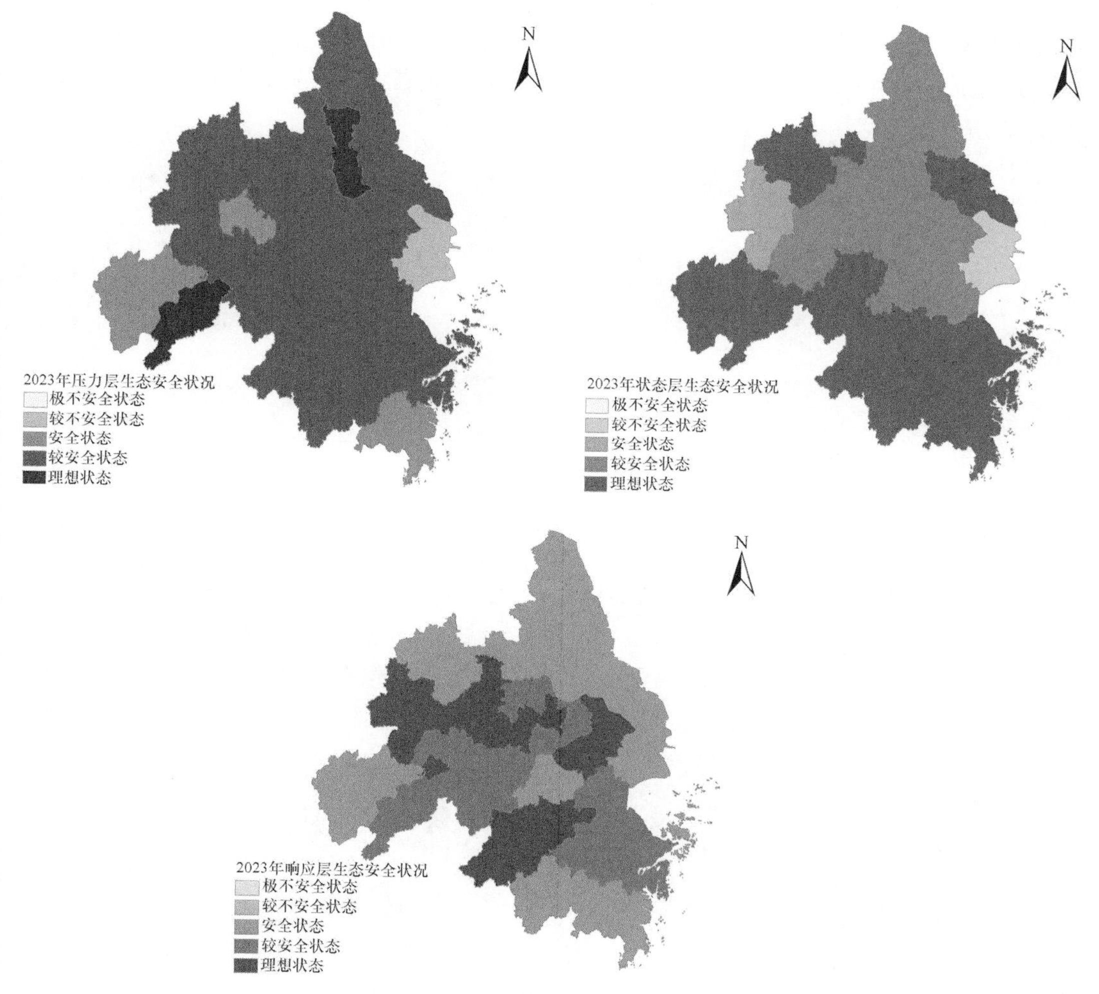

图 7.27　长三角城市群 2023 年子系统层生态安全状况

长三角状态层生态安全总体上表现出较好的发展情况。其中有 11 个市的安全指数达到理想状态，且都处于长三角的外围区域。上海市状态层为较不安全状态，安全指数为 0.85901，合肥市处于安全状态，安全指数为 0.91487。上海市状态层安全指数低主要是由于环境状态如按照目前的发展趋势，环境状况将进一步变差，从而导致相关其响应层评分过低。长三角系统状态层生态安全发展水平较高的区域主要集中在南部地区，个别地区，如合肥市和上海市生态安全状态层发展水平相对较低。

长三角响应层生态安全状况发展较好，所有城市均达到安全及其以上水平，安全水平较高的地方主要集中在长三角的中心区域，其中马鞍山、杭州、常州、合肥、苏州、南京和铜陵市达到理想状态，发展水平较高。苏北地区则处于相对较低的位置，其生态系统响应指标有待进一步提高和完善。

7. 基于机器学习方法的长三角生态安全模拟分析

参考前面章节中针对生态安全的指标遴选，本部分提出一种基于 PSR 指标体系和 BP 神经网络算法的生态安全模型框架。选择 BP 神经网络对长三角生态安全进行建模，试图揭示长三角生态安全的变化趋势，以及影响最大的指标。对流程建模的技术路线如图 7.28 所示。

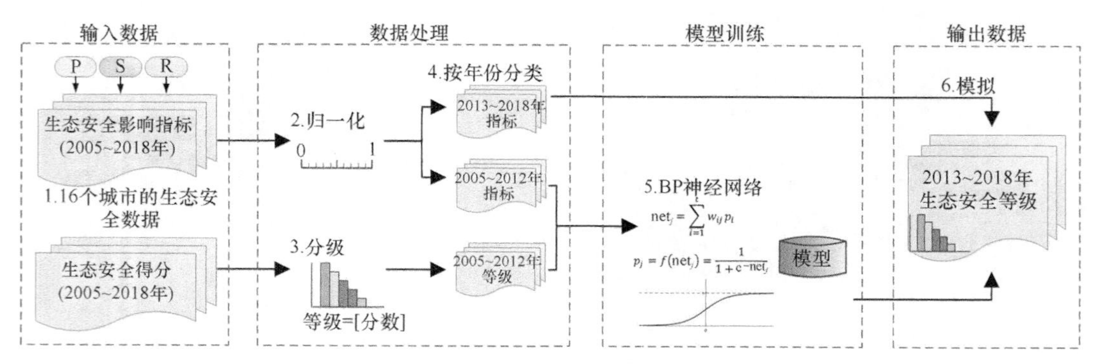

图 7.28 流程建模的技术路线图

各城市生态安全得分的排序如图 7.29、图 7.30 所示，按生态安全得分由低到高进行排序。根据我们的模型，2005～2018 年，16 个城市的生态安全变化趋势越来越好（为了使排名更加明显，建模结果归一化）。由此看出长三角生态安全状况总体有改善。

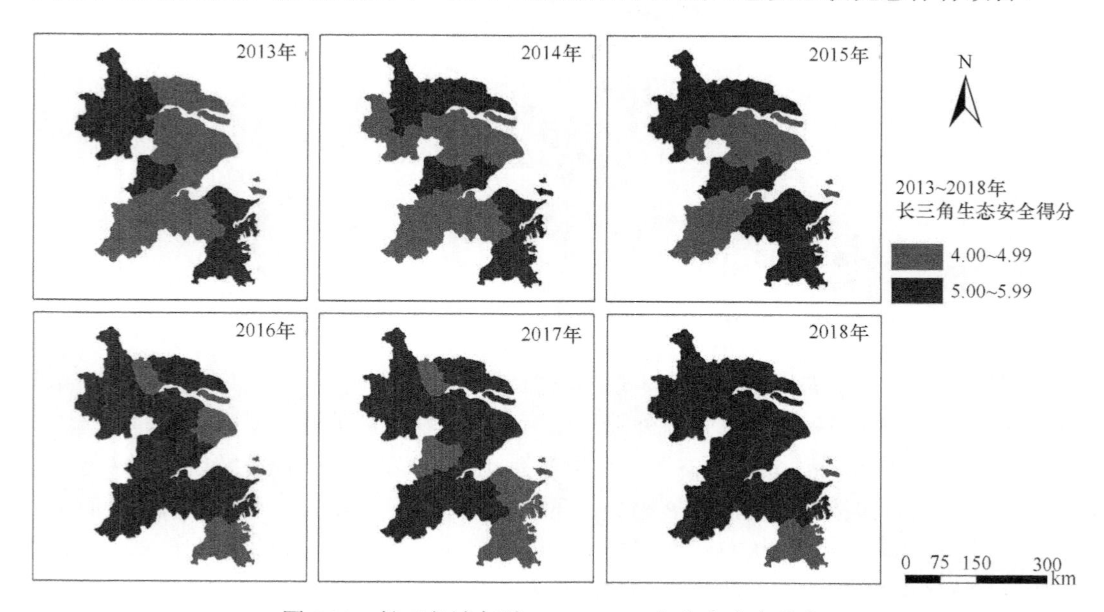

图 7.29 长三角城市群 2013～2018 年生态安全得分

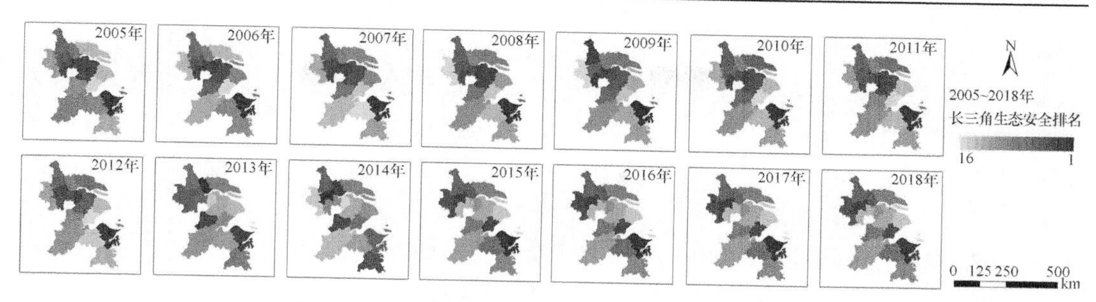

图 7.30 长三角城市群 2005～2018 年生态安全排名

2013 年以前，长三角北部的苏州、无锡周边城市和东南部的宁波周边城市的生态安全状况改善速度较快。这主要是因为人均 GDP 指标和工业烟（粉）尘排放指标要比其他城市好得多。此外，苏州、无锡、常州、扬州和南通建立了对自然环境影响较小的可持续有效发展模式。

从建模结果可以看出，2013～2018 年，舟山、嘉兴、绍兴等城市的排名明显提高。同时，这三个城市近三年生态安全状况的平均排名均优于其他城市。分析发现，自然人口增长率指标和建成区绿化覆盖率指标是最具影响的指标。

结合生态安全排名，表明上海市生态安全状况一直不容乐观。上海是长江三角洲的中心城市。其经济对长三角其他城市的辐射力量最强。生态安全状况不佳是对其在长三角辐射状态的威胁，也是对自然环境保护重视不够的结果。

《环境空气质量标准》（GB 3095—2012）是在 2012 年制定的。2013 年有 74 个城市实施了该标准，包括本书选取的 16 个城市。大部分城市空气质量水平显著下降；只有两个城市达到了该标准下的二级标准，导致模拟结果变得不稳定。

所有城市的生态安全均有五个重要的影响指标，各指标及其权重、类别见表 7.20。

生态安全的变化是一个多指标的动态过程。为了更准确地分析和建模城市生态安全，未来需要利用动态数据进行建模。

表 7.20 前五项影响指标

指标	权重	类别	
		自然/社会/经济	压力/状态/响应
工业烟（粉）尘排放	0.0877	自然	压力
水资源总量	0.0545	自然	状态
人均公园绿地面积	0.0464	社会	状态
每万人医生数	0.0415	社会	响应
科技支出占财政支出比例	0.0400	经济	响应

研究引入生态安全，结合 PSR 模型和机器学习方法对长三角地区 16 个城市 2012～2018 年的生态安全进行建模，并给出了 2005～2018 年的变化趋势。

在城市生态安全建模方面，机器学习是一种可行的方法（Sun et al.，2020；Wang et al.，2022）。人工神经网络是分布式并行信息处理的算法数学模型，而 BP 神经网络是迄今为止最成功的神经网络学习算法。此外，模型训练过程中的参考数据

（2005～2012 年的生态安全水平）得到了广泛认可。同时，在使用机器学习方法时，我们不仅需要为每个指标设定权重，还可以得到每个指标的影响排序。基于 PSR 模型选取 29 个指标，涵盖自然、社会和经济 3 个方面。该指标体系较为全面地反映了长三角生态安全现状。因此我们认为基于机器学习和这 29 个指标的研究结果是相对高效、可靠、全面和客观的。

在这 29 项指标中，长三角地区生态安全的主要影响指标包括工业烟（粉）粉尘排放（自然）、人均公园绿地（社会）、财政支出中的科技支出（经济）。本书旨在为城市生态安全建设与维护提供指导。

利用机器学习对长江三角洲近三年的生态安全趋势进行建模。我们的训练数据中的参考数据得到了广泛的认可；BP 神经网络方法更适合于评估，且实验过程严格。因此，该过程的结果是有效和可靠的。

7.3.3 长三角城市群生态安全决策支持系统平台关键技术

1. 多源数据处理

图 7.31 显示了多源数据处理的流程，主要包括：数据准备、数据挖掘以及结果表达与解译。数据准备中包括数据集成、数据选择、数据预处理及数据转换；数据挖掘是针对格式统一转换后的数据挖掘；结果表达与解译则包括数据分析及知识表达。研究中的数据类型较多，已开发了相应的中间件来进行数据的格式转换，该部分工作已经完成。

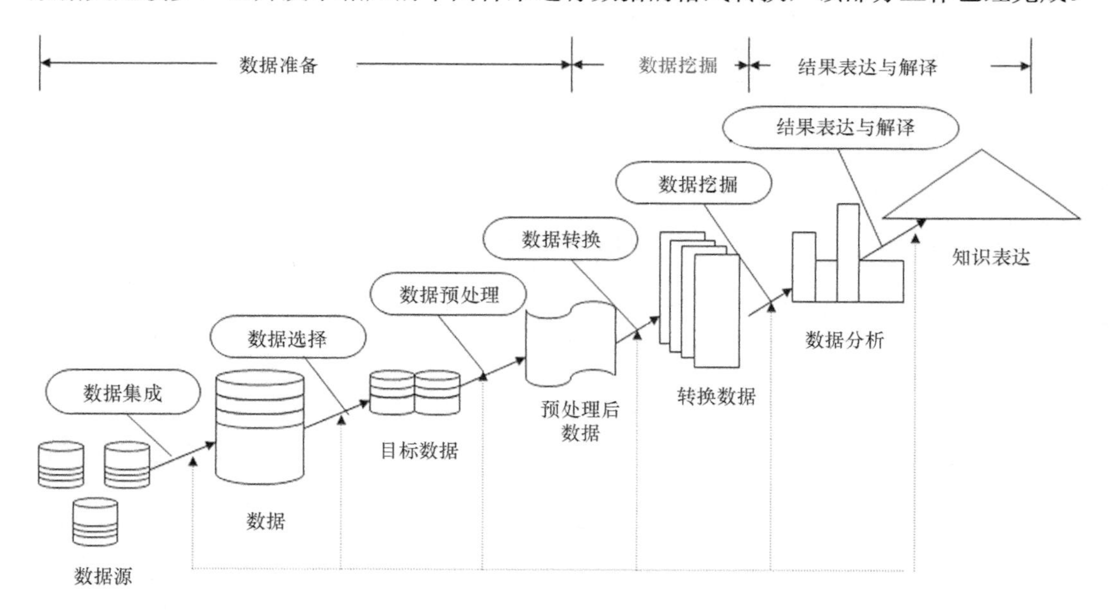

图 7.31 多源数据处理流程

2. 异构数据分析与数据仓库构建

目前针对长三角城市群生态安全研究的数据类型多样，主要有大数据、空间数据、属性数据、语义数据、纸质历史数据、统计图表数据等。此外，数据格式以及数据质量等千差万别，有时甚至会遇到数据格式不能转换或者数据转换格式后信息丢失等问题。数据仓库的设计中，采用 ETL 技术实现多源数据的集成。主要包括：①数据抽取，从数据源系统抽取目的数据源系统需要的数据；②数据转换，将从数据源获取的数据按照业务需求，转换成目的数据源要求的形式，并对错误、不一致的数据进行清洗和加工；③数据加载，将转换后的数据装载到目的数据源中。

3. 平台架构、系统特点与展示

1）平台架构

平台主要由三部分组成，自下而上分别是：数据源、数据中台和数据产品（图 7.32）。处理分析了长三角四省（市）26 市范围内各类城市发展指标数据的近 10 年统计数据，涵盖人口、城市面积、医疗卫生、教育科研、交通航空、GDP 与三大产业体量统计，形成长三角城市群群体与个体的综合发展指标。结合长三角区域内环保监测与生态统计指标，勾勒描绘出生态与经济发展的有机关联。

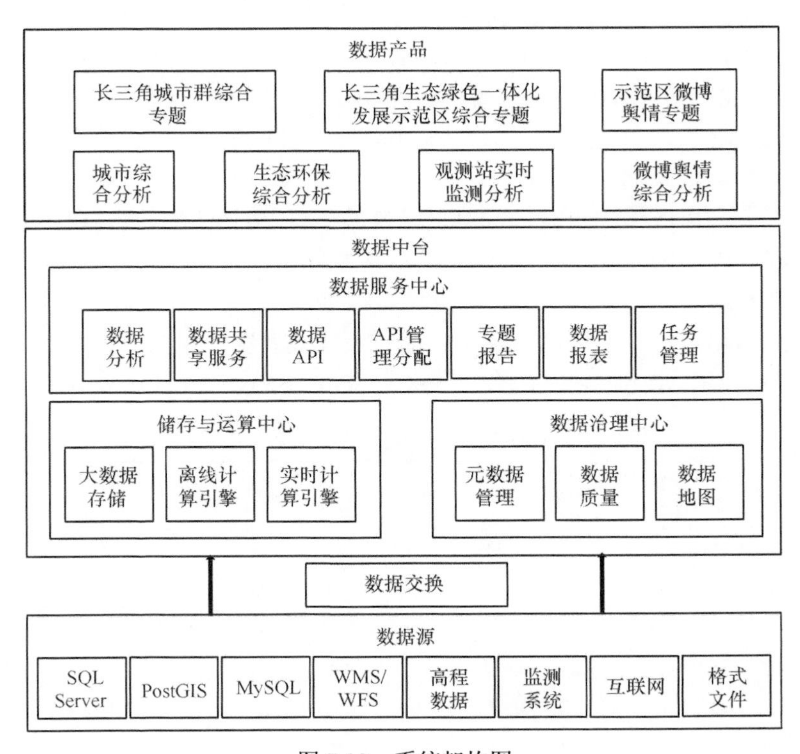

图 7.32　系统架构图

2）系统特点与展示

作为一个综合性决策支持系统平台，本平台依据易伸缩、高性能、高可用、高安全、易识读的设计要求进行规划、开发，具有以下特点。

（1）微服务框架的设计和实现。本平台实现了灵活、高效、高可用的去中心化分布式框架，实现功能服务弹性化部署，构建出数据汇集、数据分析、数据推送发布、可视化平台等核心服务，支持数据内容持续性增容，数据分析算法动态扩充，数据处理成果快速共享，可视化内容快捷设计与发布。

（2）多源数据的灵活融合。针对研究数据类型丰富、格式多样化、数据提供方式差异化等特点，本平台设计实现了轻量化的数据汇集服务层，采用文件传输、数据抽取、内容爬取和消息推送等多样技术手段，实现多源数据融合、增量数据抽取、实时数据汇集以及数据模型动态定义等功能，满足平台数据治理的需求。

（3）模块化的数据分析服务。以模块化思路设计，依据消息服务构建的松耦合数据分析服务，实现了数据读取和分析算法的动态扩容，实现数据分析赋能，由研究人员动态地植入数据分析算法，将增容新数据成果快速集成于平台上，形成重点专题报告、监测数据报告、综合指标评估画像等数据成果，实现成果数据可视化展示、数据内容分享。

（4）数据可视化平台。采用 HTML5 的 Canvas、WebGL 等技术实现了一套大数据可视化平台，提供了丰富的各类数据图表（包含但不限于曲线图、饼图、雷达图、热力图、粒子分布图、云图等）进行结构化数据展示，还提供了一套三维地球引擎，借助 GPU 实现海量数据渲染，立体化展示各类地理数据，在接入传统 WMS、瓦片、矢量地图数据的基础上，还可以组合各类高程数据，呈现一个立体地球。平台依据自身的可视化组件和交互机制，实现时空大数据的综合呈现，跨越时间、空间、事件等多维度数据，以全息化方式呈现长三角各类数据综合研判成果，提供了专业数据的可视化识读和交互式分析能力，将数据生动的展示出来。

目前的平台采用网络爬虫技术，对长三角城市群 26 个城市地面观测站公布的数据进行实时抓取，表 7.21 中显示了上海空气质量观测站以及空气质量指标。上海共有 10 个空气质量观测站，分别为：十五厂、虹口、徐汇上师大、杨浦四漂、青浦淀山湖、静安监测站、浦东川沙、浦东新区监测站、浦东张江及普陀。空气质量指标有：AQI、空气质量指数类别、首要污染物、$PM_{2.5}$、PM_{10}、CO、NO_2、O_3 以及 SO_2。

表 7.21 上海空气质量观测站以及空气质量指标

监测点	AQI	空气质量指数类别	首要污染物	$PM_{2.5}$	PM_{10}	CO	NO_2	O_3 1 小时平均	O_3 8 小时平均	SO_2
十五厂	131	轻度污染	臭氧 1 小时	49	73	31	31	262	222	12
虹口	124	轻度污染	臭氧 1 小时	40	59	55	55	248	225	11
徐汇上师大	125	轻度污染	臭氧 1 小时	47	69	30	30	250	211	10
杨浦四漂	107	轻度污染	臭氧 1 小时	—	82	30	30	214	231	12
青浦淀山湖	134	轻度污染	臭氧 1 小时	38	50	25	25	267	223	8
静安监测站	130	轻度污染	臭氧 1 小时	59	74	27	27	260	227	11
浦东川沙	72	良	细颗粒物（$PM_{2.5}$）	52	—	22	22	155	214	11
浦东新区监测站	126	轻度污染	臭氧 1 小时	46	52	26	26	252	244	15
浦东张江	80	良	细颗粒物（$PM_{2.5}$）	59	94	51	51	179	221	10
普陀	144	轻度污染	臭氧 1 小时	52	55	30	30	287	252	13

利用网络爬虫，将实时获取到的空气质量数据入库，并基于高德 API 解析各站点的位置信息，可视化到平台中。此外，平台还包括空气热点显示、历史数据查询、城市空气质量分析等功能。

7.4　长三角城市群生态安全保障协同联动平台构建关键技术及示范

7.4.1　引　　言

结合决策支持环境信息化技术，融合情景分析构建决策支持模型，实现协调环境、经济、社会多目标的决策支持模型集成与应用关键技术。

基于城市群生态安全识别与监测、生态安全评估与预警模拟、生态功能修复/提升等研究成果，结合最新决策支持信息化技术和需求分析调研结果，开展城市群生态安全识别/监测、评估/预警、生态功能修复/提升的数据仓库构建、环境物联网信息集成及其显示和分析、决策支持模型集成和情景分析等关键技术研究，建立城市群生态安全保障决策支持信息平台，实现城市群生态安全信息的数据融合、集中存储、集成信息显示、模型计算和情景分析等功能，为决策部门生态安全保障联动提供决策支持信息服务。

7.4.2　九段沙示范应用平台观测数据

1. 气象数据野外观测

九段沙湿地生态系统野外气象观测站老站位于 121°53′47″E，31°12′24″N，于 2007 年 1 月 18 日启用，监测气温、雨量、风向、风速和相对湿度，老站于 2020 年 7 月停用。2020 年 8 月 1 日，野外气象观测站新站启用，位置距离老站 100 多米（121°53′47″E，31°12′24″N），目前运行正常，观测数据实时传输。九段沙新站增加了气压与能见度传感器，目前该站能按照地面气象观测标准开展气象资料自动观测，观测项目有温度、气压、降水、风向和风速、相对湿度和能见度等。

2. “蓝碳”观测系统

上海九段沙国家级自然保护区已建设完成了两座含叶绿素荧光（SIF）、二氧化碳/水（CO_2/H_2O）及甲烷（CH_4）的一体化“蓝碳”实时观测塔站，下垫面分别为芦苇（JDS-P，31.2131°N，121.9069°E）和互花米草（JDS-S，31.1881°N，121.9489°E）。长江口潮汐属非正规浅海半日周期，平均一个周期为 12 小时 25 分，平均潮差 4.62m，两个站点有周期性潮汐淹水现象。

一体化“蓝碳”实时观测体系包括：LI-7500A 开路式 CO_2/H_2O 涡度相关测量系统主要用于近地气层的瞬时三维风速脉动、温度脉动、H_2O 脉动和 CO_2 脉动及 CO_2 通量、

H_2O 通量、显热通量、空气动量通量等地表与大气之间的物质与能量交换通量及摩擦风速等微气象特征量；Biomet101 能量平衡系统（生物气象辅助传感器系统）主要用于净辐射四分量、光合有效辐射、降雨量、空气温度、空气相对湿度、土壤温度、土壤湿度、土壤热通量；LI-7700 甲烷分析仪重量轻，功耗低，高频响应，用于获取描述生态系统 CH_4 通量所必需的 CH_4 密度数据，是美国 LI-COR 公司历时 4 年研发测试后推出的全球第一款开路式甲烷测定设备；高性能微型光谱仪 QE-PRO 用于测定盐沼植被冠层日光诱导叶绿素荧光（SIF）；物候相机用于监测植被物候。

JDS-P 站点观测塔高 10m，$CO_2/H_2O/CH_4$ 分析仪架设高度为 10m，生物气象辅助观测系统架设高度为 5m，观测时间为 2017 年 11 月至今；荧光观测系统距离地面垂直高度为 5m，距离冠层高度为 2.5m，观测时间为 2019 年 3 月至今（图 7.33）。荧光自动观测系统光谱分辨率 0.38nm，采样间隔 0.15nm，光谱范围 650～800nm。垂直向下的裸光纤用于测量冠层反射的上行辐亮度光谱。荧光自动观测系统 2～5 分钟测量一次下行辐照度和上行辐亮度的光谱数据，辐照度光谱与辐亮度光谱测量的时间间隔小于 10s。

图 7.33 JDS-P 站点自动观测系统

3. 长三角城市群生态安全协同联动决策支持系统硬件建设

目前，示范基地九段沙现场观测点已经配备高性能服务器、高速网络系统、大屏展示系统等设施，满足该决策支持系统运行和对数据的查询、存储、计算、结果可视化等功能。在模型集成的基础上，开发的基于机器学习方法的城市生态安全决策模型，可处理多期遥感数据，对九段沙进行植被覆盖度监测、水鸟生境变化监测等，提供了科学管理决策支持。

7.4.3 长三角生态安全示范应用平台设计

1. 建设背景

生态环境没有替代品，用之不觉，失之难存。环境就是民生，青山就是美丽，蓝天也是幸福，绿水青山就是金山银山；保护环境就是保护生产力，改善环境就是发展生产力。

当前，长三角一体化发展进入前所未有的加速期。2018 年 11 月，长江三角洲区域一体化发展上升为国家战略。实施长三角一体化发展国家战略，长三角一体化发展示范区（简称“示范区”）建设是重要突破口。在这个区域，绿色生态将成为一个非常重要的标签。2019 年 2 月《青浦、吴江、嘉善 2019 年一体化发展工作方案》正式发布，5 月 13 日中央政治局会议审议了《长江三角洲区域一体化发展规划纲要》。长三角一体化示范区已经明确定位于苏浙沪三省（市）交界处的上海青浦区、苏州市吴江区和浙江嘉兴市的嘉善县境内。

2019 年 4 月，上海市市长应勇在青浦区调研时指出，青浦同苏浙两省接壤，地处饮用水水源保护区，要坚持长江经济带“共抓大保护、不搞大开发”的导向，践行新发展理念，将生态环境保护作为重中之重，加强水环境保护和治理。以一流的生态环境吸引优质项目落地，走出一条生态与经济协调发展之路。目前，上海已制订落实《长江三角洲区域一体化发展规划纲要》的上海实施方案，主要是紧扣“一体化”和“高质量”两个关键，抓好“七个重点领域”合作、“三个重点区域”建设。其中，“七个重点领域”，就是围绕区域协调发展、协同创新、基础设施、生态环境、公共服务、对外开放、统一市场等重点领域，加快与苏浙皖三省对接，把《长江三角洲区域一体化发展规划纲要》中明确的重大项目和重大事项尽快落实落地。

示范区包括上海青浦区、苏州市吴江区和浙江嘉兴市的嘉善县，两区一县的面积为 2300km^2，2017 年常住人口约为 300 万人，GDP 达到 3300 亿元，人均 GDP 为 11 万元，地均 GDP1.4 亿元/km^2。

规划中的示范区以生态环境保护为重点，以淀山湖为中心，境内水域发达，小湖泊星罗棋布，过境水多、时空分布不均、水系复杂。同时，从太湖通往黄浦江的太浦河，流经两区一县，是太湖排水入海的主要河流之一。太浦河的金泽水源地，承担供应上海市西南五区约 700 万人口的供水任务。随着上海、浙江从太浦河取水供水的规模不断扩大，对示范区内的水域安全提出了更高要求。为实现区域水环境综合治理目标，必须在确保防洪排涝的安全下，统筹流域-区域-城区水环境，兼顾航运、景观等。同时，利用外围优质水源，综合运用已有水利工程，通过排污截流、清淤、畅流、活水、管理等综合措施，增大水动力、增强水环境容量、增强河道自净能力，实现水资源可持续高效利用与水环境系统改善的良好循环。

长三角一体化示范区目前存在的主要问题包括现有的环境监测手段对于解决区域环境问题显得有所不足，难以从“大气–水–土壤–生物系统”角度对环境污染因子的耦合和关联进行分析；现有的传统环境观测手段与日益兴起的遥感观测、物联网技术之间缺少整合；基于长期观测基础上的区域生态安全评价和环境健康风险预警有待于进一步展开。生态保护和区域经济如何协调与可持续发展，实现“环境友好型”经济发展，将成为示范区一个重要命题（Fang et al.，2020；涂耀仁等，2018）。

2. 建设目标

针对长三角一体化示范区发展过程中已出现的和可能出现的重大且复杂的城市生态安全问题，如城市洪涝、河流污染、大气雾霾等，综合地理信息系统、决策支持系统、空间信息数据库、计算机网络等现代技术，整合现有单一或复合生态安全系统，构建示范区综合生态安全保障决策支持系统与示范应用平台，实现具有现状评估、安全预警等功能的生态安全保障决策支持系统。

1）开放性

采用面向对象的支撑平台和运行、开发平台，提高软件的可靠性、可继承性、可维护性和可扩充性。

采用面向对象的技术和“大对象”的概念，将一个特定的应用作为一个大对象来处理，使它具备一个对象所具有的广义上的封装性和继承性。保证各应用界面的清晰性、应用本身的相对独立性和安全性。

遵循当前各项开放式国际标准，并提供开放的接口，有利于系统今后的功能扩充。支持不同厂家智能手持设备、平板电脑。

采用开放的开发工具，支持用户或第三方的二次开发。

在遵循各种接口标准的基础上，可按照系统的需求对不同厂家的硬件和软件进行对接，并根据实际情况进行灵活配置，逐步投入、扩展和升级，保护原有的投资，使系统具有良好的对接性和扩充性。

2）稳定性

系统的稳定性从某种程度代表了这个系统的成熟度，也是衡量一个系统是否成功的标准，所以无论是硬件还是系统软件配置都要充分考虑系统的稳定性，保证系统的不间断运行、在线故障修复和在线系统升级，同时，对应用系统的开发和应用要保证系统的成熟和稳定，坚持采用成熟的产品，并严格进行测试和管理，确保应用系统的稳定运行。

系统在开发完成之后必须经过严格的测试，以保证系统的稳定运行。系统的稳定性将通过试运行期间的故障率进行考核。

业务应用系统的优化将达到以下稳定性要求：

（1）实现 7×24 小时在线数据服务、功能服务；

（2）浏览器端无用户数限制；

（3）访问外部服务异常，不能影响整个系统其他功能的正常运行；

（4）数据库服务器、应用服务器的 CPU、内存等关键参数应避免产生剧烈波动；

（5）数据库连接池、线程池应保持稳定，避免死锁和长时间排队。所有对空间数据库的访问必须采用直连方式。

3）安全性

本系统是企业的整个信息系统的一部分，不稳定的设计将会降低整体的安全性和可靠性。企业对外开放的服务在安全性上要求将会更加严格，因此系统的安全是保障系统能否平稳正常的关键。系统从系统安全设计、权限管理、用户登录管理、操作日志管理、数据安全管理等全方位保证系统与数据的安全性，充分考虑人为或非人为因素导致的数据安全问题，提供完善的系统安全防范手段、数据保密方案及数据备份方案。数据平台搭载的主要数据见表 7.22。

表 7.22 数据平台搭载的主要数据

序号	内容	类型	备注
1	行政边界	面图层	矢量数据
2	路网信息	线图层	矢量数据
3	人口	属性表	统计数据
4	河流水系	面图层	矢量数据
5	土地利用	面图层	矢量数据
6	DEM	Tin 或 asc 格式	栅格数据
7	植被类型	面图层	栅格数据
8	土壤类型	面图层	栅格数据
9	地质类型	面图层	栅格数据
10	城市高分数据	带坐标信息的 Tif	栅格数据
11	灾害点信息	点图层	矢量数据
12	空气质量数据	点图层	属性数据
13	降水观测与模式数据	网格面图层	属性数据、栅格数据
14	相关河流水质信息数据	线图层	属性数据、矢量数据
15	城市固体废物数据及相关物联网数据	点图层	属性数据、矢量数据
	水环境实时监测数据		
1	流域实时水质数据（水质类别、溶解氧、氯氮、pH、叶绿素等）	线图层	矢量数据
2	蓝藻含量	面图层	矢量数据
	大气环境监测		
1	遥感观测数据	葵花卫片解译	栅格数据
2	超级站数据	点图层	属性数据
3	GFS 数据	Nc 数据	格点数据

3. 数据可视化与平台展示

考虑数据包括空间与属性信息，平台采用 WebGIS 对数据进行存储与展示。平台的结构设计由三大部分组成：系统数据库服务器、WebGIS 应用服务器、Web 服务器及运行其上的 Web 应用程序。系统数据库服务器包括地理数据库和环境因子数据库等，其中，地理数据库选用 GIS 开源数据库 PostgreSQL，该数据包含对大数据结构的设计与存储，记录地图点线面等空间要素的拓扑关系数据和栅格数据，环境因子数据库则存储地面监测点传感器实时获取的环境因子数据。WebGIS 应用服务器则是系统实现站点数据地图显示、区域监测专题图制作等各种空间数据检索与分析功能的核心组成，以 Web Service 空间数据接口形式提供应用服务。

参考文献

毕军, 杨洁, 李其亮. 2006. 区域环境风险分析和管理. 北京: 中国环境科学出版社.

蔡晔, 林休休. 2017. 长江三角洲近岸水域表层沉积物重金属分布特征及其影响因子. 水土保持研究, 24 (3): 331-338.

曹斌, 林剑艺, 崔胜辉. 2010. 可持续发展评价指标体系研究综述. 环境科学与技术, 33 (3): 99-105,122.

曹畅, 车生泉. 2020. 融合 MCR 模型的绿色基础设施适宜性评价——以上海市青浦区练塘镇为例. 西北林学院学报, 35 (6): 304-312.

曹克清. 1990. 现生麋鹿知多少. 野生动物, (2): 8-13.

曹贤忠, 曾刚. 2014. 基于熵权 TOPSIS 法的经济技术开发区产业转型升级模式选择研究——以芜湖市为例. 经济地理, 34(4): 13-18.

常纪文. 2018. 长江经济带如何协调生态环境保护与经济发展的关系. 长江流域资源与环境, 27(6): 1409-1412.

陈利顶, 李秀珍, 傅伯杰, 等. 2014. 中国景观生态学发展历程与未来研究重点. 生态学报, 34 (12): 3129-3141.

陈燕, 罗婵, 陈星宇, 等. 2019. 长江三角洲区域生态安全时空演变.华侨大学学报: 自然科学版, 40(1): 91-98.

程和琴, 陈吉余. 2016. 海平面上升对长江河口的影响研究. 北京: 科学出版社.

程和琴, 塔娜, 周莹, 等. 2015. 海平面上升背景下上海市长江口水源地供水安全风险评估及对策. 气候变化研究进展, 11 (4): 263-269.

程和琴, 王冬梅, 陈吉余. 2015. 2030 年上海地区相对海平面变化趋势的研究和预测. 气候变化研究进展, 11 (4): 231-238.

程进. 2016. 长三角城市群大气污染格局的时空演变特征. 城市问题, (1): 23-27.

程玉. 2015. 论我国京津冀区际大气环境生态补偿: 依据、原则与机制. 中国环境法治, (1): 15-26.

程真, 陈长虹, 黄成, 等. 2011. 长三角区域城市间一次污染跨界影响. 环境科学学报, 31 (4): 686-694.

褚琳, 张欣然, 王天巍, 等. 2018. 基于 CA-Markov 和 InVEST 模型的城市景观格局与生境质量时空演变及预测. 应用生态学报, 29 (12): 4106-4118.

崔保山, 杨志峰. 2001. 湿地生态系统健康研究进展. 生态学杂志, 20(3): 31-36.

崔馨月, 方雷, 王祥荣, 等. 2021. 基于 DPSIR 模型的长三角城市群生态安全评价研究. 生态学报, 41(1): 302-319.

单耀晓, 沈清基, 伍爱群, 等. 2018 .城市生态环境风险防控. 上海: 同济大学出版社.

邓力, 俞栋. 2016. 深度学习: 方法及应用. 北京: 机械工业出版社.

邓雪, 李家铭, 曾浩健, 等. 2012. 层次分析法权重计算方法分析及其应用研究. 数学的实践与认识, 42(7): 93-100.

丁丽莲, 王奇, 陈欣, 等. 2019. 近 30 年淀山湖地区生态系统服务价值对土地利用变化的响应. 生态学报, 39(8): 2973-2985.

董伟, 张向晖, 苏德, 等. 2007 .生态安全预警进展研究. 环境科学与技术, 30(12): 97-99,123.

窦攀烽, 左舒翟, 任引, 等. 2019. 气候和土地利用/覆被变化对宁波地区生态系统产水服务的影响. 环境科学学报, 39(7): 2398-2409.

杜挺, 谢贤健, 梁海艳, 等. 2014. 基于熵权TOPSIS和GIS的重庆市县域经济综合评价及空间分析. 经济地理, 34(6): 40-47.
杜微. 2015. 跨界水污染的府际协同治理机制研究综述. 湖南财政经济学院学报, 31 (5): 138-146.
樊杰, 王亚飞, 汤青, 等. 2015 .全国资源环境承载能力监测预警: 学术思路与总体技术流程. 地理科学, 35(1): 1-10.
范博, 王晓南, 黄云, 等. 2019 .我国七大流域水体多环芳烃的分布特征及风险评价. 环境科学, 40 (5): 2101-2114.
方恺. 2013. 生态足迹深度和广度: 构建三维模型的新指标. 生态学报, 33 (1): 267-274.
方恺. 2015. 基于改进生态足迹三维模型的自然资本利用特征分析——选取11个国家为数据源. 生态学报, 35(11): 3766-3777.
封梦娟, 张芹, 宋宁慧, 等. 2019. 长江南京段水源水中抗生素的赋存特征与风险评估. 环境科学, 40(12): 25-32.
冯兆忠, 李品, 袁相洋, 等. 2018. 我国地表臭氧生态环境效应研究进展. 生态学报, 38 (5): 1530-1541.
傅伯杰, 张立伟. 2014. 土地利用变化与生态系统服务: 概念、方法与进展.地理科学进展, 34(4): 441-446.
葛世帅, 曾刚, 胡浩, 等. 2021. 长三角城市群绿色创新能力评价及空间特征. 长江流域资源与环境, 30(1): 1-10.
龚士良, 杨士伦. 2008. 地面沉降对上海黄浦江防汛工程的影响分析. 地理科学, 28(4): 543-547.
顾晋饴, 李一平, 杜薇. 2018. 基于InVEST模型的太湖流域水源涵养能力评价及其变化特征分析. 水资源保护, 34 (3): 62-67,84.
韩春萌. 2014. 基于RS的区域城市化对热岛效应的影响机制研究. 北京: 中国地质大学(北京)硕士学位论文.
韩龙飞, 许有鹏, 邵玉龙, 等. 2013. 城市化对水系结构及其连通性的影响——以秦淮河中、下游为例. 湖泊科学, 25 (3): 335-341.
韩璐璐. 2016. 体外模拟环境下日粮粗蛋白水平对绵羊瘤胃发酵和养分降解的影响. 沈阳: 沈阳农业大学硕士学位论文.
贺桂珍, 吕永龙. 2011. 美国、加拿大环境和健康风险管理方法. 生态学报, 31(2): 262-270.
胡涛, 朱力. 2016. 美国环境风险管理体系建设概况与启示. 中国环境监察, (增1): 112-119.
黄盖先, 田波, 周云轩, 等. 2019. 滨海湿地物联网观测数据预处理方法. 吉林大学学报：地球科学版, 49(6): 10.
黄贤金, 毛熙彦, 李焕, 等. 2020. 长江经济带资源环境与绿色发展. 南京：南京大学出版社.
惠昊, 关庆伟, 王亚茹, 等. 2021. 不同森林经营模式对土壤氮含量及酶活性的影响. 南京林业大学学报(自然科学版), (4): 151-158.
吉木色, 苑魁魁, 许申来, 等. 2015. 城市大气污染防治规划指标体系研究. 环境科学与技术, 38 (S2): 440-444.
贾冰. 2008. 基于GIS和RS的晋城市生态环境敏感性评价研究. 太原: 太原理工大学硕士学位论文.
贾倩, 曹国志, 於方, 等. 2015. 日本环境管理和灾害应急体系剖析与启示. 环境保护前沿, 5 (6): 175-180.
江红梅, 王正中, 张小朋. 2006. 我国城市河流水环境综合规划治理探讨. 西北农林科技大学学报(自然科学版), 34 (1): 125-128.
李富荣, 王延树, 胡艳丽, 等. 2013. 盐城沿海滩涂围垦开发与生态环境保护研究. 绿色科技, (9): 155-157.
李广宇, 陈爽, 余成, 等. 2015. 长三角地区植被退化的空间格局及影响因素分析. 长江流域资源与环境, 4(23): 573-577.

李海涛, 范红, 张冬芳, 等. 2012. 物联网安全性研究与分析. 信息安全与技术, (11): 75-77, 82.
李宏, 李王锋. 2012. 首都区域大气污染联防联控的分区管制. 北京规划建设, (3): 56-59.
李通, 张丽, 韩向旭, 等. 2017. "海—原"建设用地空间一体化拓展与优化配置. 地理与地理信息科学, 33 (3): 98-105,102.
李修竹, 苏荣国, 张传松, 等. 2019. 基于支持向量机的长江口及其邻近海域叶绿素a浓度预测模型. 中国海洋大学学报(自然科学版), 49(1): 69-76.
李应真. 2010. 基于GIS的地质灾害预警预报系统设计. 中国科技信息, (9): 178-179.
李振兴, 李绥, 石铁矛, 等. 2017. 城镇化生态风险预警系统设计与关键技术研究.安全与环境工程, 24 (2): 113-120.
李自珍, 何俊红. 1999. 生态风险评价与风险决策模型及应用—— 以河西走廊荒漠绿洲开发为例. 兰州大学学报, 35(3): 149-156.
林兰. 2016. 长三角地区水污染现状评价及治理思路.环境保护, 44 (17): 41-45.
林美霞, 吝涛, 邱全毅, 等. 2017. 不同类型城市快速扩张区域人工景观对自然景观的生态安全胁迫效应比较. 应用生态学报, 28 (4): 1326-1336.
凌虹, 孙翔, 朱晓东, 等. 2010. 基于化工发展胁迫的连云港生态风险预警研究.安全与环境学报, 10(4): 111-116.
刘凤, 曾永年, 赵丹阳, 等. 2016. 长江中游城市群土地利用生态风险分析—— 以长株潭城市群为例. 国土与自然资源研究, (5): 16-22.
刘凤. 2013. 南京市典型工业区土壤健康风险评价及生态毒理诊断. 南京: 南京大学硕士学位论文.
刘桂林, 张落成, 张倩, 等. 2014. 长三角地区土地利用时空变化对生态系统服务价值的影响. 生态学报, 34 (12): 3311-3319.
刘纪远, 布和敖斯尔. 2000. 中国土地利用变化现代过程时空特征的研究——基于卫星遥感数据.第四纪研究, 20(3): 229-239.
刘靳, 涂耀仁, 段艳平, 等. 2020. Cu同位素示踪技术应用于环境领域的研究进展. 环境保护科学, 46(2): 85-92.
刘靳, 涂耀仁, 蒲雅丽, 等. 2019. 重金属在黄浦江流域的污染现状与来源解析. 环境科技, (6): 1-7.
刘康, 欧阳志云, 王效科, 等. 2003. 甘肃省生态环境敏感性评价及其空间分布. 生态学报, 23(12): 2711-2718.
刘明星, 曾刚, 尚勇敏, 等. 2017. 新区域主义视角下崇明生态岛建设评价. 资源开发与市场, 33(5): 549-553+558.
刘乔佳. 2017. 物联网信息模型的安全性与应用能力分析. 信息系统工程, (2): 88-95.
刘诗雅, 赵淑芹, 郑昕蕊, 等. 2018. 新型环境污染物三氯蔗糖电解产物对小鼠卵巢功能的影响.现代妇产科进展, 27(11): 841-844.
刘廷凤, 何欢, 孙成, 等.2011. 农药企业棕地土壤中多环芳烃的分布特征. 环境化学, 30(8): 78-83.
刘征涛, 祝凌燕, 陈来国, 等. 2016. 典型环境新POPs物质生态风险评估方法与应用. 北京: 化学工业出版社.
刘智方, 唐立娜, 邱全毅, 等. 2017. 基于土地利用变化的福建省生境质量时空变化研究. 生态学报, 37 (13): 4538-4548.
柳云龙, 章立佳, 韩晓非, 等. 2012. 上海城市样带土壤重金属空间变异特征及污染评价. 环境科学, 33 (2): 599-605.
龙瀛. 2014. 城市大数据与定量城市研究. 上海城市规划, (5): 13-15.
陆禹, 佘济云, 陈彩虹, 等. 2015. 基于粒度反推法的景观生态安全格局优化——以海口市秀英区为例. 生态学报, 35 (19): 6384-6393.
吕建, 吴永波, 余昱莹, 等. 2019. 不同密度杨树人工林河岸缓冲带对无机氮的去除效果. 生态科学,

38(2): 146-154.
吕龙永. 1996. 环境管理. 北京: 中国环境科学出版社.
吕文利, 刘玲, 翟亚琪. 2013. 基于 PSR 模型的杭州市生态安全评价. 安徽师范大学学报(自然科学版), 36(5): 489-492.
马克明, 傅伯杰, 黎晓亚, 等. 2004. 区域生态安全格局: 概念与理论基础. 生态学报, 24 (4): 761-768.
麦少芝, 徐颂军, 潘颖君. 2005. PSR 模型在湿地生态系统健康评价中的应用. 热带地理, 25(4): 317-321.
宓科娜, 庄汝龙, 高峻. 2017. 高速铁路发展、空间溢出与经济增长——基于浙江省 66 个县(市)的空间面板数据. 资源开发与市场, 33(7): 837-842.
宓科娜, 庄汝龙, 梁龙武, 等. 2018. 长三角 $PM_{2.5}$ 时空格局演变与特征——基于 2013～2016 年实时监测数据. 地理研究, 37(8): 1641-1654.
聂鹏. 2014. 空气生态补偿的立法实践及路径推广——以山东省空气生态补偿机制为核心.生态文明法制建设——2014 年全国环境资源法学研讨会(年会)论文集(第二册). 中国环境资源法学研究会、中山大学: 中国法学会环境资源法学研究会.
宁淼, 孙亚梅, 杨金田. 2012. 国内外区域大气污染联防联控管理模式分析. 环境与可持续发展, 37 (5): 11-18.
欧阳志云, 王如松. 2000. 生态系统服务功能、生态价值与可持续发展. 世界科技研究与发展, 22(5): 6.
欧阳志云, 王效科, 苗鸿. 1999. 中国陆地生态系统服务功能及其生态经济价值的初步研究. 生态学报, 19(5): 607-613.
彭佳捷, 周国华, 唐承丽, 等. 2012. 基于生态安全的快速城市化地区空间冲突测度——以长株潭城市群为例. 自然资源学报, 27 (9): 1507-1519.
彭建, 党威雄, 刘焱序, 等. 2015. 景观生态风险评价研究进展与展望. 地理学报, 70 (4): 664-677.
彭建, 李慧蕾, 刘焱序, 等. 2018. 雄安新区生态安全格局识别与优化策略. 地理学报, 73 (4): 701-710.
彭建, 吴健生, 潘雅婧, 等. 2012. 基于 PSR 模型的区域生态持续性评价概念框架. 地理科学进展, 31 (7): 933-940.
彭建, 赵会娟, 刘焱序, 等. 2017. 区域生态安全格局构建研究进展与展望. 地理研究, 36 (3): 407-419.
秦玉才, 汪劲. 2013. 中国生态补偿立法: 路在前方. 北京: 北京大学出版社.
秦增灏, 李永平, 端义宏, 等. 1995. 海平面变化趋势的研究和预测. 上海: 上海市气象局.
秦增灏, 李永平. 1997. 上海海平面变化规律及其长期预测方法的初探. 海洋学报, 19 (1): 1-7.
任晶, 孙瑛, 陈秀芝, 等. 2012. 基于 PSR 模型的九段沙湿地生态系统健康评价. 湿地科学与管理, 8(4): 12-16.
任美锷. 1993. 黄河、长江、珠江三角洲近 30 年海平面上升趋势及 2030 年海平面上升量预测. 地理学报, 48 (5): 385-393.
沈子欣, 阚丽艳, 车生泉, 等. 2015. 生态植草沟结构参数变化对降雨径流调蓄净化效应的影响. 上海交通大学学报(农业科学版), 33 (6): 46-52.
施雅风, 孔昭宸, 王苏民, 等. 1993. 中国全新世大暖期鼎盛阶段的气候与环境. 中国科学(B 辑), 23 (8): 865-873.
施雅风, 朱季文, 谢志仁, 等. 2003. 长江三角洲及毗连地区海平面影响预测与防治对策. 中国科学(D 辑), 30 (3): 225-232.
史运良, 沈晓东. 1992. 上海未来百年海平面上升预测及影响浅析. 南京大学学报, 28 (4): 614-622.
寿飞云, 李卓飞, 黄璐, 等. 2020. 基于生态系统服务供求评价的空间分异特征与生态格局划分——以长三角城市群为例. 生态学报, 40 (9): 2813-2826.
寿飞云, 李卓飞, 黄璐, 等. 2020. 基于生态系统服务供求评价的空间分异特征与生态格局划分——以长三角城市群为例. 生态学报, 40(9): 14.
宋雪珺, 王多多, 覃飞, 等. 2018. 长三角城市群 2010 年生态足迹与生态承载力分析. 生态科学, 37(2):

162-172.

苏敬华, 王敏, 王卿, 等. 2015. 区域开发中长期生态风险评价——以中原经济区为例. 环境影响评价, 219 (6): 20-24.

汤放华, 苏薇. 2010. 长株潭城市群空间结构演变研究. 湖南农业大学学报(自然科学版), 36(4): 483-488.

汤琳, 吴阿娜, 张锦平, 等. 2013. 崇明岛生态环境预警监测网络优化研究.中国环境监测, 29(6): 200-205.

唐钰, 段艳平, 涂耀仁, 等. 2021. 重金属对药物和个人护理品在土壤/沉积物中吸附的影响机制: 现状与展望. 环境化学, (1): 164-173.

滕堂伟, 林蕙灵, 胡森林, 等. 2020. 长三角更高质量一体化发展: 成效进展、空间分异与空间关联. 安徽大学学报(哲学社会科学版), 44 (5): 134-145.

涂耀仁, 蒲雅丽, 詹丁山, 等. 2018. 以同步辐射 X 射线解析 Sb(III)及 Sb(V)在铁氧磁体尖晶石的吸附行为. 环境化学, 37(12): 2603-2612.

万正芬, 刘晓晖, 卢少勇, 等. 2019. 基于 DPSIR 模型的长三角地区生态安全评估. 环境影响评价, 41(5): 22-27.

汪安璞. 1999. 大气气溶胶研究新动向. 环境化学, 18(1): 10-15.

汪朝辉, 王克林, 熊鹰, 等. 2003. 湖南省洪涝灾害脆弱性评估和减灾对策研究. 长江流域资源与环境, 12(6): 586-592.

王斌捷, 高超. 2007. 长江三角洲地区环境中的持久性有机污染物. 江西科学, 25 (1): 112-118.

王冰霜, 单晓梅, 沈登辉, 等. 2014. 淮河流域水体持久性有毒污染物的研究现状. 环境卫生学杂志, 4 (5): 499-503.

王芳. 2014. 冲突与合作: 跨界环境风险治理的难题与对策——以长三角地区为例.中国地质大学学报: 社会科学版, 14 (5): 78-85.

王国强, 腾波, 戴伟, 等. 2019. 常州市农田土壤重金属污染及其潜在生态风险.环境与健康杂志, 36 (7): 615-617.

王怀成, 张连马, 蒋晓威, 等. 2014. 泛长三角产业发展与环境污染的空间关联性研究. 中国人口·资源与环境, 24 (3): 55-59.

王洁, 王卫安, 王守芬, 等. 2017. 气候变化背景下中国沿海地区典型区域脆弱性评价——以长三角为例. 测绘与空间地理信息, 40 (3): 81-85,89.

王金南, 曹国志, 曹东, 等. 2013. 国家环境风险防控与管理体系框架构建.中国环境科学, 33 (1): 186-191.

王金南, 宁淼, 孙亚梅. 2012. 区域大气污染联防联控的理论与方法分析. 环境与可持续发展, 37 (5): 5-10.

王清军. 2016. 区域大气污染治理体制: 变革与发展. 武汉大学学报(哲学社会科学版), 69 (1): 112-121.

王祥荣, 樊正球, 谢玉静, 等. 2016. 城市群生态安全保障关键技术研究与集成示范——以长三角城市群为例. 生态学报, 36(22): 7114-7118.

王祥荣, 王原. 2010. 全球变化与河口城市脆弱性评价——以上海为例. 北京: 科学出版社.

王祥荣, 朱敬烽, 丁宁, 等. 2019. 基于 DPSIR 模式的我国三大城市群生态化转型发展特征评价. 城乡规划, (4): 15-23.

王祥荣. 2019. 崇明世界级生态岛规划建设的国际经验对标、路径与对策. 城乡规划, (4): 24-29.

王兴敏. 2017. 长三角地区土地利用变化的景观生态干扰效应研究. 南京: 南京农业大学硕士学位论文.

王旭熙, 彭立, 苏春江, 等. 2016. 基于景观生态安全格局的低丘缓坡土地资源开发利用——以四川省泸县为例. 生态学报, 36(12): 3646-3654.

王亚茹, 林鑫宇, 惠昊, 等. 2021. 杨树人工林类型对土壤磷组分的影响. 生态学杂志, 40(6): 1549-1556.

王永红, 吕洁. 2015. 区域大气污染联防联控区划分及防控思路的探讨. 环境保护与循环经济, 35 (7): 60-63.

魏子昕, 龚士良. 1998. 上海地区未来海平面上升及产生的可能影响. 上海地质, (1) : 14-20.

吴健生, 曹祺文, 石淑芹, 等. 2015. 基于土地利用变化的京津冀生境质量时空演变. 应用生态学报, 26 (11): 3457-3466.

吴健生, 毛家颖, 林倩, 等. 2017. 基于生境质量的城市增长边界研究——以长三角地区为例. 地理科学, 37 (1): 28-36.

吴健生, 张理卿, 彭建, 等. 2013. 深圳市景观生态安全格局源地综合识别. 生态学报, 33 (13): 4125-4133.

吴平, 林浩曦, 田璐. 2018. 基于生态系统服务供需的雄安新区生态安全格局构建. 中国安全生产科学技术, 14(9): 5-11.

吴蔚, 梁卓然, 刘校辰. 2018. CDF-T 方法在站点尺度日降水预估中的应用. 高原气象, 37 (3): 796-805.

吴志远, 张丽娜, 夏天翔, 等. 2020. 基于土壤重金属及 PAHs 来源的人体健康风险定量评价: 以北京某工业污染场地为例. 环境科学, 41 (9): 4180-4196.

席恺媛, 朱虹. 2019. 长三角区域生态一体化的实践探索与困境摆脱. 改革, (3): 87-96.

夏蕴强, 谢长坤, 车生泉. 2018. 长三角平原水网地区乡村植被群落保护评价. 上海交通大学学报(农业科学版), 36 (6): 1-7,14.

肖明. 2011. GIS 在流域生态环境质量评价中的应用. 海口: 海南大学硕士论文.

谢宝剑, 陈瑞莲. 2014. 国家治理视野下的大气污染区域联动防治体系研究——以京津冀为例. 中国行政管理, (9): 6-10.

谢高地, 肖玉. 2013. 农田生态系统服务及其价值的研究进展. 中国生态农业学报, 21(6): 645-651.

谢高地, 甄霖, 鲁春霞, 等. 2008. 一个基于专家知识的生态系统服务价值化方法. 自然资源学报, 23(5): 911-919.

谢花林, 李秀彬. 2011. 基于 GIS 的农村住区生态重要性空间评价及其分区管制——以兴国县长冈乡为例. 生态学报, 31 (1): 230-238.

谢明媚, 孙德勇, 丘仲锋, 等. 2016. 长江口水质 MERIS 卫星数据遥感反演研究. 广西科学报, 23 (6): 520-527.

徐光来, 许有鹏, 王柳艳. 2013. 近 50 年杭嘉湖平原水系时空变化. 地理学报, 68(7): 966-974.

徐涵秋. 2005. 利用改进的归一化差异水体指数(MNDWI)提取水体信息的研究. 遥感学报, 9(5): 589-595.

徐凌宇, 张高唯, 江湾湾, 等. 2018. 深度学习神经网络及其在海洋环境信息挖掘预测中的应用. 海洋信息, 33 (1): 17-23.

许学工, 林辉平, 付在毅, 等. 2001. 黄河三角洲湿地区域生态风险评价. 北京大学学报(自然科学版), 37(1): 111-120.

许妍, 马明辉, 高俊峰. 2012. 流域生态风险评估方法研究——以太湖流域为例.中国环境科学, 32 (9): 1693-1701.

雅风, 朱季文, 谢志仁, 等. 2000. 长江三角洲及毗连地区海平面上升影响预测与防治对策.中国科学(D辑:地球科学), 30(3): 225-232.

闫晓露, 郑欢, 赵烜杭, 等. 2020. 辽东湾北部河口区土壤重金属污染源识别及健康风险评价.环境科学学报, 40 (8): 3028-3039.

严莹婷, 陆小曼, 王嘉佳, 等. 2021. 基于 GF-4 卫星的长三角城市群 $PM_{2.5}$ 遥感反演. 中国环境科学, (1): 1-13.

颜敏. 2018. 首尔市大气污染治理经验及借鉴. 环境科学导刊, 37 (4): 6-9.

阳文锐, 王如松, 黄锦楼, 等. 2007. 生态风险评价及研究进展.应用生态学报, 18 (8): 1869-1876.

杨芳, 潘晨, 贾文晓, 等. 2015. 长三角地区生态环境与城市化发展的区域分异性研究. 长江流域资源与环境, 24 (7): 1094-1101.

杨俊闯, 赵超. 2019. K-Means 聚类算法研究综述. 计算机工程与应用, 55(23): 7-14, 63.

杨振, 丁启燕, 王念, 等. 2018. 湖北省大气污染健康风险空间格局与防范分区研究. 华中师范大学学报(自然科学版), 52 (4): 574-581.

杨志峰, 隋欣. 2005. 基于生态系统健康的生态承载力评价. 环境科学学报, 25(5): 586-594.

杨志峰, 谢涛, 全向春, 等. 2011. 白洋淀水生态综合调控决策支持系统设计. 环境保护科学, 37(5): 39-42.

姚懿函, 李小敏, 许亚宣, 等. 2019. 长三角地区饮用水安全风险与关键控制策略. 三峡环境与生态, 41 (1): 24-27.

叶敏婷, 王仰麟, 彭建, 等. 2008. 深圳市土地利用效益变化及其区域分异. 资源科学, 30(3): 401-408.

叶钰倩, 赵家豪, 刘畅, 等. 2018. 间伐对马尾松人工林根际土壤氮含量及酶活性的影响. 南京林业大学学报(自然科学版), 42 (3): 193-198.

义白璐, 韩骥, 周翔, 等. 2016. 区域碳源碳汇的时空格局——以长三角地区为例. 应用生态学报, 26 (4): 973-980.

尹大林. 2011. 生态风险评价. 北京: 高等教育出版社.

于贵瑞, 于秀波. 2013. 中国生态系统研究网络与自然生态系统保护.中国科学院院刊, 28 (2): 275-283.

于惠. 2013. 青藏高原草地变化及其对气候的响应. 兰州: 兰州大学博士学位论文.

俞孔坚, 王思思, 李迪华, 等. 2009. 北京市生态安全格局及城市增长预景. 生态学报, 30(3): 1189-1204.

俞孔坚. 1999. 生物保护的景观生态安全格局. 生态学报, (1): 10-17.

虞文娟. 2017. 典型城市群空间扩张及其对生态系统净初级生产力的影响. 北京: 中国科学院大学博士学位论文.

虞锡君. 2008.太湖流域跨界水污染的危害、成因及其防治. 中国人口·资源与环境, 18 (1): 176-179.

曾刚, 曹贤忠, 王丰龙, 等. 2019. 长三角区域一体化发展推进策略研究——基于创新驱动与绿色发展的视角. 安徽大学学报(哲学社会科学版), 43 (1): 148-156.

曾刚, 王丰龙. 2018. 长三角区域城市一体化发展能力评价及其提升策略. 改革, (12): 103-111.

翟世奎, 张怀静, 范德江, 等. 2005.长江口及其邻近海域悬浮物浓度和浊度的对应关系. 环境科学学报, 25(5): 693-699.

张甘霖. 2005. 城市土壤的生态服务功能演变与城市生态环境保护. 科技导报, 23: 16-19.

张剑智, 李淑媛, 李玲玲, 等. 2018. 关于我国环境风险全过程管理的几点思考. 环境保护, (1): 41-43.

张钧泳, 初雯雯, 杜聪聪, 等. 2016. 不同季节卡拉麦里山盘羊生境选择分析. 干旱区研究, 33(2): 422-430.

张乐. 2016. 中国长三角地区环境污染的现状及应对策略研究. 科技视界, (4): 258-259.

张思锋, 张立, 张一恒. 2011. 基于生态梯度风险评价方法的榆林煤炭开采区生态风险评价.资源科学, 33(10): 1914-1923.

张一梅. 2016. 基于空间分布模拟的化工厂污染特征和健康风险研究. 北京: 国际棕地治理大会暨首届中国棕地污染与环境治理大会.

张祯, 仰榴青, 吴向阳. 2013. 几种典型新型环境污染物的分析方法与生态风险评估研究. 镇江: 全国环境化学学术大会.

赵方凯, 陈利顶, 杨磊, 等. 2017. 长三角典型城郊不同土地利用土壤抗生素组成及分布特征. 环境科学, 38 (12): 5237-5246.

赵辉, 郑有飞, 魏莉, 等. 2018. 南京大气臭氧浓度的季节变化及其对主要作物影响的评估. 环境科学, 39 (7): 3418-3425.

赵卫, 沈渭寿. 2011. 海峡西岸经济区生态系统健康评价.应用生态学报, 22(12): 3272-3278.

赵卫权，李威，苏维词. 2017. 基于 GIS 与 RS 技术的赤水河流域生态风险评价——以仁怀市为例.灌溉排水学报, 36 (9): 115-120.

郑大伟，虞南华. 1996. 上海地区海平面上升趋势的长期预测研究. 中国科学院上海天文台年刊, 17: 37-45.

郑庆锋，史军，谈建国，等. 2020. 2007～2016 年上海颗粒物浓度特征与气候背景异同分析. 环境科学, 41(1): 14-21.

智伟迪，涂耀仁，段艳平，等. 2020. 有机改性蒙脱石负载纳米零价铁去除水体新兴污染物双氯芬酸. 环境化学, 39(5): 1225-1234.

中华人民共和国环境保护部. 2018. 中华人民共和国国家环境保护行业标准——饮用水水源保护区划分技术规范. 北京：中国环境科学出版社.

周婷，周加来. 2018. 生态公益林补偿政策对植被覆盖时空格局的影响——以杭州市临安区为例. 生态学报, 38 (17): 4800-4808.

朱彤，尚静，赵德峰. 2010. 大气复合污染及灰霾形成中非均相化学过程的作用.中国科学：化学, 40 (12): 1731-1740.

朱艳景，张彦，高思，等. 2015. 生态风险评价方法学研究进展与评价模型选择.城市环境与城市生态, 28 (1): 17-21.

朱怡，吴永波，周子尧，等. 2020. 基于高光谱数据的互花米草营养成分反演. 北京林业大学学报, 42(9): 8.

朱颖，吴永波，李文霞，等. 2016. 河岸人工林缓冲带截留磷素能力及适宜宽度. 东北林业大学学报, 44(12): 31-41.

庄汝龙，宓科娜，初汉增，等. 2018a. 耦合协调视角下城市可持续发展评价——以长三角地区为例. 宁波大学学报(人文科学版), 31(3): 79-86.

庄汝龙，宓科娜，梁龙武. 2017. 可达性视角下中心城市辐射场时空格局演变——以浙江省为例. 地域研究与开发, 36(5): 50-56.

庄汝龙，宓科娜，梁龙武. 2018b. 中国工业废水排放格局及其驱动因素. 长江流域资源与环境, 27(8): 1765-1775.

Abdel-Satar A M, Goher M E. 2015. Heavy metals fractionation and risk assessment in surface sediments of Qarun and Wadi El-Rayan Lakes, Egypt. Environmental Monitoring and Assessment, 187 (6): 346.

Abuelgasim A A, Ross W D, Gopal S, et al. 1999. Change detection using adaptive fuzzy neural networks: Environmental damage assessment after the Gulf War. Remote Sensing of Environment, 70(2): 208-223.

Aburas M M, Ho Y M, Ramli M F, et al. 2017. Improving the capability of an integrated CA-Markov model to simulate spatio-temporal urban growth trends using an analytical hierarchy process and frequency ratio - science direct. International Journal of Applied Earth Observation Geoinformation, 59 : 65-78.

Acosta J, Faz A, Kalbitz K, et al. 2014. Partitioning of heavy metals over different chemical fraction in street dust of Murcia (Spain) as a basis for risk assessment. Journal of Geochemical Exploration, 144: 298-305.

Armstrong V C, Newhook R C. 1992. Assessing the health risks of priority substances under the Canadian environmental protection. Regulatory Toxicology and Pharmacology, 15 (21): 111-121.

Bai L, Shin S, Burnett R T, et al. 2019. Exposure to ambient air pollution and the incidence of lung cancer and breast cancer in the Ontario Population Health and Environment Cohort(ONPHEC). International Journal of Cancer, 146(9): 2450-2459.

Baró F, Haase D, Gómez-Baggethun E, et al. 2015. Mismatches between ecosystem services supply and demand in urban areas: A quantitative assessment in five European cities. Ecological Indicators, 55: 146-158.

Beck B B, Wemmer C. 1984. The biology and management of an extinct species: Pere David's deer. The Quarterly Review of Biology, 59 (1): 78-79.

Boithias L, Acuna V, Vergonos L, et al. 2014. Assessment of the water supply: Demand ratios in a

Mediterranean basin under different global change scenarios and mitigation alternatives. Science of the Total Environment, 470: 567-577.

Breiman L. 2001. Random forests. Machine Learning, 45 (1): 5-32.

Brito E M S, Magali D L C B, Caretta C A, et al. 2015. Impact of hydrocarbons, PCBs and heavy metals on bacterial communities in Lerma River, Salamanca, Mexico: Investigation of hydrocarbon degradation potential. Science of the Total Environment, 521: 1-10.

Burke L, Greenhalgh S, Prager D, et al. 2008. Coastal capital: Economic valuation of coral reefs in Tobago and St. Lucia. Coastal Capital Economic Valuation of Coral Reefs in Tobago and St Lucia.

Cao S S, Duan Y P, Tu Y J, et al. 2020. Pharmaceuticals and personal care products in a drinking water resource of Yangtze River Delta ecology and greenery integration development demonstration zone in China: occurrence and human health risk assessment. Science of the Total Environment, 721: 137624.

Cao S, Sanchez-Azofeifa G A, Duran S M, et al. 2016. Estimation of aboveground net primary productivity in secondary tropical dry forests using the Carnegie–Ames–Stanford approach (CASA) model. Environmental Research Letters, 11 (7): 075004.

Chen Y, Huang B, Hu W, et al. 2013. Environmental assessment of closed greenhouse vegetable production system in Nanjing, China. Journal of Soils and Sediments, 13 (8): 1418-1429.

Cheng Y, Zhang H, Liu Z, et al. 2019. Hybrid algorithm for short-term forecasting of $PM_{2.5}$ in China. Atmospheric Environment, 200: 264-279.

Church J A, White N J. 2011. Sea-level rise from the late 19th to the early 21st century. Surveys in Geophysics, 32 (4-5): 585-602.

Costanza R, de Groot R, Sutton P, et al. 2014. Changes in the global value of ecosystem services. Global Environmental Change, 26: 152-158.

Cramer W, Guio J, Fader M, et al. 2018. Climate change and interconnected risks to sustainable development in the Mediterranean. Nature Climate Change, 8 (11): 972-980.

Dahl G E, Yu D, Deng L, et al. 2011. Context-dependent pre-trained deep neural networks for large-vocabulary speech recognition. IEEE Transactions on Audio, Speech, and Language Processing, 20 (1): 30-42.

Dai X, Zhou Y, Ma W, et al. 2017. Influence of spatial variation in land-use patterns and topography on water quality of the rivers inflowing to Fuxian Lake, a large deep lake in the plateau of southwestern China. Ecological Engineering, 99: 417-428.

Dawson R J, Peppe R, Wang M. 2011. An agent-based model for risk-based flood incident management. Natural Hazards, 59(1): 167-189.

Dawson R, Hall J, Sayers P, et al. 2005. Sampling-based flood risk analysis for fluvial dike systems. Stochastic Environmental Research and Risk Assessment, 19 (6): 388-402.

Ding L L, Li Q Y, Tang J J, et al. 2019. Linking land use metrics measured in aquatic–terrestrial interfaces to water quality of reservoir-based water sources in eastern China. Sustainability, 11: 4860.

Dominici F, Peng R D, Bell M L, et al. 2006. Fine particulate air pollution and hospital admission for cardiovascular and respiratory diseases. Jama, 295 (10): 1127-1134.

Dou P, Zuo S, Ren Y, et al. 2021. Refined water security assessment for sustainable water management: a case study of 15 key cities in the Yangtze River Delta, China. Journal of Environmental Management, 290: 112588.

Ester M, Kriegel H P, Sander J, et al. 1996. A density-based algorithm for discovering clusters in large spatial databases with noise. Conference Paper, 96 (34): 226-231.

Fan J W, Zhong H P, Harris W, et al. 2008. Carbon storage in the grasslands of China based on field measurements of above- and below-ground biomass. Climatic Change, 86 (3): 375-396.

Fang G S, Cui Q, Dai X. 2020. Concentrations and accumulation rates of polychlorinated biphenyls in soil along an urban-rural gradient in Shanghai. Environmental Science and Pollution Ressearch, 27(9): 8835-8845.

Fang J Y, Yu G R, Liu L L, et al. 2018. Climate change, human impacts, and carbon sequestration in China.

Proceedings of the National Academy of Sciences of the United States of America, 115 (16): 4015-4020.

Feng X, Li Q, Zhu Y, et al. 2015. Artificial neural networks forecasting of $PM_{2.5}$ pollution using air mass trajectory based geographic model and wavelet transformation. Atmospheric Environment, 107: 118-128.

Fernandez M D, Cagigal E, Vega M M, et al. 2005. Ecological risk assessment of contaminated soils through direct toxicity assessment. Ecotoxicology and Environmental Safe, 62 (2): 174-184.

Fragkias M, Güneralp B, Seto K C, et al. 2013. A synthesis of global urbanization projections. Elmquist T, Fragkias M, Goodness J, et al. Urbanization, Biodiversity and Ecosystem Services: Challenges and Opportunities. Dordrecht: Springer: 409-435.

Geng X L, Zhang D, Li C W, et al. 2021. Application and comparison of multiple models on agricultural sustainability assessments: a case study of the Yangtze River Delta Urban Agglomeration, China. Sustainability, 13: 121-135.

Giri S, Singh A K. 2015. Human health risk and ecological risk assessment of metals in fishes, shrimps and sediment from a tropical river. International Journal of Environmental Science and Technology, 12 (7): 2349-2362.

Grinsted A, Moore J C, Jevrejeva S. 2004. Application of the cross wavelet transform and wavelet coherence to geophysical time series. Nonlin Processes Geophys, 11 (5/6): 561-566.

Güneralp B, Seto K C. 2013. Sub-regional assessment of China: Urbanization in biodiversity hotspots//Elmquist T, Fragkias M, Goodness J, et al. Urbanization, Biodiversity and Ecosystem Services: Challenges and Opportunities. Dordrecht: Springer: 57-63.

Guo W, Huo S L, Xi B D, et al. 2015. Heavy metal contamination in sediments from typical lakes in the five geographic regions of China: Distribution, bioavailability, and risk. Ecological Engineering, 81: 243-255.

Hall J W, Sayers P B, Dawson R J. 2005. National-scale assessment of current and future flood risk in England and Wales. Natural Hazards, 36 (1): 147-164.

He C, Ma L, Zhou L, et al. 2019a. Exploring the mechanisms of heat wave vulnerability at the urban scale based on the application of big data and artificial societies. Environmental International, 127: 573-583.

He C, Yao Y, Lu X, et al. 2019b. Exploring the influence mechanism of meteorological conditions on the concentration of suspended solids and chlorophyll-a in large estuaries based on MODIS imagery. Water, 11(2): 1.

He C, Zhao J, Zhang Y, et al. 2020. Cool roof and green roof adoption in a metropolitan area: climate impacts during summer and winter. Environmental Science and Technology, 54(17): 10831-10839.

He C, Zhou L, Ma W, et al. 2019c. Spatial assessment of urban climate change vulnerability during different urbanization phases. Sustainability, 11(8): 2406.

Hinton G E, Salakhutdinov R R. 2015. Reducing the dimensionality of data with neural networks. Science, 313 (5786): 504-507.

Hinton G, Deng L, Yu D, et al. 2012. Deep neural networks for acoustic modeling in speech recognition: The shared views of four research groups. IEEE Signal Processing Magazine, 29 (6): 82-97.

Hu Y, Wang D, Wei L, et al. 2014. Heavy metal contamination of urban topsoils in a typical region of Loess Plateau, China. Journal of Soils and Sediments, 14 (5): 928-935.

Huang A, Xu Y, Liu C, et al. 2019. Simulated town expansion under ecological constraints: A case study of Zhangbei County, Heibei Province, China. Habitat International, 91: 101986 .

Huang L, Wen Y, Gao J. 2020. What ultimately prevents the pro-environmental behavior? An in-depth and extensive study of the behavioral costs. Resources, Conservation and Recycling, 158(1): 104747.

Hunsaker C T, Graham R L, Suter G W, et al. 1990. Assessing ecological risk on a regional scale. Environmental Management, 14: 325-332.

Hwang P A, Huang N E, Wang D W. 2003. A note on analyzing nonlinear and nonstationary ocean wave data. Applied Ocean Research, 25 (4): 187-193.

Iwasa Y, Hakoyama H, Nakamaru M, et al. 2000. Estimate of Population extinction risk and it sapplication to ecological risk management. Population Ecology, 42 (1): 73-80.

Jiang B, Bai Y, Wong C P, et al. 2019. China's ecological civilization program–Implementing ecological redline policy. Land Use Policy, 81: 111-114.

Jiang Q, Li W, Wen J, et al. 2018. Accuracy evaluation of two high-resolution satellite-based rainfall products: TRMM 3B42V7 and CMORPH in Shanghai. Water, 10(1): 1.

Jin G, Deng X Z, Zhao X D, et al. 2018. Spatiotemporal patterns in urbanization efficiency within the Yangtze River Economic Belt between 2005 and 2014. Journal of Geographical Sciences, 28(8): 1113-1126.

Kates R W, Clark W C, Corell R, et al. 2001. Environment and development: Sustainability science. Science, 292 (5517): 641-642.

Keeler B L, Polasky S, Brauman K A, et al. 2012. Linking water quality and well-being for improved assessment and valuation of ecosystem services. Proceedings of the National Academy of Sciences of the United States of America, 109 (45): 18619-18624.

Kemp A C, Horton B P, Donnelly J P, et al. 2011. Climate relatedsea-level variations over the past two millennia. Proceedings of the National Academy of Sciences, 108 (27): 11017-11018.

Kong F H, Yin H W, Nakagoshi N, et al. 2010. Urban green space network development for biodiversity conservation: Identification based on graph theory and gravity modeling. Landscape and Urban Planning, 95 (1-2): 16-27.

Kopp R E, Horton R M, Little C M, et al. 2014. Probabilistic 21st and 22nd century sea-level projections at a global network of tide-gauge sites. Earth's Future, 2 (8): 383-406.

Landis W G. 2003. Twenty years before and hence: Ecological risk assessment at multiple scales with multiple stressors and multiple endpoints. Human & Ecological Risk Assessment, 9 (5): 1317-1326.

Laurentiis V D, Hunt D V L, Rogers C D F. 2016. Overcoming food security challenges within an energy/water/food nexus (EWFN) approach. Sustainability, 8 (1): 95-106.

LeCun Y, Bengio Y, Hinton G. 2015. Deep learning. Nature, 521 (7553): 436-444.

Leh M D K, Matlock M D, Cummings E C, et al. 2013. Quantifying and mapping multiple ecosystem services change in West Africa. Agriculture, Ecosystems and Environment, 165: 45-56.

Lew C S, Mills W B, Wilkinson K J, et al. 1996. Rivrisk: A model to assess potential human health and ecological risks from chemical and thermal releases into rivers. Water, Air & Soil Pollution, 90 (1-2): 123-132.

Li B J, Chen D X, Wu S H, et al. 2016. Spatio-temporal assessment of urbanization impacts on ecosystem services: Case study of Nanjing City, China. Ecological Indicators, 71 (12): 416-427.

Li L, Qian J, Ou C Q, et al. 2014. Spatial and temporal analysis of Air Pollution Index and its timescale-dependent relationship with meteorological factors in Guangzhou, China, 2001—2011. Environmental Pollution, 190: 75-81.

Li P, Xin J Y, Wang Y S, et al. 2013. The acute effects of fine particles on respiratory mortality and morbidity in Beijing, 2004–2009. Environmental Science and Pollution Research, 20 (9): 6433-6444.

Li R X, Yuan Y, Li C W, et al. 2020. Environmental health and ecological risk assessment of soil heavy metal pollution in the coastal cities of estuarine bay—a case study of Hangzhou Bay, China. Toxics, 8: 75.

Li R, Cui L L, Li J L, et al. 2017. Spatial and temporal variation of particulate matter and gaseous pollutants in China during 2014–2016. Atmospheric Environment, 161: 235-246.

Li S C, Zhang Y L, Wang Z F, et al. 2018. Mapping human influence intensity in the Tibetan Plateau for conservation of ecological service functions. Ecosystem Services, 30: 276-286.

Li W, He X, Scaioni M, et al. 2019. Annual precipitation and daily extreme precipitation distribution: possible trends from 1960 to 2010 in urban areas of China. Geomatics, Natural Hazards and Risk, 10(1): 1694-711.

Li X D, Lee S L, Wong S C, et al. 2004. The study of metal contamination in urban soils of Hong Kong using

a GIS-based approach. Environmental Pollution, 129 (1): 113-124.
Li X, Sun W, Zhang D, et al. 2021. Evaluating water provision service at the sub-watershed scale by combining supply, demand, and spatial flow. Ecological Indicator, 127: 107745.
Li Z H, Deng X Z, Yin F, et al. 2015. Analysis of climate and land use changes impacts on land degradation in the North China Plain. Econstor Open Access Articles, (4): 1-11.
Liang X, Liu X P, Li X, et al. 2018. Delineating multi-scenario urban growth boundaries with a CA-based FLUS model and morphological method. Landscape and Urban Planning, 177: 47-63.
Lin T, Gibson V, Cui S, et al. 2014. Managing urban nutrient biogeochemistry for sustainable. Environmental Pollution, 192: 244-250.
Liu M, Hu Y M, Zhang W, et al. 2011. Application of land-use change model in guiding regional planning: A case study in Hun-Taizi River Watershed, Northeast China. Chinese Geographic Science, 21: 609.
Liu T, Zeng W, Lin H, et al. 2016. Tempo-spatial variations of ambient ozone-mortality associations in the USA: Results from the NMMAPS data. International Journal of Environmental Research and Public Health, 13(9): 851.
Liu Z, Geng Y, Xue B, et al. 2011. A calculation method of CO_2 emission from urban energy consumption. Resources Science, 33 (7): 1325-1330.
Long X, Huang Y, Chi H, et al. 2018. Nitrous oxide flux, ammonia oxidizer and denitrifier abundance and activity across three different landfill cover soils in Ningbo, China. Journal of Cleaner Production, 170: 288-297.
Lu X, Wang J, Yan Y, et al. 2020. Estimating hourly $PM_{2.5}$ concentrations using Himawari-8 AOD and a DBSCAN-modified deep learning model over the YRDUA, China. Atmospheric Pollution Research, 12(2): 183-192.
Lu, Y, Wang, X R, Xie, Y J, et al. 2016. Integrating future land use scenarios to evaluate the spatio-temporal dynamics of landscape ecological security. Sustainability, 8(12): 1242-1252.
Ma T, Duan F, He K, et al. 2019. Air pollution characteristics and their relationship with emissions and meteorology in the Yangtze River Delta region during 2014—2016. Journal of Environmental Sciences, 83: 8-20.
Massey D D, Habil M, Taneja A. 2016. Particles in different indoor microenvironments-its implications on occupants. Building and Environment, 106: 237-244.
Mehta V K. 2010. Decision Support for Urban Environmental Planning. 6th International Public Policy and Management Conference. IIM-Bangalore, India.
Mi K, Zhuang R, Zhang Z, et al. 2019. Spatiotemporal characteristics of $PM_{2.5}$ and its associated gas pollutants, a case in China. Sustainable Cities and Society, 45: 287-295.
Miller L, Xu X. 2018. Ambient $PM_{2.5}$ human health effects—Findings in China and research directions. Atmosphere, 9 (11): 424-439.
Mitchell T D, Jones P D. 2005. An improved method of constructing a database of monthly climate observations and associated high-resolution grids. International Journal of Climatology, 25: 693-712.
Nalley D, Adamowski J, Khalil B, et al. 2016. Inter-annual to inter-decadal streamflow variability in Quebec and Ontario in relation to dominant large-scale climate indices. Journal of Hydrology, 536: 426-446.
Niccolucci V, Galli A, Reed A, et al. 2011. Towards a 3D national ecological footprint geography. Ecological Modelling, 222 (16): 2939-2944.
NOAA. 2017. Global and Regional Sea Level Rise Scenarios for the United States. Silver Spring, Maryland: National Oceanic and Atmospheric Admistration.
Olivier S, David S. 2008. Investigating territorial positioning by sub-state territories in Europe. Regional and Federal Studies, 18 (1): 55-76.
Olofsson P, Stehman S, Woodcock C, et al. 2012. A global land-cover validation data set, part I: Fundamental design principles. International Journal of Remote Sensing, 33 (18): 5768-5788.
Ouyang W, Gao B, Cheng H G, et al. 2018. Exposure inequality assessment for $PM_{2.5}$ and the potential

association with environmental health in Beijing. Science of the Total Environment, 635: 769-778.

Paracchini M L, Zulian G, Kopperoinen L, et al. 2014. Mapping cultural ecosystem services: A framework to assess the potential for outdoor recreation across the EU. Ecological Indicators, 45: 371-385.

Pfeffer W T, Harper J T, O'Neel S. 2008. Kinematic constraints on glacier contributions to 21st-century sea-level rise. Science, 321 (5894): 1340-1343.

Qin Z, Ouyang Y, Su G, et al. 2008. Characterization of CO_2 and water vapor fluxes in a summer maize field with wavelet analysis. Ecological Informatics, 3 (6): 397-409.

Qiu L F, Pan Y, Zhu J X, et al. 2018. Integrated analysis of urbanization-triggered land use change trajectory and implications for ecological land management: A case study in Fuyang, China. Science of the Total Environment, 660: 209-217.

Rangel-Buitrago N, Neal W J, Bonetti J, et al. 2020. Vulnerability assessments as a tool for the coastal and marine hazards management: An overview. Ocean and Coastal Management, 189: 105-134.

Seto K C, Güneralp B, Hutyra L R. 2012. Global forecasts of urban expansion to 2030 and direct impacts on biodiversity and carbon pools. Proceedings of the National Academy of Sciences, 109(40): 16083-16088.

Seto K C, Michail F, Burak G, et al. 2011. A meta-analysis of global urban land expansion. PLoS One, 6(8): 1-9.

Seto K C, Satterthwaite D. 2010. Interactions between urbanization and global environmental change. Current Opinion in Environmental Sustainability, 2 (3): 127-128.

Sharp R, Tallis H T, Guerry A D, et al. 2015. InVEST 3.2.0 User's Guide. Stanford, California, US: Stanford University.

Shaw D, Nadin V, Seaton K. 2000. The application of subsidiarity in the making of European environmental law. European Environment, 10 (10): 85-95.

Song W, Deng X Z, Liu B, et al. 2015. Impacts of grain-for-green and grain-for-blue policies on valued ecosystem services in Shandong Province, China. Advances in Meteorology, 2015: 1-10.

Su H M, He A X. 2013. Analysis and forecast of the arable land resource and food production safety in Anhui Province. Applied Mechanics Materials, 253-255: 229-232.

Sun H, Li W, Zhang J, et al. 2020. Modeling urban ecological security in Yangtze River Delta based on machine learning. IOP Conference Series: Earth and Environmental Science, 502(1): 1.

Sun T, Huang J, Wu Y, et al. 2020. Risk assessment and source apportionment of soil heavy metals under different land use in a typical estuary alluvial island. International Journal of Environmental Research and Public Health, 17(13): 4841.

Sun W, Li D H, Wang X R, et al. 2019. Exploring the scale effects, trade-offs and driving forces of the mismatch of ecosystem services. Ecological Indicators, 103: 617-629.

Sun W, Wang D, Yao L, et al. 2019. Chemistry-triggered events of $PM_{2.5}$ explosive growth during late autumn and winter in Shanghai, China. Environmental Pollution, 254: 112864.

Tang L, Ma W. 2018. Assessment and management of urbanization-induced ecological risks. International Journal of Sustainable Development and World Ecology, 25(5) : 383-386

Tang X L, Zhao X, Bai Y F, et al. 2018. Carbon pools in China's terrestrial ecosystems: New estimates based on an intensive field survey. Proceedings of the National Academy of Sciences of the United States of America, 115 (16): 4021-4026.

Tepanosyan G, Sahakyan L, Belyaeva O, et al. 2017. Human health risk assessment and riskiest heavy metal origin identification in urban soils of Yerevan, Armenia. Chemosphere, 184: 1230-1240.

Terrado M, Sabater S, Chaplin-Kramer B, et al. 2016. Model development for the assessment of terrestrial and aquatic habitat quality in conservation planning. Science of the Total Environment, 540: 63-70.

Timothy D M, Philip D J. 2005. An improved method of constructing a database of monthly climate observations and associated high-resolution grids. International Journal of Climatology, 25(6): 693-712.

Torrence C, Compo G P. 1998. A practical guide to wavelet analysis. Bulletin of the American

Meteorological Society, 79 (1): 61-78.

Torrence C, Webster P J. 1999. Interdecadal changes in the ENSO–monsoon system. Journal of Climate, 12 (8): 2679-2690.

Van Donkelaar A, Martin R V, Brauer M, et al. 2015. Use of satellite observations for long-term exposure assessment of global concentrations of fine particulate matter. Environmental Health Perspectives, 123 (2): 135-143.

Verburg P H, Soepboer W, Veldkamp A. 2002. Modeling the spatial dynamics of regional land use: The CLUE-S model. Journal of Environmental Management, 30 (3): 391-402.

Villamagna A M, Angermeier P L, Bennett E M. 2013. Capacity, pressure, demand, and flow: A conceptual framework for analyzing ecosystem service provision and delivery. Ecological Complexity, 15 (5): 114-121.

Wang J T, Peng J, Zhao M Y, et al. 2017. Significant trade-off for the impact of Grain-for-Green Programme on ecosystem services in North-western Yunnan, China. Science of the Total Environment, 574: 57-64.

Wang J, Gao W, Xu S Y, et al. 2012. Evaluation of the combined risk of sea level rise, land subsidence, and storm surges on the coastal areas of Shanghai, China. Climate Change, 115: 537-558.

Wang J, He L, Lu X, et al. 2022. A full-coverage estimation of $PM_{2.5}$ concentrations using a hybrid XGBoost-WD model and WRF-simulated meteorological fields in the Yangtze River Delta Urban Agglomeration, China. Environmental Research, 203: 111799.

Wang W, Xie Y J, Bi M, et al. 2018. Effects of best management practices on nitrogen load reduction in tea fields with different slope gradients using the SWAT model. Applied Geography, 90: 200-213.

Wang X R, Yan S Y, Wang H X, et al. 2008. Assessing the values of ecosystem services of the Yangtze Delta, China. International Journal of Sustainable Development and World Ecology, 15: 185-245.

Wang Y, Ma J, Xiao X, et al. 2019. Long-term dynamic of poyang lake surface water: A mapping work based on the google earth engine cloud platform. Remote Sensing, 11 (3): 25-43.

Wang Y, Yuan Y, Pan Y, et al. 2020. Modeling daily and monthly water quality indicators in a canal using a hybrid wavelet-based support vector regression structure. Water, 12: 1476-1499.

Wetzel R G. 2001. Limnology: Lake and river ecosystems. Eos Transactions American Geophysical Union, 21 (2): 1-9.

Wu H, Zhao J. 2018. Deep convolutional neural network model based chemical process fault diagnosis. Computers and Chemical Engineering, 115: 185-197.

Wu W, Zhou Y, Tian B. 2017. Coastal wetlands facing climate change and anthropogenic activities: A remote sensing analysis and modelling application. Ocean and Coastal Management, 138: 1-10.

Wu Y, Tang M, Zhang Z, et al. 2019. Whether urban development and ecological protection can achieve a win-win situation—the nonlinear relationship between urbanization and ecosystem service value in China. Sustainability, 11(12): 1-15.

Xiao J Q, Yuan X Y, Li J Z. 2010. Characteristics and transformation of heavy metal pollution in soil and rice of Yangtze River Delta Region. Agricultural Science and Technology, 11 (4): 148-151,163.

Xie C, Kan L, Guo J, et al. 2018. A dynamic processes study of PM retention by trees under different wind conditions. Environmental Pollution, 233: 456-470.

Xie Y, Zhao B, Zhang L, et al. 2015. Spatiotemporal variations of $PM_{2.5}$ and PM_{10} concentrations between 31 Chinese cities and their relationships with SO_2, NO_2, CO and O_3. Particuology, 20: 141-149.

Xu C, Sun X L, Hu P J, et al. 2015. Concentrations of heavy metals in suburban horticultural soils and their uptake by *Artemisia selengensis*. Pedosphere, 25 (6): 878-887.

Xu J, Ding Y. 2015. Research on early warning of food security using a system dynamics model: Evidence from Jiangsu Province in China. Journal of Food Science, 80 (1-3): R1-R9.

Xu X, Xie Y J, Qi K, et al. 2018. Detecting the response of bird communities and biodiversity to habitat loss and fragmentation due to urbanization. Science of the Total Environment, 624: 1561-1576.

Yan L B, Xie C K, Liang A, et al. 2021. Effects of revetments on soil denitrifying communities in the urban river-riparian interface. Chemosphere, 263: 128077.

Yan L, Xie C, Xu X, et al. 2019a. Effects of revetment type on the spatial distribution of soil nitrification and denitrification in adjacent tidal urban riparian zones. Ecological Engineering, 132: 65-74.

Yan L, Xie C, Xu X, et al. 2019b. The influence of revetment types on soil denitrification in the adjacent tidal urban riparian zones. Journal of Hydrology, 574: 75-84.

Yan X, Luo X G. 2015. Heavy metals in sediment from Bei Shan River: Distribution, relationship with soil characteristics and multivariate assessment of contamination sources. Bulletin of Environmental Contamination and Toxicology, 95 (1): 56-60.

Yao Y, He C, Li S, et al. 2019. Properties of particulate matter and gaseous pollutants in Shandong, China: Daily fluctuation, influencing factors, and spatiotemporal distribution. Science of the Total Environment, 660: 384-394.

Yi Y, Yang Z, Zhang S. 2011. Ecological risk assessment of heavy metals in sediment and human health risk assessment of heavy metals in fishes in the middle and lower reaches of the Yangtze River basin. Environmental Pollution, 159 (10): 2575-2585.

Yin J, Yin Z E, Hu X M, et al. 2011. Multiple scenario analyses forecasting the confounding impacts of sea level rise and tides from storm induced coastal flooding in the city of Shanghai, China. Environmental Earth Sciences, 63 (2): 407-414.

Yu S, Hong B, Ma J, et al. 2017. Surface sediment quality relative to port activities: A contaminant-spectrum assessment. Science of the Total Environment, 596: 342-350.

Yu Y, Wang Z, He T, et al. 2019. Driving factors of the significant increase in surface ozone in the Yangtze River Delta, China, during 2013-2017. Atmospheric Pollution Research, 10(4): 1357-1364.

Zhang C, Luo Q, Geng C, et al. 2010. Stabilization treatment of contaminated soil: A field-scale application in Shanghai, China. Frontiers of Environmental Science and Engineering in China, 4 (4): 395-404.

Zhang D, Wang X G, Qu L P, et al . 2020. Land use/cover predictions incorporating ecological security for the Yangtze River Delta region, China. Ecological Indicators, 119: 106841.

Zhang H, Tu Y J, Duan Y P, et al. 2020. Production of biochar from waste sludge/leaf for fast and efficient removal of diclofenac. Journal of Molecular Liquids, 299: 112193.

Zhang H, Xie B, Zhao S Y, et al. 2014. $PM_{2.5}$ and tropospheric O_3 in China and an analysis of the impact of pollutant emission control. Advances in Climate Change Research, 5 (3): 136-141.

Zhang Y, Liu Y, Zhang Y, et al. 2018. On the spatial relationship between ecosystem services and urbanization: A case study in Wuhan, China. Science of the Total Environment, 637-638: 780-790.

Zhang Z, Tu Y, Li X. 2016. Quantifying the spatiotemporal patterns of urbanization along urban-rural gradient with a roadscape transect approach: A case study in Shanghai, China. Sustainability, 8(9): 862.

Zhao S, Yu Y, Yin D, et al. 2018. Spatial patterns and temporal variations of six criteria air pollutants during 2015 to 2017 in the city clusters of Sichuan Basin, China. Science of the Total Environment, 624: 540-557.

Zhong J T, Zhang X Y, Dong Y S, et al. 2018. Feedback effects of boundary-layer meteorological factors on cumulative explosive growth of $PM_{2.5}$ during winter heavy pollution episodes in Beijing from 2013 to 2016. Atmospheric Chemistry and Physics, 18 (1): 247-258.

Zhou R, Zhang H, Ye X Y, et al. 2016. The delimitation of urban growth boundaries using the CLUE-S Land-Use change model: Study on Xinzhuang Town, Changshu City, China. Sustainability, 8 (11): 1182.

Zhu J F, Ding N, Li D H, et al. 2020. Spatiotemporal analysis of the nonlinear negative relationship between urbanization and habitat quality in metropolitan areas. Sustainability, 12(2): 669-691.

Zhu Z, Woodcock C E. 2014. Continuous change detection and classification of land cover using all available Landsat data. Remote Sensing of Environment, 144(1): 152-171.